Kompendium der praktischen Betriebswirtschaft

Herausgeber Prof. Dipl.-Kfm. Klaus Olfert

Organisation

von

Prof. Dipl.-Kfm. Klaus Olfert

14., überarbeitete und aktualisierte Auflage

Herausgeber:

Prof. Dipl.-Kfm. Klaus Olfert
Hochschule für Technik, Wirtschaft und Kultur Leipzig
Fachbereich Wirtschaftswissenschaften
Postfach 66, 04251 Leipzig

ISBN 13: 978 3 470 51374 4
ISBN 10: 3 470 **51374** 0 · 14. Auflage · 2006
© Friedrich Kiehl Verlag GmbH, Ludwigshafen (Rhein) 1977

Druck: Druckpartner Rübelmann - mü

KOMPENDIUM DER PRAKTISCHEN BETRIEBSWIRTSCHAFT

Das Kompendium der praktischen Betriebswirtschaft soll dazu dienen, das allgemein anerkannte und praktisch verwertbare Grundlagenwissen der modernen Betriebswirtschaftslehre praxisgerecht, übersichtlich und einprägsam zu vermitteln.

Dieser Zielsetzung gerecht zu werden, ist gemeinsames Anliegen des Herausgebers und der Autoren, die durch ihr Wirken an Hochschulen, als leitende Mitarbeiter von Unternehmen und in der betriebswirtschaftlichen Unternehmensberatung vielfältige Kenntnisse und Erfahrungen sammeln konnten.

Das Kompendium der praktischen Betriebswirtschaft umfasst mehrere Bände, die einheitlich gestaltet sind und jeweils aus zwei Teilen bestehen:

- Dem Textteil, der systematisch gegliedert sowie mit vielen Beispielen und Abbildungen versehen ist, welche die Wissensvermittlung erleichtern. Zahlreiche Kontrollfragen mit Lösungshinweisen dienen der Wissensüberprüfung. Umfassende Literaturverzeichnisse zu jedem Kapitel verweisen auf die verwendete und weiterführende Literatur.

- Dem Übungsteil, der eine Vielzahl von Aufgaben und Fällen enthält, denen sich ausführliche Lösungen anschließen, die schrittweise und in verständlicher Form in die betriebswirtschaftlichen Fragestellungen einführen.

Als praxisorientierte Fachbuchreihe wendet sich das Kompendium der praktischen Betriebswirtschaft vor allem an:

- Studierende der Fachhochschulen und Universitäten, Akademien und sonstigen Institutionen, denen eine systematische Einführung in die betriebswirtschaftlichen Teilgebiete vermittelt werden soll, die eine praktische Umsetzbarkeit gewährleistet.

- Praktiker in den Unternehmen, die sich innerhalb ihres Tätigkeitsfeldes weiterbilden, sich einen fundierten Einblick in benachbarte Bereiche verschaffen oder sich eines umfassenden betrieblichen Handbuches bedienen wollen.

Für Anregungen, die der weiteren Verbesserung der Fachbuchreihe dienen, bin ich dankbar.

Prof. Klaus Olfert
Herausgeber

VORWORT ZUR 14. AUFLAGE

Die vorliegende Auflage wurde aktualisiert und überarbeitet, was bei der Projektorganisation zu einer erheblichen Straffung geführt hat. Außerdem wurde die Reihenfolge der Kapitel derart verändert, dass die Projektorganisation nun erst nach der Aufbauorganisation und Prozessorganisation behandelt wird. Merkmale der einzelnen Kapitel sind:

- Kapitel A. befasst sich mit den Grundlagen der Organisation, ihrem Wesen und ihren Arten, den Systemen, der Organisationsabteilung und dem Organisationscontrolling.

- In Kapitel B. wird auf die Organisationsinstrumente als Organisationsmittel, Aufnahme-, Analyse- und Kreativitätstechniken als Organisationstechniken und Organisationsmethoden eingegangen.

- Kapitel C. stellt die Aufbauorganisation umfassend dar, wobei als Problemstellungen praxisentsprechend die Analyse, Planung, Gestaltung, Struktur und Einführung des Unternehmensaufbaus sowie das Aufbaucontrolling behandelt werden.

- Die Prozessorganisation wird in Kapitel D. eingehend beschrieben. Ihre Problemstellungen entsprechen praxisbedingt denen der Aufbauorganisation und umfassen somit die prozessbezogene Analyse, Planung, Gestaltung, Struktur, Einführung und das Prozesscontrolling.

- In Kapitel E. erfolgt die grundlegende Darstellung der Projektorganisation. Sein Aufbau entspricht im Wesentlichen den vorangegangenen Kapiteln, indem die Vorbereitung, Planung, Gestaltung, Einführung von Projekten sowie des Projektcontrollings behandelt werden.

- Kapitel F. ist der Organisationsentwicklung als längerfristig angelegter Prozess von Veränderungen gewidmet. Es wird auf ihre Merkmale, Vorgehensweisen, Interventionen und Konzepte eingegangen.

Die über 700 Kontrollfragen und 75 Aufgaben/Fälle wurden, soweit notwendig, ebenfalls überarbeitet bzw. angepasst.

Herr Prof. Steinbuch hat diesen Titel in 12 Auflagen zu einem erfolgreichen Standardwerk gemacht. Die 13. Auflage wurde von mir nach seinem Tod bereits grundlegend überarbeitet und erweitert. Dabei hat mich Herr Dipl.-Kaufmann Horst-Joachim Rahn freundlicherweise unterstützt, dem mein besonderer Dank für eine hervorragende Arbeit gilt.

Gerne nehme ich Anregungen und Kritik der Leserinnen und Leser auf.

Leipzig/Neckargemünd, im August 2006

Prof. Klaus Olfert

BENUTZUNGSHINWEIS

Kontrollfragen

Die Kontrollfragen dienen der Wissenskontrolle. Sie finden sich am Ende eines jeden Kapitels. Zur Wissenskontrolle wird folgende Vorgehensweise vorgeschlagen:

- Beantwortung der Kontrollfragen und Vermerk in der Spalte »bearbeitet«.

- Vergleich der beantworteten Kontrollfragen mit den in der Spalte »Lösungshinweis« gegebenen Textstellen.

- Vermerk in der Spalte »Lösung«, ob die beantworteten Kontrollfragen befriedigend (+) oder unbefriedigend (-) gelöst wurden.

Aufgaben/Fälle

Die Aufgaben/Fälle im Übungsteil dienen der Wissens- und Verständniskontrolle. Auf sie wird jeweils im Textteil hingewiesen:

Der Übungsteil befindet sich als »blauer Teil« am Ende des Buches. Es wird empfohlen, die Aufgaben/Fälle unmittelbar nach Bearbeitung der entsprechenden Textstellen zu lösen.

Aus Gründen der Praktikabilität und besserer Lesbarkeit wird darauf verzichtet, jeweils männliche *und* weibliche Personenbezeichnungen zu verwenden. So können z. B. Mitarbeiter, Arbeitnehmer, Vorgesetzte grundsätzlich *sowohl* männliche *als auch* weibliche Personen sein.

INHALTSVERZEICHNIS

Übungsteil (Aufgaben/Fälle)

ABKÜRZUNGSVERZEICHNIS

AG	Arbeitsgang	i	Vorereignis
AktG	Aktiengesetz	ISO	International Standardization
AMA	American Management		Organization
	Association	J	Trifft zu bzw. Ja
ANSI	American National Standard	j	Nachereignis
	Institute	LAN	Local Area Network -
ARIS	Architektur integrierter Infor-		Rechnernetz
	mationssysteme	L5G	Programmiersprache der
AT	Arbeitstag		5. Generation, z. B. Java
AVE	Ausgabe - Verarbeitung -	MA	Mitarbeiter
	Eingabe	MEE	Mengeneinheit
BAAN IV	Integriertes Standardsoft-	MM	Mitarbeitermonat
	waresystem der Baan AG	MPM	Metra Potential Methode -
BetrVG	Betriebsverfassungsgesetz		Netzplantechnik
CASE	Computer Aided Software	MJ	Mitarbeiterjahr
	Engineering oder Computer	MOPS	Fachbuchreihe: Moderne
	Aided Systems Engineering		Organisation für Praxis und
CBT	Computer Based Training		Studium
CNC	Computer Numeric Controlled	MT	Mitarbeitertag
	- Computergesteuert	MW	Mitarbeiterwoche
CPM	Critical Path Method - Netz-	N	Trifft nicht zu bzw. Nein
	plantechnik	OOD	Objektorientiertes Design
DFP	Datenflussplan	OOP	Objektorientierte Program-
D(ij)	Dauer		mierung
DIN	Deutsche Industrienorm	ORG	Organisation
DV	Datenverarbeitung	PAP	Programmablaufplan
EAN	Europäische Artikelnummer	PERT	Program Evaluation and
EDI	Electronic Data Interchange		Review Technique - Netzplan-
	Datenfernaustausch		technik
EKONS	Einheitlicher Konten-	PLANNET	Planning Network - Termin-
	nummernschlüssel		planungstechnik
E-Mail	Elektronische Post	REFA	Verband für Arbeitsgestal-
EPK	Ereignisgesteuerte		tung, Betriebsorganisation
	Prozesskette		und Unternehmensentwick-
ET	Entscheidungstabelle		lung e. V.
EVA	Eingabe - Verarbeitung -	R/2	Integriertes Standardsoft-
	Ausgabe		waresystem für Großrechner
FAZ	Frühester Anfangszeitpunkt		der SAP AG
FEZ	Frühester Endzeitpunkt	SAZ	Spätester Anfangszeitpunkt
FST	Fertigungssteuerung	SEZ	Spätester Endzeitpunkt
FV	Fertigungsvorbereitung	SZ	Spätester Zeitpunkt
FZ	Frühester Zeitpunkt	UP	Unabhängige Pufferzeit
GfO	Gesellschaft für Organisation	XOR	Exclusives Oder
GP	Gesamte Pufferzeit	Y	Trifft zu bzw. Ja

A. GRUNDLAGEN

Unternehmen sind planmäßig organisierte Einzelwirtschaften, die zu dem Zweck betrieben werden, Leistungen zu erstellen und zu verwerten. Dies geschieht durch die Kombination von **Produktionsfaktoren**, die im Unternehmen zusammenwirken als:

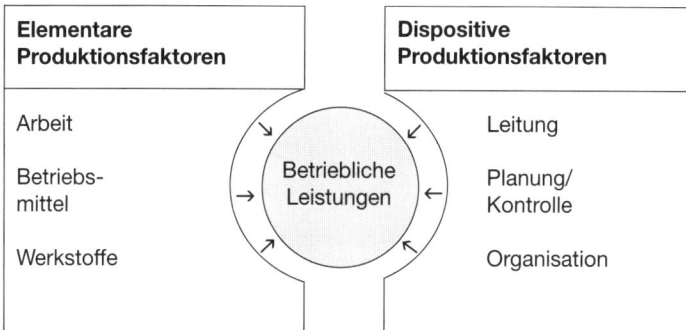

Die Kombination der **elementaren Produktionsfaktoren** als Betriebsmittel, Werkstoffe und Arbeit *im ausführenden Sinne* bewirkt verschiedene Prozesse:

- Den **güterwirtschaftlichen Prozess**, der darauf gerichtet ist, diese Produktionsfaktoren zu beschaffen und einzusetzen, um betriebliche Leistungen zu bewirken und zu verwerten.

- Den **finanzwirtschaftlichen Prozess**, denn für die zu beschaffenden Produktionsfaktoren fallen Auszahlungen an, und die betrieblichen Leistungen führen zu Einzahlungen.

- Den **informationellen Prozess**, der den Datenfluss zwischen den Organisationseinheiten bzw. den Mitarbeitern des Unternehmens sowie mit anderen Unternehmen oder Institutionen betrifft.

Diese betriebswirtschaftlichen Prozesse müssen in einem zweckentsprechend gestalteten Rahmen geschehen, um erfolgreich zu sein. Dazu dienen die **dispositiven Produktionsfaktoren**, die *Arbeit im dispositiven Sinne* darstellen:

- Die **Leitung**, die als Unternehmensleitung bzw. als Top Management die zielorientierte Gestaltung, Steuerung und Entwicklung eines Unternehmens so bewirkt, dass die Leistungserstellung und Leistungsverwertung wirtschaftlich erfolgen.

- Die **Planung** als gegenwärtige gedankliche Vorwegnahme zukünftigen wirtschaftlichen Handelns. Mit ihr soll die Basis dafür geschaffen werden, dass ein Unternehmen die gesetzten Ziele als Soll-Werte bestmöglich erreicht.

  Ob und inwieweit erfolgreich geplant wurde, muss im Rahmen der **Kontrolle** festgestellt werden, bei der die Ist-Werte erfasst, die Differenzen zu den Soll-Werten ermittelt und sich ergebende Abweichungen analysiert werden.

- Die **Organisation**, mit der die geplanten Aktivitäten umzusetzen sind, indem die Strukturen und Prozesse im Unternehmen gestaltet werden. Der Erfolg des Unternehmens wird von der Qualität der Organisation wesentlich beeinflusst.

Mithilfe der Organisation sind strukturierte Lösungen möglich, die dazu dienen, vielfältige **Gestaltungsprobleme** in den Unternehmen zu lösen – siehe *Olfert/Rahn*. Als Grundlagen der Organisation lassen sich darstellen:

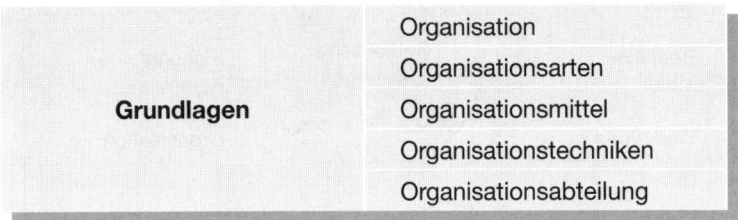

Grundlagen	Organisation
	Organisationsarten
	Organisationsmittel
	Organisationstechniken
	Organisationsabteilung

1. ORGANISATION

Die Organisation soll aus betriebswirtschaftlicher Sicht beschrieben werden. Dazu sind zu betrachten:

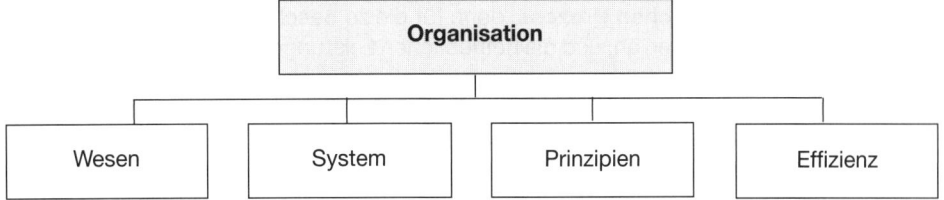

Organisation			
Wesen	System	Prinzipien	Effizienz

1.1 WESEN

Die Organisation wird in der Organisationslehre unterschiedlich gesehen. Es gibt im Wesentlichen zwei **Ausrichtungen** *(Bühner, Hill/Fehlbaum, Kosiol, Ulrich)*:

- Die Organisation wird als **dauerhaftes Ordnen bzw. Strukturieren** eines Unternehmens als soziotechnisches System betrachtet, bei dem die Tätigkeit des Organisierens im Vordergrund steht, z. B. als Gestalten, Analysieren, Strukturieren.

- Die Organisation wird als **Ordnung bzw. Struktur** angesehen, bei der das Unternehmen eine Organisation als Ergebnis der organisatorischen Tätigkeit ist, die eine Vorgabe für ihre Mitglieder darstellt, z. B. als Regelwerk oder Gefüge.

Damit die Organisation funktionsfähig wird, sind für alle Teilnehmer zweckdienliche **Organisationsregelungen** notwendig. Darunter können Festlegungen der Ergebnisse von Organisationsentscheidungen verstanden werden, z.B. in Form von Normen, Anordnungen, Geboten, Verboten.

Die Anwendung **genereller Regelungen** setzt grundsätzlich die Wiederholbarkeit und Vorhersehbarkeit der Aufgabenerfüllung voraus *(Bühner)*. Für Einzelfälle ist die Schaffung genereller Organisationsregelungen deshalb nicht sinnvoll. Hier bieten sich **fallweise Regelungen** mit persönlichen Anordnungen an. Sie sind auch hilfreich, wenn Organisationsregelungen bisher fehlen oder eine Generalisierung nicht erfolgen soll *(Kosiol)*.

Nach dem **Substitutionsgesetz der Organisation** von *Gutenberg* nimmt die Tendenz zur generellen Regelung mit abnehmender Variabilität betrieblicher Tatbestände zu. Je gleichartiger, regelmäßiger und wiederholbarer die Unternehmensprozesse werden, umso mehr generelle Regelungen können getroffen werden.

Es sollen im Hinblick auf die Organisation behandelt werden:

• **Aufgaben**

• **Ziele**

• **Einflussgrößen**.

1.1.1 AUFGABEN

Die Organisation hat umfassende Aufgaben, die in größeren Unternehmen von einem Organisator oder einer Gruppe von Organisatoren wahrgenommen werden. Dabei kann es sich um firmeneigene Organisatoren handeln oder um Personen, die von außerhalb des Unternehmens kommen, z. B. als Unternehmens- oder Organisationsberater.

Als **Arten** von Aufgaben, die sich der Organisation stellen, lassen sich unterscheiden:

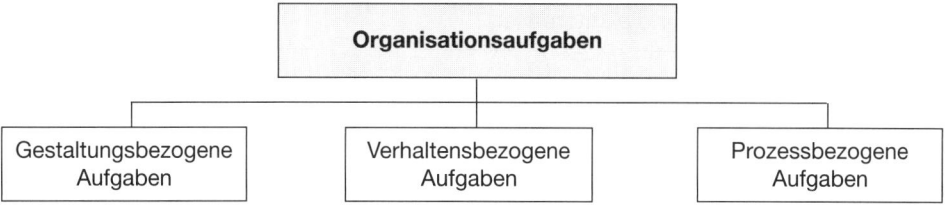

1.1.1.1 GESTALTUNGSBEZOGENE AUFGABEN

Die gestaltungsbezogenen Aufgaben sind eng mit der organisatorischen **Realisierung** verbunden, z. B. als:

• Exakte Bildung von Stellen, Gruppen, Bereichen
• Zweckentsprechende Gestaltung von Kommunikationswegen

- Ausstattung der Aufgabenträger mit Kompetenzen und Verantwortung
- Gestaltung des gesamten Aufbaus der Organisation
- Erarbeitung zweckentsprechender Prozesse
- Einführung und Dokumentation neuer Systeme
- Effiziente Gestaltung von Projekten des Unternehmens.

Als gestaltungsbezogene **Organisationsfehler** können z. B. auftreten:

- Unvollständiger Organisationsaufbau
- Fehlende Stellen
- Über- bzw. Unterorganisation
- Unklare Kompetenzabgrenzungen.

1.1.1.2 VERHALTENSBEZOGENE AUFGABEN

Das Verhalten der Teilnehmer soll auf die Organisationsziele ausgerichtet werden. Dies geschieht, indem eine Abstimmung der betrieblichen Ziele mit den Wünschen und Bedürfnissen der Mitarbeiter erfolgt. Ohne eine Verträglichkeit betrieblicher und individueller Ziele wird das Erreichen der Unternehmensziele schwierig.

Das Verhalten der Teilnehmer kann **positiv beeinflusst** werden, z. B. durch:

- Förderung der Identifikation mit den Unternehmenszielen
- zielbezogene Information der Mitarbeiter
- Hinwirken auf die Beachtung des Dienstweges
- Sicherstellung der Einhaltung organisatorischer Regelungen
- Schaffung von Anreizsystemen.

Verhaltensbezogene **Organisationsfehler** zeigen sich z.B. in:

- Fehlenden oder ungenügenden Zielvorgaben für Mitarbeiter
- Unvollständigen Informationen an die Mitarbeiter
- Mangelnden Anreizen für die Mitarbeiter.

1.1.1.3 PROZESSBEZOGENE AUFGABEN

Der organisatorische Prozess besteht aus folgenden Aufgaben, die im Großunternehmen von einer eigens dazu eingerichteten Organisationsabteilung zu bewältigen sind:

Organisations-planung	Sie legt in der Gegenwart fest, welche Organisationsstrukturen bis zu einem bestimmten Planungshorizont geschaffen werden sollen (*Drumm*). Dabei sind die Organisationsziele, die sich aus den Unternehmenszielen ergeben, als Soll-Werte zu bestimmen.

⇩

Organisations-gestaltung	Sie umfasst die praktische Realisierung der geplanten Oganisations-strukturen und wird auch als organisatorische Implementierung bezeichnet *(Marr/Kötting)*. In dieser Phase ist auf die Einhaltung der Organisationsziele zu achten.

⇩

Organisations-kontrolle	Sie besteht zunächst aus der Überwachung, die eher vergangenheitsorientiert ist. Hier werden die Ist-Werte der Organisation erfasst und die Differenzen zu den Soll-Werten der Planung ermittelt. Der Feststellung von Abweichungen schließt sich eine Analyse an.

Als prozessbezogene **Organisationsfehler** lassen sich z. B. nennen:

- Unrealistische Organisationsziele
- Verzicht auf Soll-Ist-Vergleiche
- Keine Analyse von Soll-Ist-Abweichungen.

Eine weitere wesentliche Aufgabe der Organisation ist die **Organisationsentwicklung**, die in Kapitel F. ausführlich behandelt wird. Sie stellt einen längerfristig angelegten Veränderungsprozess von Unternehmen bzw. deren Strukturen sowie der in ihnen tätigen Menschen dar und ist eine Form des **geplanten Wandels** von und in Unternehmen, aber auch von anderen Organisationen *(French/Bell, Gebert, Thom)*.

1.1.2 ZIELE

Ziele sind Aussagen mit normativem Charakter, die einen gewünschten, zukünftigen Zustand der Realität beschreiben. Die Organisation trägt zur Erfüllung betrieblicher Ziele durch geeignete Strukturierung bei, wobei sie nicht nur auf Organisationsziele gerichtet ist, sondern auch auf Kundenziele und Mitarbeiterziele:

1.1.2.1 ORGANISATIONSZIELE

Organisationsziele sind Vorstellungen von dem, was von der Organisation erreicht oder bewirkt werden soll *(Bleicher)*. Sie sind aus den Unternehmenszielen abzuleiten und gründlich zu planen, z. B. als:

- **Produktivität**, welche die mengenmäßige Ergiebigkeit der Produktionsfaktoren darstellt, die bestmöglich sein soll.

- **Wirtschaftlichkeit**, nach der die Istkosten für Organisationsmaßnahmen nicht höher als die Sollkosten sein sollen.

- **Zukunftssicherung**, wobei die Organisation sich den ändernden technologischen und gesellschaftlichen Bedingungen anpassen soll.

- **Ansehen**, das als der Ruf der Organisation für den Unternehmenserfolg immer bedeutsamer wird, z.b. als Streben nach Kundennähe.

- **Koordination**, die ein optimales Zusammenfügen der Teilaufgaben in zeitlicher, räumlicher und kapazitativer Sicht beinhaltet.

- **Kontrollierbarkeit**, die es ermöglicht, die gesetzten Ziele zu überwachen, wobei diese möglichst quantitativ messbar zu formulieren sind.

- **Transparenz**, denn die Unternehmensleitung und die Führungskräfte müssen den Überblick über die betrieblichen Prozesse haben.

1.1.2.2 KUNDENZIELE

Die Kundenziele sind für die Organisation von großer Bedeutung. Bleiben sie unberücksichtigt, besteht die Gefahr, dass »am Markt vorbei« organisiert wird. Dementsprechend sollten die Wünsche und Bedürfnisse der Nachfrager in die organisatorischen Gestaltungsmaßnahmen einfließen, z. B. als:

- **Hohe Produktqualität**, die eine sorgfältige Organisation der Fertigung erfordert und z.b. ständige Fertigungskontrollen einschließt.

- **Niedrige Kundenpreise**, die z. B. durch die Organisation einer optimalen Materialbeschaffung und zweckentsprechenden Fertigung gefördert werden.

- **Schnelle Leistungen**, die z. B. durch verstärkte Kundennähe, eine anpassungsfähige Fertigungsorganisation, flexible Transportsysteme erreicht werden können.

- **Berücksichtigung individueller Wünsche**, die sich z. B. in einer flexiblen Organisation der Auftragsannahme und der Fertigung zeigen.

- **Verfügbarkeit gewünschter Ansprechpartner**, die z. B. durch eine kundenbezogene Organisation berücksichtigt werden.

1.1.2.3 MITARBEITERZIELE

Der Erfolg der Organisation hängt in hohem Maße auch von den in ihr tätigen Mitarbeitern ab, die Bedürfnisse bzw. Ziele haben, welche Berücksichtigung finden müssen. Das sind z. B.:

- **Arbeitszufriedenheit**, die das Erreichen einer positiven Einstellung des Mitarbeiters zu seiner Arbeit darstellt, z. B. durch humane Arbeitsplatzgestaltung.

- **Abschirmung**, die sich darauf bezieht, dass der Mitarbeiter ruhig und konzentriert arbeiten kann, indem Störgrößen, wie z. B. Lärm, eliminiert werden.

- **Sicherheit** des Arbeitsplatzes, die besonders bedeutsam geworden ist, z. B. durch Arbeitsplatzentwicklung bzw. geeignete Sicherheitsunterweisungen.

- **Aufstiegschancen**, die durch eine Offenlegung der Karrieremöglichkeiten und entsprechend durchgängige Stellenpläne dokumentiert werden.

- **Konfliktminderung**, indem aussagefähige Stellenbeschreibungen erstellt werden, um Konflikten zwischen Stelleninhabern vorzubeugen.

Bei der Realisierung der Organisationsziele kann es zu **Diskrepanzen** kommen, z. B. wenn das Ziel der Verwirklichung von Wirtschaftlichkeit nicht mit den Sonderwünschen von Kunden vereinbar ist oder durch ein überzogenes Streben nach hoher Produktivität die Arbeitszufriedenheit der Mitarbeiter leidet.

02 >> **Seite 449**

1.1.3 EINFLUSSGRÖSSEN

Eine bestimmte Organisationsstruktur, die allen Unternehmen gleichermaßen empfohlen werden kann, gibt es nicht. Welche Regelungen für eine Organisation im Einzelfall zweckmäßig sind, hängt vielmehr von der jeweiligen **Organisationssituation** ab *(Kieser/ Kubicek)*, auf die einwirken:

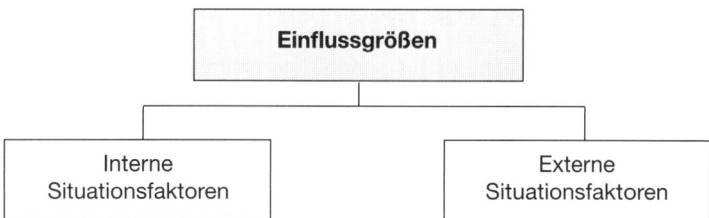

1.1.3.1 INTERNE SITUATIONSFAKTOREN

Die Organisationssituation ist unternehmensintern geprägt durch Faktoren, die sich sowohl auf die Gegenwart als auch auf die Vergangenheit beziehen:

- **Gegenwartsbezogene Faktoren** betreffen die jetzige Situation, z.B. als:

Leistungs- programm	Es umfasst das Angebot an betrieblichen Leistungen für den Markt, das je nach Branche zu differenzieren ist. Eine Organisationsstruktur wird durch Produkte anders geprägt als durch Dienstleistungen.
Betriebsgröße	In Großbetrieben mit vielen Mitarbeitern sind z. B. Spezialisierung und Delegation ausgeprägter als in Kleinunternehmen. Entsprechend ist der Koordinationsaufwand höher.

Fertigungs-technologie	Sie beeinflusst als Verfahren zur Transformation von betrieblichen Inputs zu Outputs die Organisationsstruktur, z. B. als Werkstattfertigung, die anders zu regeln ist als die automatisierte Fertigung.
Informations-technologie	Sie kommt im Umfang des EDV-Einsatzes zum Ausdruck. Die Informationstechnologie wirkt sich auf die Organisationsstruktur in entsprechender Weise aus.
Internationa-lisierung	Bei ihr sind fremde Kulturen, abweichende Rechtssysteme, unbekannte Gebräuche und Gewohnheiten, andere Mentalitäten, Qualifikationen und Sprachen sowie unterschiedliche Techniken zu beachten.

* **Vergangenheitsbezogene Faktoren** sind z. B.:

Rechtsform	Sie stellt das »juristische Kleid« dar und prägt die Organisation eines Unternehmens. Dabei wird die Organisationsstruktur einer AG anders sein müssen als die einer OHG oder BGB-Gesellschaft.
Art der Gründung	Bei ihr kann von Bedeutung sein, ob sie von einer oder mehreren Personen vorgenommen wurde, die auf die Gestaltung der Organisation entsprechenden Einfluss genommen haben.
Art der Kapital-aufbringung	Ein hoher Anteil von Eigenkapital ermöglicht es den Eigentümern, die Gestaltung der Organisation relativ autonom vorzunehmen. Je mehr Fremdkapital im Unternehmen ist, umso eher können die Fremdkapitalgeber Einfluss nehmen.
Alter der Organisation	In langjährig existierenden Unternehmen ist die Organisation oft detaillierter und starrer geregelt als bei jungen Unternehmen, bei denen aufgrund begrenzter Erfahrungen vielfach noch improvisiert wird.
Unternehmens-entwicklung	Negative Entwicklungen wie sinkende Umsätze und steigende Kosten wirken sich oft auf die Gestaltung der Organisation aus. Ebenso können positive Entwicklungen zu Veränderungen der Organisation führen.

1.1.3.2 EXTERNE SITUATIONSFAKTOREN

In Erfüllung seines Unternehmenszweckes wirkt das Unternehmen mit anderen Marktteilnehmern zusammen. Seine **Umwelt** kann dabei auf die Organisation erheblichen Einfluss nehmen. Externe Situationsfaktoren sind z. B:

* Die **Konkurrenzverhältnisse**, indem konkurrierende Unternehmen ebenfalls um Abnehmer und Lieferanten bemüht sind. Auf diese Umweltsituation muss sich das Unternehmen durch Anpassen an die oder durch Absetzen von der Konkurrenz einstellen, auch in Bezug auf organisatorische Gegebenheiten.

* Die **Kundenstruktur**, wobei ein rascher, möglichst unkomplizierter Kundenkontakt zu suchen und auf die Bedürfnisse der Kunden einzugehen ist. Organisatorisch sollte dabei z. B. zwischen Groß-, Mittel- und Kleinkunden unterschieden werden.

- Die **Lieferantenstruktur**, bei der die Besonderheiten der Lieferanten zu berücksichtigen sind, z. B. ihre Absatzwege, ihre Zuverlässigkeit, ihre Lieferqualität, ihr Service und ihre Lieferbedingungen.

- Die **technologische Dynamik**, die erfordert, dass die Unternehmen sich rechtzeitig auf technologische Entwicklungen einzustellen bzw. sich an diese anzupassen haben. Sie können die organisatorische Struktur des Unternehmens beeinflussen.

- Die **gesellschaftlich-kulturellen Bedingungen**, welche für die Struktur einer Organisation ebenfalls bedeutsam sein können, z. B. als Wertewandel in der Gesellschaft, politische Entscheidungen oder kulturelle Normen.

Die Unternehmensleitung bezieht die für das Unternehmen wesentlichen Faktoren im Rahmen der **Umfeldanalyse** in ihre Entscheidungen über die Gestaltung ihrer Organisation ein. Mit deren Hilfe werden die internen und externen Einflussgrößen, die auf das Unternehmen wirken, untersucht – siehe ausführlicher *Olfert/Pischulti, Rahn*.

1.2 System

Unter der Organisation wird sehr Unterschiedliches verstanden. Weithin wird sie inzwischen aber als System angesehen, das eine Menge von Elementen darstellt, die miteinander in Beziehung stehen. Danach ist die Organisation z.B.:

- Nach *Schwarz* ein **System** dauerhaft angelegter **betrieblicher Regelungen**, das einen möglichst kontinuierlichen und zweckmäßigen Betriebsablauf und Wirkzusammenhang zwischen den Trägern betrieblicher Entscheidungsprozesse gewährleisten soll.

- Nach *Grochla* eine **Strukturierung von Systemen** zur Erfüllung von Daueraufgaben. Die Organisationstheorie ist interdisziplinär ausgerichtet und wendet systemtheoretische Erkenntnisse an.

- Nach *Schanz* ein **soziotechnisches System**, weil eine enge Verbindung zwischen sozialen und technischen Faktoren besteht. In Unternehmen agieren Menschen mit Menschen, Menschen mit Maschinen sowie Maschinen mit Maschinen.

Systeme, die es in unendlicher Zahl gibt, sind durch **Elemente** sowie **Beziehungen** bestimmt und weisen **Grenzen** auf, wie die folgende vereinfachte Darstellung zeigt:

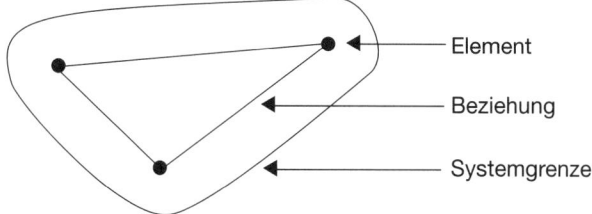

Die **Systemtheorie** stellt eine ganzheitliche Betrachtung dar und beruht auf der Erkenntnis, dass das Ganze häufig mehr ist als die Summe seiner Teile und dementsprechend nur eine systemtheoretische Untersuchung die wahre Struktur und Verhaltensweise realer Phänomene erkennen lässt.

Bezüglich der Systeme sollen betrachtet werden:

* **Systemarten**
* **Systemmerkmale**
* **Systemdeterminanten**.

1.2.1 SYSTEMARTEN

Die Arten von Systemen zeigen unterschiedliche Ausprägungen von Elementen und deren Beziehungen auf. Nach ihrer **Zergliederung** nach lassen sich unterscheiden:

* **Untersysteme**, die kleinere organisatorische oder nach anderen Kriterien abgrenzbare Einheiten darstellen. Sie ergeben sich, wenn ein System in kleinere Einheiten zerlegt wird, die ihrerseits als jeweils Ganzes betrachtet werden *(Schmidt)*:

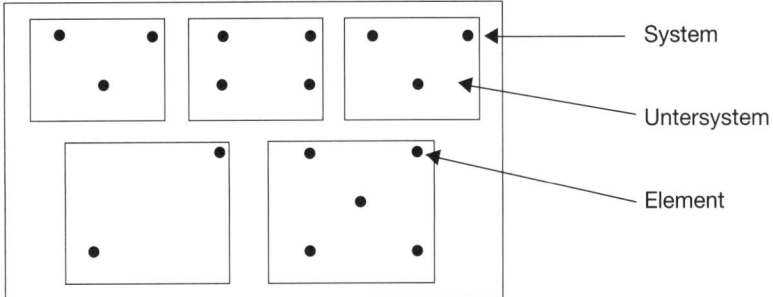

Beispiel:

System	Untersysteme
Menschliche Gesellschaft	Familie
Unternehmen	Abteilungen

Die Gliederung eines Systems kann so weitgehend erfolgen, dass sich eine **Systemhierarchie** ergibt, die aus verschiedenen Systemebenen besteht, wie das Strukturbild zeigt:

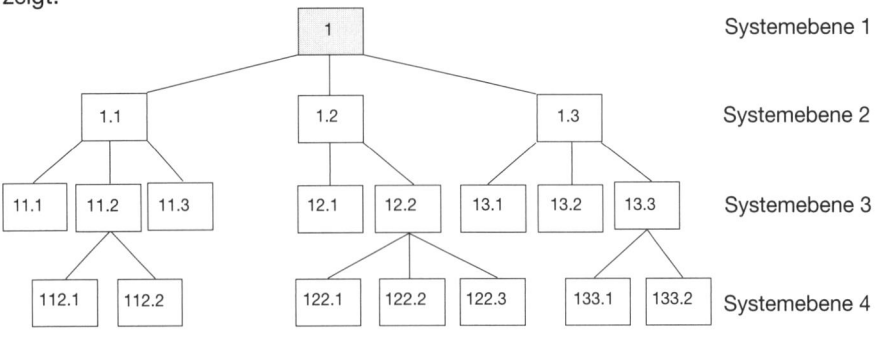

Die jeweilige Betrachtungsebene bestimmt, was als Untersystem gesehen wird. Während für Systemebene 1 die Zahlen 1.1, 1.2 und 1.3 Untersysteme bilden, sind für Systemebene 2 die Zahlen 1.1, 1.2 und 1.3 als Systeme anzusehen.

Beispiel:

System	Untersystem
Unternehmen	Fertigung
Fertigung	Werkstatt
Werkstatt	Arbeitsplatz

- **Teilsysteme**, die sich dadurch auszeichnen, dass eine Gesamtschau des Systems ausschließlich unter einem bestimmten Aspekt erfolgt, der z. B. Kommunikation, Sozialbeziehungen oder mechanische Abhängigkeiten sein kann.

Dieser **einzelne Aspekt** des Systems erstreckt sich auf mehrere Untersysteme:

Beispiel:

System	Untersysteme	Teilsysteme
Unternehmen	Beschaffung, Fertigung, Vertrieb usw.	Hierarchie, Kommunikation, Geschäftsprozess usw.

Mithilfe der Unterscheidung in Unter- und Teilsysteme können Zusammenhänge oder Eigenschaften isoliert betrachtet und bearbeitet werden *(Schmidt)*.

1.2.2 SYSTEMMERKMALE

Die Vielzahl von Systemen macht ihre Gruppierung erforderlich. Dadurch können sie besser erkannt und unterschieden werden. Von besonderer Bedeutung sind dabei folgende **Merkmale**:

- Die **Sachlichkeit**, nach der unterschieden werden können:

Logische Systeme	Sie bestehen aus **abstrakten Elementen**, die durch abstrakte Beziehungen miteinander verbunden sind, z. B. das Zahlensystem.
Materielle Systeme	Sie bestehen aus **konkreten Elementen** mit erkennbaren Beziehungen, z. B. Maschine, Fahrrad, Computer.

- Die **Veränderlichkeit**, wonach es gibt:

Statische Systeme	Im Zeitablauf erfahren sie innerhalb eines Zeitrahmens **keine Veränderung**, z. B. Fahrrad, Zahlensystem.
Dynamische Systeme	Sie sind durch ihre eigenständige **Veränderung** im Zeitablauf gekennzeichnet, z. B. Unternehmen, Familie.

- Die **Vorbestimmbarkeit** des Systemverhaltens, wonach zu differenzieren sind:

Deterministi-sche Systeme	Ihr **Verhalten** ist im Vorhinein eindeutig **erkennbar**. Jede Ungewissheit ist ausgeschlossen, z. B. Fahrrad, Zahlensystem.
Stochastische Systeme	Bei ihnen ist das **Verhalten** nur mit einer gewissen Wahrscheinlichkeit **vorherbestimmbar**, z. B. Unternehmen, Familie.

- Die **Komplexität** eines Systems als eine Funktion von Art und Zahl der System**elemente** sowie Art und Umfang der System**beziehungen**, wobei zu unterscheiden sind:

Einfache Systeme	Sie weisen einen **geringen Komplexitätsgrad** auf, z. B. als Fahrrad, Zahlen, Hammer.
Komplexe Systeme	Ihr **Komplexitätsgrad** ist **erheblich**, z. B. als Programmiersprache, Werkzeugmaschine, Planetensystem.
Hochkomplexe Systeme	Sie sind durch einen extrem **hohen Komplexitätsgrad** geprägt, z. B. als Unternehmen, Computer, Zentralnervensystem.

- Die **Entstehung** von Systemen, wonach es gibt:

Natürliche Systeme	Darunter werden **naturgegebene Systeme** verstanden, z. B. Planetensystem, Baum, Zentralnervensystem.
Künstliche Systeme	Sie sind das **Ergebnis menschlicher Gestaltungshandlungen**, z. B. Unternehmen, Fahrrad, Programmiersprache.

- Die **Elemente**, die Gegenstand der Systeme sind, wonach sich nennen lassen:

Soziale Systeme	Bei ihnen sind vornehmlich **Menschen** als Systemelemente bestimmend, z. B. in Verbänden, Vereinen, Parteien.
Technische Systeme	Die Systemelemente sind hier **künstliche Objekte**, z. B. Fahrrad, Werkzeugmaschine, Computer.
Soziotechnische Systeme	Sie enthalten außer technischen Elementen die Menschen als Elemente, z. B. Unternehmen, bemannte Mondrakete.

1.2.3 SYSTEMDETERMINANTEN

Die künstlichen Systeme als Ergebnisse menschlicher Gestaltungshandlungen, zu denen die Unternehmen zählen, werden durch mehrere Determinanten bestimmt:

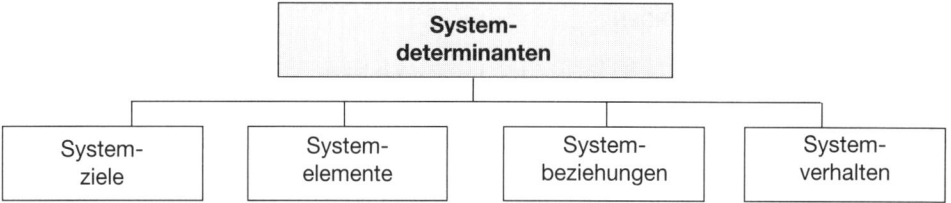

1.2.3.1 SYSTEMZIELE

Mit künstlichen Systemen werden Ziele verfolgt, die einen gewünschten, zukünftigen Zustand von Elementen und ihren Verbindungen beschreiben. Dies geschieht im Hinblick auf die **Qualität** und **Quantität**, wobei sich nicht jedes qualitative Systemziel auch quantifizieren lässt.

Beispiel:

Systemziele	Konkretisierung
Gewinnsteigerung	10 Mio. €
Wachstum	10 % jährlich
Imagezuwachs	nicht quantifizierbar

Die Ziele eines Systems sind bei der **Systemanalyse** als Gegenstand der Untersuchung und bei der **Systemgestaltung** als Vorgabe anzusehen, nach der die Gestaltung eines neuen Systems vorgenommen werden muss.

1.2.3.2 SYSTEMELEMENTE

Die Systemelemente müssen sowohl bei der Analyse eines bestehenden Systems als auch bei der Gestaltung eines neuen Systems unterschieden werden, vor allem bezüglich:

Art der System- elemente	Sie ist durch ihre jeweils charakteristischen Merkmale und Eigenschaften zu beschreiben. **Beispiel:** Im System »Abteilung« eines Unternehmens können Mitarbeiter und Arbeitsplätze die verschiedenen Systemelemente sein.
Zahl der System- elemente	Weiterhin wird ein System durch die Zahl der Systemelemente jeder einzelnen Art von Elementen bestimmt. **Beispiel:** Im oben genannten System »Abteilung« sind die Zahl der Mitarbeiter und die Zahl der Arbeitsplätze bedeutsam.
Bedeutung der System- elemente	Die Bedeutung der verschiedenen in einem System enthaltenen Systemelemente kann gleichwertig oder unterschiedlich sein. **Beispiel:** Die Bedeutung von Mitarbeitern und Arbeitsplätzen in der Abteilung ist je nach Systemelement verschieden.

Was als ein Systemelement angesehen wird, ist von der Sicht des jeweiligen Betrachters abhängig. So können Aufgaben, Menschen, Sachmittel und Informationen als organisatorische **Systemelemente** bezeichnet werden.

1.2.3.3 SYSTEMBEZIEHUNGEN

Systembeziehungen können in zweifacher Hinsicht bestehen. So gibt es:

- **Externe Systembeziehungen**, die Beziehungen zwischen dem System und seiner Umwelt sind. Da es kaum geschlossene Systeme gibt, die keine Beziehungen zu ihrer Umwelt aufweisen, existieren üblicherweise Beziehungen dieser Art.

- **Interne Systembeziehungen** als Beziehungen zwischen den Systemelementen, die zwischen zwei Elementen vorliegen, wenn der Output eines Elementes zum Input eines anderen Elementes wird.

Systembeziehungen können zwischen allen Elementen eines Systems vorkommen. Zu ihrer groben Dokumentation bietet sich eine **Beziehungsmatrix** an.

Beispiel: Arten der Beziehungen I, II, III, IV, V

	A	B	C	D	E
A	–	II	–	III	II
B	III	–	–	I	II
C	–	I	–	I	IV
D	–	–	–	–	II
E	V	II	I	III	–

1.2.3.4 SYSTEMVERHALTEN

Das Systemverhalten kann nicht immer als absolute Größe hinreichend beurteilt werden. Eine Aussage, dass von einem Unternehmen ein Gewinn von 1 Million € erzielt wurde, ist als solche nichtssagend. Es bedarf eines **Beurteilungsmaßstabes**, an dem dieser Gewinn gemessen werden kann.

Beurteilungsmaßstäbe können nur die **Systemziele** sein, die so quantifiziert sein sollten, dass sie messbar sind, z. B. als Gewinn, Umsatz, Kosten.

Das Systemverhalten ist bei der Gestaltung eines neuen Systems nur bedingt vorher bestimmbar. Während die Systemelemente und die Systembeziehungen weitgehend der Gestaltung des Systementwicklers unterliegen, kann das Systemverhalten nur indirekt, d. h. über die Systemelemente und die Systembeziehungen gestaltet werden.

1.3 PRINZIPIEN

Für das Gelingen der organisatorischen Gestaltung eines Unternehmens gibt es keine Patentrezepte. Es ist jedoch zu empfehlen, dass die Organisation insbesondere folgenden Prinzipien gerecht werden sollte *(Kosiol, Weidner/Freitag/Gernet/Ulbrich)*:

- **Wirtschaftlichkeit**
- **Zweckmäßigkeit**
- **Gleichgewichtigkeit**.

1.3.1 Wirtschaftlichkeit

Die Wirtschaftlichkeit ist die rationale Gestaltung des betrieblichen Aufbaus bzw. der betrieblichen Prozesse. Der Organisator hat i.d.R. mehrere Alternativen, wobei das Wirtschaftlichkeitsprinzip für die Entscheidung vielfach maßgeblich ist als:

- **Maximalprinzip**, wonach mit gegebenem Aufwand (Mitteln) ein größtmöglicher Ertrag (Erfolg) erzielt werden soll.
- **Minimalprinzip**, bei dem mit geringstmöglichem Aufwand (Mitteln) ein bestimmter Ertrag (Erfolg) angestrebt wird.

Die rechnerische **Ermittlung** der Wirtschaftlichkeit ist auf verschiedene Weise möglich. In der betrieblichen Praxis werden oft folgende Formeln verwendet, die jedoch Nachteile aufweisen – siehe *Olfert/Rahn*:

$$\text{(Ertrags-) Wirtschaftlichkeit} = \frac{\text{Erträge}}{\text{Aufwendungen}} \qquad \text{(Kosten-) Wirtschaftlichkeit} = \frac{\text{Leistungen}}{\text{Kosten}}$$

Zweckmäßiger ist die folgende Berechnung der Wirtschaftlichkeit:

$$\text{Wirtschaftlichkeit} = \frac{\text{Sollkosten}}{\text{Istkosten}}$$

Die Wirtschaftlichkeit ist umso höher, je größer der Wert des Quotienten wird.

1.3.2 Zweckmässigkeit

Das Prinzip der Zweckmäßigkeit besagt, dass alle strukturierenden Maßnahmen den gesetzten Zweck in bester Weise erfüllen sollen. Es ist bei der Aufgabenerfüllung auf ein ausgewogenes Verhältnis von Zweck und Mitteln zu achten. Von allen nutzbaren Mitteln und Wegen hat der Organisator das Verfahren auszusuchen, das zur Erreichung des **Organisationszieles** führt.

Er sollte sich aus allen möglichen Strukturregelungen demnach für diejenige entscheiden, die am geeignetsten erscheint und die Aufgabenerfüllung am besten gewährleistet. Dadurch kann verhindert werden, dass das Organisieren zum Selbstzweck wird.

1.3.3 GLEICHGEWICHTIGKEIT

Auch wenn die Organisation ein dauerhaftes Strukturieren mithilfe von Regelungen ist, bedarf sie ergänzend kurzzeitiger und fallweiser **Festlegungen**, welche die Organisation ergänzen. Das sind:

- Die **Improvisation**, die das *vorläufig* gültige Ordnen bzw. Strukturieren zielorientierter soziotechnischer Systeme durch eher fallweise und provisorische Regelungen ist. Sie kann – mangels eines Bestehens dauerhafter Regelungen – aus folgenden **Gründen** sinnvoll sein (*Schmidt*):

  ▸ Es ist ein in Veränderung befindlicher betrieblicher Prozess trotz anfallender Kritik noch hinreichend funktionsfähig. Deshalb erscheint eine dauerhafte Regelung wegen sich noch **ändernder Bedingungen** zunächst nicht angezeigt.

  ▸ Bestimmte Sachverhalte werden sich bekanntermaßen demnächst ändern, z.B. durch **gesetzliche Bestimmungen**. Die Regelung wird deshalb von vornherein als Provisorium ausgewiesen, um zunächst möglichst wenig festlegen zu müssen.

  ▸ Es liegen noch keinerlei Erfahrungen hinsichtlich des zu regelnden Organisationsproblems vor. Deshalb wird vom Organisator zunächst improvisiert, um erst einmal **Erfahrungen** sammeln zu können.

  ▸ Der Organisator behilft sich zunächst mit einer vorläufigen Regelung, weil demnächst andere Regelungen kommen werden. Als Begründungen dafür kann ein **Mangel an Zeit, Geld** bzw. **Personal** genannt werden.

Die Grenze der Organisation zur Improvisation ist fließend. Die Organisation ist zwar auf Dauer angelegt, sie gilt aber auch nicht zeitlich unbegrenzt. Bei veränderten Bedingungen müssen auch die Regelungen angepasst werden.

- Die **Disposition**, die sich auf das *einmalig* gültige Ordnen bzw. Strukturieren von soziotechnischen Systemen bezieht. Zu unterscheiden sind *(Kosiol)*:

  ▸ Die **freie Disposition**, die isoliert für sich getroffen wird, ohne dass zwingende Bedingungen oder Regeln bestehen, z. B. durch Festlegung eines betrieblich bedingten Projektfinanzplanes.

  ▸ Die **gebundene Disposition**, die im Rahmen bestimmter Bedingungen, Vorschriften und Regeln festgelegt wird, z. B. die Disposition für einen Projektkostenplan, der aufgrund der gesetzlichen Vorschriften zum Umweltschutz notwendig ist.

Wird die konkrete Bearbeitung innerhalb der vorgegebenen Grenzen dem einzelnen Mitarbeiter überlassen, so hat er einen **Spielraum** zur Disposition, den er nach eigenen Vorstellungen nutzen kann.

Die Disposition bezieht sich also auf die vom Mitarbeiter vorgenommene **Regelung von Einzelfällen.** Der Organisator sollte bei seinen Überlegungen entsprechende Dispositionsfreiräume vorsehen, damit der betroffene Mitarbeiter kreativ bleiben kann. Allzu weitgehende Regelungen würden seinen innovativen Spielraum beschneiden und leistungsstarken Arbeitskräften einen Teil ihrer Motivation nehmen.

Zwischen Organisation, Disposition und Improvisation besteht ein **Spannungsverhältnis.** Denn mit zunehmendem Grad der Organisation steigt die Systemstabilität, wobei sich gleichzeitig die Elastizität bzw. die Flexibilität hinsichtlich der Änderungsprozesse verringert. Nimmt der Organisationsgrad ab, ist dies umgekehrt.

Deshalb ist auf eine ausgewogene Konstellation der drei Komponenten zu achten, d. h. ein **Gleichgewicht** anzustreben, indem sowohl die geschaffene Struktur gegenüber Umfeldeinflüssen gefestigt als auch die Wandelbarkeit und Anpassungsfähigkeit bei Veränderungen der Bedingungen sichergestellt wird, unter denen das Unternehmen tätig ist. Existiert dieses Gleichgewicht nicht, können **Spannungen** und **Störungen** die Folge sein *(Föhr)*.

Anstelle dieser anzustrebenden, aber nur sehr schwer zu erreichenden »Idealorganisation« finden sich in der Unternehmenspraxis vielfach folgende **gleichgewichtsbeeinträchtigende** organisatorische **Ausprägungen**:

- Die **Unterorganisation**, bei der Entscheidungen im Einzelfall überwiegen. Es werden weniger Tatbestände als zweckdienlich einer generellen Strukturierung unterworfen. Die Einheitlichkeit und Geschlossenheit der Maßnahmen gehen verloren. An die Stelle langfristig geltender Regelungen tritt die **Improvisation**, obwohl die Sachverhalte organisationsreif wären. Dazu kommen Dispositionen, die sich frei von organisatorischen Regelungen vollziehen.

  Bei der Unterorganisation besteht **kein Gleichgewicht** zwischen dauerhaften, kurzzeitigen und fallweisen Regelungen. Es gibt zu wenig dauerhaft wirksame Regelungen, was zum Auftreten z. B. folgender Probleme führen kann:

▸ Unordnung in den Prozessen	▸ Lasche Kompetenzregelungen
▸ Unvollständiger Aufbau	▸ Keine Regelung der Zuständigkeiten

- Die **Überorganisation**, bei der den Betroffenen von Organisationslösungen zu wenig Spielraum für freies Handeln eingeräumt wird. Für zu viele Tatbestände gibt es generelle Regelungen, sodass Freiräume nur sehr gering sind. Dadurch können z. B. folgende **Probleme** auftreten:

▸ Keine oder zu langsame Organisationsentwicklung	▸ Motivationsprobleme bei engagierten Mitarbeitern
▸ Mangelnde Anpassungsmöglichkeiten	▸ Starr geregelte Unternehmensprozesse
	▸ Kaum freie Mitarbeiterentscheidungen

Eine zu starke Strukturierung, übersteigerte und starre Dauerregelungen erschweren bewegliche kurzzeitige und fallweise Regelungen im Einzelfall. Das organisatorische Rahmengefüge wird durch Bürokratie und Schematismus unflexibel.

03 ⟩⟩ Seite 449

1.4 EFFIZIENZ

Als Effizienz wird die Wirksamkeit von Strukturen bzw. Aktivitäten bezeichnet. Die organisatorische Effizienz lässt sich unter vielen Aspekten betrachten *(Bühner, Frese)*. Ihre **Formen** sind:

- Ökonomische Effizienz

- Soziale Effizienz.

Die **Gesamteffizienz** bezieht sich auf den Grad der Zielerreichung. Sie ergibt sich aus den Teil-Effizienzen der Einzelmaßnahmen *(Scholz)*.

1.4.1 ÖKONOMISCHE EFFIZIENZ

Die ökonomische Effizienz ist vor allem auf die gestaltungsbezogene Aufgabenerfüllung der Organisation ausgerichtet, z. B. die Erarbeitung zweckentsprechender Prozesse, die Gestaltung erfolgreicher Projekte oder die Schaffung wirksamer Aufbaustrukturen.

In der Praxis ergeben sich bei der Bestimmung der ökonomischen Effizienz mitunter **Zuordnungsprobleme** *(Vahs)*. Je nach betriebswirtschaftlicher Sichtweise können zu ihrer Bestimmung gegenübergestellt werden:

- Soll-Vorgaben und Ist-Ergebnisse der Organisation
- Erträge und Aufwendungen der Organisation
- Leistungen und Kosten der Organisation
- Sollkosten und Istkosten der Organisation
- Einzahlungen und Auszahlungen der Organisation.

Vielfach wird zur Ermittlung der ökonomischen Effizienz die **Produktivität** herangezogen, die ein Maß für die mengenmäßige Ergiebigkeit der Kombination der Produktionsfaktoren ist:

$$\text{Produktivität} = \frac{\text{Output}}{\text{Input}}$$

Als **einzelne Messzahl** ermöglicht sie keine wertenden Aussagen. Erst durch den **Vergleich** mit anderen Produktivitäten, z.B. ähnlich strukturierter Unternehmen oder früherer Perioden, ist diese Kennzahl aussagekräftig.

1.4.2 SOZIALE EFFIZIENZ

Einen Indikator der sozialen Effizienz der Organisation stellt vor allem die **Arbeitszufriedenheit** dar. Darunter ist der positive Eindruck zu verstehen, den der einzelne Mitarbeiter insgesamt aus der subjektiven Bewertung der veränderten organisatorischen Bedingungen gewinnt, z. B. aus der eigenen Arbeit bzw. der unmittelbar auf ihn wirkenden Arbeitsbedingungen. Die Arbeitszufriedenheit wird mitunter auch als **Arbeitsklima** bezeichnet.

Ihre Messung, die genau jedoch nicht verlässlich möglich ist, soll offen legen, inwieweit die Bedürfnisse des jeweiligen Mitarbeiters, z. B. durch organisatorische Lösungen, befriedigt werden. **Einflussfaktoren**, die durch organisatorische Maßnahmen positiv auf die Arbeitszufriedenheit wirken, sind z. B.:

- Herausfordernde Arbeitsaufgaben
- Erfolgserlebnisse bei der Arbeit bzw. am Arbeitsplatz
- Anwendbarkeit und Weiterentwicklung von Wissen und Können
- Übertragung aufgabenentsprechender Kompetenz und Verantwortung
- Angemessenes und als gerecht empfundenes Anreizsystem
- Förderung von Selbstvertrauen, Selbstverantwortung und Eigeninitiative.

Es kann davon ausgegangen werden, dass durch gelungene Organisationsmaßnahmen die Arbeitszufriedenheit der Mitarbeiter und das Erreichen ihrer Leistungsziele positiv beeinflusst werden.

Als **Indikatoren** der Arbeitszufriedenheit gelten geringe Fluktuationsraten bzw. minimale Fehlzeiten, guter Gruppenzusammenhalt und gegenseitige Unterstützung der Mitarbeiter.

2. Organisationsarten

Es gibt eine Vielzahl von Organisationsarten. Zu unterscheiden sind:

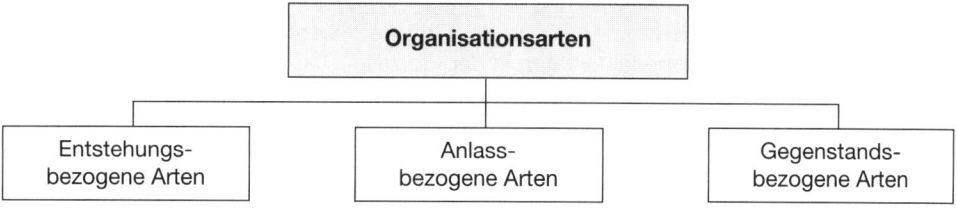

2.1 Entstehungsbezogene Arten

Die entstehungsbezogenen Arten der Organisation ergeben sich aus der organisatorischen **Entwicklung**. Sie bedingen sich gegenseitig als *(Bea/Göbel, Weidner u.a., Rahn)*:

- **Formelle Organisation**
- **Informelle Organisation**.

2.1.1 Formelle Organisation

Die formelle Organisation ist die bewusst geschaffene und rational gestaltete Struktur zur Erfüllung unternehmerischer Zielsetzungen. Bei ihr steht die geplante Aufgabenstellung im Vordergrund, und die **Rangordnung** wird von außen vorgegeben.

In Unternehmen kann es folgende **Teilnehmer** der formellen Organisation geben:

- Unternehmensleiter, z.B. Vorstand in einer Aktiengesellschaft
- Hauptabteilungsleiter, z.B. Marketingdirektor in einem Großunternehmen
- Abteilungsleiter, z.B. Verkaufsleiter in einem Industrieunternehmen
- Gruppenleiter, z.B. Meister in einem Fertigungsunternehmen
- Sachbearbeiter, z.B. Buchhalter in einer Bank.

Aus der formellen Organisation ergeben sich die betrieblichen Unter- und Überordnungsverhältnisse bzw. die Befugnisse und Verantwortungsbereiche. Sie schlagen sich im **Organigramm** des Unternehmens nieder. Die Gestaltung der formellen Organisation ist ein Problem der Aufbau- und Prozessorganisation.

2.1.2 Informelle Organisation

Die informelle Organisation gilt als eine soziale Struktur, die durch persönliche Wünsche, Ziele, Sympathien und Verhaltensweisen der Mitarbeiter bestimmt ist. Sie bildet sich nach menschlichen Gesichtspunkten spontan und ungeplant. Die **Rangordnung** kommt aus den Sympathiebeziehungen zu Stande.

Als **Teilnehmer** der informellen Organisation gelten *(Rahn)*:

- **Informelle Gruppenführer**, z. B. die in der Gruppe beliebtesten Mitarbeiter bzw. die Organisatoren von Gruppenaktivitäten in der Freizeit.

- Verschiedene **gruppenintegrierte Mitglieder**, z. B. Leistungsstarke, Leistungsschwache, Intriganten, Problembeladene, Neulinge, Drückeberger.

- **Außenseiter**, z. B. schwarze Schafe, die in der Gruppe unbeliebt sind bzw. Randfiguren, die von der Gruppe überhaupt nicht wahrgenommen werden.

Die informelle Organisation hat ihre Ursache in der Bildung **informeller Gruppen**, die durch gleiche Interessen, räumliche Gemeinsamkeiten bzw. gemeinsame soziale Merkmale – z. B. Alter, Beruf, Geschlecht – entstehen.

2.2 Anlassbezogene Arten

Die anlassbezogenen Arten der Organisation beziehen sich auf die unterschiedlichen **Ursachen**, die mit der Organisation verfolgt werden. Es können unterschieden werden *(Jung, Gabele, Probst)*:

- **Neuorganisation**

- **Reorganisation**.

2.2.1 Neuorganisation

Die Neuorganisation betrifft ein erstmalig zu gestaltendes soziotechnisches System. Dabei geht es also um das Problem der **Erstorganisation** *(Krüger)*, das ohne eine schon bestehende Ausgangsbasis zu lösen ist. Auf eine bereits bestehende Organisation kann nicht zurückgegriffen werden, die Struktur ist vollständig neu zu gestalten.

Anlässe für die Neuorganisation können z. B. sein:

* Gründung eines Unternehmens
* Entwicklung eines neuen Projektes.

Nach der Gründung eines Unternehmens entwickelt die Unternehmensleitung selbst oder ein von ihr beauftragter Organisator bzw. ein Team von Organisatoren die erforderlichen Aufbau- und Prozessstrukturen.

Die durch Neuorganisation geschaffene Struktur muss im Verlaufe der Zeit, insbesondere in Zeiten starken Wandels, entsprechenden Änderungen unterzogen werden, wenn das Unternehmen leistungsfähig bleiben soll. Dies geschieht im Rahmen der Reorganisation.

2.2.2 Reorganisation

Als Reorganisation wird eine tiefgreifende, umfassende Veränderung bezeichnet, die auf einer bereits bestehenden Organisationsstruktur aufbaut *(Bea/Göbel, Probst)*.

Anlässe für eine Reorganisation können außerbetrieblich oder innerbetrieblich begründet sein, z. B. als:

* **Organisatorische Mängel**, die mitunter schwierig zu erkennen sind. Auswirkungen von Organisationsfehlern können sich z. B. in Terminüberschreitungen, Koordinationsschwierigkeiten und schlechten Leistungen zeigen.
* **Verfahrensänderungen**, die zwangsläufig eine Anpassung der Prozessorganisation mitsichbringen. Hier müssen sich alle Beteiligten durch Umlernen bzw. eventuell auch durch Versetzungen den neuen Gegebenheiten stellen.
* **Personelle Änderungen**, die z. B. in Form von Personalabbau, aber auch bei einer Erhöhung der personellen Kapazität vorkommen. Sie können Änderungen in der Organisationsstruktur erforderlich machen.

In der **Organiationspraxis** gibt es eine Vielzahl von Maßnahmen der Reorganisation. Dazu sind insbesondere zu zählen:

* Die **Reduzierung** von Organisationseinheiten, indem die Anzahl der Hierarchiestufen durch personelle Rationalisierungsmaßnahmen erheblich reduziert wird.
* Die **Einrichtung** von Organisationszentren, wobei diesen Organisationseinheiten mehr Eigenständigkeit und Entscheidungsfreiheit gegeben werden.
* Die **Einführung** einer prozessorientierten Aufbaustruktur, die das bisher gegebene, funktionale Aufbausystem ersetzt.

- Die **Gestaltung** einer effizienten Prozessorganisation, mit deren Hilfe veraltete Abläufe völlig neu organisiert werden.

In vielen Unternehmen wurde in den vergangenen Jahren eine **schlanke Organisation** zur Verbesserung der Produktivität und Wirtschaftlichkeit angestrebt.

2.3 GEGENSTANDSBEZOGENE ARTEN

Gegenstandsbezogene Arten der Organisation beschäftigen sich mit den **Objekten** der Organisation. Zu unterscheiden sind *(Burghardt, Gaitanides, Kosiol)*:

- **Aufbauorganisation**
- **Prozessorganisation**
- **Projektorganisation**.

2.3.1 AUFBAUORGANISATION

Die Aufbauorganisation ist die dauerhaft wirksame **Gestaltung des statischen Beziehungszusammenhanges** eines soziotechnischen Systems. Sie zeigt die Ordnung der gesamten Aufgaben, Kompetenzen und Verantwortung im Unternehmen, z. B. in Form eines Organigrammes. Zu ihren **Problemstellungen** zählen:

- Die **Analyse des Organisationsaufbaus** als Erfassung und kritische Untersuchung der bestehenden Bedingungen. Sie wird auch als **Organisationsanalyse** bzw. **Systemanalyse** bezeichnet und ist nur bei einer Reorganisation notwendig.

- Die **Planung des Organisationsaufbaus**, welche die zukünftige Gebildestruktur des Unternehmens gedanklich vorwegnimmt. Sie basiert auf den aus den Organisationszielen abzuleitenden Zielen der Aufbauorganisation. Da die künftigen Ereignisse schwierig vorauszusehen sind, ist sie nicht einfach.

- Die **Gestaltung des Organisationsaufbaus** als Festlegung von Details zur Gebildestrukturierung des gesamten Unternehmens, z. B. über die:

  - Stellenbildung durch Aufgabenanalyse und Aufgabensynthese
  - Festlegung der Aufgaben, Ziele, Befugnisse und Verantwortung
  - Bezeichnung von Aufgabenträgern
  - Bestimmung der nötigen Informationswege
  - Bildung von Gruppen und Abteilungen
  - Gestaltung der Organisationsform bzw. des Organisationssystems

- Die **Einführung der Aufbauorganisation**, die aus der Vorbereitung, Präsentation, Durchsetzung, Dokumentation und Kontrolle der zuvor gestalteten Organisationsstruktur besteht. In Verbindung mit ihr sind vielfach Widerstände von betroffenen Mitarbeitern abzubauen.

- Das **Aufbaucontrolling**, das auf die Effizienz der gesamten Aufbauorganisation ausgerichtet ist. Es stellt einen übergeordneten Koordinationsprozess der Planung, Steuerung und Kontrolle des Aufbausystems dar und versorgt die an der aufbauorganisatorischen Gestaltung Beteiligten mit den erforderlichen Informationen.

2.3.2 PROZESSORGANISATION

Die Prozessorganisation umfasst die dauerhaft wirksame **Gestaltung des dynamischen Beziehungszusammenhanges** eines soziotechnischen Systems. Sie zeigt die Strukturierung des Prozesses der Aufgabenerfüllung durch zeitliche und räumliche Beziehungen, z. B. in Form eines Fertigungsablaufplanes.

Problemstellungen der betrieblichen Prozessorganisation sind:

- Die **Analyse des Organisationsprozesses**, die ein Verfahren zur Ermittlung und kritischen Beurteilung des Zustandes der bestehenden Prozessstruktur ist und nur bei einer Reorganisation anfällt. Sie liefert die Grundlage zur Erkennung erforderlicher Veränderungen und Verbesserungen für neu zu gestaltende Prozesssysteme.

- Die **Planung des Organisationsprozesses** als gedankliche Vorwegnahme der zukünftigen Abläufe im Unternehmen. Der Organisator entwirft im Rahmen seiner Planung strukturierte Prozesse, die später unter Beachtung des Rationalprinzips in die Realität umzusetzen sind.

- Die **Gestaltung des Organisationsprozesses**, welche zunächst grob erfolgt, um dann in die Detailorganisation überzugehen. Die ermittelten Elementaraufgaben werden darin zu betrieblichen Arbeitsgängen vereinigt, die geeigneten Arbeitsträgern zuzuordnen sind.

- Die **Einführung des Organisationsprozesses**, die sämtliche Aufgaben von der Fertigstellung des Systementwurfes bis zum Beginn des Systemanlaufes umfasst. Nach Abschluss der Anlaufphase erfolgen die Kontrolle und Dokumentation des Prozesses.

- Das **Prozesscontrolling**, das einen auf die Effizienz der Prozessorganisation ausgerichteten Koordinationsprozess darstellt. Es umfasst die Planung, Steuerung, Kontrolle des Prozesses sowie die Informationsversorgung der Betroffenen.

2.3.3 PROJEKTORGANISATION

Die Projektorganisation ist die befristete Gestaltung projektbezogener Regelungen innerhalb eines soziotechnischen Systems. Mit ihr sind häufig ein hoher Schwierigkeitsgrad und eine beträchtliche Risikobelastung verbunden, z. B. bei der Errichtung eines neuen Werkes als Projekt.

Zu den **Problemstellungen** betrieblicher Projektorganisation zählen:

- Die **Projektaufbauorganisation**, welche die Zuständigkeiten und Strukturen zeigt. Dabei sind Entscheidungen hinsichtlich des Projektleiters und der verschiedenen Gestaltungsformen von Projekten zu treffen. Betreut der Projektleiter **ein Projekt**, kann die Aufbauorganisation z.B. wie folgt aussehen:

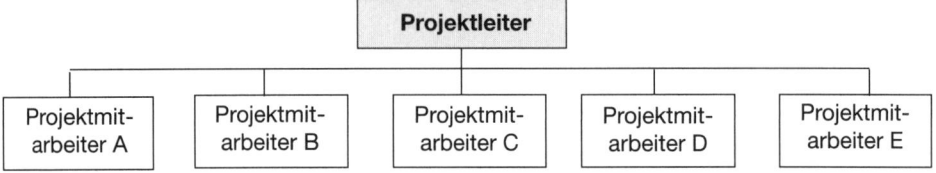

Dem Projektleiter können aber auch **mehrere Projekte** übertragen werden, was die Leitung verschiedener Projektgruppen zur Folge hat.

- Die **Projektprozessorganisation**, welche sich auf die Abläufe von Projekten bezieht. Hier fallen Entscheidungen im Hinblick auf die **Phasen** eines Projektes an:

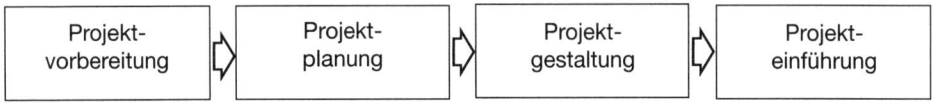

- Das **Projektcontrolling**, das auf die Effizienz von Projekten ausgerichtet ist. Es unterstützt die Projektbeteiligten bei der Vorbereitung, Planung, Gestaltung sowie ggf. Einführung des Projektes und koordiniert deren Aktivitäten.

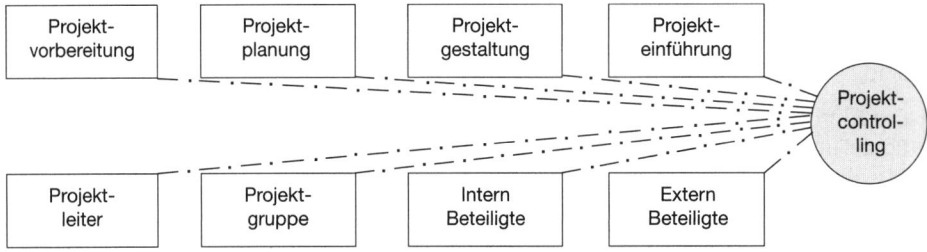

Im Rahmen eines den Projekten übergelagerten Koordinationsprozesses übernimmt ein Projektcontroller die Planung, Steuerung und Kontrolle. Er versorgt die am Projekt beteiligten Personen und Gremien im Übrigen mit den erforderlichen Informationen.

04 ⟩ Seite 450

3. ORGANISATIONSABTEILUNG

Die Organisationsabteilung ist die plurale Organisationseinheit, welche die Aufgaben der Organisation im Unternehmen wahrnimmt. Ob sie in einem Unternehmen zu finden ist, hängt hauptsächlich von der **Größe** des Unternehmens ab *(Zimmermann)*:

- Bei **Großunternehmen** gibt es meist Organisationsabteilungen, in denen hauptamtlich tätige Experten organisatorische Aufgaben lösen, z. B. als Organisationsleiter, Organisationsteams und Organisatoren.

- **Kleine und mittlere Unternehmen** verfügen üblicherweise nicht über eine Organisationsabteilung. Die Organisationsaufgaben werden von anderen Aufgabenträgern wahrgenommen, z. B. der Unternehmensleitung oder Führungskräften der Fachabteilungen.

Im Hinblick auf die Organisationsabteilung sind zu betrachten:

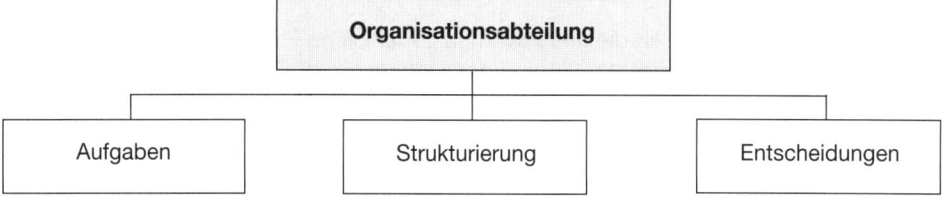

3.1 AUFGABEN

Die Aufgaben der Organisationsabteilung, die in ihrer Gesamtheit den organisatorischen Prozess darstellen, sind:

- **Organisationsanalyse**

- **Organisationsplanung**

- **Organisationsgestaltung**

- **Organisationseinführung**.

Sie sollen nachfolgend beispielhaft für **Großunternehmen** aufgezeigt und in den weiteren Kapiteln C, D und E vertieft werden.

3.1.1 ORGANISATIONSANALYSE

Die Organisationsabteilung dient dazu, soziotechnische Systeme zu entwickeln. Dabei bildet bei einer **Reorganisation** die Organisationsanalyse den Ausgangspunkt als:

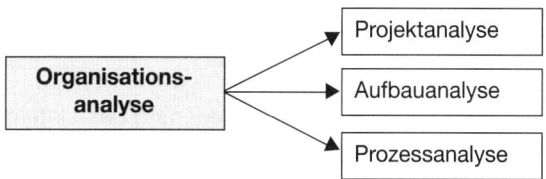

Die Analyse des gegebenen Zustandes eines Ist-Aufbaus, eines Ist-Prozesses oder von Ist-Projektbedingungen basiert auf der Aufnahme von Daten der bisher gegebenen

Struktur. Im Anschluss daran erfolgt die Kritik des Ist-Aufbaus, Ist-Prozesses oder der Ist-Projektbedingungen, mit der die bisherigen Schwachstellen der Organisation herauszufinden sind, z. B. Aufbaumängel, Prozessprobleme oder Projektfehler.

Im Rahmen der Organisationsanalyse ist schlüssig zu begründen, warum Veränderungen in der bestehenden Organisation notwendig sind. Die Ergebnisse der Datenaufnahme und der Kritik werden in einem schriftlichen **Bericht** dokumentiert.

3.1.2 ORGANISATIONSPLANUNG

Die Organisationsplanung ist die gegenwärtige gedankliche Vorwegnahme der künftigen Aufbau-, Prozess- bzw. Projektstrukturen des Unternehmens. Sie legt in der Gegenwart fest, welche Organisationsstrukturen bis zu einem Planungshorizont geschaffen und implementiert werden sollen *(Drumm)*. Zu unterscheiden sind:

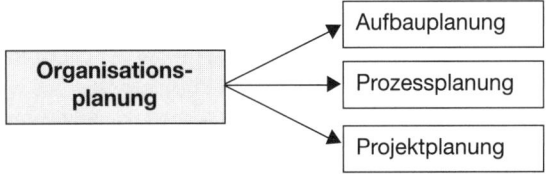

Die **Ziele** der Organisationsplanung ergeben sich aus den Zielen des Unternehmens. Sie sind wirtschaftliche Ziele und soziale Ziele. Ihre bestmögliche Realisierung ist Aufgabe der Organisationsplanung.

Dabei unterliegt sie dem **Rationalprinzip**. Die Planungsvorschläge sind von der Organisationsabteilung so rechtzeitig vorzulegen, dass diese bis zum Nutzungs- bzw. Einsatzzeitpunkt tatsächlich umgesetzt werden können.

3.1.3 ORGANISATIONSGESTALTUNG

Auf der Grundlage der Organisationsplanung erfolgt die Gestaltung der Organisation als:

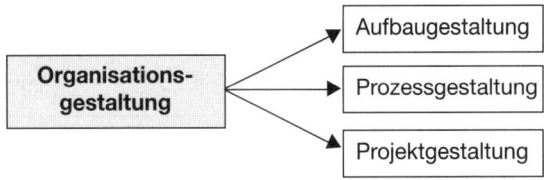

Die **Aufbaugestaltung** bezieht sich auf die Gliederung des Unternehmens in Stellen, Gruppen und Bereiche. Den Aufgabenträgern werden Befugnisse und Verantwortungsbereiche zugeordnet. Weiterhin sind die Informationswege zwischen den Organisationseinheiten zu organisieren.

Die **Prozessgestaltung** ist auf die Organisation von Einzelabläufen, Gruppenabläufen, Bereichs- und Unternehmensabläufen ausgerichtet. Sie wird wesentlich durch die Elektronische Datenverarbeitung geprägt und gewinnt in der betrieblichen Praxis immer mehr an Bedeutung.

Die **Projektgestaltung** hat für den Erfolg eines Projektes hohe Bedeutung, der sich in der zweckentsprechenden Planumsetzung zeigt. Für abgegrenzte Teilprojekte werden Informationen gesammelt und Lösungsvorschläge erarbeitet. Die Projektgestaltung wird auch als **Projektdurchführung** bezeichnet.

3.1.4 ORGANISATIONSEINFÜHRUNG

Die Einführung einer neuen Organisation kann bei den betroffenen Mitarbeitern zu **Widerständen** führen, da mitunter Ängste und nicht selten persönliche Probleme auftreten. Um diese Widerstände zu begrenzen, müssen die mit der Organisation befassten Personen nicht nur fachlich qualifiziert sein, sondern auch psychologische Fähigkeiten aufweisen. Zur Organisationseinführung zählen:

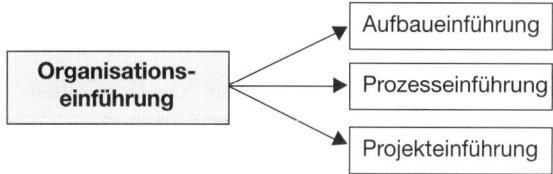

Bei der Organisationseinführung wird zunächst ein Entwurf zur **Vorgehensweise** erstellt, der die Kritik am bestehenden System und die Darstellung der neuen Organisation enthält. Er sollte unter Verwendung von Visualisierungsmitteln präsentiert werden. Stimmt die Unternehmensleitung dem Entwurf zu, ist das neue System **einzuführen** und bei den Mitarbeitern **durchzusetzen**.

Schließlich ist die neue Organisation zu **dokumentieren**, was eindeutig und verständlich erfolgen und auch eine computergestützte Pflege vorsehen soll. Dabei kann es sich als notwendig erweisen, betroffene Mitarbeiter im Rahmen der Umstellung auf das neue System **vorzubereiten** und zu **schulen**.

In angemessenen Zeitabständen empfiehlt es sich, eine **Kontrolle** der Einführung der neuen Organisation vorzunehmen. Hier ist zu prüfen, ob die neuen Regelungen der Aufbau-, Prozess- bzw. Projektorganisation von den dort tätigen Mitarbeitern eingehalten werden.

3.2 STRUKTURIERUNG

Die Strukturierung der Organisationsabteilung bezieht sich einerseits auf deren organisatorischen Aufbau und andererseits auf den organisatorischen Prozess:

• **Abteilungsaufbau**

• **Abteilungsprozess**.

3.2.1 ABTEILUNGSAUFBAU

Der Aufbau der Organisationsabteilung wird von deren Aufgaben und der Größe des Unternehmens bestimmt. Die Wahrnehmung der Organisationsaufgaben ist im Klein- bzw. Mittelbetrieb weniger umfassend ausgeprägt als beim Großunternehmen. Es sollen dargestellt werden:

3.2.1.1 ORGANISATIONSPERSONAL

Das Organisationspersonal ist mit den Aufgaben der Organisationsabteilung befasst. Im **Großunternehmen** können unterschieden werden:

• Der **Organisationsleiter** als oberster Vorgesetzter der Organisationsabteilung. Er stellt das Bindeglied zwischen Unternehmensleitung, Organisationsteam und Organisator dar. Der Organisationsleiter benötigt Autorität und Persönlichkeit, um die Vorschläge seiner Abteilung bei der Unternehmensleitung, den Fachabteilungen bzw. deren Mitarbeiter wirkungsvoll vertreten zu können.

• **Organisationsteams**, die bei größeren Organisationsaufgaben eingesetzt werden. Ihnen gehören außer den Organisatoren oft auch Mitarbeiter der betroffenen Fachabteilungen an. Der Erfolg der Organisationsteams hängt stark von der Gruppenzusammensetzung, dem Gruppendenken und Gruppenzusammenhalt ab *(Jendrosch)*.

• Der einzelne **Organisator**, dessen Aufgaben weniger umfassend sind als die der Organisationsteams. Auch er beschäftigt sich mit Systemen der Aufbau-, Prozess- und Projektorganisation, die von ihm mithilfe von Organisationstechniken zu gestalten sind *(Hill/Fehlbaum/Ulrich, Lindelaub, Vahs)*.

Die Bewältigung der Organisationsaufgaben erfordert für das Organisationspersonal besondere **Qualifikationen**, denn diese Aufgaben sind anspruchsvoll. Zu unterscheiden sind:

• **Persönliche Anforderungen**, z. B. problemorientiertes Denken, Blick für das Wesentliche, Überzeugungskraft, Innovationsfähigkeit, Genauigkeit, Kombinationsgabe, Teamfähigkeit, technisches Verständnis und Einfühlungsvermögen.

• **Fachliche Anforderungen**, z. B. das Wisssen über Organisation, Betriebswirtschaftslehre und Datenverarbeitung.

Den **Fachabteilungen** kann das Organisationspersonal mit methodischer Beratung, Schulung und Hilfestellung zur Seite stehen, z. B. bei der Anwendung von Organisationstechniken wie der Netzplantechnik oder von Kreativitätstechniken.

An der Lösung von Organisationsproblemen sind mitunter auch **externe Organisatoren** als freiberuflich tätige Organisationsberater oder Unternehmensberater beteiligt. Vielfach bringen sie spezielle Branchenkenntnisse bzw. persönliche Erfahrungen mit bzw. haben sich auf ein bestimmtes Gebiet spezialisiert *(Hill/Fehlbaum/Ulrich)*.

3.2.1.2 Organisationseinordnung

Die Führungsverantwortung der Unternehmensleitung richtet sich auf Sachverhalte, die für das Unternehmen als Ganzes von zentraler Bedeutung sind. Führung und Organisation sind überall dort notwendig, wo das Verhalten von einer Vielzahl von Menschen auf Ziele hin zu koordinieren ist *(Jung, Olfert/Pischulti, Rahn)*.

Hinsichtlich der bestmöglichen Erreichung betrieblicher Organisationsziele ist von der Unternehmensleitung darauf zu achten, dass sich die Aufgabenerfüllung der Organisationsabteilung nicht isoliert und unkontrolliert vollzieht, sondern integrativ und zweckbezogen. Im **Großunternehmen** kann sie der Unternehmensleitung zugeordnet werden:

* Als **Linienabteilung**, die der Unternehmensleitung direkt unterstellt ist. Da die Wirkungsmöglichkeit der Organisationsabteilung direkt von ihrer organisatorischen Einordnung beeinflusst wird, sollte sie in der Hierarchie nicht zu tief stehen.

Beispiel:

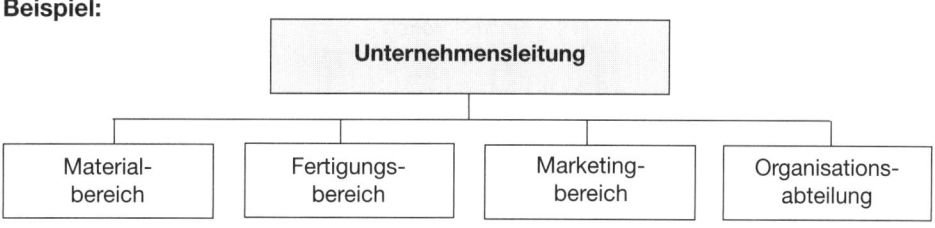

* Als **Stabsabteilung**, welche die Unternehmensleitung bei ihren organisatorischen Entscheidungen unterstützt. Die Aufgabenträger dieser Abteilung haben keine Weisungs- oder Entscheidungsbefugnisse, sondern nur **Vorschlagsrechte**.

Beispiel:

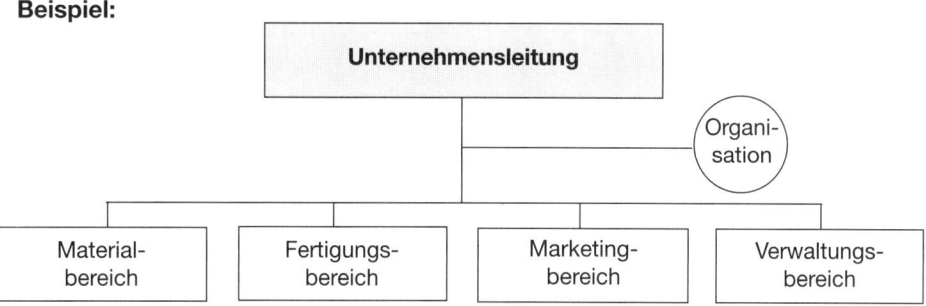

Die Organisationsabteilung schließt vielfach auch den EDV-Bereich mit ein, sodass eine Abteilung **Organisation/EDV** geführt wird. Ihre interne Gliederung wird vor allem durch die Größe des Unternehmens und vom Umfang der Aufgaben bestimmt.

3.2.2 ABTEILUNGSPROZESS

Das Organisationspersonal hat die Aufgabe, organisatorische Probleme des Unternehmens zu lösen und für die Leitung entscheidungsreif zu machen *(Lindelaub)*. Es wird aufgrund eines **Organisationsauftrages** tätig, der den organisatorischen Gegenstand definiert, z. B. ein Problem der Aufbau-, Prozess-, Projektorganisation.

Unter Einsatz von Organisationsinstrumenten, die in Kapitel B. näher beschrieben werden, und unter Beachtung der auf den Organisationsgegenstand wirkenden Einflussgrößen wird ein organisatorischer **Erfolg** angestrebt.

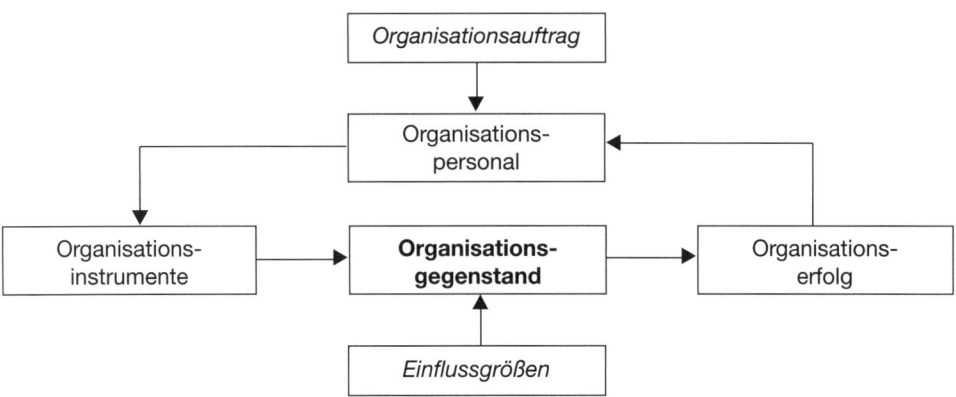

Der Abteilungsprozess umfasst den gesamten organisatorischen Ablauf vom Organisationsauftrag über den Einsatz der Organisationsinstrumente, die Gestaltung des Organisationsgegenstandes bis hin zum Organisationserfolg. Sie sollen betrachtet werden:

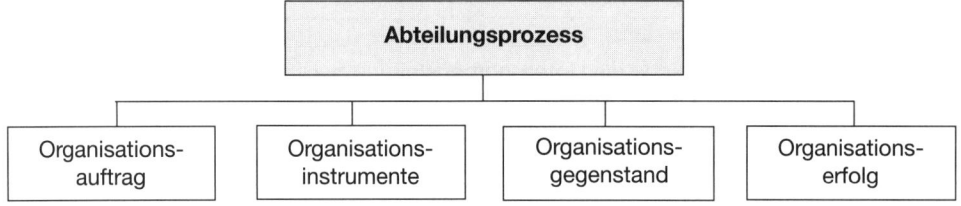

3.2.2.1 ORGANISATIONSAUFTRAG

Der Organisationsauftrag ist eine schriftliche Anweisung der Unternehmensleitung an das Personal der Organisationsabteilung. Er geht von einem zu lösenden Organisationsproblem aus und konkretisiert die Zielsetzung, Aufgabenstellung, Vorgaben, Anlässe und Termine.

Von einem **Organisationsproblem** kann gesprochen werden, wenn beim Suchen von organisatorischen Lösungen nach der Entscheidungslogik gefragt wird *(Hill/Fehlbaum/Ulrich)*. Es stellt die pragmatische Fragestellung der Organisation dar, die – wie bereits dargelegt – z. B. aus folgenden drei **Teilproblemen** besteht:

- *Nach welchen **Zielen** ist zu organisieren?*
- *Unter welchen **Bedingungen und Einflussgrößen** ist zu organisieren?*
- *Wie ist der **Organisationserfolg** zu erzielen?*

Der Organisationsauftrag kann sich auf alle betrieblichen Bereiche beziehen.

3.2.2.2 ORGANISATIONSINSTRUMENTE

Zur Lösung des Organisationsproblems können vom Organisationspersonal verschiedene Organisationsinstrumente eingesetzt werden, die praktische Werkzeuge für die Organisationsarbeit darstellen – siehe ausführlich Kapitel B.:

- **Organisationsmittel**, die z. B. der Durchführung organisatorischer Prozesse dienen und insbesondere sein können:

Sachmittel	▸ Arbeitsmittel ▸ Software ▸ Telefon	▸ Büroräume ▸ Orgware ▸ Telefax	▸ Lagerräume ▸ Hardware ▸ Internet
Hilfsmittel	▸ Vorgaben ▸ Schulung	▸ Modelle ▸ Standards	▸ Tools ▸ Groupware

- **Organisationstechniken**, die organisatorische Instrumente sind, welche der Zielerreichung des Unternehmens dienen, z.B. als:

Aufnahme- techniken	▸ Interview ▸ Experiment ▸ Fragebogen	▸ Konferenz ▸ Dokumentations- auswertung	▸ Beobachtung ▸ Multimomentaufnahme ▸ Selbstaufschreibung
Analyse- techniken	▸ Benchmarking ▸ ABC-Analyse	▸ Entscheidungs- tabellenanalyse	▸ Checklistentechnik ▸ Schwachstellenanalyse
Kreativitäts- techniken	▸ Brainstorming ▸ Morphologie	▸ Methode 635	▸ Synektik

- **Organisationsmethoden**, welche die Art und Weise des planmäßigen Vorgehens des Organisators zeigen. Das können z. B. die Zehnstufen-Aufbaumethode, die Dreistufen-Prozessmethode oder die Vierstufen-Projektmethode sein – siehe S. 96 ff.:

3.2.2.3 ORGANISATIONSGEGENSTAND

Der Organisationsgegenstand als das zu lösende Organisationsproblem kann folgende **Problemfelder** umfassen:

- Den **Organisationsaufbau**, der den *statischen* Beziehungszusammenhang eines soziotechnischen Systems betrifft, z. B. als Organigramm des Unternehmens.

- Den **Organisationsprozess**, der sich auf den *dynamischen* Beziehungszusammen-hang eines soziotechnischen Systems bezieht, z.B.:

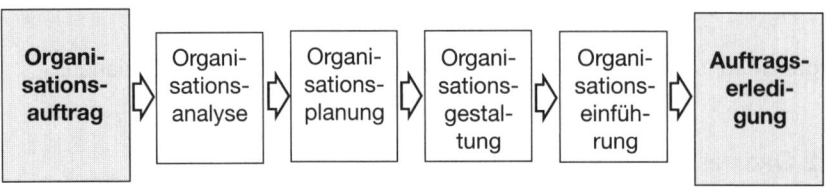

Bei der Gestaltung eines Organisationsgegenstandes sieht sich das Organisationsperso-nal vielen **Einflussgrößen** gegenüber, die organisatorische Lösungen erschweren kön-nen, z.B. Widerstände der Betroffenen, Forderungen des Betriebsrates, Erwartungen von Kunden bzw. Lieferanten.

3.2.2.4 ORGANISATIONSERFOLG

Der Organisationserfolg ist das positive Ergebnis der Bemühungen des Organisations-personals um Zielerreichung, Gruppenzusammenhalt und Zufriedenheit. Dies gilt für die Organisationsabteilung selbst, aber vor allem auch für die von den organisatorischen Än-derungen betroffenen Fachabteilungen und ihre Mitarbeiter.

Hinsichtlich des Organisationserfolges sind zu unterscheiden:

- Der **wirtschaftliche Organisationserfolg** als ökonomisches Ergebnis der organisato-rischen Bemühungen, z. B. Zeitverkürzung in Arbeitsabläufen, Reduzierung des Per-sonalbestandes, erfolgreiche Projektgestaltung.

- Der **soziale Organisationserfolg** als personenbezogenes Ergebnis der organisatori-schen Anstrengungen, z. B. bessere Arbeitsbedingungen, Minderung von Arbeitskon-flikten, Erhöhung der Arbeitssicherheit, Verbesserung der Arbeitszufriedenheit.

3.3 ENTSCHEIDUNGEN

Organisationsentscheidungen sind Akte der Willensbildung, mit denen Organisations-probleme gelöst werden sollen. Sind sie grundlegender Natur, werden sie nicht von der Organisationsabteilung, sondern von der **Unternehmensleitung** getroffen, die dabei von der Organisationsabteilung vielfach beraten wird.

Die Organisationsentscheidungen können sein:

- **Aufbauentscheidungen**, welche die betriebliche Gebildestruktur betreffen, z.B. das Organigramm bzw. die Abgrenzung von Zuständigkeiten.

- **Prozessentscheidungen**, die sich auf die betrieblichen Abläufe beziehen, z.B. unter Verwendung von Netzplänen, Diagrammen und Ablaufschemata.

- **Projektentscheidungen**, die auf Unternehmensprojekte ausgerichtet sind, z.B. die Er-richtung eines Werkes oder die Einführung eines neuen Produktes.

Die Entscheidungen der Verantwortlichen können zu unterschiedlichen Ergebnissen führen. Dabei gibt es folgende **Entscheidungsalternativen**:

* Die **JA-Entscheidung**, d. h. der Sollvorschlag der Organisationsabteilung wird ohne wesentliche Änderungen von den Entscheidungsträgern angenommen. Dies bedeutet, dass die Beurteilenden mit dem Vorschlag voll einverstanden sind.
* Die **JA-ABER-Entscheidung**, d. h. das Konzept der Organisationsabteilung wird grundsätzlich genehmigt, es werden aber Änderungen im Detail gefordert. Die nicht akzeptierten Punkte sind jedoch nicht erheblich.
* Die **JEIN-Entscheidung**, d. h. die Entscheidungsträger weisen den Vorschlag an die Organisationsabteilung zurück. Zusätzlich werden erhebliche Änderungen am vorgeschlagenen Konzept gewünscht, das nachzubessern ist.
* Die **NEIN-Entscheidung**, d. h. die Entscheidungsträger lehnen den Vorschlag insgesamt ab, z. B. wegen Zweifeln an seiner Realisierbarkeit, erheblichen Organisationsfehlern oder falschen Einschätzungen der Situation.

Bei der häufig vorzufindenden JA-ABER-Entscheidung werden die Änderungswünsche der Entscheidungsträger in den Entwurf ergänzend eingebracht. Erhebliche Nachbesserungen sind bei der JEIN-Entscheidung notwendig. Eine NEIN-Entscheidung führt zum Abschluss der Organisationsarbeit, ohne dass ein Organisationserfolg eingetreten ist.

Die Organisationsabteilung darf nicht darauf begrenzt werden, nur an Einzelprojekten mitzuarbeiten und formale Dienstleistungen zu erledigen. Sie sollte auch gefordert sein, zukunftsweisende Gesamtkonzeptionen (mit) zu entwickeln.

05 Seite 450

4. ORGANISATIONSCONTROLLING

Das Organisationscontrolling ist den Aktivitäten der Organisationsabteilung übergelagert und auf organisatorische Effizienz ausgerichtet. Es stellt den Koordinationsprozess der Planung, Kontrolle und Steuerung betrieblicher Organisationsstrukturen dar. Außerdem versorgt das Organisationscontrolling die an der Organisationsarbeit beteiligten Personen oder Gremien mit den notwendigen Informationen.

Zu unterscheiden sind:

* **Aufbaucontrolling**, das sich mit Aktivitäten hinsichtlich der Aufbauplanung, Aufbausteuerung, Aufbaukontrolle sowie Aufbauinformationen befasst.
* **Prozesscontrolling**, das mit der Planung, Kontrolle und Steuerung organisatorischer Prozesse bzw. mit der Informationsversorgung beschäftigt ist.
* **Projektcontrolling**, das sich auf die Projektaufbauorganisation und auf die Projektprozessorganisation bezieht.

Das Organisationscontrolling dient dazu, die Aktivitäten des Organisationspersonals zielorientiert zu beeinflussen *(Horváth, Küpper, Schröder, Ziegenbein)*. Es geht somit über
die Kontrolle hinaus.

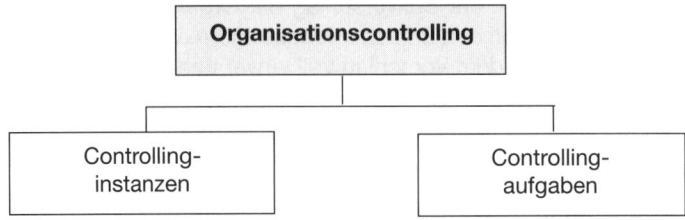

4.1 CONTROLLINGINSTANZEN

Controllinginstanzen sind Organisationseinheiten, welche die Organisationsabteilung bei
der Wahrnehmung ihrer Aufgaben unterstützen, z. B. als:

- Unternehmensleitung, die das Organisationscontrolling selbst ausübt
- Gesamtcontroller, der auch andere Controllingaufgaben hat
- Organisationsausschuss, der aus internen Experten besteht.

Für den **Einsatz** des Organisationscontrolling gibt es mehrere Gründe:

- Das Organisationscontrolling hat Abstand zum Organisationsproblem
- Die Mitarbeiter verfügen über weitreichende Controllingerfahrungen
- Die Organisationscontroller haben einen Gesamtüberblick und Spezialwissen.

Das Organisationscontrolling dient vorrangig der Überwachung des organisatorischen
Fortschrittes und weniger der Kontrolle des Organisationspersonals. Es sollte kooperativ mit der Organisationsabteilung zusammenarbeiten.

Bei einem auf der Ebene der Unternehmensleitung eingeordneten **Gesamtcontrolling**
ergeben sich folgende Beziehungen zwischen dem Controller und der Organisationsabteilung, aber auch zu den übrigen Fachabteilungen eines Großunternehmens:

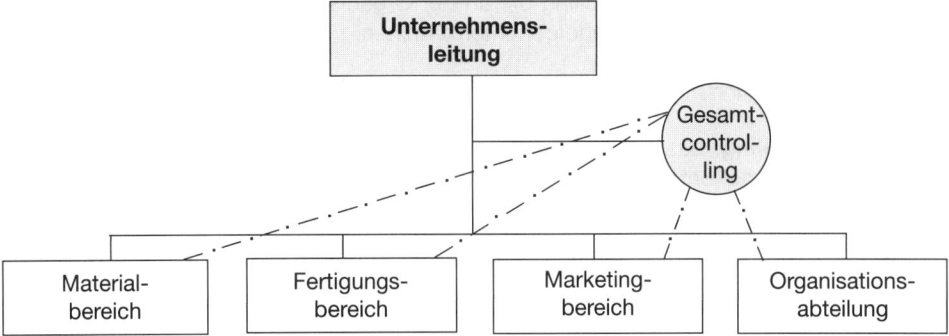

Der Gesamtcontroller unterstützt und berät sowohl die Unternehmensleitung als auch die Organisationsleitung sowie die anderen Bereichsleiter bei der Wahrnehmung ihrer Aufgaben, ohne jedoch über Entscheidungs- und Weisungsrechte zu verfügen.

4.2 CONTROLLINGAUFGABEN

Als Aufgaben des Organisationscontrolling sind zu unterscheiden:

- **Planungsaufgaben**
- **Kontrollaufgaben**
- **Steuerungsaufgaben**
- **Informationsaufgaben**.

4.2.1 PLANUNGSAUFGABEN

Für die Planung des Organisationscontrolling gibt es drei **Möglichkeiten**:

- Der Organisationscontroller legt der Unternehmensleitung seine Pläne vor, die darüber entscheidet und dem Organisationsleiter daraufhin Planwerte vorgibt.
- Der Organisationsleiter entscheidet in Abstimmung mit der Unternehmensleitung, und der Organisationscontroller übernimmt diese Planwerte.
- Der Organisationscontroller und Organisationsleiter planen einvernehmlich, die Vorgaben erfolgen in Abstimmung mit bzw. durch die Unternehmensleitung.

Mithilfe der Organisationsplanung werden die **Organisationsziele** bestimmt, die sich aus dem Zielbündel des Unternehmens ergeben und Soll-Werte darstellen als:

- **Ziele der Aufbauorganisation**, z. B. Erstellung eines funktionsfähigen Organigrammes mit fünf Unternehmensebenen.
- **Ziele der Prozessorganisation**, z. B. Minimierung der Durchlaufzeiten eines bereits seit Jahren hergestellten Produktes.
- **Ziele der Projektorganisation**, z. B. Nichtüberschreitung des geplanten Kostenrahmens von 50.000 €.

4.2.2 KONTROLLAUFGABEN

Die Kontrolle der Organisation durch den Organisationscontroller bildet die letzte Phase des Organisationsprozesses *(Bleicher)*. Sie ist ein Vorgang der Gewinnung von Informationen über den Organisationserfolg. Ihr **Ablauf** besteht insbesondere aus:

- Erhebung der organisatorischen Ist-Daten
- Ermittlung der Abweichungen zu den Soll-Daten
- Analyse der Abweichungsursachen
- Feststellung der Beeinflussbarkeit von Abweichungsursachen.

Bei beeinflussbaren Abweichungsursachen werden Maßnahmen der Organisationssteuerung eingeleitet, ansonsten kann sich eine Korrektur der Soll-Vorgaben anbieten.

Aus der Organisationskontrolle können sich z. B. folgende **Abweichungen** ergeben:

* Abweichungen der Ist-Aufbaustruktur vom Soll-Organisationsplan
* Sachliche Abweichungen zwischen geplantem Datenfluss und Ist-Datenfluss
* Zeitliche Abweichungen zwischen Projektplan und Projektzustand.

4.2.3 STEUERUNGSAUFGABEN

Die organisationsbezogenen Steuerungsaufgaben stellen Vorgänge dar, bei denen eine oder mehrere Größen als Eingangsgrößen andere Größen als Ausgangsgrößen beeinflussen. Im Gegensatz zur Planung bezieht sich die Steuerung auf die **Gegenwart**.

Der Organisationscontroller unterstützt die Organisationsabteilung bzw. die Fachabteilungen durch geeignete **Vorschläge**. Sie sind auf alle Maßnahmen gerichtet, die der Erfüllung der Organisationsziele und der Beeinflussung von Störgrößen der Organisation dienen und sollen dazu führen, dass die Organisationsaufgaben in der geplanten Weise realisierbar sind.

Abweichungen der Ist-Daten gegenüber den geplanten Daten muss durch geeignete **Steuerungsmaßnahmen** begegnet werden. Wesentlich ist, dass organisatorische Fehler frühzeitig erkannt und mit Gegenmaßnahmen beantwortet werden können.

4.2.4 INFORMATIONSVERSORGUNG

Die Informationsversorgung besteht aus der Weitergabe bzw. Mitteilung von Daten über die Aufbauorganisation, Prozessorganisation bzw. Projektorganisation, z. B. durch das **Berichtswesen**. Der Organisationscontroller liefert außer der Unternehmensleitung auch den Bereichsleitern, Projektleitern und Gremien die erforderlichen Informationen.

Formen der Informationsversorgung können sein:

* **Organisationsberichte**, die monatlich oder vierteljährlich über den Fortschritt der betrieblichen Organisationsarbeit in schriftlicher Form informieren.

* **Organisationskonferenzen**, bei welchen der Organisationscontroller über ein Projekt vierteljährlich oder halbjährlich berichtet, z. B. als **Projektreview**.

* **Organisationsbesprechungen**, die meist vierteljährlich oder halbjährlich erfolgen, um ausgearbeitete Problemlösungen vorzustellen, die diskutiert werden.

Den direkt betroffenen Mitarbeitern werden oftmals monatliche oder vierteljährliche **Organisationsinformationen** gegeben.

Um die genannten Aufgaben erfüllen zu können, benötigen die Organisationsabteilung und das Organisationscontrolling die zur Aufgabenlösung notwendigen Fähigkeiten und Kompetenzen.

KONTROLLFRAGEN	bear-beitet	Lösungs-hinweise	Lö-sung	
			+	-
01 Was versteht man unter einem Unternehmen?		25		
02 Welche Prozesse werden bei der Kombination elementarer Produktions-faktoren bewirkt?		25		
03 Stellen Sie zwei Sichtweisen der Organisation dar!		26		
04 Unterscheiden Sie fallweise und generelle Regelungen der Organisation!		27		
05 Was besagt das Substitutionsgesetz der Organisation?		27		
06 Zählen Sie gestaltungsbezogene Aufgaben der Organisation auf!		27 f.		
07 Wie kann das Verhalten der Teilnehmer durch die Organisation positiv be-einflusst werden?		28		
08 Erläutern Sie prozessbezogene Aufgaben der Organisation!		28 f.		
09 Stellen Sie dar, welche Ziele die Organisation verfolgt!		29 f.		
10 Welche Kundenziele können auf die Organisation wirken?		30		
11 Erläutern Sie die mitarbeiterbezogenen Ziele der Organisation!		30 f.		
12 Kennzeichnen Sie interne Einflussgrößen der Organisation, die auf die Gegenwart bezogen sind!		31 f.		
13 Erklären Sie interne Einflussgrößen der Organisation, die vergangenheits-bezogen sind!		32		
14 Erläutern Sie externe Situationsfaktoren der Organisation!		32 f.		
15 Was wird unter einem System verstanden?		33		
16 Welche Bestandteile weist ein System auf?		33		
17 Was ist unter Systemtheorie zu verstehen?		33 f.		
18 Wie unterscheiden sich Teilsysteme und Untersysteme?		34 f.		
19 Erläutern Sie bedeutsame Merkmale, nach denen Systeme gruppiert wer-den können!		35 f.		
20 Wie unterscheiden sich statische und dynamische Systeme?		35		
21 Was ist unter soziotechnischen Systemen zu verstehen?		36		
22 Durch welche Determinanten werden Systeme bestimmt?		36 f.		
23 Wodurch sind Systemelemente gekennzeichnet?		37		
24 Unterscheiden Sie interne und externe Systembeziehungen!		38		
25 Erläutern Sie das Systemverhalten!		38		
26 Mit welchen Formeln lässt sich die Wirtschaftlichkeit berechnen?		39		
27 Was besagt das Prinzip der Zweckmäßigkeit der Organisation?		39		
28 Erklären Sie das Prinzip der Gleichgewichtigkeit der Organisation!		40		
29 Worin unterscheiden sich Unterorganisation und Überorganisation?		41		
30 Erläutern Sie Unterschiede zwischen ökonomischer und sozialer Effizi-enz!		42 f.		
31 Unterscheiden Sie die informelle und formelle Organisation!		43 f.		

32	Erklären Sie Unterschiede zwischen Neuorganisation und Reorganisation!	44 f.		
33	Worin liegen die Problemstellungen der Aufbauorganisation?	46 f.		
34	Mit welchen Problemstellungen befasst sich die Prozessorganisation?	47		
35	Erläutern Sie, was unter der Projektorganisation zu verstehen ist!	47		
36	Wovon hängt es ab, ob es im Unternehmen eine Organisationsabteilung gibt?	48 f.		
37	Aus welchen Teilaufgaben besteht die Organisationsanalyse?	49 f.		
38	Welche Aufgabe hat die Organisationsplanung?	50		
39	Aus welchen Aufgaben besteht die Organisationsgestaltung?	50 f.		
40	Erläutern Sie die Aufgaben der Organisationseinführung!	51		
41	Erklären Sie, welche Aufgabenträger zum Organisationspersonal zählen!	52		
42	Welche Qualifikation sollte das Organisationspersonal mitbringen?	52		
43	Erklären Sie die Organisationsabteilung als Linie oder Stab!	53		
44	Beschreiben Sie den Abteilungsprozess in der Organisationsabteilung!	54		
45	Was ist unter einem Organisationsauftrag zu verstehen?	54		
46	Zählen Sie Organisationsmittel und Organisationstechniken auf!	55		
47	Wie läuft der Organisationsprozess ab?	56		
48	Unterscheiden Sie den wirtschaftlichen und den sozialen Organisationserfolg!	56		
49	Erklären Sie, welche Entscheidungs-Alternativen es gibt!	57		
50	Was ist unter Organisationscontrolling zu verstehen?	57		
51	Nennen Sie Arten des Organisationscontrolling!	57		
52	Zählen Sie verschiedene Instanzen des Organisationscontrolling auf!	58		
53	Welche Gründe für den Einsatz des Organisationscontrolling gibt es?	58		
54	Worauf ist beim Einsatz eines Organisationscontrollers besonders zu achten?	58		
55	Beschreiben Sie das Beziehungsverhältnis zwischen Controller und Abteilungen!	58		
56	Unterscheiden Sie Möglichkeiten bei der Planung des Organisationscontrolling!	59		
57	Wie läuft der Prozess der Kontrolle durch den Organisationscontroller ab?	59 f.		
58	Erläutern Sie Steuerungsaufgaben des Organisationscontrollers!	60		
59	Worin besteht die Hauptaufgabe des Organisationscontrollers?	60		
60	Unterscheiden Sie Formen der Informationsversorgung durch den Controller!	60		

B. ORGANISATIONSINSTRUMENTE

Organisationsinstrumente sind materielle und immaterielle Werkzeuge zur praktischen Arbeit des Organisators im Unternehmen. Sie werden mit Personen, Räumen sowie Zeitfaktoren kombiniert und sollten so eingesetzt werden, dass sie die Erreichung der Organisationsziele gewährleisten *(Hill/Fehlbaum/Ulrich, Schmidt)*.

Als Organisationsinstrumente sind zu unterscheiden:

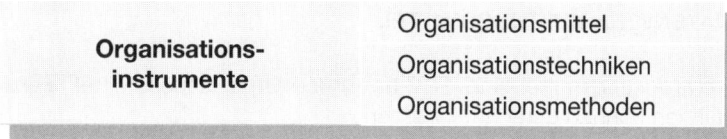

1. ORGANISATIONSMITTEL

Organisationsmittel sind Organisationsinstrumente, die der Durchführung organisatorischer Prozesse dienen und unmittelbar vor Ort eingesetzt werden als:

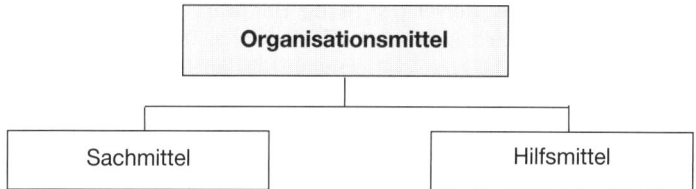

1.1 SACHMITTEL

Sachmittel sind gegenständliche Werkzeuge, die zur Durchführung organisatorischer Prozesse benötigt werden. Sie können sein:

- **Traditionelle Mittel**
- **Datenverarbeitungsmittel**
- **Kommunikationsmittel**.

1.1.1 TRADITIONELLE MITTEL

Traditionelle Mittel sind nicht EDV-gestützte Organisationsinstrumente, die zur Grundausstattung der Organisation gehören. Es gibt:

- **Arbeitsmittel**, z. B. Arbeitstische, Stühle, Schränke, Maschinen, Transportgeräte, Schreibgeräte, Diktiergeräte, Kopiergeräte, Werkzeuge.

- **Büro- und Fertigungsräume**, z. B. EDV-Räume, Werkstätten, Werkshallen, Fabrikräume, Lagerräume, Ausstellungsräume, Ruheräume.

- **Ordnungsmittel**, z. B. Organisationshandbücher, Organisationspläne, Stellenbeschreibungen, Ablaufdiagramme, Entscheidungstabellen.

Die traditionellen Mittel allein reichen für die Bewältigung der organisatorischen Arbeiten nicht aus. Es sind auch EDV-bezogene Sachmittel erforderlich.

1.1.2 DATENVERARBEITUNGSMITTEL

Die Datenverarbeitungsmittel sind EDV-bezogene Organisationsmittel *(Hansen, Stahlknecht).* Zu ihnen können gerechnet werden:

- **Software** als Gesamtheit aller Programme, die mit einem Computer ausgeführt werden können. Sie bildet das Betriebssystem und dient der Steuerung des gesamten Systems der EDV.

- **Hardware** als die Gesamtheit der physikalischen Bestandteile von EDV-Anlagen. Die gesamte Hardware-Struktur wird auch **Konfiguration** genannt. Sie umfasst:

Eingabegeräte	Sie bilden denjenigen Teil der Hardware, mit dessen Hilfe die Daten in den Arbeitsspeicher der Zentraleinheit überführt werden: ▶ Belegleser ▶ Direkteingabegerät ▶ Scanner
Zentraleinheit	Sie ist der Kern der Datenverarbeitungsanlage und besteht aus folgenden Elementen: ▶ Arbeitsspeicher ▶ Steuerwerk ▶ Rechenwerk
Ausgabegeräte	Sie sind technische Geräte, welche die in den Computer eingegebenen Daten nach außen abgeben, z. B.: ▶ Bildschirm ▶ Drucker ▶ Beamer
Speichermedien	Sie sind Datenträger, die Informationen aufnehmen, aufbewahren und unverändert wiedergeben, z. B.: ▶ Diskette ▶ Festplatte ▶ Magnetplatte ▶ Magnetband ▶ CD-ROM

- **Orgware** als Vorgabe für den Programmierer, um Software zu gestalten. Mit der Orgware werden Daten zweckentsprechend organisiert. Sie ist ein Sammelbegriff für die Datenorganisation und die damit verbundenen Betriebsdaten.

1.1.3 KOMMUNIKATIONSMITTEL

Kommunikationsmittel sind organisatorische Instrumente, die dem informationellen Austauschprozess zwischen einem Sender und einem Empfänger dienen. Als Sachmittel der **technischen Kommunikation** sind z. B. zu unterscheiden:

- Das **Internet** als größtes Netzwerk der Welt, mit dem Personalcomputer von Privatpersonen, Unternehmen und anderen Institutionen verbunden sind. Die firmeninterne Umsetzung dieser Technologie ist das **Intranet**.

- Die **Mailbox**, die es dem Organisationspersonal erlaubt, in einem Computerverbund an andere Benutzer E-Mails als Nachrichten zu versenden. Dabei ist es möglich, als Anhang auch umfassende Informationen zu übermitteln.

- Das **Telefon**, das direkte Kontakte zwischen den Teilnehmern ermöglicht. Es setzt ein Telefonnetz voraus, das als öffentliches Wählnetz zur Sprachübertragung dient.

- Das **Telefax**, das als Fernkopier-Dienst eine schnelle Übertragung von Texten und Grafiken über eine beliebige Entfernung hinweg ermöglicht.

- Die **Telebox**, die es als elektronischer Briefkasten ermöglicht, dass ein Teilnehmer an einen anderen Teilnehmer Mitteilungen hinterlassen kann.

- Der **DATEL-Dienst**, der als DAta TELexcommunication Service die Datenpaketvermittlung (DATEX-P) oder die Datenleitungsvermittlung (DATEX-L) bietet.

- Der **ISDN-Dienst**, mit dem unterschiedliche Endgeräte – z. B. Telefon, Telefax – mit einer einheitlichen Rufnummer über eine universelle Steckdose versorgt werden.

1.2 HILFSMITTEL

Als weitere Organisationsmittel zur Durchführung der organisatorischen Prozesse lassen sich folgende Hilfsmittel unterscheiden:

- **Vorgaben**

- **Modelle**

- **Tools**

- **Maßnahmen**.

1.2.1 VORGABEN

Die Organisation ist durch Vorgaben in verschiedener Hinsicht bestimmt, die der Organisator zu beachten hat, z.B. bestimmte Vorgehensweisen. Sie können sich aus den **Organisationsaufträgen** der Unternehmensleitung ergeben.

Mehrere **Arten** von Vorgaben sind für die Organisation bedeutsam:

- **Prinzipien** als Grundsätze für die Modellierung von Geschäftsprozessen, z. B.:

  - Kundenfokussierung, z. B. ausgeprägte Orientierung an Kundenwünschen
  - Prozessdominanz, z. B. Prozessprobleme sind vorrangig zu lösen
  - Schlanke Organisation, z. B. Verringerung der Zahl der Unternehmensebenen

- **Normen**, die von speziellen Institutionen erlassen werden, z. B.:

  - ▸ DIN   - Deutsches Institut für Normung
  - ▸ ISO   - International Standardization Organization
  - ▸ ANSI - American National Standard Institute

Bekannte, für die Organisation bedeutsame Normen sind z. B.:

  - ▸ DIN 66 001 - Flusspläne   ▸ ISO 9000 ff. - Qualitätsmanagement
  - ▸ DIN 66 241 - Entscheidungstabellen

- **Standards** als Vorgehensweisen, Gestaltungsarten und Verfahren, die sich allgemein durchgesetzt haben, ohne dass sie genormt wurden, z. B.:

  - ▸ WINDOWS-Bildschirmgestaltung, d. h. Standardisierung des Monitorbildes
  - ▸ Strukturierte Programmierung, d. h. Programmierungsstandards
  - ▸ Prototyping, d. h. Erprobung von Testexemplaren eines Produktes

Obgleich es für Organisationen keinen Zwang zur Benutzung solcher Vorgaben gibt, kann ein Nichteinhalten nachteilig sein. Deswegen ist stets abzuwägen, ob Vorgaben beachtet werden sollen oder darauf verzichtet werden kann.

1.2.2 MODELLE

Modelle sind vereinfachte Abbilder bzw. Muster der Wirklichkeit. Sie werden im Unternehmen häufig eingesetzt, wobei sie in verschiedenen Bereichen hilfreich sein können. In der Organisation häufig genutzte Modelle sind z. B.:

- **Vorgehensmodelle**, z. B. das Prototyping als Erprobung von Testprodukten

- **Referenzmodelle** der integrierten Standardsoftware, z. B. von R/3 oder von Baan IV

- **Informationsmodelle** des daten- oder objektorientierten Designs, z. B. Klassendiagramme.

Modelle unterstützen die Organisationsarbeit. Sie bieten mehrere **Vorteile**:

- Geringer Arbeitsumfang
- Leichte Beherrschbarkeit auch komplexer Aufgabenstellungen
- Nutzung von positiven Erfahrungen
- Komprimierte Darstellung größerer Informationsmengen
- Indirekte Nutzung von Prinzipien, Normen und Standards
- Geringere Gefahr fehlerhafter Organisationslösungen.

Als **Nachteil** ist anzusehen, wenn Modelle bei der Organisation zur Erstarrung führen und die organisatorische Flexibilität nicht mehr gegeben ist.

1.2.3 TOOLS

Die Organisationsarbeit bedarf der Unterstützung durch den Computer. Hierfür müssen geeignete Programme zur Verfügung stehen. Deshalb werden **Tools** eingesetzt, welche die Software für den Einsatz von Organisationsverfahren darstellen, z. B. als:

- **Darstellungstools**, die zur grafischen Darstellung von Teilaspekten der Organisation dienen, z. B. in Form von Strukturatoren, Prozessdesignern und Analysatoren.

- **Standardsoftwaretools**, die ebenfalls für die Organisationsarbeit zwingend erforderlich sind, z. B. Textverarbeitung, Tabellenrechnen, Businessgrafik.

- **Prozessorganisationstools**, die bei der Analyse und Gestaltung von Geschäftsprozessen hilfreich sind, z. B. als:

  - ARIS-Toolset der IDS Prof. Scheer AG
  - Baan Dynamic Enterprise Modeller der Baan GmbH
  - R/3 Business Navigator der SAP AG

- **CASE-Tools**, bei denen es sich um integrierte Werkzeuge zur Konstruktion und Ausarbeitung von Programmen handelt.

- **Workgrouptools**, die Mitarbeitergruppen verschiedenartige Hilfsmittel zur Zusammenarbeit und Integration zur Verfügung stellen, z. B. Projektgruppen, Verbesserungsteams, Arbeitsgruppen. Ihre **Funktionen** können z. B. E-Mail oder Terminmanagement sein.

Es wurde eine Reihe weiterer für die Organisation hilfreicher Tools entwickelt.

1.2.4 MASSNAHMEN

Maßnahmen stellen Ausführungserfordernisse in Form von Handlungen bzw. Anordnungen dar. Sie sind im Rahmen der Organisationsarbeit in vielfältiger Weise notwendig, z. B. als *(Olfert, Olfert/Pischult, Rahn)*:

- **Motivation** der Mitarbeiter, die auf neue organisatorische Lösungen vorzubereiten und über Arbeitsanreize, Kooperation und Partizipation positiv einzustimmen sind.

- **Information** der Mitarbeiter, denn nur informierte Mitarbeiter sind gute Mitarbeiter. Fehlt sie, können leicht Gerüchte, Ängste und Befürchtungen aufkommen.

- **Schulung** der Mitarbeiter, die zur Fortentwicklung der Organisation unerlässlich ist. Das gilt sowohl für die Organisatoren als auch für die sonstigen Mitarbeiter.

Über die Organisationsmittel hinaus werden Techniken und Methoden der Organisation benötigt, die auch als **Organisationsverfahren** bezeichnet werden.

06 ❯❯ Seite 451

2. ORGANISATIONSTECHNIKEN

Organisationstechniken sind organisatorische Instrumente, die der Zielerreichung des Unternehmens dienen. Sie zeigen die Art und Weise der Durchführung zur Lösung von Organisationsproblemen auf. Zu unterscheiden sind:

2.1 AUFNAHMETECHNIKEN

Aufnahmetechniken dienen der Gewinnung von Daten und Informationen. Sie werden auch als **Ist-Aufnahmetechniken** bezeichnet und sind in der Praxis unverzichtbar. Es sollen behandelt werden *(Olfert/Pischulti, Olfert/Rahn, Schmidt, Weidner u.a.)*:

* **Interview**

* **Fragebogen**

* **Beobachtung**

* **Multimomentaufnahme**

* **Selbstaufschreibung**

* **Dokumentationsauswertung**

* **Experiment**

* **Konferenz**.

2.1.1 INTERVIEW

Das Interview ist eine systematisch aufgebaute Befragung, bei der Personen durch gezielte Fragen zur Abgabe verbaler Informationen veranlasst werden sollen. Häufig wird es mit einem Fragebogen und/oder mit der Dokumentationsauswertung kombiniert. Es sollen dargestellt werden:

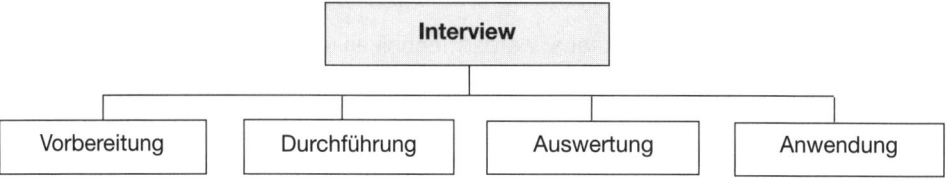

2.1.1.1 VORBEREITUNG

Zunächst muss die sorgfältige Vorbereitung des Interviews erfolgen, wobei in folgenden **Schritten** vorgegangen werden kann:

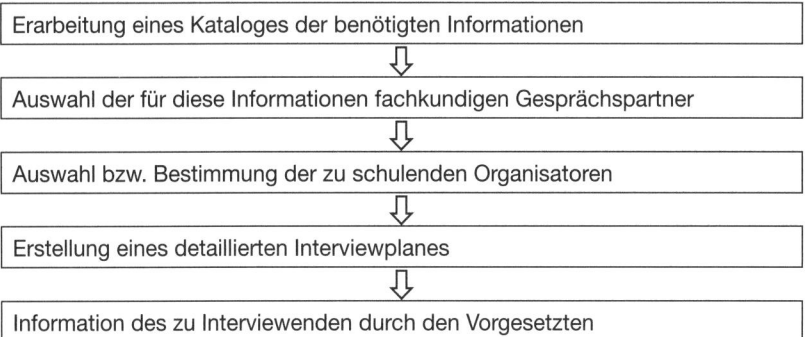

Bei der Erarbeitung eines Interviewplanes sind folgende **Festlegungen** zu treffen:

- Der **Interviewtermin**, der innerhalb der Arbeitszeit liegt, nicht aber mit ihrem Beginn anfangen bzw. mit ihrem Ende schließen sollte.

- Der **Interviewort**, welcher i.d.R. der Arbeitsplatz des zu Interviewenden sein sollte, auch wenn dadurch Störungen unvermeidlich sein können. Die **Gründe** dafür sind:

  ▸ Der Interviewer lernt den Arbeitsplatz und die Arbeitsatmosphäre kennen
  ▸ Unterlagen, auf die sich das Interview bezieht, sind sofort verfügbar
  ▸ Der zu Interviewende ist in gewohnter Umgebung weniger gehemmt

- Die **Informationen**, die dem Gesprächspartner nach der Vereinbarung eines Gesprächstermines unaufgefordert gegeben werden sollten. Sie sind auf den Interviewzweck, den Interviewinhalt und die voraussichtliche Interviewdauer gerichtet.

Ein **Interviewplan** kann folgenden Inhalt haben:

Interviewplan			Problem: Auftragsabwicklung	
Interviewter	Termin	Ort	Problemfeld	Inhalt
H. Maier VK	07.02. 9:00	Bau 3 Zi. 113	Verkauf	Informationsbedarfs-katalog 3 + 4
H. Moor VKS	07.02. 14:00	Bau 3 Zi. 114	Verkauf Inland	Informationsbedarfs-katalog 4 + 5
H. Sel VKSE	08.02. 9:30	Bau 3 Zi. 204	Verkaufs-abwicklung	Informationsbedarfs-katalog 5 + 6

2.1.1.2 DURCHFÜHRUNG

Ein Interview gliedert sich in drei **Phasen**:

Einführungs-phase	Der Interviewer ist bestrebt, eine positive Gesprächsatmosphäre zu erreichen. Dem Interviewten wird der Interviewzweck bzw. das zu Grunde liegende Problem erläutert.

⇩

Befragungs-phase	Der Interviewer versucht, alle benötigten Informationen zu erlangen. Die Auskunftspersonen können bei offenen Fragen frei formulieren bzw. bei geschlossenen Fragen aus vorgegebenen Antwortmöglichkeiten wählen.

⇩

Schlussphase	In dieser Phase soll die Einstellung des Gesprächspartners zu dem Untersuchungsproblem in Erfahrung gebracht werden. Außerdem dient sie dazu, die Motivation für die Problemlösung positiv zu beeinflussen und Widerstände abzubauen.

Das **Verhalten** des Interviewers hat sich in Stil und Gesprächsführung dem Gesprächspartner anzupassen. Der Interviewer leitet das Gespräch, ohne dass er dauernd den Informationsfluss unterbricht. Er hat sich jeder Wertung oder Meinung enthalten. Das Interview sollte 1,5 Stunden nicht überschreiten.

Für die Durchführung des Interviews sind folgende **Prinzipien** zu beachten:

- Die **Interviewfragen** sollten so formuliert werden, dass sie nicht nur mit »ja« oder »nein« beantwortet werden können. Wünschenswert ist, dass der Interviewte mit seinen Worten den Ist-Zustand möglichst präzise und vollständig erläutert.

- Bei **unvollständigen** oder **unverständlichen Antworten** darf der Anwortfluss nicht unterbrochen werden, um den Interviewpartner nicht aus dem Rhythmus zu bringen. Erst nachträglich ist auf diesen Tatbestand einzugehen.

- **Arbeitsabläufe** und **Vorgehensweisen** sind nicht nur zu nennen, sondern sollten auch demonstriert und erläutert werden, damit der Interviewpartner vom Sinn und Zweck der organisatorischen Maßnahmen überzeugt wird.

- Auf **Suggestivfragen** sollte verzichtet werden, z. B.: »Sie sind doch auch mit mir der Ansicht, dass…«. Solche Fragen sind wenig sinnvoll, weil der Interviewpartner bei seiner Antwortfindung beeinflusst wird.

- Die **Aussagen des Interviewten** sind durch den Interviewer immer wieder zusammen zu fassen, damit sichergestellt werden kann, dass dieser alle Fragen richtig verstanden hat und die Antworten sachgerecht gegeben werden.

- Die **Befragungsdauer** sollte aus Gründen der Wirtschaftlichkeit nicht zu groß sein. Ist sie überzogen, treten Ermüdungserscheinungen beim Interviewten auf.

Während des Interviews empfiehlt es sich, dass der Interviewer die gegebenen Informationen offen notiert. Komplexe Tatbestände können gemeinsam mit dem Interviewten formuliert und aufgezeichnet werden. Aufzeichnungsgeräte sollten nicht verwendet werden, wenn der Interviewpartner dadurch gehemmt wird.

2.1.1.3 AUSWERTUNG

Die Interviewergebnisse sind zeitnah auszuwerten. Damit besteht auch die Chance, dass Randinformationen nicht verloren gehen. Die Auswertung umfasst:

- Die **Vollständigkeitsprüfung**, d.h. es ist festzustellen, ob alle für die Untersuchung benötigten Informationen vorhanden sind.

- Die **Plausibilitätsprüfung**, d.h. die Aussagen sind auf ihre Schlüssigkeit und ihren Wahrheitsgehalt hin zu analysieren. Dazu wurden i. d. R. Kontrollfragen in das Interview eingebaut.

- Die **Ist-Dokumentation**, d.h mithilfe von Datenflussplänen, Entscheidungstabellen, Listen und anderen Dokumentationsmitteln ist der ermittelte Ist-Zustand in übersichtlicher Form schriftlich zu erfassen.

- Das **Zusatzprotokoll**, mit dem in einleuchtender und verständlicher Form z. B. auf erkannte Systemmängel, mögliche Systemverbesserungen sowie die Beurteilung und die Bewertung durch den Interviewer hingewiesen wird.

2.1.1.4 ANWENDUNG

Die Ist-Aufnahme durch Interviews bietet sich im Unternehmen bei verschiedenen Problemstellungen an. Sie kann erfolgen bezüglich:

- Der Aufbauorganisation, z. B. als Interview über die Aufgaben eines Stelleninhabers
- Der Prozessorganisation, z. B. als Interview über Arbeitsabläufe bzw. Datenflüsse
- Der Projektorganisation, z. B. als Interview über das bisherige Fertigungsverfahren.

Das Interview stellt die am häufigsten eingesetzte Aufnahmetechnik dar. Es ist aber nur dann wirtschaftlich einsetzbar, wenn die Zahl der Informationsgeber gering ist.

Vorteile	Nachteile
▶ Ermittlung des tatsächlich gegebenen Ist-Zustandes ▶ Möglichkeit von Zusatz-, Ergänzungs- und Verständnisfragen ▶ Möglichkeit der Inaugenscheinnahme bei Mengen- und Zeitangaben ▶ Motivation des Interviewten für organisatorische Tatbestände ▶ Persönlicher Kontakt	▶ Hoher Zeitbedarf und hohe Kosten ▶ Schulungsbedarf für Organisatoren ggf. erforderlich ▶ Störung des Interviewpartners bei seiner Arbeit ▶ Schwierigkeiten mit zu vereinbarenden Interviewterminen ▶ Persönliche Einflüsse durch den Interviewer möglich

Das Interview wird vielfach in Verbindung mit der **Dokumentationsauswertung** eingesetzt.

2.1.2 Fragebogen

Der Fragebogen stellt ein Mittel zur Aufnahme des Ist-Zustandes dar, das im Rahmen einer **Befragung** eingesetzt wird. Durch Erläuterungen und Mustereintragungen kann ein möglichst fehlerfreies Ausfüllen des Fragebogens bewirkt werden.

Nach der **Art** der Fragen lassen sich unterscheiden:

- **Fragebogen mit offenen Fragen**, bei denen der Befragte die Antwort selbst formuliert. Damit muss er sich Gedanken über den erfragten Themenkreis machen, denn eine Auswahl aus vorgefertigten Antworten ist ihm nicht möglich.

- **Fragebogen mit geschlossenen Fragen**, bei denen zu jeder Frage entsprechende Antwortalternativen vorgegeben werden, die von der befragten Person zu kennzeichnen sind. Es wird hier vom **Multiple-Choice-Verfahren** gesprochen.

Der **Ausarbeitung** und **Formulierung** der Fragen ist besondere Bedeutung zuzumessen. Dabei sind forderlich:

- Eindeutige Formulierungen
- Leichte Verständlichkeit
- Bewertungsfreie Fragestellung
- Anpassung der Fragestellung an den Befragten.

Der Fragebogen sollte vor seinem Einsatz einem Test unterzogen werden, um feststellen zu können, ob mit ihm die angestrebten Aufgaben erfüllt werden. Die befragte Person ist namentlich auszuweisen. **Anonyme Fragebögen** haben sich nicht bewährt, weil die fehlende persönliche Bindung des Befragten oberflächliche und damit wenig hilfreiche Antworten bewirkt.

Der **Einsatz** der Fragebogentechnik ist angebracht bei:

- Einer Vielzahl von Informationsgebern
- Geographisch dezentralisierten Informationsgebern
- Einfachem und einheitlichem Informationsbedarf.

Der Fragebogen weist als Aufnahmetechnik mehrere Vorteile und Nachteile auf:

Vorteile	Nachteile
▶ Schriftliche Ergebnisse/Vorlagen	▶ Möglicherweise geringe Rücklaufquote
▶ Einsatz der EDV ggf. möglich	▶ Gefahr von Missverständnissen
▶ Anwendung statistischer Verfahren zur Auswertung nutzbar	▶ Spätere Rückfragen unmöglich
▶ Geringe Kosten bei geschlossenen Fragen	▶ Hoher Auswertungsaufwand bei offenen Fragen
▶ Verfügbarkeit der Resultate zu einem Zeitpunkt	▶ Unpersönlich wegen fehlender Vertrauensbasis bzw. geringer persönlicher Beziehung zwischen Organisator und Interviewpartner
▶ Relativ schnelle Nutzbarkeit der Ergebnisse	▶ Gemeinschaftsarbeit möglich

07 >> Seite 451

2.1.3 BEOBACHTUNG

Die Beobachtung ist eine planmäßige und direkte Erhebung von Gegebenheiten und Verhaltensweisen, die nicht auf Fragen und Antworten beruht. Sie umfasst die optische bzw. akustische Aufnahme und die Interpretation beobachteter Vorgänge. Die Datenerfassung kann mithilfe von **Beobachtern** und/oder **technischen Geräten** erfolgen. Möglich sind:

- Die **Einmalbeobachtung**, bei der sich der Beobachter unwiederholbar über eine kurze Zeit am Arbeitsplatz aufhält. Der Informationsstrom fließt nur in die Richtung des Beobachters.

- Die **Dauerbeobachtung**, bei der sich der Beobachter über einen längeren Zeitraum am Arbeitsplatz aufhält, ohne Auskünfte vom Beobachteten einzuholen. Ihre **Einsatzbereiche** sind insbesondere Arbeitsablaufgestaltungen, Arbeitsplatzgestaltungen, Arbeitsplatzuntersuchungen und Auslastungsermittlungen.

Die vielfach verwendete **Dauerbeobachtung** hat folgende Vorteile und Nachteile:

Vorteile	Nachteile
▸ Hohe Genauigkeit ▸ Vollständigkeit der Erhebung	▸ Hoher Zeitbedarf ▸ Erhebliche psychologische Belastung für den Beobachteten ▸ Verfälschungs- bzw. Manipulationspotenziale durch den Beobachteten

Beobachtungen dürfen **nicht verdeckt** durchgeführt werden, weil das arbeitsrechtlich nicht erlaubt ist.

2.1.4 MULTIMOMENTAUFNAHME

Die Multimomentaufnahme ist ein **Stichprobenverfahren**, bei dem Mengen- und Zeitangaben aus einer ganzen Reihe von Beobachtungen des Augenblickes abgeleitet werden. Aus vielen stichprobenweise durchgeführten **Kurzzeitbeobachtungen** lassen sich statistisch abgesicherte Ergebnisse erzielen, indem mithilfe der Wahrscheinlichkeitsrechnung auf die Gesamtheit geschlossen wird.

Die Multimomentaufnahme kann verschiedene Aussagen über die prozentuale Häufigkeit von Vorgängen liefern. Darüber hinaus bietet sie auch Angaben über die Dauer von vorwiegend unregelmäßig auftretenden Vorgängen oder Größen für eine frei wählbare Genauigkeit – zumeist bei einer statistischen Sicherheit von 95 %.

Die **Einsatzbereiche** der weit verbreiteten Multimomentaufnahme sind insbesondere:

▸ Ermittlungen von Auslastungen ▸ Untersuchungen von Tätigkeitsprofilen	▸ Verteilzeitstudien ▸ Feststellung von Störungsursachen ▸ Terminkontrolle

Die **Phasen** einer Multimomentaufnahme umfassen:

Aufnahme-festlegung	Die zu beobachtenden Personen, Arbeitsplätze, Sachmittel sind zunächst festzulegen. Da die Ergebnisse eine bestimmte Genauigkeit bei einer definierten statistischen Zuverlässigkeit besitzen sollen, muss die dafür erforderliche Beobachtungszahl errechnet oder mithilfe eines Nomogrammes ermittelt werden. Mit einem **Multimomentzeitplan** werden die Ziele und Beobachtungszeitpunkte für die ermittelte Beobachtungszahl festgelegt.

⇩

Befragungs-phase	Hier versucht der Interviewer, alle benötigten Informationen zu erlangen. Es können **offene Fragen** oder **geschlossene Fragen** gestellt werden.

⇩

Vorbereitung	Es empfiehlt sich, ein **Formular** in Form einer Strichliste zu erstellen. Dazu ist es notwendig, den Katalog der voraussichtlich beobachteten Tätigkeitsarten zu ermitteln, z. B.:

▶ Telefonieren   ▶ Bildschirmarbeit   ▶ Schreiben   ▶ Ablegen

⇩

Information	Die beobachteten Mitarbeiter werden vor der Multimomentaufnahme informiert. Erfolgt diese mithilfe von technischen Einrichtungen, z. B. einer Videokamera, besteht nach § 87 Abs. 1 Satz 6 BetrVG ein **Mitbestimmungsrecht** des Betriebsrates.

⇩

Aufnahme	In die vorbereitete Strichliste trägt der Aufnehmende zum vorgegebenen Zeitpunkt gemäß dem Beobachtungszeitplan die jeweilige **Beobachtung** ein. Bei umfassenden Notierungen sollte eine Zwischenauswertung erfolgen.

⇩

Auswertung	Hier werden die **Notierungen je Beobachtungsmerkmal** ermittelt und in Beziehung gesetzt, z. B.:

Telefonieren	20 %
Bildschirmarbeit	15 %
Schreiben	50 %
Ablegen	10 %
Sonstiges	5 %
Gesamt	100 %

Die Multimomentaufnahme weist verschiedene Vorteile und Nachteile auf:

Vorteile	Nachteile
▶ Gute Ergebnisse durch Einsatz der Wahrscheinlichkeitsrechnung ▶ Geringe Störung des Beobachteten bei seiner Aufgabenerfüllung ▶ Relativ geringe Kosten	▶ Oftmals erhebliche Vorbehalte/Abneigungen der Beobachteten gegen diese Organisationstechnik

2.1.5 SELBSTAUFSCHREIBUNG

Die Selbstaufschreibung ist ein Verfahren zur Erstellung von Berichten durch den Mitarbeiter. Die von ihm ausgeführten Arbeiten werden in einem **Arbeitsbericht** dokumentiert. Die Selbstaufschreibung kann vom Mitarbeiter selbst vorgenommen werden oder durch selbstständige Registrierung direkt am Arbeitsmittel geschehen.

Der **Einsatz** der Selbstaufschreibung erfolgt im Hinblick auf:

• Die Feststellung verschiedener Tätigkeiten
• Die Ermittlung der Auslastung
• Die Feststellung des Zeitbedarfes.

Bei der Selbstaufschreibung wird üblicherweise in folgenden **Schritten** vorgegangen:

Aufnahme-festlegung	Bei ihr sind zunächst die **Aufnahmemerkmale**, die z.B. Tätigkeitsarten und/oder Sachmitteleinsatz sein können, und der **Aufnahmeumfang** festzustellen, der die Festlegung der in die Aufnahme einzubeziehenden Mitarbeiter betrifft.
⇩	
Aufnahme-vorbereitung	Sie bezieht sich vor allem auf die **Erarbeitung eines leicht ausfüllbaren Formulars,** das hilft, die Mitarbeiter durch die Selbstaufschreibung zeitlich möglichst gering zu belasten.
⇩	
Information der Mitarbeiter	Sie ist für die an der Selbstaufschreibung beteiligten Mitarbeiter bereitzustellen. Wenn bei einzelnen Mitarbeitern Vorbehalte aufkommen, weil sie beim Ausfüllen von Formularen verunsichert sind, sollte der Organisator mit psychologischem Geschick vorgehen.
⇩	
Durchführung	Die Selbstaufschreibung sollte mindestens über einen Zeitraum von 6 bis 12 Wochen erfolgen. Gelegentliche **Kontrollen** und **Stichproben** können die Gefahr von Manipulationen begrenzen. Die aufschreibenden Personen sollten ihre angefertigten Arbeits- bzw. Tätigkeitsberichte entweder täglich oder wöchentlich dem Organisator übergeben.
⇩	

Auwertung	Sie erfolgt für die einzelnen Arbeits- bzw. Tätigkeitsberichte möglichst EDV-gestützt. Die Ergebnisse stellen das **Aufgaben**- oder **Qualifikationsprofil** eines Mitarbeiters dar.
	Werden die Arbeitsberichte nach verschiedenen Aufnahmemerkmalen erstellt, können nicht nur aus dem Ausweis eines Merkmales, sondern aus der Kombination verschiedener Merkmale wesentliche Schlüsse gezogen werden. Solche **Merkmalkombinationen** können z. B. Tätigkeiten sein in Abhängigkeit von:
	▶ Aufgaben ▶ Qualifikation ▶ Organisatorischer Stellung ▶ Sachmitteleinsatz

Die Selbstaufschreibung hat folgende Vorteile und Nachteile:

Vorteile	Nachteile
▶ Mögliche Vollerhebung von Daten ▶ Geringe Kostenbelastung ▶ Unangreifbare, verbindlich fixierte Daten	▶ Latentes Manipulations- bzw. Fälschungsrisiko ▶ Möglicherweise erhebliche Widerstände der Betroffenen

2.1.6 DOKUMENTATIONSAUSWERTUNG

Die Dokumentationsauswertung ist ein Verfahren zur Analyse des Inhaltes von Schriftstücken, die für die Aufnahme bedeutsam sind. Sie wird auch **Dokumentenstudium** genannt *(Schmidt)* und greift auf bereits vorhandene Daten zurück. Ihre Durchführung erfolgt in folgenden **Phasen**:

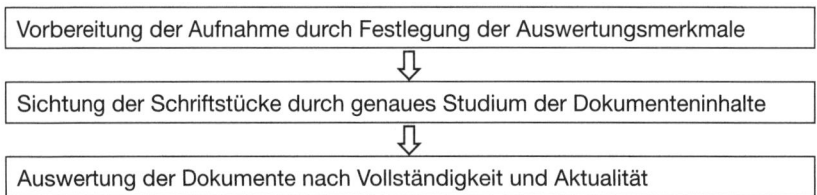

Voraussetzungen für die sachgerechte Auswertung von Dokumenten sind:

• Hinreichende Dokumentation des aufzunehmenden Systems
• Keine Abweichungen zwischen Ist-Zustand und Dokumentation
• Vollständigkeit der Dokumentation.

Auswertbare Dokumente können z. B. Organigramme, Formularverzeichnisse, Aufgabenverteilungspläne, Befugnisverzeichnisse, Namensverzeichnisse, Stellenbeschreibungen, Sachmittelverzeichnisse und Arbeitsablaufbeschreibungen sein.

Die Dokumentationsauswertung weist als Vorteile und Nachteile auf:

Vorteile	Nachteile
▶ Geringer Aufwand ▶ Keine Beeinträchtigung des Arbeitsablaufes ▶ Keine zeitintensive Dokumentation der Aufnahme	▶ Vorabprüfung des Dokumenteninhaltes mit der Ist-Situation durch Inaugenscheinnahme

2.1.7 EXPERIMENT

Das Experiment ist ein planmäßiges Verfahren zur Prüfung von Hypothesen. Dabei werden zunächst fiktive Geschäftsvorfälle in die Arbeitsabläufe eingeschleust, um sodann zu verfolgen, zu welchen Ergebnissen diese Geschäftsvorfälle führen.

Beispiel: Die Leistungsfähigkeit der Hauspost eines Unternehmens kann analysiert werden, indem die Laufzeit geprüft wird, die an ausgewählte Empfänger versandte Briefe zu bestimmten Zeiten benötigen.

Einsatzbereiche des Experimentes sind vor allem die qualitative Betrachtung von Arbeitsabläufen, die Ermittlung des Zeitbedarfes und die Analyse von Schwachstellen. Das Experiment ist zumeist mit Vorteilen und Nachteilen verbunden:

Vorteile	Nachteile
▶ Hohe Anschaulichkeit ▶ Abgrenzbarkeit der Anwendungsbereiche	▶ Kein signifikantes Ergebnis durch die Beschränkung auf ein Experiment ▶ Vielzahl von Experimenten für ein verlässliches Ergebnis erforderlich ▶ Ggf. Verunsicherungen bzw. Irritationen bei Mitarbeitern durch fiktive Geschäftsvorfälle, die korrigiert werden müssen

Das Experiment ist eine relativ **selten** genutzte Aufnahmetechnik.

2.1.8 KONFERENZ

Die Konferenz ist eine Form der Kommunikation, bei der Personen zusammentreffen, die selbst mehr oder weniger aktiv zu einer Zielerreichung beitragen. Besteht das Ziel in der Aufnahme eines komplexen Sachverhaltes, können alle für diesen Bereich zuständigen Organisationsmitglieder an der Konferenz beteiligt werden, um das Problem gemeinsam zu diskutieren.

Dabei wird von folgenden **Voraussetzungen** ausgegangen:

• Die Teilnehmer sollten rechtzeitig eingeladen werden
• Die Teilnehmerzahl sollte zehn nicht überschreiten
• Alle zuständigen Mitarbeiter sollten gleichzeitig anwesend sein

- Sie sollten sich auf die Konferenz vorbereiten
- Sie sollten über die notwendigen Gesprächsunterlagen verfügen
- Der Konferenzleiter sollte sachkundig und zielstrebig sein.

Der **Einsatz** der Konferenztechnik erfolgt bei:

- Hochkomplexer betrieblicher Organisationsstruktur
- Bereichsüberschreitenden oder interdisziplinären Organisationsproblemen
- Streitfällen zwischen beteiligten Mitarbeitergruppen.

Die Konferenz ist auch in Verbindung mit der Dokumentationsauswertung einsetzbar. Ihr **Vorteil** ist, dass es nur durch sie zur Klärung von Streitfällen oder Schnittstellen kommen kann. Dem steht der mögliche **Nachteil** der Ineffizienz dieser Technik gegenüber, z. B. wenn Beiträge von Konferenzteilnehmern ausufern.

2.2 Analysetechniken

Die Techniken zur Analyse des Ist-Zustandes können entweder Gesamtanalysen des zu untersuchenden Systems oder lediglich auf Teilanalysen sein. Dementsprechend sind zu unterscheiden:

- **Gesamtanalyse-Techniken**

- **Teilanalyse-Techniken**.

Während mit Gesamtanalysen versucht wird, die Organisation umfassend und in allen wesentlichen Merkmalen zu untersuchen, betreffen die Teilanalysen nur bestimmte Systemmerkmale.

2.2.1 Gesamtanalyse-Techniken

Für Gesamtanalysen werden insbesondere folgende Techniken eingesetzt:

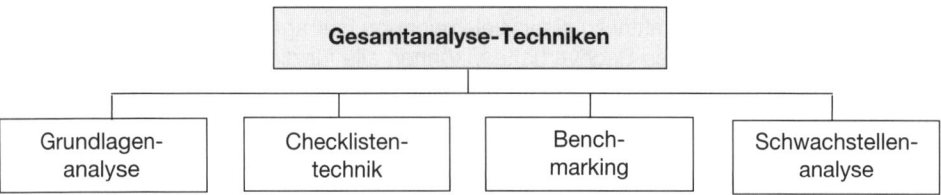

2.2.1.1 Grundlagenanalyse

Die Grundlagenanalyse ist die Basis jeder **Ist-Analyse**. Sie wird auch grundlegende **Ist-Kritik** genannt, weil sie den gegebenen Zustand kritisch beurteilt und Verbesserungsvorschläge erbringt. Mit ihrer Hilfe wird geprüft, ob:

• Jeder einzelne Teil der Organisation wirklich zwingend notwendig ist
• Vorteile aus seinem Vorhandensein resultieren
• Auf diesen Teil der Organisation verzichtet werden kann
• Der Nutzen der Organisationsbeiträge den anfallenden Kosten entspricht.

Diese Prüfung ist an dem – von den Unternehmenszielen abgeleiteten – organisatorischen Soll vorzunehmen. Es gibt folgende Gründe, warum die Grundlagenanalyse, die auch als **Grundsatzkritik** bezeichnet wird, erfolgreich sein kann:

• Arbeiten werden doppelt vorgenommen
• Ursprünglich vorhandene Gründe für eine Arbeit sind inzwischen entfallen
• Grundlagen der Arbeiten haben sich verändert
• Arbeitsergebnisse haben durch veränderten Zeitablauf an Bedeutung eingebüßt
• Kosten einer Arbeit übersteigen ihren Nutzen.

Die Grundlagenanalyse fordert vom Organisator ein hohes Maß an Fantasie und innovativen Fähigkeiten, denn er muss eine Vorstellung von Gegebenheiten haben, die unter Umständen in der Realität noch nicht existieren.

2.2.1.2 Checklistentechnik

Checklisten stellen Zusammenstellungen von Fragen dar, die in ihrer Gesamtheit sicherstellen sollen, dass alle Problemfelder des Ist-Zustandes erkannt werden. Sie helfen bei der Bewältigung von Organisationsproblemen und werden auch **Prüffragenkataloge**, **Prüflistenverfahren**, **Fragebogenmethode** und **Prüffragentechniken** genannt.

In Checklisten sind die problemorientierten Fragen übersichtlich in Listen zusammengefasst, die sich in ähnlich gelagerten Entscheidungssituationen bewährt haben. Sie dienen vor allem der systematischen **Ermittlung von Schwachstellen**. Ihre gezielte Suche ist vor allem dann angebracht, wenn für Planungen nur pauschale Zielrichtungen vorgegeben sind, z. B. als Kürzung von Durchlaufzeiten bzw. Senkung von Beständen *(Henkel/Schwetz)*.

Einerseits dürfen die Checklisten nicht oberflächlich gestaltet sein, weil dadurch wesentliche Probleme übersehen werden können. Andererseits sind zu detaillierte Checklisten nicht vorteilhaft, da der zur Problemerkennung vorzunehmende Arbeitsaufwand zu groß ist.

Um geeignete Checklisten **verfügbar** zu machen, gibt es mehrere Wege:

• Erstellung im Unternehmen durch die Organisationsabteilung
• Erwerb bzw. Erarbeitung von einer Unternehmens-/Organisationsberatung
• Nutzung von veröffentlichten bzw. käuflichen Checklisten.

Die in die Checkliste aufzunehmenden **Fragen** können sein:

- **Allgemeine Fragen**, die sich vielfältig anwenden lassen, aber oftmals noch der Interpretation und Detaillierung bedürfen.

- **Spezielle Fragen**, die direkt auf mögliche Schwachstellen zielen, aber nur für ganz spezielle Analysegebiete benutzt werden können.

Vielfach wird eine allgemein gehaltene Checkliste gemeinsam mit einer oder mehreren speziellen auf ein enges Aufgabengebiet beschränkten Checklisten benutzt, d.h. es werden allgemeine Fragen und spezielle Fragen miteinander kombiniert.

Beispiel: Checkliste bezüglich des Zusammenwirkens einzelner Verrichtungen

> ▸ *Kann die Verrichtung mit anderen Verrichtungen kombiniert werden?*
> ▸ *Kann die Verrichtung in Teilverrichtungen zerlegt werden, und zwar so, dass die einzelnen Teilverrichtungen mit anderen Verrichtungen kombinierbar sind?*
> ▸ *Ist ein Teil der Verrichtungen abtrennbar, damit er danach als besondere Verrichtung besser ausgeführt werden kann?*
> ▸ *Kommen insbesondere einzelne Teilverrichtungen so regelmäßig und häufig vor, dass sie besser als selbstständige Verrichtungen einem spezialisierten Aufgabenträger zugewiesen werden sollten?*
> ▸ *Kann die Verrichtung ausgeführt werden, während bei einer anderen Verrichtung eine Wartezeit auftritt?*
> ▸ *Ist die Reihenfolge der einzelnen Verrichtungen des Arbeitsablaufes die zweckmäßigste?*
> ▸ *Würde eine Änderung in der Reihenfolge der Verrichtungen die einzelne Verrichtung in irgendeiner Weise ändern?*
> ▸ *Wenn ja, hat das günstige oder ungünstige Auswirkungen?*
> ▸ *Weicht die Reihenfolge der Verrichtungen von dem ab, was in ähnlichen Fällen günstig ist?*
> ▸ *Sollte diese Verrichtung besser an einem anderen Arbeitsplatz oder von einer anderen Stelle ausgeführt werden, z. B. um Kosten oder Wege zu sparen?*
> ▸ *Ist der Arbeitsfluss so günstig gestaltet, dass die Durchlaufzeit möglichst gleich der Bearbeitungszeit ist oder ihr doch sehr nahe kommt?*
> ▸ *Können Arbeitsverrichtungen und Kontrollverrichtungen miteinander kombiniert werden?*

Die **Problematik** der Checklistentechnik besteht nach *Acker* vornehmlich darin, dass es sehr schwierig ist, gute Prüflisten zu entwickeln. Ihre Erstellung erfordert vom Organisator viel Erfahrung in dem jeweiligen Untersuchungsbereich.

2.2.1.3 Benchmarking

Das Benchmarking ist die Problemermittlung durch den Vergleich relevanter Kennzahlen des eigenen Unternehmens und eines Unternehmens, das Spitzenleistungen erbringt *(Leibfried/Mc Nair)*. Es wird auch als **Kennzahlentechnik** bezeichnet.

Beim Einsatz des Benchmarking wird in drei **Schritten** vorgegangen:

Kennzahlen-ermittlung	Zunächst sind die für einen Vergleich bedeutsamen **Kennzahlen eines Spitzenunternehmens** der gleichen Branche zu ermitteln. Sind diese nicht verfügbar, können ersatzweise eingesetzt werden:
	▶ Durchschnittskennzahlen der gleichen Branche
	▶ Vergleichszahlen anderer Unternehmen im Konzern
	▶ Kennzahlen eines Spitzenunternehmens ähnlicher Branche

Zur Erkennung organisatorischer Probleme und Mängel bieten sich für ein Unternehmen z. B. folgende (Soll-) **Zahlenwerte** an:

▶ Kostenzahlen   ▶ Personalzahlen
▶ Zeitbedarfszahlen   ▶ Fehlerhäufigkeiten

$$\Downarrow$$

Istzahlen-ermittlung	Dabei geht es um die verfügbaren **Kennzahlen des eigenen** zu untersuchenden **Unternehmens**. Quellen sind z. B.:

▶ Buchhaltung   ▶ Statistik
▶ Kostenrechnung   ▶ Sonderauswertungen

Nicht verfügbare oder nicht errechenbare Kennzahlen können mithilfe einer Ist-Aufnahme ermittelt werden, z. B. als:

▶ Interview   ▶ Aufmaßerstellung   ▶ Aufnahme
▶ Beobachtung   ▶ Inventur

$$\Downarrow$$

Kennzahlen-vergleich	Er besteht aus der **Gegenüberstellung** und **Analyse** der Soll-Werte bzw. Ist-Werte für eine Kennzahl in folgenden Schritten:

▶ Vergleich der Kennzahlen
▶ Ermittlung der Abweichungen
▶ Beurteilung der ermittelten Abweichungen
▶ Feststellung der Abweichungsursachen

Beispiel: Kennzahlenvergleich für eine Auftragsbearbeitung

Kennzahl	Unser Unternehmen	Spitzen-unternehmen	Abweichung
Gesamtkosten je Angebot	105,- €	108,- €	– 3 %
Gesamtkosten je Auftragsbearbeitung	288,- €	185,- €	+ 55 %
Durchlaufzeit je Auftragsbearbeitung	8,5 AT	3,5 AT	+ 117 %
Arbeitsgangzahl je Auftragsbearbeitung	12 AG	4 AG	+ 200 %
Reklamationen je 1.000 Aufträge	2,8 Stück	9,2 Stück	– 229 %

Die ausgewiesenen Kennzahlen lassen mehrere Probleme bei der Auftragsbearbeitung erkennen:

- Die Zahl der Arbeitsgänge ist bei uns überzogen
- Die Durchlaufzeit der Aufträge ist viel zu hoch
- Durch die hohe Arbeitsgangzahl sind die Kosten überhöht.

Das Problem in der Auftragsbearbeitung ist offensichtlich. Der betrachtete Geschäftsprozess ist schlecht organisiert. Er muss neu modelliert und realisiert werden.

2.2.1.4 Schwachstellenanalyse

Als Schwachstellen können organisatorische **Unzulänglichkeiten** in Strukturen und Abläufen bezeichnet werden *(Henkel/Schwetz)*. Die Schwachstellenanalyse ist die Untersuchung solcher Gegebenheiten durch die Problemherleitung aus dem Auftreten von Mängeln. Damit erfolgt eine **Umkehrung des Ursache-Wirkungs-Prinzips**.

Die Schwachstellenanalyse erfolgt in drei **Schritten**:

Mängel-ermittlung	Dabei kann es sich um Mängel, z. B. in Form von überhöhten Lagerkapazitäten, zu langen Fertigungs-Durchlaufzeiten, überlangen Bearbeitungszeiten von Aufträgen, fehlerhaften Auftragsdaten oder überhöhten Logistikkosten, handeln.

Mängel-quantifizierung	Häufigkeiten ihres Auftretens werden herausgefunden z.B. durch Auswertung von Kundenreklamationen. Das Ergebnis ist eine **Mängelliste**, die z.B. enthalten kann:

Mängelgruppe	Häufigkeit Stück	Bezugs-größe	Anteil %
Überlange Bearbeitungszeit	572	1.306 Auftr.	42
Fehlerhafte Auftragsdaten	33	1.306 Auftr.	3
Verfälschte Positionsdaten	121	9.743 Posit.	3
Verweigerung von Kundenwünschen	7	1.306 Auftr.	0

Problem-ermittlung	Hierbei werden die Problemursachen für die Mängel mit hohen Anteilen ermittelt. Dazu ist der betreffende Bereich des Unternehmens zu prüfen und zu analysieren. Das Ergebnis ist eine **Problemliste**, die z.B. erkennen lassen kann:

- ► Zu große Arbeitsgangzahl
- ► Zu geringe Personalkapazität
- ► Hohe Arbeitsrückstände
- ► Geringe Mitarbeiterleistung
- ► Veraltete Anwendungssoftware

Zur Problemermittlung ist auch die **Problemumfeldanalyse** (PUMA) geeignet, die im Vorfeld eines Projektes klären soll, mit welchen positiven bzw. negativen Einflussfaktoren zu rechnen ist.

2.2.2 TEILANALYSE-TECHNIKEN

Die Teilanalysen betreffen nur bestimmte Merkmale der Organisation und nicht das gesamte System. Es sind zu unterscheiden:

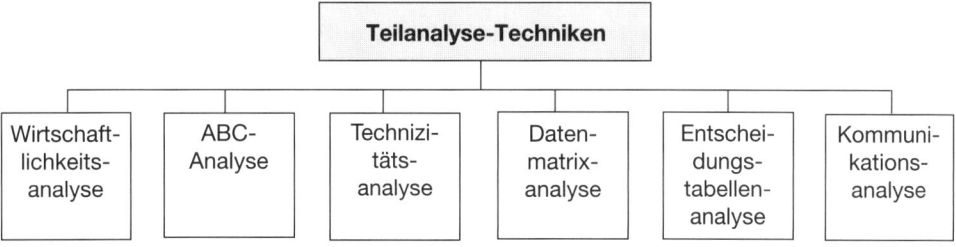

2.2.2.1 WIRTSCHAFTLICHKEITSANALYSE

Die Wirtschaftlichkeitsanalyse vergleicht im Rahmen einer **Teilanalyse** angefallene Ist-Werte mit den Werten möglicher anderer Lösungen. Diese Untersuchungen können für durchschnittliche Leistungseinheiten vorgenommen werden, z.B. Buchungen im Rechnungswesen, Bestellungen im Einkauf, Rechnungen im Verkauf und Aufträge im Marketingbereich.

Die **Vergleichsbasis** zu den Ist-Werten kann auf verschiedene Weise ermittelt werden. Dazu bieten sich z. B. Angebote, Tarife und Hochrechnungen an.

Der Wirtschaftlichkeitsvergleich ist aber auch als **Gesamtanalyse** auf der Basis von Gesamtwerten, also Gesamtkosten oder Gesamtdeckungsbeiträgen möglich. Für diesen Vergleich kommen z.B. Kosten, Deckungsbeitrag, Gewinn, Rentabilität und Wiedergewinnungszeit in Betracht.

2.2.2.2 ABC-ANALYSE

Die ABC-Analyse ist ein Instrument zur **wertmäßigen Klassifikation** von Gütern, die zum Erkennen von Schwerpunkten in einem System dient. Mit ihrer Hilfe können die Wertanteile bestimmter Systemelemente ermittelt und kritisch gewürdigt werden. Auf diese Weise ist es dem Organisator möglich:

- Wesentliches vom Unwesentlichen zu trennen
- Schwerpunkte der Rationalisierung festzulegen
- Wirkungsschwache Anstrengungen zu vermeiden.

Bei einer ABC-Analyse wird ermittelt, welche **Wertanteile** die einzelnen Systemelemente haben. Bei einer Normalverteilung ergeben sich:

- **A-Positionen** als die Systemelemente mit hohem Wertanteil, die aber nur mit einer geringen Zahl von Systemelementen vertreten sind.

- **C-Positionen**, bei denen es eine Vielzahl von Systemelementen gibt, die nur einen geringen Wertanteil ausmachen.

- **B-Positionen**, die zwischen den beiden vorgenannten Positionsgruppen eingereiht werden.

Den Zusammenhang zwischen dem Wertanteil und dem Positionsanteil von A-, B- und C-Gütern weist die folgende **Kurve** aus:

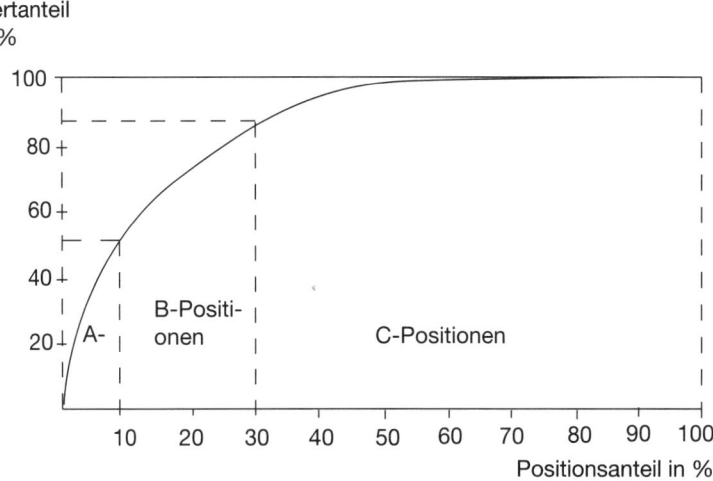

Die ABC-Analyse wird vorrangig in folgenden Abteilungen eingesetzt:

- Der **Materialabteilung**, z. B. zur optimalen Differenzierung von Maßnahmen der Materialbeschaffung und der Materialbereitstellung.

- Der **Fertigungsabteilung**, z. B. zur Ermittlung des Wertanteils von Fertigprodukten am Gesamtwert der Produkte des Unternehmens.

- Der **Marketingabteilung**, z. B. zur Feststellung des Wertanteils der abgesetzten Produkte am Gesamtumsatz des Unternehmens.

- Der **Organisationsabteilung**, z. B. als organisatorische Analysetechnik bzw. als Technik des Zeitmanagements.

- Der **Controllingabteilung**, z. B. zur optimalen Differenzierung der in den Fachabteilungen erzielten Ergebnisse hinsichtlich des Wertanteils der Materialien.

Die ABC-Analyse erfolgt in drei **Stufen**:

Wertermittlung	Sie geschieht zunächst für jedes Systemelement durch Multiplikation der Menge mit seinem Preis. Außerdem wird üblicherweise der relative Anteil jeder Position am Gesamtwert ermittelt.

Beispiel: Verbrauch von Büromaterial

Büromaterial	Menge Gebinde	Preis €	Wert €	Anteil %
Briefordner	65	19,80	1.287	24
Aktendeckel	103	1,80	186	3
Briefblock	34	2,40	82	2
Druckerpapier	289	8,70	2.514	46
Briefumschläge	65	3,25	211	4
Durchschlagpapier	17	4,00	68	1
Kugelschreiber	220	0,90	198	4
Filzschreiber	108	1,20	130	2
Locher	7	11,20	78	1
Heftklammern	82	0,85	70	1
Disketten	37	16,90	625	12
Summe			5.449	100

Sortierung	Die Positionen werden zunächst so geordnet, dass auf Rang 1 das Büromaterial »Druckerpapier« erscheint, das den höchsten Wert verzeichnet. Mit abnehmendem Rang werden die Werte des Büromaterials geringer. Sodann erfolgt die Kumulierung sowohl der Werte als auch der Anteile der Büromaterialien.

Büromaterialart	Rang	Wert €	Wert kumuliert €	Wertanteil €	Wertanteil kumuiert %
Druckerpapier	1	2.514	2.514	46	46
Briefordner	2	1.287	3.801	24	70
Disketten	3	625	4.426	12	82
Briefumschläge	4	211	4.637	4	86
Kugelschreiber	5	198	4.835	4	90
Aktendeckel	6	186	5.021	3	93
Filzschreiber	7	130	5.151	2	95
Briefblock	8	82	5.233	2	97
Locher	9	78	5.311	1	98
Heftklammern	10	70	5.381	1	99
Durchschlagpapier	11	68	5.449	1	100

Auswertung   Die Positionen werden ausgewertet, indem ein Vergleich der kumu-
lierten Prozentanteile des Wertes und der Positionen vorgenommen
wird. Daraus ergeben sich die A-Positionen mit dem höchsten Wertanteil und die C-Positionen mit dem geringsten Wertanteil.

Büromaterialart	Rang	Wertanteil kumuliert %	Positions- anteil kumu- liert %	Klassifi- kation
Druckerpapier	1	46	9	A
Briefordner	2	70	18	B
Disketten	3	82	27	B
Briefumschläge	4	86	36	C
Kugelschreiber	5	90	45	C
Aktendeckel	6	93	54	C
Filzschreiber	7	95	64	C
Briefblock	8	97	73	C
Locher	9	98	82	C
Heftklammern	10	99	91	C
Durchschlagpapier	11	100	100	C

Klassifizierungs- gruppe	Wert %	Positionen %
A-Positionen	46	9
B-Positionen	36	18
C-Positionen	18	73

Nur von 27 % der Positionen geht demnach eine hohe kostenmäßi-
ge Wirkung aus, die bei 82 % liegt. Im Gegensatz zu diesen A- und
B-Positionen weisen die C-Positionen 73 % der Positionen auf, haben aber nur einen geringen Wertanteil von 18 %.

Aus den Ergebnissen der ABC-Analyse kann gefolgert werden:

- Die **A-Positionen** erfordern aufgrund ihres hohen Kostenanteiles besondere Anstrengungen, z. B. bei Beschaffung, Lagerung und Bereitstellung.

- Den **B-Positionen** sollte ebenfalls Aufmerksamkeit gewidmet werden, die im Vergleich
zu den A-Positionen allerdings geringer sein kann.

- Die **C-Positionen** werden lediglich routinemäßig behandelt, da hohe Anstrengungen
nur einen verhältnismäßig geringen Nutzen mitsichbringen.

09 〉〉 Seite 452

2.2.2.3 Technizitätsanalyse

Die Technizitätsanalyse dient der Untersuchung der kostenmäßigen **Zweckmäßigkeit**
von technischen Verfahren. Dabei wird als Technizität das rechnerische Verhältnis einer

Leistung zu den Kosten für die Erstellung dieser Leistung verstanden. Die Technizitätsanalyse ist eine Sonderform der **Wirtschaftlichkeitsanalyse**.

Technische Anlagen, z. B. Büromaschinen oder Fertigungsanlagen, haben üblicherweise einen bestimmten Mengenbereich, in welchem sie wirtschaftlich eingesetzt werden können. Bei einer Auslastung mit größeren oder kleineren Mengen können andere Maschinen bzw. Anlagen kostengünstiger sein.

Beispiel: Der Einsatz einer Technizitätsanalyse bei der Vervielfältigungstechnik zeigt, dass bis zu einer bestimmten Auflage ein Kopierverfahren kostenmäßig einem Druckverfahren überlegen ist. Deshalb wird die Auflage ermittelt, bei der von der einen Vervielfältigungstechnik zur anderen Technik übergegangen werden sollte.

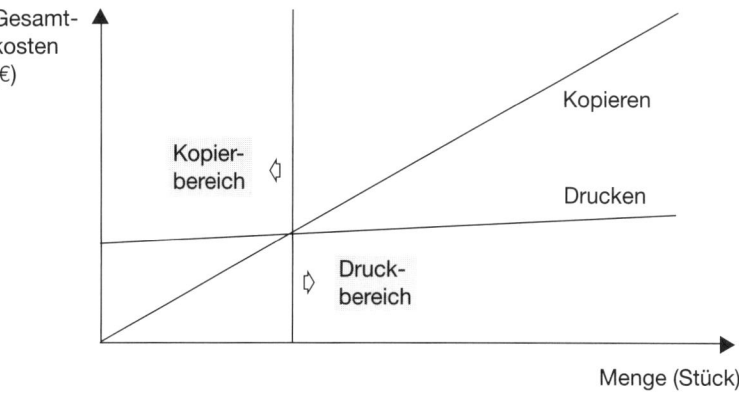

Die Technizitätsanalyse erfolgt in drei **Schritten**:

Gesamtkostenermittlung	Sie wird für einen unterschiedlichen Kapazitätsbedarf von in Betracht kommenden Anlagen vorgenommen, z.B. durch Gegenüberstellung der Auflagen in Stück und der Gesamtkosten für das Drucken bzw. das Kopieren von Unterlagen:

	Kopieren			Drucken		
Auflage in Stück	10	28	40	10	28	40
Gesamtkosten in €	1,50	4,20	6,00	2,55	4,20	3,50

Einzelkostenermittlung	Sie empfiehlt sich aus Gründen des Nachweises und der Anschaulichkeit:

	Kopieren			Drucken		
Auflage in Stück	10	28	40	10	28	40
Einzelkosten in €	0,15	0,15	0,15	0,25	0,15	0,09

Die Technizitätsanalyse kann aber auch ausschließlich mit Gesamtkosten erstellt werden.

Ermittlung der Wirtschaftlichkeitsschwelle

Sie lässt sich auf verschiedenen **Wegen** feststellen:

▶ **Mathematisch** durch die Gleichsetzung der gegebenen Kostenfunktionen

▶ **Tabellarisch** durch Vergleich der Einzel- oder Gesamtkosten für verschiedene Mengen

▶ **Grafisch** durch Zeichnen der Kostenkurven, wobei der Schnittpunkt die Wirtschaftlichkeitsschwelle ist.

Beispiel:

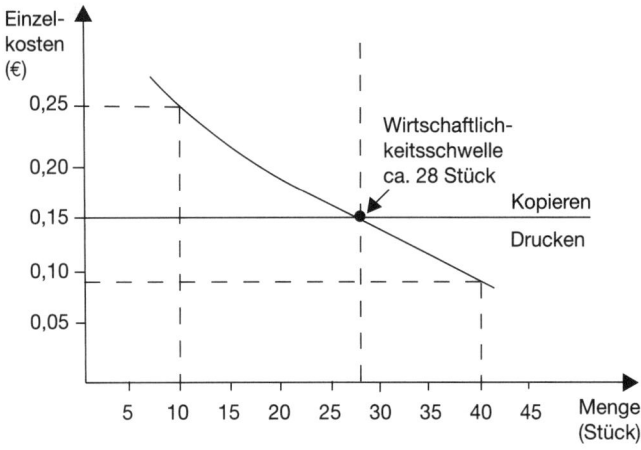

Aus dem Beispiel ist ersichtlich, dass es in dem speziellen Fall ab 28 Stück aus Kostengründen sinnvoll ist, das Druckverfahren gegenüber dem Kopierverfahren vorzuziehen.

10 ▷▷ Seite 452

Besonders Arbeitsabläufe, die mithilfe der EDV durchgeführt werden, sollten einer Technizitätsanalyse unterzogen werden.

2.2.2.4 DATENMATRIXANALYSE

Die Datenmatrixanalyse dient der Darstellung des Informationsstromes in einem prozessorganisatorischen System sowie der Analyse dieses Informationsstromes von der Eingabe über die Verarbeitung bis zur Ausgabe. Sie wird auch als **Informationsmatrix-Analyse**, **Eingabe-Ausgabe-Analyse** oder **Matrixanalyse** bezeichnet.

In einer **Datenmatrix** werden die Daten eines Systems in matrizen- oder listenmäßiger Form so dargestellt, dass ihre Eingaben, Verarbeitungen und Ausgaben übersichtlich sind und damit einfach analysiert werden können:

Verrichtung / Daten	Eingabe				Verarbei-tung	Ausgabe			
	E_1	E_2	E_3	...		A_1	A_2	A_3	...
Datum D_1									
Datum D_2									
Datum D_3									

In den ersten Spalten nach den Daten erfolgt der Ausweis der Dateneingabe. Für jede Eingabeart wird jeweils eine Spalte benutzt, z. B. für die Eingabe mit einem Formular, einer Liste, einer CD.

Bei der Verarbeitung kann über obige Darstellung hinaus jeder Arbeitsgang eine Spalte erhalten und für jede Systemausgabe, z. B. auf einem Vordruck, Brief oder Festplatte, wird ebenfalls eine Spalte eingerichtet.

Im **Schnittpunkt** von Zeilen und Spalten erfolgt der Ausweis der relevanten Daten durch eine entsprechende Kennzeichnung (X = gegeben, ? = fraglich):

	Eingabe		Verarbei-tung	Ausgabe	
	Artikel-stamm-datei	Kunden-auftrag		Umsatz-liste	Provisions-liste
Kundennummer		?		X	X
Artikelnummer	X	?		X	
Artikelbezeichnung	X	X		X	
Bestellmenge		X	X		
Verkaufspreis	X	?	X		
Umsatz			X	X	X

Die Analyse mithilfe einer Datenmatrix bringt folgende **Aufgaben** mit sich:

- Die **Prüfung auf Vollständigkeit** des Systems. Dabei muss jedes Datum in einer der folgenden Verwendungskombinationen vorkommen:

  - Eingabe – Ausgabe
  - Verarbeitung – Ausgabe
  - Eingabe – Verarbeitung
  - Eingabe – Verarbeitung – Ausgabe

  Ein einziger Ausweis nur in einer Spalte ist logischerweise nicht möglich, da es nicht lediglich eine Eingabe *oder* Ausgabe geben kann.

- Die **Prüfung auf Redundanz**, wobei kontrolliert wird, ob Daten mehrfach – auch mit unterschiedlichen Datennamen – vorkommen. Darüber hinaus wird untersucht, ob ermittelte Mehrfacheingaben und Mehrfachausgaben erforderlich sind oder auf eine Einfacheingabe oder Einfachausgabe reduziert werden können.

- Die **Prüfung auf Erfordernis** der Datenart, wobei festzustellen ist, ob sie überhaupt benötigt wird oder verkürzt werden kann. Eine Problemstellung ist z. B. das Erfordernis des Centausweises bei Wertangaben. Meistens gibt es keinen Grund, in allen Unterlagen Centangaben zu machen. Je nach Verwendungszweck kann sogar ein Ausweis in T€ (= 1.000 €) genügen.

Die Analyse mit der Datenmatrix wird in der Organisationspraxis bei der **Systemanalyse** von Datenverarbeitungssystemen eingesetzt.

11 ⟫ Seite 453

2.2.2.5 ENTSCHEIDUNGSTABELLENANALYSE

Entscheidungen sind im Rahmen vieler Arbeitsgänge zu treffen. Sie können dem Sachverstand des Sachbearbeiters überlassen bleiben, aber auch nach einem vorgegebenen Entscheidungssystem erfolgen.

Entscheidungssysteme lassen sich in der Organisationspraxis auf einfache Weise mithilfe einer Entscheidungstabellenanalyse in vier **Schritten** prüfen:

Tabellen-darstellung	Zunächst wird das zu prüfende Entscheidungssystem in Form einer begrenzten Entscheidungstabelle als Dokumentationsmittel dargestellt, mit dessen Hilfe Entscheidungssituationen in Form von Übersichten abgebildet werden, z. B.:

Scheckeinlösung	R_1	R_2	R_3	R_4
Kreditlimit überschritten	N	N	J	J
Zahlungsverhalten gut	N	J	N	J
Scheck einlösen	X	X		X
Scheck zurückgeben			X	

Vollständig-keitsprüfung	Sodann erfolgt die Prüfung der Vollständigkeit, die mithilfe der folgenden Formel erfolgen kann:

$$R = 2^B$$

R = Regelzahl
B = Bedingungszahl

Für begrenzte Entscheidungstabellen ist relativ einfach festzustellen, ob alle möglichen Entscheidungen berücksichtigt sind.

Prüfung der Redundanz-losigkeit	Mit einer Entscheidungstabelle lässt sich prüfen, ob es im Entscheidungssystem zu Wiederholungen kommt. Das Feststellen gleicher Regeln bedeutet, dass Redundanzen im System gegeben sind, d.h. eine Überladung mit überflüssigen Daten. Sie gilt es zu eliminieren.

Prüfung der Widerspruchsfreiheit	Bei der Prüfung auf Widerspruchsfreiheit ist zu kontrollieren, ob die Entscheidungssysteme logische Widersprüche aufweisen. Dazu ist es notwendig, alle Regeln mit ihren Aktionen zu vergleichen und zu fragen, ob sie keine Widersprüche enthalten.

Neben der Entscheidungstabellenanalyse können auch das Entscheidungsdiagramm, der Entscheidungsbaum und die Entscheidungsmatrix als Dokumentationstechniken zur Analyse von Entscheidungssystemen benutzt werden.

12 Seite 453

2.2.2.6 KOMMUNIKATIONSANALYSE

Als Kommunikationsanalyse wird die kritische Untersuchung des Austausches von Informationen zwischen Sender und Empfänger bezeichnet. Werden Informations- und Datenflüsse quantitativ aufgenommen, ist eine **Kommunikationsaufnahme** gegeben. Diese Daten können einer Kommunikationsanalyse unterzogen werden.

Die Kommunikationsanalyse lässt sich durchführen als:

- **Raumplanungsanalyse**, bei der mithilfe eines Kommunikationsnetzes, das die geografische Lage der Stellen berücksichtigt, geprüft wird, ob eine Raumplanung optimal ist, d. h. Transporte bzw. Wege minimiert werden.

- **Kommunikationsmittelanalyse**, mit der entweder die Planung eines zusätzlichen Kommunikationsmittels oder der Einsatz benutzter Kommunikationsmittel geprüft und unterstützt werden, z. B. Telefon, Telefax, Telex, Rohrpost, E-Mail, Telebox.

  Mithilfe der Kommunikationsmittelanalyse können Zahl und Einsatzort von Kommunikationsmitteln optimiert werden. Sie wird vornehmlich im Rahmen der **Büroorganisation** durchgeführt.

2.3 KREATIVITÄTSTECHNIKEN

Kreativitätstechniken sind **Ideenfindungs-** bzw. **Problemlösungstechniken**, die das produktive Denken und die Konkretisierung dieser Denkergebnisse fördern, z. B. in Form von Innovationen. Ihre grundlegenden **Merkmale** sind:

- Sie werden fast immer in **Gruppen** angewandt, wofür insbesondere spricht:

  ▸ Größeres Ideen- und Wissenspotenzial
  ▸ Gegenseitige Stimulierung und Auslösung von Assoziationen
  ▸ Betrachtung aus verschiedenen Kenntnis- und Erfahrungsbereichen

• Sie werden von einem kompetenten **Gruppenleiter** als Moderator geführt, der:

> ▸ Die Gruppensitzung steuert
> ▸ Die anzuwendende Technik erläutert
> ▸ Die Einhaltung der Spielregeln sicherstellt
> ▸ Auftretende Stockungen überwindet

Als häufig genutzte Kreativitätstechniken sollen unterschieden werden:

2.3.1 Brainstorming

Das Brainstorming ist eine Kreativitätstechnik zur **Förderung innovativer Lösungen** im Rahmen einer Gruppensitzung. Die Gruppe sollte hierarchisch möglichst ausgewogen zusammengesetzt sein, denn die Teilnahme von Personen aus unterschiedlichen hierarchischen Ebenen kann bei der Kommunikation psychologische Hemmschwellen mitsichbringen.

Prinzipien des Brainstorming sind:

• Maximal 12 Teilnehmer mit unterschiedlichen Kenntnissen und Erfahrungen
• Bekanntgabe der Sitzungsregeln zu Beginn der Gruppensitzung
• Sitzungsdauer maximal 30 Minuten
• Spontane und lockere Atmosphäre
• Ideen anderer sind weiterzuentwickeln
• Protokollierung der von den Teilnehmern geäußerten Ideen.

Im Verlaufe einer Gruppensitzung gelten folgende **Regeln**:

> ▸ Kritik ist streng verboten   ▸ Killerphrasen sind nicht zugelassen
> ▸ Quantität geht vor Qualität   ▸ Ideen sollen spontan geäußert werden
> ▸ Freier Lauf der Fantasie

Beim Brainstorming werden die Ideen von Gruppenmitgliedern aufgegriffen und weiterentwickelt, was auch Veränderungen der Ideen bewirken kann. Es gibt dabei keine **Urheberrechte**. Die Anwendung dieser Technik erfolgt in drei **Phasen**:

| Vorbereitung | Der Moderator bereitet das Brainstorming vor. Dabei gilt:

▸ Keine vorherige Nennung des Themas, damit die Spontanität erhalten bleibt
▸ Definition des Problems und Erarbeitung von Hilfen zur Anregung des Ideenflusses
▸ Vorbereitung der Hilfsmittel wie z. B. Beamer, Flipcharts, Overheadprojektor
▸ Sicherung der Störungsfreiheit, z. B. durch Abschalten des Telefons im Sitzungsraum. |

| Durchführung | Die Sitzung erfordert außer dem Moderator einen Protokollanten, der alle gefundenen Ideen allgemein sichtbar aufschreibt. Sie wird in drei **Schritten** durchgeführt:

▸ Bekanntgabe der Sitzungsregeln
▸ Vorstellung des Themas, kurze Skizzierung der Problematik
▸ Austausch der Ideen mit Protokollierung

Killerphrasen sind grundsätzlich zu vermeiden, z. B.:

▸ *Das wird doch nirgends so gemacht!*
▸ *Wer soll denn das bezahlen?*
▸ *Das darf doch nicht Ihr Ernst sein!*
▸ *Das kann doch gar nicht funktionieren!*
▸ *In der Praxis sieht das ganz anders aus!*
▸ *Das haben wir schon immer so gemacht!* |

| Auswertung | Die Auswertung der gefundenen und protokollierten Ideen erfolgt anschließend. Das sollte in einer weiteren Gruppensitzung mit einem anderen Teilnehmerkreis oder auch nur durch einen Fachmann erfolgen. Die gefundenen Ideen werden zwecks unterschiedlicher Weiterbehandlung in verschiedene **Gruppen** eingeteilt:

▸ Unmittelbar verwertbare Ideen sind hervorzuheben
▸ Noch entwickelbare Ideen werden erfasst
▸ Unbrauchbare Ideen sind auszusondern |

Das Brainstorming wird in der Organisationspraxis erfolgreich eingesetzt.

2.3.2 METHODE 635

Die Methode 635 ist eine Weiterentwicklung des Brainstorming. Bei ihr schreiben auf einfachen Formularen mit drei Spalten und sechs Zeilen anlässlich einer **Gruppensitzung**:

- **6** zu einer Gruppensitzung geladene Mitglieder
- **3** Vorschläge oder Lösungsalternativen auf Vordrucke, die jeweils
- **5** mal weitergegeben und weiterentwickelt werden.

Deshalb wird die Methode 635 auch **Brainwriting** genannt. Es ergeben sich 108 Vorschläge (3 · 6 · 6), die schriftlich vorliegen. Durch den Austausch der Vordrucke entstehen Assoziationsketten, die Innovationen hervorbringen.

Der Einsatz dieser Technik erfolgt in drei **Phasen**:

Vorbereitung	Sie kann in folgender Weise geschehen: ▶ Einladung der Teilnehmer ▶ Erarbeitung eines geeigneten Vordruckes ▶ Sicherung der Störungsfreiheit der Gruppensitzung

⇩

Durchführung	Nach Bekanntgabe der Regeln, des Themas und seiner Problematik wird in folgenden Schritten vorangegangen: ▶ Jedes Sitzungsmitglied schreibt auf seinen Vordruck drei Lösungsalternativen ▶ Die Vordrucke mit den drei Lösungsalternativen werden den Nachbarn weitergegeben ▶ Jedes Gruppenmitglied entwickelt die notierten Alternativen weiter und schreibt dies nieder ▶ Die Vordrucke werden wiederum weitergegeben und die bisherige Vorgehensweise wird wiederholt

⇩

Auswertung	Die Auswertung der aufgeschriebenen Alternativen erfolgt wie beim Brainstorming, d.h. die verwertbaren Ideen werden analysiert und von den unbrauchbaren getrennt.

Voraussetzungen für den erfolgreichen Einsatz der Methode 635 sind:

• Entspannte Atmosphäre in der Gruppensitzung
• Die Teilnehmer sollen etwa die gleiche Qualifikation haben
• Die Beteiligten sollen ein hohes Kreativitätspotenzial mitbringen
• Für die Lösungen sind qualitative und quantitative Aspekte zu beachten
• Die Kritik der niedergeschriebenen Ideen hat zu unterbleiben
• Durch die Ideenproduktion entstehen keine Urheberrechte.

13 ⟩ Seite 453

2.3.3 SYNEKTIK

Die Synektik ist eine Kreativitätstechnik, bei der eine **Zusammenfassung von Elementen** bewirkt wird, die von Natur aus nicht zueinander gehören. Ihr liegt die Erkenntnis zu Grunde, dass in einem kreativen Prozess die gefühlsmäßige, irrationale Seite oft viel bedeutender als der rationale Aspekt ist. Bei der Synektik gilt folgende **Vorgehensweise**:

- Zunächst gilt es, »**Fremdes vertraut zu machen**«, sich ihm zu öffnen. Bei der Verfremdung von Vorgängen wird versucht der Mitarbeiter, sich durch Analogiebildung »in einen Gegenstand« hineinzuversetzen. Irrationalen Einflüssen wird die Möglichkeit gegeben, sich zu entfalten und neue Impulse zu bewirken.

- Daraufhin wird versucht, das »**Vertraute fremd zu machen**«, sich also vom Gewohnten zu distanzieren und die zu lösenden Probleme aus einem neuen Blickwinkel zu sehen. Die Verfremdung bekannter Tatsachen soll die Voreingenommenheit verhindern.

Die Ergebnisse werden i.d.R. durch die Bildung von **Analogien zu anderen Lebensbereichen** erzielt. Da die Synektik nicht einfach anzuwenden ist, setzt sie eine sorgfältige Auswahl dafür geeigneter Personen voraus, z. B. Personen mit hohem Kreativitätspotenzial und logischem Denkvermögen.

2.3.4 MORPHOLOGIE

Die Morphologie ist eine Kreativitätstechnik, bei der strukturanalytisch vorgegangen wird. Sie dient der möglichst vollständigen Erfassung aller Lösungsalternativen einer Problemstellung und der Prüfung ihrer Kombinationsmöglichkeiten. Dies erfordert von den bearbeitenden Personen umfassende Kenntnisse.

Die morphologische Methode erfolgt in fünf **Schritten**:

Thema-definition	Das Thema ist möglichst allgemein festzulegen, sodass keine Lösungsmöglichkeiten ausgeschlossen werden, z.B. Definition von Lösungsalternativen für eine Kaffeemaschine, mit Alternative 1, Alternative 2, Alternative 3.
⇩	
Funktionen-bestimmung	Die einzelnen Funktionen sind zur Lösung des organisatorischen Problems zu bestimmen, z.B. Wasser kochen, Kaffee filtern, Kaffee warm halten, Kaffee ausschenken.
⇩	
Merkmals-ausprägungen	Für jede Funktion sollen möglichst viele und unterschiedliche Ausprägungen gefunden werden. Sie werden in den **Morphologischen Kasten** oder die **Morphologische Matrix** eingetragen, z.B. Heizplatte, Heizspirale, Induktionserhitzung.
⇩	
Problemanalyse	Jede Kombination des Kastens ist zu analysieren. Dabei sind auch die Kombinationen mehrerer Ausprägungen eines Merkmals zu berücksichtigen, z.B. durch Eintragen von Pfeilen.

Beispiel: Entwicklung einer Kaffeemaschine

Funktionen	Lösungsalternativen		
	1	**2**	**3**
Wasser kochen	Heizplatte (außen)	Heizspirale (innen)	Induktions-erhitzung
Kaffee filtern	Filterpapier	poröses Material	Zentrifuge
Kaffee warmhalten	Wärmezufuhr	Isolierung	Wärmehaube
Kaffee ausschenken	Zweitbehälter zum Ausgießen	Pumpe zum Ausgeben	Hahn zum Ausschenken

Der Morphologische Kasten wird üblicherweise in einer Gruppe erarbeitet. Er ist jedoch die einzige für Organisationsaufgaben eingesetzte Kreativitätstechnik, die auch **von einem Mitarbeiter allein** durchgeführt werden kann.

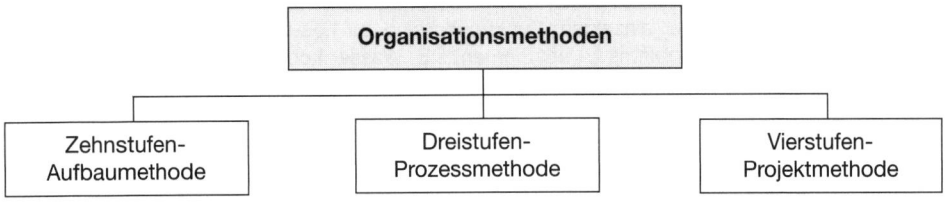

14 ⟩⟩ Seite 454

3. Organisationsmethoden

Die Organisationsmethoden zeigen die Art und Weise des planmäßigen Vorgehens durch den Organisator. Sie sind schrittweise vorgegebene **Vorgehensweisen** zur zielgerichteten Lösungserarbeitung, regeln also die Vorgehenssystematik *(Schmidt)*.

Zu unterscheiden sind:

```
                    ┌─────────────────────────────┐
                    │   Organisationsmethoden     │
                    └─────────────────────────────┘
        ┌───────────────────┼───────────────────┐
┌───────────────┐   ┌───────────────┐   ┌───────────────┐
│  Zehnstufen-  │   │  Dreistufen-  │   │  Vierstufen-  │
│ Aufbaumethode │   │ Prozessmethode│   │ Projektmethode│
└───────────────┘   └───────────────┘   └───────────────┘
```

3.1 Zehnstufen-Aufbaumethode

Den Ausgangspunkt der Gestaltung einer Aufbauorganisation als Ordnungsstruktur bildet vielfach der **Organisationsauftrag** der Unternehmens- bzw. Bereichsleitung an den Organisator. Zur Gestaltung der Aufbauorganisation kann die Zehn-Stufen-Methode angewendet werden *(Olfert/Rahn, Rahn)*:

Organisationsauftrag	
⇩	
1	**Erfassung der bestehenden Aufbauorganisation** (Aufbauanalyse: Ist-Aufnahme und Ist-Kritik)
2	**Gestaltung der Stellen** (Aufgabenanalyse und Aufgabensynthese)
3	**Erfassung der Organisationseinheiten** (Stellen, Instanzen und Arbeitsplätze)
4	**Festlegung der Aufbauordnung** (Dezentralisation bzw. Zentralisation)
5	**Charakterisierung der Tätigkeitsarten** (Vollzeit- bzw. Teilzeittätigkeiten)
6	**Zuordnung von Aufgabenträgern** (Bezeichnungen bzw. Anforderungsprofile)
7	**Ausstattung mit Kompetenzen und Verantwortung** (Aufgabe, Kompetenz, Verantwortung)
8	**Bestimmung der Verbindungsarten** (Längs-, Quer-, Diagonal-, Richtlinienverbindungen)
9	**Erfassung der Gesamtorganisation** (Gruppen, Bereiche, Unternehmensleitung, Unternehmen)
10	**Einführung und Dokumentation des Aufbaus** (Präsentation, Aufbaudokumentation, Durchsetzung)
⇩	
Auftragserledigung	

Die Zehn-Stufen-Methode kann bei der Strukturierung des gesamten Unternehmens oder einzelner Unternehmensbereiche eingesetzt werden.

3.2 DREISTUFEN-PROZESSMETHODE

Während sich die Aufbauorganisation vor allem auf die Gestaltung der Aufgabenkombinate und deren Verbindungen konzentriert, werden im Rahmen der Prozessorganisation außer den Arbeitstätigkeiten vor allem die **Zeit** und der **Raum** in die Betrachtung einbezogen.

Die Gestaltung kann nach der Drei-Stufen-Methode erfolgen *(Olfert/Rahn)*:

Organisationsauftrag
⇩

1	**Erfassung der bestehenden Prozessorganisation** (Prozessanalyse als Ist-Aufnahme und Ist-Kritik)
2	**Gestaltung der neuen Prozessorganisation** (Wesen und Arten der Prozessorganisation)
3	**Einführung der neuen Prozessorganisation** (Vorbereitung, Präsentation, Durchsetzung, Kontrolle)

⇩
Auftragserledigung

Die Gestaltung einer neuen Prozessorganisation kann z. B. auf die Verkürzung von Durchlaufzeiten, die Senkung der Prozesskosten oder eine termingerechte Arbeitsausführung abzielen.

3.3 VIERSTUFEN-PROJEKTMETHODE

Die Gestaltung der Projektorganisation ist unter Einbeziehung der Vier-Stufen-Methode möglich. Ein Projekt wird im Regelfall durch einen Projektauftrag ausgelöst. Er kann durch die Unternehmens- bzw. Bereichsleitung einem Projektleiter, einer Projektgruppe bzw. einem Projektorganisator erteilt werden.

Die Projektorganisation kann in folgenden **Schritten** gestaltet werden *(Olfert/Rahn)*:

Organisationsauftrag
⇩

1	**Vorbereiten der Projektorganisation** (Problemermittlung, Problemanalyse, Problemdefinition)
2	**Planen der Projektorganisation** (Vorbereitung: Aufgaben, Personal, Termine, Mittel, Kosten)
3	**Gestalten der Projektorganisation** (Projektdurchführung: Eigentliche Projektarbeit)
4	**Einführen der Projektorganisation** (Vorbereitung, Durchsetzung, Kontrolle)

⇩
Auftragserledigung

Mit der Einführung und Durchsetzung der Projektorganisation ist der Projektauftrag erledigt.

KONTROLLFRAGEN	bear-beitet	Lösungs-hinweise	Lö-sung	
			+	-
01 Wie unterscheiden sich Organisationsinstrumente von Organisationsmitteln?		63		
02 Erläutern Sie Arten traditioneller Sachmittel der Organisation!		63 f.		
03 Zählen Sie wesentliche Datenverarbeitungsmittel auf!		64		
04 Unterscheiden Sie die Sachmittel der technischen Kommunikation!		64 f.		
05 Welche Vorgaben sind für den Organisator bedeutsam?		65 f.		
06 Was sind Modelle und wie sind sie zu beurteilen?		66		
07 Welche Tools können als Hilfsmittel der Organisation eingesetzt werden?		67		
08 Erklären Sie mitarbeiterbezogene Maßnahmen im Rahmen der Organisationsarbeit!		67		
09 Geben Sie einen Überblick über die Organisationstechniken!		68		
10 In welchen Schritten ist bei der Vorbereitung eines Interviews vorzugehen?		69		
11 Welche Festlegungen sind bei der Erarbeitung eines Interviewplanes zu treffen?		69		
12 In welche Phasen gliedert sich die Durchführung eines Interviews?		70		
13 Welche Prinzipien sind bei der Durchführung eines Interviews zu beachten?		70		
14 Erläutern Sie die Maßnahmen der Auswertung eines Interviews!		71		
15 Bei welchen Problemstellungen kann das Interview angewendet werden?		71		
16 Welche Vorteile und Nachteile haben Interviews?		71		
17 Erläutern Sie das Wesen des Fragebogens!		72		
18 Welche Arten von Fragen können unterschieden werden?		72		
19 In welchen Fällen ist der Einsatz von Fragebögen angebracht?		72		
20 Welche Vorteile und Nachteile hat die Fragebogentechnik?		72		
21 In welcher Art und Weise ist die Beobachtung möglich?		73		
22 Mit welchen Vorteilen und Nachteilen ist die Dauerbeobachtung verbunden?		73		
23 Was ist unter einer Multimomentaufnahme zu verstehen?		73		
24 Welche Aussagen kann die Multimomentaufnahme liefern?		73		
25 Zählen Sie Einsatzbereiche der Multimomentaufnahme auf!		73		
26 Welche Phasen umfasst die Multimomentaufnahme?		74		
27 Mit welchen Vorteilen und Nachteilen ist die Multimomentaufnahme verbunden?		75		
28 Was ist unter Selbstaufschreibung zu verstehen?		75		
29 Wozu wird die Selbstaufschreibung vor allem eingesetzt?		75		
30 In welchen Schritten wird bei der Selbstaufschreibung vorgegangen?		75 f.		
31 Welche Vorteile und Nachteile hat die Selbstaufschreibung?		76		
32 Was ist unter der Dokumentationsauswertung zu verstehen?		76		

66	Welche Aufgaben können mit einer Kommunikationsanalyse gelöst werden?	91		
67	Was ist unter Kreativitätstechniken zu verstehen?	91		
68	Welche grundlegenden Merkmale haben Kreativitätstechniken?	91 f.		
69	Geben Sie einen Überblick über die Arten der Kreativitätstechniken!	92		
70	Erläutern Sie das Wesen des Brainstorming!	92		
71	Welche Prinzipien gelten für das Brainstorming?	92		
72	Welche Regeln gelten für den Verlauf des Brainstorming?	92		
73	In welchen Phasen erfolgt die Anwendung des Brainstorming?	93		
74	Geben Sie Beispiele für Killerphrasen beim Brainstorming!	93		
75	Was ist unter der Methode 635 zu verstehen?	93		
76	Warum wird die Methode 635 auch Brainwriting genannt?	94		
77	Erklären Sie die Voraussetzungen für den erfolgreichen Einsatz der Methode 635!	94		
78	In welchen Phasen läuft die Methode 635 ab?	94		
79	Erläutern Sie, was unter der Synektik zu verstehen ist!	94		
80	Wie wird bei der Synektik vorgegangen?	95		
81	Was ist unter Morphologie zu verstehen?	95		
82	In welchen Schritten wird ein Morphologischer Kasten erstellt?	95		
83	Wozu dienen die Organisationsmethoden?	96		
84	Geben Sie einen Überblick über die Organisationsmethoden!	96		
85	Worin besteht der Ausgangspunkt bei der Gestaltung einer Aufbauorganisation?	96		
86	Erklären Sie die einzelnen Schritte der Zehn-Stufen-Methode!	97		
87	In welchen Schritten wird die Dreistufen-Ablaufmethode vollzogen?	98		
88	Zu welchem Nutzen kann die Gestaltung einer neuen Prozessorganisation führen?	98		
89	Erläutern Sie die Schritte der Vierstufen-Projektmethode!	98		
90	Wann ist ein Projektauftrag erledigt?	98		

C. AUFBAUORGANISATION

Die Aufbauorganisation befasst sich mit der horizontalen und vertikalen Strukturierung eines Unternehmens und kann unter zwei wesentlichen **Aspekten** gesehen werden:

- Der **Gestaltungsaufgabe**, welche die Aufbauorganisation als Tätigkeit sieht, die in der Erarbeitung der organisatorischen Unternehmensstruktur zum Ausdruck kommt. Sie dient dazu, den statischen Beziehungszusammenhang eines soziotechnischen Systems wirksam zu schaffen *(Kosiol, Schanz)*.

- Der **Unternehmensstruktur**, die das Ergebnis der Gestaltungsaufgabe darstellt. Sie zeigt die Ordnung der Aufgaben, Kompetenzen und Verantwortungen im Unternehmen, wobei festgelegt wird, welche Aufgaben von welchen Menschen bzw. Sachmitteln zu erfüllen sind *(Hoffmann, Kieser/Kubicek)*.

Den Ausgangspunkt organisatorischer Gestaltung bildet in vielen Fällen ein **Organisationsauftrag** der Unternehmensleitung an die Organisationsabteilung oder den Organisator. Durch die Konkretisierung des Auftrages mit entsprechender Zielsetzung wird eine Ausgangsbasis für die organisatorische Planung, Durchführung und Kontrolle der Aufbauorganisation geschaffen *(Weidner u. a.)*.

Die Aufbauorganisation soll dargestellt werden als:

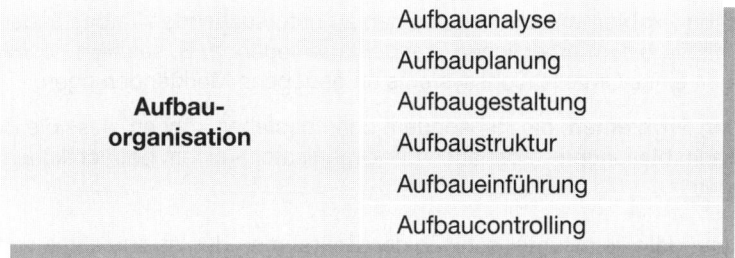

Aufbau- organisation	Aufbauanalyse
	Aufbauplanung
	Aufbaugestaltung
	Aufbaustruktur
	Aufbaueinführung
	Aufbaucontrolling

1. AUFBAUANALYSE

Die Aufbauanalyse ist die Erfassung und kritische Untersuchung der bestehenden Bedingungen des Unternehmens. Sie ist Bestandteil der **Organisationsanalyse**, die auch als **Systemanalyse** bezeichnet wird *(Acker, Heinrich, Krallmann, Schmidt)*.

Phasen der Aufbauanalyse sind:

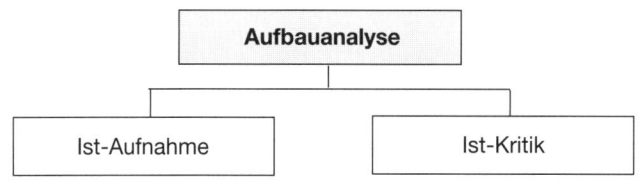

1.1 Ist-Aufnahme

Die Ist-Aufnahme dient der Ermittlung des **Ist-Zustandes** der Aufbauorganisation. Sie besteht in der Sammlung, Ordnung und Untersuchung von Daten der bisherigen Struktur, die ein System von Regelungen und menschlichen Beziehungen enthält.

Da die Unternehmen ständigen Veränderungen unterliegen, sind bestehende Aufbauregelungen in vielen Fällen verbesserungsbedürftig. Die Ermittlung von Aufnahmedaten wird deshalb notwendig, weil die Dokumentation des Ist-Zustandes häufig nicht vollständig oder auf dem aktuellen Stand ist.

Bei der Ist-Aufnahme können verschiedene **Aufnahmetechniken** eingesetzt werden, die bereits ausführlich dargestellt wurden – siehe S. 68 ff.:

▸ Interview	▸ Selbstaufschreibung	▸ Dokumentenauswertung
▸ Fragebogen	▸ Experiment	▸ Multimomentaufnahme
▸ Beobachtung	▸ Konferenz	

Die Ist-Aufnahme ist mit unterschiedlichen **Problemen** verbunden:

- **Persönlichen Problemen**, die bei den Betroffenen in den Fachabteilungen bestehen, z. B. der Angst vor Neuerungen, mangelndem Erinnerungsvermögen, Furcht vor Bestrafung, Verschweigen von Misserfolgen.

- **Sachlichen Problemen**, die sich aus den zu untersuchenden Tatbeständen ergeben, welche häufig einem erheblichen Wandel unterliegen, z. B. sachlich notwendige Anpassungen eines Organisationssystems an gegebene Marktänderungen.

- **Zeitlichen Problemen**, die insbsondere darin bestehen können, dass die Betroffenen in den Fachabteilungen – aber auch der Organisator – einem beträchtlichen Zeitdruck unterliegen.

Organisatoren fällt es mitunter schwer, den Zeitrahmen der Ist-Aufnahme richtig einzuschätzen. Deshalb gibt *Acker* folgende **Grundregeln** zur Zeiteinteilung:

- Die **Ist-Aufnahme** sollte ein Viertel bis ein Drittel der gesamten für die Abwicklung des Organisationsauftrages vom Organisator verwendeten Zeit umfassen.

- Die **Ist-Kritik** bzw. die Diskussion von Alternativen und die Feststellung der Grundkonzeption des Soll-Zustandes beanspruchen oft ein weiteres Drittel der Zeit.

- Die **Realisierung des Soll-Zustandes** und seine Einführung bzw. Kontrolle sollten vom Organisator ebenfalls mit einem Drittel der Gesamtzeit angesetzt werden.

1.2 Ist-Kritik

Die Ist-Kritik schließt sich der Ist-Aufnahme an. Mit ihr sucht der Organisator nach Schwachstellen im bisherigen Organisationsaufbau und nach Möglichkeiten einer Verbesserung. Für eine **Reorganisation** benötigt er viel Fantasie und Kreativiät, weil er eine Vorstellung von etwas erlangen muss, das in der Realität noch nicht existent ist.

Hilfreich bei der Ist-Kritik ist der Einsatz bewährter **Checklisten**. Mit ihrer Hilfe lassen sich Fehlerquellen der bestehenden Organisation gezielt ermitteln, z. B. in Form eines Prüffragenkataloges bzw. einer Prüfmatrix. Sie helfen auch, dass bei der Beurteilung keine wesentlichen Gesichtspunkte vergessen werden.

Kritik sollte nicht nur lediglich ausgesprochen werden. Vielmehr bedarf es einer möglichst treffenden **Begründung** der Kritik, z. B. bei:

* Überschneidungen von Aufgaben verschiedener Stellen
* Anmaßung von Kompetenzen durch bestimmte Aufgabenträger
* Mängeln der Delegation von Verantwortung bei Vorgesetzten
* Mangelnder Flexibilität von Mitarbeitern in Fachabteilungen
* Doppelarbeit in verschiedenen Organisationseinheiten
* Unangemessener Verteilung der Aufgaben an Stellen.

Die Ist-Aufnahme und die Ist-Kritik werden zusammen auch als **Ist-Analyse** bezeichnet. Sie bilden die Ausgangsbasis für weitere aufbauorganisatorische Aktivitäten. Ihre Ergebnisse werden in einem **Bericht** dokumentiert, der sich durch Sachlichkeit und Verständlichkeit auszeichnen sollte.

2. AUFBAUPLANUNG

Die Aufbauplanung schließt sich der Aufbauanalyse an. Sie legt in der Gegenwart fest, welche Struktur der Aufbauorganisation für einen bestimmten Planungszeitpunkt geschaffen werden soll. Ihre **Schwierigkeiten** liegen in der mangelnden Vorausbestimmbarkeit bzw. der fehlenden Voraussehbarkeit künftig geeignet erscheinender Aufbaustrukturen.

Als Aufbauplanung sind zu unterscheiden:

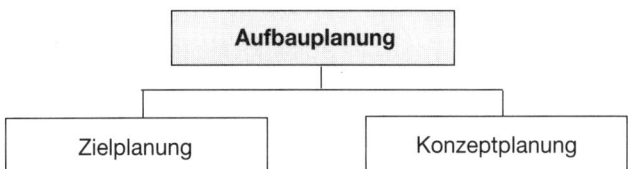

2.1 ZIELPLANUNG

Mit der Gestaltung der Aufbauorganisation verfolgt ein Unternehmen bestimmte Ziele, die geplant werden müssen. Erst wenn sie bekannt sind, kann beurteilt werden, ob eine aufbauorganisatorische Lösung sinnvoll ist *(Schmidt)*.

Die Ziele der Aufbauplanung ergeben sich aus den Organisationszielen, die ihrerseits aus den Zielen des Unternehmens abzuleiten sind. Die Zielplanung hat die Erreichung der Erfolgsziele des Unternehmens zu unterstützen. **Ziele** der Aufbauorganisation sind z. B. *(Hoffmann)*:

- **Aufgabenorientierte Ziele**, z. B. Erhöhung der Produktivität, klare Abgrenzung von Aufgaben und Kompetenzen, Minimierung der Kosten bzw. des Zeitaufwandes.

- **Sozialorientierte Ziele**, z. B. Schaffung eines guten Betriebsklimas und interessanter Arbeitsbereiche im Rahmen der Arbeitsgestaltung.

- **Flexibilitätsorientierte Ziele**, z. B. Schaffung einer anpassungsfähigen Aufbaustruktur, die den sich verändernden Bedingungen des Marktes gewachsen ist.

Über diese Ziele des Unternehmens hinaus sind auch **Ziele der Mitarbeiter** bzw. **Ziele der Kunden** zu berücksichtigen – siehe S. 30 f. In jedem Fall müssen die Interessenlagen der verschiedenen Zielträger gegeneinander abgewogen werden *(Schmidt)*.

2.2 KONZEPTPLANUNG

Die Aufbauplanung bedarf der Entwicklung eines organisatorischen Konzeptes. Dieses ergibt sich, indem **Anforderungen** definiert werden, die durch die Planung erfüllt werden sollten, z. B. *(Drumm)*:

- Schaffung informatorischer Grundlagen zur Erfassung von Organisationsproblemen
- Bereitstellung geeigneter Alternativen zur Lösung der Organisationsprobleme
- Zielbezogene Vorbereitung der Einführung lösungsgerechter Alternativen
- Kontrolle des Planungsprozesses und seiner Einzelschritte.

Bei der Konzeptplanung sind **Gestaltungsprinzipien** zu beachten, die ihren Erfordernissen gerecht werden sollten *(Bea/Göbel, Schmidt, Wittlage)*. Dazu zählen:

- Die **Spezialisierung** als Umfang der Arbeitsteilung, z.B. Planung der Art und des Grades der Spezialisierung im Rahmen der Aufbauorganisation

- Die **Koordination** als Abstimmung der Gegebenheiten, z.B. Planung der personenorientierten, strukturellen und technischen Koordination

- Die **Konfiguration** als äußere Form des Aufbaugefüges, z.B. Planung der Formen der Aufbauorganisation.

Zur weiteren konzeptionellen **Differenzierung** können geplant werden:

- **Personelle Aspekte**, z. B. Zuständigkeiten für Entscheidungen zur Aufbauorganisation und Übertragung der entsprechenden Verantwortung

- **Technische Aspekte**, z. B. der Einsatz benötigter Organisationsmittel und Organisationstechniken zur Aufbauorganisation

- **Ökonomische Aspekte**, z. B. die Planung anfallender Aufbaukosten und die Finanzierung des organisatorischen Aufbaus

- **Zeitliche Aspekte**, z. B. die Planung des kurz-, mittel- und langfristigen Zeitrahmens der Aufbauorganisation

- **Strukturelle Aspekte**, z. B. die Planung der Aufgaben, der Dokumentation und des Berichtswesens, die im Rahmen der Aufbauorganisation anfallen

- **Methodische Aspekte**, z.B. das Vorgehen nach der 10-Stufen-Methode oder einer anderen geeigneten Methode.

Die Ergebnisse der Zielplanung und der Konzeptplanung können in einem **aufbauorganisatorischen Plan** festgehalten werden, dessen Einhaltung später im Rahmen der Aufbaukontrolle überprüft wird.

Mit der Aufbauplanung wird die bestmögliche Umsetzung der aufbauorganisatorischen Ziele des Unternehmens angestrebt. Ihre Vorschläge sind von der Organisationsabteilung bzw. vom Organisator so rechtzeitig vorzulegen, dass sie bis zum Nutzungs- bzw. Einsatzzeitpunkt umgesetzt werden können.

3. AUFBAUGESTALTUNG

Die Gestaltung des organisatorischen Aufbaus eines Unternehmens erfolgt auf der Grundlage der Aufbauanalyse sowie der Aufbauplanung. Die Aufbaugestaltung umfasst mehrere **Maßnahmen**:

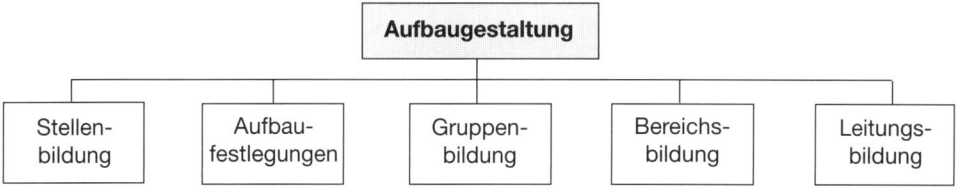

3.1 STELLENBILDUNG

Die Gestaltung der Aufbauorganisation beginnt damit, alle zur Zielerreichung und Aufgabenerledigung des Unternehmens erforderlichen Stellen zu bilden. Sie umfasst:

- **Aufgabenanalyse**
- **Aufgabensynthese**.

3.1.1 AUFGABENANALYSE

Die Aufgabenanalyse dient dazu, die im Unternehmen zu erfüllenden Aufgaben hierarchisch zu strukturieren und die notwendigen Stellen zu bilden. Dabei sind:

- **Aufgaben** die Verpflichtung zur Vornahme bestimmter Tätigkeiten
- **Stellen** die kleinsten organisatorischen Einheiten im Unternehmen.

Als Basis der Aufgabenanalyse sind die Ziele des Unternehmens anzusehen. Der Organisator der Aufbauorganisation geht von der **Gesamtaufgabe** aus, die schrittweise in ihre einzelnen Bestandteile zu zerlegen bzw. aufzuspalten ist. Wie dabei im Einzelnen vorgegangen wird, hängt von der Erhebungssituation ab *(Krüger)*.

Die **Tiefe** der Aufgabenanalyse ist insbesondere von folgenden Kriterien abhängig:

- Aufbauorganisatorischen Aufgaben
- Komplexität der Aufgaben
- Grad gewünschter Arbeitsteilung
- Einsatz von Sachmitteln
- Häufigkeit des Aufgabenanfalles

Die Zerlegung der Gesamtaufgabe eines Unternehmens in seine Elementaraufgaben kann nach unterschiedlichen Gesichtspunkten vorgenommen werden *(Kosiol)*. Entsprechend der Technik der **hierarchischen Strukturierung** gibt es:

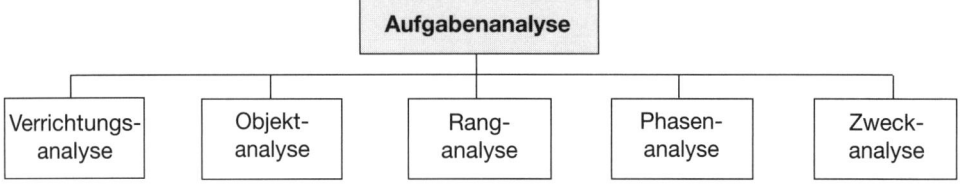

Jede Elementaraufgabe wird nach *Kosiol* durch diese fünf **Gliederungsmerkmale** bestimmt, die im Folgenden dargestellt und abschließend um praktische Hinweise ergänzt werden. *Gaugler* schlägt vor, über diese Gliederungsmerkmale hinaus auch Branchen bzw. Sektoren in die Aufgabenanalyse einzubeziehen.

3.1.1.1 Verrichtungsanalyse

In jeder Gesamtaufgabe ist ein Komplex von Verrichtungen enthalten, dessen Analyse zur Gliederung in Verrichtungsaufgaben führt. **Verrichtungen** können z. B. sein:

- Beschaffen
  (einkaufen bzw. lagern)
- Fertigen
  (produzieren)
- Absetzen
  (verkaufen bzw. werben)

Eine Analyse nach Verrichtungen gliedert die Aufgaben also nach **Tätigkeitsarten**.

Beispiel einer Verrichtungsanalyse:

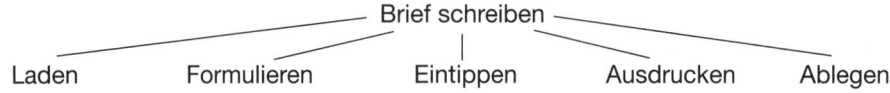

Die verrichtungsbezogen vorgenommene Aufgabengliederung stellt eine isolierte **Teilanalyse** dar. Die Gesamtaufgabe wird allein nach diesem Gesichtspunkt gegliedert, d. h. andere Gliederungsmerkmale kommen bei dieser Teilanalyse nicht vor. Das bedeutet, dass eine weitergehende Aufgabengliederung den übrigen Teilanalysen vorbehalten bleibt.

3.1.1.2 OBJEKTANALYSE

Die in einer Gesamtaufgabe enthaltenen Verrichtungsvorgänge beziehen sich auf Objekte, die unterschiedlicher **Art** sein können, z. B. *(Kosiol)*:

- Ausgangsobjekte, z.B. Rohstoffe, Werkstoffe, Vor- und Zwischenerzeugnisse
- Endobjekte, z.B. Enderzeugnisse, Sachmittel, Maschinen, Formulare, Geräte
- Personen, z.B. Lieferanten, Abnehmer, Belegschaft
- Absatzbezirke, z.B. Bezirk Nord, Mitte und Süd.

Beispiel einer Objektanalyse:

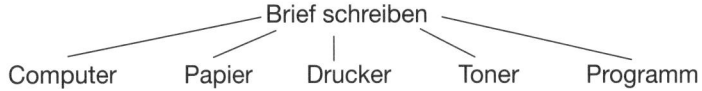

Bei der Objektanalyse ist streng darauf zu achten, dass Objekte nicht zu frühzeitig mit Verrichtungen kombiniert werden, weil dadurch die Klarheit und Genauigkeit der Aufgabenanalyse beeinträchtigt werden.

3.1.1.3 RANGANALYSE

Mit der Ranganalyse wird berücksichtigt, dass jeder Ausführung eine Entscheidung vorausgeht. Deswegen werden bezüglich ihres **Ranges** unterschieden:

- **Entscheidungsaufgaben** als Aufgaben mit höherem Rang
- **Ausführungsaufgaben** als Aufgaben mit niedrigerem Rang.

Beispiel einer Ranganalyse:

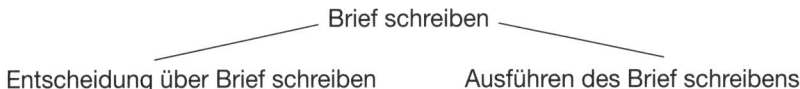

Den Ausführungsaufgaben ist die Entscheidungsaufgabe vorgeordnet und übergeordnet, denn zuerst erfolgt die Entscheidung, erst danach werden die Briefe geschrieben.

3.1.1.4 PHASENANALYSE

Eine Aufgabenerledigung erfolgt üblicherweise in drei **Phasen**, die jedoch nicht immer ohne weiteres in dieser Abgrenzung sichtbar sind:

- **Planung** als Vorwegnahme des zukünftigen Geschehens
- **Durchführung** als Realisierung des geplanten Geschehens
- **Kontrolle** als Überwachung und Untersuchung des realisierten Geschehens.

Dementsprechend kann in Planungsaufgaben, Durchführungsaufgaben und Kontrollaufgaben unterschieden werden.

Beispiel einer Phasenanalyse:

Planung eines Briefes   Realisierung des Briefes   Kontrolle des Briefes

3.1.1.5 Zweckanalyse

Bei der Zweckanalyse wird die Gesamtaufgabe zerlegt in *(Kosiol)*:

- **Zweckaufgaben** als primäre Aufgaben, die sich zwangsläufig aus einer Gesamtaufgabe ergeben können, z. B. Mahnbrief, Beschwerdebrief, Angebot, Anfrage.

- **Verwaltungsaufgaben** als sekundäre Aufgaben, die außer den Zweckaufgaben zu berücksichtigen sind, z. B. Anlagenverwaltung, Personalverwaltung.

Beispiel einer Zweckbeziehungsanalyse:

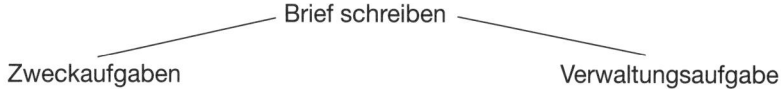

Zweckaufgaben   Verwaltungsaufgabe

Mit der Zweckanalyse wird die Aufgabenanalyse abgeschlossen.

15 ⟩⟩ **Seite 454**

3.1.1.6 Praktische Hinweise

Gegen den Einsatz aller fünf Aufgabenanalysen in der betrieblichen **Organisationspraxis** wird von *Schwarz* insbesondere eingewandt:

- Bei einer bestehenden Aufbauorganisation ist das Vorgehen sehr zeitaufwändig.
- Die fünfdimensionale Betrachtung jeder Aufgabe wirkt unübersichtlich.

Auch werden in der Praxis die Vorstellungen der **Unternehmensleitung** häufig zu zwingenden Beschränkungsfaktoren für die Gestaltung durch den Organisator.

Die *Gesellschaft für Organisation (GfO)* hat ein vereinfachtes Verfahren für die methodische Durchführung der vollständigen Aufgabenanalyse erarbeitet. Unter Verzicht auf die von *Kosiol* geforderte Trennung von Verrichtungs- und Objektanalyse wird folgende **Vorgehensweise** empfohlen:

- Analyse der Zweckaufgaben und nur der bedeutsamen Verwaltungsaufgaben unabhängig voneinander durch eine **kombinierte Verrichtungs- und Objektgliederung** als Sachgliederung.

- Schematische **Ergänzung** der in dem ersten Schritt gewonnenen Elementaraufgaben im Hinblick auf **Rang** und **Phase** mithilfe des nachstehenden Schemas:

Aufgabengliederungsplan – Zweck-/Verwaltungsaufgaben			
Sachgliederung	Ranggliederung		Phasengliederung
	Entscheidung	Ausführung	
			Planung der ....
			Durchführung der ....
			Kontrolle der ....

Die Organisationspraxis begnügt sich oftmals mit einer Verrichtungs- und Objektanalyse, insbesondere weil der Zeitdruck dort außerordentlich hoch ist.

Der Organisator hat vielfach von dem gegebenen Ist-Zustand im Unternehmen auszugehen und zu versuchen, durch geeignete Verbesserungsvorschläge am bestehenden Organisationssystem zu neuen Ergebnissen zu gelangen. Bei diesem Vorgehen besteht aber die Gefahr, dass die Maßnahmen nicht zu dem nötigen Wandel führen, weil die Loslösung vom bestehenden System nicht gelingt.

3.1.2 Aufgabensynthese

Der Aufgabenanalyse folgt die Aufgabensynthese, die eine Zusammenfassung der durch die Aufgabenanalyse gewonnenen Teilaufgaben zu koordinierbaren Aufgabenkomplexen darstellt *(Kosiol)*. Je nach Art und Umfang der Teilaufgaben entstehen:

- **Stellen** als Aufgabenkombinate *mit* oder *ohne* Leitungsbefugnis
- **Instanzen**, die Stellen als Aufgabenkombinate *mit* Leitungsbefugnis sind.

Die Stellen ergeben sich – wie die folgende Darstellung zeigt – aus den analysierten Teilaufgaben. Sie sind damit Kombinate einzelner Elementaraufgaben, die je nach Zielsetzung unterschiedlich gestaltet werden können. Durch die organisatorische Zusammenfassung von Organisationseinheiten erfolgt daraufhin die Bildung von Gruppen und Bereichen sowie der Gesamtleitung – siehe S. 129 ff.

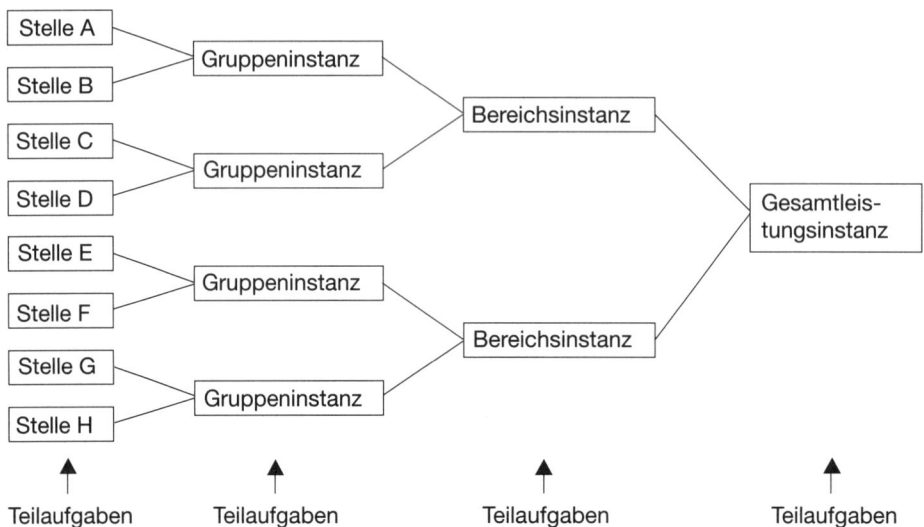

Die Zahl und Art sowie der Umfang der Teilaufgaben, die zu einer Stelle zu vereinigen sind, hängt vor allem vom erwarteten Leistungsvermögen des Aufgabenträgers ab. Deshalb sollten bei der Aufgabenkombination die folgenden **Organisationsprinzipien** beachtet werden *(Gaugler)*:

* **Orientierung am normalen Leistungspotenzial**, wonach der Organisator die Stellen so bilden sollte, dass die Aufgaben mit einer normalen Eignung sowie einem normalen Arbeitspensum des Aufgabenträgers bewältigt werden können.

* **Ausrichtung an normaler Leistungsbereitschaft**, wobei der Aufgabenträger sich mit der Bewältigung der Aufgabenkombinate identifizieren können sollte. Die zusammengefassten Aufgaben haben möglichst homogene Kombinate darzustellen.

* **Orientierung an aufgabenbedingten Grundsätzen**, wonach die Stellen gegenüber der Umwelt anpassungsfähig sein sollten, die Wirkungszusammenhänge zu wahren sind, Aufgaben, Kompetenzen und Verantwortung jeder Stelle übereinstimmen sollten.

Aus Gründen der Systematik und Übersichtlichkeit erscheint es für die praktische Organisationsarbeit sinnvoll, die globale Aufgabensynthese aufzuspalten und eine **detaillierte Vorgehensweise** mit einzelnen Aufbaufestlegungen zu wählen.

3.2 AUFBAUFESTLEGUNGEN

Bei den Festlegungen, die den Stellenaufbau betreffen, geht es um:

* **Organisationseinheiten**

* **Zentralisation/Dezentralisation**

* **Tätigkeiten**

- **Aufgabenträger**
- **Aufgabe/Kompetenz/Verantwortung**
- **Informationswege**.

3.2.1 ORGANISATIONSEINHEITEN

Da organisatorische Regelungen dauerhaften Charakter haben sollen, ist es empfehlenswert, die Gestaltung der Organisationseinheiten nicht von der Stellenbesetzung abhängig zu machen, denn beim Wechsel der Aufgabenträger würde die Gefahr bestehen, dass auch die Organisationseinheiten umgestaltet werden müssen.

In der betrieblichen Aufbauorganisation werden überwiegend die nachstehenden **Organisationseinheiten** eingesetzt:

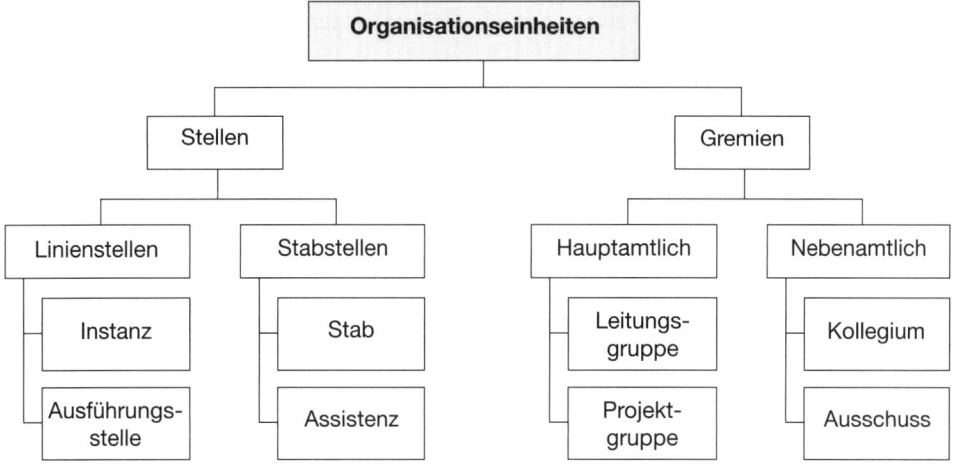

Danach sind zu unterscheiden:

- **Linienstellen**, die vertikal und *mit* Weisungsbefugnis der jeweiligen Aufgabenträger in eine Hierarchie eingebunden sind.
- **Stabstellen**, die horizontal und *ohne* Weisungsbefugnis der Aufgabenträger eingeordnet werden.
- **Gremien *mit* Weisungsbefugnis** mehrerer hauptamtlicher Aufgabenträger, die in die Hierarchie horizontal integriert werden, z. B. Leitungsgruppe, Projektgruppe.
- **Gremien *ohne* Weisungsbefugnis** mehrerer nebenamtlicher Aufgabenträger, die horizontal in das Unternehmen eingeordnet werden, z. B. Kollegium, Ausschuss.

3.2.1.1 Instanzen

Instanzen sind Stellen mit Weisungsbefugnis, bei der Führungsaufgaben überwiegen und Entscheidungen hinsichtlich anderer Stellen zu treffen sind *(Gaugler)*. Sie sind dadurch gekennzeichnet, dass sie die Elemente von **Linienstellen** aufweisen, z. B. durch die Funktionen Entscheidung, Anordnung, Überwachung, Koordination.

Für die Bildung von Instanzen empfiehlt *Schwarz* die Ausrichtung z. B. an folgenden **Kriterien**:

- Räumliche Überschaubarkeit des Aufgabenbereiches
- Zeitliche Leistungsfähigkeit des Stellenleiters
- Normaleignung des Stellenleiters
- Kontrollspanne, d. h. die Zahl der unterstellten Mitarbeiter.

Instanzen können durch eine Person oder mehrere Personen gebildet werden als:

- **Singularinstanzen**, die aus einem Aufgabenträger bestehen und auch als Direktorialinstanzen bezeichnet werden.

- **Pluralinstanzen**, bei denen mehrere Aufgabenträger vorhanden sind. Für sie wird auch die Bezeichnung Kollegialinstanz oder Leitungsgruppe verwendet.

Instanzen gibt es auf den verschiedenen **Leitungsebenen**, die sein können:

- Die **obere Leitungsebene**, die auch häufig mit Top-Management oder strategischem Management bezeichnet wird. Ihr obliegt die Geschäftsführung eines Unternehmens, z. B. in einer AG als Vorstand bzw. einer GmbH als Geschäftsführer.

- Die **mittlere Leitungsebene**, die auch Middle-Management oder taktisches Management genannt wird. Auf ihr gibt es als Instanzen insbesondere die Bereichsleitung, die Hauptabteilungsleitung und die Abteilungsleitung.

- Die **untere Leitungsebene**, die auch als Lower-Management oder operatives Management bezeichnet wird. Dazu zählen alle Leitungsstellen unterhalb der Abteilungsebene. Diese Instanzen leiten direkt die betrieblichen Prozesse, z. B. als Gruppenleiter, Meister, Büroleiter.

Die Leitungsebenen lassen sich in einer **Management- oder Instanzenpyramide** darstellen, die auch Hinweise über die quantitativen Verhältnisse gibt:

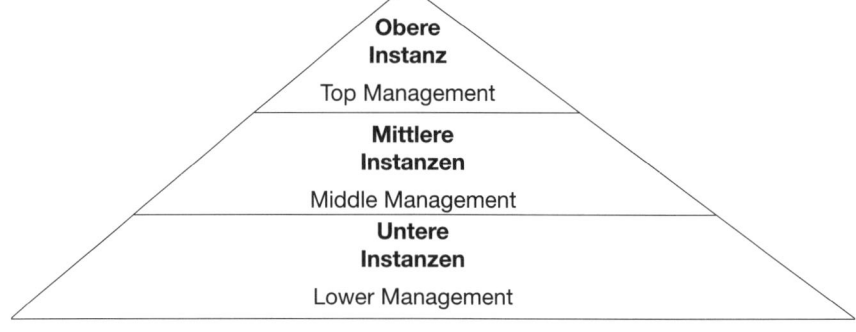

3.2.1.2 AUSFÜHRUNGSSTELLEN

Ausführungsstellen sind Stellen, die **keine Leitungsbefugnisse** besitzen. Sie können z. B. folgende **Aufgaben** verrichten:

- Verwaltungsaufgaben, z. B. Kundendateien bzw. Lieferantendateien führen
- Abwicklungsaufgaben, z. B. Abwicklung von Angeboten im Verkauf
- Abrechnungsaufgaben, z. B. Abrechnung von Materialkosten bzw. Personalkosten
- Zahlungsaufgaben, z. B. Zahlung von Rechnungen im Finanzwesen
- Buchhaltungsaufgaben, z. B. Debitoren- bzw. Kreditorenbuchhaltung
- Lageraufgaben, z. B. Einlagern von Waren in das Beschaffungslager
- Fertigungsaufgaben, z. B. Herstellen von Werkstücken in der Produktion
- Marketingaufgaben, z. B. Verkaufen von Produkten an Kunden.

Die Aufgabenträger der Ausführungsstellen setzen die Entscheidungen der Führungskräfte um.

3.2.1.3 STÄBE

Stäbe sind **Leitungshilfsstellen**, die häufig unmittelbar einer Instanz zugeordnet sind, aber auch für mehrere Instanzen tätig sein können. Ihre **Befugnisse** sind begrenzt, d. h. sie besitzen üblicherweise weder Entscheidungs- noch Weisungsbefugnisse, sondern nur Vorschlagsrechte. Die Entscheidungen und die Weisungen erfolgen durch die jeweilige Instanz, der sie zugeordnet sind.

Stäbe sind als **Spezialisten** in verschiedenen betrieblichen Aufgabenbereichen zu finden, z. B. der Organisation, dem Patentwesen, der Öffentlichkeitsarbeit, dem Rechtsreferat, dem Steuerwesen, der Revision.

Die Einrichtung von Stäben erfolgt aus zwei **Gründen**:

- Der Verfügbarkeit von speziellen Fachkenntnissen für einen Instanzeninhaber
- Der Entlastung des Instanzeninhabers von arbeitsaufwändigen Fachaufgaben.

Es ist möglich, Stäbe in Abteilungen zusammenzufassen.

3.2.1.4 ASSISTENZSTELLEN

Assistenzen sind **Leitungshilfsstellen**, die unmittelbar für Aufgabenträger einer Instanz arbeiten. Die klassische Assistenz wird vornehmlich den oberen Instanzen eines Unternehmens zugeordnet, z. B. als Vorstandsassistenz, Geschäftsführerassistenz, Direktionsassistenz.

Assistenzen sind durch die nachstehenden **Merkmale** gekennzeichnet:

- Sie bekommen **keine ständigen Aufgaben** übertragen, sondern erhalten fallweise ihre Aufgaben. Der Assistent eines Leiters unterstützt seinen Leiter in dessen anspruchsvollem Aufgabengebiet entsprechend dem jeweiligen Bedarf.

- Sie werden ausschließlich für die **Instanz** tätig, der sie zugeordnet sind, nehmen also ausschließlich Aufträge der ihnen zugeordneten Instanz entgegen.

- Sie sollten wegen der Vielzahl und Unterschiedlichkeit der Aufgaben mit entsprechend qualifizierten **Generalisten** besetzt werden.

3.2.1.5 LEITUNGSGRUPPEN

Die Leitung eines Unternehmens wird bei entsprechender Unternehmensgröße nicht einer Einzelperson als Singularinstanz, sondern einer Gruppe von Personen gemeinsam übertragen, die als Leitungsgruppe eine Pluralinstanz darstellt. **Gründe** hierfür sind:

- Die **Leitungsqualität** kann **besser** werden, wenn mehrere Manager gemeinsam die Leitung eines Unternehmens ausüben. Fehlerhafte bzw. falsche Entscheidungen sind eher vermeidbar.

- Die Leitungsgruppe ist für bestimmte Unternehmensformen **gesetzlich vorgeschrieben**, so z. B. in § 77 Abs. 1 AktG, der einen mehrköpfigen Vorstand einer AG verlangt, welcher nur gemeinschaftlich zur Unternehmensführung befugt ist.

Leitungsgruppen werden üblicherweise auf Dauer eingerichtet. Ihre Aufgabenträger sind hauptamtlich tätig.

3.2.1.6 PROJEKTGRUPPEN

Projektgruppen sind Personenmehrheiten, die gemeinsam und überwiegend hauptamtlich bzw. vollzeitlich Projekte durchführen. Sie weisen als **Merkmale** auf:

- Die Aufgabenträger kommen aus unterschiedlichen Tätigkeitsgebieten
- Die Projektgruppe führt Sonderaufgaben aus, die zu dem Projekt gehören
- Die Projektarbeit ist für die Aufgabenträger zeitlich befristet
- Aufgabenlösung und Zielerreichung werden von der Gruppe gemeinsam angestrebt.

Der Einsatz von Projektgruppen anstelle einzelner Mitarbeiter erfolgt aus mehreren **Gründen**:

- Größere Personalkapazität und damit geringere Projektdauer
- Stärkere Kreativität der Mitarbeitergruppe
- Geringeres Krankheits- und Ausfallrisiko
- Projektmitarbeiter helfen sich gegenseitig
- Externe Mitarbeiter und Experten können eingebunden werden
- Arbeit in Projektgruppe schafft wechselseitiges Vertrauen
- Gruppeneinsatz vermindert das Projektrisiko.

Die Gründung der Projektgruppe erfolgt jeweils für eine anstehende Aufgabenstellung neu. Ihre Mitglieder werden im Hinblick auf diese Aufgabe für die Projektgruppe ausgewählt. Nach Erledigung einer Aufgabe löst sich die Projektgruppe wieder auf.

3.2.1.7 KOLLEGIEN

Kollegien sind Organisationseinheiten, die zur Erfüllung von **Sonderaufgaben** mit befristeter zeitlicher Tätigkeit gebildet werden und aus einer Mehrheit von Aufgabenträgern bestehen, die hinsichtlich ihrer Fachkenntnisse aus unterschiedlichen Bereichen kommen, unterschiedlichen Rangstufen angehören können und nur zu bestimmten Zeitpunkten an einem Ort zusammentreffen, während sie sonst anderen Aufgaben innerhalb ihrer eigentlichen Stelle nachgehen *(Kosiol)*.

Die Arbeit in Kollegien ist demnach durch folgende **Merkmale** gekennzeichnet:

* Kollegien werden mit Sonderaufgaben betraut
* Die Aufgabe von Kollegien ist zeitlich befristet
* Die Aufgabenträger arbeiten außer ihrer hauptberuflichen Tätigkeit nebenamtlich
* Ihre Arbeitszeit umfasst nur wenige Stunden pro Woche oder Monat.

3.2.1.8 AUSSCHÜSSE

Ausschüsse sind unbefristet eingerichtete Organisationseinheiten, in denen **Daueraufgaben** in nebenamtlicher Tätigkeit teilzeitlich verrichtet werden. Sie werden auch **Kommissionen**, **Gremien**, **Arbeitskreise** und **Komitees** genannt.

Aufgaben von Ausschüssen können sein:

* Austausch von Informationen zwischen den Ausschussmitgliedern
* Information und Beratung der Unternehmensleitung
* Vorbereitung von Entscheidungen der Unternehmensleitung
* Kontrolle der Entscheidungen der Unternehmensleitung.

Als **Arten** von Ausschüssen sind z. B. zu unterscheiden:

▶ Informationsausschuss	▶ Bildungsausschuss	▶ Beratungsausschuss
▶ Entscheidungsausschuss	▶ Organisationsausschuss	▶ Datenverarbeitungs-
▶ Kontrollausschuss		ausschuss

Der **Organisationsausschuss** berät die Unternehmensleitung in allen organisatorischen Fragen. Er kann auch eine Entscheidungs- und Kontrollinstanz für organisatorische Projekte sein. Ihm gehören außer dem Leiter der Organisationsabteilung auch Aufgabenträger einzelner Unternehmensbereiche an.

Der **Datenverarbeitungausschuss** befasst sich mit Problemen und Projekten der Datenverarbeitung und stellt gegebenenfalls ein paralleles Gremium zum Organisationsausschuss dar. Es ist auch möglich, dass er eine spezielle Form des Organisationsausschusses darstellt, der durch den Leiter von Systementwicklung und Programmierung erweitert wird.

Der Datenverarbeitungsausschuss kann Beratungsgremium oder aber auch Entscheidungs- und Kontrollinstanz sein.

16 〉 Seite 454

3.2.2 Zentralisation/Dezentralisation

Für die Gestaltung der Organisationseinheiten ist es bedeutsam, dass die Aufbauordnung zweckentsprechend geregelt wird. So muss entschieden werden, in welchem Maße die Stellen an ein Zentrum gebunden werden. Dementsprechend gibt es:

* **Zentralisation**

* **Dezentralisation**.

3.2.2.1 Zentralisation

Die Zentralisation ist im Rahmen der Aufbauorganisation die **Zusammenfassung gleichartiger Teilaufgaben** zu einem Zentrum als Mittelpunkt. Dies kann z.B. eine Abteilung oder eine Stelle sein. Die Zentralisierung ist nach verschiedenen Kriterien möglich. Dementsprechend gibt es *(Beuermann, Jung, Schmidt, Schwarz)*:

* Die **Verrichtungszentralisation**, bei der Aufgaben zusammengefasst werden, denen gleiche Verrichtungen zu Grunde liegen, z. B. Aufgaben des Beschaffens.

* Die **Phasenzentralisation**, bei der betriebliche Aufgaben gekoppelt werden, die der Planung, Realisation und Kontrolle dienen, z. B. bei der Finanzierung.

* Die **Entscheidungszentralisation**, bei der Aufgaben unter dem Gesichtspunkt der Entscheidungen zusammengefasst bzw. zentral konzentriert werden.

* Die **Verwaltungszentralisation**, bei der bestimmte Aufgaben der Verwaltung gekoppelt werden, z. B. Funktionen des Personal- und Sozialwesens.

Vorteile der Zentralisation sind:

* Durchsetzung des Leitungswillens der Zentralinstanzen
* Vermeidung des stärkeren Einflusses von Dezentralinstanzen
* Verringerung dezentraler Abteilungsegoismen
* Nutzung langfristiger Prognosevorteile
* Straffung der gesamten Aufgabenerfüllung
* Vermeidung von Doppelarbeit in den Werken
* Entsprechung geografischer Konzentration
* Gewährleistung von räumlicher Überschaubarkeit.

Als **Problemfelder** der Zentralisation sind zu nennen:

* Zu straffe Zentralisation behindert die Entfaltung der abhängigen Aufgabenträger
* Entscheidungen erfordern Prozess verzögernde Genehmigungen
* Unsicherheiten der Zentralplanung bei Veränderungen in dezentralen Märkten
* Konzentration auf das Zentrum kann zur Überlastung der Stelleninhaber führen.

3.2.2.2 DEZENTRALISATION

Die Dezentralisation ist im Rahmen der Aufbauorganisation eine **Verteilung gleichartiger Aufgaben** auf mehrere Abteilungen bzw. Stellen, die nicht zu einem Zentrum gehören. Es lassen sich vor allem unterscheiden:

* Die **Objektdezentralisation**, bei der Aufgaben erfasst werden, die sich auf gleichartige Objekte weitab vom Zentrum beziehen, z. B. auf ein Werk A und ein Werk B.

* Die **Entscheidungsdezentralisation**, bei der Aufgaben verteilt werden, die entfernt vom Zentrum gleichartige Entscheidungen betreffen, z. B. als Filialen.

* Die **Phasendezentralisation**, bei der Aufgaben zu verteilen sind, die sich auf die Planung, Durchführung und Kontrolle fern des Zentrums beziehen.

* Die **Verwaltungsdezentralisation**, bei der Aufgaben erfasst werden, die eher der Selbstverwaltung dienen und keiner besonderen Verwaltungsspitze bedürfen.

Mit der Dezentralisation werden an die Dezentralinstanzen entsprechende **Befugnisse** und **Verantwortung** delegiert.

Vorteile der Dezentralisierung sind:

* Sie entspricht oft geografischen bzw. produktionstechnischen Bedürfnissen
* Bessere Nutzung des Wissenspotenzials der Mitarbeiter »vor Ort«
* Möglichkeit rascher Anpassungen an dezentrale Umweltänderungen
* Größere Freiräume und Selbstständigkeit dezentraler Aufgabenträger
* Förderung des Verantwortungsgefühls dezentraler Aufgabenträger
* Entlastung der zentralen Aufgabenträger.

Als **Problemfelder** der Dezentralisierung gelten:

* Zentralträger verlieren bei auseinander strebender Willensbildung den Überblick
* Egoistische Dezentralinteressen können dem Gesamtunternehmen schaden
* Begrenzte Voraussagemöglichkeiten dezentraler Träger bei fehlendem Überblick
* Unwirtschaftliche Doppelarbeiten bei ähnlichen Leistungen in Dezentraleinheiten.

3.2.3 TÄTIGKEITEN

Im Zusammenhang mit der Stellengestaltung hat der Organisator sich auch damit zu befassen, wie die Aufgabenträger ihre Tätigkeiten ausüben sollen. Diesbezügliche Regelungen erleichtern später die Vorbereitung der Personalbeschaffung. Es sind zu unterscheiden *(Olfert/Rahn)*:

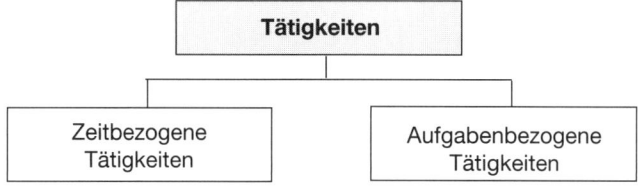

3.2.3.1 ZEITBEZOGENE TÄTIGKEITEN

Vielfach wurde in der Vergangenheit bei der Betrachtung von Stellen grundsätzlich von Vollzeittätigkeiten ausgegangen. In jüngerer Zeit haben aber Teilzeitbeschäftigungen, auf die Arbeitnehmer bei einem mehr als sechsmonatigen Arbeitsverhältnis nach § 8 TzBfG im Übrigen Anspruch haben, zu strukturellen Veränderungen geführt, sodass diese Problematik auch für die Aufbauorganisation bedeutsam ist.

Aufgabenträger können in Unternehmen heute zeitlich in ganz unterschiedlichem Umfang beschäftigt werden. Der Organisator sollte die unterschiedliche Zeitbelastung und voneinander abweichende Tätigkeitsarten in seine Überlegungen einbeziehen.

Hinsichtlich der **Zeitbelastung** der Aufgabenträger sind zu unterscheiden:

* Die **Vollzeittätigkeit**, bei der die Aufgabenträger zur Aufgabenerfüllung die gesamte Arbeitszeit benötigen. Alle Vollzeitmitarbeiter sollten allerdings mit Arbeit in vollem Umfang ausgelastet sein, damit keine Leerkosten entstehen.

* Die **Teilzeittätigkeit**, bei der das Arbeitsvolumen einer Stelle von zwei oder mehr Aufgabenträgern wahrzunehmen ist. Für jeden von ihnen fällt ein geringerer Arbeitsumfang und Zeitbedarf als bei der Vollzeittätigkeit an.

Wird die Tätigkeit eines Aufgabenträgers von zwei Personen in Teilzeit erfüllt, können sich daraus z. B. folgende **Probleme** ergeben:

> ▸ Engpässe durch Abstimmungsprobleme beider Aufgabenträger sind möglich
> ▸ Demotivation der Aufgabenträger durch ungerechte Aufgabenverteilung
> ▸ Verfügbarkeitsprobleme bei Mitteln und Informationen

3.2.3.2 AUFGABENBEZOGENE TÄTIGKEITEN

Als aufgabenbezogene Tätigkeiten, die in allen Bereichen des Unternehmens anfallen können, lassen sich unterscheiden:

* Die **hauptamtliche Tätigkeit**, bei der die Stelle bestimmte Aufgaben umfasst, die vom Aufgabenträger ausschließlich zu bearbeiten sind, z. B. ist ein Marketingleiter in vollem Zeitumfang in seiner Aufgabenstellung beschäftigt.

* Die **nebenamtliche Tätigkeit**, bei der die Aufgabenträger bestimmte Sachaufgaben nebenbei zu bearbeiten haben, z. B. beratende Tätigkeiten in einem Datenverarbeitungsausschuss oder nebenamtliche Tätigkeit als Ausbilder.

* Die **halbamtliche Tätigkeit**, bei der die Stelle Aufgaben umfasst, die sich in Nebenaufgaben aufteilen, z. B. ein Verwaltungsleiter, der auch Ausbildungsleiter ist.

3.2.4 AUFGABENTRÄGER

Ein Aufgabenträger ist eine Person, welche die Stelle besetzt. Mit *Schwarz* können folgende **Arten** der Aufgabenträger unterschieden werden:

- Einzelpersonen, z.B. der Leiter des Personalwesens
- Personengruppen, z.B. eine Verkäufergruppe
- Mensch-Maschinen-Kombinationen, z.B. eine Person am Computer.

Eine Personengruppe oder eine Kombination von Mensch und Maschine ist nur dann als ein Aufgabenträger anzusehen, wenn sich die **Notwendigkeit des Zusammenwirkens** aus dem Wesen der Aufgabe ergibt. Maschinen allein können nicht zum Aufgabenträger werden, da zur Aufgabenerfüllung auch die Initiativ- und Verantwortungsfunktion gehören *(Gaugler, Grochla, Schwarz)*.

Während bei Instanzen grundsätzlich ein Aufgabenträger einer Stelle zugeordnet wird, können Nichtleitungsstellen je nach den betrieblichen Zielen bzw. Bedingungen einen oder mehrere Aufgabenträger aufweisen.

Den vom Organisator ermittelten Stellen sind nicht nur die Aufgabenträger als Personen, sondern auch sie **ergänzende Merkmale** zuzuordnen:

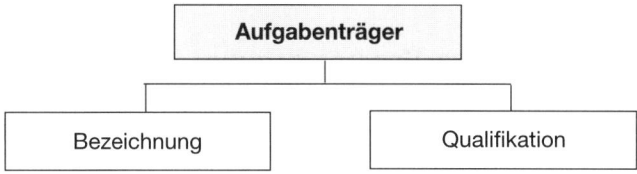

3.2.4.1 BEZEICHNUNG

Die Bezeichnungen von Aufgabenträgern haben zunächst unabhängig von konkreten Personennamen zu erfolgen. Sie müssen **Sachbezeichnungen** sein, denn die Organisation ist nicht an bestimmten Personen orientiert, sondern auf die Stellen ausgerichtet. Erst später ist es die Aufgabe der Personalabteilung bzw. der betreffenden Fachabteilung, die Stellen mit Personennamen zu belegen.

Beispiel:

Bezeichnung von Aufgabenträgern	
Organisationseinheit	**Trägerbezeichnung**
Unternehmensleitung	Vorstand
Leitungsstelle Personalwesen	Personalleiter
Leitungsstelle Einkauf	Einkaufsleiter
Gruppenleiter Fertigung	Meister
Gruppenleiter Marketing	Verkäufer

Mit der Bezeichnung von Aufgabenträgern für Organisationseinheiten stellt sich im Weiteren die Frage nach der ihnen zu Grunde zu legenden Qualifikation.

3.2.4.2 QUALIFIKATION

Der Organisator sollte bei der Festlegung von Anforderungsprofilen von der **Normaleignung** eines Aufgabenträgers ausgehen. Dabei sind z. B. folgende Qualifikationselemente von Bedeutung, die später für die Personalabteilung bei der Personalbeschaffung hilfreich sein können:

Beispiel:

Muster für Anforderungsprofile	
Bildungsabschlüsse	Schul-, Berufs-, Hochschulabschlüsse
Erfahrungen	Zahl der erwarteten Berufsjahre
Kenntnisse	Wissen im Fachgebiet
Fertigkeiten	Geschicklichkeit
Verhalten	Initiative, Auftreten, Kontaktfähigkeit
Sonstige Anforderungen	Körperkraft, Führerschein

Wenn im Rahmen der Aufbauorganisation nicht auf die erforderlichen Qualifikationsmerkmale geachtet wird, können in der Zukunft Probleme in Form von Eignungsmängeln oder Eignungsüberschüssen entstehen.

3.2.5 Aufgabe/Kompetenz/Verantwortung

Im Rahmen der Übertragung von Zuständigkeiten auf die Aufgabenträger ist das **Prinzip der Kongruenz** zu beachten, also die Übereinstimmung von Aufgaben, Kompetenzen und Verantwortung *(Gaugler)* zu achten. Anderenfalls kann eine selbstständige und eigenverantwortliche Erfüllung der Aufgaben nicht erwartet werden:

Aufgabe	⇐ *richtig*	Aufgabe
Kompetenz		Kompetenz
Verantwortung	*falsch* ⇒	Verantwortung

3.2.5.1 Aufgabe

Die Aufgabe ist der Ausgangspunkt aller Bemühungen organisatorischer Gestaltung. Sie stellt eine dauerhaft wirksame **Aufforderung** an einen Aufgabenträger dar, festgelegte Verrichtungen wahrzunehmen. Die Aufgabe leitet sich aus Zielen ab.

Die von einer Stelle wahrzunehmenden Aufgaben sind die Basis für die Gestaltung der anderen Stellenelemente. Zu ihrer Kennzeichnung reichen die Kriterien Objekt und Verrichtung i. d. R. aus, die als Merkmale von Aufgaben bezeichnet werden können.

Arten von Aufgaben sind:

- **Unternehmensbezogene Aufgaben**, die innerhalb eines Unternehmens anfallen, z.B. Materialwirtschafts-, Fertigungs-, Marketing- und Verwaltungsaufgaben.

- **Marktbezogene Aufgaben**, die außerhalb des Unternehmens durch dessen Auftreten auf Märkten zu bewältigen sind, z. B. Aufgaben der Marktforschung »vor Ort«.

- **Gesellschaftsbezogene Aufgaben**, die sich aus den Verpflichtungen ergeben, welche das Unternehmen gegenüber der Gesellschaft hat, z. B. ökologische Aufgaben.

Die Beschreibung der Aufgaben erfolgt organisatorisch ohne Berücksichtigung, *welche Person* sie erfüllen soll. Gleiches gilt für die Sachmittel, die herangezogen werden müssen, um die Aufgabe zu erfüllen *(Schmidt)*.

3.2.5.2 KOMPETENZ

Die Kompetenz ist die Befugnis einer Person, auf der Basis ihrer fachlichen Zuständigkeit Maßnahmen zur Erfüllung von Aufgaben zu ergreifen, für deren Bewältigung sie die Verantwortung übernimmt. Zu unterscheiden sind *(Olfert/Pischulti)*:

- Die **sachbezogene Kompetenz** als fachliche Zuständigkeit des Stelleninhabers, z. B. verfügt ein Vorgesetzter oder Mitarbeiter über besondere Fachkenntnisse und Fertigkeiten, aufgrund derer er befugt ist, Maßnahmen zu ergreifen.
- Die **personenbezogene Kompetenz** als persönliche Zuständigkeit des Stelleninhabers für die Erfüllung der Aufgaben, für die er die Verantwortung trägt. Ohne sie ist der Stelleninhaber nicht verantwortlich zu machen.

In Bezug auf ihre Folgewirkungen gibt es die **Vollkompetenz** als gesamte Zuständigkeit des Vorgesetzten, die zu einer Einfachunterstellung des Mitarbeiters führt, und die **Teilkompetenz** als eine auf ein Teilgebiet begrenzte Zuständigkeit des Vorgesetzten, die mit einer Doppel- bzw. Mehrfachunterstellung verbunden ist.

Im Hinblick auf die **Inhalte** der Kompetenz lassen sich nennen:

- Die **Entscheidungskompetenz** als die Befugnis, bestimmte Entscheidungen zu treffen, z. B. über den Kauf eines Betriebsmittels entscheiden.
- Die **Weisungskompetenz** als Befugnis, das Verhalten von Aufgabenträgern anderer Stellen zu bestimmen, z. B. durch Anweisungen an Mitarbeiter.
- Die **Verpflichtungskompetenz** als Befugnis gegenüber der Umwelt des Unternehmens, z. B. die Berechtigung von Prokuristen, Briefe zu unterschreiben.
- Die **Verfügungskompetenz** als Befugnis, Sachen und Rechte zu nutzen, z. B. einen Personalcomputer zur Bewältigung der Arbeitsaufgabe.
- Die **Informationskompetenz** als Befugnis, bestimmte Daten beziehen zu können, z. B. notwendige Informationen aus einer Datenbank.
- Die **Antragskompetenz** als Befugnis, handlungsinitiativ tätig zu werden, z. B. die Forderung einer innerbetrieblichen Stellenausschreibung durch den Betriebsrat.
- Die **Vertretungskompetenz** als die Befugnis, das Unternehmen nach außen zu vertreten oder das Recht zur Stellvertretung eines Kollegen.

Im Rahmen der Aufbaufestlegungen sind auch die Kompetenzen von **Stellvertretern** zu regeln, die fremde Stellenaufgaben eines Stelleninhabers wahrnehmen und damit dessen Stelle ausfüllen *(Höhn, Schmidt)*. Sie handeln im Namen und im Sinne des Vertretenen, übernehmen aber selbst die Verantwortung für ihr Handeln.

Stellvertreter bilden einen echten Ersatz auf Zeit. Ihre Entscheidungen erfolgen ohne Rat und ohne Rückgriff auf den eigentlichen Stelleninhaber.

Vom Stellvertreter ist der **Platzhalter** zu unterscheiden, der nicht berechtigt ist, im Namen des Stelleninhabers zu handeln und zu entscheiden. Seine Aufgabe ist es, eine Entscheidung zu treffen, ob der Stelleninhaber oder ein Dritter über einen Vorgang zu informieren ist bzw. die Angelegenheit bis zur Verfügbarkeit des Vorgesetzten verschoben werden kann. Diese Aufgabe wird z. B. von Assistenten wahrgenommen.

3.2.5.3 VERANTWORTUNG

Die Verantwortung ist das **persönliche Einstehen** für die Folgen von selbstständigen Handlungen und Entscheidungen. Das Handeln und Entscheiden erfolgt durch Aktivitäten, aber auch dadurch, dass eine Person ein Tun unterlässt. Die Verantwortung bezieht sich auf erfolgreiches wie auch erfolgloses Handeln und kann sein *(Bronner, Hauschildt)*:

- Eine **Erfolgs- bzw. Ergebnisverantwortung**, bei der eine Führungskraft die Verantwortung dafür trägt, dass ein Erfolg oder auch ein Misserfolg eintritt.

- Eine **Budgetverantwortung**, bei der eine Führungskraft die Verantwortung für die Einhaltung von Kostenvorgaben übernimmt.

- Eine **Personalverantwortung**, bei der eine Führungskraft die Verantwortung für den Personaleinsatz und dessen Effizienz trägt.

- Eine **Sachmittelverantwortung**, bei der eine Führungskraft oder ein Mitarbeiter für den ordnungsgemäßen Einsatz benötigter Sachmittel verantwortlich ist.

- Eine **Terminverantwortung**, bei der eine Führungskraft oder ein Mitarbeiter die Verantwortung für die Einhaltung festgesetzter Termine trägt.

Die Verantwortung muss übertragen werden, um eine Person verantwortlich machen zu können. Mit der **Übertragung** von Verantwortung wird dokumentiert, dass dem Mitarbeiter Vertrauen entgegengebracht wird. Sie kann aber auch für den Mitarbeiter belastend sein, wenn die Verantwortung objektiv nicht tragbar ist oder subjektiv als überhöht empfunden wird.

Seite 455

3.2.6 INFORMATIONSWEGE

Die gestalteten singularen Organisationseinheiten sind miteinander zu verbinden. Dazu dienen **Informationswege**, die auch Verkehrswege *(Kosiol)* bzw. Verbindungen *(Olfert/*

Rahn, Rahn) genannt und bei gegenseitiger Information als **Kommunikationswege** *(Schmidt, Schwarz)* bezeichnet werden. Sie weisen einen formellen Charakter auf.

Die Informationswege stellen Beziehungen zwischen mindestens zwei Stellen eines Unternehmens dar als – siehe ausführlich *Rahn*:

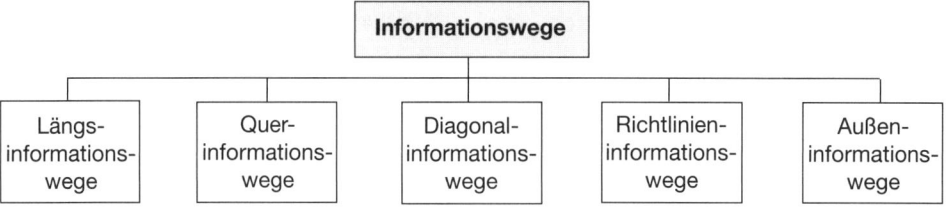

3.2.6.1 Längsinformationswege

Die Längsinformationswege zeigen die Über- und Unterordnungsverhältnisse eines betrieblichen Aufbausystems. Sie geben den leitenden Aufgabenträgern die **volle Weisungsbefugnis** gegenüber untergeordneten Organisationseinheiten. Die Träger der Aufgaben nehmen damit Weisungswege wahr.

Die **Längsinformationswege** (_____) zwischen Stellen des Unternehmens lassen sich darstellen:

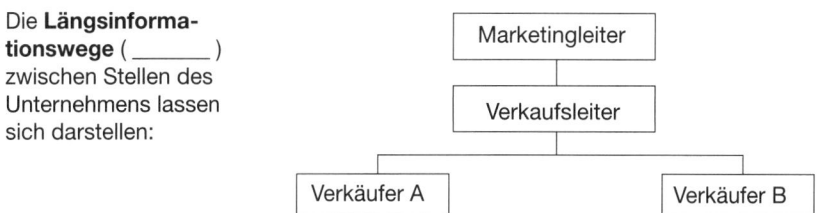

Die Informationen fließen nicht nur »von oben nach unten«, sondern sie gelangen in umgekehrter Richtung auch vom Mitarbeiter zum Vorgesetzten.

Vorteile	Nachteile
▶ Klare Unterstellungsverhältnisse ▶ Einheitlichkeit der Auftragserteilung ▶ Klare Kompetenzen ▶ Durchsetzung der betrieblichen Interessen	▶ Gefahr zu großer Subordinationsquote als Mitarbeiter-Unterstellungsquote ▶ Geringe Anpassungsfähigkeit ▶ Gefahr eines »zu straffen« Instanzenweges bei entsprechender Führung ▶ Gefahr eines zu langen Instanzenweges

Die Längsinformationswege sind die Grundlage eines jeden hierarchisch strukturierten Unternehmens. Sie lassen sich dem **Organigramm** entnehmen.

3.2.6.2 Querinformationswege

Die Querinformationswege verlaufen zwischen Stellen und bringen **keine Weisungsbefugnis** mit sich. Querinformationen geben einem Aufgabenträger die Möglichkeit der Information und Beratung anderer Stelleninhaber. Diese Informationswege werden auch als **Querkontakte** bezeichnet.

Die Querinformationswege (_._._._._.) zwischen Stellen verschiedener Bereiche lassen sich darstellen:

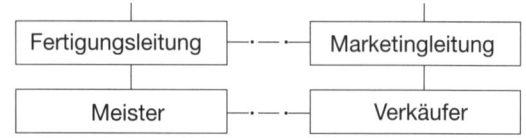

Die Querinformationswege kommen im gesamten Unternehmen vor. Ohne sie funktioniert kein Unternehmen.

Vorteile	Nachteile
▶ Beschleunigter Informationsfluss	▶ Kompetenzüberschreitungen möglich
▶ Sachkontakte werden verstärkt	▶ Meinungsvielfalt führt u. U. zu Konflikten
▶ Unnötiger Weg über Vorgesetzte entfällt	▶ Querkontakte werden zu Tratsch genutzt

Aus Gründen der Übersichtlichkeit und Vereinfachung erscheinen Querinformationswege **nicht** im **Organigramm**. Sie sind nur von interner Bedeutung.

3.2.6.3 DIAGONALINFORMATIONSWEGE

Die Diagonalinformationswege gewähren dem Stelleninhaber auf einem begrenzten Teilsektor ein endgültiges Entscheidungsrecht. Sie eröffnen damit die Möglichkeit der Wahrnehmung einer **begrenzten Weisungsbefugnis**. Diagonalinformationswege gibt es entweder innerhalb einer Abteilung oder sie verlaufen von einem Bereich in einen anderen Bereich hinein.

Die **Diagonalinformationswege** (– – –) zwischen verschiedenen Bereichen lassen sich in folgender Weise mit Doppelunterstellung darstellen:

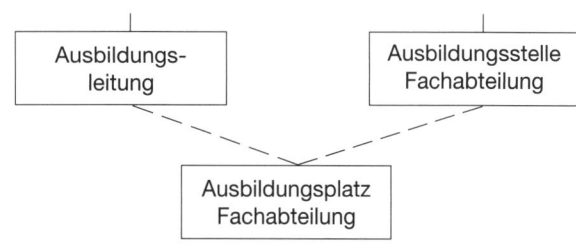

Vorteile	Nachteile
▶ Zügiger Arbeitsvollzug	▶ Keine einheitliche Gesamtdirektive
▶ Anweisung durch fachkundige Stelle	▶ Prestige- und Machtkämpfe
▶ Anfragemöglichkeit bei Fachpersonal	▶ Koordinationsschwierigkeiten

Die Diagonalinformationswege sind grundsätzlich von interner Bedeutung, also nicht im Organigramm zu finden. Sie können in bestimmten Fällen aber auch im Organigramm erscheinen, z. B. bei einer Matrixprojektorganisation.

3.2.6.4 RICHTLINIENINFORMATIONSWEGE

Die Richtlinieninformationswege enthalten **keine Weisungsbefugnis**. Über sie hat der Aufgabenträger jedoch die Möglichkeit, auf Mitarbeiter anderer Bereiche Einfluss auszuüben, wenn diese gegen vereinbarte bzw. verbindliche Regelungen verstoßen.

Ein **Richtlinieninformationsweg** (======) zwischen verschiedenen Bereichen lässt sich darstellen:

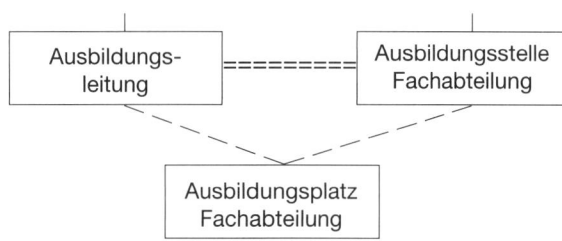

Vorteile	Nachteile
▶ Interessen sind schneller durchsetzbar	▶ Bereichsmitarbeiter empfinden Druck
▶ Richtlinien werden besser eingehalten	▶ Kompetenzprobleme

Die Richtlinieninformationswege erscheinen **nicht** im **Organigramm**. Sie sind nur von interner Bedeutung und kommen z. B. im Organisationsbereich und im Personal- bzw. Ausbildungsbereich des Unternehmens vor.

3.2.6.5 AUSSENINFORMATIONSWEGE

Die Außeninformationswege zeigen die Beziehungen zu externen Organisationen, ohne die ein Unternehmen nicht existenzfähig wäre. Sie dienen der Kontaktaufnahme zu anderen Unternehmen oder Institutionen bzw. Gremien außerhalb des Unternehmens und sind i. d. R. nicht mit einer **Weisungsbefugnis** verbunden.

Die **Außeninformationswege** (~~~~~) zwischen dem Unternehmen und seiner Umwelt sind darstellbar:

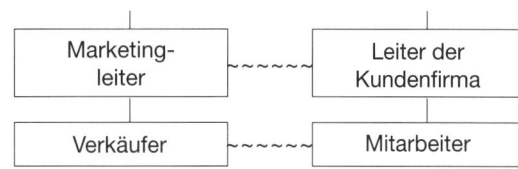

Vorteile	Nachteile
▶ Fruchtbarer Informationsaustausch	▶ Zu viele Aktivitäten
▶ Integration des Aufgabenträgers in die Umwelt	▶ Vernachlässigung interner Aufgaben

Die Außeninformationswege haben interne Bedeutung. Sie erscheinen **nicht** im **Organigramm** des Unternehmens.

Auf der Grundlage der Stellengestaltung und der beschriebenen weiteren Aufbaufestlegungen kann die **Gruppenbildung** erfolgen, die ab S. 129 ff. beschrieben wird.

3.2.7 ZUSAMMENFASSUNG

Der Organisator kann für die Stellenbildung und die erforderlichen Aufbaufestlegungen – wie gezeigt – unterschiedliche organisatorische Varianten nutzen. Zusammenfassend gilt:

- Die Stellenbildung nach *Kosiol* geht von einer syntheseneutralen Aufgabenanalyse nach den **fünf Kriterien** Verrichtung, Objekt, Phase, Rang und Zweckbeziehung aus. Darauf erfolgt die Aufgabensynthese, bei der die analysierten Teilaufgaben zu Organisationseinheiten zusammengefügt werden. Es werden Leitungssysteme herausgebildet, die auch Stäbe und Kollegien enthalten können und durch Informationswege verbunden sind.

- Die Stellenbildung nach *Schwarz* basiert ebenfalls auf einer syntheseneutralen Aufgabenanalyse, die allerdings gegenüber der obigen Fünfdimensionalität – von den Zweckaufgaben ausgehend – eine Eingrenzung auf nur **drei Dimensionen** als Sachgliederung, Ranggliederung und Phasengliederung vornimmt. Daraufhin erfolgt die Aufgabensynthese vor allem nach den Prinzipien der Zentralisation bzw. Dezentralisation.

- Bei der Instanzenbildung nach *Gaugler* baut die Aufgabenanalyse ebenfalls auf dem Prinzip der Syntheseneutralität auf. Über die genannten Dimensionen hinaus kann auch nach **Sektoren**, **Branchen** und **Regionen** analysiert werden. Die Aufgabensynthese erfolgt unter Berücksichtigung der Orientierung am normalen Leistungspotenzial, an der normalen Bereitschaft der Aufgabenträger und an aufgabenbedingten Grundsätzen.

- Die Organisationspraxis begnügt sich bei der Aufgabenanalyse häufig mit der **Verrichtungs- und Objektanalyse**. Die darauf folgende Aufgabensynthese enthält vor allem zentrale bzw. dezentrale Merkmale hinsichtlich der Verrichtungen, Objekte, Entscheidungen, Phasen und der Verwaltung. Darüber hinaus sind Sachmittelorientierung, regionale und personale Orientierung zu berücksichtigen.

- Da die oben geforderte syntheseneutrale Aufgabenanalyse einen sehr hohen Zeitaufwand erfordert, sieht sich die **Organisationspraxis** häufig zur Improvisation gezwungen. Außerdem werden die Vorstellungen der Unternehmensleitung zur Organisationsform vielfach bereits im Vorfeld der Organisationsbemühungen zu zwingenden Beschränkungsfaktoren des Organisators.

Nach *Bleicher* hat der Organisator bei der Organisationsanalyse vor allem die Situation des Unternehmens einzubeziehen. Im Rahmen der Organisationssynthese werden Stellen gebildet, die er als Basissysteme bezeichnet. Sie entstehen durch die Zuordnung von Aufgaben, Personen und technischen Hilfsmitteln.

Daraufhin sind *Bleicher* zufolge **Zwischensysteme** zu bilden, die durch organisatorische Zusammenfassung von Stellen entstehen, z.B. Gruppen, Abteilungen bzw. Bereiche. Die Art des zu gestaltenden Gesamtsystems ist abhängig vom jeweils zur Anwendung kommenden Organisationsmodell.

18 〉 Seite 455

3.3 GRUPPENBILDUNG

Bei der organisatorischen Gruppenbildung werden einzelne Stellen zu betrieblichen Gruppen zusammengefasst, die in unterschiedlicher Weise strukturiert werden können. Sie wird im Sinne der betrieblichen Zielerreichung geplant bzw. bestimmt und bezieht sich ausschließlich auf die untere Ebene des Unternehmens, also auf das **Lower Management** – siehe S. 114.

Es sollen dargestellt werden:

* **Gruppenarten**

* **Gruppenbeispiel**.

3.3.1 GRUPPENARTEN

Aus der Zusammenfassung von Stellen können sich als Arten von Gruppen mit folgenden **Aufgaben** ergeben *(Rahn)*:

* **Materialwirtschaftsgruppen**, die mit Aufgaben des Einkaufs und der Lagerwirtschaft beschäftigt sind, z. B. Angebote einholen und vergleichen, Bestellungen schreiben, Karteien führen, Termine überwachen, Waren annehmen, die Qualität prüfen, Waren einordnen und pflegen, Bedarfsmeldungen abgeben.

* **Fertigungsgruppen**, die Aufgaben der Produktion wahrnehmen, z. B. Fertigprodukte erstellen, Rohstoffe und Hilfsstoffe transportieren, Betriebsmittel und Betriebsstoffe einsetzen, Maschinen umrüsten, Fertigungstermine halten, Laufkarten und Stücklisten sichten und Lohnzettel erstellen.

* **Marketinggruppen**, die u. a. im Verkauf oder in der Werbung arbeiten, z. B. Kundenaufträge bearbeiten, Angebote erstellen, Aufträge ausführen, Waren verkaufen, Werbung betreiben, Rechnungen schreiben, Reklamationen bearbeiten, Waren verpacken und versenden sowie Versandpapiere ausstellen.

* **Personalwesengruppen**, die in der Personalabteilung tätig sind, z. B. Zu- und Abgänge von Personal bearbeiten, Lohnabrechnungen ausführen, Mitarbeiter betreuen, Personaltrainings koordinieren, Personalakten bearbeiten, Personalstatistiken erstellen, mit Personaldatenbanken arbeiten.

* **Finanzwesengruppen**, die Aufgaben der Kapitalbeschaffung bzw. der Kapitalverwendung und Kapitalverwaltung wahrnehmen, d. h. Zahlungseingänge sichern, Zahlungsausgänge abwickeln, Wechsel und Schecks bearbeiten, Überweisungen ausfüllen, Investitionsrechnungen durchführen.

* **Rechnungswesengruppen**, die sich mit Aufgaben der Buchführung, Bilanzierung und Kostenrechnung beschäftigen, z. B. Ein- und Ausgangsbelege buchen, Preise kalkulieren, Statistiken anfertigen, Betriebsabrechnungsbögen erstellen, Steuern berechnen, bilanzielle Arbeiten ausführen.

* **Informatikgruppen**, die im Informationsbereich arbeiten, z. B. am Computer und Drucker betreuen, Informationen bereitstellen, Daten pflegen, Informationen abwickeln, Informationen speichern, Festplatten und Disketten verwalten, Programme erstellen.

- **Controllinggruppen**, die Aufgaben der Planung, Kontrolle, Steuerung und Informationsversorgung wahrnehmen, z. B. Indikatoren erfassen, Ist-Werte der Bereiche aufnehmen, Soll-Ist-Vergleiche durchführen, Ergebnisse untersuchen, Kontrollen vornehmen, Berichte schreiben.

Die organisatorische Gruppenbildung kann wie folgt beurteilt werden:

Vorteile	Nachteile
▶ Die Festlegung der formellen Gruppenstruktur durch den Organisator des Unternehmens dient der betrieblichen Zielerreichung.	▶ Bei der Vorgabe starrer und unflexible Gruppenorganisation kann die Leistungsbereitschaft von Gruppenmitgliedern leiden.
▶ Aus der Sicht des Unternehmens kann im Sinne dieser Zielerreichung eine optimale Gruppenstruktur in verschiedenen Bereichen entstehen.	▶ Eine fehlerhafte Organisation des Gruppenaufbaus birgt die Gefahr eines schlechten Betriebsklimas und hoher Fluktuation.

3.3.2 GRUPPENBEISPIEL

Bei der Gruppenbildung werden Entscheidungsbefugnisse in bestimmtem Umfang auf Gruppen übertragen. Für den **Fertigungsbereich** gilt z. B.:

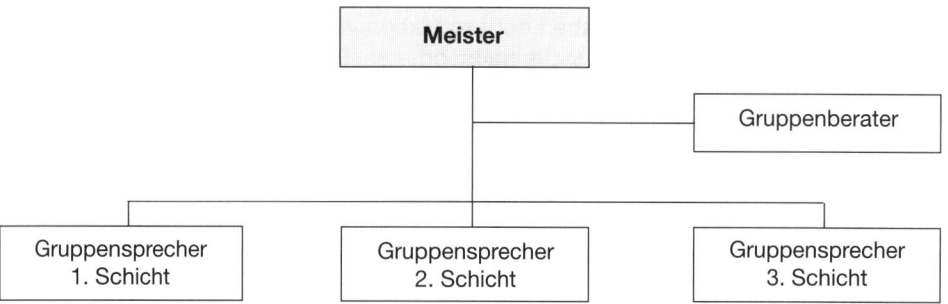

Dabei sind als **Aufgabenträger** zu unterscheiden:

- Der **Meister** als disziplinarischer Vorgesetzter der Gruppen. Er vereinbart die Gruppenziele und kontrolliert deren Erreichung. Der Meister unterstützt die Gruppenmitglieder und hat die Kostenverantwortung.

- Der **Gruppensprecher** wird von der Gruppe gewählt. Er vertritt die Interessen der Gruppe, ohne Vorgesetzter zu sein. Informationen des Meisters werden an ihn weitergegeben und umgekehrt.

- Die **Gruppe** entscheidet in abgegrenzten Teilbereichen selbst und ist für die Ordnung verantwortlich. Außerdem trägt sie Verantwortung für ihre Material- und Zeitplanung. Ihre Urlaubspläne regelt sie selbst.

- Der **Gruppenberater** unterstützt die Gruppe bei Fragen zur Fachtechnologie. Er fertigt nach Bedarf Schulungsunterlagen an und führt auch selbst Schulungen durch.

Wesentliche **Merkmale** der Gruppenorganisation sind:

- ▶ Gruppenverantwortung für Arbeitsergebnis
- ▶ Gemeinsames Lösen der Gruppenaufgaben
- ▶ Gruppenmitglieder helfen sich

- ▶ Gleiche Arbeitszeit der Gruppenmitglieder
- ▶ Räumliche Abgrenzung der Gruppen
- ▶ Überschaubare Größe der Gruppen
- ▶ Bleibende Gruppenzusammensetzung

3.4 BEREICHSBILDUNG

Nach der Gruppenbildung entwickelt der Organisator die Aufbauorganisation der Bereiche des Unternehmens. Ein Bereich ist eine plurale Organisationseinheit, der im **Middle Management** zu finden ist und vielfach einer Abteilung oder Hauptabteilung entspricht, z. B. in der Industrie als:

- **Materialbereich**

- **Fertigungsbereich**

- **Marketingbereich**

- **Personalbereich**

- **Finanz- und Rechnungswesen**

- **Informationsbereich**.

3.4.1 MATERIALBEREICH

Der Materialbereich beschäftigt sich mit der Beschaffung, Lagerung und Verteilung und – soweit erforderlich – Entsorgung der vom Unternehmen benötigten Materialien. Seine **Aufgaben** sind:

- Die **Materialbedarfsplanung** als zeitliche Vorwegnahme des in einer Periode benötigten Bedarfs an Material, nach Art, Menge, Qualität und Zeit.

- Die **Materialbestandsplanung** als gedankliche Vorwegnahme des zukünftigen Materialbestandes, um zu hohe oder zu geringe Lagerbestände zu vermeiden.

- Die **Materialbeschaffungsplanung** als Vorwegnahme der Bereitstellung des Materials, das im Unternehmen benötigt wird.

- Die **Durchführung der Materialwirtschaft** als Rationalisierung, Beschaffung, Lagerung, Verteilung und Entsorgung des nötigen Materials.

- Die **Materialkontrolle** als Überwachung der Ist-Werte, die mit den Soll-Werten zu vergleichen sind. Abweichungen werden daraufhin untersucht.

Die **Aufbaugestaltung** des Materialbereichs ist wie folgt möglich:

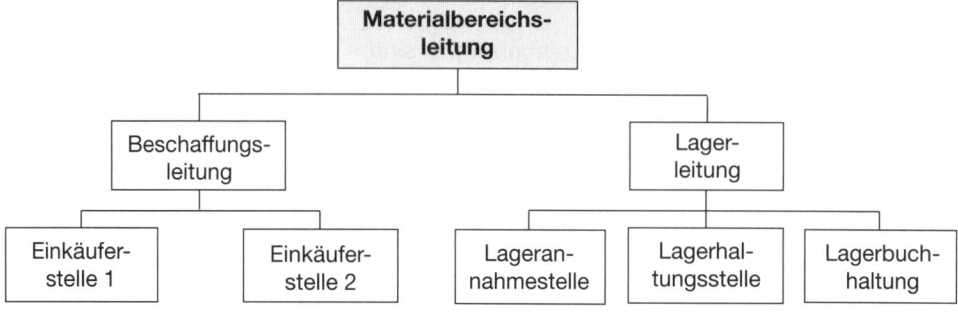

3.4.2 Fertigungsbereich

Im Fertigungsbereich fallen Aufgaben der industriellen Leistungserstellung an. Er wird auch als **Produktionsbereich** bezeichnet, der aber umfassender ist, da er auch die Erstellung von Dienstleistungen einschließt, z. B. im Handel, bei Banken und Versicherungen.

Wesentliche **Aufgaben** des Fertigungsbereiches sind:

• Die **Fertigungsplanung** als gegenwärtige gedankliche Vorwegnahme zukünftigen wirtschaftlichen Handelns in der Fertigungswirtschaft, z. B. als Erzeugnisplanung.

• Die **Fertigungsdurchführung** als Realisierung der Fertigungswirtschaft, die je nach Verfahren der Fertigung unterschiedlich ist, z. B. als Massenfertigung.

• Die **Fertigungskontrolle** als Überwachung und Untersuchung der Ergebnisse der Fertigungsdurchführung, z. B. als Qualitätskontrolle.

Die **Aufbaugestaltung** des Fertigungsbereiches kann erfolgen als:

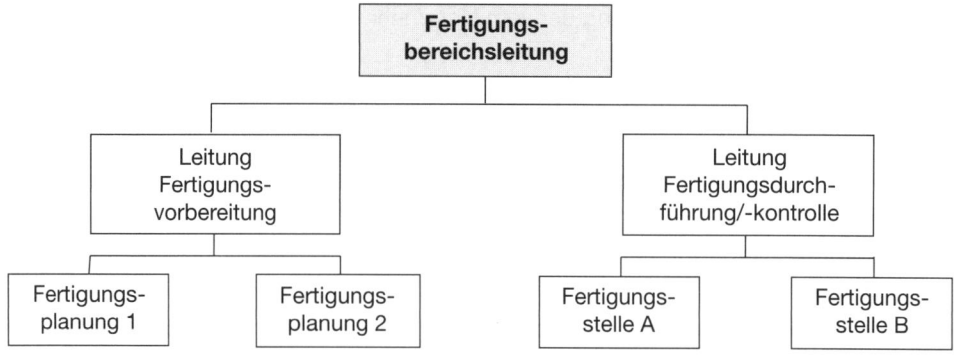

3.4.3 MARKETINGBEREICH

Der Marketingbereich hat die Aufgabe, bestehende Absatzmärkte zu durchdringen und auszuschöpfen sowie neue Absatzmärkte zu erkunden und zu erschließen. Seine **Aufgaben** sind:

- Die **Marketingplanung** als gegenwärtige gedankliche Vorwegnahme des zukünftigen Marktgeschehens, z. B. Aufgaben der Marktforschung.

- Die **Marketinggestaltung** als Realisierung des Absatzes, z. B. Aufgaben der Produkt-, Kontrahierungs-, Distributions- und Kommunikationspolitik.

- Die **Marketingkontrolle** als Überwachung und Untersuchung der Ergebnisse, z. B. Erfassung, Ermittlung, Vergleich und Auswertung der Daten.

Die **Aufbaugestaltung** des Marketingbereiches kann wie folgt aussehen:

3.4.4 PERSONALBEREICH

Der Personalbereich umfasst in Form der Personalabteilung die Gesamtheit der mitarbeiterbezogenen Gestaltungs- und Verwaltungsaufgaben im Unternehmen. Zu seinen **Aufgaben** zählen:

- Die **Personalplanung** als gegenwärtige gedankliche Vorwegnahme des zukünftigen personalwirtschaftlichen Geschehens, z. B. als Personalkostenplanung.

- Die **Durchführung der personalwirtschaftlichen Aufgaben** als Realisierung, z. B. Personalbeschaffung, Personaleinsatz, Personalführung, Personalentlohnung.

- Die **Personalkontrolle** als Überwachung und Untersuchung der personenbezogenen Ergebnisse der Personalwirtschaft, z. B. der Fehlzeiten, Fluktuation.

Die **Aufbaugestaltung** des Personalbereichs kann erfolgen als:

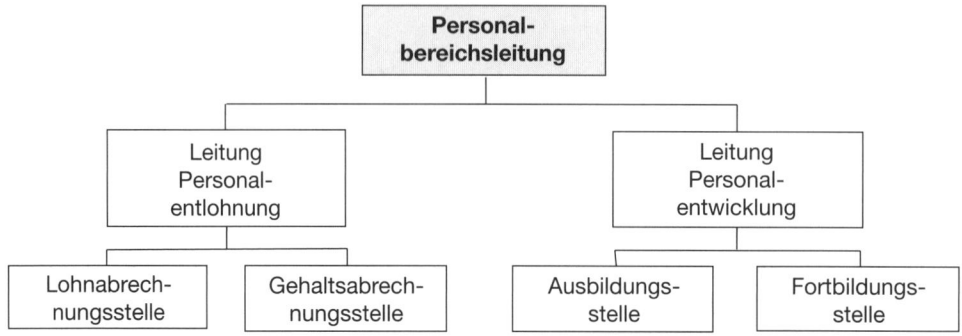

3.4.5 FINANZ- UND RECHNUNGSWESEN

Die **Finanzwirtschaft** umfasst Maßnahmen der Planung, Durchführung und Kontrolle der betrieblichen Einzahlungen und Auszahlungen. Sie dient der Beschaffung, Verwendung, Freisetzung und Verwaltung des Kapitals. Ihre **Aufgaben** sind:

*   Die **Finanzierung** als Aufgabe, das Unternehmen mit dem erforderlichen Kapital zu versorgen, z. B. in Form der Innen- oder Außenfinanzierung.

*   Die **Investition** stellt Auszahlungen für Vermögensteile dar und bezieht sich z. B. auf das Sach-Anlagevermögen und das Sach-Umlaufvermögen.

*   Der **Zahlungsverkehr** dient zur Abwicklung der finanziellen Transaktionen als Barzahlungsverkehr, halbbarer und bargeldloser Zahlungsverkehr.

Das **Rechnungswesen** ist die Gesamtheit der Einrichtungen und Verrichtungen mit der Aufgabe, alle wirtschaftlichen Gegebenheiten und Vorgänge zahlenmäßig nach Geld und – soweit möglich – nach Mengeneinheiten zu erfassen. Seine **Aufgaben** umfassen:

*   Die **Buchhaltung**, in der alle Geschäftsvorfälle im zeitlichen Ablauf lückenlos aufgezeichnet werden.

*   Die Erstellung der **Bilanz**, indem eine Gegenüberstellung von Vermögen und Kapital eines Unternehmens zu einem Stichtag erfolgt.

*   Die Ermittlung der **Gewinn- und Verlustrechnung**, bei der Erträge und Aufwendungen gegenübergestellt werden, um den Gewinn/Verlust zu errechnen.

*   Die **Kostenrechnung**, bei der die Ermittlung der Kosten als in Geld gemessenem Verzehr an Gütern und Dienstleistungen im Mittelpunkt steht.

Die **Aufbaugestaltung** des Finanz- und Rechnungswesens in einem mittleren Unternehmen ist z. B. wie folgt möglich:

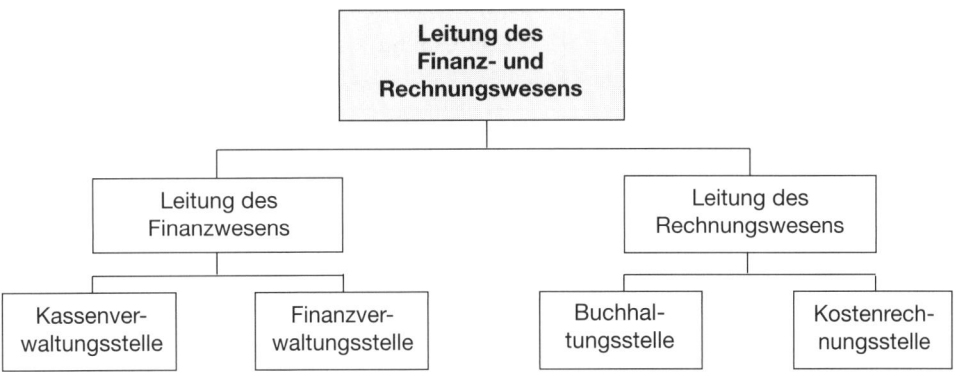

Während der Bereich in **mittleren Unternehmen** zu einer Abteilung zusammengefasst und darunter je eine Leitung des Finanz- sowie Rechnungswesens eingerichtet sein kann, entfallen die getrennten Leitungen in **kleineren Unternehmen**.

Demgegenüber sind **große Unternehmen** dadurch gekennzeichnet, dass Finanzwesen und Rechnungswesen voneinander getrennte Hauptabteilungen darstellen.

3.4.6 INFORMATIONSBEREICH

Der Informationsbereich befasst sich mit der Planung, Verarbeitung und Kontrolle von Daten als **Informationen**, die in direkter Verbindung mit den betrieblichen Zielen stehen. Sie sind zweckorientiertes, personen- und arbeitsplatzbezogenes Wissen und dienen dazu, Handlungen vorzubereiten und durchzuführen.

Als **Aufgaben** des Informationsbereichs lassen sich nennen (*Hansen, Mertens*):

• **Verwaltungsaufgaben**, bei denen es um Datenpflege, Abwicklungs-, Abrechnungs-, Buchhaltungsaufgaben und Aufgaben des Zahlungsverkehrs geht.

• **Informationsaufgaben**, z. B. als Aufgaben der Gewinnung, Verarbeitung und Bereitstellung von Informationen.

• **Planungs-, Dispositions- und Kontrollaufgaben**, z. B. als Vergleich von Soll- und Ist-Werten in den verschiedenen Unternehmensbereichen.

• **Steuerungsaufgaben**, die dazu dienen, Informationen in Maßnahmen umzusetzen, z. B. als Steuerung des Transportes oder des Außendienstes.

Die **Aufbaugestaltung** des Informationsbereiches in einem mittleren Unternehmen kann folgendes Aussehen haben:

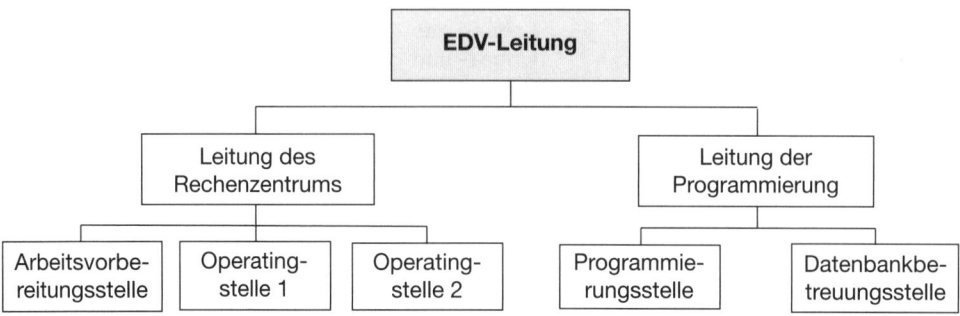

3.5 Leitungsbildung

Nach der Gruppenbildung und der Bereichsbildung ist der organisatorische Aufbau der Unternehmensleitung zu gestalten. Die Leitungsorganisation der Unternehmensspitze ist als **Top Management** besonders bedeutsam, weil diese organisatorische Einheit grundlegende und strategische Entscheidungen zu treffen hat.

Es sind darzustellen:

* **Rechtsform-Modelle**
* **Prinzipien-Modelle**
* **Ressort-Modelle**.

3.5.1 Rechtsform-Modelle

Das deutsche Gesellschaftsrecht sieht drei alternative Modelle vor, die an die Rechtsform und die betriebliche Mitbestimmung gekoppelt sind:

* Das **Eingremium-Modell**, das z. B. beim Einzelunternehmen aus der Leitung durch den Unternehmer bzw. bei der Offenen Handelsgesellschaft (OHG) aus der Leitung durch die geschäftsführenden Gesellschafter besteht.

* Das **Zweigremium-Modell**, das z. B. bei einer mitbestimmungsfreien GmbH gegeben ist, in der die Geschäftsführer der GmbH die Leitung ausüben und außerdem die Gesellschafterversammlung zu berücksichtigen ist.

* Das **Dreigremium-Modell**, das bei den mitbestimmten Kapitalgesellschaften vorkommt. Hier wird z. B. die Leitung der Aktiengesellschaft (AG) durch den Vorstand unter Einbezug des Aufsichtsrates und der Hauptversammlung als Organe vorgenommen. Mit zunehmender Betriebsgröße steigt i.d.R. auch die Kopfzahl der Leiter an.

3.5.2 Prinzipien-Modelle

Als Prinzipien-Modelle sind zwei wesentliche Aufbaukonzepte zu unterscheiden, die sich nach den zu Grunde liegenden Organisationsprinzipien unterscheiden *(Krüger, Kosiol, Olfert/Pischulti, Riester)*:

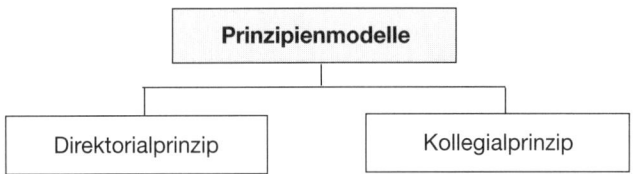

3.5.2.1 KOLLEGIALPRINZIP

Das Kollegialprinzip ist auf die gemeinsame Willensbildung der Träger von Organisationseinheiten ausgerichtet, die sich auf gleicher Entscheidungsebene befinden. Danach ist vielfach die Leitungsorganisation in großen Unternehmen strukturiert. Zu unterscheiden sind:

- Die **Primatkollegialität**, bei der ein Mitglied der Unternehmensleitung »Erster unter Gleichen« ist. Treten Meinungsverschiedenheiten auf, ist seine Stimme ausschlaggebend. Zuweilen behält sich der »Primus inter Pares« auch bedeutsame Entscheidungen vor. Diese Form findet sich in Großunternehmen.

- Die **Abstimmungskollegialität**, bei der alle Entscheidungen gemeinsam nach dem Mehrheitsprinzip zu treffen sind. Nach diesem Grundsatz sind häufig leitende Gremien von Kreditinstituten organisiert *(Büschgen)*. Bei Stimmengleichheit kann die Stimme des am meisten von einer Entscheidung Betroffenen entscheidend sein.

- Die **Kassationskollegialität**, bei der gleichberechtigte Unternehmensleiter das Recht der gegenseitigen Aufhebung oder Anerkennung von getroffenen Entscheidungen haben, z.B. durch die Verweigerung oder Gegenzeichnung von Dokumenten.

- Die **Ressortkollegialität**, bei der jeder Unternehmensleiter für ein Ressort zuständig ist und eigenverantwortlich über seinen Zuständigkeitsbereich entscheidet. Bei bereichsübergreifenden Fragen sind gemeinsame Entscheidungen der Beteiligten zu treffen, z. B. anlässlich regelmäßig stattfindender Sitzungen.

3.5.2.2 DIREKTORIALPRINZIP

Beim Direktorialprinzip entscheidet ein einzelner Unternehmensleiter in einem Leitungsgremium allein. Es besteht z. B. folgende Direktorialorganisation:

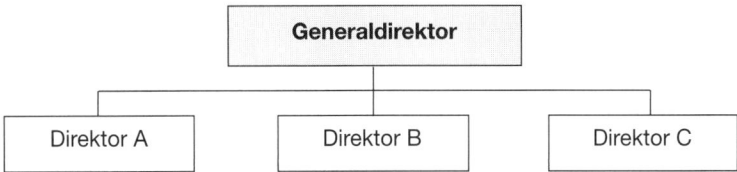

Damit ist einerseits eine einheitliche Willensbildung gewährleistet, andererseits entstehen große Machtbefugnisse, die mit falschen bzw. »einsamen« Entscheidungen verbunden sein können. Nicht ungefährlich ist, dass die ganze Entwicklung des Unternehmens von den Entscheidungen einer einzigen Person abhängt.

3.5.3 RESSORT-MODELLE

Ressort-Modelle bauen auf der **Ressortkollegialität** auf, d. h. jeder Entscheidungsträger ist für sein Ressort eigenverantwortlich zuständig. Dabei können in der Unternehmensleitung eines Großunternehmens als Ressort-Modelle zu Grunde liegen *(Rahn)*:

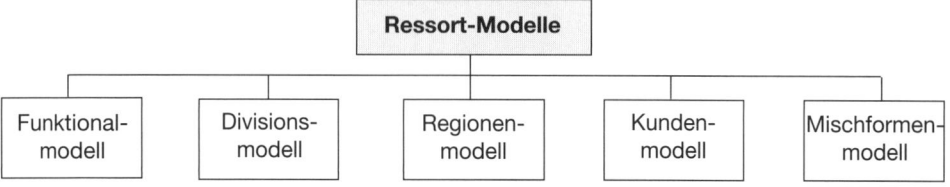

3.5.3.1 FUNKTIONALMODELL

Beim Funktionsmodell der Unternehmensleitung werden die Vorstandsressorts nach Verrichtungen aufgeteilt, in einem **Industrieunternehmen** z. B.:

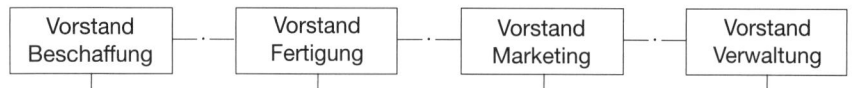

Diese Form ist dann vorteilhaft, wenn Größenvorteile zu nutzen sind und im Top Management vorrangig verrichtungsorientierte Entscheidungsprozesse anfallen. Dabei können Spezialisierungsvorteile genutzt werden.

3.5.3.2 DIVISIONSMODELL

Beim Divisionsmodell der Unternehmensleitung werden die Vorstandsressorts nach Sparten bzw. Produkten gruppiert, in einem großen **Chemieunternehmen** z. B.:

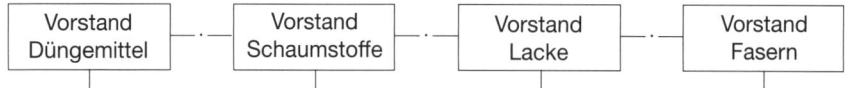

Die Unternehmensleitung wird diese Form vorziehen, wenn die Entscheidungsprozesse in der Unternehmensleitung vorrangig produktbezogen ablaufen und ein gewisses Maß an Dezentralisierung angestrebt wird.

3.5.3.3 REGIONENMODELL

Beim Regionenmodell der Unternehmensleitung werden die Vorstandsressorts nach regionalen Gesichtspunkten strukturiert, in einem **Handelsunternehmen** z.B.:

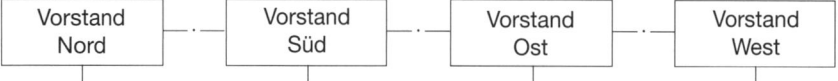

Die Unternehmensleitung entscheidet sich für das Regionenmodell, wenn die Entscheidungsprozesse vor allem auf regionalen Gesichtspunkten basieren und überwiegend dezentrale Gesichtspunkte zu berücksichtigen sind.

3.5.3.4 KUNDENMODELL

Beim Kundenmodell der Unternehmensleitung werden die Vorstandsressorts nach Kundengruppen unterteilt, in einem **Versicherungsunternehmen** z. B.:

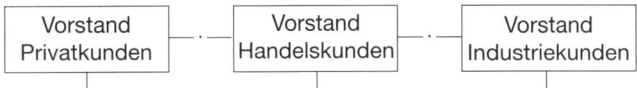

Die Unternehmensleitung gibt diesem Modell den Vorzug, wenn die Entscheidungsprozesse mit einer möglichst optimalen Kundenbetreuung verbunden sind. Jedes Vorstandsmitglied ist für die Betreuung einer Kundengruppe verantwortlich.

3.5.3.5 MISCHFORMEN-MODELL

Ein Mischformen-Modell der Unternehmensleitung wird nicht nach Verrichtungen, Regionen oder Produkten strukturiert, sondern Teileelemente verschiedener Idealtypen werden zusammengeführt, z. B. bei einem **Automobilhersteller**:

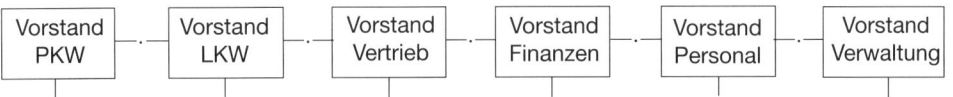

Das Modell bietet sich an, wenn nicht eine reine Leitungsform infrage kommt, sondern die Entscheidungsprozesse von Mischkriterien geprägt sind.

4. AUFBAUSTRUKTUR

Aus den Elementen der Aufbaugestaltung muss die gesamte Aufbaustruktur des Unternehmens gebildet werden, d. h. es ist die horizontale und vertikale bzw. hierarchische Gliederung des Gesamtsystems vorzunehmen *(Bleicher)*.

Als Aufbaustrukturen sollen dargestellt werden:

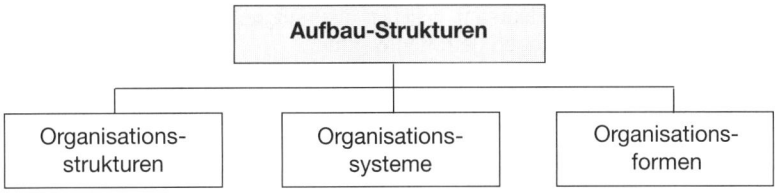

4.1 Organisationstruktur

Der Aufbau des gesamten Unternehmens zeigt sich in den von der Organisationsabteilung bzw. vom Organisator zu gestaltenden Organisationsstrukturen, die sich in zweifacher Weise darstellen lassen als – siehe ausführlich *Olfert/Pischulti*:

• **Horizontale Organisationsstruktur**

• **Vertikale Organisationsstruktur**.

4.1.1 Horizontale Organisationsstruktur

Die horizontale Organisationsstruktur ergibt sich aus fünf **Schritten**, wie bereits dargestellt wurde:

Stellenbildung	Bei ihr wird zunächst von der Gesamtaufgabe ausgegangen, die im Rahmen der **Aufgabenanalyse** schrittweise und systematisch in Teilaufgaben zu zerlegen ist. Diese werden bei der **Aufgabensynthese** zu koordinierbaren Aufgabenkomplexen als Stellen und Instanzen zusammengefasst.

⇩

Aufbaufest-legung	Sie geschieht, indem folgende **Details** der betrieblichen Organisationsstruktur festgeschrieben werden: ▶ Organisationseinheiten ▶ Aufgabenträger ▶ Verantwortung ▶ (De)zentralisation ▶ Aufgaben ▶ Informations- ▶ Tätigkeiten ▶ Kompetenzen wege

⇩

Gruppen-bildung	Aus ihr ergeben sich **plurale Organisationseinheiten**, die mehrere Stellen mit je einer Instanz umfassen, z. B. Materialwirtschaftsgruppen, Fertigungsgruppen, Marketinggruppen.

⇩

Bereichs-bildung	Sie erfolgt durch Zusammenfassung mehrerer Stellen bzw. Gruppen mit exakt abgrenzbaren Aufgabeninhalten zu einem **Bereich**, z. B. als Finanzbereich, Personalbereich, Rechnungswesen.

⇩

Leitungs-bildung	Bei ihr sind die Strukturen des Aufbaus der Unternehmensleitung festzulegen. Die Gestaltung der **Leitungsorganisation** ist besonders bedeutsam, weil hier die maßgeblichen und strategischen Entscheidungen getroffen werden.

Grundsätzlich gelten für die horizontale Strukturierung folgende **Erkenntnisse**:

• Je komplizierter die Aufgabenstruktur des Systems ist, desto geringer ist dessen Überschaubarkeit und umso größer wird die Gefahr einer Überorganisation.

- Je kleiner die Gruppen gestaltet werden, umso größer wird die Gefahr einer Unterorganisation.

4.1.2 VERTIKALE ORGANISATIONSSTRUKTUR

Bei der vertikalen Unternehmensstruktur, die auch als **hierarchische Unternehmensstruktur** bezeichnet wird, geht es um zwei Problemfelder:

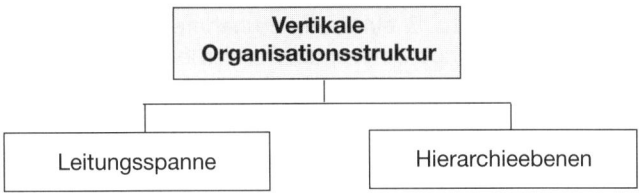

4.1.2.1 LEITUNGSSPANNE

Als Leitungsspanne wird die Anzahl der optimal betreubaren, einem Vorgesetzten direkt unterstellten Mitarbeiter bezeichnet. Sie wird auch **Kontrollspanne** oder **Subordinationsquote** genannt.

Jeder Vorgesetzte kann nur eine begrenzte Zahl von unterstellten Mitarbeitern bestmöglich betreuen. Eine generelle **Festlegung** der Leitungsspanne auf eine bestimmte Zahl von zu unterstellenden Organisationseinheiten ist nicht möglich, weil diese durch mehrere **Einflussfaktoren** bestimmt wird *(Gaugler)*:

- Das **Leistungspotenzial** der Aufgabenträger, z. B. Leistungsbereitschaft, Leistungsfähigkeit, Normaleignung und spezielle Fertigkeiten.

- Die **fachliche** und **menschliche Qualifikation** der Mitarbeiter, wobei insbesondere die sozialen Qualitäten bedeutsam sind.

- Das **Ausmaß der Selbstständigkeit**, das von zugeordneten Aufgabenträgern erwartet werden kann.

- Die **Unterstellungsbereitschaft** der Aufgabenträger, die in der Praxis nicht immer uneingeschränkt gegeben ist.

- Das **Verhältnis der Kosten** und **Leistung** von Instanzen, denn eine veränderte Instanzenzahl variiert die Kosten der Führung.

- Die **Komplexität der Aufgaben** von unterstellten Stellen, die zu einer unterschiedlichen Beanspruchung der vorgesetzten Aufgabenträger führen können.

- Die **Arbeitsorganisation** in den unterstellten Bereichen bzw. Gruppen, bei der zu prüfen ist, inwieweit die Gruppenmitglieder regelmäßig zusammenarbeiten.

Auch der **Führungsstil** des Vorgesetzten bzw. die Art und der Umfang des **Sachmitteleinsatzes** können sich auf die Bestimmung der Leitungsspanne auswirken.

Die Leitungsspanne schwankt nach Untersuchungen von Experten zwischen drei und sechs Mitarbeitern auf der oberen und acht bis 25 Mitarbeitern auf der unteren Führungsebene.

4.1.2.2 HIERARCHIEEBENEN

Die Festlegung der Zahl der Hierarchieebenen ist für die Verantwortlichen nicht einfach. Ihre Zahl wird beeinflusst durch *(Olfert/Pischulti)*:

- Die **Unternehmensgröße**, da z. B. ein Großunternehmen im Regelfall mehr Hierarchieebenen als ein mittelständisches Unternehmen erfordert.

- Die **Leitungsspanne**, da eine geringe Leitungsspanne eine ausgeprägte Hierarchie zur Folge haben kann und umgekehrt.

- Die **Art** und den **Umfang der Unternehmensaufgaben**, denn je breiter und komplexer sie sind, desto mehr Unternehmensebenen werden benötigt.

- Die **geografische Strukturierung** des Unternehmens, da ein international tätiges Unternehmen zumeist vor Ort mit Niederlassungen vertreten ist.

Je größer die Zahl der Mitarbeiter und damit auch die Zahl der Stellen ist, umso mehr Unternehmensebenen sind erforderlich. Das kann zu langen Instanzenwegen führen, die schwerfällig sein und Informationsverfälschungen bewirken können.

In der organisatorischen Praxis werden für die einzelnen Organisationseinheiten der Hierarchieebenen keine einheitlichen Begriffe verwendet. Bei größeren Unternehmen können z. B. unterschieden werden:

- Das **Leitungsorgan**, z. B. der Vorstand einer Aktiengesellschaft.
- Der **Bereich** bzw. das **Ressort**, das aus mehreren Hauptabteilungen besteht.
- Die **Hauptabteilung**, der mehrere Abteilungen zugeordnet sind.
- Die **Abteilung**, die mehrere Stellen oder verschiedene Gruppen umfasst.
- Die **Stelle** als die kleinste organisatorische Einheit innerhalb der Hierarchie.

Damit ergibt sich folgende weit verbreitete **hierarchische Grundstruktur** als Fachabteilungssystem:

Über dieses Fachabteilungssystem hinaus kann es im Unternehmen auch ein **Referentensystem** geben *(Jung)*, z. B. als Ressortreferat, Hauptreferat oder Referat. In Referentensystemen sind Spezialisten zu finden, z. B. des Personal- und Bildungswesens.

4.2 ORGANISATIONSSYSTEME

Das Organisationssystem ist eine Menge von Organisationseinheiten, die über Informationswege miteinander verbunden ist. Seine organisatorische Struktur kann unterschiedliche Ausprägungen haben als *(Olfert/Pischulti, Rahn, Staerkle)*:

- **Liniensystem**

- **Funktionssystem**

- **Stabliniensystem**.

4.2.1 LINIENSYSTEM

Das Liniensystem ist die älteste Organisationsstruktur. Bei ihm sind die Stellen und Abteilungen in einen einheitlichen Instanzenweg eingegliedert, der von der obersten Instanz bis zur untersten Stelle reicht. Damit wird das **»Prinzip der Einheit von Auftragserteilung und Auftragsempfang«** verwirklicht.

Vielfach wird das Liniensystem auch als **Einliniensystem** oder **Linienorganisation** bezeichnet. Sein Einsatz ist bei Kleinbetrieben, Mittelbetrieben, Großbetrieben und Holdings möglich.

Das Liniensystem ist die **straffste Form** der organisatorischen Gliederung. Jeder Mitarbeiter ist dabei nur einem Vorgesetzten unterstellt. Weisungen und Informationen gehen jeweils an die unmittelbar unterstellten Stelleninhaber, bis die zum Empfang bestimmte Stelle erreicht wird, z. B. von der Unternehmensleitung bis zu den Mitarbeitern der Gruppen Montage, Faktura und Einkauf:

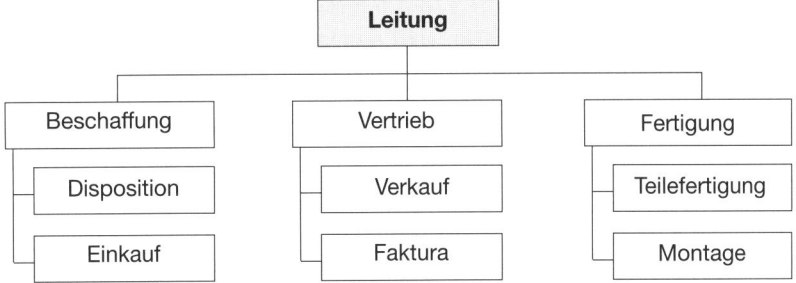

Kennzeichnende **Merkmale** des Liniensystems sind in obigem Falle:

▶ Verrichtungszentralisation   ▶ Einfachunterstellung   ▶ Vollkompetenz

Das Liniensystem ist wie folgt zu beurteilen:

Vorteile	Nachteile
▶ Klare, eindeutige Regelungen der Unterstellungsverhältnisse, Kompetenzen und Verantwortungen ▶ Einfacher Aufbau ▶ Überschaubare, transparente Struktur ▶ Keine Eingriffe Dritter ▶ Eindeutige Kommunikations- und Berichtswege ▶ Vorgesetztenorientierter Entscheidungsprozess ▶ Einfache Steuer- und Betreubarkeit der Mitarbeiter ▶ Hohes Maß an Ordnung durch straffe Disziplin ▶ Einhaltung des Dienstweges durch Einheitlichkeit der Auftragserteilung	▶ Starke Beanspruchung übergeordneter Einheiten mit Koordinationsaufgaben ▶ Überlastung der Führungskräfte durch Routinetätigkeiten ▶ Erschwerung der Zusammenarbeit ▶ Lange Weisungswege bei entsprechend langen Instanzen ▶ Kritische Position der »Zwischeninstanzen« ▶ Persönliche Abhängigkeiten der Mitarbeiter ▶ Unflexible Entscheidungsfindung ▶ Problem der Informationsfilterung insbesondere bei langen Instanzenwegen ▶ Fehlende Dynamik des Systems

Schon *Fayol* erkannte frühzeitig, dass das Liniensystem durch **Querverbindungen** zu ergänzen ist. Dadurch kann eine Beschleunigung des Informationsflusses bewirkt werden.

Sofern Querverbindungen zulässig sind, muss der Mitarbeiter im Einkauf bei Kontaktwünschen zum Verkauf im obigen Beispiel nicht den Instanzenweg über seinen Vorgesetzten und die Gesamtleitung einhalten, sondern kann unmittelbaren Kontakt zum Verkauf aufnehmen.

19 〉〉 Seite 456

4.2.2 Funktionssystem

Beim Funktionssystem erfolgt der Informationsfluss nicht durch einen einzigen Instanzenweg, sondern jeder Mitarbeiter ist funktionsbedingt mehreren Vorgesetzten unterstellt, von denen er Aufträge erhält. Es wird deshalb auch als **Mehrliniensystem** bzw. **Mehrlinienorganisation** bezeichnet.

Das Funktionssystem wurde von *Taylor* als **Funktionsmeistersystem** dargestellt, das folgende Informationswege zwischen Meistern und Arbeitern erfasst:

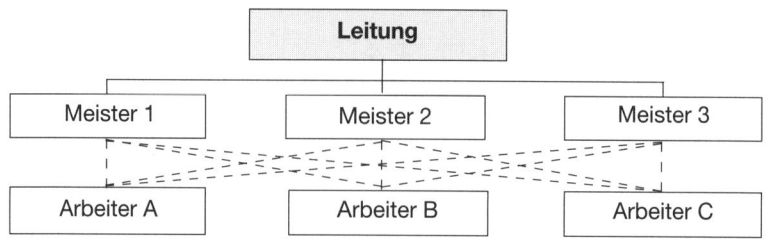

Kennzeichnende **Merkmale** des Funktionssystems sind:

▶ Verrichtungszentralisation   ▶ Mehrfachunterstellung   ▶ Voll- und Teilkompetenz

Durch die im Funktionssystem praktizierte Mehrfachunterstellung wird das »**Prinzip des kürzesten Weges**« realisiert, z.B. Arbeiter A informiert sich bei Meister 1 über Probleme des Bohrens am Werkstück, bei Meister 2 über Fräsprobleme und bei Meister 3 über Probleme des Sägens, um daraufhin seine Arbeit auszuführen.

Die Eignung des Funktionssystems kann beurteilt werden:

Vorteile	Nachteile
▶ Spezialisierung ▶ Direkte Weisungswege ▶ Direkte Informationswege ▶ Betonung der Fachautorität ▶ Produktivität sachlicher Konflikte ▶ Relativ schnelle Ausführung ▶ Erschwerte Informationsfilterung ▶ Mitarbeiterkontrolle durch mehrere Vorgesetzte ▶ Einzelweisungen durch kompetente Vorgesetzte ▶ Kein schwerfälliger Instanzenweg ▶ Größere Dynamik der Führungskräfte	▶ Probleme der Abgrenzung von Zuständigkeiten, Weisungen und Verantwortlichkeiten ▶ Schwierige Fehlerzurechnung ▶ Persönliche Konflikte zwischen den Vorgesetzten ▶ Schwierigkeit der einheitlichen Umsetzung der Unternehmensziele ▶ Konfliktpotenzial und mangelnde Arbeitsdisziplin durch Mehrfachunterstellung der Mitarbeiter

4.2.3 STABLINIENSYSTEM

Beim Stabliniensystem wird das **Liniensystem** mit dem **Stabsprinzip** verbunden. Um den Nachteil der Überlastung von Führungskräften beim reinen Liniensystem zu mindern, werden den höheren Instanzen dabei **Stäbe** zugeordnet, die grundsätzlich kein unmittelbares Weisungsrecht gegenüber anderen Stellen haben, z. B. als Planung, Organisation, Controlling, Wertanalyse, Rechtsabteilung, Steuerabteilung.

Das Stabliniensystem kann folgende **Struktur** aufweisen:

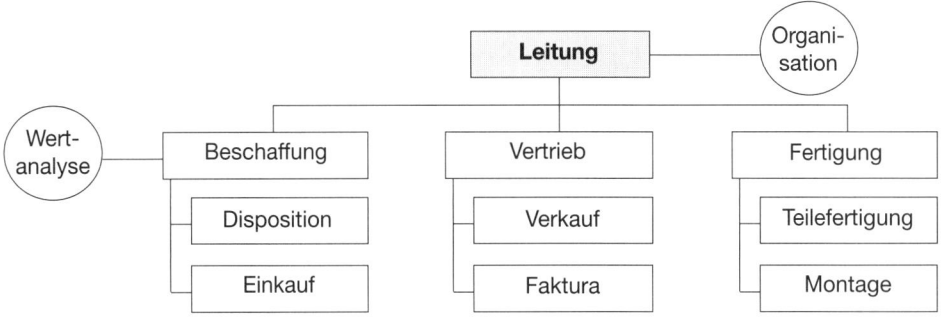

Kennzeichnende **Merkmale** des Stabliniensystems sind:

▶ Verrichtungszentralisation   ▶ Einfachunterstellung   ▶ Voll- und Teilkompetenz

Das Stabliniensystem weist folgende Vorteile und Nachteile auf:

Vorteile	Nachteile
▶ Übersichtliche Struktur ▶ Einheitlicher Instanzenweg ▶ Klare Zuständigkeiten ▶ Nutzung von Größenvorteilen ▶ Nutzung von Spezialisierungsvorteilen ▶ Beratungsvorteile durch Stäbe ▶ Entlastung der Führungskräfte ▶ Verbesserung der Entscheidungsqualität	▶ Konfliktgefahr durch Trennung von Entscheidungsvorbereitung und Entscheidung ▶ Bereichsdenken und Egoismus möglich ▶ Ggf. Blockierung von Stabsvorschlägen ▶ Ggf. mangelnde Produktverantwortung ▶ Gefahr von Stab-Linien-Konflikten ▶ Demotivation des Stabes durch fehlende Entscheidungsbefugnis ▶ Kompetenzüberschreitung des Stabes ▶ Überdimensionierung der Stabsstellen ▶ Informelle Macht von Stäben durch Informationsvorsprung zu Entscheidungsträgern und Manipulationsmöglichkeit der Mitarbeiter

In großen Unternehmen ist das Stabliniensystem umfassender ausgeprägt als in kleineren Unternehmen.

4.3 ORGANISATIONSFORMEN

Die Organisationsform ist Ausdruck der Strukturierung des Unternehmensaufbaus. Sie besteht aus Organisationseinheiten und Informationswegen. Die **Unternehmensleitung** entscheidet, welche Organisationsform für die Bereichsorganisation gültig ist. Dabei hat sie folgende **Einflussfaktoren** einzubeziehen *(Kieser/Kubicek)*:

• Das **Leistungsprogramm**, das sich in den Marktleistungen des Unternehmens zeigt, z.B. im Angebotsprogramm von Sachgütern und Dienstleistungen.

• Die **Unternehmensgröße**, die sich z. B. anhand der Mitarbeiterzahl, des Umsatzes oder der Bilanzsumme bestimmen lässt.

• Die **Fertigungstechnologie**, die sich im Grad der Spezialisierung äußert, z. B. zeigt sie sich bei Großunternehmen in der Zahl und Art der Fertigungsabteilungen.

• Die **Informationstechnologie**, die sich in dem Einsatz von EDV-Anlagen zeigt. Sie kommt heute in allen Organisationsformen vor.

• Die **Unternehmensform**, die elementare Organisationsstrukturen (z. B. beim Einzelunternehmen) oder umfassendere Strukturen (z. B. bei der AG) aufweist.

- **Sonstige interne Faktoren**, die sich z. B. im Alter der Organisation, in der Art der Gründung und im Entwicklungsstadium der Organisation zeigen.

- **Externe Faktoren**, z. B. Arbeitsmarkt, Konkurrenzverhältnisse, Kundenstruktur, Lieferanten, Kapitalgeber und gesellschaftlich-kulturelle Bedingungen.

Als Organisationsformen sind zu unterscheiden:

- **Grundformen**

- **Abgeleitete Organisationsformen**.

4.3.1 Grundformen

Grundlegende Organisationsformen sind die **traditionellen Aufbaustrukturen** als *(Bea/ Göbel, Bleicher, Bühner, Frese, Olfert/Pischulti, Rahn, Vahs, Wittlage)*:

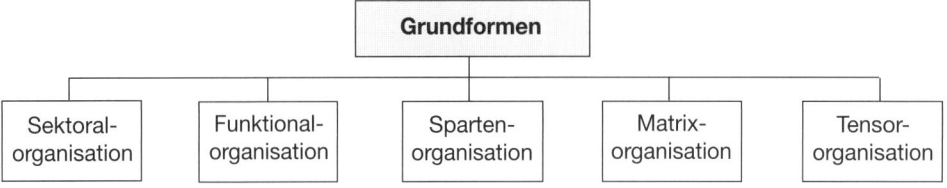

4.3.1.1 Sektoralorganisation

Die Sektoralorganisation hat eine **zentrale Organisationsstruktur** und ist durch eine Zweiteilung auf der zweiten Hierarchieebene in einen technischen und einen kaufmännischen Sektor geprägt, was einer sektoralen Zentralisierung entspricht:

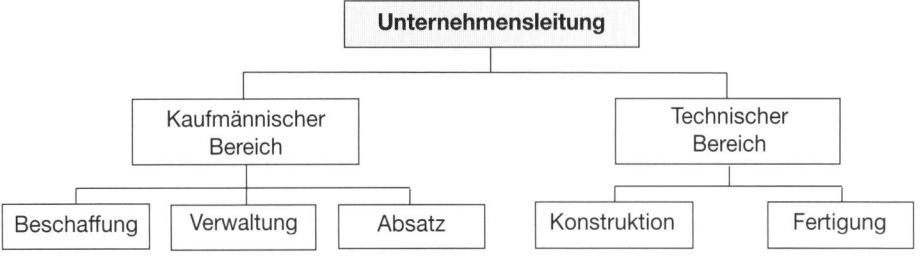

Bei der Sektoralorganisation erfolgt die Leitung des Unternehmens nach dem **Liniensystem**, wobei die beiden Sektoren der Unternehmensleitung verantwortlich unterstellt sind. Es ergeben sich folgende **Merkmale**:

▶ Sektorale Zentralisation   ▶ Einfachunterstellung   ▶ Vollkompetenz

Die Sektoralorganisation ist in folgender Weise zu beurteilen:

Vorteile	Nachteile
▶ Große Übersichtlichkeit	▶ Schwerfälligkeit/Starrheit
▶ Einheitlicher Instanzenweg	▶ Überlastung der Führungskräfte
▶ Vorzüge der Zentralisation	▶ Begrenzte Flexibilität
▶ Spezialisierungsvorteile	▶ Geringe Bereitschaft zur Delegation

Der **Einsatz** der Sektoralorganisation bietet sich bei einer geringen Unternehmensgröße, relativ stabiler Umwelt und verhältnismäßig homogenem Leistungsprogramm an.

4.3.1.2 Funktionalorganisation

Die Funktionalorganisation ist auf der zweiten Hierarchieebene nach **Verrichtungen** gegliedert. Sie knüpft dabei i. d. R. an den güterwirtschaftlichen Prozess des Unternehmens an, sodass sich als Organisationseinheiten ergeben können:

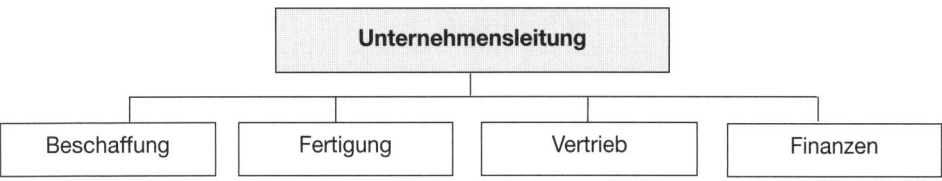

Die Leitung erfolgt nach dem **Liniensystem**. Dabei sind die einzelnen Funktionen der Unternehmensleitung verantwortlich unterstellt. Kennzeichnende **Merkmale** der Funktionalorganisation sind:

▶ Verrichtungszentralisation   ▶ Einfachunterstellung   ▶ Vollkompetenz

Die Eignung der Funktionalorganisation ist wie folgt einzuschätzen:

Vorteile	Nachteile
▶ Sehr übersichtlich	▶ Schwerfälliger Informationsfluss
▶ Einheitlicher Instanzenweg	▶ Überlastung der Führungskräfte wegen mangelnder Delegation
▶ Nutzung von Größenvorteilen	▶ Bereichsdenken/Egoismus
▶ Nutzung von Spezialisierungsvorteilen	
▶ Kompetenz und Verantwortung bei den Instanzen	▶ Motivationsprobleme in nachgeordneten Führungsebenen
▶ Zentralisierung durch straffe Organisation	▶ Mangelnde Produktverantwortung
	▶ Begrenzung der Innovationskraft durch hohen Spezialisierungsgrad

Der **Einsatz** der Funktionalorganisation ist bei kleinen bis mittleren Unternehmen, relativ stabiler Umwelt und verhältnismäßig homogenem Leistungsprogramm möglich.

4.3.1.3 SPARTENORGANISATION

Die Spartenorganisation ist eine Organisationsform, die hauptsächlich durch die Dezentralisierung geprägt ist. Sie wird auch als **Divisionalorganisation** bezeichnet. Bei der Spartenorganisation ist die zweite Hierarchieebene des Unternehmens nach **Objekten** gegliedert, die Produkte, Regionen und Kunden sein können.

In vielen Unternehmen war in der Vergangenheit ein Wechsel von der Funktionalorganisation auf die Spartenorganisation festzustellen, der z. B. veränderte Märkte, zunehmende Konzernbildunng, steigende Betriebsgrößen und Internationalisierung als Gründe hatte. Auch durch den Einfluss amerikanischer Beratungsunternehmen – speziell auf Großunternehmen – hat diese Organisationsform an Bedeutung gewonnen *(Wittlage)*.

Wesentliche Elemente sind bei der Spartenorganisation die **Zentralabteilungen**, die für die leistungsprozessbezogenen Sparten vielfältige Dienstleistungen erbringen, z. B. als Revisionsabteilung, Organisationsabteilung, Personalabteilung, Rechtsabteilung.

Die Zentralabteilungen übernehmen häufig auch Koordinationsaufgaben, um ein »Eigenleben« von Sparten zu begrenzen, das sich von den Unternehmenszielen entfernt, z. B. durch eine zentrale Personalabteilung, damit die betriebliche Personalpolitik »mit einer Stimme« vertreten wird.

Die Spartenorganisation ist durch das **Stabliniensystem** geprägt. Sie kann sein:

- **Produktorganisation**
- **Regionalorganisation**
- **Kundenorganisation**.

4.3.1.3.1 PRODUKTORGANISATION

Die Produktorganisation stellt eine Spartenorganisation dar, die auf der zweiten Unternehmensebene nach **Erzeugnissen** bzw. **Erzeugnisgruppen** gegliedert ist. Es handelt sich um autonome Sparten, die als Subsysteme des Unternehmens als Gesamtsystem interpretierbar sind *(Wittlage)*. Die Produktorganisation weist dementsprechend dezentrale Elemente auf.

Beispiel
eines Handelsunternehmens:

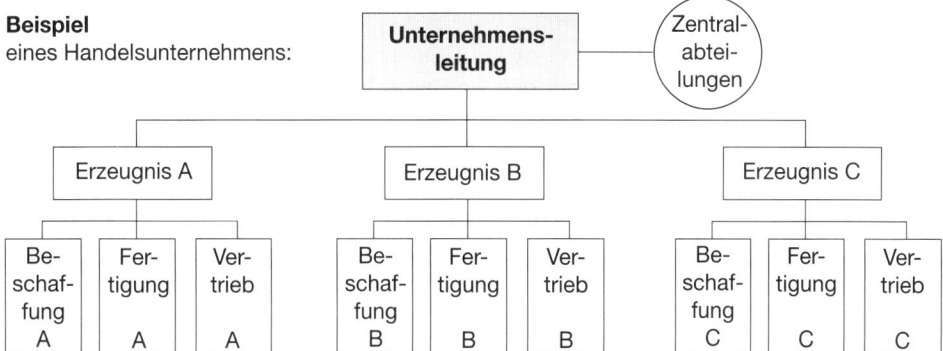

Die Produktorganisation kann sich für ein Unternehmen anbieten, wenn die Entscheidungsprozesse nach Erzeugnisarten dezentralisiert ablaufen sollen. Kennzeichnende **Merkmale** dieses Systems sind:

▶ Objektdezentralisation   ▶ Einfachunterstellung   ▶ Vollkompetenz

Die Eignung der Produktorganisation ist wie folgt zu beurteilen:

Vorteile	Nachteile
▶ Einheitlicher Instanzenweg ▶ Klare Zuständigkeiten ▶ Entlastung der Unternehmensleitung von Routineentscheidungen ▶ Nutzung von Entscheidungsfreiräumen ▶ Flexibilität/Reaktionsfähigkeit ▶ Fehlbesetzungen treffen nur die Sparte ▶ Übersichtlichkeit/Transparenz ▶ Sparten mit Gewinnverantwortung ▶ Leistungsmotivation durch Spartenautonomie	▶ Gefahr des Eigenlebens der Sparten ▶ Tendenz zum Spartenegoismus ▶ Anstreben von Divisionszielen anstelle der Unternehmensziele ▶ Kompetenzprobleme zwischen Zentralabteilungen und Sparten ▶ Überzogene Verteilungskämpfe um knappe Ressourcen ▶ Doppelarbeit bei ähnlichen Erzeugnissen/Problemlösungen ▶ Größerer Bedarf an Führungskräften ▶ Verfolgung kurzfristiger Ziele

4.3.1.3.2 REGIONALORGANISATION

Die Regionalorganisation stellt eine Spartenorganisation dar, die durch geografisch abgegrenzte Aufgabenbereiche gekennzeichnet ist *(Alewell)*. Die zweite Hierarchieebene ist durch **Regionen** oder **Gebiete** geprägt.

Beispiel
eines Handelsunternehmens:

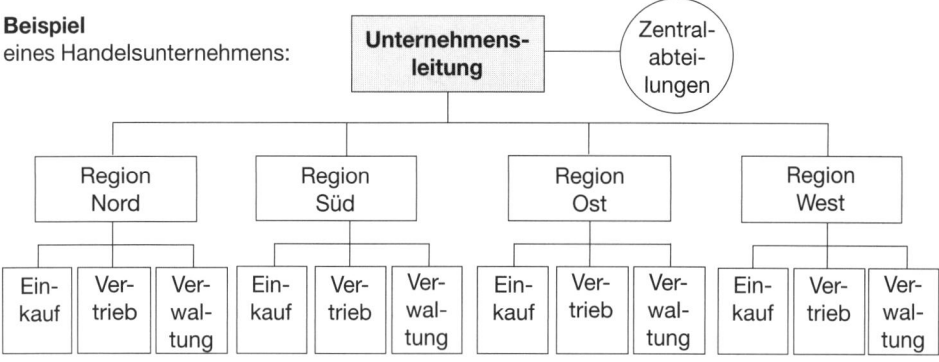

Darüber hinaus können regional gegliederte Formen der betrieblichen Aufbauorganisation weitere Betrachtungsebenen enthalten:

• Kontinentbezogene Bereiche, z. B. Asien, Südamerika, USA, Europa, Afrika
• Staatenbezogene Bereiche, z. B. Frankreich, Großbritannien, USA, Japan
• Bundesländerorientierte Bereiche, z. B. Nordrhein-Westfalen, Saarland
• Bundesbezogene Bereiche, z. B. Ruhrgebiet, Südhessen, Pfalz
• Städteorientierte Bereiche, z. B. Berlin, Hamburg, Bremen, Frankfurt.

Die Regionalorganisation ist eine geeignete Organisationsform, wenn die Entscheidungs-prozesse dezentralisiert sind und vorrangig auf regionalen Gesichtspunkten basieren. Ihre kennzeichnenden **Merkmale** sind:

▶ Regionale Dezentralisation ▶ Einfachunterstellung   ▶ Vollkompetenz

Die Regionalorganisation kann in folgender Weise beurteilt werden:

Vorteile	Nachteile
▶ Regionale Differenzierung ▶ Klare Zuständigkeiten ▶ Einheitlicher Instanzenweg ▶ Entlastung der Unternehmensleitung ▶ Regionale Flexibilität ▶ Übersichtlichkeit	▶ Tendenz zum Eigenleben der Regional-einheiten ▶ Regionale Aspekte werden u. U. überbe-tont ▶ Überzogene Verteilungskämpfe bei knap-pen Mitteln

4.3.1.3.3 KUNDENORGANISATION

Die Kundenorganisation ist eine Spartenorganisation, die auf der zweiten Hierarchieebe-ne nach **Kunden** oder **Kundengruppen** gegliedert ist. Sie enthält ebenfalls dezentrale Elemente und spaltet das Unternehmen in marktbezogene und anpassungsfähige Teil-systeme auf.

Typische **Formen** der Kundenorganisation sind z. B. *(Farny, Hill/Fehlbaum/Ulrich)*:

• Lokale Niederlassungen von Großbanken
• Warenhäuser von Konzernen
• Werke von Industrieunternehmen
• Lokale Departements von Verwaltungsunternehmen.

Beispiel eines
Versicherungsunternehmens:

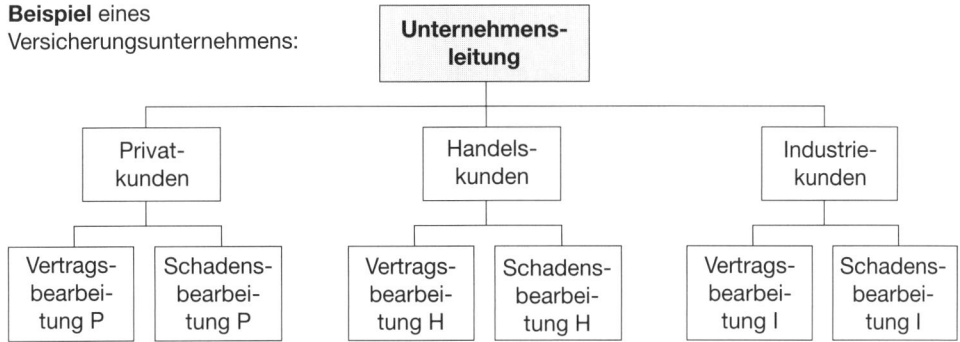

Typische **Merkmale** der Kundenorganisation sind:

▶ Kundenorientierte Dezentralisation   ▶ Einfachunterstellung   ▶ Vollkompetenz

Die Kundenorganisation kann wie folgt beurteilt werden:

Vorteile	Nachteile
▶ Differenzierung nach Kunden bzw. Kundengruppen	▶ Kundenorientierung wird u. U. überbetont
▶ Einheitlicher Instanzenweg	▶ Tendenz zum Spartenegoismus
▶ Eindeutige Zuständigkeiten	▶ Divisionsziele ggfs. zu sehr in Vordergrund gestellt
▶ Flexibilität bei der Anpassung an Kundenwünsche	▶ Bei knappen Ressourcen überzogene Verteilungskämpfe
▶ Übersichtliches System	▶ Doppelarbeit möglich
▶ Entlastung der Unternehmensleitung	

Der **Einsatz** der Spartenorganisation ist sinnvoll, wenn die Entscheidungsprozesse dezentralisiert sind und vor allem produkt-, regional- bzw. kundenbezogenen Aspekten entsprochen werden soll.

Aus der Spartenorganisation wurden verschiedene Organisationsformen als Center-Organisation, Holding-Organisation und SGE-Organisation abgeleitet – siehe Seite 155 ff.

21   Seite 456

4.3.1.4 MATRIXORGANISATION

Bei sehr großen Unternehmen können die Nachteile der Funktionalorganisation und der Spartenorganisation in besonderer Weise hervortreten. Deshalb mag es sinnvoll sein, eine Matrix zu organisieren, die Merkmale dieser beiden Organisationsformen enthält *(Bleicher, Bühner)*.

Bei der Matrixorganisation werden auf der zweiten Hierarchieebene zwei **Gliederungsprinzipien** gleichzeitig und gleichberechtigt verfolgt:

- In der **Horizontalen** der Matrix lassen sich zentrale Funktionen aufnehmen, z. B. Technologie und Marktforschung.

- Die **Vertikale** der Matrix kann die Objekte als dezentrale Organisationseinheiten ausweisen, z. B. Erzeugnisse A, B und C.

In den Schnittstellen von Funktionen und Objekten befinden sich als **Organisationseinheiten** z. B. die doppelt unterstellten Abteilungen Fertigung (A,B,C) und Vertrieb (A,B,C), wie dies im Beispiel einer Verrichtungs-Objekt-Matrix auf Seite 153 dargestellt ist.

Die Matrixorganisation ist nach dem **Funktionsprinzip** gestaltet.

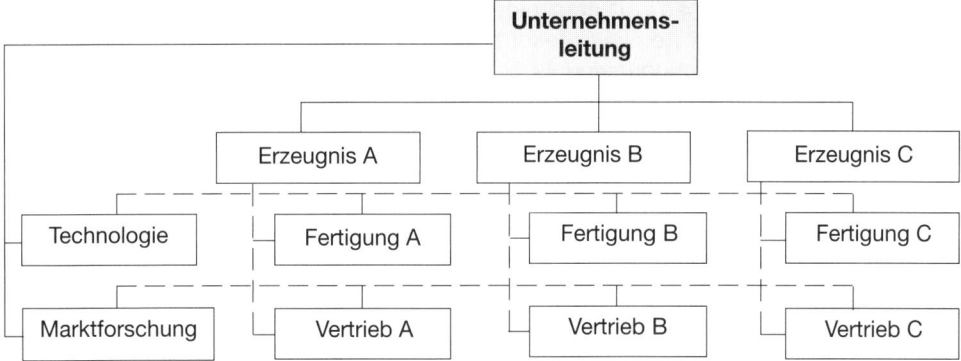

Kennzeichnende **Merkmale** der obigen Matrixorganisation sind:

- Zentralabteilungen: Verrichtungszentralisation bei Marktforschung, Technologie
- Dezentralabteilungen: Objektdezentralisation, mit den Erzeugnissen A, B und C
- Doppelunterstellungen: Fertigung und Vertrieb als Abteilungen
- Vollkompetenz: Bei Längsinformationswegen
- Teilkompetenz: Bei Diagonalinformationswegen

Die Matrixorganisation weist als Vorteile und Nachteile auf:

Vorteile	Nachteile
▶ Sehr flexibles System ▶ Intensive Kommunikation ▶ Verbesserung der Entscheidungsqualität ▶ Ausschaltung der spezifischen Stab-Linien-Konflikte möglich ▶ Motivation durch Beteiligung am Entscheidungsprozess ▶ Gute Eignung bei heterogenem Produktionsprogramm/Umweltbedingungen ▶ Anpassungsfähigkeit an die Umweltdynamik ▶ Direkte Verbindungswege ▶ Entlastung des Top Managements durch Entscheidungsdelegation ▶ Umfassende Betrachtungsweise der Aufgaben ▶ Förderung von kreativen/qualitativ hochwertigen Problemlösungen	▶ Konfliktgefahr durch Doppelunterstellung ▶ Kaum vermeidbare Kompetenzüberschneidungen zwischen den Entscheidungsträgern ▶ Kontraproduktive Tendenzen (Machtkämpfe, Entscheidungsverzögerung, Abschiebung von Verantwortung) ▶ Überforderung der Matrix-Stelleninhaber ▶ Hohe Koordinations-, Kommunikations- und Informationskosten ▶ Unklare Unterstellungsverhältnisse der Organisationseinheiten in den Schnittstellen der Matrix ▶ Zeitliche Verzögerung von Entscheidungsprozessen ▶ Kompetenzkämpfe um knappe Mittel und evtl. Fehlleitung von Ressourcen ▶ Kein klarer Instanzenweg ▶ Geringe Übersichtlichkeit ▶ Hohe persönliche Belastung durch ausgeprägtes Konfliktpotenzial ▶ Zeitaufwändiger Zwang zum Konsens

Der **Einsatz** der Matrixorganisation kann sich bei relativ instabiler Umwelt und heterogenem Leistungsprogramm anbieten. **Konflikte** zwischen den Abteilungen sind systemim-

manent, weil viele Personen am Entscheidungsprozess beteiligt sind. Um Konfliktpotenziale in Grenzen zu halten, bedarf es besonderer Regelungen der Kompetenzabgrenzung,
z. B. hinsichtlich der Weisungsbefugnisse.

Je nach ihrer Ausformung sind außer der dargestellten Verrichtungs-Objekt-Matrix noch
folgende **Matrixformen** denkbar *(Bea/Göbel)*:

- Verrichtungs-Verrichtungs-Matrix
- Regional-Verrichtungs-Matrix
- Objekt-Regional-Matrix.

Wenn zwischen Zentralabteilungen und Dezentralabteilungen gemeinsam und direkt zu
lösende Probleme anfallen, kann auf die Doppelunterstellungen in den Schnittstellen verzichtet werden. In der Literatur wird diese Möglichkeit der **Matrixform mit Querinforma-
tionswegen** – aufgrund mangelnder Abgrenzbarkeit zu den anderen Organisationsformen – kritisch beurteilt *(Bleicher, Bühner, Vahs)*.

Aus der dargestellten Grundform eines Aufbaus der Matrixorganisation wurden als weitere matrixorientierte Organisationsformen das Produktmanagement, Prozessmanagement, Kundenmanagement und Projektmanagement **abgeleitet** – siehe Seite 159 ff.

22 ⟩⟩ Seite 457

4.3.1.5 Tensororganisation

Die Tensororganisation ist eine Organisationsform, bei der **drei Dimensionen** des Unternehmens berücksichtigt werden. Sie umfasst z.B.:

- Zentralbereiche, z.B. Technologie und Marktforschung
- Regionalbereiche, z.B. USA und Südamerika
- Unternehmensbereiche, z.B. Erzeugnisse A, B und C.

Für die Tensororganisation kann sich folgendes **Strukturbild** ergeben:

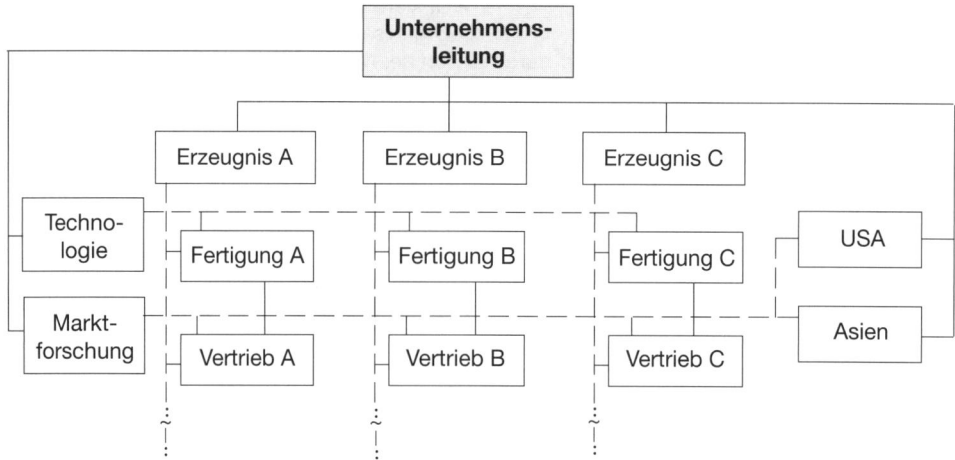

Aus der Darstellung ergeben sich folgende **Merkmale**:

- Zentralbereiche: Verrichtungszentralisation bei Technologie, Marktforschung
- Dezentralbereiche: Objektdezentralisation mit den Erzeugnissen A, B und C
- Regionalbereiche: Regionale Dezentralisation in Form von USA, Südamerika
- Vollkompetenz: Bei Längsinformationswegen
- Teilkompetenz: Bei Diagonalinformationswegen

Die Eignung der Tensororganisation ist in folgender Weise zu beurteilen:

Vorteile	Nachteile
▶ Sehr hohe Flexibilität	▶ Konflikte im Wirkzusammenhang
▶ Ausgesprochene Marktorientierung	▶ Hoher Koordinationsbedarf
▶ Intensive Kommunikation	▶ Kein klarer Instanzenweg
▶ Spezialisierungsvorteile	▶ Überforderte Aufgabenträger
▶ Entscheidungsfreiräume	▶ Geringe Übersichtlichkeit

Die Tensororganisation wird vielfach von **multinationalen Großunternehmen** genutzt, die auf unterschiedlichen Märkten bei relativ instabilen Umwelten tätig sind. Sie stellt hohe Anforderungen an die Kooperationsfähigkeit der Stelleninhaber.

Seite 457

4.3.2 ABGELEITETE ORGANISATIONSFORMEN

Abgeleitete Organisationsformen sind der **Lösung spezieller Aufgaben** förderlich. Sie sind aus den grundlegenden Organisationsformen entwickelt worden, um in den Unternehmen verschiedene Sonderaufgaben besser bewältigen zu können.

Es gibt die folgenden abgeleiteten Organisationsformen:

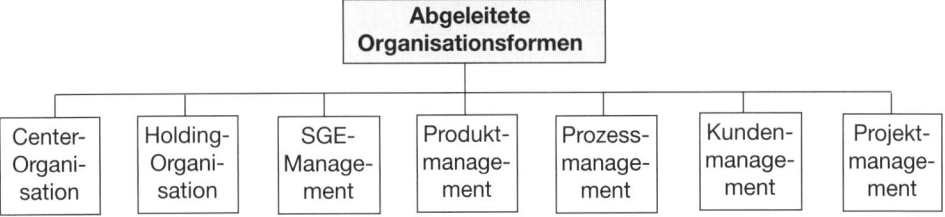

Das SGE-Management, Produktmanagement, Kundenmanagement und Projektmanagement werden in der Literatur auch als **Sekundärorganisationen** bezeichnet *(Schulte-Zurhausen, Staehle, Bea/Göbel, Vahs)*. Dies beruht jedoch nicht darauf, dass diese Formen unwichtig wären, sondern weil sie Ergänzungscharakter haben.

Die **Aufgaben** der abgeleiteten Organisationsformen bestehen in der schnittstellenübergreifenden Bearbeitung von innovativen oder selten auftretenden Spezialaufgaben, die hierarchieergänzend bzw. hierarchieübergreifend wirken.

4.3.2.1 Center-Organisation

Die Bildung von Organisationseinheiten nach dem Objektprinzip, wie es bei der **Spartenorganisation** gezeigt wurde, stellt die Grundlage für die Verwirklichung von Center-Konzepten dar. Sie wurden aus der grundlegenden Form der Spartenorganisation abgeleitet als *(Bea/Göbel, Vahs)*:

- Das **Profit-Center**, bei dem z. B. für eine Produktgruppe eine Erfolgszurechnung vorgenommen wird und die Verantwortlichkeit der Aufgabenträger am Erfolg orientiert ist. Es umfasst zumindestens die Bereiche Fertigung und Marketing bzw. Absatz. Außerdem können z. B. die Beschaffung bzw. die Forschung und Entwicklung eingegliedert werden *(Schweitzer)*.

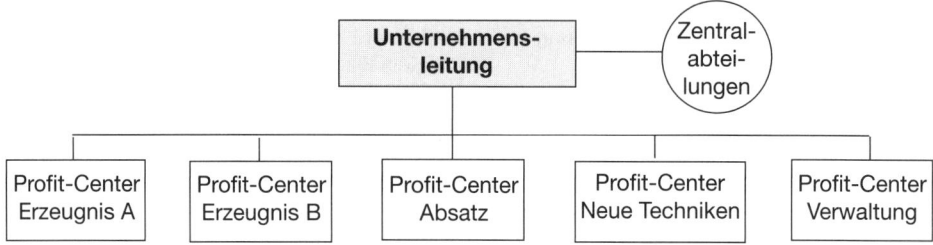

- Das **Cost-Center**, dessen Leiter lediglich im Rahmen des vorgegebenen Kostenbudgets entscheidet. Es ist entweder ein bestimmtes Kostenbudget einzuhalten oder die Kosten müssen bei vorgegebenem Leistungsvolumen minimiert werden. Das Cost-Center eignet sich vor allem für Zentralbereiche oder für Fertigungsstätten ohne direkten Zugang zum Absatzmarkt.

- Das **Revenue-Center**, bei dem der Leiter insbesondere die Höhe des Umsatzerlöses zu verantworten hat. Voraussetzung für diese Organisationsform ist die Bestimmung des Leistungsprogramms nach Art, Quantität und Qualität. Es wird auch als **Leistungscenter** bezeichnet.

- Das **Investment-Center**, bei dem der Leiter auch die Kompetenz der Gewinnverwendung im Rahmen reinvestiver Maßnahmen hat. In diesem Falle ist der Grad der Autonomie besonders stark ausgeprägt. Es ist davon auszugehen, dass die Unternehmensleitung sich aber ein Mitspracherecht vorbehalten wird, um auf diese Weise die Gesamtkoordination der Mittelverwendung sicherzustellen.

Allen Formen der Center-Organisation ist gemeinsam, dass deren Leiter relativ autonom entscheiden können, d. h. die Unternehmensleitung gewährt ihnen mehr oder weniger umfangreiche Entscheidungsfreiheiten.

Die **Center-Organisation** kann wie folgt beurteilt werden:

Vorteile	Nachteile
▶ Steigerung der Motivation von Managern durch erfolgsabhängige Entlohnung ▶ Nutzung von Entscheidungsfreiräumen ▶ Reaktionsfähigkeit ▶ Flexibilität ▶ Zusätzliche Kontrolle durch den Markt	▶ Zurechnung von Erlösen und Kosten bei internem Leistungsaustausch problematisch ▶ Probleme zwischen den Zentralen und den Center-Instanzen ▶ Gefahr eines Eigenlebens der Center

4.3.2.2 HOLDING-ORGANISATION

Die Holding ist eine aus der Spartenorganisation abgeleitete Organisationsform, die eine nicht selbst am Markt auftretende **Dachgesellschaft** sowie Beteiligungen an mehreren, rechtlich selbstständigen Unternehmen als Beteiligungsgesellschaften umfasst. Ihre **Aufgaben** reichen von der strategischen Planung und Kontrolle über das Personalmanagement bis zur Rechtsberatung *(Hopfenbeck)*.

Als **Formen** der Holding-Organisation sind zu unterscheiden *(Bea/Göbel)*:

- Die **Management-Holding**, bei der die Dachgesellschaft die Leitung und Koordination der gesamten Holding-Organisation einschließlich der strategischen Aufgaben übernimmt.

Beispiel:

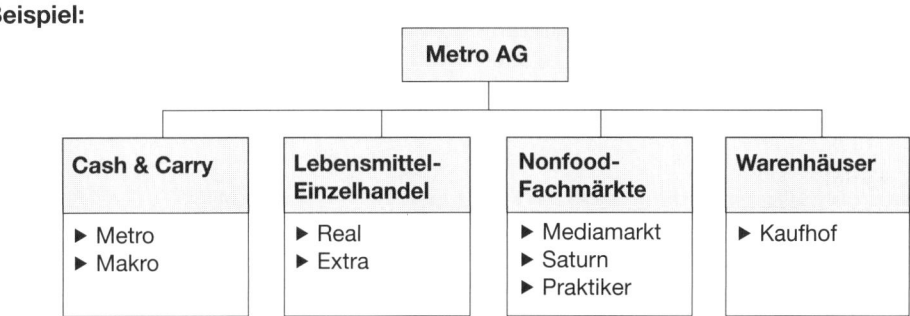

Die Management-Holding wird auch als **Holding-Obergesellschaft**, **Dach-Holding**, **Konzern-Holding** oder **Geschäftsführende Holding** bezeichnet.

- Die **Finanz-Holding**, bei der die Dachgesellschaft keine strategischen Führungsaufgabe übernimmt. Die Beteiligungsgesellschaften sind dafür selbst zuständig. Die Dachgesellschaft hält die Anteile der Holdinggesellschaften und besitzt eine gesamtunternehmerische Finanzperspektive.

Die **Holding-Organisation** lässt sich wie folgt beurteilen:

Vorteile	Nachteile
▶ Hohe Flexibilität durch Marktnähe	▶ Gefahr der Unübersichtlichkeit
▶ Schnelle Reaktionen auf veränderte Umfeldbedingungen	▶ Problem der Kompetenzabgrenzung zwischen Holding- und Tochtergesellschaft
▶ Synergieeffekte durch gemeinsame Forschung und Entwicklung	▶ Motivationsprobleme von Geschäftsbereichs-Managern bei einer »Quersubventionierung« von Tochtergesellschaften
▶ Hohe Finanzkraft durch Verfügbarkeit eines »internen« Kapitalmarktes	▶ Große Distanz zwischen der Holding und den Geschäftsbereichs-Managern
▶ Eindeutige Erfolgszurechnung auf die einzelnen Beteiligungsgesellschaften	▶ Kostensteigerungen bei den Einzelgesellschaften, z. B. durch Doppelarbeit

4.3.2.3 SGE-MANAGEMENT

Das SGE-Management besteht aus **strategischen Geschäftseinheiten** (SGE), die sich auf strategische Geschäftsfelder (SGF) beziehen *(Bea/Göbel)*. Sie sind Ausdruck von Produkt-Markt-Kombinationen, die in einzelne, voneinander unterscheidbare Organisationseinheiten zerlegt und von der Spartenorganisation abgeleitet werden.

Die strategischen Geschäftseinheiten sollen ihre Aufgaben effizient und eigenverantwortlich erledigen. Es empfiehlt sich, ihre Anzahl überschaubar und handhabbar zu halten. Sie befinden sich in Konkurrenz zu anderen Anbietern und richten sich an eine klar abgrenzbare Kundengruppe *(Bühner, Hinterhuber,Wittlage)*.

Kriterien zur Bildung strategischer Geschäftseinheiten sind (*Staehle*):

- Eigenständige Marktaufgabe
- Eindeutig indentifizierbare Konkurrenten
- Potenzial zur Erreichung eines relativen Wettbewerbsvorteils
- Eigenverantwortliche Entscheidungen über den Ressourceneinsatz
- Existenz ausreichender Kompetenz des Managements.

Beispiel:

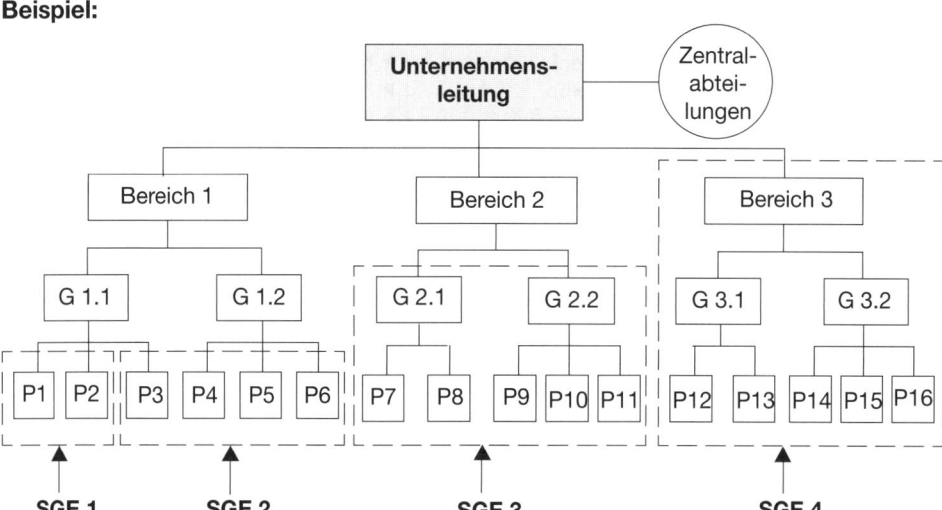

Vorteile und Nachteile des SGE-Managements sind *(Bleicher, Bühner, Vahs)*:

Vorteile	Nachteile
▶ Entlastung der Unternehmensleitung bei strategischen Fragestellungen	▶ Die SGE und die primären Organisationseinheiten sind nicht identisch
▶ Motivation durch Delegation von Produkt-Markt-Entscheidungen an SGE-Manager	▶ Es können dadurch Probleme bei der operativen Umsetzung der Geschäftsfeldstrategien auftreten
▶ Sicherstellung umfassender Strategieplanung durch verbesserte Zusammenarbeit von Zentralstab und SGE	▶ Vernachlässigung interner Beziehungen zwischen den einzelnen Segmenten
▶ Eigenständige Aufgaben der Strategischen Geschäftseinheiten	▶ Dominanz des Marketingbereichs bei der Formulierung von SGE-Strategien

4.3.2.4 Produktmanagement

Das Produktmanagement ist eine abgeleitete Organisationsform, durch welche die Anpassungsfähigkeit der Organisation an sich ändernde Märkte oder Marktsegmente verbessert und somit die Wettbewerbsposition und die Überlebensfähigkeit des Unternehmens gesichert werden soll *(Vahs)*.

Tragendes Element dieser Organisationsform ist der **Produktmanager**, der Produktspezialist und Funktionsgeneralist in einer Person ist. Seine Aufgaben sind z. B. *(Tietz)*:

- Entwicklung, Realisierung und Kontrolle produktspezifischer Marketingkonzepte
- Pflege des Produkt-Images innerhalb und außerhalb des Unternehmens
- Gewinnung und Aufbereitung aller Produktinformationen
- Erstellung produktspezifischer Umsatzpläne, Kostenpläne und Ergebnispläne
- Unterstützung der technischen Bereiche bei der Produktentwicklung
- Koordination von Aktivitäten der Fachabteilungen.

In der Praxis sind drei **Formen** des Produktmanagements anzutreffen:

- Das **Stabs-Produktmanagement**, bei dem der Produktmanager der Unternehmensleitung in Stabsfunktion zugeordnet ist. Er wird vor allem als Produktkoordinator tätig, hat aber keine Weisungsbefunisse gegenüber Fachabteilungen.

- Das **Linien-Produktmanagement**, bei dem der Produktmanager als Linienstelle innerhalb des Marketingsbereichs eingeordnet ist. Seine aufbauorganisatorische Stellung kann hier leiden, wenn der Marketingleiter einen starken Einfluss hat.

- Das **Matrix-Produktmanagement**, bei dem über eine vertikale, funktionale Gliederung eine horizontale, produktorientierte Organisationsstruktur gelegt wird. In den Schnittstellen der Matrix ergeben sich daraus Doppelunterstellungen.

Dem Produktmanager obliegen die Planung, Entscheidung und Koordination eines seinem Verantwortungsbereich übertragenen Erzeugnisses. Das folgende Beispiel zeigt, dass jede Linienstelle dem jeweiligen Funktionalvorgesetzten sowie dem betreffenden Produktmanager in Bezug auf die Erzeugnisse unterstellt ist:

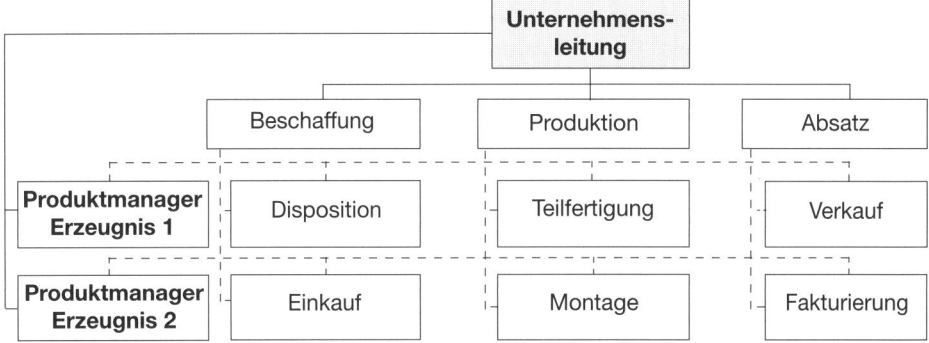

Für die Organisationseinheit »Disposition« bedeutet dies, dass der Aufgabenträger in Erzeugnisfragen dem Produktmanager und in Einkaufsfragen der Abteilung »Beschaffung« untersteht.

Das aus der Matrix abgeleitete Produktmanagement hat folgende Vorteile und Nachteile:

Vorteile	Nachteile
▸ Besondere Betreuung von Produkten ▸ Nutzung von Synergiepotenzialen ▸ Kombination der Fachkompetenz von Funktionsmanagern mit der Gesamtperspektive des Produktmanagers ▸ Markt- und Erzeugnismarktausrichtung ▸ Flexibilität und Reaktionsfähigkeit ▸ Koordination aller produktbezogenen Aktivitäten ▸ Spezialisierungsvorteile	▸ Konfliktgefahr durch Mehrfachunterstellung ▸ Prioritätsprobleme und persönliche Rivalitäten beim Einsatz mehrerer Produktmanager ▸ Lange Entscheidungsdauer durch zahlreiche Abstimmungsprozesse ▸ Schwierige Festlegung von Aufgaben, Befugnissen und Verantwortung zwischen Produktmanagern und Funktionsvorgesetzten

24 ⟩⟩ Seite 457

4.3.2.5 PROZESSMANAGEMENT

Das Prozessmanagement stellt eine abgeleitete Organisationsform dar, bei der **Prozessmanager** agieren, die für den effizienten Ablauf der jeweiligen Prozesse im Unternehmen zuständig und verantwortlich sind. Es wird auch **Prozess-Manager-Organisation** genannt.

Im Rahmen des **Business Reengineering** als fundamentalem Überdenken und radikalem Redesign von Unternehmen wurde die hohe Bedeutung der Geschäftsprozesse für den Erfolg des Unternehmens erkannt *(Hammer/Champy)*. Daraus entstand die Überlegung, die Organisation der Geschäftsprozesse durch Prozessmanager wirksam verfolgen zu lassen.

Unabhängig von der bestehenden Aufbauorganisation wurden deshalb Prozessmanager für wesentliche Geschäftsprozesse mit der aufgabenentsprechenden Zuständigkeit und Verantwortung eingesetzt. Deren **Zuordnung** erfolgte z. B. hinsichtlich der:

▸ Auftragsabwicklungsprozesse   ▸ Planungsprozesse   ▸ Dienstleistungsprozesse
▸ Rechnungswesenprozesse   ▸ Ausführungsprozesse   ▸ Materialprozesse
▸ Logistikprozesse   ▸ Kontrollprozesse   ▸ Controllingprozesse

Die bestehende Organisationsform wird durch die Regelungen oftmals nicht geändert, es erfolgt nur eine **Überlagerung** durch das Prozessmanagement.

Bei der Organisation des Prozessmanagements gibt es drei **Varianten**:

• Den **Prozessmanager mit voller Weisungsbefugnis**, also mit Längsverbindungen zu den zugeordneten Stellen. Sein Machtpotenzial ist umfassend. Er hat ein Alleinentscheidungsrecht, die Bereichsmanager lediglich ein Mitspracherecht.

- Den **Prozessmanager ohne Weisungsbefugnis**, der damit nur Querverbindungen zu den zugeordneten Stellen aufweist. Sein Machtpotenzial ist sehr begrenzt, weil die Bereichsmanager das Alleinentscheidungsrecht besitzen.

- Den **Prozessmanager mit begrenzter Weisungsbefugnis** und damit Diagonalverbindungen zu den zugeordneten Stellen. Das Machtpotenzial ist zwischen ihm und dem Bereichsmanager aufgeteilt:

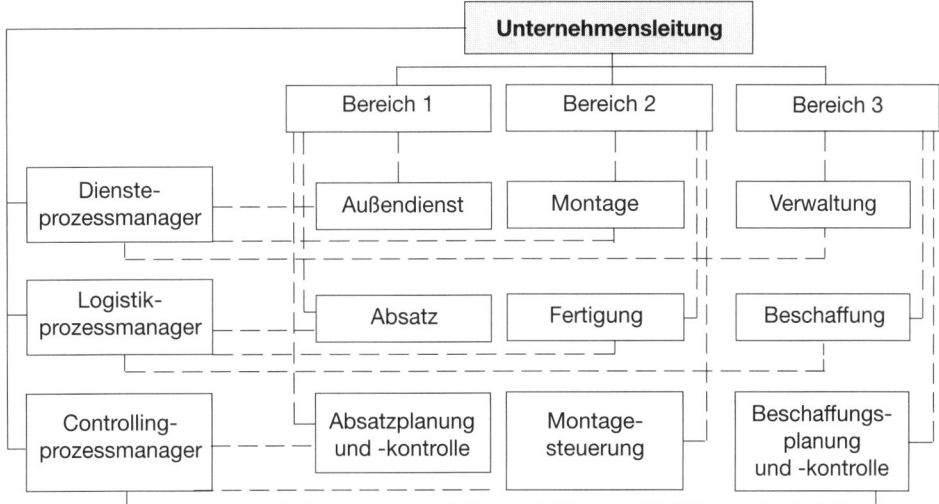

Das matrixorientierte Prozessmanagement kann wie folgt beurteilt werden:

Vorteile	Nachteile
▶ Besondere Betreuung der Prozesse als radikales Redesign ▶ Einsatz von Spezialisten für diese wichtige Aufgabe ▶ Nutzung von Synergiepotenzialen ▶ Kombination der Fachkompetenz des Prozessmanagers mit den Generalisten der Bereiche ▶ Flexibilität und Reaktionsfähigkeit ▶ Koordination der prozessbezogenen Aktivitäten	▶ Probleme durch Auftreten von Doppelunterstellungen ▶ Rivalitäten beim Einsatz mehrerer Prozessmanager ▶ Schwierigkeiten bei der Kompetenzabgrenzung zwischen den Prozessmanagern und den Bereichsmanagern ▶ Entscheidungskonflikte zwischen den Bereichsmanagern und den Prozessmanagern

4.3.2.6 KUNDENMANAGEMENT

Das Kundenmanagement ist eine abgeleitete Organisationsform, bei der die **Kundenmanager** die Nähe zum Kunden suchen, um ihm eine bestmögliche Zufriedenheit zu vermitteln. Kundennähe und Kundenzufriedenheit gelten heute als bedeutsame Erfolgsfaktoren von Unternehmen *(Vahs)*.

Weil die angestrebte Kundenorientierung durch die mitunter schwerfälligen Regelungen der **kundenorientierten Spartenorganisation** behindert wird, kommen verstärkt Kundenmanager zum Einsatz, die mehr auf die Bedürfnisse des einzelnen Kunden eingehen können. Damit wird insbesondere das Ziel verfolgt, den Bedarf des Kunden möglichst schnell, preiswert und flexibel zu befriedigen.

Der Kundenmanager ist ein Spezialist für die ihm zugeordneten Kunden, der folgende **Aufgaben** hat *(Meffert, Schulte-Zurhausen)*:

• Erarbeitung, Koordination, Kontrolle kundenspezifischer Marektingkonzepte
• Führung von Verhandlungen mit dem Kunden
• Permanente Kontaktpflege zum Kunden
• Individuelle Betreuung der Kunden bei Anfragen und Problemen.

Das Kundenmanagement kommt in verschiedenen **Formen** vor. Es gibt:

• Das **Stabs-Kundenmanagement**, bei dem der Kundenmanager der Unternehmensleitung bzw. dem Marketingleiter in Stabsfunktion zugeordnet ist. Durch die fehlende Entscheidungs- bzw. Weisungsbefugnis wird der Kundenmanager von dem Kunden möglicherweise aber nicht als vollwertiger Verhandlungspartner akzeptiert.

• Das **Linien-Kundenmanagement**, bei dem der Kundenmanager direkt in den Marketingbereich eingeordnet wird. Wenn er selbstständig entscheiden und autonom Abschlüsse tätigen kann, erscheint diese Lösung sinnvoll. Seine Identifikation leidet jedoch bei starkem Einfluss des Marketingleiters.

• Das **Matrix-Kundenmanagement**, bei dem der Kundenmanager begrenzte Weisungsbefugnisse z. B. gegenüber dem Außendienst hat, um die Wünsche der Kunden besser befriedigen zu können. Er hat darauf zu achten, dass das kundenbezogene Marketingkonzept in allein Bereichen wirksam umgesetzt wird.

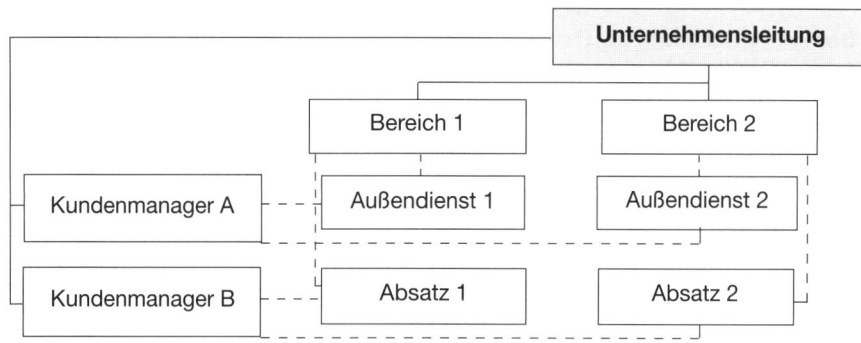

Das Matrix-Kundenmanagement weist Vorteile und Nachteile auf:

Vorteile	Nachteile
▶ Intensiver Kontakt zu abgegrenzten Kundengruppen ▶ Effizientes Agieren der Kundenmanager ▶ Autonomie der Kundenmanager ▶ Umsetzung des kundenbezogenen Marketingkonzeptes	▶ Probleme mit der Abgrenzbarkeit der Befugnisse ▶ Gefahr des »Eigenlebens« der Kundenmanager ▶ Konfliktgefahr durch Doppelunterstellungen

4.3.2.7 PROJEKTMANAGEMENT

Das Projektmanagement ist eine abgeleitete Organisationsform, bei welcher der Projekt-manager anspruchsvolle Projekte übertragen bekommt. Aus der Koppelung von Orga-nisationseinheiten und deren Informationswegen können folgende **Gestaltungsformen** der Projektorganisation entstehen – siehe ausführlich auch S. 310 ff. *(Burghardt, Heeg, Keßler/Winkelhofer,Olfert/Pischulti, Olfert)*:

- Die **Linien-Projektorganisation**, bei der vor allem funktional ausgerichtete Projekte in die Aufbauorganisation eingebunden werden. Der Projektleiter ist dem Leiter der Fach-abteilung direkt unterstellt. Seine aufbauorganisatorische Stellung wird der Bedeutung eines Projektes vielfach nicht gerecht, weil der jeweilige Fachabteilungsleiter über ei-nen starken Einfluss verfügt.

- Die **reine Projektorganisation**, bei der die Projektgruppe für die Projektdauer voll-ständig aus den Fachabteilungen herausgelöst und zeitlich befristet in die Aufbau-organisation integriert wird, was vor allem bei Großprojekten geschieht, die oft sehr umfangreich, zeitintensiv und strategisch bedeutend sind. Der Projektleiter hat die ge-samte **Weisungs- und Entscheidungsbefugnis**. Die Projektmitarbeiter sind ihm dis-ziplinarisch und fachlich unterstellt.

- Die **Stabs-Projektorganisation**, bei welcher der Einfluss des Projektleiters gering ist. Als Inhaber einer Stabsstelle, Stabsgruppe oder Stabsabteilung hat er über Querver-bindungen nur die Aufgabe der Koordination. Deshalb ist er eher ein Projektkoordinator, der gegenüber den Fachabteilungen **Informations- und Beratungsbefugnisse** hat.

- Die **Matrix-Projektorganisation**, bei der die Projektmitglieder, die für die Dauer des Projektes aus den Fachabteilungen teilweise herausgelöst werden, in disziplinarischen Fragen der Fachabteilung und in abgegrenzten Projektfragen dem Projektleiter unter-stehen. Die Fachabteilungsleitung und die Projektleitung sind gleichberechtigt und tra-gen gemeinsam die Projektverantwortung.

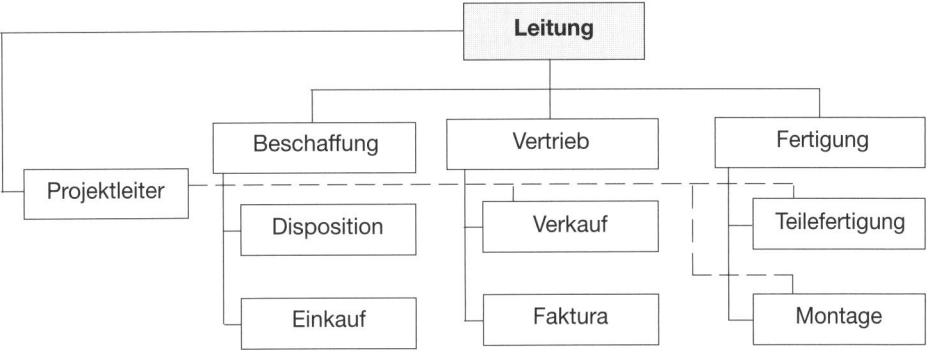

Die Matrix-Projektorganisation kann in folgender Weise beurteilt werden:

Vorteile	Nachteile
▶ Flexibler Personaleinsatz für Fachabteilungen und Projektleiter ▶ Fachabteilung und Projektleiter haben in ihrem Fachgebiet Einfluss auf die Gruppe ▶ Synergieeffekte sind hier eher möglich	▶ Hoher Aufwand für die Kompetenzabgrenzungen ▶ Konfliktpotenzial zwischen Fachabteilung und Projektleiter kann sich erhöhen ▶ Schwierige Abstimmung der Ergebnisse

25 ⟩⟩ Seite 458

5. AUFBAUEINFÜHRUNG

Die Einführung der Aufbauorganisation ist eine Bewährungsprobe für die Vorschläge der Organisationsabteilung. Sie sollte im Hinblick auf ihren Zeitraum wohl überlegt sein, denn neue Aufbausysteme bringen sowohl für die betroffenen Mitarbeiter als auch für das Unternehmen vielfältige Umstellungsprobleme mit sich. Diese können bei den Mitarbeitern zu **Widerständen** führen. Gründe sind z. B.:

- Die Furcht vor Neuerungen, z. B. negative Reaktionen von Betroffenen
- Beträchtliche persönliche Probleme, z. B. fehlende Akzeptanz des neuen Systems
- Gegebene persönliche Nachteile, z. B. durch Umzug in eine andere Region
- Das Sperren gegen Neuerungen, z. B. aus Zeitdruck oder wegen der Mehraufgaben
- Die Angst vor dem Versagen, z. B. nicht mit der Umstellung zurechtkommen
- Die Bequemlichkeit, z. B. Scheu vor dem Erwerb neuer Qualifikationen
- Informelle Einflüsse, z. B. Voreingenommenheit gegenüber dem Organisator
- Eine innere Kündigung, z. B. fehlende Arbeitsfreude, gestörtes Betriebsklima.

Die Einführung der Aufbauorganisation umfasst:

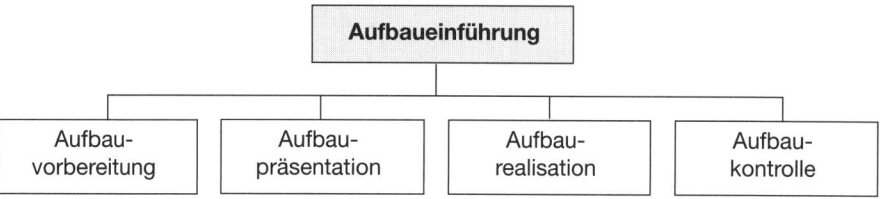

5.1 AUFBAUVORBEREITUNG

Nachdem die beschriebenen Organisationsarbeiten zur Gestaltung der neuen Aufbauorganisation abgeschlossen sind, bereitet der Organisator für die Unternehmensleitung einen **Abschlussbericht** vor, für den folgende Grundregeln gelten:

- Einfache Ausdrucksweise und klarer Schreibstil
- Vermeidung sprachlicher Schwerfälligkeiten
- Inhaltliche Aufbereitung zur leichten und schnellen Informationsaufnahme

Der Abschlussbericht soll vor allem enthalten:

- Die **einleuchtende Kritik** an der bisherigen Aufbauorganisation, wobei die wesentlichen Daten der Ist-Aufnahme und der Ist-Analyse übersichtlich zusammenzufassen sind. Bei der Beurteilung des bestehenden Aufbausystems ist auf eine ausgewogene und treffende Begründung der Nachteile des bisherigen Systems zu achten.

- Die **überzeugende Darstellung** der neuen Aufbauorganisation, die in einer knapp gefassten Darlegung der Einzelschritte besteht, die zum neuen System führen, z. B. dem Vorstellen der neuen Organisationsform durch Hervorhebung ihrer Vorteile und Grenzen sowie ihrer Unterschiede gegenüber dem alten Aufbausystem.

Damit die Unternehmensleitung als Auftraggeber der organisatorischen Veränderungen vom Sinn und Zweck der neuen Aufbauorganisation überzeugt wird und dem Anliegen zustimmt, sind die Fakten in geeigneter Weise zu präsentieren.

5.2 Aufbaupräsentation

Der Organisator präsentiert der Unternehmensleitung die Inhalte des vorbereiteten Abschlussberichtes. Um den Erfolg der Präsentation zu sichern, muss sie gut vorbereitet werden. Dabei sollten folgende **Präsentationsregeln** beachtet werden:

- Blickkontakt der Teilnehmer suchen, er verleiht der Präsentation Lebendigkeit
- Aufmerksamkeit erzeugen, denn damit wird das Interesse geweckt
- Wesentliches verdeutlichen, denn darauf legen die Teilnehmer Wert
- Informationen anschaulich aufbereiten, denn dann sind sie besser verständlich
- Lebens- und Praxisnähe einbringen, um praktisch zu überzeugen.

Bei der Präsentation der Aufbauorganisation ist zu achten auf:

- Das **Ziel** der Präsentation, das die Auswahl der Argumente bestimmt, z. B. durch Präsentieren der Vorteile der neuen Aufbauorganisation. Es wird vor allem auf die Ziele und Wünsche der Teilnehmer der Präsentation abgestimmt.

- Die **Teilnehmer** der Präsentation als voraussichtlich anwesende Personen, die analysiert werden sollten, z. B. nach Zusammensetzung, Entscheidungskompetenz, Einstellungen, Nutzen für die Teilnehmer.

- Den **Aufbau** der Präsentation, z. B. Begrüßung der Teilnehmer, Einstimmung auf die Problematik, überzeugende Kritik des bisherigen Systems, Darstellung des neuen Systems, Begründung seiner Vorteile und seines Nutzens, Abschluss.

- Die **Methoden** und **Techniken** der Präsentation, mit denen die Teilnehmer von der Effizienz der neuen Aufbauorganisation überzeugt werden sollen, z. B. durch einen packenden Vortrag mit entsprechendem Engagement des Organisators.

- Den **Zeitpunkt**, der zu bestimmen und den **Informationsort**, der festzulegen ist. Er wird im Regelfall innerhalb des Unternehmens in einen repräsentativen Raum gelegt. Dabei ist zu prüfen, ob die erforderlichen Visualisierungsmittel vorhanden sind.

Schließlich sind geeignete **Visualisierungsmittel** einzusetzen, z. B. *(Olfert)*:

▶ Beamer	▶ Overhead-	▶ Tonband
▶ Tafel	projektor	▶ Dias
▶ Flipchart	▶ Pinnwand	▶ Kurzfilm

Zum besseren Verständnis ist es ratsam, den Teilnehmern kurzgefasste Teile des Abschlussberichts am Ende der Präsentation als **Handout** zu übergeben. Gerade diese Informationen sind besonders sorgfältig vorzubereiten, weil sich diese Unterlagen noch nach Tagen als Diskussionsgegenstand anbieten können.

Der **Präsentationserfolg** hängt entscheidend von der persönlichen und sachlichen Überzeugungskraft des Organisators bzw. von seinem Auftreten, Engagement und seiner Qualifikation ab.

5.3 Aufbaurealisation

Wenn die Unternehmensleitung über die neue Aufbauorganisation positiv entschieden hat, müssen die Verantwortlichen dafür sorgen, dass sie realisiert und durchgesetzt wird. Indessen soll das neue System den Führungskräften und Mitarbeitern nicht aufgezwungen werden, sondern vielmehr ist für die neue Konzeption zu werben.

Dabei sind vor allem diejenigen Aufgabenträger vorrangig zu informieren, die direkt von den Veränderungen betroffen sind. Als **Informationsmittel** können dienen:

▶ Persönliche Kontakte	▶ Versenden von Rundschreiben
▶ Persönliche Briefe	▶ Informationen in der Werkszeitschrift
▶ Anschlag am Schwarzen Brett	▶ Schulungsmaßnahmen

Persönliche Kontakte sind vor allem dort zu pflegen, wo der Widerstand gegen das neue System am größten ist. Der Organisator hat dabei nicht nur seine fachlichen Qualifikationen auszuweisen, er bedarf oft auch psychologischer Fähigkeiten.

5.4 Aufbaukontrolle

Unter Aufbaukontrolle ist die Gewinnung von Informationen über die Aufbauorganisation zu verstehen. Sie kann einerseits begleitend zur gesamten Gestaltung des organisatorischen Aufbaus und andererseits nach Abschluss der Anlaufphase durch den Leiter der Organisationsabteilung, den Organisator oder ein Gremium erfolgen.

Die Aufbaukontrolle dient der **Prüfung**, ob die Vorgaben des Organisationsauftrages praktisch erreicht wurden. Sie bezieht sich auf den Vergleich:

• Der **Soll-Daten** der Aufbauorganisation, die sich im Rahmen der Aufbauplanung aus der Zielplanung und der Konzeptplanung ergeben.

- Der **Ist-Daten** der Aufbauorganisation, die aus der realisierten Organisation resultieren und den tatsächlichen organisatorischen Zustand wiedergeben.

Werden im Rahmen der Aufbaukontrolle **Differenzen** festgestellt, ist zu untersuchen, welche Gründe dafür vorliegen.

5.5 Aufbaudokumentation

Die Dokumentation der Aufbauorganisation ist die schriftliche Ordnung von Daten, welche die Aufbauorganisation betreffen. Mit ihr wird die Organisationsstruktur eines Unternehmens dargestellt. Dazu dienen als **Instrumente** (*Olfert, Rahn*):

- **Organisationshandbuch**

- **Organisationsplan**

- **Stellenbeschreibung**

- **Stellenbesetzungsplan**

- **Funktionendiagramm**.

Weitere Instrumente der Aufbaudokumentation, auf die hier jedoch nicht näher eingegangen wird, sind **Arbeitsplatzbeschreibungen**, **Kommunikationsnetzwerke**, **Kommunikationstabellen** und **Kommunikationsdiagramme**.

Die Dokumentation der Aufbauorganisation soll eindeutig und verständlich erfolgen. Sie ist ständig zu pflegen, d.h. veränderte Daten bzw. Änderungen in Teilbereichen und Maßnahmen der Reorganisation sind aktuell zu erfassen, was zweckmäßigerweise computergestützt erfolgen sollte.

5.5.1 Organisationshandbuch

Das Organisationshandbuch stellt eine gegliederte Zusammenfassung aller wesentlichen **Organisationsregelungen** eines Unternehmens dar (*Frese, Olfert/Pischulti, Schmidt*).

In der Praxis wird auch vom **Unternehmenshandbuch**, **Personalhandbuch** und **Datenverarbeitungshandbuch** gesprochen.

Seine Daten sollen den Mitarbeitern die organisatorischen Gegebenheiten zugänglich machen. Es dient der praktischen Unternehmensführung bzw. der Information der Mitarbeiter.

Wesentliche aufbaubezogene **Inhalte** des Organisationshandbuches können sein:

Darstellung des Unternehmens	Hier wird auf die Geschichte bzw. auf die wesentliche Entwicklung des Unternehmens und auf aktuelle Unternehmensziele eingegangen.
Darstellung der Aufbauorganisation	In übersichtlicher Weise werden Organisationsplan, Stellenbesetzungsplan und Stellenbeschreibungen offen gelegt bzw. es wird auf spezielle Kompetenzregelungen hingewiesen.
Darstellung übergreifender Informationen	Dabei werden z. B. Adressensammlung, Lageplan, gültige Geschäftsbedingungen, Kontenplan, Organisationsmittel und Kostenartenplan gezeigt.

Das Organisationshandbuch sollte in jedem Bereich bzw. jeder Gruppe des Unternehmens verfügbar sein. Es wird zweckmäßigerweise als **Loseblattsammlung** gestaltet, die ständig zu aktualisieren ist. Das erfordert einen permanenten Pflege- und Änderungsdienst, der heute meist mithilfe der EDV vorgenommen wird.

5.5.2 ORGANISATIONSPLAN

Der Organisationsplan bildet die Aufbauorganisation ab, also die Bereiche, Hauptabteilungen, Abteilungen, Gruppen und Stellen. Er wird auch als **Strukturbild**, **Organigramm** oder **Organisationsschaubild** bezeichnet.

Die wesentlichen **Inhalte** eines Organisationsplans, der allen Mitarbeitern zugänglich sein sollte, sind:

• Die hierarchische Ordnung der betrieblichen Organisationseinheiten
• Die Informationswege zwischen den Organisationseinheiten
• Das Organisationssystem des Unternehmens bzw. der Bereiche
• Die Organisationsform als Ausdruck der Organisationsstruktur.

Ein Organisationsplan kann folgende **Struktur** aufweisen:

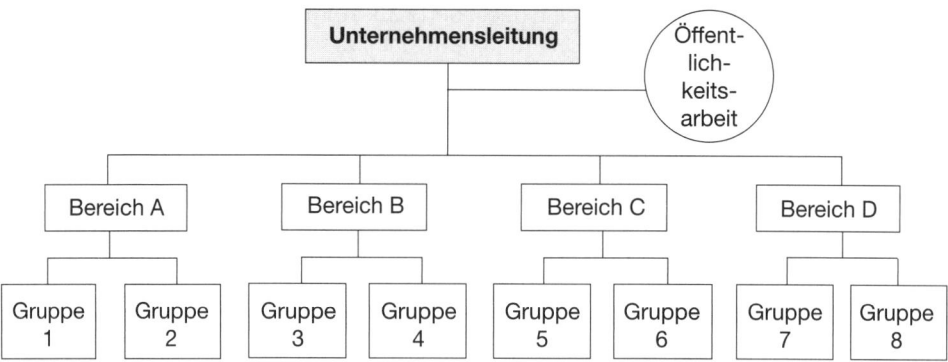

Die Eignung des Organisationsplanes ist wie folgt zu beurteilen:

Vorteile	Nachteile
▶ Hilfsmittel zur grafischen Darstellung des Soll- und Ist-Zustandes von Organisationsstrukturen ▶ Möglichkeit zur Veranschaulichung der Aufgabengliederung ▶ Möglichkeit zur Visualisierung der Kommunikationsbeziehungen zwischen den Organisationseinheiten	▶ Teilweise hoher Änderungsaufwand ▶ Förderung des »Besitzstanddenkens« der Mitarbeiter ▶ Tendenz zur Inflexibilität durch Festschreibung von Gegebenheiten ▶ Behinderung organisatorischer Weiterentwicklungen

5.5.3 STELLENBESCHREIBUNG

Die Stellenbeschreibung ist ein Mittel der Aufbaudokumentation, in dem alle wesentlichen Merkmale einer Stelle formularmäßig ausgewiesen werden *(Knebel/Schneider, Schwarz/Nicolai)*. Sie wird auch **Arbeitsplatzbeschreibung**, **Tätigkeitsbeschreibung** oder **Job description** genannt.

Als **Inhalte** der Stellenbeschreibung können unterschieden werden:

Stellenbezeichnung	Außer dem Namen der Stelle kann ein Nummernsystem verwendet werden.
Stelleneinordnung	Es sind die vorgesetzte Instanz, die untergebenen Stellen und die Abteilungszugehörigkeit zu ersehen.
Stellenaufgaben	Hier sind die einzelnen Sachaufgaben detailliert auszuweisen, soweit es sich um Daueraufgaben handelt.
Stellenbefugnisse	Das sind Kompetenzen des Stelleninhabers sowie z. B. Unterschriftsbefugnisse bzw. Befugnisse hinsichtlich der Arbeitsordnung.
Stellenverantwortung	Es ist auf die aufgabenbezogene Verantwortung des Stelleninhabers hinzuweisen, die sich mit den Befugnissen decken soll.
Stellenziele	Sie sind qualitativ und soweit wie möglich quantitativ festgelegt, um ihre Erreichung messen zu können.
Stellvertretungen	Es kann ausgewiesen werden, von welcher Stelle eine Vertretung erfolgt und welche Stelle vertreten wird.
Stellenanforderungen	Hier können die Einzelanforderungen an den Stelleninhaber definiert werden, z. B. Kenntnisse und Fertigkeiten, Erfahrungen.

Stellenbeschreibungen weisen folgende Vorteile und Nachteile auf:

Vorteile	Nachteile
▸ Unternehmensstruktur wird im Detail transparent ▸ Mitarbeiter kennen Aufgaben, Befugnisse und Verantwortung ▸ Leichtere Personalplanung durch klare Strukturen ▸ Mitarbeiterleistungen sind einfacher zu beurteilen ▸ Mitarbeiter kennen ihre Unterstellungsverhältnisse ▸ Ojektivierung der Lohn- und Gehaltsstruktur möglich	▸ Erhebliche Gestaltungskosten und aufwändiger Änderungsdienst ▸ Gefahr, dass Stellenbeschreibung und Ist-Zustand differieren ▸ Der Inhalt der Stellenbeschreibung wird als »Besitzstand« gesehen ▸ Verlust an Flexibilität durch Überorganisation

26 ⟩⟩ Seite 458

5.5.4 Stellenbesetzungsplan

Der Stellenbesetzungsplan ist ein Mittel der Aufbaudokumentation, mit dem die Stellenbesetzung ausgewiesen wird *(Jung, Olfert)*. Er lässt sich manuell oder durch EDV-Ausdruck der Stellen bzw. der Arbeitsplatzstammdatei erstellen und kann in zwei **Ausprägungsformen** vorkommen:

- In **einfacher Form** enthält er die Bezeichnungen der Stellen und die Namen der Stelleninhaber:

Stellenbezeichnung	Stelleninhaber
Abteilungsleitung Programmierung Systemprogrammierung Anwendungsprogrammierung Rechnungswesen	H. Müller H. Maier Fr. Mauser

- In **erweiterter Form** können zusätzliche Daten hinzukommen, z.B. Namen der Stellvertreter, Eintrittsdatum bzw. Dienstalter des Stelleninhabers:

Stufe	Stellenbezeichnung	Untergebene		Stellen- inhaber	Stellen- vertreter
		direkt	indirekt		
3	Leitung Organisation	6	72	Schneider	Schulze
4	Leitung Allgemeine Organisation	4	12	Schulze	Schmidt
4	Leitung Datenverarbeitung	5	54	Schnabel	Müller

Für die Planung des Personalbedarfes ist es wichtig, dass der Stellenbesetzungsplan aktuell ist, was einen entsprechenden Änderungsdienst notwendig macht.

5.5.5 Funktionendiagramm

Das Funktionendiagramm ist ein weiteres Dokumentationsmittel der Aufbauorganisation *(Wittlage)*. Es wird auch **Funktionsdiagramm**, **Aufgabenverteilungsplan**, **Funktionsmatrix** oder **Funktionsverteilungsplan** genannt.

Wird das Funktionendiagramm in Form einer **Matrix** dargestellt, dann enthält es:

- In den **Spalten** die Organisationseinheiten, welche die einzelnen Aufgaben zu erledigen haben.
- In den **Zeilen** die Einzelaufgaben, die jeweils von den Trägern der Organisationseinheiten zu verrichten sind.

	Stelle 1	Stelle 2	Stelle 3	Stelle 4	....	Stelle n
Aufgabe A	K	E	A			
Aufgabe B		K	X			
Aufgabe C	P		X			
Aufgabe D				X		
....						
Aufgabe N						

Symbole: A = Ausführung   P = Planung
E = Entscheidung   X = Gesamtfunktion
K = Kontrolle

Die Aufgaben und Stellen werden mit den **Befugnissen** verknüpft, die in Form von Symbolen im Schnittpunkt der Aufgaben und Stellen ausgewiesen werden.

Das Funktionendiagramm ermöglicht einen aktuellen Überblick über die Verteilung der Aufgaben und Befugnisse auf die Stellen des Unternehmens.

6. Aufbaucontrolling

Das Aufbaucontrolling ist den Aktivitäten der Organisationsabteilung übergelagert und zielt dabei auf die aufbauorganisatorische Effizienz ab. Es stellt den Koordinationsprozess der Planung, Kontrolle und Steuerung betrieblicher Aufbaustrukturen dar.

Außerdem versorgt das Aufbaucontrolling die an der Organisationsarbeit Beteiligten mit den notwendigen Informationen. Es dient dazu, die Aktivitäten des Organisationspersonals zielorientiert zu beeinflussen. Das Aufbaucontrolling kann z. B. von einem **Gesamtcontroller** wahrgenommen werden:

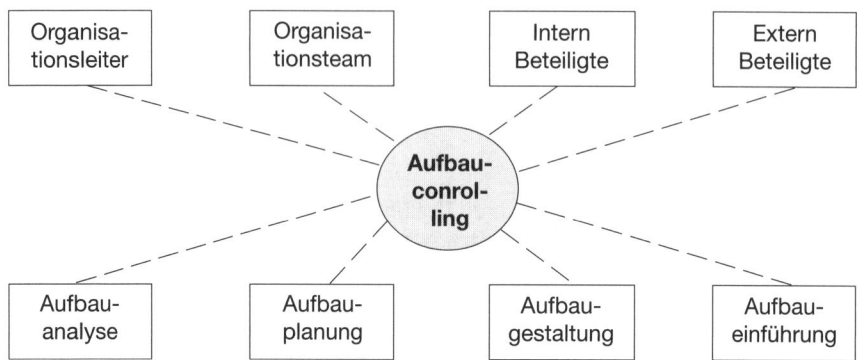

Das Aufbaucontrolling dient dazu, die Aktivitäten der Organisationsabteilung zielorientiert zu beeinflussen. Es geht über die reine Kontrolle der Aufbauorganisation hinaus. Zu betrachten sind:

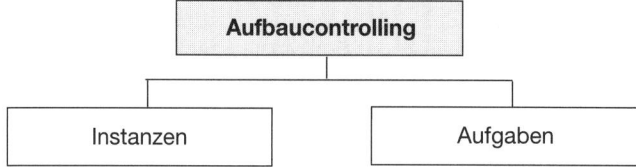

6.1 Instanzen

Controllinginstanzen sind Organisationseinheiten, welche die Organisationsabteilung bei der Wahrnehmung ihrer aufbaubezogenen Aufgaben unterstützen, sie aber auch kontrollieren.

Träger des Aufbaucontrolling kann die **Unternehmensleitung**, die das gesamte Organisationscontrolling selbst ausübt, der **Gesamtcontroller**, der außer dem Aufbaucontrolling noch andere Controllingaufgaben hat oder der **Organisationsausschuss** sein, der aus internen Experten besteht.

Das Aufbaucontrolling weist folgende **Vorteile** auf:

• Das Aufbaucontrolling hat Abstand zum Organisationsproblem
• Seine Mitarbeiter verfügen über Erfahrungen mit der Aufbauorganisation
• Die Mitarbeiter haben einen Gesamtüberblick und Spezialwissen.

Beim Einsatz eines Controllers ist eine kooperative Zusammenarbeit zwischen der Organisationsabteilung und ihm anzustreben.

6.2 AUFGABEN

Die wesentlichen Aufgaben des Aufbaucontrolling sind:

- Die **Aufbauplanung**, bei der vor allem die organisatorischen Ziele fixiert werden, die sich aus dem Zielbündel des Unternehmens ergeben und als Soll-Werte zu interpretieren sind, z. B. das Ziel der Erstellung eines funktionsfähigen Organigrammes mit fünf Unternehmensebenen.

- Die **Aufbaukontrolle**, bei der über die Kontrolle des organisatorischen Aufbaus durch die Organisationsabteilung hinaus eine Fremdkontrolle durch den Gesamtcontroller erfolgt. Dieses Vorgehen hat den Vorteil, dass Probleme nicht »unter den Tisch gekehrt«, sondern konkretisiert werden, z. B.:

  - ▸ Feststellung der Ist-Aufbaudaten
  - ▸ Ermittlung der Abweichungen zu den Soll-Aufbaudaten
  - ▸ Analyse der Soll-Ist-Abweichungen
  - ▸ Feststellung der Beeinflussbarkeit von Abweichungsursachen

- Die **Aufbausteuerung**, bei der Maßnahmen eingeleitet werden, wenn die Abweichungsursachen beeinflussbar sind. Ansonsten kommt gegebenenfalls eine Korrektur der Soll-Vorgaben in Betracht. Wesentlich ist, dass organisatorische Fehler im Aufbau frühzeitig erkannt und mit Gegenmaßnahmen beantwortet werden.

- Die **Informationsversorgung**, die aus der Weitergabe bzw. Mitteilung wesentlicher Daten über die Aufbauorganisation besteht, z. B. durch das Berichtswesen.

Das Aufbaucontrolling soll bei auftretenden Störungen und Problemen der Aufbauorganisation das Organisationspersonal aktiv unterstützen und auf die vorgegebenen Ziele im Kostenrahmen unter Einhaltung der Terminvorgaben hinwirken.

27 ⟩⟩ Seite 458

KONTROLLFRAGEN	bear-beitet	Lösungs-hinweise	Lösung +	-
01 Unter welchen zwei Aspekten kann die Aufbauorganisation gesehen werden?		103		
02 In welchen Phasen läuft die Aufbauanalyse ab?		103		
03 Was ist unter einer Ist-Aufnahme zu verstehen?		104		
04 Welche Aufnahmetechniken können eingesetzt werden?		104		
05 Mit welchen Problemen kann eine Ist-Aufnahme verbunden sein?		104		
06 Welche Grundregeln zur Zeiteinteilung sollte der Aufbauorganisator beachten?		104		
07 Welches Hilfsmittel hat sich im Rahmen der Ist-Kritik bewährt?		105		
08 Wie sollte die Kritik am Ist-Zustand erfolgen?		105		
09 Was versteht man unter organisatorischer Aufbauplanung?		105		
10 Welches sind wesentliche Ziele der Aufbauorganisation?		105 f.		
11 Welche Anforderungen werden im Rahmen der Konzeptplanung definiert?		106		
12 Worin sind die Gestaltungsprinzipien bei der Konzeptplanung zu sehen?		106		
13 Welche Maßnahmen umfasst die Aufbaugestaltung?		107		
14 Aus welchen wesentlichen Teilen besteht die Stellenbildung?		107		
15 Wovon ist die Tiefe der Aufgabenanalyse abhängig?		108		
16 In welchen Schritten ist bei einer umfassenden Aufgabenanalyse vorzugehen?		108		
17 Wonach werden die Aufgaben bei der Verrichtungsanalyse gegliedert?		108		
18 Wie läuft die Objektanalyse ab?		109		
19 Was ist unter einer Ranganalyse zu verstehen?		109		
20 Schildern Sie das Vorgehen bei der Phasenanalyse!		109 f.		
21 Wie ist die Zweckanalyse aufgebaut?		110		
22 Welche Vorschläge hat die Organisationspraxis zur Aufgabenanalyse?		111		
23 Wie wird die Aufgabensynthese abgewickelt?		111		
24 Welche Organisationsprinzipien sind bei der Aufgabenkombination zu beachten?		112		
25 Zählen Sie auf, welche Aufbaufestlegungen zu treffen sind!		112 f.		
26 Geben Sie einen Überblick über die wichtigsten Organisationseinheiten!		113		
27 Was verstehen Sie unter einer Instanz?		114		
28 An welchen Kriterien sollte sich die Instanzenbildung ausrichten?		114		
29 Worin unterscheiden sich Singular- und Pluralinstanzen?		114		
30 Welche Leitungsebenen können unterschieden werden?		114		
31 Stellen Sie die Managementpyramide dar!		114		
32 Welche Aufgaben können Ausführungsstellen haben?		115		

33	Erläutern Sie das Wesen von Stäben!	115		
34	Was sind typische Stabsabteilungen?	115		
35	Aus welchen Gründen werden Stäbe eingerichtet?	115		
36	Welche typischen Merkmale haben Assistenzen?	115		
37	Welche Gründe für die Einrichtung einer Leitungsgruppe gibt es?	116		
38	Durch welche Merkmale sind die Projektgruppe und das Kollegium ge-kennzeichnet?	116 f.		
39	Welche Arten betrieblicher Ausschüsse gibt es?	117		
40	Was versteht man unter Zentralisation?	118		
41	Nach welchen Kriterien ist die Zentralisation möglich?	118		
42	Welche Vorteile bzw. Problemfelder hat die Zentralisation?	118		
43	Welche Formen der Dezentralisation lassen sich nennen?	119		
44	Worin liegen die Vorteile und Nachteile der Dezentralisation?	119		
45	Beschreiben Sie Vollzeittätigkeiten und Teilzeittätigkeiten!	120		
46	Welche aufgabenbezogenen Tätigkeitsarten sind zu unterscheiden?	120		
47	Was versteht man unter einem Aufgabenträger?	120		
48	Zählen Sie Beispiele zur Bezeichnung von Aufgabenträgern auf!	121		
49	Erläutern Sie das Muster eines Anforderungsprofils für einen Aufgaben-träger!	122		
50	Was versteht man unter dem Kongruenzprinzip der Aufbauorganisation?	122		
51	Zeigen Sie, was unter einer Aufgabe zu verstehen ist!	122		
52	Was ist mit der personenbezogenen bzw. sachbezogenen Kompetenz ge-meint?	123		
53	Welche Arten von Kompetenzen hinsichtlich ihrer Inhalte gibt es?	123		
54	Grenzen Sie Platzhalterschaft von echter Stellvertretung ab!	123 f.		
55	Erläutern Sie verschiedene Arten der Verantwortung von Aufgabenträgern!	124		
56	Welchem Zweck dienen Informationswege zwischen Organisationsein-heiten?	125		
57	Was sind Längsinformationswege?	125		
58	Wie sind sie zu beurteilen?	125		
59	Wodurch zeichnen sich Querinformationswege aus?	125 f.		
60	Nennen Sie Ihre Vorteile und Nachteile von Querinformationswegen!	126		
61	Erläutern Sie Wesen, Vorteile und Nachteile der Diagonalinformationswe-ge!	126		
62	Wodurch sind Richtlinieninformationswege gekennzeichnet?	127		
63	Welche Vorteile und Nachteile haben Außeninformationswege?	127		
64	In welcher Art und Weise gestaltet sich die organisatorische Gruppen-bildung?	129		

97	Erläutern Sie das Wesen der Spartenorganisation!	149		
98	Welche Formen der Spartenorganisation sind zu unterscheiden?	149		
99	Worin sind die Vorteile und Nachteile der Produktorganisation zu sehen?	150		
100	Erklären Sie Wesen, Vor- und Nachteile der Regionalorganisation!	150 f.		
101	Was ist unter der Kundenorganisation zu verstehen?	151		
102	Wie ist die Kundenorganisation zu beurteilen?	152		
103	Beschreiben Sie, wie die Matrixorganisation grundsätzlich aufgebaut ist!	152 f.		
104	Wie ist die Eignung der Matrixorganisation einzuschätzen?	153		
105	Beschreiben Sie das Wesen einer Tensororganisation!	154 f.		
106	Beurteilen Sie die Eignung der Tensororganisation!	155		
107	Welche abgeleiteten Organisationsformen lassen sich unterscheiden?	155		
108	Aus welcher Grundform ist die Center Organisation abgeleitet?	156		
109	Welche Arten der Center-Organisation gibt es?	156		
110	Was versteht man unter einer Management-Holding und Finanz-Holding!	157		
111	Wie ist die Holding-Organisation zu beurteilen?	157		
112	Nennen Sie Kriterien zur Bildung von SGEs!	158		
113	Welche Formen des Produktmanagements sind in der Praxis anzutreffen?	159		
114	Welche Vorteile und Nachteile hat das aus der Matrixorganisation abgeleitete Produktmanagement?	160		
115	Erläutern Sie das Wesen des Prozessmanagements!	160		
116	Welche Varianten des Prozessmanagements gibt es?	160 f.		
117	Beurteilen Sie das matrixorientierte Prozessmanagement!	161		
118	Erklären Sie das Wesen des Kundenmanagements!	161 f.		
119	Welche Aufgaben fallen dem Kundenmanager zu?	162		
120	Beschreiben Sie die Formen des Kundenmanagements!	162		
121	Beurteilen Sie das Matrix-Kundenmanagement!	162		
122	Erläutern Sie Wesen und Arten des Projektmanagements!	163		
123	Mit welchen Widerständen muss der Organisator bei der Aufbaueinführung rechnen?	164		
124	Welche Informationen enthält der Abschlussbericht bei der Aufbauvorbereitung?	165		
125	Wie kann die Aufbauorganisation überzeugend präsentiert werden?	165		
126	Welche Visualisierungsmittel sind bei einer Präsentation einsetzbar?	166		
127	Erklären Sie, was im Rahmen der Aufbaukontrolle geschieht!	166 f.		

128	Zählen Sie Instrumente der Aufbaudokumentation auf!		167		
129	Welche aufbaubezogenen Inhalte kann ein Organisationshandbuch haben?		167 f.		
130	Erläutern Sie Wesen und Inhalt eines Organisationsplans!		168		
131	Worin sind die Vorteile und Nachteile des Organisationsplanes zu sehen?		169		
132	Aus welchen Inhalten besteht eine Stellenbeschreibung?		169		
133	Welche Vorteile und Nachteile haben Stellenbeschreibungen?		170		
134	Worin unterscheiden sich einfache und erweiterte Stellenbesetzungspläne?		170		
135	Wie ist ein Funktionendiagramm aufgebaut?		171		
136	Wozu dient das Funktionendiagramm?		171		
137	Was versteht man unter Aufbaucontrolling?		171		
138	Welche Instanzen können das Aufbaucontrolling wahrnehmen?		172		
139	Wie beurteilen Sie das Aufbaucontrolling?		172		
140	Erläutern Sie wesentliche Aufgaben des Aufbaucontrolling!		173		

D. Prozessorganisation

Die Prozessorganisation strukturiert den Arbeitsprozess. Sie ist die wirksame Gestaltung des dynamischen Beziehungszusammenhanges eines soziotechnischen Systems.

In der Vergangenheit wurde die Prozessorganisation als **Ablauforganisation** bezeichnet. Das geschieht auch heute teilweise noch. Im Hinblick auf die Gestaltung dynamischer Beziehungszusammenhänge setzt sich aber immer mehr durch, von der Prozessorganisation zu sprechen *(Gaitanides)*.

Die Prozessorganisation wird von Organisatoren vorgenommen, z. B. von Mitarbeitern der Organisationsabteilung oder externen Organisationsexperten. Sie hat folgende grundlegende **Struktur**:

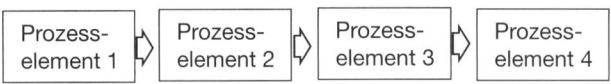

Um Prozesse für die organisatorische Arbeit abzugrenzen, ist es nötig, den Beginn und das Ende des Pozesses zu definieren, der schließlich in mehreren **Phasen** verläuft. Prozesse werden unterschiedlich abgegrenzt, wie die folgende Darstellung zeigt:

Bettermann Richter	Heinrich	Honeywell Bull	IBM	Müller-Pleuss	Nordsieck	Siemens	Wedekind
Grobuntersuchung	Systemanalyse	Grundlagenanalyse Funktionsanalyse	Systemanalyse	Istaufnahme Istkritik	Istaufnahme Analyse der Istaufnahme	Systemanalyse	Istanalyse
Rahmenvorschlag Detailentwicklung	Systementwicklung	Systemmodell Arbeitssystem	Systementwurf Programmierung	Sollvorschlag	Richt- oder Idealplan Sollplanung	Systementwurf	Zielsetzung Sollkonzept Durchführbarkeitsstudie Systementwurf
Einführung Durchführung	Systemeinführung	Systemumstellung	Umstellungsvorbereitung	Durchführung Kontrolle	Einführung	Systemimplementierung Systembetrieb	Systemimplementierung Systembetrieb

Grundsätzlich entsprechen sich die **Gestaltungsaufgaben** der Prozessorganisation und der Ablauforganisation. Sie sind auf die Abläufe bzw. Prozesse im Unternehmen gerichtet, die als synonyme Begriffe angesehen und im Folgenden auch in dieser Weise verwendet werden.

Die Prozessorganisation und die Aufbauorganisation stehen in unterschiedlicher Beziehung zueinander:

- Bei der **Neuorganisation** schließt sich die Gestaltung der Prozessorganisation vielfach der Festlegung der Aufbauorganisation an, die Ausgangspunkt ist.

- Bei der **Reorganisation** bietet es sich oft an, zunächst die Prozessorganisation zu gestalten, um dann die Aufbauorganisation festzulegen.

Die Aufbauorganisation und die Prozessorganisation stehen in enger Abhängigkeit zueinander und beeinflussen sich gegenseitig. Das bedeutet, dass Veränderungen in der Prozessorganisation grundsätzlich auch zu Veränderungen bei der Aufbauorganisation führen können und umgekehrt.

Die Prozessorganisation ist eng mit dem Begriff des **Business Reengineering** verbunden, worunter ein fundamentales Überdenken und radikales Redesign von Unternehmen und von Kernprozessen *(Hammer/Champy, Derszteler)* zu verstehen ist.

Durch die hohe wirtschaftliche Dynamik und den erheblich steigenden Wettbewerbsdruck sind die Führungskräfte gezwungen, sich verstärkt mit den **Arbeitsprozessen** auseinander zu setzen und betriebliche Strukturen anzupassen.

Die Prozessorganisation erfolgt nach dem Vorliegen eines **Organisationsauftrages** durch die Unternehmensleitung bzw. die Bereichsleitung an die Organisationsabteilung. Sie weist folgende Elemente auf:

Prozessorganisation	Prozessanalyse
	Prozessplanung
	Prozessgestaltung
	Prozessstruktur
	Prozesseinführung
	Prozesscontrolling

Während die Aufbauorganisation die Aufgaben nach den Kriterien **Verrichtung** (»was«) und **Objekt** (»woran«) festlegt, werden sie in der Prozessorganisation darüber hinaus nach den Merkmalen **Raum** (»wo«) und **Zeit** (»wann«) gestaltet. Auf diese Weise erfolgt die Festlegung des betrieblichen Ablaufgeschehens.

Bei einer Gestaltung der Prozesse unter Einsatz der Elektronischen Datenverarbeitung wird auch von **EDV-Organisation** oder **DV-Organisation** gesprochen.

Der **Ablauf** der Prozessorganisation ergibt sich aus folgendem Schema:

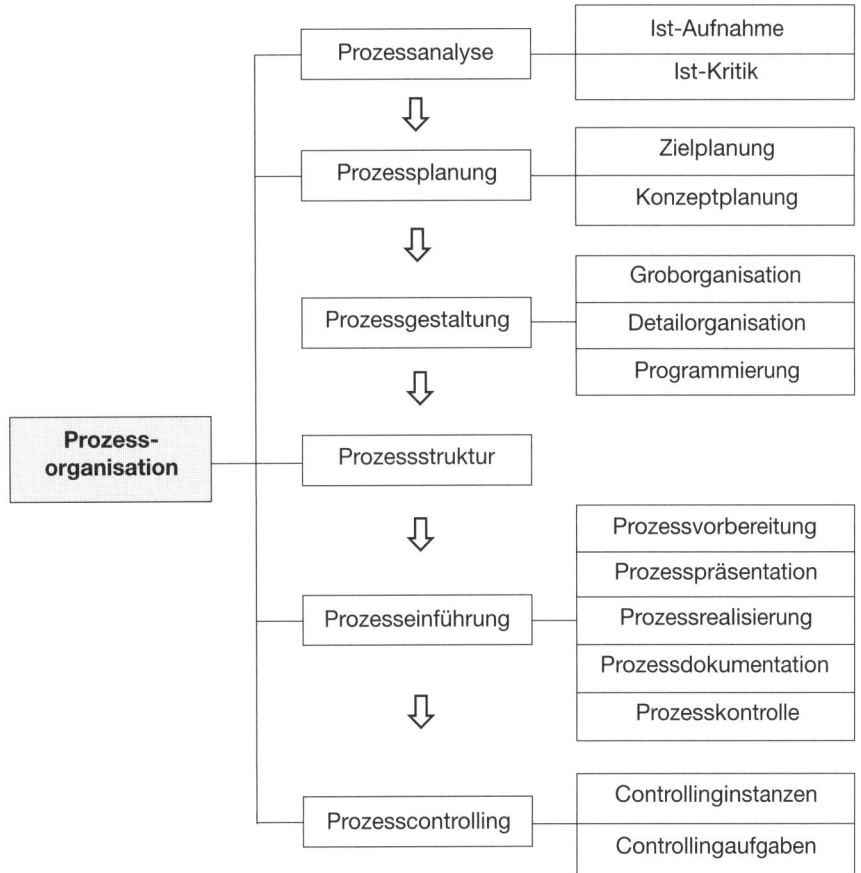

Die zielgerichtete Konkretisierung des **Organisationsauftrages** stellt die Grundlage für die organisatorische Prozessplanung, Prozessrealisierung und Prozesskontrolle dar. Das Prozesscontrolling ist dem gesamten Prozess übergelagert und zielt auf die organisatorische Effizienz ab.

Die Prozessorganisation ist aber keine lineare Abfolge der ausgewiesenen Phasen. Vielmehr überlappen sich verschiedene Phasenabschnitte und sind durch Rückkopplungen untereinander vernetzt *(Heinrich)*.

1. PROZESSANALYSE

Die Prozessanalyse ist ein Verfahren zur **Ermittlung** und kritischen **Beurteilung des Ist-Zustandes** von dynamischen Systemen. Sie dient der Gestaltung der Prozessorganisation und bezieht sich auf die bestehende Ablaufstruktur. Wird die Aufbauanalyse einbezogen, kann sie auch als **Systemanalyse** bezeichnet werden *(Heinrich, Krallmann)*.

Wesentliche **Ursachen** für eine Prozessanalyse sind z. B. Mängel in bestehenden Abläufen, die Einführung neuer Verfahrenstechniken, Veränderungen im organisatorischen Aufbau, Verkürzungen von Arbeitsabläufen und zu lange Durchlaufzeiten *(Birker)*.

Die Prozessanalyse liefert die Voraussetzungen, um Potenziale für organisatorische Verbesserungen und erforderliche Veränderungen zu erkennen. Sie besteht aus:

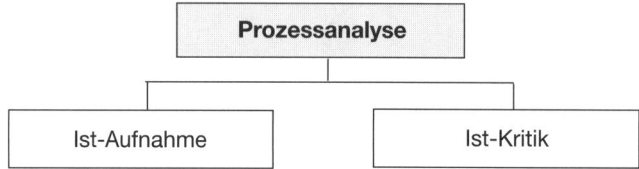

1.1 Ist-Aufnahme

Die Ist-Aufnahme stellt eine Ermittlung des Ist-Zustandes der Prozessorganisation dar. Mit ihr lassen sich Informationen über den gegebenen Arbeitsablauf gewinnen. **Gründe** für die Erfassung von Prozessdaten können sein:

* Die bisher gültigen Prozessregelungen sind verbesserungsbedürftig
* Die Dokumentation des gegebenen Ist-Zustands ist unvollständig
* Die Prozessorganisation ist nicht auf dem aktuellen Stand.

Die Ist-Aufnahme erfolgt durch den Organisator oder durch externe Fachleute, z. B. Organisationsberater. Die **Daten der betrieblichen Prozesse** lassen sich dabei mithilfe folgender Organisationstechniken erfassen – siehe ausführlich S. 68 ff.:

▶ Interview	▶ Multimomentaufnahme	▶ Experiment
▶ Fragebogen	▶ Selbstaufschreibung	▶ Beobachtung
▶ Konferenz	▶ Dokumentenauswertung	

Darüber hinaus sollten nach Möglichkeit auch **externe Prozessdaten** gesammelt werden, die Vergleiche ermöglichen, z. B. über Durchlaufzeiten der Fertigung bei anderen Unternehmen und/oder im Branchendurchschnitt.

Im Hinblick auf die Ist-Aufnahme sind zu betrachten:

* **Aufnahmequellen**

* **Aufnahmeinhalte**

* **Aufnahmeprobleme**.

1.1.1 AUFNAHMEQUELLEN

Zu Erlangung von Daten über den Ist-Zustand kann der Organisator verschiedene Aufnahmequellen erschließen:

- Die **Führungskräfte** und **Mitarbeiter** aus einzelnen Instanzen-Ebenen, die befragt werden können, um auf diese Weise unterschiedliche Informationen zur gleichen Problemstellung zu gewinnen, z. B.:

Unternehmensleitung	Sie kann Informationen z. B. über strategische Prozessziele, strategische Planungen, Entwicklungsbeurteilungen, Prozessanforderungen und generelle Probleme liefern.
Bereichsleitung	Sie verfügt über Daten bezüglich der taktischen Prozessplanung, z. B. des Informationsflusses, der Prozessforderungen, Prozessgegebenheiten, Prozesserfahrungen.
Gruppenleitung	Sie hat Daten zur operativen Planung, z. B. zu sozialen und wirtschaftlichen Gruppenprozessen sowie prozessbezogenen Fehlern an der Basis.
Ausführende Mitarbeiter	Sie können z. B. als Sachbearbeiter oder Arbeiter nützliche Informationen über die Prozesse auf der unteren Unternehmensebene geben, die auf Ablaufprobleme hinweisen.

- Die **Prozessdokumente**, die vollständig gesammelt werden sollten, damit keine wesentlichen Informationen bei der Ist-Aufnahme verloren gehen, z.B. als:

Aufbaudarstellungen	Bei ihnen geht es z. B. um Organisationspläne, Stellenbeschreibungen, Funktionendiagramme, die zur Prozessgestaltung benötigt werden.
Prozessdarstellungen	Dazu zählen z. B. Datenflusspläne und Ablaufpläne, die ereignisgesteuerte Prozesskettendiagramme sind – siehe Seite 218 ff.
Vorgaben	Hier sind z. B. prozessbezogene Organisationsrichtlinien, Arbeitsanweisungen und Organisationshandbücher zu berücksichtigen.
Frühere Daten	Dabei handelt es sich um frühere Ist-Aufnahme-Daten, z. B. vorliegende Ergebnisse von Organisatoren über betriebliche Prozesse.
Sonstige Informationen	Das sind z. B. Bildschirmmasken, Druckbilder, Datei- und Satzbeschreibungen, Nummernverzeichnisse.

- Die **Arbeitsmittel**, die bei der täglichen Arbeit des Organisators benötigt werden. Das können z. B. sein:

▶ Formulare	▶ Karteien	▶ Flusspläne
▶ Korrespondenz	▶ Abrechnungen	▶ Ausfüllanleitungen
▶ Anweisungen	▶ Nomogramme	

1.1.2 AUFNAHMEINHALTE

Bei der Ist-Aufnahme sind die Prozessinhalte sorgsam, gründlich und möglichst lückenlos zu erfassen. Sie können grundsätzlich relativ einfach durch gezielte Fragen ermittelt
werden. Die wesentlichen Fragen zur **Inhaltsbestimmung** sind:

Fragewort	Fragegegenstand	Beispiel: Rechnungsschreibung
Was?	Objekt	Rechnung
Wie?	Verrichtung	Schreiben
Wer?	Subjekt	Fakturistin
Womit?	Sachmittel	Personalcomputer
Wo?	Ort	Bau 3, Zimmer 21
Wie viele?	Menge	30 Stück am Tag
Wann?	Zeitpunkt	Ab 13:00 Uhr
Wie lange?	Zeitdauer	4 Stunden
Wie oft?	Häufigkeit	Täglich
Wie teuer?	Kosten	3.000 € im Monat
Warum?	Ursache	Warenlieferung
Wozu?	Zweck	Zahlungserlangung

28 > Seite 459

Die **Inhalte** von prozessorganisatorischen Ist-Aufnahmen sind:

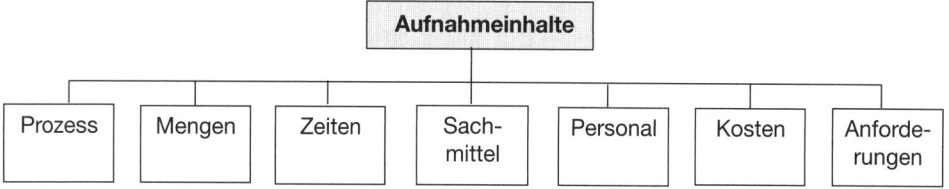

1.1.2.1 PROZESS

Der Organisator hat die Sachinhalte betrieblicher Prozesse vollständig aufzunehmen.
Dazu ist es erforderlich, dass er sich befasst mit:

- Den **Arbeitsgängen**, bei denen zu ermitteln ist, aus welchen Arbeitsgängen sich der
  Arbeitsprozess zusammensetzt und welche Aufgaben jeder Arbeitsgang einschließt.

- Der **Reihenfolge**, die festzustellen ist, denn die Arbeitsgänge werden üblicherweise in
  einem bestimmten Ablauf durchgeführt.

- Den **Arbeitsträgern**, welche die Arbeitsgänge an einem oder mehreren Arbeitsplätzen
  ausführen. Für jeden Arbeitsgang sind die zugehörigen Arbeitsplätze und deren Arbeitsträger zu ermitteln.

- Der **Eingabe** von Daten, da jeder Arbeitsgang üblicherweise durch eine bestimmte
  Eingabe von Informationen oder das Eintreffen einer Bedingung ausgelöst wird, die
  erfasst werden muss.

- Der **Verarbeitung**, denn jeder Arbeitsgang beinhaltet einen bestimmten Arbeitsauftrag, der durch Aufgabenelemente, Arbeitsschritte, Arbeitsverfahren und Entscheidungsregeln beschrieben werden kann.

- Der **Speicherung** von Daten, wobei geprüft werden muss, ob bei einem Arbeitsgang bereits gespeicherte Informationen benutzt werden oder eine Speicherung erst erfolgt. Es ist zu ermitteln, welcher Art die gespeicherten Informationen und deren Speicher sind, z. B. als Karteien, Dateien, Listen und Vorgangsakten.

- Der **Ausgabe** von Daten, denn ein zweckgerechter Arbeitsgang muss zu einem Ergebnis in Form einer Ausgabe führen, das entweder an den nachfolgenden Arbeitsgang weitergegeben oder gespeichert werden kann.

1.1.2.2 MENGEN

Um den Ablauf auch quantitativ aufzunehmen, sind die Mengen festzustellen, die bearbeitet werden. Dazu ist es notwendig, für jeden Arbeitsgang **repräsentative Bezugsgrößen** zu ermitteln, die z. B. bei einer Fakturenstelle die Rechnungen, Rechnungsseiten, Rechnungspositionen, Rechnungszeilen und Rechnungsstellen sein können. Sie sind auf eine Zeiteinheit zu beziehen, z. B. Monat, Tag, Stunde.

Die Ermittlung der Mengen hat zwei wesentliche **Inhalte**:

- **Aktuelle Mengen**, die zum Zeitpunkt der Ist-Aufnahme gegeben sind.

- **Zukünftige Mengen**, die für ihre voraussichtliche Einsatzdauer bestimmt werden. Das kann mithilfe verschiedener Techniken erfolgen, z. B. Trendrechnung, Korrelationsrechnung oder als Ableitung aus Planwerten.

Die Mengenermittlung darf sich nicht auf einen einzelnen Stichtag beziehen. Stattdessen ist es erforderlich, **Mittelwerte** über einen längeren Zeitraum festzustellen. Besondere Beachtung muss dabei saisonalen Schwankungen von Mengen geschenkt werden.

Oftmals genügt es nicht, nur einen Mittelwert zu ermitteln. Die **Schwankungsbreiten** von Mengen können für die Organisation schließlich eine wesentliche Bedeutung haben. Insofern sollten z. B. festgestellt werden:

- Maximale Menge je Zeiteinheit
- Mittelwert über einen längeren Zeitraum
- Minimale Menge je Zeiteinheit.

Für die Ermittlung von Mengen liegen häufig schriftliche Unterlagen vor.

1.1.2.3 ZEITEN

Die Ermittlung der Zeiten bei einem Arbeitsablauf schließt für den Organisator mehrere **Aufgaben** ein. So kann sich die Feststellung beziehen auf:

- Arbeitszeit jedes Arbeitsganges
- Durchlaufzeit des Arbeitsprozesses
- Zeitpunkt der Arbeitsdurchführung
- Frequenz oder Häufigkeit der Arbeitsdurchführung.

Die einzelnen Teile der Zeitaufnahme sind voneinander abhängig, z. B. beeinflusst die Art der Arbeitsdurchführung die Arbeitszeit, je nachdem ob ständig oder mit Unterbrechungen gearbeitet wird.

Bei der Ist-Aufnahme gibt es unterschiedliche **Arten** von Zeiten:

- Die **Arbeitszeit**, welche die Spanne vom Beginn bis zum Ende einer Arbeit ohne Ruhepausen darstellt. Sie ist für jeden Arbeitsgang zu ermitteln. Die Summe der Arbeitszeiten aller Arbeitsgänge eines Arbeitsablaufes ergibt die Gesamtarbeitszeit.

- Die **Durchlaufzeit**, die sich aus der Differenz zwischen End- und Starttermin einer Arbeitsdurchführung bei einem Arbeitsablauf ergibt. Sie ist die Summe von Arbeitszeiten, Transportzeiten und Liegezeiten.

- Die **Zeitpunkte** der Arbeitsdurchführung, wobei zu unterscheiden sind:

Kontinuierliche Arbeitsdurchführung	Sie bedeutet, dass eine andauernde Belastung der Arbeitskraft während der ganzen Arbeitszeit gegeben ist. Die Arbeitsdurchführung wird auch als **ständige Durchführung** bezeichnet.
Diskontinuierliche Arbeitsdurchführung	Sie beinhaltet eine immer wieder aufgenommene Bearbeitung und erfolgt nur dann, wenn ein Ereignis sie auslöst, z. B. wenn eine Information eintrifft oder eine festgelegte Uhrzeit eintritt und wird auch **unterbrochene Durchführung** genannt.

- Die **Häufigkeit**, die sich bei einer regelmäßig diskontinuierlichen Arbeitsdurchführung aus den Durchführungszeitpunkten ergibt und täglich, wöchentlich, dekadisch, monatlich, vierteljährlich oder jährlich sein kann.

Wird dagegen eine diskontinuierliche Arbeitsdurchführung unregelmäßig vorgenommen, kann nur deren durchschnittliche Häufigkeit ermittelt werden.

1.1.2.4 SACHMITTEL

Die Aufnahme eines Arbeitsablaufes schließt auch die Feststellung der in diesem Arbeitsablauf eingesetzten Sachmittel ein. Dabei verzichtet der Organisator auf die Aufnahme allgemeiner Sachmittel und beschränkt sich ausschließlich auf die prozessspezifischen Sachmittel. Sie weisen folgende **Merkmale** auf:

▶ Sachmittelart	▶ Verfügbare und benutzte Kapazität
▶ Menge der Sachmittel	▶ Mehrfacheinsatz bei anderen Arbeitsabläufen
▶ Praktikable Formulare	▶ Einsatzart

Besondere Daten von Sachmitteln, z. B. der Restbuchwert oder Abschreibungsbeträge, können üblicherweise der Anlagenbuchhaltung entnommen werden.

Als Sachmittel sind bei der Ist-Aufnahme auch **Formulare** zu ermitteln. Ihre Aufnahme umfasst:

- Das **Formularverzeichnis**, in dem alle benutzten Formulare bzw. Bildschirmmasken verzeichnet werden.

- Die **Formularsammlung**, in die jeder im Verzeichnis aufgeführte Vordruck und jede Maske aufgenommen wird, gegebenenfalls mit einem zweiten ausgefüllten Exemplar bei schwierigen Bearbeitungsfällen.

- Der **Formularflussplan**, in dem mithilfe einer Dokumentationstechnik – z. B. einem Datenflussplan – der angenommene Fluss des Formulars festgehalten wird.

Besteht ein organisiertes Formularwesen, gibt es für jedes Formular einen **Formular-stammsatz**, aus dem ergänzende Angaben entnommen werden können, z. B. Formular-auflage, weitere Einsatzgebiete und Formularänderungen.

1.1.2.5 PERSONAL

Über die bisher genannten Daten hinaus ist auch die personale Kapazität zu ermitteln. Sie beinhaltet die Aufnahme der Personalkapazität als:

- **Verfügbare Personalkapazität**, die zum Untersuchungszeitpunkt besteht
- **Benötigte Personalkapazität**, von der künftig auszugehen ist.

Beide Kapazitäten an Personal müssen für jeden Arbeitsgang festgestellt werden. Dabei werden zweckmäßigerweise **Maßeinheiten**, wie Stunden je Arbeitstag oder Arbeitstage je Monat gewählt.

Neben dieser quantitativen Ermittlung der Personalkapazität sind weiterhin das Vorhandensein und das Erfordernis **qualitativer Merkmale** festzustellen als:

▶ Qualifikation	▶ Kenntnisse	▶ Erfahrungen
▶ Fähigkeiten	▶ Fertigkeiten	

Sowohl Sachmittel als auch personale Kapazitäten werden in **Listen** erfasst.

1.1.2.6 KOSTEN

Eine angestrebte Prozessorganisation muss i. d. R. wirtschaftlicher sein als die gegenwärtig genutzte Prozessorganisation. Diese Forderung bedeutet, dass die Kosten für die aufzunehmenden Geschäftsprozesse ermittelt werden müssen.

Die **Kostenaufnahme** kann entweder summarisch für den gesamten Prozess erfolgen oder differenziert für jeden Arbeitsgang vorgenommen werden. Es empfiehlt sich, die folgenden **Kostenarten** zu ermitteln:

- ▶ Personalkosten   ▶ Materialkosten   ▶ Sonstige Kosten
- ▶ Fremdleistungskosten ▶ Sachmittelkosten

Bei der Ist-Aufnahme sind die tatsächlich angefallenen Kosten als **Ist-Kosten** festzustellen. Oftmals können sie der Kostenstellenrechnung entnommen werden. Ist das nicht möglich, müssen sie analytisch auf der Basis von Kostenarten errechnet werden.

1.1.2.7 Anforderungen

Neben der Aufnahme des bestehenden Prozesses ist es weiterhin Aufgabe der Ist-Aufnahme, die Anforderungen zu ermitteln und zusammenzufassen, die sich bei einer Ist-Aufnahme in Bezug auf das neue System feststellen lassen. Sie beziehen sich auf:

- **Probleme**, die zu berücksichtigen sind, weil die der Prozessdurchführung vorhergehende Problemanalyse nur eine grobe Untersuchung ist. Sie wird häufig nicht alle beim Prozess auftretenden Probleme feststellen.

- **Verbesserungen**, die vom Personal vorgeschlagen werden. Häufig haben die Mitarbeiter eines Unternehmens konkrete Vorstellungen über Verbesserungen des Prozesses, die bei der Ist-Aufnahme ebenfalls zu ermitteln sind.

- **Forderungen**, die von Systembeteiligten gestellt werden. Diese haben vielfach Wünsche oder Forderungen an das zu gestaltende Prozesssystem, z. B.:

  - ▶ Welche Aufgaben zusätzlich mit ihm durchgeführt werden sollten
  - ▶ Zusätzliche Ergebnisse zum Prozess, die bisher nicht berücksichtigt wurden
  - ▶ Vorzunehmende Änderungen am Prozess, um das System effizienter zu gestalten.

1.1.3 Aufnahmeprobleme

Der Organisator kann in der Praxis nicht davon ausgehen, dass die Ist-Aufnahme ganz ohne Probleme abwickelbar ist. **Schwierigkeiten** können sich ergeben aufgrund:

- **Persönlicher Probleme**, die im Arbeitsbereich der Betroffenen bestehen, z. B. Furcht vor Prozessneuerungen, mangelndes Erinnerungsvermögen, Angst vor Bestrafung, Verschweigen von Misserfolgen.

- **Sachlicher Probleme**, die sich auf erhebungsbedingte Gegebenheiten beziehen, z. B. mangelhaft gestaltete Fragebögen oder fehlende Schriftstücke.

- **Zeitlicher Probleme**, die bei den Betroffenen bzw. beim Organisator zu suchen sind, z. B. zeitlicher Druck oder falsche Terminvorstellungen.

1.2 IST-KRITIK

Die Ist-Kritik geht von den Ergebnissen der Ist-Aufnahme aus. Sie ist notwendig, um Schwachstellen und Verbesserungsvorschläge deutlich zu machen und wird auch als **Ist-Analyse** bezeichnet. Hinsichtlich der Ist-Kritik werden behandelt:

* **Anforderungen**

* **Techniken**

* **Aufgaben**.

1.2.1 ANFORDERUNGEN

Die Gestaltung organisatorischer Prozesssysteme erfordert vom Organisator außer Fleiß auch wesentliche Impulse durch Intuition bzw. Assoziation. Vor allem bei der Ist-Kritik ist ein hohes Maß an Fantasie und innovativen Fähigkeiten erforderlich.

Der Organisator benötigt neue Ideen, denn er muss eine Vorstellung von Prozessen haben, die u. U. in der Realität noch nicht existent sind. Hierbei kann er vielfach **Checklisten** als Prüflisten einsetzen. Sie unterstützen darin, Fehlerquellen der bestehenden Prozesse gezielt zu ermitteln. Damit fördern sie eine erfolgreiche Ist-Analyse.

Die hohen Anforderungen an den Organisator zeigen sich nicht nur in der Kritikfähigkeit bzw. in der Fähigkeit zur sachlichen Beurteilung von Fakten, sondern auch im Erkennen zu lösender **Probleme** der bisherigen Prozessorganisation, auf die z. B. folgende Feststellungen hindeuten können:

* Zu hohe Kosten bei zu geringem Nutzen
* Überflüssige Prozesse
* Benutzerunfreundlichkeit bei Arbeitsmitteln
* Unzweckmäßige Anordnung von Räumen bzw. Mitteln
* Zu lange Durchlaufzeiten.

1.2.2 TECHNIKEN

Im Rahmen der Ist-Kritik ist es dem Organisator möglich, verschiedene **Organisationstechniken** einzusetzen *(Olfert/Pischulti)*:

* **Gesamtanalyse-Techniken**, die ein gesamtes Prozesssystem betreffen und von umfassender Bedeutung sind. Dazu zählen vor allem – siehe Seite 78 ff.:

  ▶ Grundlagenanalyse   ▶ Benchmarking
  ▶ Checklistentechnik   ▶ Schwachstellenanalyse

- **Teilanalysetechniken**, die sich nur auf einen Teil des Prozesssystems beziehen bzw. lediglich bestimmte Systemmerkmale betreffen, z. B. – siehe S. 83 ff.:

▶ Wirtschaftlichkeitsanalyse	▶ Datenmatrixanalyse
▶ ABC-Analyse	▶ Entscheidungstabellenanalyse
▶ Technizitätsanalyse	▶ Kommunikationsanalyse

Mithilfe dieser Analysetechniken soll das bestehende Prozesssystem durch den Organisator optimiert werden.

1.2.3 AUFGABEN

Ein organisatorisches Problem ist – wie bereits dargestellt – die Abweichung zwischen einem erwünschten organisatorischen Soll und dem Ist-Zustand. Mithilfe der Ist-Kritik soll diese Abweichung ermittelt werden. **Voraussetzungen** dafür sind, dass die Ergebnisse der Ist-Aufnahme vorliegen und das angestrebte organisatorische Soll bekannt ist.

Das Soll lässt sich von den Zielen des Unternehmens ableiten, denn sowohl die Aufbauorganisation als auch die Prozessorganisation müssen auf die angestrebten Unternehmensziele ausgerichtet sein.

Die Ist-Kritik hat zwei wesentliche **Aufgaben**:

- Die **Mängelanalyse** als Untersuchung des aufgenommenen Systems zur kritischen Ermittlung von Mängeln und Schwachstellen.

- Die **Anforderungsanalyse** als Prüfung der Leistungsanforderungen an das zu gestaltende System, die sich ergeben kann aus:

  - ▸ Aufgabenstellungen und Zielvorgaben des Organisationsauftrages
  - ▸ Ergebnissen der Ist-Aufnahme mit ihren wesentlichen Leistungsanforderungen
  - ▸ Problemen, Verbesserungsvorschlägen und Forderungen an das neue System

Beide Aufgaben können gemeinsam angegangen werden, weil die Bearbeitung mit den gleichen Verfahren erfolgt. Die Ergebnisse der Ist-Kritik sind wesentliche Basisdaten für die Gestaltung der neuen Prozessorganisation. Sie sollten zusammen mit der Ist-Aufnahme in einem **Bericht** dargestellt werden.

Die Ist-Aufnahme und die Ist-Kritik werden zusammen auch als **Ist-Analyse** bezeichnet. Sie bilden im Rahmen der Reorganisation die Grundlage für weitere prozessorganisatorische Aktivitäten.

29 〉〉 Seite 459

2. PROZESSPLANUNG

Die Prozessplanung folgt der Prozessanalyse und legt zum gegenwärtigen Zeitpunkt fest, welche Struktur der Prozessorganisation bis zu einem bestimmten Planungszeitpunkt entwickelt werden soll. Sie ist ein wesentlicher Bestandteil der Organisationsplanung *(Drumm)*.

Voraussetzung für die Prozessplanung ist die Wahrnehmung eines organisatorischen Prozessproblems, das im Rahmen der Prozessanalyse erfasst werden kann. Wesentliche **Probleme** der Prozessplanung bestehen in der mangelnden Vorausbestimmbarkeit bzw. fehlenden Voraussehbarkeit künftiger Prozessstrukturen.

Die Prozessplanung umfasst:

2.1 ZIELPLANUNG

Mit prozessorganisatorischen Regelungen verfolgt ein Unternehmen bestimmte Ziele. Erst wenn diese bekannt sind, kann beurteilt werden, ob eine organisatorische Prozesslösung sinnvoll ist *(Schmidt)*. Die Ziele der Prozessplanung ergeben sich aus den Organisationszielen, die aus dem Zielbündel des Unternehmens abgeleitet sind. Die Zielplanung soll die Erreichung der Erfolgsziele des Unternehmens unterstützen.

Ziele der Prozessorganisation sind vor allem *(Bea/Göbel, Eversheim, Fischermanns/Liebelt)*:

* **Aufgabenorientierte Ziele**, die sich auf die Tätigkeiten der Prozessorganisation beziehen. Zu ihnen zählen z. B.:

▶ Erhöhung der Produktivität	▶ Minimierung der Kosten von Prozessen
▶ Steigerung der Prozessqualität	▶ Verkürzung der Durchlaufzeiten
▶ Verbesserung der Innovationen	▶ Termingerechte Arbeitsausführung
▶ Effizienz der Ressourcennutzung	

* **Sozialorientierte Ziele**, die z. B. in der Schaffung eines kooperativen Organisationsklimas und im Rahmen der Prozessgestaltung bestehen können, was möglicherweise durch angemessene Pausen zwischen den Prozesselementen bewirkt werden kann.

* **Flexibilitätsorientierte Ziele**, die z. B. auf die Schaffung einer anpassungsfähigen Prozessstruktur ausgerichtet sind, welche den sich laufend verändernden Bedingungen des Marktes über längere Zeit gewachsen ist.

Über die Ziele der Prozessorganisation hinaus sind auch **Ziele der Mitarbeiter** bzw. Ziele der **Kunden** zu berücksichtigen, wie sie bereits auf Seite 30 f. dargestellt wurden. Die Interessen der verschiedenen Zielträger sind gegeneinander abzuwägen *(Schmidt)*.

2.2 KONZEPTPLANUNG

Das organisatorische Planungskonzept ergibt sich, indem Anforderungen definiert werden, die durch die Planung erfüllt werden sollen. Auf die Prozessplanung gerichtete **Anforderungen** sind *(Drumm)*:

- Schaffung informatorischer Grundlagen für die Erfassung von Organisationsproblemen im Unternehmen

- Gewährleistung einer Auswahl von geeigneten Prozessalternativen zur Lösung der Organisationsprobleme

- Vorbereitung der Einführung von lösungsadäquaten Alternativen zur Gewinnung der neuen Prozessstruktur

- Zweckmäßige Kontrolle des Planungsprozesses und seiner Einzelschritte.

Zur weiteren **Differenzierung** können geplant werden:

- **Zeitliche Aspekte** als kurz-, mittel- und langfristiger Zeitrahmen der Prozessorganisation, z. B. ein einjähriger, vierjähriger oder zehnjähriger Zeitraum.

- **Örtliche Aspekte** als Planung der im Prozess gegebenen Arbeitsorte, z. B. zentrale bzw. dezentrale Arbeitsorte der Mitarbeiter.

- **Personelle Aspekte** als Zuständigkeiten für Entscheidungen zur Prozessorganisation, z. B. Planung der Kompetenzen und der Verantwortung für Prozesse.

- **Technische Aspekte** als Einsatz der Sachmittel und Arbeitsmittel, z. B. Planung der Datenverarbeitungsmittel und Kommunikationsmittel.

- **Ökonomische Aspekte** als Planung der Prozesskosten und Planung der Finanzierung der neuen Prozesse.

- **Methodische Aspekte** als Planung des Vorgehens, z. B. nach der Drei-Stufen-Methode oder Planung eines anderen geeigneten Verfahrens.

- **Strukturelle Aspekte** als Planung z. B. der Arbeiten, der Dokumentation und des Berichtswesens im Rahmen der Prozessorganisation.

Die Ergebnisse der Zielplanung sowie der Konzeptplanung lassen sich in einem **prozessorganisatorischen Plan** festhalten, dessen Einhaltung später im Rahmen der Prozesskontrolle überprüft wird.

Die Prozessplanung strebt die bestmögliche Umsetzung der prozessorganisatorischen Ziele des Unternehmens unter Beachtung des Rationalprinzips an. Sie ist von der Organisationsabteilung bzw. vom Organisator so rechtzeitig vorzulegen, dass sie bis zum Nutzungs- bzw. Einsatzzeitpunkt tatsächlich umgesetzt werden kann.

3. PROZESSGESTALTUNG

Die Prozessgestaltung zielt darauf ab, die Durchführung der Prozessorganisation mög-lichst kostengünstig und nutzenbringend zu vollziehen. Sie wird auch als **Business Re-engineering** beschrieben, das als fundamentales Überdenken und radikales Redesign von Kernprozessen verstanden wird *(Hammer/Champy, Derszteler)*.

Die hohe wirtschaftliche Dynamik und der steigende Wettbewerbsdruck zwingen die Führungskräfte, sich verstärkt mit den betrieblichen **Geschäftsprozessen** auseinander zu setzen, um sie den notwendigen Gegebenheiten anzupassen. Dabei kann die gesam-te Tätigkeit des Unternehmens als ein Prozess der Umwandlung von Input-Gütern in Output-Güter mit Kundennutzen verstanden werden *(Bea/Göbel)*.

Porter entwickelte zum Verständnis dieses güterwirtschaftlichen Prozesses die **Wertket-te** bzw. **Wertschöpfungskette**:

Die im Rahmen dieser Wertschöpfungskette ablaufenden Prozesse können in Teilprozes-se unterteilt werden, die sich in zwei wesentliche **Kategorien** bündeln lassen:

- Die **primären Aktivitäten**, die unmittelbar mit der Herstellung und dem Vertrieb eines Produktes verbunden sind, z. B. Eingangslogistik, Operationen, Marketing, Ausgangs-logistik und Kundendienst.

- Die **sekundären Aktivitäten**, welche die primären betrieblichen Aktivitäten unterstüt-zen, z. B. Personalwirtschaft, Forschung und Entwicklung, Finanzwesen, Rechnungs-wesen und Controlling.

Zur Erzielung eines **Wettbewerbsvorsprunges** bzw. einer entsprechenden Gewinn-spanne ist bei allen diesen Aktivitäten zu untersuchen, ob sie gegenüber den Aktivitäten der Konkurrenz effizienter gestaltet werden können.

Um eine möglichst hohe **Effizienz** zu erreichen, bietet sich zur Gestaltung der Prozessorganisation eine bestimmte Vorgehensweise an. Zunächst erfolgt die Groborganisation, der sich die Detailorganisation anschließt. Wenn Prozesse mit Einsatz von automatischen Anlagen wie Daten- oder Textverarbeitung gegeben sind, wird zudem noch eine
Programmierung notwendig:

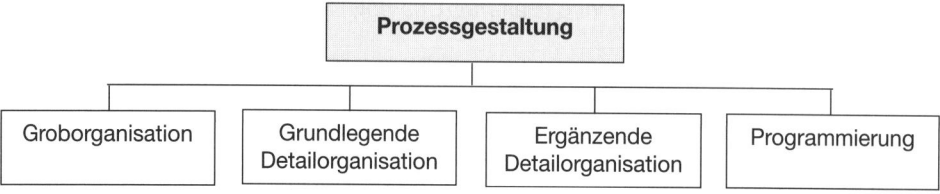

3.1 GROBORGANISATION

Die Groborganisation ist die grundlegende bzw. rahmenmäßige Gestaltung der Prozessorganisation, bei der alle neu zu gestaltenden Prozessalternativen zu ermitteln sind, aus
denen dann ein Lösungsvorschlag ausgewählt wird. Sie ist so auszuarbeiten, dass sie
dem Entscheidungsträger als Soll-Vorschlag vorgelegt werden kann.

Bei der Groborganisation wird von folgenden **Voraussetzungen** ausgegangen:

- Dem **Organisationsauftrag** durch die Unternehmensleitung an die Organisationsab-
teilung oder den Organisator mit der Beschreibung von Aufgaben und Zielen
- Der **abgeschlossenen Prozessplanung** mit Vorgaben für Kapazitäten, Termine und
Sachmittel bzw. mit den Ergebnissen von Ist-Aufnahme und Ist-Kritik.

Die Groborganisation, die sich auf die Ausarbeitung eines oder auch mehrerer Prozesskonzepte bezieht, kann in folgenden **Phasen** vorgenommen werden:

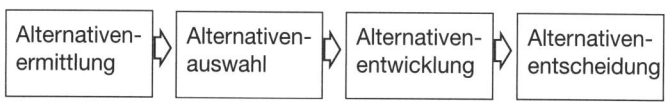

3.1.1 ALTERNATIVENERMITTLUNG

Um zum bestmöglichen organisatorischen Prozesssystem für eine vorgegebene Aufgabe zu gelangen, ist es zunächst erforderlich, alle möglichen Systemalternativen zu ermitteln. Sie können sich insbesondere durch folgende **Merkmale** unterscheiden:

- ▶ Systemart
- ▶ Arbeitsablauf
- ▶ Sachmitteleinsatz
- ▶ Arbeitslokalisierung
- ▶ Arbeitsvereinigung
- ▶ Arbeitsverteilung

Da es sich zunächst um das Konzept eines neuen Prozesses handelt, betrifft die Alternativenermittlung überwiegend die **Systemart** und den **Arbeitsablauf**. Zusätzlich ist auch

der **Sachmitteleinsatz** zu berücksichtigen, da durch ihn die Prozessalternativen wesentlich bestimmt werden.

Bei Systemen der Prozessorganisation sind grundsätzlich zwei **Arten der Arbeitsdurchführung** zu unterscheiden, die manuelle Arbeit, die ausschließlich von Mitarbeitern ausgeführt wird, z. B. im Rahmen von Büroarbeit oder Werkstattarbeit, und die **maschinelle Arbeit**, bei der Personalcomputer oder Großrechner eingesetzt werden, z. B. als maschinelle Datenverarbeitung.

Für die Alternativenermittlung können dementsprechend verschiedene, prozessorganisatorische **Systemarten** unterschieden werden:

- Die **konventionelle Datenverarbeitung**, bei der die Arbeitsdurchführung ohne Maschinen oder unter Einsatz von Büromaschinen erfolgt, z. B. mit Rechenmaschinen, Diktiergeräten und Kopiergeräten.

  Bis zum Ende der fünfziger Jahre des letzten Jahrhunderts war die konventionelle Verarbeitung von Daten die einzige Möglichkeit.

- Die **arbeitsteilige Datenverarbeitung**, d.h. der Einsatz von Computern gestattet eine Arbeitsteilung zwischen den Mitarbeitern und einer Elektronischen Datenverarbeitungsanlage. Schwierigkeiten treten dabei jeweils beim Übergang der Arbeit vom Mitarbeiter zum Computer auf, denn hier ist eine Reihe von zeit- und kostenaufwändigen Tätigkeiten erforderlich, z. B.:

  ▶ Erfassung in maschinenlesbarer Form   ▶ Prüfung der gegebenen Daten
  ▶ Korrektur der fehlerhaften Daten   auf Fehler

Bis zum Ende der siebziger Jahre war die arbeitsteilige Datenverarbeitung beim Einsatz eines Rechenzentrums mit einem Großrechner vorherrschend.

- Die **Dialogdatenverarbeitung**, bei der die Aufgaben von Mitarbeitern und Computern gemeinsam und gleichzeitig gelöst werden. **Voraussetzung** dafür ist die direkte Kommunikation zwischen beiden Dialogpartnern. Dabei gilt:

  ▶ Am Computer erfolgt die Kommunikation mit den Dialogpartnern direkt über den Bildschirm und die Tastatur
  ▶ Bei einem Großrechner sind als Ausstattung Datenstation, Terminal und Bildschirmgerät erforderlich

Mit der Dialogdatenverarbeitung als inzwischen häufigster Art Elektronischer Datenverarbeitung werden die **Nachteile** der arbeitsteiligen Datenverarbeitung vermieden.

- Die **automatische Datenverarbeitung**, bei der die Arbeit ausschließlich vom Computer ausgeführt wird, der Mensch hingegen lediglich noch eine Kontroll- und Hilfsfunktion ausübt, z. B. als Rüsten der Anlage, Auslösen der Verarbeitung, Überwachen des Ablaufes. Sie gewinnt zunehmend an Bedeutung.

Als **Verfahren** zur Ermittlung von Alternativen für das Systemkonzept bieten sich an und werden oftmals in Kombination genutzt:

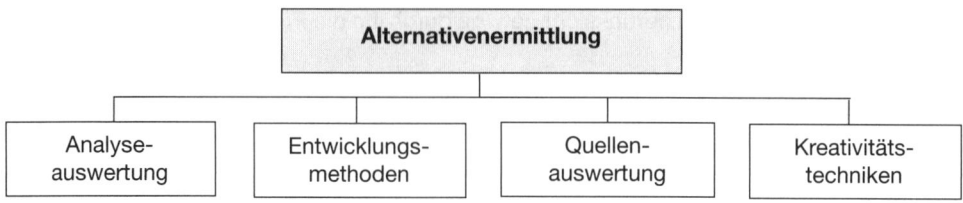

3.1.1.1 Analyseauswertung

Bei der Ermittlung von Alternativen für die konzeptionelle Entwicklung wird an die Prozessanalyse angeknüpft. Dazu müssen insbesondere die folgenden **Ergebnisse** der Prozessanalyse vorliegen, um sie nutzen zu können:

*   Die bei der **Ist-Aufnahme** genannten Anforderungen an die neu zu entwickelnde Prozessorganisation.

*   Die durch die **Ist-Kritik** erkannten Mängel und Schwachstellen des bisher gegebenen Prozesssystems.

*   Die mithilfe der **Problemanalyse** ermittelten prozessbezogenen Probleme und die ihnen zu Grunde liegenden Problemursachen.

*   Die während der Prozessanalyse schriftlich festgehaltenen **Verbesserungsmöglichkeiten** der bisherigen Prozessorganisation.

Die systematische Beurteilung dieser Ergebnisse der Prozessanalyse im Hinblick auf Systemalternativen lässt häufig bereits mehrere Alternativen erkennen.

3.1.1.2 Entwicklungsmethoden

Geht der Organisator bei der Entwicklung der Groborganisation methodisch vor, sind vor allem zwei **Phasen** der Prozessentwicklung zu unterscheiden. Das sind:

*   **Arbeitsanalyse**
*   **Arbeitssynthese**.

3.1.1.2.1 Arbeitsanalyse

Bei der Arbeitsanalyse werden alle wesentlichen Arbeitsaufgaben ermittelt. Sie geht dabei wesentlich tiefer als die Aufgabenanalyse der Aufbauorganisation. **Methoden** der Arbeitsanalyse sind:

*   Die **hierarchische Strukturierung**, bei der das Prozesssystem in Teilsysteme zerlegt wird. Diese werden je nach der Tiefe des Grobkonzeptes weiter bis zu den Untersystemen zergliedert. Damit wird das Betrachtungsfeld eines komplexen Prozesses systematisch eingegrenzt, ohne den funktionalen Bezug jedes Untersystems und damit zu den anderen Untersystemen zu verlieren *(Kosiol, Heinrich)*.

Das Ergebnis wird üblicherweise als **Strukturdiagramm** dargestellt, das auch als **Baumdiagramm** bezeichnet wird:

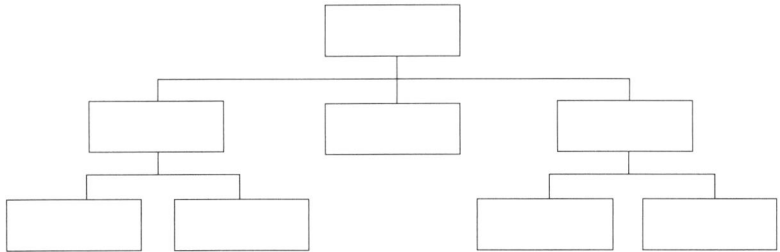

* Die **Methode des schwarzen Kastens**, bei der davon ausgegangen wird, dass das System mit seinen genauen Bestandteilen zunächst nicht im Vordergrund der Betrachtung steht, sondern ausschließlich seine Beziehungen zur Umwelt interessieren. Deswegen erfolgt zunächst die systematische Ermittlung von Eingaben und Ausgaben des schwarzen Kastens.

Danach wird versucht, das System aufgrund der Kenntnisse seiner **Ein- und Ausgaben** zu strukturieren und in Untersysteme zu zerlegen:

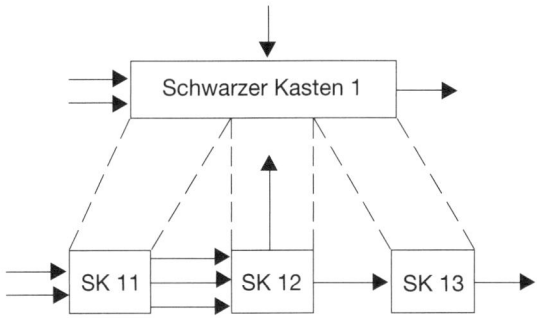

Für die **Untersysteme** (Schwarze Kästen 11, 12 und 13) werden daraufhin die informatorischen Beziehungen zwischen diesen Untersystemen ermittelt, die jeweils wieder Eingaben und Ausgaben sein müssen.

Die Methode des schwarzen Kastens wird auch als **Blackbox-Methode** bezeichnet *(Krüger)*.

In Abhängigkeit von dem Detaillierungserfordernis der Groborganisation, dem Umfang und der Komplexität des Prozesssystems wird die Tiefe der arbeitsanalytischen Gliederung bestimmt.

3.1.1.2.2 ARBEITSSYNTHESE

Bei der Arbeitssynthese werden die einzelnen Arbeitselemente des Prozesses in geeigneter Form zusammengefasst, um die konkrete Arbeitsdurchführung entsprechend zu organisieren. Sie kann bei der Groborganisation vom Organisator in zwei **Schritten** vorgenommen werden:

Modul-bildung	Die ermittelten Aufgaben oder Untersysteme der Prozessorganisation werden in Module zusammengefasst. Dies kann nach verschiedenen Kriterien erfolgen, weshalb z. B. möglich sind – siehe Seite 118 f.:
	▶ Verrichtungszentralisation ▶ Objektdezentralisation ▶ Phasenzentralisation ▶ Phasendezentralisation ▶ Entscheidungszentralisation ▶ Entscheidungsdezentralisation ▶ Verwaltungszentralisation ▶ Verwaltungsdezentralisation

⇩

Modul-gestaltung	Die ermittelten Module müssen grob gestaltet werden. Dazu geht man nach dem **AVE-Prinzip** vor:
	A – Ausgabe: Genaue Ermittlung aller Ausgabe-Modulergebnisse **V** – Verarbeitung: Grobe Festlegung der Verarbeitungserfordernisse zur Erarbeitung der Modulausgaben **E** – Eingabe: Definition der Moduleingaben aufgrund der Notwendigkeit der Verarbeitung.

Anstelle des Moduls kann auch der **Arbeitsgang** oder die **Arbeitsganggruppe** eingesetzt werden. Auf die Arbeitsganggestaltung wird auf S. 208 f. näher eingegangen.

 30 〉〉 **Seite 460**

3.1.1.3 Quellenauswertung

Der Organisator sollte bemüht sein, Quellen zu finden, die im konkreten Aufgabenfall geeignete Hinweise über geplante oder realisierte Prozesslösungen geben können, um sie für das individuelle System auswerten und nutzen zu können. Als **Quellen** für das Finden von Systemalternativen kommen infrage:

• **Schriftliche Systembeschreibungen**, die eine Fülle von verwertbarem Material über Systeme der Prozessorganisation liefern können, z. B. Fachbücher, Programmbeschreibungen, Fachzeitschriften, Internet-Veröffentlichungen.

• **Persönliche Informationen**, die der Organisator über Systemrealisierungen bereits in seinem Bestand hat oder beschaffen kann:

> ▸ Zwischenbetriebliche Fachgespräche, Betriebsbesichtigungen
> ▸ Beratung durch Fachinstitute, Unternehmensberater oder sonstige Experten
> ▸ Beratung durch Organisationsmittel-, Büromaschinen- und sonstige Fachfirmen

• **Schulungsinformationen**, die der Organisator über prozessbezogene Systemlösungen erhalten kann, z. B. durch:

- ▸ Kongresse, Symposien oder Foren verschiedener Veranstalter
- ▸ Lehrgänge, Kurse, Seminare oder Workshops von Fachfirmen
- ▸ Schulungsmaßnahmen von Beratungsunternehmen
- ▸ Seminare von Universitäten, Fachhochschulen und Akademien

Zunehmend werden von Organisatoren auch öffentliche Datenbanken, das Internet und das Intranet zur gezielten Quellenauswertung benutzt.

3.1.1.4 Kreativitätstechniken

Die Kreativitätstechniken dienen der intuitiven Ideenfindung oder Problemlösung. Ihnen ist gemeinsam:

- Sie werden fast immer in **Gruppen** angewandt, wofür insbesondere das größere Ideen- und Wissenspotenzial, die gegenseitige Stimulierung und Auslösung von Assoziationen sowie die Betrachtung aus verschiedenen Kenntnis- und Erfahrungsbereichen spricht.
- Sie werden von einem **Gruppenleiter** als Moderator geführt.

Der Groborganisation von Prozessen dienen verschiedene Techniken wie Brainstorming, Methode 635 und Morphologischer Kasten – siehe ausführlich Seite 91 ff.

Darüber hinaus gibt es eine Vielzahl weiterer eigenständiger Techniken sowie Varianten dieser Techniken.

3.1.2 Alternativenauswahl

Die Auswahl von Prozessalternativen bedeutet zunächst eine Einengung der Vielzahl von vorhandenen Alternativen auf einige wenige Lösungen zur Prozessorganisation, die daraufhin als Systemkonzept auszuarbeiten sind.

Üblicherweise erfolgt aber bereits die Auswahl nur einer einzigen **Alternative**. Dadurch wird zwar der Aufwand für die Systemkonzeption vermindert, es besteht jedoch die Gefahr, dass gute Lösungen ohne fundierte Prüfung abgewählt werden.

Die ermittelten **Systemalternativen** sind zu messen an den:

- **Leistungsanforderungen** für die Prozessorganisation, die durch folgende Systemdeterminanten bestimmt werden können:

▸ Aufgabenstellung	▸ Bestehende Probleme	▸ Verbesserungs-
▸ Anwendungsforderungen	▸ Verfügbare Projektmittel	erfordernisse

- **Zielvorgaben** für die Prozessorganisation, die als aufgabenorientierte Ziele z. B. sein können:

- ▶ Erhöhung der Produktivität
- ▶ Erhöhung der Prozessqualität
- ▶ Termingerechte Ausführung

- ▶ Minimierung der Prozesskosten
- ▶ Verkürzung der Durchlaufzeiten
- ▶ Effizienz der Ressourcennutzung

Bei der Alternativenauswahl sind alle Prozessalternativen auszuscheiden, die den Leistungsanforderungen oder den Zielvorgaben nicht genügen.

In der Praxis können zwei Arten von **Anforderungen** an die Prozessorganisation unterschieden werden, die vom Organisator zu berücksichtigen sind:

- **Soll-Anforderungen**, die als Zielvorgaben an Prozesssysteme gestellt werden, z. B. Kostengünstigkeit und hoher Nutzen.

- **Muss-Anforderungen**, die durch eine der Systemalternativen zwingend zu erfüllen sind, wenn diese Alternative weiter verfolgt werden soll.

Bei Systemalternativen, die nicht allen Soll-Anforderungen genügen, ist individuell zu prüfen, ob die Einschränkungen so gravierend sind, dass die Alternative deswegen ausgeschieden werden muss.

3.1.3 KONZEPTENTWICKLUNG

Die Entwicklung des Soll-Vorschlages oder der Soll-Vorschläge beinhaltet die Konkretisierung der Prozesskonzepte so weit, dass eine fundierte Entscheidung darüber getroffen werden kann, welcher der Prozesse detailliert organisiert und eingeführt werden soll. Zu unterscheiden sind:

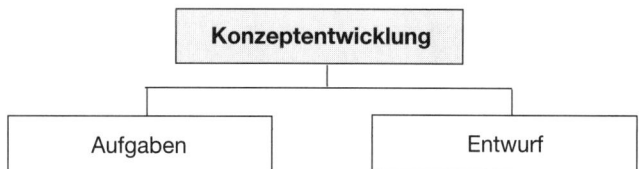

3.1.3.1 AUFGABEN

Für die Entwicklung des Prozesskonzeptes gilt es, das neue System einerseits nicht zu detailliert auszuarbeiten, andererseits aber für alle Fragen der Unternehmensleitung, Fachabteilungen, Informatikabteilung, Organisationsabteilung und sonstige Entscheidungsträger aussagefähig zu sein.

Im Rahmen der Konzeptentwicklung sind festzulegen:

- Die **Arbeitsprozessplanung**, die so erfolgen sollte, dass der Geschäftsprozess von allen betroffenen Stellen hinreichend beurteilt werden kann. Insbesondere den einbezogenen Entscheidungsträgern und Fachabteilungen muss es möglich sein, das zu begutachtende System zu verstehen und einzuschätzen.

- Die **Systemart**, die für jeden definierten Aufgabenbereich vollständig und genau festzulegen ist, z. B. als manuelle Arbeitsdurchführung, arbeitsteilige Büroarbeit, Dialogdatenverarbeitung oder automatische Aufgabenerledigung.

- Die **Art der Datenorganisation**, die sich auf die Art der Speicherung oder Archivierung der im Prozesskonzept benötigten oder erarbeiteten Daten bezieht.

- Die **Datenausgaben**, die im Systemkonzept als Inhalt, Darstellung und Empfänger der Ergebnisse des neuen Prozesssystems ebenfalls enthalten sein müssen.

- Der **Sachmitteleinsatz**, der insbesondere im Hinblick auf die Sachmittelart, die Einsatzgebiete, den Einsatzumfang und den Einsatzort bestimmt werden muss.

3.1.3.2 ENTWURF

Der Entwurf ist das Ergebnis der Groborganisation eines Prozesskonzeptes. Er ist dem Entscheidungsträger bzw. den Entscheidungsträgern vorzulegen, die über das Prozesskonzept zu befinden haben, z. B. der Geschäftsleitung, der Fachbereichsleitung, dem Organisationsausschuss oder dem EDV-Ausschuss.

Die Vorlage des Prozesskonzeptes, das eine oder mehrere Systemalternativen enthalten kann, ist mittels verschiedener **Informationen** möglich:

▶ Bericht   ▶ Vortrag   ▶ Präsentation   ▶ Informationsmarkt

Inhalte des Prozesskonzeptes können sein:

- Die **Aufgaben** und **Ziele** des Organisationsauftrages, die nochmals einleitend kurz zu nennen sind.

- Die **Organisationsdaten** des bisherigen Prozesses in komprimierter Darstellung, wobei insbesondere auf die Ist-Kritik des bestehenden Prozesses einzugehen ist.

- Der **Soll-Vorschlag** zum neu zu organisierenden Prozess, der aus den grob ausgearbeiteten Systemalternativen und dem Neuvorschlag besteht. Dazu bedient sich der Organisator gängiger Darstellungstechniken, z. B. der Strukturdiagramme, Datenflusspläne, Listen und Tabellen oder Ablaufdiagramme.

- Die **Konsequenzen**, die aus der neuen Prozessorganisation abzuleiten sind. Diese sind von den Entscheidungsträgern einzubeziehen, z. B. als:

  ▶ Wirkungen auf Änderungen der Aufbauorganisation
  ▶ Notwendige Versetzungen von Mitarbeitern
  ▶ Räumliche Veränderungen bisheriger Stellen

In die Beschreibung des Prozesskonzeptes müssen die Konsequenzen aufgenommen werden, damit die Entscheidung darüber auf vollständigen Informationen beruht.

- Der **Sachmittelbedarf**, der sich aus der Einführung eines neuen Systems ergibt bzw. die Folgen im Hinblick auf den Einsatz bereits vorhandener Sachmittel.

- Die **Wirtschaftlichkeitsdaten**, wobei das vorgeschlagene und das bestehende Prozesssystem im Hinblick auf ihre Wirtschaftlichkeit gegenüberzustellen sind. Der Vergleich sollte detailliert sein und kann z. B. als Kostenvergleichsrechnung oder Nutzwertanalyse vorgenommen werden.

  Außerdem empfiehlt es sich, die nicht quantifizierbaren bzw. die nicht in die Wirtschaftlichkeitsrechnung aufgenommenen Vorteile und Nachteile eines jeden Prozesskonzeptes auszuweisen.

- Die **Daten zur Durchführung**, die ebenfalls aufzuführen sind. Da zwischen der Prozessplanung und der Vorlage eines Prozesskonzeptes üblicherweise eine geraume Zeit liegt, können sich zwischenzeitlich Prozessänderungen ergeben haben, die noch zu berücksichtigen sind.

  Darüber hinaus ist es möglich, dass Annahmen der Prozessplanung nicht eingetroffen oder neue Erkenntnisse über die Aufgabenstellung aufgetreten sind. Deshalb werden klare Aussagen im Hinblick auf die weitere Projektdurchführung nötig.

  Wenn sich in Bezug auf die ursprüngliche Projektplanung bestimmte **Änderungen** ergeben, sind Festlegungen zu treffen über:

  - Änderungsart, z. B. Nichteinhaltung des Terminplanes bzw. erhöhter Kostenbedarf
  - Änderungsumfang, z. B. Verzögerung um 2 Monate und Mehrkosten von 95.000 €
  - Änderungsauswirkungen, z. B. Verlängerung der Mietdauer eines Arbeitsraumes

- Die **Zusammenfassung** der gesamten Daten zum Prozesskonzept. In ihr sollte in Kurzform nur die wesentlichen Teile des Systemkonzepte und die aus ihrer Einführung voraussichtlich resultierenden Vorteile und Nachteile genannt werden.

- Die **Entscheidungsempfehlung** für die Verantwortlichen, die der Organisator z. B. in folgender Weise vornehmen kann:

  - Werden mehrere Systemkonzepte zur Entscheidung vorgelegt, so ist es meistens erforderlich, dass er eine Empfehlung für ein Konzept abgibt und sie begründet.
  - Wird nur ein Systemkonzept zur Entscheidung gestellt, erübrigt sich eine solche Empfehlung.
  - Er kann auch empfehlen, das bestehende System zu belassen.

3.1.4 KONZEPTENTSCHEIDUNG

Die Entscheidung über ein Prozesskonzept kann zu unterschiedlichen Ergebnissen führen. **Entscheidungsalternativen** sind möglich:

- Die **JA-Entscheidung**, bei welcher der Konzeptvorschlag ohne wesentliche Änderungen von den Entscheidungsträgern angenommen wird.

- Die **JA-ABER-Entscheidung**, bei der zwar das grundsätzliche Prozesskonzept genehmigt, darüber hinaus aber Verbesserungen gefordert werden.

- Die **JEIN-Entscheidung**, bei der die Entscheidungsträger die Vorschläge des Organisators mit der Forderung einer gründlichen Überarbeitung zurückweisen.

- Die **NEIN-Entscheidung**, bei der die Entscheidungsträger Zweifel an der Realisierbarkeit des Prozessentwurfes haben und diesen ablehnen, was zum Abbruch des Vorhabens führt.

Die Entscheidungsträger müssen ihre Entscheidungen gründlich abwägen, denn Fehlentscheidungen können für das Unternehmen mit hohen Kosten verbunden sein.

3.2 GRUNDLEGENDE DETAILORGANISATION

Die zweite Phase der Prozessgestaltung stellt die grundlegende Detailorganisation des neuen Systems dar. Sie schließt sich an die Groborganisation an und muss bei der Gestaltung eines jeden Geschäftsprozesses **zwingend** erledigt werden.

Der grundlegenden Detailorganisation folgt in einer weiteren Phase die **ergänzende Detailorganisation** mit einer Reihe besonderer Aufgaben, die **nicht immer** durchzuführen sind – siehe S. 225 ff. Die Reihung der Aufgaben von grundlegender und ergänzender Detailorganisation muss im Einzelfall festgelegt werden, da es zwischen ihnen eine Vielzahl von Abhängigkeiten gibt, die zu beachten sind.

Die prozessbezogene Detailorganisation unterscheidet sich von der Gestaltung der Aufbauorganisation neben ihrer sachlich unterschiedlichen Aufgabenstellung vor allem in:

- Der **Ausarbeitung** der Prozessorganisation, die üblicherweise im vorgegebenen Rahmen der Aufbauorganisation erfolgt. Beim Business Reengineering werden Aufbauorganisation und Prozessgestaltung aber gemeinsam verändert.

- Der **Zeit**, die bei der Prozessgestaltung im Gegensatz zur Aufbauorganisation eine wesentliche Gestaltungskomponente ist.

- Dem **Raum**, der für die Prozessorganisation bedeutsam ist, was – abgesehen von der geografischen Zentralisation – für die Aufbauorganisation nicht gilt.

Als grundlegende Detailorganisation sind zu unterscheiden:

- **Arbeitsstrukturierung**
- **Arbeitsgangorganisation**
- **Arbeitsplatzorganisation**
- **Arbeitsprozessorganisation**
- **Arbeitsprozessterminierung**
- **Arbeitsprozessdokumentation**.

3.2.1 ARBEITSSTRUKTURIERUNG

Die Arbeitsstrukturierung durch den Organisator beginnt mit der Arbeitsanalyse, der die Arbeitssynthese folgt:

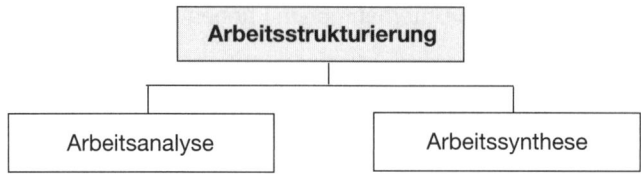

3.2.1.1 ARBEITSANALYSE

Die Arbeitsanalyse der grundlegenden Detailorganisation entspricht in ihrer Technik der Aufgabenanalyse der Aufbauorganisation. Inhaltlich beginnt sie üblicherweise dort, wo die Aufgabenanalyse endet, die sich mit der Ermittlung der Teilaufgaben begnügen kann.

Mit der Arbeitsanalyse müssen aus den Teilaufgaben die Elementaraufgaben abgeleitet werden, d. h. sie stellt die erfüllungsbezogene Untergliederung der durch die Analyse der Gesamtaufgabe gewonnenen Teilaufgaben dar *(Schwarz)*. Die Arbeitsanalyse ist damit die Verlängerung der Aufgabenanalyse *(Kosiol)*.

Sowohl die Aufgabenanalyse als auch die Arbeitsanalyse werden mit der Technik der **hierarchischen Strukturierung** durchgeführt. Ihr Ergebnis ist ein Strukturdiagramm oder Baumdiagramm – siehe S. 196 f..

Beispiel: Arbeitsanalyse

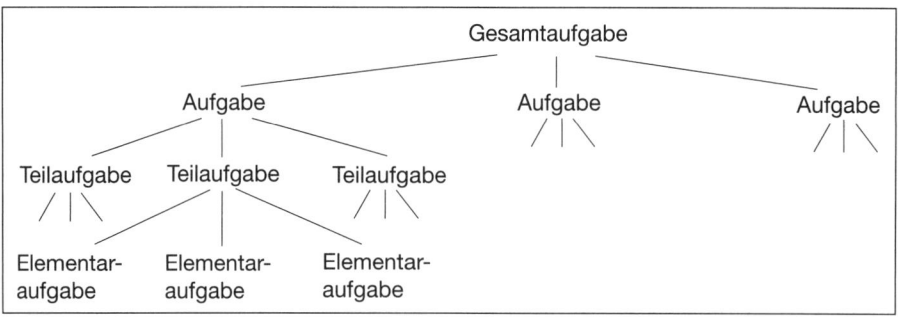

Mithilfe der Arbeitsanalyse wird das Prozesskonzept unter Berücksichtigung der Ergebnisse der Prozessanalyse fortschreitend gegliedert. Diese Unterteilung kann entsprechend der Aufgabenanalyse in verschiedener Weise erfolgen als:

- ▶ Verrichtungsanalyse
- ▶ Phasenanalyse
- ▶ Objektanalyse
- ▶ Ranganalyse
- ▶ Zweckbeziehungs-
  analyse

Bei der Organisation von Prozessen werden insbesondere die **Verrichtungsanalyse** und die **Objektanalyse** angewandt. Formale Analysen nach Rang, Phase und Zweckbeziehungen haben bei der Arbeitsanalyse geringere Bedeutung.

Beispiel: Arbeitsstruktur mithilfe einer Verrichtungsanalyse im Versand

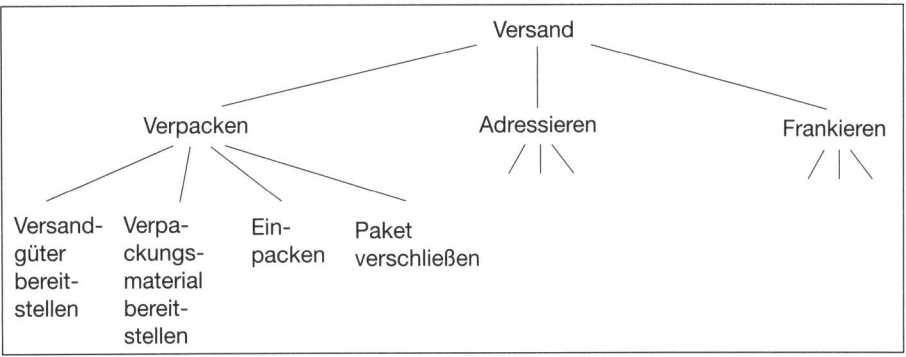

Das **Ergebnis** der Arbeitsanalyse muss die Gesamtheit aller Elementaraufgaben sein, die durchgeführt werden müssen, um die Gesamtaufgabe gemäß dem Systemkonzept zu erfüllen. Es soll folgenden **Inhalt** aufweisen:

* Alle Elementaraufgaben
* Reihenfolge, soweit es eine Zwangsfolge gibt
* Ausweis der Elementaraufgaben, die parallel erfolgen können.

Die **Tiefe** der Arbeitsanalyse ist von mehreren Faktoren abhängig, zu denen zählen:

* Prozessorganisatorische Arbeitsaufgaben
* Komplexität der Gesamtaufgabe
* Grad der gewünschten Arbeitsteilung
* Häufigkeit des Arbeitsanfalls
* Detaillierungsgrad des Prozessentwurfes.

Außer der hierarchischen Strukturierung können vom Organisator weitere prozessbezogene **Strukturierungsmittel** eingesetzt werden:

* Der **Gliederungsplan**, zu dessen Erstellung *REFA* die folgende Strukturierung empfiehlt, die eine Übersicht der konkreten Aufgaben gibt:

Gliederungsplan: Versand		
Verpacken	Versandgüter bereitstellen	Kommissionieren
		Zum Packplatz transportieren
	Verpackungsmaterial bereitstellen	Kartons anliefern
		Füllmaterial zuführen
	Einpacken	Güter in Kartons ordnen
		Inhaltskontrolle
		Mit Füllmaterial verfüllen

- Die **Dezimalklassifikation**, bei der auf eine grafische Darstellung verzichtet wird. Die Baumstruktur wird mithilfe eines Zahlensystems ausgewiesen, z. B.:

> 1. Verpacken
>   1.1 Versandgüter bereitstellen
>   1.1.1 Kommissionieren
>   1.1.2 Zum Packplatz transportieren
>   1.2 Verpackungsmaterial bereitstellen
>   1.2.1 Kartons anliefern
>   1.2.2 Füllmaterial zuführen
>   1.3 Einpacken
>   1.3.1 Güter in Karton ordnen
>   1.3.2 usw.

- Die **Gliederungstabelle**, die benutzt wird, um Zusatzinformationen zu jedem Arbeitselement tabellarisch darstellen zu können:

Gliederungstabelle: Versand			
Verpacken			
Versandgüter bereitstellen			
Kommissionieren			
Verpackungsmaterial bereitstellen			
Kartons anliefern			
Füllmaterial zuführen			
Einpacken			
Güter in Kartons ordnen			
Inhaltskontrolle			

3.2.1.2 ARBEITSSYNTHESE

Der Arbeitsanalyse folgt die **Arbeitssynthese**, die sich mit der Aufgabensynthese verbindet. Mit ihrer Hilfe kann die Gestaltung des Arbeitsablaufes erfolgen. Es gibt:

- Die **personale Synthese**, welche alle Fragen behandelt, die mit der Leistungszuweisung an Personen auftreten. Sie wird auch als **Arbeitsverteilung** bezeichnet. Dabei wird jeder Aufgabenträger unter Wahrung des Grundsatzes der Gleichwertigkeit von subjektiven und objektiven Anforderungen mit der Menge an Arbeitsgängen bedacht, die ihn während eines festgelegten Zeitraumes voll beschäftigt.

  Die Einordnung der **Arbeitsmittel** bzw. **Arbeitsträger** wirft ein zusätzliches Problem der Arbeitstechnik auf, das über die Arbeitsorganisation hinausgeht.

- Die **zeitliche Synthese**, die als zeitbezogene Arbeitsvereinigung zu verstehen ist. Wird der Vollzug einzelner, verschiedener oder gleichartiger Arbeitsgänge durch ein Arbeitssubjekt betrachtet und erfolgt eine zeitliche Aneinanderreihung, entsteht eine **Arbeitsgangfolge**. Diese ist organisatorisch zu gestalten und zeitlich mit anderen Gangfolgen abzustimmen.

  Die vollständige Reihung aller Arbeitsteile beliebiger Ordnung an einem Objekt für einen Aufgaben- und Arbeitsträger macht den Handlungsinhalt eines Arbeitsganges aus. Dabei wird die in einer Zeiteinheit von mehreren Aufgabenträgern mit ihren Arbeitsmitteln durchschnittlich zu bewältigende Arbeitsmenge ermittelt.

- Die **lokale Synthese**, die zur Bestimmung der optimalen Durchlaufgeschwindigkeit aller Objekte durch das Unternehmen als bestmögliche Raumgestaltung erforderlich ist. Sie umfasst die räumliche Anordnung der Arbeitsplätze und die Arbeitsplatzgestaltung, denn zur Ausführung von Arbeitsgängen werden Arbeitsplätze benötigt, die entsprechenden Stellen zugeordnet sind.

Die Arbeitssynthese hat schwerpunktmäßig die Bildung von **Arbeitsgängen** und deren Zusammenfassung zu **Arbeitsgangfolgen** zum Inhalt.

31 ⟩ Seite 460

3.2.2 ARBEITSGANGORGANISATION

Der Arbeitsgang ist als Basiselement der Prozessorganisation die Summe von Elementaraufgaben, die von einer Stelle oder an einem Arbeitsplatz ausgeführt wird. Jeder Arbeitsgang ist zu organisieren, wobei sich drei **Aufgaben** stellen:

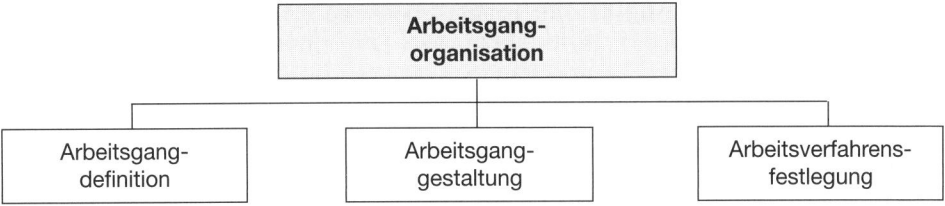

Während sich der Begriff Arbeitsgang in der Fertigungsorganisation durchgesetzt hat, ist er im Bürobereich noch nicht überall üblich.

3.2.2.1 ARBEITSGANGDEFINITION

Durch die Zusammenfassung geeigneter Elementaraufgaben, die von einer Stelle oder an einem Arbeitsplatz auszuführen sind, werden die Arbeitsgänge ermittelt. Die **Zusammenfassung** erfolgt nach:

- Der **Zentralisierung** bzw. **Dezentralisierung** der Arbeitsgänge, die systematisch durchgeführt werden sollte. Für die Bildung von Arbeitsgängen sind möglich:

Zentralisierung	Dezentralisierung
▶ Verrichtungszentralisierung ▶ Phasenzentralisierung ▶ Entscheidungszentralisierung ▶ Verwaltungszentralisierung	▶ Objektdezentralisierung ▶ Phasendezentralisierung ▶ Entscheidungsdezentralisierung ▶ Verwaltungsdezentralisierung

- Der **Arbeitsteilung**, die sich auf die Zahl der unterschiedlichen Verrichtungen an einem Arbeitsplatz bezieht. Eine starke Arbeitsteilung bedingt im Extremfall, dass nur eine einzige Verrichtung von einem Arbeitsplatz vorgenommen wird.

Vorteile	Nachteile
▶ Kürzere Einarbeitungszeit ▶ Niederes Qualifikationserfordernis ▶ Geringere Lohnkosten	▶ Geringere Elastizität ▶ Monotonieerscheinungen ▶ Geringe Identifikation mit Aufgabe

- Dem **Sachmitteleinsatz**, den die Arbeitsverteilung für bestimmte Elementaraufgaben in verschiedener Hinsicht zu beachten hat als Vollausnutzung, Art des Einsatzes, Umfang des Einsatzes, Angemessenheit des Einsatzes.

- Dem **Datenzugriff**, der bei einzelnen Elementaraufgaben und damit oft auch bei verschiedenen Arbeitsgängen erforderlich ist. Die Speicherung von gleichen Daten an mehreren Arbeitsplätzen oder der Zugriff auf einmalige Daten von verschiedenen Arbeitsplätzen ist kostenaufwändig.

  Deswegen sollten – sofern ein Zugriff auf eine Datenbank nicht möglich ist – alle Arbeitsgänge, die gleiche Daten benötigen, am gleichen Arbeitsplatz bearbeitet werden.

- Dem **Qualifikationsniveau**, das von einem Arbeitsträger für die Ausübung eines Arbeitsganges benötigt wird, z. B. als Kenntnisse, Erfahrungen, Fähigkeiten, Fertigkeiten.

  Dementsprechend können nur niveauähnliche Elementaraufgaben zu einem Arbeitsgang zusammengefasst werden.

Da die vorgenannten Kriterien für die Arbeitsgangbildung teilweise konträre Forderungen beinhalten, ist es erforderlich, ein Optimum hieraus anzustreben.

3.2.2.2 ARBEITSGANGGESTALTUNG

Jeder einzelne Arbeitsgang ist zu gestalten, was nach dem **EVA-Prinzip** geschieht:

Deshalb ist es erforderlich, für sämtliche Arbeitsgänge drei **Merkmale** zu definieren:

- Die **Eingabe**, wobei alle zur Durchführung des Arbeitsganges erforderlichen Eingaben zu ermitteln sind, z. B. Daten von vorhergehenden Arbeitsgängen, auf der Festplatte oder auf Diskette gespeicherte Daten, Eingabedaten bei Nutzung der EDV.

- Die **Verarbeitung**, wobei aufgrund der Elementaraufgaben, die zu diesem Arbeitsgang zusammengefasst wurden, für jedes Arbeitselement der Arbeitsinhalt und das Arbeitsverfahren festzulegen ist.

- Die **Ausgabe**, wobei alle Daten-Ausgaben zu definieren sind. Ein Arbeitsgang ohne Ausgabe ist sinnlos. Die Ausgabe ist nach Art, Datenträger und Empfänger zu bestimmen. Ausgaben sind z. B. Arbeitsergebnisse, Masken, Erläuterungsdaten, Formulare.

Am **Beispiel** eines Arbeitsganges »Verpacken« kann das Ergebnis der Arbeitsgangbildung dargestellt werden:

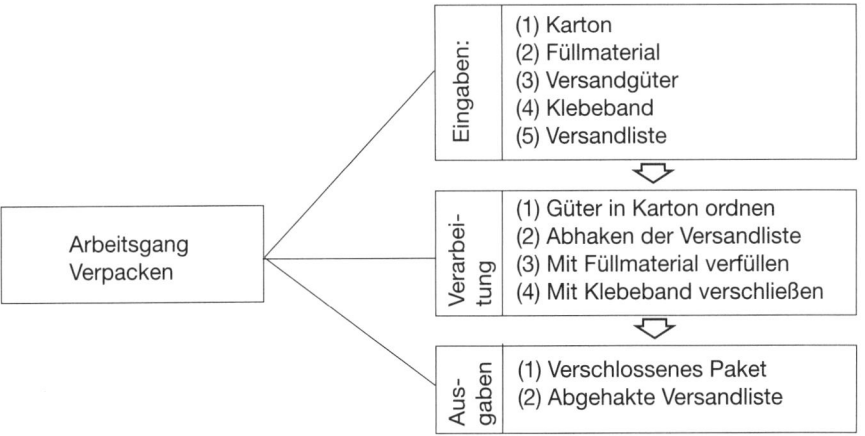

Die Arbeitsganggestaltung bedarf außerdem der Vorgabe der Arbeitsverfahren für jeden Arbeitsgang.

3.2.2.3 ARBEITSVERFAHRENSFESTLEGUNG

Der Organisator muss für jedes Arbeitselement eines Arbeitsganges die Arbeitsverfahren definieren und folgende Verfahren bzw. Sachmittel vorgeben:

- Das **fachliche Verfahren**, mit dem die fachliche Lösung jedes Arbeitselementes festzulegen ist. Dazu ist es zunächst erforderlich, die möglichen Verfahrensalternativen zu ermitteln. Für ein Arbeitselement »Abschreibung« können die Verfahrensalternativen z. B. lineare, degressive, progressive Abschreibung oder Abschreibung nach Leistung sein.

- Das **organisatorische Verfahren**, mit dem für ein Arbeitselement oder einen Arbeitsgang manuelle Arbeitsausführung, Dialogdatenverarbeitung, arbeitsteilige Datenverarbeitung und automatische Datenverarbeitung unterschieden werden.

Die Auswahl eines Datenverarbeitungsverfahrens erfordert außerdem die Ausarbeitung oder die Beschaffung eines Anwendungsprogrammes.

- Die **Sachmittel**, die für ein Arbeitselement oder einen Arbeitsgang festzulegen sind. Sie können z. B. sein:

> ‣ Computer mit seiner Hard- und Softwareausstattung
> ‣ Büromaschinen wie Kopierer, Diktiergerät
> ‣ Kommunikationsmittel wie Telefon, Personalcomputer
> ‣ Gebrauchsartikel wie Hefter, Locher
> ‣ Verbrauchsmaterialien wie Formulare, Endlosdruckpapier
> ‣ Arbeitsunterlagen wie Preislisten, Kostenträgerverzeichnis

- Die **Arbeitsverfahren**, die für verschiedene Aufgaben weitere Vorgaben ausweisen, z. B. als Arbeitszeitermittlung, Arbeitsplatzzuordnung, Arbeitsplatzgestaltung.

Die festgelegten Arbeitsverfahren werden in der Stellen- bzw. Arbeitsplatzbeschreibung, der Programmvorgabe und der Organisationsrichtlinie dokumentiert.

32 >> Seite 461

3.2.3 ARBEITSPLATZORGANISATION

Zur Ausführung von Arbeitsgängen werden Arbeitsplätze benötigt, die Stellen zugeordnet sind. Um Arbeitsabläufe vollständig zu organisieren, muss auch die Arbeitsplatzorganisation in die grundlegende Detailorganisation einbezogen werden.

Oft werden im Rahmen der Arbeitsplatzorganisation aber nicht neue Arbeitsplätze eingerichtet, sondern es erfolgt nur eine Überprüfung oder Änderung vorhandener Arbeitsplätze. Bei der Arbeitsplatzorganisation sind zu unterscheiden:

3.2.3.1 KAPAZITÄTSBEDARFSERMITTLUNG

Um die benötigten Arbeitsplätze ermitteln zu können, muss für alle Arbeitsgänge – wie zuvor beschrieben – eine Vielzahl von Angaben festgelegt bzw. zu ermittelt werden:

- Zur **qualitativen Arbeitsplatzauslegung** die Bearbeitungsaufgaben, organisatorische Verfahren, fachliche Arbeitsverfahren und Sachmittelerfordernisse.

- Zur **quantitativen Arbeitsplatzauslegung** z. B. die im Hinblick auf die Zahl zu packender Pakete oder zu schreibender Rechnungen festzustellenden Durchschnittsmengen, Maximalmengen, Minimalmengen.

  Bei stark schwankenden Vorgangsmengen, wie sie in Saisonunternehmen vorkommen, bedarf es oftmals einer vertieften Mengenanalyse.

- Zur **zeitlichen Arbeitsplatzauslegung** der voraussichtliche Arbeitszeitbedarf je Arbeitsgang und Vorgang, wobei meist eine mittlere Genauigkeit genügt. Er wird ermittelt durch:

  ▸ Simulation der Arbeitsdurchführung mit Zeitaufnahme
  ▸ Arbeitszeitberechnung bei bereits bisher ausgeführten Arbeitsaufgaben
  ▸ Befragung der Mitarbeiter über die benötigten Arbeitszeiten
  ▸ Erstellung von Arbeitsberichten mit anschließender Arbeitszeitanalyse

Die **Kapazitätsbedarfsermittlung** ist daraufhin über die Angaben von Arbeitszeit und Mengen je Arbeitsgang möglich, wie das folgende **Beispiel** zeigt:

Arbeitsgang	Arbeitszeit je Vorgang	Vorgangs- menge	Kapazitäts- bedarf	Kapazitäts- bedarf
	Minuten	Stück	Arbeits- stunden je Arbeitstag (AT)	Arbeits- plätze
Verpackungsmaterial bereitstellen	8,5	50	7,1	1,0
Pakete verpacken	3,0	420	21,0	3,0
Adressaufkleber erstellen	1,0	420	7,0	1,0
Adressaufkleber befestigen	0,5	420	3,5	0,5

Bei der Ermittlung des Kapazitätsbedarfes für jeden Arbeitsplatz und damit auch für die Gesamtaufgaben sind der Leistungsgrad, die Erholungszeiten und die Verteilzeiten der Mitarbeiter zu berücksichtigen.

33 ▷ Seite 462

3.2.3.2 ARBEITSPLATZBEDARFSERMITTLUNG

Für die Ermittlung der erforderlichen Arbeitsplätze bildet die **Normalkapazität** den Ausgangspunkt. Sie ist das Arbeitsvolumen, das unter normalen Umständen für den Organisator verfügbar ist. Bei ihrer Berechnung sind z. B. durchschnittliche Urlaubszeiten, erfahrungsgemäß krankheitsbedingte Abwesenheiten, durchschnittliche Überstundenleistungen oder sonstige Fehlzeiten zu berücksichtigen.

Der Arbeitsplatzbedarf kann aus dem Kapazitätsbedarf ermittelt werden, wozu das obige **Beispiel** fortgeführt wird:

Arbeitsplatz	Arbeitsgang	Kapazitäts-verfügbarkeit Std./AT	Kapazitäts-bedarf Std./AT	Qualifika-tion
Bereitstellung	Verpackungsmaterial bereitstellen	7,0	7,1	Hilfsarbeiter
Packplatz 1	Pakete verpacken	7,0	7,0	Fachpacker
Packplatz 2	Pakete verpacken	7,0	7,0	Fachpacker
Packplatz 3	Pakete verpacken	7,0	7,0	Fachpacker
DV-Bearbei tung	Adressaufkleber erstellen	7,0	7,0	DV-Sach-bearbeiter
Adressieren	Adressaufkleber aufbringen	7,0	3,5	Hilfsarbeiter

34 ⟫ Seite 463

3.2.3.3 ARBEITSPLATZGESTALTUNG

Nachdem der zahlenmäßige Bedarf an Arbeitsplätzen ermittelt ist, müssen die zur Bereitstellung erforderlichen Arbeitsplätze geprüft werden. Dabei sind zu unterscheiden:

- Vorhandene Arbeitsplätze, die *ohne* Änderung für die Arbeit einsetzbar sind
- Vorhandene Arbeitsplätze, die *nach* Änderung für die Arbeit nutzbar sind
- Vorhandene Arbeitsplätze, für die *kein* Kapazitätsbedarf mehr vorhanden ist
- Neu zu schaffende Arbeitsplätze

Sind neue Arbeitsplätze einzurichten oder vorhandene Arbeitsplätze an die Arbeitsgänge anzupassen, haben verschiedene **Festlegungen** zu erfolgen, die betreffen:

- Die **Arbeitsplatzaufgaben**, welche durch die Summe aller Arbeitsgänge mit ihren Arbeitselementen bestimmt werden, die an einem Arbeitsplatz auszuführen sind.

- Die **Arbeitsplatzziele** für jeden Arbeitsplatz, die auf die Arbeitsaufgaben bezogen sind, z. B. auf die Packplätze als Minimierung von Transportschäden, Paketversand innerhalb einer Stunde, Verringerung des Packmaterialeinsatzes.

- Die **Arbeitsplatzbefugnisse**, die sich auf die Kompetenzen der jeweiligen Arbeitsplatzinhaber beziehen, z. B. als Entscheidungsbefugnisse, Verfügungsbefugnisse, Vertretungsbefugnisse, Weisungsbefugnisse, Informationsbefugnisse.

- Die **Arbeitsplatzverantwortung**, die angibt, inwieweit der Arbeitsplatzinhaber für die Folgen seiner Entscheidungen einzustehen hat. Dabei sollen die Aufgaben, die Befugnisse und die Verantwortung möglichst übereinstimmen.

- Die **Mitarbeiterqualifikation**, die vom Organisator für jeden einzelnen Arbeitsplatz vollständig und im Hinblick auf Kenntnisse, Fertigkeiten, Fähigkeiten und Erfahrungen genau vorzugeben ist.

- Die **Sachmittelausstattung**, die zur Ausführung der Arbeitsgänge eines Arbeitsplatzes notwendig ist, z. B. in Form von Basissachmitteln wie Raum, Mobiliar, Büromaschinen verschiedener Art, Kommunikationsmitteln, Packplänen, Arbeitsrichtlinien, Computern mit der notwendigen Software, Produktionsmaschinen und -anlagen, Formularen, Druckerpapier.

- Die **Versorgungseinrichtungen**, die an den Arbeitsplätzen vorhanden sein müssen, z. B. als Basisversorgung mit Elektrizität, Datenversorgung mit Abschlüssen an ein PC-Netz oder an einen Großrechner und Kommunikationsversorgung.

- Die **Dokumentation** der ermittelten Arbeitsplatzmerkmale und Arbeitsplatzerfordernisse, z. B. in Form von Stellenbeschreibungen, Arbeitsplatzbeschreibungen, Sachmittelbedarfslisten, Funktionendiagrammen, Raumbelegungsplänen, Stellenplänen.

3.2.4 ARBEITSPROZESSORGANISATION

Zur Gestaltung eines Prozesses kann der Organisator eine Prozesssymbolik verwenden, die Strukturen von speziellen Elementen und ihren Verbindungen abbildet.

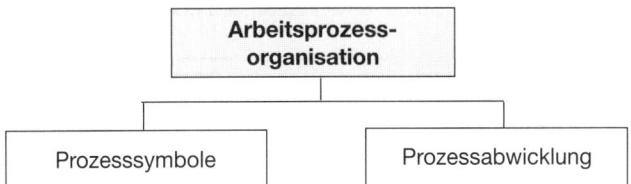

3.2.4.1 PROZESSSYMBOLE

Für die Gestaltung von Prozessen steht eine begrenzte Zahl von Prozesssymbolen in Form **elementarer Prozessstrukturen** zur Verfügung, z. B.:

- Die **Sequenz** als eine unbedingte Reihung der Arbeitsgänge, die in der organisatorischen Praxis auch als **Folge** bezeichnet wird:

- Die **Alternative**, die als Ablaufstruktur in unterschiedlicher Ausprägung möglich ist. Der Organisator kann sie nutzen z. B. in Form von der:

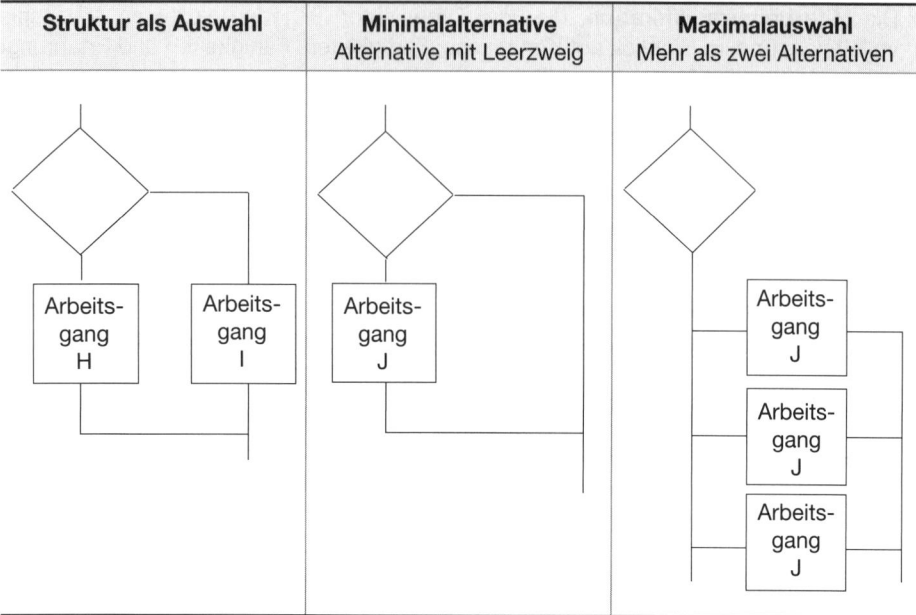

Struktur als Auswahl	Minimalalternative Alternative mit Leerzweig	Maximalauswahl Mehr als zwei Alternativen

- Der **Zyklus**, der auch als **Wiederholung** oder **Schleife** bezeichnet wird. Er ist dadurch gekennzeichnet, dass ein Arbeitsgang so lange wiederholt wird, bis eine Bedingung eingetreten ist. Dann wird die Schleife verlassen. Zu unterscheiden sind z. B.:

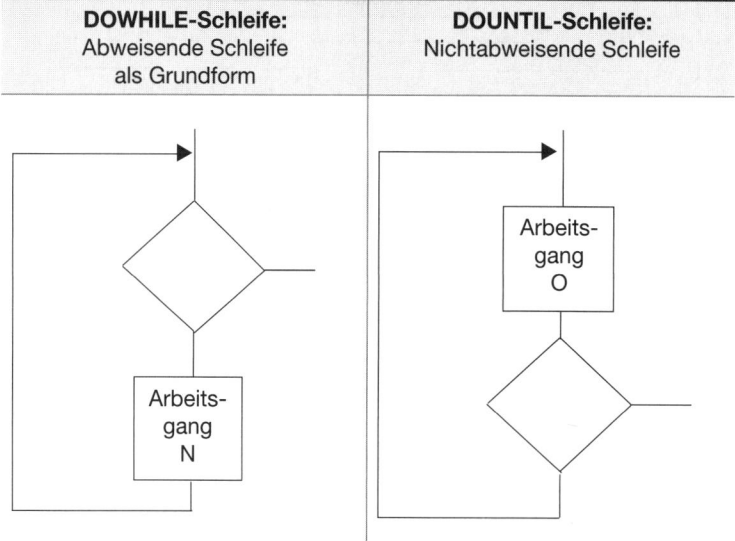

DOWHILE-Schleife: Abweisende Schleife als Grundform	DOUNTIL-Schleife: Nichtabweisende Schleife

Beide Wiederholungsarten werden auch als kopf- oder fußgesteuerte Schleifen bezeichnet.

- Die **Parallele**, bei der zwei oder mehrere Arbeitsgänge zeitlich parallel auszuführen sind. Das ist nur möglich, wenn mehrere Arbeitsträger zur Verfügung stehen, z. B. im Büro oder in der Fertigung:

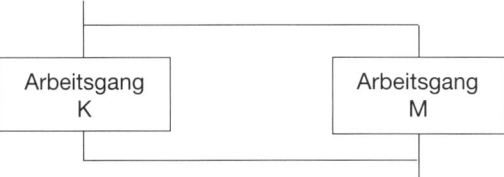

Der Organisator kann mit den dargestellten elementaren Prozesssymbolen im Unternehmen alle Arten von Abläufen gestalten, z. B. als Programmabläufe, Büroarbeitsabläufe oder Fertigungsabläufe.

3.2.4.2 PROZESSABWICKLUNG

Bei der Abwicklung von Arbeitsprozessen ist zu berücksichtigen, dass vielfach keine vollkommene **Gestaltungsfreiheit** besteht. Entsprechend sind zu unterscheiden:

- Die **zwingende Folge**, denn ein Arbeitsgang kann oft nur dann durchgeführt werden, wenn ein anderer Arbeitsgang vorausgegangen ist, dessen Arbeitsergebnisse benötigt werden. Das Eintreten einer auslösenden Bedingung ergibt sich aus dem vorausgegangenen Arbeitsgang.

  In diesen Fällen besitzt der Organisator keine Gestaltungsfreiheit, es gilt eine zwingende Folge, z. B. müssen zunächst die Arbeitsergebnisse vorliegen, bevor diese geprüft werden können.

- Die **empfehlende Folge**, bei der es zwar nicht zwingend erforderlich ist, dass ein bestimmter Arbeitsgang vorausgeht, jedoch ergeben sich aus seinem Vorausgehen kleinere oder größere Vorteile. So empfiehlt es sich z. B. die folgenden Arbeitsgänge nur in der Reihenfolge »Ausfüllen des Scheckformulars« und »Unterschreiben des Schecks« vorzunehmen.

- Die **gestaltbare Folge**, bei welcher der Organisator freie Hand bei der Gestaltung des Prozesses der einzelnen Arbeitsgänge hat. Ohne Sachzwänge kann z. B. für eine Auftragsbearbeitung die Reihenfolge einer Bonitätsprüfung und einer Lieferbereitschaftsprüfung organisiert werden.

In der Praxis gelten folgende **Regeln** für die Gestaltung des Arbeitsprozesses:

- Die Durchlaufzeiten müssen so klein wie möglich werden.
- Die Transporterfordernisse zwischen den Arbeitsgängen sind zu minimieren.
- Der Geschäftsprozess ist einfach, aber so komplex wie nötig zu gestalten.
- Die Arbeitsgänge mit großer Wertschöpfung sind am Ende des Ablaufes anzusiedeln.

Zur **Ausarbeitung** und **Dokumentation** des Arbeitsablaufes können verschiedene **Techniken** benutzt werden. Dazu zählen:

- Im Hinblick auf die **Ablauflogik**

▶ Strukturablaufdiagramm	▶ Ablaufplan
▶ Programmablaufplan	▶ Struktogramm

Siehe S. 218 ff.

- Im Hinblick auf den **Datenfluss**

▶ Prozessdiagramm	▶ Datenflussplan
▶ Blockschaltbild	

Siehe S. 271 ff.

3.2.5 Arbeitsprozessterminierung

Im Rahmen der Arbeitsprozessterminierung sind zu betrachten:

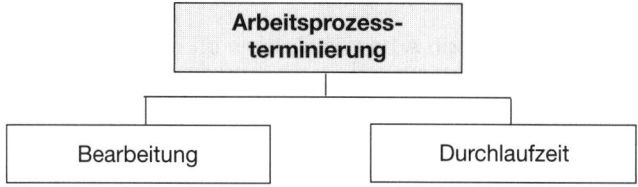

3.2.5.1 Bearbeitung

Die Aufgabenträger können die Arbeitsgänge an einem Arbeitsplatz im Unternehmen in unterschiedlicher **Frequenz** bearbeiten:

- In **kontinuierlicher Bearbeitung**, wenn an dem Arbeitsplatz nur die Bearbeitung eines einzigen Arbeitsganges durch den Aufgabenträger erfolgt.

- In **diskontinuierlicher Bearbeitung**, wenn an dem Arbeitsplatz zwei oder mehrere verschiedene Arbeitsgänge durchgeführt werden. Dann ist neben der Arbeitsfolge auch die Frequenz zu bestimmen, in der die verschiedenen Arbeitsgänge wechseln sollen.

Dabei sind als Wechsel zu unterscheiden:

| **Regelmäßiger Wechsel** | Bei ihm erfolgt der Wechsel eines Arbeitsganges jeweils zu einem bestimmten Zeitpunkt. Der betrachtete Arbeitsgang wird folglich nicht über die gesamte Arbeitszeit ausgeführt. Die Bestimmung der Arbeitsgangfrequenz mit regelmäßigem Arbeitsgangwechsel kann mithilfe der Gantt-Technik erfolgen – siehe auch Seite 325 f.: |

Beispiel: Arbeitsfrequenz eines Arbeitsplatzes

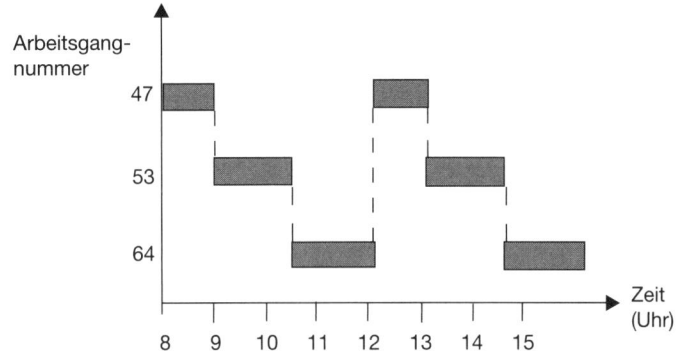

| **Unregelmäßiger Wechsel** | Bei ihm wird jeweils ein Arbeitsstapel abgearbeitet. Erst dann erfolgt – unabhängig von einem definierten Zeitpunkt – der Wechsel des Arbeitsganges. |

Beispiel: Nach Fertigstellung aller schreibfähigen Rechnungen geschieht die Verbuchung der geschriebenen Fakturen.

Mit der Bestimmung der **Arbeitsfrequenz** erfolgt auch die Festlegung des zeitlichen Arbeitsprozesses bei regelmäßigem Arbeitsplatzwechsel. Beide können nur gemeinsam bestimmt werden, denn der Arbeitsprozess ist die Folge der Arbeitsgänge über alle Arbeitsplätze, an denen die gleiche Aufgabe bearbeitet wird.

3.2.5.2 DURCHLAUFZEIT

Die Zeitdauer des Arbeitsprozesses ist die Durchlaufzeit. Sie wird bestimmt durch die **Summe** aller gegebenen Zeiten als:

▸ Arbeitszeiten   ▸ Transportzeiten   ▸ Liegezeiten

Das wesentliche **Ziel** der Bestimmung des zeitlichen Arbeitsprozesses ist die Minimierung der Durchlaufzeit. Das bedeutet vor allem die Minimierung der Liegezeiten. Es ist jedoch erforderlich, die Durchlaufzeit nicht nur eines Prozesses zu minimieren, sondern die Minimierung für alle Prozesse vorzunehmen.

Beispiel: Diagramm des zeitlichen Arbeitsablaufes eines Auftrages

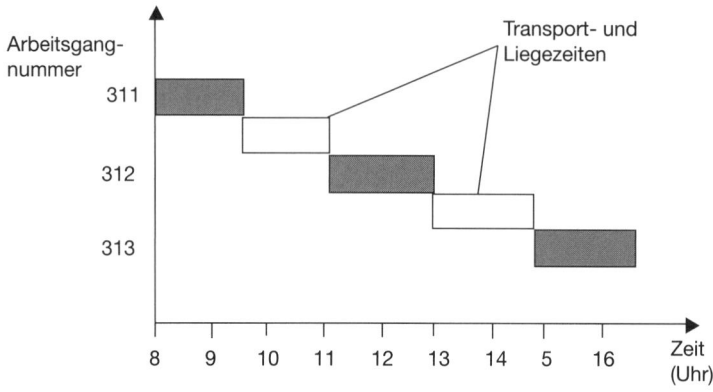

3.2.6 ARBEITSPROZESSDOKUMENTATION

Die Erarbeitung und Dokumentation von Geschäftsprozessen ist in erheblichem Maße abhängig von den einzusetzenden **Arbeitsträgern**, die sein können:

- **Qualifizierte Mitarbeiter**, welche die entsprechende Ausbildung, Fortbildung und Erfahrung mitbringen und Experten auf bestimmten Gebieten sind.

- **Nichtqualifizierte Mitarbeiter**, zu denen im Unternehmen sowohl ungelernte Kräfte als auch angelernte Mitarbeiter zählen.

- **Computer**, die programmgesteuert sind und gegenüber den Mitarbeitern besondere Fähigkeiten im Hinblick auf Schnelligkeit in der Datenverarbeitung, hohe Speicherkapazitäten und exakte Wiedergewinnung von Daten aufweisen.

Den Computern müssen mit Programmen die Arbeitsprozesse im Detail vorgegeben werden. Für die Ausarbeitung und Dokumentation der Prozesslogik gibt es mehrere **Techniken**:

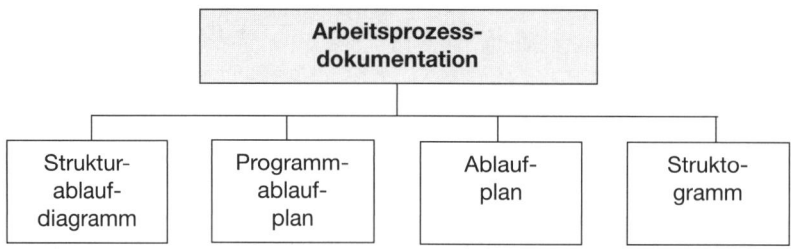

Darüber hinaus empfiehlt sich für die Vorgabe der Arbeitsdurchführung an die Mitarbeiter der Einsatz von **Datenflussplänen** und **Prozessdiagrammen** als Techniken der Dokumentation – siehe S. 271 ff. Sie können auch von Nicht-Fachleuten unmittelbar verstanden und beurteilt werden.

3.2.6.1 STRUKTURABLAUFDIAGRAMM

Das Strukturablaufdiagramm dient dazu, mithilfe einer einzigen Technik den strukturellen Aufbau und den durchführungsbezogenen Prozess auszuarbeiten und darzustellen. Es wird auch als **Composite Design** bezeichnet.

Beim Strukturablaufdiagramm wird für alle Bearbeitungen, Aktivitäten, Operationen und deren Überordnungen mit einem Sinnbild gearbeitet, in welches die Bezeichnung eingeschrieben wird. Dementsprechrend ist den Verarbeitungsmodulen immer ein **Steuerungsblock** übergeordnet:

Für die **Darstellung des Prozesses** kann eine einfache Symbolik verwendet werden, die z. B. folgende fünf Möglichkeiten erlaubt:

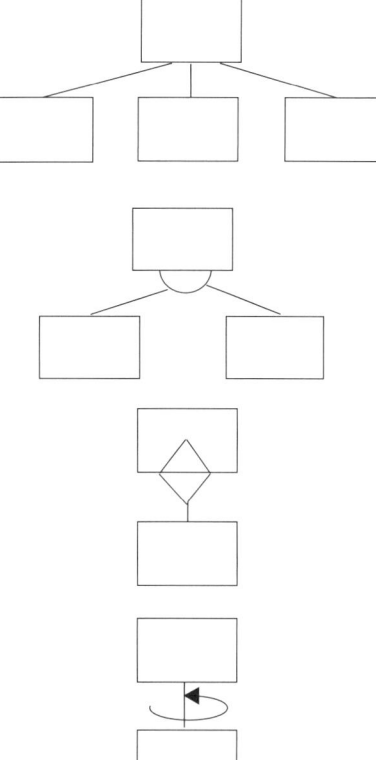

- Die **Sequenz** als eine unbedingte Reihung der Arbeitsgänge. Sie wird auch als **Folge** bezeichnet und lässt sich in folgender Weise darstellen:

- Die **Alternative** als eine Auswahl aus mehreren Möglichkeiten, bei der die Darstellung unter Hinzufügung eines Halbkreises erfolgt:

  Gibt es nur die Alternative zwischen einer Bearbeitung und der Fortführung des weiteren Prozesses als Minimalalternative, erfolgt die Darstellung unter Verwendung einer Raute:

- Der **Zyklus** als die ein- oder mehrmalige Wiederholung, die mit einem Pfeilbogen darstellbar ist. In dieser Technik werden die Schleifenarten nicht mit Symbolen unterschieden:

- Der durch **Entscheidungstabellen** gesteu-
  erte Prozess, der mit folgender Darstellung
  ausgewiesen werden kann:

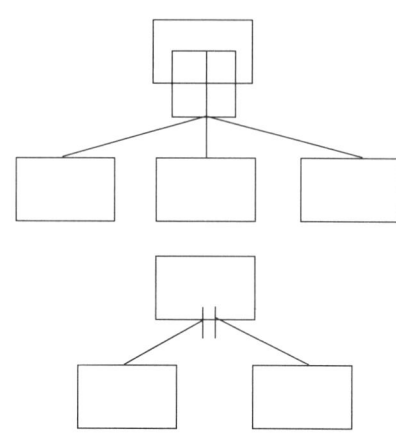

- Die **Parallele**, bei der zwei oder mehrere Arbeitsgänge gleichzeitig durchgeführt werden. Sie lässt sich in folgender Weise darstellen:

Der Organisator kann mit diesen Strukturablaufdiagrammen unterschiedliche **Hierarchi-en** als Formen der Rangordnung darstellen:

- Die **einstufige Hierarchie**, die am Beispiel der betrieblichen Auftragsbearbeitung ab-
  gebildet werden kann:

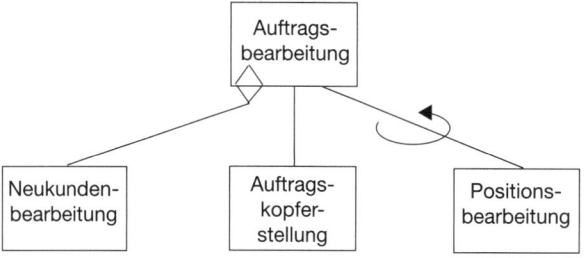

- Die **mehrstufige Hierarchie**, die sich am Beispiel der betrieblichen Bestellungsbear-
  beitung aufzeigen lässt:

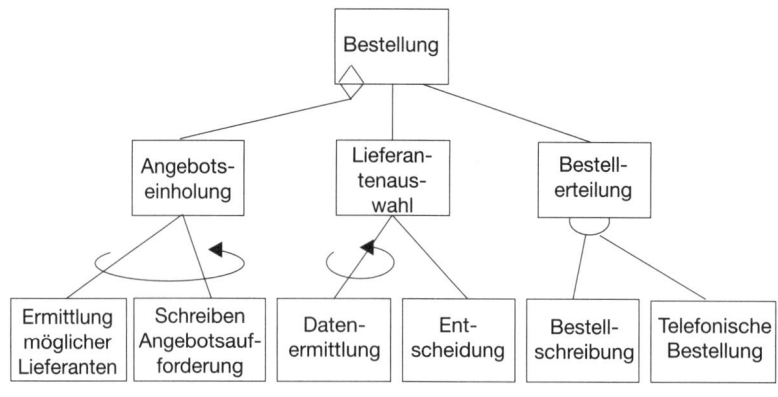

36 ⟩ Seite 463

3.2.6.2 PROGRAMMABLAUFPLAN

Der Programmablaufplan ist in *DIN 66001* festgeschrieben. Zur Vereinfachung wird er in der Organisationspraxis mit PAP abgekürzt. In einem Programmablaufplan wird mit den nachstehenden **Sinnbildern** gearbeitet:

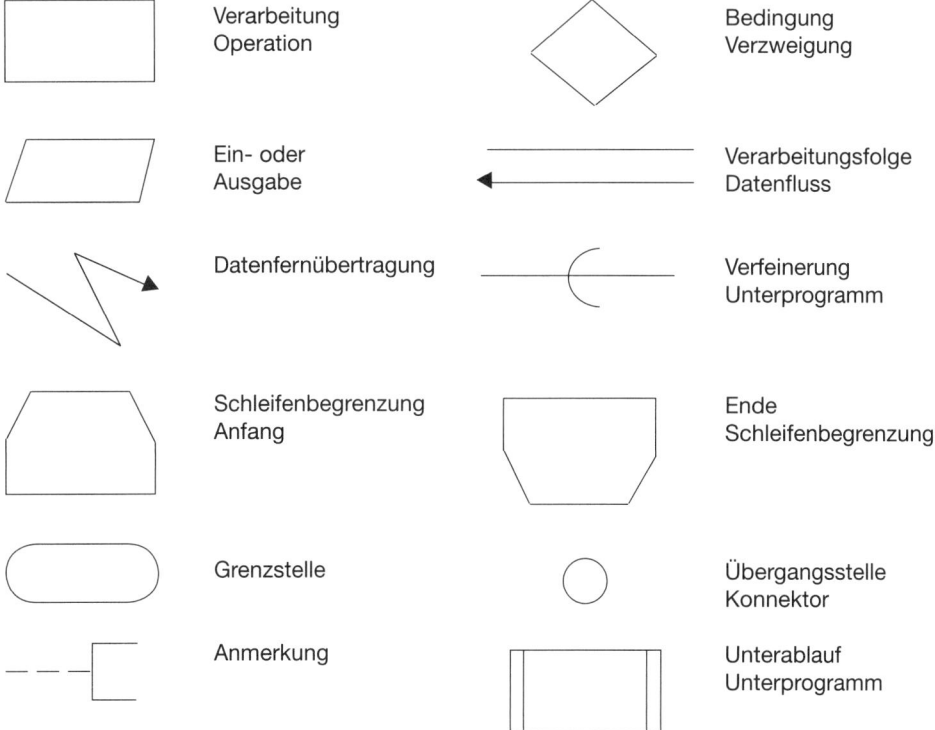

Verarbeitung Operation	Bedingung Verzweigung
Ein- oder Ausgabe	Verarbeitungsfolge Datenfluss
Datenfernübertragung	Verfeinerung Unterprogramm
Schleifenbegrenzung Anfang	Ende Schleifenbegrenzung
Grenzstelle	Übergangsstelle Konnektor
Anmerkung	Unterablauf Unterprogramm

Für die Erstellung von Programmablaufplänen gibt es mehrere **Regeln**:

- Die Vorzugsrichtung ist von oben nach unten oder von links nach rechts anzuordnen
- Bei ihrem Verlassen ist die Ablauflinie mit einer Pfeilspitze zu ergänzen
- Zur besseren Übersichtlichkeit sollte mit vielen Konnektoren gearbeitet werden
- Anfang/Ende der Bearbeitung sind mit dem Sinnbild der Grenzstelle auszuweisen
- Schleifen sind ausschließlich mit den Schleifensymbolen darzustellen
- Die Darstellung sollte so einfach wie möglich, aber so komplex wie nötig sein.

Der Programmablaufplan ist für allgemeine Ablaufdarstellungen nicht oder nur bedingt nutzbar, weil:

- Die Sinnbilder nicht selbsterklärend sind
- Die Schleifen nur unter Schwierigkeiten zu verstehen sind
- Endlosschleifen nicht erkannt werden können
- Der gesamte Programmablaufplan für Nichtfachleute wenig verständlich erscheint.

Deshalb wird der Programmablaufplan nach *DIN 66001* in der Organisationspraxis zunehmend vom Struktogramm und vom Strukturablaufdiagramm abgelöst.

Beispiel: Darstellung der Erledigung von Aufgaben im Rahmen der Fortbildung mithilfe
des Programmablaufplanes

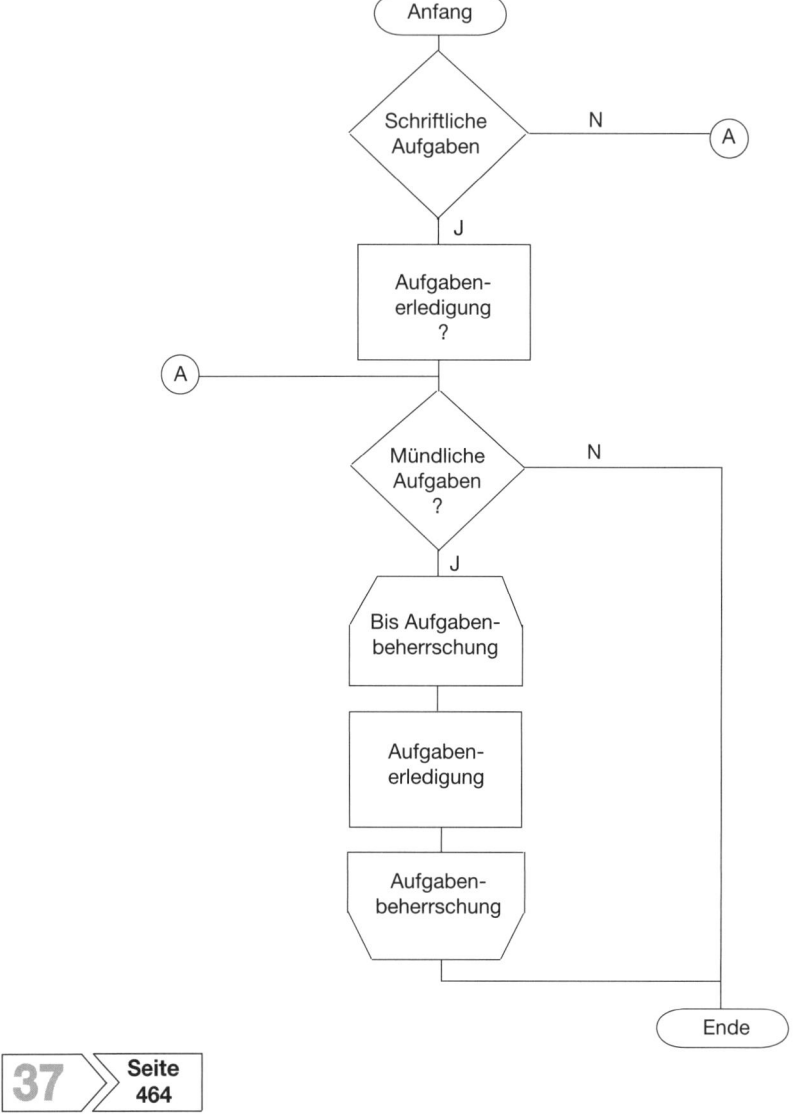

37 ⟩⟩ Seite 464

3.2.6.3 ABLAUFPLAN

In der Praxis wird oft mit einem Ablaufplan gearbeitet, der vom Programmablaufplan
nach *DIN 66001* abgeleitet ist, dessen Nachteile er aber vermeidet. Der Ablaufplan wird
auch als **Ablaufdiagrammtechnik** oder **Arbeitsflussbild** bezeichnet. Seine üblicherweise benutzten **Sinnbilder** sind:

	Verarbeitung Operation		Bedingung Verzweigung
◀───────	Verarbeitungsfolge Datenfluss		Grenzstelle
○	Übergangsstelle Konnektor		

Die **Regeln** des Programmablaufplanes gelten auch beim Ablaufplan.

Beispiel: Darstellung der Erledigung von Aufgaben im Rahmen der Fortbildung mithilfe eines Ablaufplanes

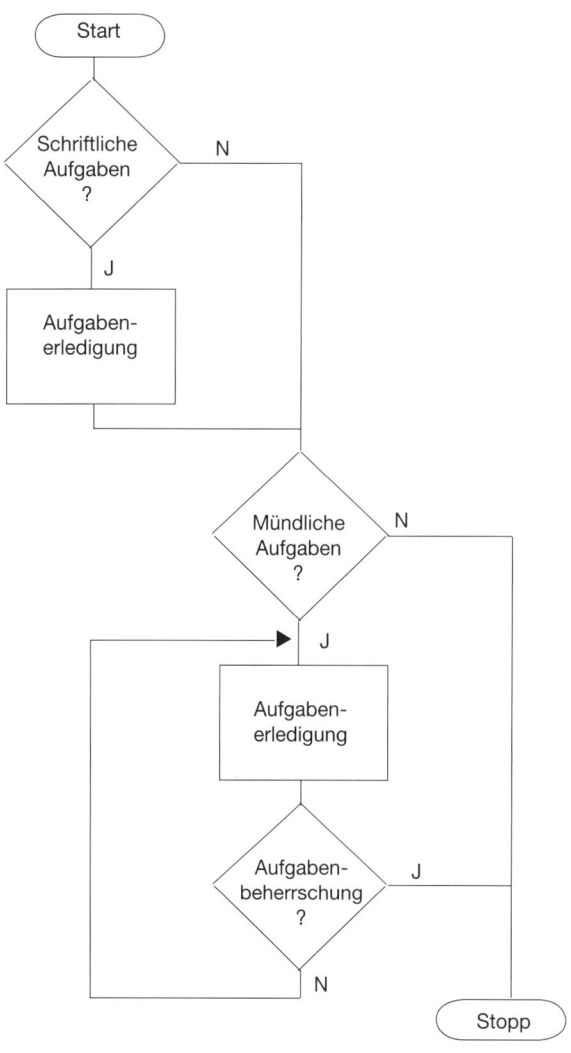

3.2.6.4 Struktogramm

Das Struktogramm ist in der *DIN 66261* festgeschrieben. Es wird häufig im Rahmen der strukturierten Programmierung eingesetzt. Beim Struktogramm wird mit beliebig großen **Strukturblöcken** gearbeitet, wobei zu unterscheiden sind:

- Die **Sequenz** als unbedingte Reihung von Arbeitsgängen, die mehrere Verarbeitungsschritte umfasst, z. B.:

Verarbeitungsschritt 1
Verarbeitungsschritt 2
Verarbeitungsschritt n

- Die **Alternative**, die von Ja-Nein- Bedingungen ausgeht und dann die Verarbeitungsschritte ableitet, z. B.:

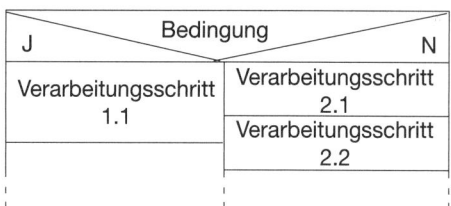

Sind mehr als zwei Alternativausprägungen möglich, kann von der Fallunterscheidung oder Maximalalternative gesprochen werden:

Alternative 1	2	3	Bedingung
1.1	2.1	3.1	4.1
	2.2		
1.2	2.3	3.2	

- Der **Zyklus** als abweisende Schleife, die in der organisatorischen Praxis z. B. in folgender Weise dargestellt wird:

Bedingung
Verarbeitungsschritt 1
Verarbeitungsschritt 2

Als nicht abweisende Schleife, die zumindest einmal durchlaufen werden muss, ist die Darstellungsart gegenüber obiger Form zu verändern:

Verarbeitungsschritt 1
Verarbeitungsschritt 2
Bedingung

Beispiel: Aufgabenerledigung im Rahmen der Fortbildung mithilfe eines Struktogrammes

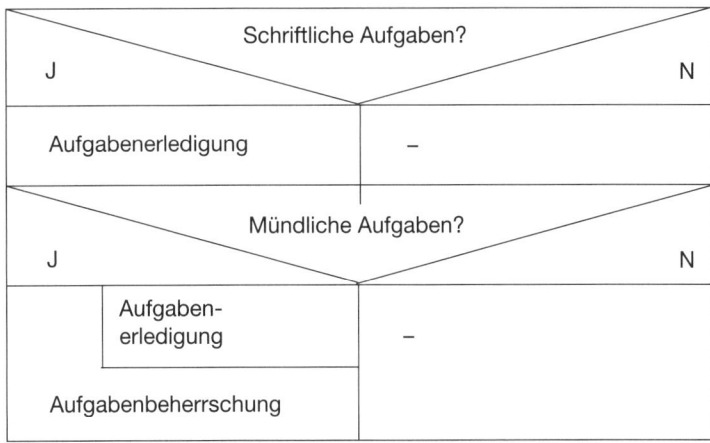

3.3 Ergänzende Detailorganisation

Die ergänzende Detailorganisation beschäftigt sich ebenfalls mit der Gestaltung des Arbeitsinhaltes. Sie umfasst prozessorganisatorische Aufgaben, die **nicht bei jeder Gestaltungsmaßnahme** vorkommen, sondern lediglich von Fall zu Fall gegeben sind.

Die Reihung der Aufgaben von grundlegender und ergänzender Detailorganisation muss für den Einzelfall festgelegt werden, da es zwischen ihnen eine Vielzahl von Abhängigkeiten gibt, die zu beachten sind. Es sollen behandelt werden:

- **Entscheidungslogik**
- **Formulare**
- **Nummerung**
- **Sachmittel**
- **Systemsicherung**
- **Organisationsvorgabe**.

3.3.1 Entscheidungslogik

Viele Entscheidungen sind Routineentscheidungen, die einheitlich getroffen werden sollten und formalisierbar sind. Deshalb ist es für die Prozessorganisation erforderlich, dass die Entscheidungslogik vorgegeben, ausgearbeitet und entsprechend dokumentiert wird. Dafür können verschiedene **Prozesstechniken** eingesetzt werden:

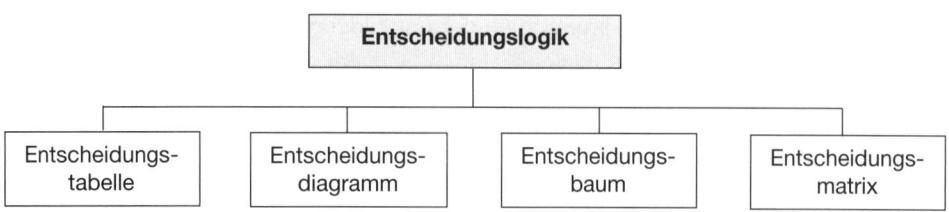

Außerdem kann die Entscheidungslogik auch **verbal** dokumentiert und vorgegeben werden. Dieses Vorgehen ist aber nicht zu empfehlen, denn der Organisator soll mit gesicherten und schriftlich fixierten Fachtechniken arbeiten.

3.3.1.1 Entscheidungstabelle

Die Entscheidungstabelle dient als Beschreibungsmittel für formalisierbare Entscheidungsprozesse dazu, Entscheidungssysteme eindeutig und zusammengefasst darzustellen. Sie ist in *DIN 66 241* festgelegt. Ihre **Anwendung** kann dienen:

- Der **Ist-Analyse**, um damit die Logik von Prozesssystemen zu untersuchen. Sie lässt sich darüber hinaus dazu benutzen, Prozesssysteme auf Vollständigkeit, Widerspruchsfreiheit und Redundanzlosigkeit hin zu prüfen.

- Als **Systementwurf**, um Entscheidungstabellen als ein wertvolles Werkzeug zur Gestaltung von Prozesssystemen zu nutzen. Besonders bei komplexen Prozessen wird durch den Einsatz von Entscheidungstabellen die Erarbeitung wesentlich erleichtert und zeitlich verkürzt.

- Als **Programmvorgabe**, um Teile eines neuen Systems vom Computer ausführen zu lassen. Damit dient die Entscheidungstabelle der Erstellung eindeutiger Programmiervorgaben sowie der Verdeutlichung von komplexen Programmteilen.

- Der **Programmierung**, um diese erheblich zu vereinfachen und deren Kosten zu minimieren. Hierzu ist es erforderlich, die zu programmierende Logik in Form von Entscheidungstabellen darzustellen.

Die Entscheidungstabellen haben folgenden grundsätzlichen **Aufbau**:

Bedingungen »WENN«	Regeln 1, 2, 3, ...
Aktionen »DANN«	Anzeiger 1, 2, 3, ...

Die vier Quadranten einer Entscheidungstabelle bestehen aus folgenden **Teilen**:

- Im **Bedingungsteil** werden alle Bedingungen ausgewiesen, von denen die Entscheidungsalternativen abhängig sein können. Bedingungskombinationen sind nicht zulässig. Für jede Bedingung ist eine eigene Zeile zu benutzen.

- Im **Regelteil** werden die Bedingungen miteinander kombiniert und in den einzelnen Spalten mit folgenden Symbolen ausgewiesen:

J	Ja bzw. trifft zu
N	Nein bzw. trifft nicht zu

- Im **Aktionsanzeigerteil** erfolgt der Ausweis der für jede Bedingungskombination zutreffenden Aktionen, für die ein **X** eingesetzt wird.

- Im **Aktionsteil** werden alle Aktionen, Maßnahmen, Tätigkeiten genannt, welche die Entscheidungen bedingen. Jede Aktion wird in einer eigenen Zeile ausgewiesen.

Das Erarbeiten von Entscheidungstabellen erfolgt in mehreren **Schritten**:

- Ermittlung aller Bedingungen, von denen die Entscheidungen abhängig sind
- Feststellung aller Aktionen, die im System gegeben sind
- Verbindung der Bedingungen und Aktionen durch Regeln und Anzeigereintragung
- Prüfung der entstandenen Entscheidungstabelle auf Vollständigkeit
- Untersuchung der Tabelle auf Widerspruchsfreiheit
- Überprüfung der Entscheidungstabelle auf Redundanzlosigkeit.

Für das **Lesen** einer Entscheidungstabelle ergibt sich folgende **Vorgehensweise**:

	R_1	R_2	R_3	R_4	R_5	R_6	R_7	R_8
Bedingung A	J	J	J	J	N	N	N	N
Bedingung B	J	J	N	N	J	J	N	N
Bedingung C	J	N	J	N	J	N	J	N
Aktion Q	X	X						
Aktion R		X	X					
Aktion S			X	X	X	X	X	X

Beispiel: Einfache Entscheidungstabelle

	R_1	R_2	R_3	R_4
Hunger	J	J	N	N
Durst	J	N	J	N
Gasthof besuchen	X	X	X	
Weiterarbeiten				X

In der Praxis werden als **Arten** von Entscheidungstabellen unterschieden:

Begrenzte Entscheidungs- tabelle	Sie wird durch die nachstehenden **Merkmale** bestimmt:

▸ Im **Regelteil** wird mit folgenden Symbolen gearbeitet:
   J: Ja bzw. trifft zu
   N: Nein bzw. trifft nicht zu

▸ Im **Anzeigerteil** werden als Symbole verwandt:
   X: Zutreffende Aktion
   : Nicht zutreffende Aktion

▸ Die **Zahl der Regeln** ergibt sich aus der Bedingungszahl nach der Formel:

$$R = 2^B$$

R: Zahl der Regeln
B: Zahl der Bedingungen

Bei begrenzten Entscheidungstabellen sind alle möglichen Bedingungskombinationen auszuweisen. Nur unnötige Regeln entfallen ersatzlos.

Beispiel: Begrenzte Entscheidungstabelle – Scheckeinlösung

	R_1	R_2	R_3	R_4
Kreditlimit überschritten	N	N	J	J
Zahlungsverhalten gut	N	J	N	J
Scheck einlösen	X	X		X
Scheck zurückgeben			X	

Erweiterte Entscheidungs- tabelle

Im Gegensatz zur begrenzten Entscheidungstabelle ist sie durch folgende **Merkmale** gekennzeichnet:

▸ Alle **Arten von Eintragungen** bei den Regeln und den Aktionsanzeigern sind erlaubt, z. B. quantitative, verbale oder symbolische Eintragungen.

Beispiel: Erweiterte Entscheidungstabelle – Scheckeinlösung

	R_1	R_2	R_3	R_4
Kreditlimit	Unter- schritten	Unter- schritten	Über- schritten	Über- schritten
Zahlungs- verhalten	Schlecht	Gut	Schlecht	Gut
Scheck	Einlösen	Einlösen	Zurück- geben	Einlösen

▸ Nur die relevanten **Bedingungskombinationen** brauchen bei den Regeln ausgewiesen zu werden. Mehrere Bedingungskombinationen können zusammengefasst werden, wenn es die Logik erlaubt.

Beispiel: Erweiterte Entscheidungstabelle – Scheckeinlösung

	R₁	R₂	R₃
Kreditlimit	Unter-schritten	Über-schritten	Über-schritten
Zahlungs-verhalten	–	Schlecht	Gut
Scheck	Einlösen	Einlösen	Einlösen

Verknüpfte Entscheidungs-tabellen

Hier wird nicht mit einer einzigen Entscheidungstabelle gearbeitet, sondern mit einer Reihe von Tabellen, welche durch Aktionen miteinander verknüpft sind. Es wird in diesem Falle ein Tabellensystem verwandt.

Da Entscheidungstabellen mit vielen Bedingungen und Regeln unübersichtlich sind, werden sie in mehrere Tabellen aufgelöst.

Beispiel: Verknüpfte Entscheidungstabelle – Scheckeinlösung

ET 1	R₁	R₂	R₃
Kreditlimit	Unter-schritten	Über-schritten	Über-schritten
Zahlungs-verhalten	–	Schlecht	Gut
Scheck einlösen	X		X
Gehe nach ET 2		X	

ET 2	R₁	R₂	R₃	R₄
Kreditlimit	Alt	Alt	Neu	Neu
Umsatz	Hoch	Klein	Hoch	Klein
Scheck einlösen	X	X	X	
Gehe nach ET 3				X

Eine dritte Entscheidungstabelle gibt dann über die weitere Vorgehensweise Auskunft.

Diese Art der Entscheidungslogik ist zur eindeutigen und zusammenfassenden Darstellung von Entscheidungssystemen geeignet.

3.3.1.2 ENTSCHEIDUNGSDIAGRAMM

Das Entscheidungsdiagramm ist eine grafische Darstellung von Elementen des Programmablaufplanes nach *DIN 66001*. Bei ihm wird mit vier **Symbolen** gearbeitet:

Bedingung   ——————— Entscheidungsfluss

Entscheidungsergebnis   Grenzstelle

Zur übersichtlichen **Darstellung** empfiehlt es sich, die Bedingungen auf der linken Blatt-seite und die Entscheidungsergebnisse auf der rechten Blattseite auszuweisen.

Beispiel: Scheckeinlösung

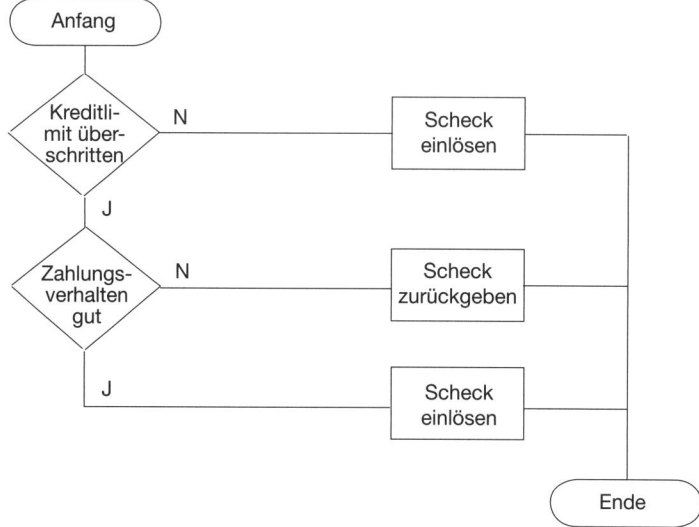

Diese Prozesstechnik eignet sich zur übersichtlichen Darstellung von logischen Zusammen-hängen.

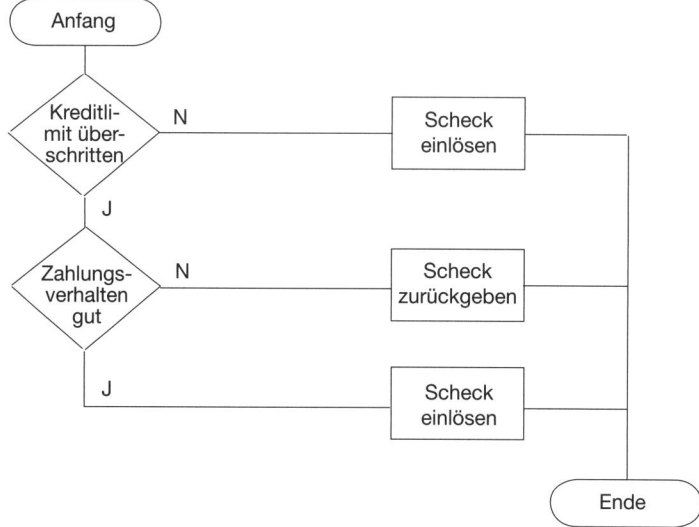

3.3.1.3 ENTSCHEIDUNGSBAUM

Der Entscheidungsbaum ist eine grafische Darstellung, mit der ein mehrstufiges Ent-scheidungsproblem beschrieben wird. Er wird auch als **Präferenzmatrix** bezeichnet *(Burghardt)*.

Die Entscheidungsstruktur wird mit Pfeilen (z. B. Verbindungslinien) und Knoten (z. B. Kästen) in einem Strukturdiagramm dargestellt. Die verschiedenen Wege, die mit den Äs-ten eines Baumes vergleichbar sind, weisen Lösungsalternativen aus. Von jedem Kno-tenpunkt aus können neue Verästelungen entstehen.

Beispiel:

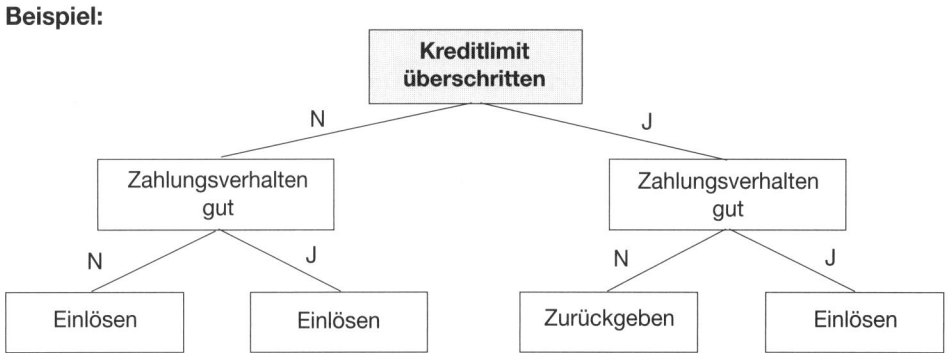

Der Entscheidungsbaum eignet sich zur Ausarbeitung, Darstellung und Vorgabe der Entscheidungslogik für die Prozessorganisation.

Seite 464

3.3.1.4 ENTSCHEIDUNGSMATRIX

Die Entscheidungsmatrix ist eine Darstellung von Entscheidungssituationen. Dabei wird die Entscheidungslogik in einer Matrix – analog zur Entscheidungstabelle – in knappster Form ausgewiesen.

Mithilfe der Entscheidungsmatrix werden Ergebnisse beschrieben, die bei der Wahl einer Aktion A und bestimmten Bedingungen B eintreten. In schematischer Form kann sie folgendermaßen dargestellt werden:

B_1	J	J	N	N
B_2	J	N	J	N
	A_1	A_2	A_3	A_4

Beispiel:

	Scheck			
	Einlösen	**Zurück-geben**	**Einlösen**	**Einlösen**
Kreditlimit überschritten	J	J	N	N
Zahlungsverhalten gut	J	N	J	N

Die Entscheidungsmatrix ist zur vollständigen Beschreibung einer Entscheidungssituation und für die Gestaltung der Prozessorganisation geeignet.

Seite 465

3.3.2 FORMULARE

Zur ergänzenden Detailorganisation zählt auch die Organisation der Formulare. Das sind Formblätter zur normierten Aufnahme von Informationen. Sie werden auch als Vordrucke bezeichnet und sind an **Papier** gebunden. Bei Bildschirmformularen wird von Masken, Maps oder Layouts gesprochen.

Für die Prozessorganisation hat der Einsatz von Formularen folgende **Vorteile**:

• Standardisierung der Arbeitsdurchführung
• Erleichterung der Arbeitsteilung durch Informationsgliederung
• Minderung der Arbeitsbelastung
• Verbesserung der Informationstransparenz
• Begrenzung von Fehlern
• Normierte Informationsspeicherung.

Nachteile können dann entstehen, wenn die Formulare zur verstärkten Bürokratisierung beitragen. Deshalb ist bei jeder Gestaltung eines prozessorganisatorischen Systems darauf zu achten, dass der Formulareinsatz nicht ausufert.

Die Formulare können mit drei **Aufgabengebieten** verbunden sein:

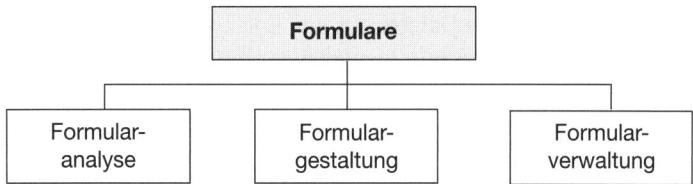

Die Aufgabengebiete der Formularanalyse und der Formulargestaltung sind Tätigkeiten, die bei einem Systementwurf vorgenommen werden müssen. Die Formularverwaltung stellt eine Routineaufgabe der Organisationsabteilung dar.

3.3.2.1 FORMULARANALYSE

Die Formularanalyse erhebt und prüft alle Faktoren, die mit dem **Einsatz** eines Formulars verbunden sind. Dazu ist es notwendig, dass der Organisator die folgenden Gegebenheiten prüft und bearbeitet:

• Das **Formularerfordernis**, d.h. zur Erledigung einer Aufgabe ist zu prüfen, ob für ein organisatorisches Teilsystem ein neues Formular eingesetzt oder besser ohne Formulareinsatz bzw. mit bereits vorhandenen Formularen gearbeitet werden soll.

  Als **Ersatzlösungen**, die einen Formulareinsatz ersparen können, gelten z. B. die Direkteingabe am Personalcomputer bzw. Kopierverfahren oder die Mikrofilmtechnik. Kommen Ersatzlösungen nicht infrage, ergibt sich die Notwendigkeit der Formularanalyse zur Gestaltung eines oder auch mehrerer neuer Formulare.

- Die **Formularbeziehungen**, d. h. es muss festgestellt werden, wer und in welcher Weise mit dem neuen Formular arbeiten soll. Dazu ist es erforderlich, dass der Organisator folgende Fragen beantwortet:

  > ▸ *Wer setzt das Formular in Umlauf?*
  > ▸ *Wer arbeitet mit dem Formular und in welcher Reihenfolge?*
  > ▸ *In welcher Weise erfolgt diese Bearbeitung?*
  > ▸ *Wie erfolgt der Transport des Formulars?*
  > ▸ *Wer und wie wird das Formular nach Beendigung des Arbeitsablaufes archiviert?*

  Die Dokumentation der Formularbeziehungen kann in unterschiedlicher Weise erfolgen. In der Organisationspraxis sind zwei **Möglichkeiten** zu unterscheiden:

Formular-ablaufliste	Sie ist eine detaillierte und genaue Auflistung der gegebenen Formularbeziehungen.
Formular-flussplan	Sie stellt ein grafischer Ausweis der Formularbeziehungen mit der Symbolik des Datenflussplanes dar.

- Den **Formularinhalt**, der sich auf die vom Organisator herauszuarbeitenden Formularinformationen bezieht, die auf den unbedingt notwendigen Umfang begrenzt sein sollten. Dabei stellen sich z. B. folgende Fragen:

  > ▸ *Welche Daten und Texte soll das Formular enthalten?*
  > ▸ *Für welche Daten und Texte müssen Ausfüllfelder vorgesehen werden?*
  > ▸ *Von welcher Art und Größe müssen die Ausfüllfelder sein?*
  > ▸ *Welche Bearbeitungshilfsmittel muss das Formular enthalten?*
  > ▸ *Sind Druckermarken, Falzmarken, Schraffuren, Perforationen, Paginationen nötig?*
  > ▸ *Wie soll die Formularbezeichnung und Formularnummer lauten?*
  > ▸ *Soll das Formular Verteiler, Laufwege oder Ablagevermerke aufweisen?*

- Den **Formularbedarf**, der zur Ermittlung einer optimalen Auflagenzahl und eines geeigneten Vervielfältigungsverfahrens festzustellen ist.

41 ⟩⟩ **Seite 465**

3.3.2.2 FORMULARGESTALTUNG

Die Formulargestaltung ist eine wesentliche Aufgabe des Organisators. Sie umfasst die Analyse und die Festlegung der Gestaltungsalternativen. Dazu zählen:

- Das **Papierformat**, wobei mit Ausnahme besonderer Erfordernisse der Datenverarbeitung ausschließlich DIN-Formate nach *DIN 198* zu verwenden sind. Außerdem muss die **Papierqualität** festgelegt werden, die durch das Gewicht, die Rohstoffqualität und die Oberflächenbeschaffenheit bestimmt wird.

- Die **Farbgestaltung**, die sich im Wesentlichen auf die Papierfarbe und die Druckfarbe bezieht. Sie ist hinsichtlich der Farbwirkung zu prüfen.

- Der **Formularsatz**, wenn bei Formularen mehrere Durchschläge benötigt werden. Deshalb ist die Zahl der Durchschläge festzustellen und zu bestimmen, wie diese zu erstellen sind. Möglichkeiten können Durchschreiben mithilfe von eingelegtem Kohlepapier, Erstellen mit selbst durchschreibendem Papier oder nachträgliches Kopieren bzw. Drucken sein.

- Die **Aufdrucknormen**, die für bestimmte Vordruckarten gelten und vom Organisator bei der Formulargestaltung berücksichtigt werden, z. B. für Rechnungen *(DIN 4991)*, Auftragsbestätigungen *(DIN 4993)*, Bestellungen *(DIN 4992)*, Lieferanzeigen *(DIN 4994)*.

- Das **betriebliche Standardlayout**, das von verschiedenen Unternehmen für die Formulargestaltung als interne Vorgabe erlassen wird und einzuhalten ist.

- Der **einheitliche Formularaufbau**, der gewährleisten soll, dass sich auf allen Formularen wiederkehrende Angaben an der gleichen Stelle befinden, z. B. Tagesdatum, Verteiler oder Laufweg, Formularbezeichnung, Formularnummer, Feld für Eingangsstempel, Unterschrift.

- Der **benutzerfreundliche Aufbau**, mit welchem den Verwendern der Formulare die Arbeit erleichtert werden soll. Dabei sind zu beachten:

  - Richtige Dimensionierung der Ausfüllfelder
  - Schreibfluchtlinien für Randsteller und Tabulatoren
  - Zeilenweise Beschreiben oder Bedrucken ohne Leerschritte
  - Berücksichtigung von Auswahlfeldern anstelle von Aus-/Unterstreichungen
  - Einsatz von Bearbeitungsmarken
  - Eintragen von Feldnamen über jedem Ausfüllfeld
  - Verzicht auf Abkürzungen, soweit das möglich ist
  - Berücksichtigen eines Heftrandes
  - Einbringen von Ordnungs- und Suchbegriffen

Nach der Fertigstellung des Formularentwurfes kann der **Druckauftrag** ausgearbeitet werden. Um eine auftragsgemäße Leistung sicherzustellen, bietet es sich an, einen **Druckentwurf** anzufordern, z. B. als Korrekturabzug, Druckfarbenmuster oder Papiermuster.

Zur Gestaltung eines Formulars lässt sich bei komplexem Formularinhalt auch die Erarbeitung einer Ausfüllvorschrift für das Formular in Form einer Organisationsrichtlinie zählen.

3.3.2.3 Formularverwaltung

Die Formularverwaltung gliedert sich in das allgemeine Verwaltungswesen ein und hat im Unternehmen zwei wesentliche **Aufgaben**:

- Die **Formularversorgung** mit allen für die Prozessorganisation erforderlichen Vordrucken. Sie umfasst die Bedarfsermittlung, Beschaffung, Bestellmengenfestlegung und Lagerung als Teilaufgaben.

Formulare können mit PC-Druckern oder Kopiergeräten auch selbst erstellt werden, gegebenenfalls auch über Internet bzw. Intranet.

- Die **Formularkontrolle**, die als Überwachung und Untersuchung des Formularwesens mit mehreren Teilaufgaben verbunden ist, insbesondere der Kontrolle des Formularverbrauches, der Kontrolle des Formulareinsatzes und der Kontrolle und Begrenzung der Zahl von Formulararten.

3.3.3 Nummerung

Die Nummerung umfasst alle Kennzeichnungen, die ohne die Benutzung von Namensbegriffen auskommen. Nach *DIN 6763* wird sie mit dem Bilden, Erteilen, Verwalten und Anwenden von Nummern beschrieben. Die Nummerung wird auch als **Verschlüsselung** oder **Schlüsseleinsatz** bezeichnet.

Der Begriff der **Nummer** enthält nach *DIN 6763* festgelegte Folgen von Zeichen, wobei als Arten von Zeichen die Ziffern, Buchstaben und Sonderzeichen zu unterscheiden sind.

In der **Organisationspraxis** werden mit entsprechenden Nummern z. B. bezeichnet:

- Personen wie Mitarbeiter oder Vertreter
- Geschäftspartner wie Kunden, Lieferanten oder Berater
- Gegenstände wie Erzeugnisse, Einzelteile oder Betriebsmittel
- Datenträger wie Zeichnungen, Magnetbänder oder Formulare
- Daten wie Berufsbezeichnungen, Geburtsland oder Familienstand
- Organisationsteile wie Stellen, Projekte, Programme oder Arbeitsplätze
- Inhalte von Kontenplänen, Kostenstellen oder Haustelefonbuch.

Beim **Entwurf** eines neuen organisatorischen Systems ist es häufig erforderlich:

- Vorhandene Nummernsysteme zu verbessern
- Benutzte Nummernsysteme durch bessere Systeme zu ersetzen
- Neue Nummernsysteme einzuführen.

Die Gestaltung von betrieblichen Nummernsystemen erfolgt durch den Organisator, der eine Reihe von **Regeln** zu beachten hat:

- Die **Eindeutigkeit**, d. h. eine Nummer darf nicht zweimal vergeben werden und ein Nummerungsgegenstand darf nur eine und nicht mehrere Nummern erhalten.

- Die **Kürze**, d. h. die im Rahmen der Organisation verwendeten Nummern müssen aus Gründen der Minimierung des Arbeitsaufwandes, der besseren Merkfähigkeit und der Verminderung der Fehlerwahrscheinlichkeit so kurz wie möglich gestaltet sein.

- Die **Nummernreserve**, d. h. Nummernsysteme müssen frühzeitig auf den Zuwachs von Nummerungsbedürfnissen ausgelegt werden. Eine Nummernreserve von 50 % wird in jedem Fall als notwendig erachtet.

- Die **Lesehilfe**, d. h. zur möglichst ermüdungsfreien Lesbarkeit ist es erforderlich, Nummern zu strukturieren. Nach zwei oder drei Nummernstellen kann z. B. ein Trennungszeichen eingeschoben werden.

- Die **Stelleneinheitlichkeit**, d. h. eine definierte Stellenzahl und eine einheitliche Schreibweise sind erforderlich, um die Fehlerzahl zu vermindern und entstandene Fehler leichter zu erkennen.

Die vom Organisator bei der Organisationsarbeit verwendeten **Nummernelemente** können in dreifacher Hinsicht unterschieden werden. Es gibt:

- **Zeichenarten**, bei denen danach differenziert wird, aus welchen Zeichen die Nummern aufgebaut sind:

Numerische Nummern	Sie bestehen in der Praxis aus einer Zahl oder aus einer Folge von Ziffern, wie aus folgenden Bogenarten ersichtlich ist: **Beispiel:** Viertelbogen 210 x 297: 4 Blatt 148 x 210: 5 Halbblatt 105 x 148: 6
Alpha-nummern	Bei ihnen wird die Nummer ausschließlich aus Buchstaben gebildet, wie die folgenden Sachmittel zeigen: **Beispiel:** Papierbogen: A Aktendeckel: B Briefhüllen: C
Alpha-numerische Nummern	Sie enthalten sowohl Ziffern und Buchstaben sowie Sonderzeichen. **Beispiel:** Einheitsbriefbogen: A4 Postkarte: A6 Besuchskarte: A7

- **Gliederung**, wobei Nummern, die mehr als drei Stellen aufweisen, zur leichteren Lesbarkeit und zur Vermeidung von Fehlern gegliedert werden. Dazu stehen verschiedene **Trennungsmittel** zur Verfügung:

► Leerstelle	► Bindestrich	► Schrägstrich	► Punkt
99 99 99	999-999	999/999	999.999

Kommata sollten zur Trennung deshalb nicht benutzt werden, weil sonst die Gefahr einer Verwechslung mit Beträgen besteht.

- **Aufgabe**, die mit Nummernsystemen vom Organisator in den folgenden Fällen besser gelöst werden kann:

Identifizierung	Sie umfasst das eindeutige Erkennen der Gleichheit von Nummern, z. B. Hausnummern und Straßenbahnnummern.
Klassifizierung	Sie ist die eindeutige Zuordnung zu einer Klasse von Nummern, z. B. Papierarten oder Steuerklassen.

Direkte Informationen	Sie sind Daten, bei denen aus der Nummer die Bedeutung unmittelbar zu entnehmen ist, z. B. 4711.

Die Bewertung von Informationen eines Nummernsystems ist vom Kenntnisstand der Mitarbeiter abhängig, die mit dem Nummernsystem arbeiten. Deshalb sind die Mitarbeiter regelmäßig über Änderungen im System zu informieren.

Nummernsysteme können auf verschiedenen **Arten von Nummern** beruhen:

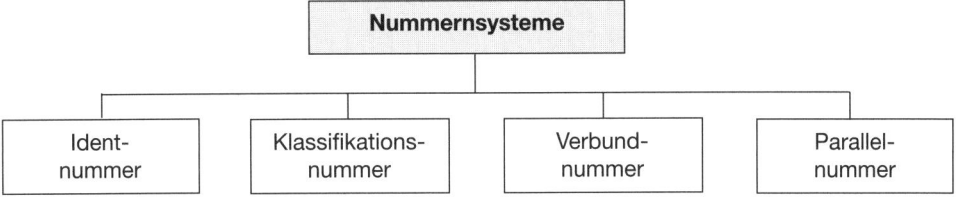

3.3.3.1 IDENTNUMMER

Die Identnummer dient ausschließlich der Kennzeichnung eines Objektes. Deswegen wird sie auch **nichtsprechende Nummer** genannt. Als Identnummer genügt jede willkürlich vergebene Nummer. Häufig wird jedoch eine Zählnummer benutzt.

Beispiele:

> ▶ Nummernsystem für Datenträger-Identnummern:
> Papierblatt 1
> Lochstreifen 2
> Magnetband 3
> ▶ Hausnummern und Straßenbahnnummern

Die **Vergabe** von Identnummern kann auf verschiedene Weise erfolgen:

- Lückenlose Ausgabe von Zahlen
- Vergabe mit definierten Lücken
- Zufallsbedingte Nummernzuordnung.

In jedem Fall muss die **Eindeutigkeit** der Nummern eingehalten werden.

3.3.3.2 KLASSIFIKATIONSNUMMER

Bei der Klassifikationsnummer werden bestimmende Merkmale der Nummerungsobjekte in der Nummer ausgewiesen. Deswegen wird sie auch als **sprechende Nummer** bezeichnet. Voraussetzung ist jedoch, dass das System und die Merkmale der Klassifizierung bekannt sind.

Beispiel: Nummernsystem für Datenträger – Klassifizierungsnummern

1. Stelle	**Materialart**	
	Papier:	1
	Kunststofffolie:	2
2. Stelle	**Lesbarkeit**	
	Durch Mensch:	1
	Durch Maschine:	2
Ergebnis	Papierblatt:	11
	Lochstreifen:	12
	Magnetband:	22

Als praktische Beispiele für Klassifikationsnummern sind die Autotypennummern verschiedener Hersteller zu nennen, z. B. bei BMW: Typen 525 oder 750 und bei Mercedes Typen E 200 oder S 600.

3.3.3.3 VERBUNDNUMMER

Die Verbundnummer besteht aus einem klassifizierenden und einem identifizierenden Teil. Dabei ist der identifizierende Nummernteil von dem Klassifizierungsteil **abhängig**. Das bedeutet, dass für jede Klassifizierungsvariante eine eigene Identifizierungsreihe begonnen wird:

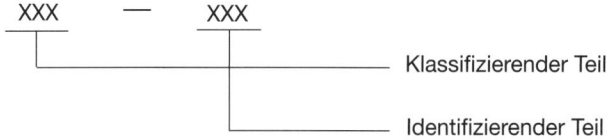

Es empfiehlt sich, den Klassifizierungsteil an den Anfang der Nummer zu setzen. Bei der Verbundnummer wird auch von der **teilsprechenden Nummer** gesprochen.

Beispiel: Nummernsystem für Datenträger – Verbundnummer

1. Stelle:	**Materialart**	
	Papier:	1
	Kunststofffolie:	2
2. Stelle:	Zählnummer	
Ergebnis:	Papierblatt:	11
	Lochstreifen:	12
	Magnetband:	21

Ein praktisches Beispiel für eine Verbundnummer sind die deutschen und französischen Autoummern, z. B. S-AX 4438 oder 7491 CF 67. Klassifizierende Teile sind bei deutschen Kennzeichen z. B. S, F, HH oder bei französischen Kennzeichen die Nummer des französischen Departementes, z. B. 67 für Bas-Rhin.

3.3.3.4 PARALLELNUMMER

Die Parallelnummer besteht ebenfalls aus einem klassifizierenden und einem identifizierenden Teil. Im Gegensatz zur Verbundnummer besteht jedoch bei einer Parallelnummer
zwischen beiden Teilen **keine Abhängigkeit** zueinander. Die Reihenfolge der Nummern-
teile ist gleichgültig. Dabei sind zu unterscheiden:

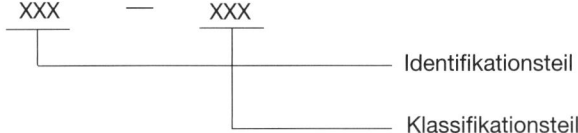

Beispiel: Nummernsystem für Datenträger – Parallelnummer

1. Stelle:	Zählnummer	
2. Stelle:	**Materialart**	
	Papier:	1
	Kunststofffolie:	2
Ergebnis:	Papierblatt:	11
	Lochstreifen:	21
	Magnetband:	32

Die Zugnummern der Deutschen Bahn AG sind praktische Beispiele für Parallelnum-
mern, z. B. IC 689 bzw. ICE 513.

42 >> Seite 465

3.3.4 SACHMITTEL

Sachmittel sind in der Praxis gegenständliche Werkzeuge, die zur Durchführung organi-
satorsicher Prozesse benötigt werden. Es lassen sich unterscheiden:

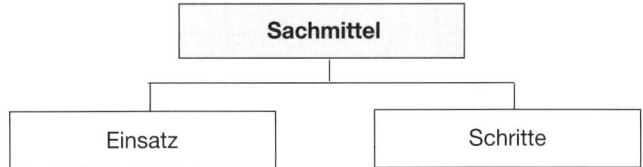

3.3.4.1 EINSATZ

Der Einsatz von Sachmitteln in organisatorischen Prozesssystemen von Unternehmen
ist vor allem dann von besonderer Bedeutung, wenn die Leistungsfähigkeit des Menschen verbessert werden kann bzw. die Leistungsfähigkeit des Sachmittels höher ist als
die des Menschen.

So wird für jede Bürotätigkeit eine **Basisausstattung** an Sachmitteln wie Arbeits- oder Schreibtische, Kommunikationsmittel, Datenverarbeitungsmittel, Arbeitsstühle, Arbeitsmittel, Schränke und Kopiergeräte benötigt.

3.3.4.2 Schritte

Die Einplanung spezieller Sachmittel in einen prozessorganisatorischen Systementwurf kann in folgenden Schritten vorgenommen werden:

Aufgaben-ermittlung	Hier geht es um die Bestimmung der Elementar- oder Teilaufgaben. Dabei können zwei **Einsatzarten** infrage kommen: ▸ Kombinierter Mensch-Maschinen-Einsatz ▸ Automatischer Maschinen-Einsatz

⇩

Anforderungs-artenermittlung	Es ist festzulegen, welche Anforderungen die einzusetzenden Sachmittel erbringen müssen. Nach *Wegner* sind folgende **Arten von Anforderungen** festzustellen: ▸ Art der Leistungserbringung ▸ Kapazitätsbedarf ▸ Sachmittelelastizität ▸ Kostenverursachung Diese Ermittlungen sollten bereits das Marktangebot beachten.

⇩

Marktangebots-ermittlung	Sie bezieht sich auf Sachmittel, die für eine bestimmte Elementar- oder Teilaufgabe infrage kommen und kann erfolgen als: ▸ Angebotseinholung ▸ Ausschreibung ▸ Vertreterberatung ▸ Besuch von Fachausstellungen

⇩

Sachmittel-analyse	Sie ist auf die Anforderungen an das Sachmittel gerichtet. Die in die engere Wahl kommenden Sachmittel sollten hinsichtlich bezüglich ihres Einsatzes getestet werden.

⇩

Entscheidungen	Sie sind über die im System einzusetzende Sachmittelart zu treffen, z. B. auf der Grundlage einer Kostenvergleichsrechnung oder einer Nutzwertanalyse.

Die Einplanung von Sachmitteln in den Prozessentwurf muss sorgfältig geschehen, denn organisatorische Fehler sind i. d. R. nur mit erheblichem Kostenaufwand zu beheben.

3.3.5 Systemsicherung

Eine häufig nicht oder zu gering beachtete Aufgabe bei der Prozessorganisation ist die Sicherung des Systembetriebes. Arbeitsteilige Arbeitsprozesse sind fehleranfällig, weshalb besondere Maßnahmen zur Begrenzung von Fehlerwirkungen vorzusehen sind.

Das **Ziel** vollständig fehlerfrei arbeitender Prozesssysteme ist üblicherweise nicht oder nur schwer erreichbar. Da totale Maßnahmen der Systemsicherung häufig ein Mehrfaches dessen kosten, was die Fehler und ihre Beseitigung an Kosten verursachen, wird der Organisator sich auf eine begrenzte Systemsicherung beschränken.

Zur Systemsicherung gibt es folgende **Möglichkeiten**:

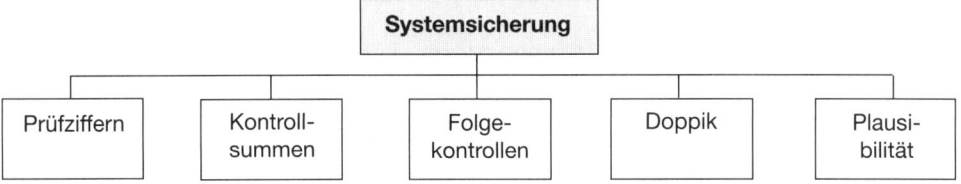

3.3.5.1 PRÜFZIFFERN

Prüfziffern sind Rechenverfahren zur Ermittlung von Fehlern in Nummern. Sie dienen dazu, die Richtigkeit von Nummern zu sichern. Beim Arbeiten mit Nummern können insbesondere folgende **Fehlerarten** vorkommen:

Fehlerhaft	Fehlerfrei	Fehlerart
3944	3844	Falsche Ziffer
384	3844	Verlorene Ziffer
38444	3844	Zusätzliche Ziffer
3484	3844	Einfacher Drehfehler
4438	3844	Doppelter Drehfehler

Die Fehlerwahrscheinlichkeit steigt überproportional mit der Zahl der Stellen einer Nummer. Je nach System kann auf unterschiedlichen Wegen versucht werden, Nummernfehler zu erkennen:

• In **manuellen Systemen** wird versucht, die Nummernfehler mit Mehrfachprüfungen festzustellen.

• In **computergesteuerten Systemen** bietet die Prüfzifferntechnik ein Verfahren, das solche Fehler meist automatisch erkennt, z. B. mithilfe vorgefertigter Programmroutinen.

Durch das Anhängen einer Prüfziffer an die zu sichernde Nummer entsteht z. B. eine sich selbst prüfende Nummer, die in Abhängigkeit von der Wahl der Prüfzifferntechnik bis zu 100 Prozent der Fehler erkennen lässt.

3.3.5.2 KONTROLLSUMMEN

Der Einsatz von Kontrollsummen erfolgt dort, wo arbeitsteilig mit Betragsangaben und Mengenangaben gearbeitet wird. Bei jedem Arbeitsgang wird die Summe eines oder mehrerer bestimmter Daten des weitergegebenen Arbeitsstapels gebildet und mit der mitgelieferten Kontrollsumme verglichen.

Besonders bei Arbeitserledigung mithilfe der EDV wird dieses Sicherungsverfahren angewandt, das auch als **Abstimmtechnik** bekannt ist. Es ist jedoch auch bei manuellen Arbeitserledigungen üblich. Die einfachste Form ist die Summenbildung über die Belegzahl. Außerdem kommen als **Summenarten** in Betracht:

▶ Betragssummen   ▶ Mengensummen
▶ Datumssummen   ▶ Nummernsummen

Um auftretende Fehler besser bestimmen zu können, empfiehlt es sich, **Kontrollkreise** vorzugeben, für die jeweils Kontrollsummen ermittelt werden müssen.

3.3.5.3 FOLGEKONTROLLEN

Folgekontrollen dienen der **Sicherung der Lückenlosigkeit**. Sie können z. B. durchgeführt werden mit:

- Fortlaufenden Nummern der Formulare
- Einsatz von zu beschaffenden Paginierstempeln
- Fortlaufender Nummernvergabe durch Büromaschinen oder EDV-Anlagen.

Vor allem bei der Organisation der Buchhaltung ist auf materielle und formelle Ordnungsmäßigkeit bzw. auf die Lückenlosigkeit der Belegnummern zu achten.

3.3.5.4 DOPPIK

Die doppelte Buchführung ist ein logisch geschlossenes, zwangsläufig sich selbst kontrollierendes Verrechnungssystem. Die Selbstkontrolle der Buchhaltung wird durch die Doppik erreicht, mit welcher der Periodenerfolg sowohl in der Bilanz als auch in der Gewinn- und Verlustrechnung errechnet werden kann. Die Richtigkeit der Rechnung ist bei Übereinstimmung beider Ergebnisse gesichert.

Dieses System beschränkt sich nicht auf die doppelte Buchhaltung. Es kann auch bei anderen prozessorganisatorischen Systemen eingesetzt werden, z. B. bei der **Lohnabrechnung**.

Beispiel:

Nettolohn 1	+ Abzüge 1	= Bruttolohn 1
Nettolohn 2	+ Abzüge 2	= Bruttolohn 2
. . .		
. . .		
. . .		
Σ Nettolöhne	+ Σ Abzüge	= Σ Bruttolöhne

Für Systemsicherungen eignen sich alle Tabellenrechnungen mit der Doppik.

3.3.5.5 PLAUSIBILITÄTSPRÜFUNGEN

In der EDV darf keine Dateneingabe ohne Prüfung erfolgen. Vielfach lässt sich die Richtigkeit von Daten mithilfe einer Plausibilitätsprüfung sichern, die eine Kontrolle auf formale und logische Richtigkeit eines Datums ist, z. B. als:

- **Zeichenartkontrolle**, bei der zu prüfen ist, ob eine vorgegebene Zeichenart ausschließlich benutzt wird, z. B. ob nur Ziffern vorhanden sind.

- **Feldlängenprüfung**, bei der festgestellt wird, ob ein Datum auch die vorgegebene Stellenzahl umfasst oder die Postleitzahl tatsächlich fünfstellig ist.

- **Feldinhaltzuordnung**, bei der geprüft wird, ob das eingegebene Datum dem gespeicherten Datum entspricht, z. B. die eingegebene Maßeinheit eines Artikels der im Artikelstammsatz gespeicherten Maßeinheit.

- **Grenzwertprüfung**, bei der zu kontrollieren ist, ob ein eingegebenes Datum innerhalb von Grenzwerten liegt. Haben z. B. Halbfabrikatenummern immer als erste Stelle eine 7, wird festgestellt, ob sie zwischen 70.000 und 79.999 liegen.

- **Aktualitätsprüfung**, bei der festgestellt wird, ob das eingegebene Datum innerhalb bestimmter Toleranzgrenzen liegt. Ein Tagesdatum wird z. B. als richtig angesehen, wenn es nicht in der Zukunft liegt und nicht älter als eine Woche ist.

3.3.6 ORGANISATIONSVORGABE

Die erarbeitete Prozessorganisation muss vorgegeben und dokumentiert werden. Dazu bedient sich der Organisator oft folgender Vorgaben:

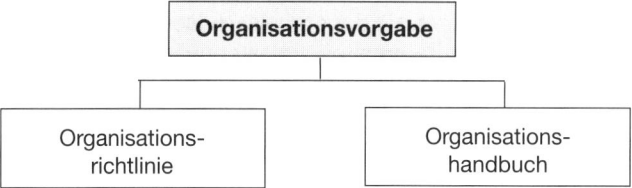

3.3.6.1 ORGANISATIONSRICHTLINIE

Die Organisationsrichtlinie ist die schriftliche Information in Form einer Anweisung oder eines Organisationsgrundsatzes. Sie enthält die wesentlichen Ergebnisse der neuen Prozessorganisation.

Ihre **Aufgaben** sind:

- Dokumentation des neuen Systems
- Schulungsunterlage für neue Mitarbeiter
- Grundlage des Organisationscontrolling
- Vorgabe an die Systemmitarbeiter
- Lernunterlage für die Systemeinführung.

Organisationsrichtlinien sind für alle Mitarbeiter verbindliche **Organisationsregelungen**. Sie werden in Großunternehmen nach ihrer Genehmigung durch die Unternehmensleitung von der Organisationsabteilung veröffentlicht, auch als Arbeitsvorgaben, Organisationsmitteilungen, Dienstanweisungen.

Eine Organisationsrichtlinie sollte folgende **Inhalte** haben:

* Die **Benennung** als verbale Bezeichnung der Organisationsrichtlinie. Sie sollte ihren Sachinhalt hinreichend kennzeichnen, aber trotzdem kurz gefasst sein.

* Die **Richtliniennummer**, um damit die Archivierung und die Wiederauffindung der Richtlinien zu sichern.

* Das **Herausgabedatum** als Tagesdatum der Veröffentlichung, das aus einer Organisationsrichtlinie ersichtlich sein muss.

* Das **Gültigkeitsdatum** als Datum des gültigen Zeitraumes, der begrenzt sein kann. Es ist aber auch möglich, dass keine Gültigkeitsbegrenzung erfolgt.

* Die **Verteiler** als Hinweis, damit ersichtlich ist, welche Mitarbeiter eine Organisationsanweisung vom Organisator erhalten haben.

* Den **Ungültigkeitsausweis** als Auskunft darüber, welche älteren Anweisungen durch die neue Organisationsrichtlinie teilweise oder vollständig entfallen.

* Die **Gestaltungsanforderungen** als Hinweise auf die Art und Weise inhaltlicher Darstellungen, z. B. ihre Verständlichkeit, Vollständigkeit, Eindeutigkeit.

* Die **Unterschriften** als Nachweis der Genehmigung der Organisationsrichtlinie, je nach ihrer Bedeutung z. B. der Unternehmens- bzw. Organisationsleitung.

Die **Veröffentlichung** von Organisationsrichtlinien sollte unter Verwendung einheitlicher Formulare erfolgen. Um den Charakter der organisatorischen Verbindlichkeit und Aktualität von Organisationsrichtlinien zu erhalten, ist es notwendig, einen lückenlosen **Änderungsdienst** für organisatorische Richtlinien vorzunehmen.

43 > Seite 465

3.3.6.2 ORGANISATIONSHANDBUCH

Das Organisationshandbuch ist eine gegliederte Zusammenfassung aller wesentlichen Organisationsregelungen eines Unternehmens *(Olfert/Rahn, Schmidt)* und dient als Nachschlagewerk, Controllingbasis, Schulungsmittel und Vorgabe. Es enthält auch Festlegungen zur Prozessorganisation.

In verschiedenen Unternehmen ist das Organisationshandbuch mit dem Datenverarbeitungshandbuch in einem umfassenden Handbuch vereinigt. Es wird auch als **ORG-Handbuch** bezeichnet.

Das Organisationshandbuch sollte möglichst übersichtlich gegliedert sein. Dazu dient ein klassifizierendes **Nummernsystem**, das in gleicher Weise bei den Organisationsrichtlinien angewandt wird. Auf diese Weise ist sichergestellt, dass zukünftige Organisationsrichtlinien problemlos eingefügt werden können.

Der **Aufbau** des Organisationshandbuches umfasst:

- Die **Einleitung**, die den Umgang mit dem Organisationshandbuch erleichtern soll und aus Inhaltsverzeichnis, Vorwort und Benutzungsanleitung besteht.

  Die Benutzungsanleitung enthält oft eine Erläuterung des Aufbaus des Handbuches. Sie schließt einen Ausweis des ihm zu Grunde liegenden Klassifizierungssystems und Hinweise auf das Stichwortverzeichnis ein.

- Den **allgemeinen Teil**, der grundlegende Informationen über die Organisation enthält, z. B. die Unternehmensziele, Unternehmenssatzung, Unternehmenspolitik, Geschäftsordnung, Geschäftsgrundsätze, Arbeitsordnung.

  Außerdem erfolgen mitunter Aussagen zur Geschichte des Unternehmens.

- Die **Aufbauorganisation**, welche die Prozessorganisation prägt, aber umgekehrt auch von dieser beeinflusst wird. Als Informationen sollten Organisationspläne, Niederlassungslisten, Stellenbesetzungspläne, Lagepläne, Funktionendiagramme, Unterschriftenregelungen enthalten sein.

- Die **Prozessorganisation**, die prozessorganisatorische Arbeitsanweisungen enthält, aber z. B. auch die Reise- und Spesenordnung, Kassenordnung und Benutzerordnung des Rechenzentrums.

- Die **Projektorganisation**, die einen Überblick über die im Unternehmen laufenden Projekte geben soll, z. B. mit Hinweisen zum Projektmanagement, zu aktuellen Organisationsprojekten, zur Projektaufbauorganisation und Projektprozessorganisation.

- Die **Verzeichnisse**, die von Führungskräften und Mitarbeitern häufig gebraucht werden, z.B. in Form von Kostenplänen, Kostenartenplänen, Kostenstellenverzeichnissen, Kostenträgerplänen, Lagerverzeichnissen.

  Ein vollständiger Ausweis aller in das Handbuch aufzunehmenden Verzeichnisarten ist nicht möglich. Das Telefonverzeichnis sollte gesondert ausgegeben werden.

- Den **Anhang**, der am Schluss des Organisationshandbuches zu finden ist und z. B. das Stichwortverzeichnis und den Änderungsnachweis umfasst.

Ein Ausweis aller gängigen **Formulare** im Anhang des Handbuches ist meist nicht praktikabel, da sonst der Umfang des Buches zu stark ausgeweitet wird. In größeren Unternehmen kann der inhaltliche Umfang die Verwendung eines mehrbändigen Organisationshandbuches bedingen.

Das Organisationshandbuch sollte **jedem Stelleninhaber** zugänglich sein. Mitunter werden für bestimmte Bereiche oder Mitarbeiterkreise spezielle Teile des Organisationshandbuches ausgegeben, z. B. für die Fertigung oder den Vertrieb.

Bezüglich seiner **äußeren Form** weist das Organisationshandbuch vielfach bestimmte Merkmale auf:

- Gestaltung im DIN A4-Format
- Einheitlicher Blattkopf oder eine spezielle Blattgestaltung
- Loseblattform in einem Ringbuch mit Signalfarben
- Einheitliches Klassifizierungssystem.

Beim Organisationshandbuch besteht die Gefahr, dass sich sein Wert wesentlich vermindert, wenn es **längere Zeit unverändert** bleibt, da die Organisationsabteilung »viel dringlichere Aufgaben hat« bzw. der **Änderungsdienst** so **perfektioniert** wird, dass jede Woche mehrere Änderungen ausgeliefert werden, die Ergänzungen und Blattaustausche erfordern.

Zunehmend werden Organisationshandbücher auch gespeichert und können am **Bildschirm** aufgerufen werden.

3.4 PROGRAMMIERUNG

Die Programmierung ist die Entwicklung eines Programmes zur automatischen Verarbeitung von Anweisungen durch den Rechner einer EDV-Anlage. Sie muss in einer Programmiersprache erfolgen.

Soll in Teilen des neuen Prozesssystems mit der EDV gearbeitet werden, bedingt dies den Erwerb eines oder mehrerer angebotener Programme oder die interne Erstellung von Programmen oder Programmteilen, die umfasst:

- **Programmvorgabe**

- **Programmausarbeitung**.

Voraussetzung für das Programmieren von Systemteilen ist das Vorliegen einer ausführungsreifen Programmvorgabe. Sie ist unerlässlich, wenn die Programmierung nicht vom Organisator vorgenommen wird. Ihre Ausarbeitung empfiehlt sich aber auch, wenn der Systementwurf und die Programmierung in einer Hand liegen. Dadurch ist der Organisator gezwungen, das Programm detailliert auszuplanen.

3.4.1 PROGRAMMVORGABE

Eine ausführungsreife Programmvorgabe für kommerzielle Anwendungsprogramme bedarf der Erstellung durch einen Programmierer. Sie sollte folgende **Teile** enthalten:

- Die **Programmbeschreibung**, mit der das zu erstellende Programm zunächst im Hinblick auf seine Aufgaben und Ziele darzustellen ist. Dieser Teil besteht hauptsächlich aus der verbalen Beschreibung und Datenflussplänen.
- Die **Eingabe**, die sich auf folgende Teile bezieht:

> ▹ Definition der Eingabearten und Eingabemedien
> ▹ Aufbau der für das System nötigen Eingabesätze
> ▹ Formularentwürfe für Erfassungsbelege und Belegleseformulare
> ▹ Maskenentwürfe bei Dialogdatenverarbeitung
> ▹ Vorgabe der Eingabedatenprüfung

- Die **Speicherung**, d. h. zur Abarbeitung eines Programmes sind häufig Daten aus Dateien zu entnehmen, Zwischenergebnisse in Dateien zu speichern und die Endergebnisse in Transferdateien auszugeben. Dazu ist es notwendig, Speicherungsvorgaben, Speicherbedarfsvorgaben, Dateibeschreibungen und Satzbeschreibungen zu definieren.

- Die **Verarbeitung**, bei der vom Programmierer alle die Verarbeitung betreffenden Vorgaben bestimmt werden müssen, z. B.:

> ▹ Verarbeitungsregeln in Form von Entscheidungstabellen und Ablaufplänen
> ▹ Regeln zu Struktogrammen, Formeln, Strukturablaufdiagrammen
> ▹ Programmtechnische Maßnahmen der Datensicherung
> ▹ Berücksichtigung von Unterbrechungsroutinen

- Die **Ausgabe**, wobei die Programmvorgabe die folgenden Definitionen enthält:

> ▹ Festlegung der Ausgabeart
> ▹ Druckbildentwürfe
> ▹ Maskenentwürfe
>
> ▹ Aufbau der Ausgabesätze
> ▹ Formularentwürfe für den Schnelldrucker oder die Mikrofilmausgabe

- Die **allgemeinen Programminformationen** als alle vom Programmierer weiterhin benötigten Informationen, die ihm zur Verfügung zu stellen sind, z. B. Nummernverzeichnis, Testbeispiele, Abkürzungsverzeichnisse, Programmfrequenzaussagen.

Mit einer in dieser Weise ausgearbeiteten Programmvorgabe muss ein hinreichend ausgebildeter und erfahrener Programmierer in der Lage sein, ohne weitere Rückfragen das Programm in allen Programmteilen einsatzreif zu erstellen.

3.4.2 PROGRAMMAUSARBEITUNG

Die Programmausarbeitung besteht aus drei **Arbeitsschritten**, die zu einem geringen Teil parallel, überwiegend aber in einer Folge durchgeführt werden:

Logik-gestaltung	Sie beinhaltet alle Arbeiten, die mit der Erstellung der Programmlogik zusammenhängen. Hierbei werden die einzelnen Aktivitäten der Aufgabenerledigung durch den Computer in zeitlich logischer Abfolge geplant.

⇩

Codierung	Die ermittelten Einzelaktivitäten müssen mit dem Wortvorrat einer Programmiersprache formuliert werden, was einschlägige Erfahrungen des Programmierers voraussetzt.

⇩

Testdurch-führung	Das erstellte Programm muss vom Programmierer so lange getestet werden, bis es fehlerfrei und damit für das Prozesssystem einsatzreif ist.

Parallel zu diesen Phasen ist vom Programmierer die **Dokumentation** des Prozesssystems zu erarbeiten.

Das vollständige **Ergebnis** der Programmierung umfasst das fehlerfreie Programm, die Programmdokumentation sowie das Benutzerhandbuch, das in Großunternehmen oft von den Programmierern und den Organisatoren in gemeinsamer Arbeit erstellt wird.

4. Prozessstruktur

Nachdem zuvor aufgezeigt wurde, auf welchen Wegen die Prozessorganisation zu gestalten ist, sollen die Ergebnisse der Prozessstrukturierung dargestellt werden als:

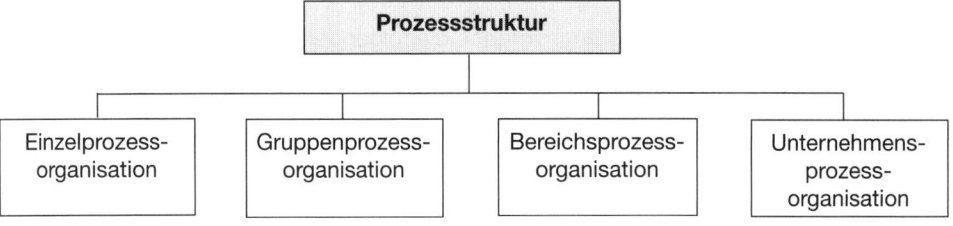

4.1 Einzelprozessorganisation

Die Einzelprozessorganisation ist der Teil der Prozessorganisation, der den vom jeweiligen Mitarbeiter zu verrichtenden Prozess betrifft. Er bezieht sich auf **einzelne Arbeitsvorgänge** und **Arbeitsfestlegungen**. Dabei stellt die Einzelprozessorganisation eine Kette aufeinander aufbauender Schritte mit definiertem Anfang und Ende dar. Der Prozess hat einen Input und einen Output.

Es sind zu beschreiben:

- **Einzelprozessstrukturierung**
- **Einzelarbeitsprozess**.

4.1.1 Einzelprozessstrukturierung

Um Einzelprozesse zur strukturieren, nimmt der Organisator nacheinander vor – siehe ausführlich Seite 196 ff.

- Die **Arbeitsanalyse**, die dort beginnt, wo die Aufgabenanalyse aufhört. Mit ihr müssen aus den Teilaufgaben die Elementaraufgaben abgeleitet werden. Die Arbeitsanalyse bedient sich – wie die Aufgabenanalyse – der Technik der **hierarchischen Strukturierung**.

  Bei der Organisation von Einzelprozessen werden insbesondere die **Verrichtungs-** und die **Objektanalyse** zu Grunde gelegt.

- Die **Arbeitssynthese**, die der Arbeitsanalyse folgt. Mit ihr kann die Gestaltung des Arbeitsablaufes erfolgen als:

Personale Synthese	Sie hat alle Fragen zu beantworten, die mit der **Leistungszuweisung** an Personen verbunden sind und kann daher auch als Arbeitsverteilung bezeichnet werden.
Zeitliche Synthese	Hierbei wird der Vollzug einzelner, verschiedener oder gleichartiger Arbeitsgänge durch ein Arbeitssubjekt betrachtet. Erfolgt eine zeitliche Aneinanderreihung, entsteht eine **Arbeitsgangfolge**, die organisatorisch zu gestalten und mit anderen Gangfolgen abzustimmen ist.
Lokale Synthese	Sie ist zur Bestimmung der optimalen Durchlaufgeschwindigkeit aller Objekte durch das Unternehmen als bestmögliche Raumgestaltung erforderlich und umfasst die räumliche Anordnung der **Arbeitsplätze** und die **Arbeitsplatzgestaltung**.

Auf den Ergebnissen der Arbeitsanalyse und der Arbeitssynthese baut die Arbeitsgangorganisation auf.

4.1.2 Einzelarbeitsprozess

Mit der Gestaltung der Einzelarbeitsprozesse werden die einzelnen Arbeiten festgelegt und in eine sinnvolle Reihenfolge gebracht. Ein Einzelarbeitsprozess lässt sich in Form einer **Reihung** der ermittelten **Arbeitsgänge** übersichtlich darstellen:

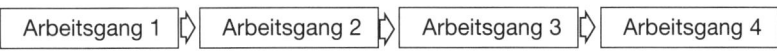

Beispiel für einen Einzelarbeitsprozess an einer Stelle in der Rechnungsprüfung:

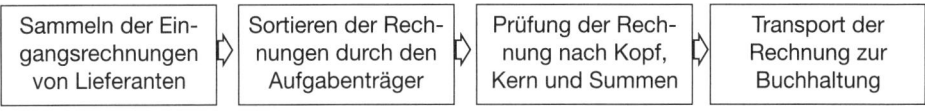

Die einzelnen Arbeitsgänge jeder Stelle sind vom Organisator möglichst effektiv und kostengünstig zu strukturieren und zu Einzelarbeitsprozessen zusammenzufassen.

4.2 Gruppenprozessorganisation

Die Gruppenprozessorganisation baut auf den Einzelarbeitsprozessen auf und ist auf Arbeitsgruppen bezogen, z. B. innerhalb der Fertigung oder des Marketing. Es sollen betrachtet werden:

- **Gruppenprozesse**
- **Fertigungsinseln**.

4.2.1 Gruppenprozesse

Der Gruppenprozess stellt eine Kette aufeinander folgender Schritte dar, die sich auf Arbeitsgruppen beziehen. Der Bedarf an gruppenbezogener Koordination steigt mit wachsender Differenzierung einer Organisation *(Wiswede)*. Zu unterscheiden sind:

- **Sozialen Gruppenprozesse** als Vorgänge in Gruppen, bei denen Mitglieder Gruppenentscheidungen treffen, nachdem gemeinsame Diskussionen und Abstimmungen erfolgt sind.

  In und zwischen Gruppen können Gruppendruck und Konflikte auftreten. Es sind aber auch Synergie-Effekte möglich, weil das Zusammenwirken ihrer Mitglieder eine höhere Problemlösungsqualität bewirkt als die Addition der Einzelbeiträge.

- **Wirtschaftliche Gruppenprozesse** als Vorgänge in Gruppen, die ökonomisch bedeutsam sind. So können z. B. im Rahmen der Fertigung verschiedene Mitarbeiter und Betriebsmittel zu Funktionsgruppen, Montageinseln, Fertigungsinseln und flexiblen Fertigungszellen zusammengefasst werden.

  Dadurch können **teilautonome Arbeitsgruppen** entstehen, die sich durch eine erweiterte Entscheidungsfreiheit ihrer Mitglieder auszeichnen.

4.2.2 Fertigungsinseln

Aufgrund der steigenden Anforderungen von Kunden und des erhöhten Wettbewerbsdruckes sehen sich Unternehmen zu prozessorganisatorischen Anpassungsmaßnahmen gezwungen.

Die Umstellung auf flexible Organisationsstrukturen mit hochqualifizierten Mitarbeitern an Fertigungsinseln kann dabei zu einem entscheidenden Wettbewerbsfaktor werden. Bei ihnen erfolgt die Bündelung bestimmter Arbeitspakete, d. h. Maschinen, Werkzeuge und Mitarbeiter werden zusammengefügt. Erst nach Abschluss mehrerer Arbeitsgänge verlässt das Zwischenerzeugnis die Fertigungsinsel. Dabei entsteht ein Gruppenprozess:

··· ▷ Fertigungsinsel 3 ▷ Fertigungsinsel 4 ▷ ···

Den Mitarbeitern kann eine erweiterte Organisationskompetenz eingeräumt werden. Damit wird es möglich, dass sie im Rahmen der **Selbstorganisation** autonom an der betreffenden Ordnung mitwirken können *(Göbel)*. Dies gilt auch für Fragen der Schichteinteilung und Urlaubsregelung. Entsprechend unterscheidet man:

- Selbst organisierende Gruppen, z. B. hinsichtlich der Arbeitsverteilung
- Selbst steuernde Gruppen, die z. B. Maßnahmen selbst ergreifen
- Selbst optimierende Gruppen, z. B. durch kostenbewusstes Handeln.

Die Mitarbeiter der Fertigungsinseln können an **EDV-Terminals** den direkten Kontakt zum Kunden aufrecht erhalten. Durch die Nutzung der Computer lässt sich die Auftragssituation besser überschauen und unnötige Arbeitsprozesse können vermieden werden, was Zeit und Geld spart.

4.3 BEREICHSPROZESSORGANISATION

Die Bereichsprozessorganisation ist auf Abläufe in Abteilungen ausgerichtet. Bereichsprozesse stellen dabei diejenigen Vorgänge dar, die in den funktionalen Bereichen des Unternehmens vorkommen als:

- **Marketingbereichsprozess**
- **Fertigungsbereichsprozess**
- **Materialbereichsprozess**
- **Personalbereichsprozess**
- **Finanzbereichsprozess**
- **Rechnungswesenprozess**
- **Informationsbereichsprozess**.

4.3.1 MARKETINGBEREICHSPROZESS

Der Marketingbereichsprozess betrifft Vorgänge, die sich auf den Absatz des Unternehmens beziehen. Hier erfolgt die Erkundung, Gestaltung und Erschließung der Absatzmärkte. Es werden Produktpolitik, Kontrahierungspolitik, Distributionspolitik und Kommunikationspolitik betrieben.

Für den nachfolgend dargestellten Marketingbereichsprozess gilt z. B. als definierter **Beginn** die Anfrage des Kunden und als definiertes **Ende** der Erhalt der Ausgangsrechnung für die gelieferte Ware.

Beispiel:

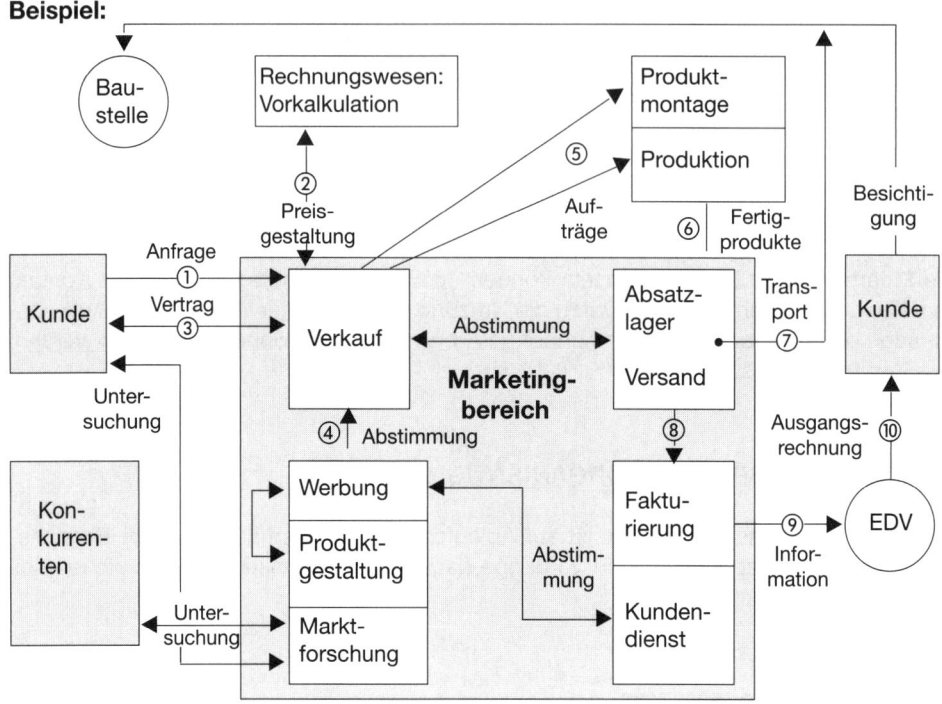

Der gezeigte Marketingbereichsprozess weist folgende **Vorgänge** auf:

① Der Kunde wendet sich mit einer Anfrage an den Verkauf
② Der Verkauf gibt die Unterlagen zur Preisauskunft an die Vorkalkulation weiter
③ Der Verkäufer unterbreitet dem Kunden ein Angebot
④ Der Verkauf stimmt sich mit Werbung, Produktgestaltung und der Marktforschung ab
⑤ Der Verkauf leitet den Betriebsauftrag an die Produktion bzw. an die Montageabteilung
⑥ Die Fertigprodukte werden später an das Absatzlager transportiert
⑦ Der Versand transportiert die Ware zur Baustelle des Kunden
⑧ Die Informationen werden an die Fakturierung (Rechnungsschreibung) weitergegeben
⑨ Die Rechnungsschreibung selbst erfolgt über EDV
⑩ Der Kunde erhält die Ausgangsrechnung

4.3.2 FERTIGUNGSBEREICHSPROZESS

Der Fertigungsbereichsprozess umfasst im industriellen Unternehmen jene Vorgänge, die sich im Wesentlichen auf die Fertigung des Unternehmens beziehen, welche dazu dient, Sachgüter und/oder Dienstleistungen zu erstellen.

Der definierte **Beginn** des Fertigungsbereichsprozesses ist z. B. die Weitergabe des Auftrags an den Fertigungsbereich und das definierte **Ende** der Abgabe der produzierten Ware an den Marketingbereich.

Beispiel:

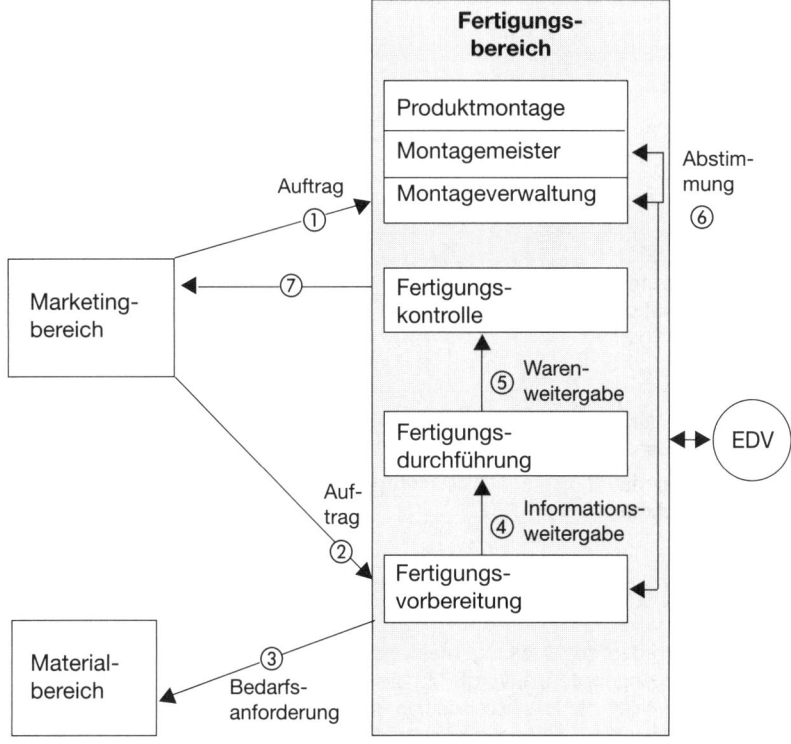

Daraus ergeben sich folgende **Vorgänge**:

① Die Montageverwaltung im Fertigungsbereich erhält Montageauftrag vom Marketing
② Die Fertigungsvorbereitung bekommt vom Marketingbereich den Fertigungsauftrag
③ Die Fertigungsvorbereitung gibt eine Bedarfsanforderung an den Materialbereich
④ Die Fertigungsvorbereitung reicht die nötigen Informationen an die Fertigung
⑤ Die Fertigung wird durchgeführt und kontrolliert
⑥ Der Fertigungsbereich stimmt sich mit dem Montagesektor ab
⑦ Die Fertigungskontrolle gibt die Produkte an den Marketingbereich weiter

4.3.3 MATERIALBEREICHSPROZESS

Der Materialbereichsprozess umfasst Vorgänge, die sich auf den Einkauf, die Lagerung, Verteilung und gegebenenfalls Entsorgung von Waren, Werkstoffen und Zulieferteilen beziehen.

Der definierte **Beginn** eines Materialbereichsprozesses ist die Bedarfsanforderung bzw. der Bewilligungsantrag und das definierte **Ende** des Prozesses die Warenausgabe an den anfordernden Materialnehmer.

Beispiel:

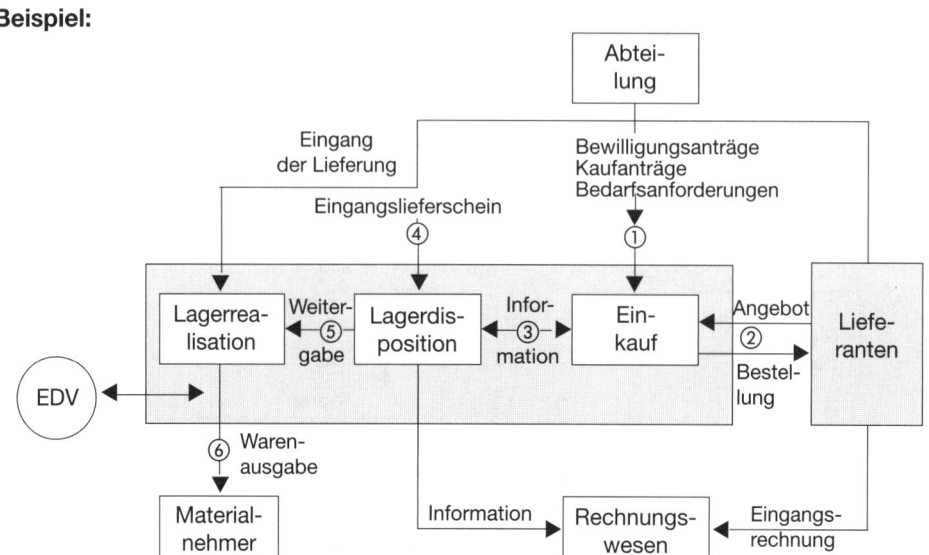

Der **Ablauf** des Materialbereichsprozesses umfasst:

① Die Material anfordernde Abteilung meldet sich beim Einkauf
② Der Einkauf holt Angebote ein, vergleicht sie und bestellt
③ Der Einkauf informiert die Lagerdisposition über den Vorgang
④ Die gelieferte Ware wird im Lager eingelagert und wird durch den Lieferschein bestätigt
⑤ Die Lagerdisposition stimmt sich mit der Lagerrealisation ab
⑥ Die Material anfordernde Abteilung erhält die angeforderte Ware

4.3.4 PERSONALBEREICHSPROZESS

Der Personalbereichsprozess umfasst Vorgänge, die sich auf die Personalplanung, Personalbeschaffung, den Personaleinsatz sowie auf weitere Personalfunktionen beziehen.

Der Personalbereichsprozess nimmt z. B. seinen **Beginn** mit der Übermittlung von Plandaten von der Unternehmensleitung an den Personalbereich und findet sein **Ende** mit dem Personalabgang bzw. mit der personalwirtschaftlichen Kontrolle.

Beispiel:

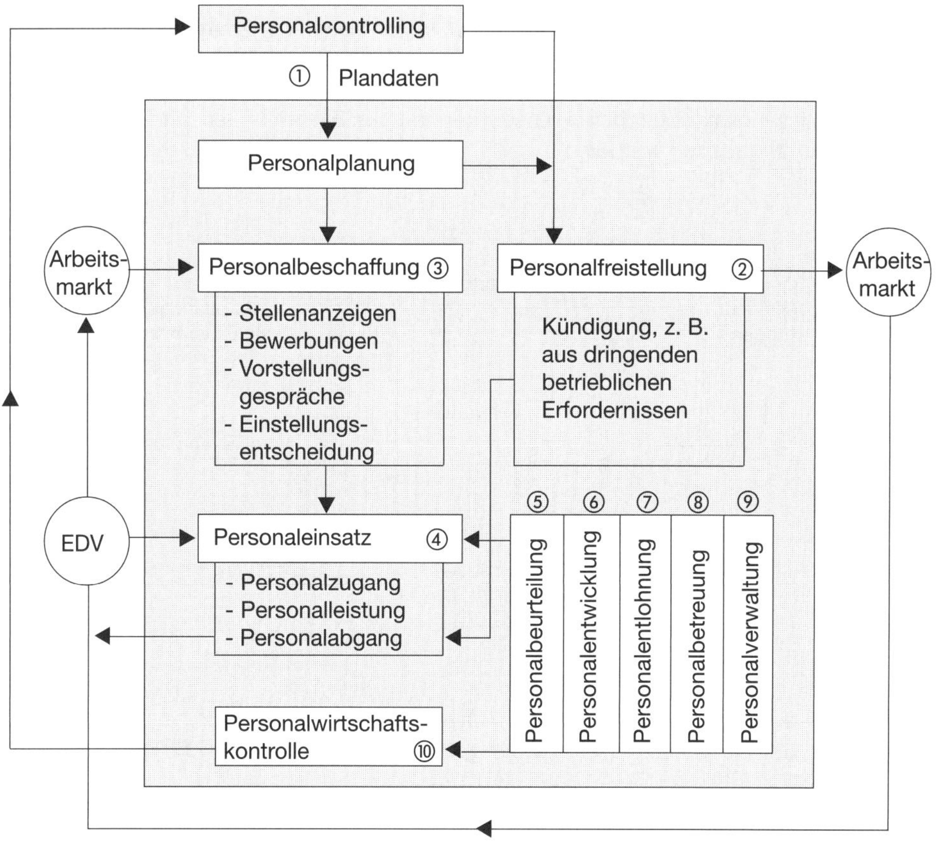

```
                    ┌─────────────────────┐
        ┌──────────▶│  Personalcontrolling │──────────┐
        │           └─────────────────────┘          │
        │                  ① │ Plandaten              │
        │                    ▼                         │
        │           ┌─────────────────────┐           │
        │           │  Personalplanung    │───────▶    │
        │           └─────────────────────┘           │
        │                    │                         │
   ┌─────────┐   ┌──────────────────────────┐  ┌─────────────────────────┐   ┌─────────┐
   │ Arbeits-│──▶│ Personalbeschaffung ③    │  │ Personalfreistellung ②  │──▶│ Arbeits-│
   │ markt   │   │                          │  │                         │   │ markt   │
   └─────────┘   │ - Stellenanzeigen        │  │ Kündigung, z. B.        │   └─────────┘
                 │ - Bewerbungen            │  │ aus dringenden          │
                 │ - Vorstellungs-          │  │ betrieblichen           │
                 │   gespräche              │  │ Erfordernissen          │
                 │ - Einstellungs-          │  └─────────────────────────┘
                 │   entscheidung           │
                 └──────────────────────────┘
```

Ein Personalbereichsprozess kann z. B. folgende **Vorgänge** umfassen:

① Die Personalplanung erhält Plandaten vom Personalcontrolling
② Ist die geplante Stellenzahl kleiner als der Personalbestand: Personalfreistellung
③ Ist die geplante Stellenzahl größer als der Personalbestand: Personalbeschaffung
④ Nach der Personalbeschaffung erfolgt der Personaleinsatz
⑤ Die Mitarbeiter werden, z.B. in der Zugangs-, Leistungs- und Abgangsphase beurteilt
⑥ Die Personalentwicklung erfolgt ebenfalls erst während des Personaleinsatzes
⑦ Die Entlohnung beginnt mit Zugang und endet mit Abgang des Mitarbeiters
⑧ Die Personalbetreuung umfasst z.B. die Betreuung durch einen Werksarzt
⑨ Es werden Personalakten geführt und in das Personalinformationssystem übernommen
⑩ Die Personalwirtschaftskontrolle achtet darauf, dass Prozesse effizient ablaufen

4.3.5 Finanzbereichsprozess

Der Finanzbereichsprozess umfasst Vorgänge, welche die Finanzmittel bzw. die Investitionen betreffen. Es wird Kapital beschafft, verwendet und verwaltet.

Als **Beginn** des Finanzbereichsprozesses können die Einzahlungen und als **Ende** die Auszahlungen angesehen werden.

Beispiel:

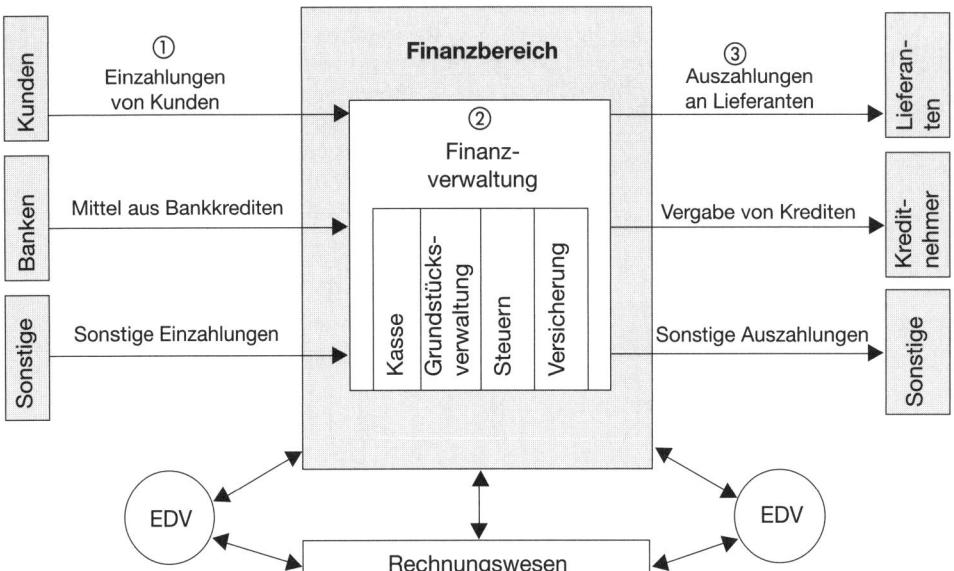

Der dargestellte Finanzbereichsprozess besteht aus folgenden **Vorgängen**:

① Die **Kapitalbeschaffung** als Finanzierung besteht zu einem Teil aus den Einzahlungen von Kunden für die Lieferungen, Mittel aus Bankkrediten und sonstigen Zahlungen

② Die **Kapitalverwaltung** steuert den Zahlungsverkehr des Unternehmens als Barzahlungsverkehr, halbbaren Zahlungsverkehr und bargeldlosen Zahlungsverkehr

③ Die **Kapitalverwendung** betrifft die Auszahlung von Geldmitteln an die Lieferanten bzw. Vergabe von Krediten an Kreditnehmer. Die Investitionen als Auszahlungen für Vermögensteile betreffen Anschaffungsauszahlungen z. B. für Maschinen

4.3.6 Rechnungswesenprozess

Der Rechnungswesenprozess betrifft Vorgänge, die sich auf die Buchhaltung, die Betriebsabrechnung, den Jahresabschluss, die Kostenrechnung, die Rechnungsprüfung, die Verwaltung und das Mahnverfahren beziehen.

In Bezug auf den Kunden ist der **Beginn** des Rechnungswesenprozesses die Verbuchung der Ausgangsrechnung und das **Ende** der Zahlungseingang.

Im Hinblick auf den Lieferanten ist als **Beginn** des Prozesses die Verbuchung der Eingangsrechnung und als **Ende** die Verbuchung des Zahlungsausganges anzusehen.

Beispiel:

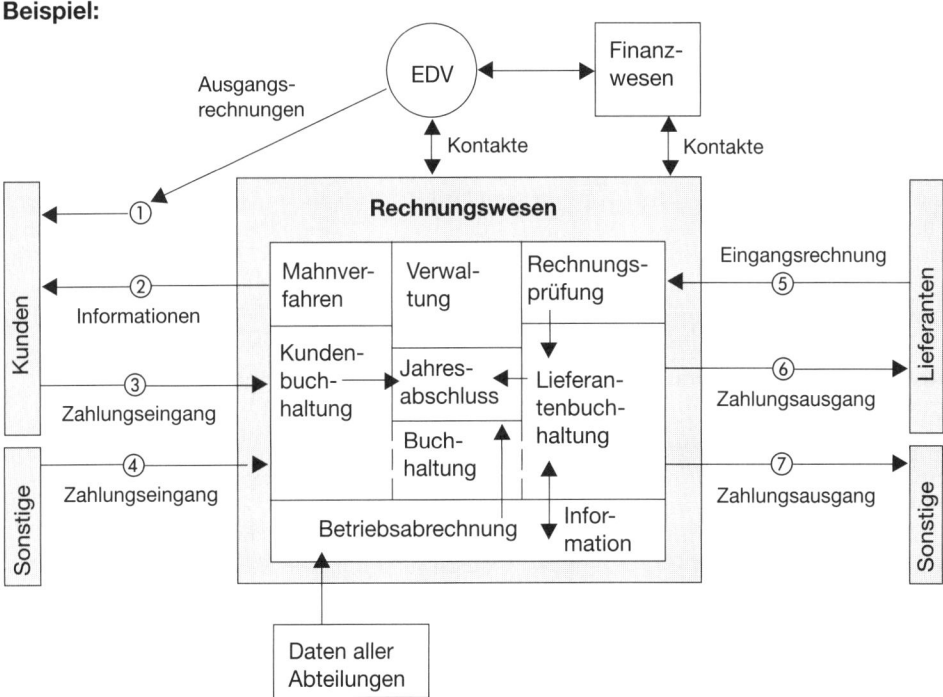

Beim Ablauf des Rechnungsprozesses können als Vorgänge die kundenbezogenen Vorgänge 1 bis 4 und die lieferantenbezogenen Vorgänge 5 bis 7 unterschieden werden:

① Der Kunde erhält über die EDV die Ausgangsrechnung
② Zahlen Kunden nicht fristgemäß, wird ein Mahnverfahren eingeleitet
③ Die Zahlungseingänge der Kunden werden von der Kundenbuchhaltung bearbeitet
④ Weitere Zahlungseingänge werden verbucht, z.B. Bareinlagen, Subventionen
⑤ Die Lieferanten senden die Eingangsrechnungen zu, die geprüft werden
⑥ Die Lieferantenbuchhaltung verbucht die eingegangene Rechnung
⑦ Die Zahlungsausgänge werden verbucht und entsprechend abgewickelt

4.3.7 INFORMATIONSBEREICHSPROZESS

Der Informationsbereichsprozess umfasst Vorgänge, welche die EDV betreffen. Hier werden Daten als Informationen automatisch verarbeitet, die zweckorientiertes, personen- bzw. arbeitsplatzorientiertes Wissen darstellen.

Den **Beginn** des Informationsbereichsprozesses bilden z. B. die Eingabedaten und das **Ende** die Ausgabedaten.

Beispiel:

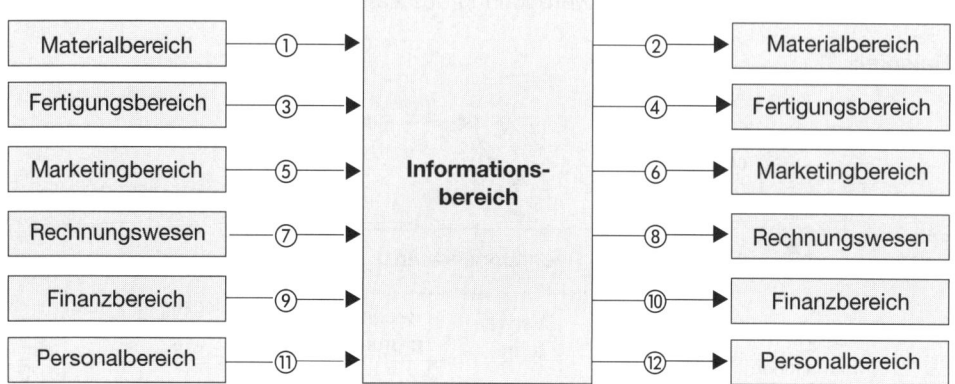

Als **Vorgänge** lassen sich beim Informationsbereichsprozess nennen:

① Der Materialbereich gibt der EDV Daten zur Materiallagerung
② Es ergeben sich für den Materialbereich spezielle Informationen z. B. über Lagerbestand
③ Der Fertigungsbereich gibt der EDV Daten zur Kapazitätsauslastung
④ Es ergeben sich Perioden mit Kapazitätsauslastung, mit Überkapazität bzw. Minderkapazität
⑤ Der Marketingbereich liefert Daten über die gesamten Umsätze pro Periode
⑥ Es werden von der EDV Deckungsbeiträge ermittelt, z. B. in Abhängigkeit von Produkten
⑦ Das Rechnungswesen liefert die gesamten Daten zum Jahresabschluss
⑧ Das Informationswesen verarbeitet diese Daten und stellt sie übersichtlich in Kontenform dar.
⑨ Der Finanzbereich liefert die Daten über die bisherigen Zahlungseingänge von Kunden
⑩ In den Fällen von Terminüberschreitung wird der Zahlungspflichtige automatisch gemahnt
⑪ Der Personalbereich sammelt in jeder Periode Daten zum Lohn der Mitarbeiter
⑫ Die EDV erstellt die Brutto- bzw. Nettolohnabrechnung

4.4 UNTERNEHMENSPROZESSORGANISATION

Auf der Basis der Organisation der Einzelprozesse, Gruppenprozesse und Bereichsprozesse ist der Organisator in der Lage, den gesamten Prozess des Unternehmens zu strukturieren. Es sind zu unterscheiden:

* Die **Teilprozesse**, die aus Elementen des Gesamtprozesses bestehen und sich auf Güter, Zahlungsströme sowie Informationen beziehen können. Es lassen sich güterwirtschaftliche, finanzwirtschaftliche und informationelle Prozesse unterscheiden.

• Der **Gesamtprozess**, der sich aus diesen Prozessen ergibt. Als Unternehmensprozess ist er aufgrund seiner Komplexität nicht einfach zu organisieren *(Rahn)*. Verein-
facht stellt er sich wie folgt dar:

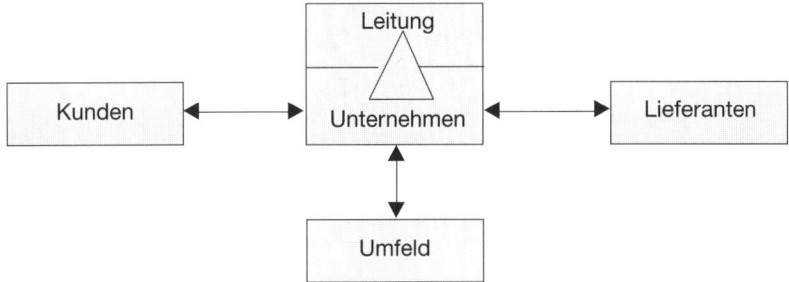

Der im Einzelnen zu gestaltende Unternehmensprozess ist auf Seite 260 dargestellt.

5. PROZESSEINFÜHRUNG

Als Ergebnis der Prozessgestaltung liegt das neue System als ausgearbeitete Konzeption vor, die in die betriebliche Realität zu überführen ist. Dabei sind mehrere **Phasen** der
Prozesseinführung zu unterscheiden:

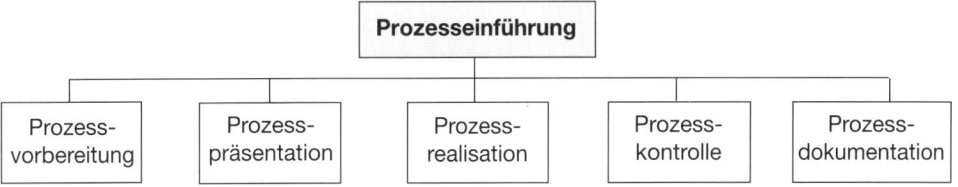

Von der Prozesseinführung hängt wesentlich der **Erfolg** des neuen Prozesssystems ab.
Auch ein hervorragender Prozessentwurf kann leicht durch eine schlechte Einführung zu
einem Misserfolg werden.

5.1 PROZESSVORBEREITUNG

Die Prozessvorbereitung beinhaltet alle Aufgaben zwischen der Fertigstellung des Prozessentwurfes und dem Beginn des Prozessanlaufes. Sie schließt insbesondere ein:

• **Einführungsmethoden**
• **Einführungsplanung**.

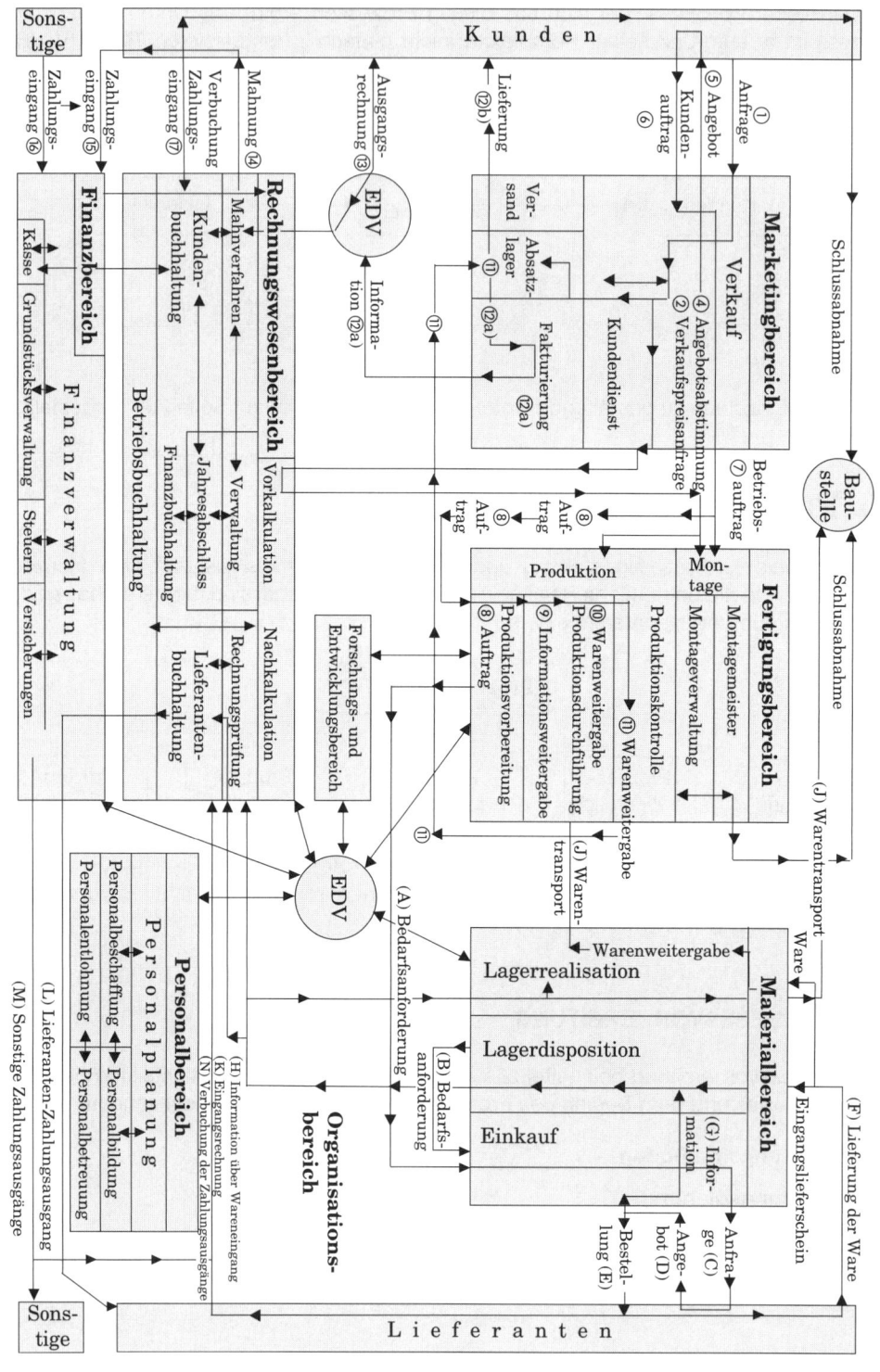

5.1.1 EINFÜHRUNGSMETHODEN

Die Einführung einer neuen Prozessorganisation kann nach verschiedenen Methoden erfolgen, deren Wahl von mehreren **Merkmalen** abhängig ist, vor allem von der Prozessart, dem Prozessumfang, dem Einführungsrisiko und den Prozessbeteiligten.

Bei der Prozesseinführung sind insbesondere die Motivation, persönliche Ziele und Aversionen der am neuen Prozess beteiligten **Mitarbeiter** von Bedeutung. Die Einführung eines Systems ist gefährdet, wenn es nicht gelingt, einen wesentlichen Teil der zukünftigen Systemmitarbeiter zu einer positiven oder zumindest neutralen Einstellung zu gewinnen.

Deswegen muss die Einstellung der Systembeteiligten bei der Wahl der Einführungsmethode entsprechende Berücksichtigung finden, die sein kann:

- Die **Direkteinführung**, bei welcher der Übergang vom alten zum neuen Prozesssystem schlagartig zu einem Stichtag erfolgt. Sie empfiehlt sich bei kleinen, überschaubaren Prozessen, neuen Prozessen ohne Bezug zum Vorgängersystem sowie zeitkritischen Systemen, z. B. bei Flugreservierungssystemen, sofern die nachfolgenden **Voraussetzungen** erfüllt sind:

  - Ein fundiert organisiertes und getestetes System
  - Die Systemmitarbeiter müssen intensiv geschult sein
  - Ein detaillierter Ausfallplan muss ausgearbeitet sein

- Die **Paralleleinführung**, bei der für eine bestimmte Zeit die alte und die neue Prozessorganisation gleichzeitig eingesetzt wird. Das hat den wesentlichen **Vorteil**, dass ein ausführlicher Praxistest möglich ist und die Testergebnisse mit den Ergebnissen des alten Systems verglichen werden können. Dem steht der **Nachteil** gegenüber, eine bestimmte Zeitdauer zwei Systeme betreiben zu müssen.

  Die Paralleleinführung wird bei Prozessen angewandt, die besondere Sicherheiten notwendig erscheinen lassen, sowie bei Prozessen, die von den systembetroffenen Fachabteilungen skeptisch beurteilt werden. **Voraussetzungen** dafür sind:

  - Der Kapazitätsmehrbedarf muss befriedigt werden können
  - Beide Prozesssysteme müssen gegeneinander scharf abgrenzbar sein
  - Beide Prozesssysteme müssen zu den gleichen Systemergebnissen führen

- Die **Probeeinführung**, bei der das neue Prozesssystem zunächst in einem kleinen, separaten Bereich eingeführt wird und eine Auswertung der Ergebnisse erfolgt. Dies kann z. B. in einer isolierten Abteilung oder in einem einzelnen Werk geschehen. Erst wenn die Sicherheit gegeben ist, dass die Prozessorganisation in diesem Bereich fehlerlos arbeitet, wird es im gesamten Anwendungsbereich eingesetzt.

  Die Methode der Probeeinführung kann bei der Forderung nach erfolgreichem Praxistest, Unsicherheit der Projektgruppe über den Praxiserfolg und der Entscheidung über mehrere Systemalternativen angewandt werden. **Voraussetzungen** für eine Probeeinführung sind:

  - Das Gesamtsystem muss in einem kleinen Bereich isoliert einsetzbar sein
  - Das Ergebnis der Probeeinführung muss repräsentativ für den geplanten Einsatz sein

- Die **Stufeneinführung**, welche sich für größere Prozesssysteme eignet, die modular aufgebaut sind. Dabei werden die einzelnen modularen Teile der Prozessorganisation schrittweise realisiert und vor jedem nachfolgenden Schritt erfolgt eine Ergebnisprüfung, von der die Einführung des nächsten Teils abhängt.

Die Stufeneinführung wird bei sehr umfangreichen Systemen sowie neuartigen Systemtechniken eingesetzt, wobei als **Voraussetzungen** für sie gelten:

> ▸ Ein modularer Systemaufbau
> ▸ Lineare oder nur wenig vernetzte Beziehungen der Systemteile
> ▸ Die Teilbarkeit des bestehenden Prozesses

5.1.2 EINFÜHRUNGSPLANUNG

Nachdem über die Einführungsmethode entschieden wurde, kann die Einführung geplant werden. Ausgangsbasis jeder Einführungsplanung ist der ausgearbeitete Prozessentwurf. Sie umfasst:

- Die **Aufgabenplanung**, bei der insbesondere folgende Aufgabenkomplexe zu untersuchen sind, z. B. Sachmittelbeschaffung, Schulungsmaßnahmen, Einführungsinformationen, Sicherungsmaßnahmen.

- Die **Terminplanung**, bei der sich die Terminplanungstechniken anbieten, die auch für die Projektplanung verwendet werden, z. B. GANTT-Technik, PLANNET-Technik, Netzplantechnik – siehe S. 325 ff.:

- Die **Personalplanung** zur Prozesseinführung, die vom Organisator vorzunehmen ist als:

Planung des Systembetriebs	Sie umfasst den voraussichtlichen Mitarbeitereinsatz, den Personalbedarf, die grobe Einsatzplanung, die Mitarbeitermeldung für nicht mehr eingesetzte Mitarbeiter an die Personalabteilung.
Planung des Prozessanlaufes	Sie kann erst vorgenommen werden, wenn festgelegt ist, wie der Personaleinsatz im späteren Prozess erfolgt. Die Planung des Personals für den Prozessanlauf beinhaltet die Einsatzplanung für das Personal, das Unterstützungspersonal und für die Arbeitsgruppe.

- Die **Kosten- und Ausgabenplanung**, bei der die Kosten für die Prozesseinführung und die neue Prozessorganisation zu planen sind. Ebenso müssen die einmaligen und die dauernden Ausgaben festgestellt werden. Über bisherige Kostengenehmigungen hinausgehende Kosten bedürfen oft einer Zusatzgenehmigung.

5.2 PROZESSPRÄSENTATION

Die Präsentation der Prozessorganisation dient dazu, dem Auftraggeber die Inhalte des vorbereiteten Abschlussberichtes vorzustellen. Um ihren Erfolg zu sichern, sollte sie gut vorbereitet werden und umfassen *(Michel, Reschke/Michel, Seifert)*:

- Die **einleuchtende Kritik** der bisherigen Prozessorganisation, wobei die wesentlichen Daten der Ist-Aufnahme und der Ist-Analyse übersichtlich zusammenzufassen sind. Bei der Beurteilung des bisherigen Prozesssystems ist auf eine ausgewogene und treffende Begründung seiner Nachteile zu achten.

- Die **überzeugende Darstellung** der neuen Prozessorganisation, deren wesentliche Inhalte in knapper Weise dargelegt werden. Sie wird vor allem hinsichtlich ihrer Vorteile und auch ihrer Grenzen sowie der Betonung konkreter Änderungen gegenüber dem alten System präsentiert.

Für die Präsentation bzw. Visualisierung gilt außerdem, was bereits im Rahmen der **Aufbauorganisation** beschrieben wurde – siehe S. 165 f.:

▶ Präsentations-regeln	▶ Präsentations-merkmale	▶ Visualisierungs-mittel	▶ Präsentations-erfolg

5.3 PROZESSREALISATION

Eine wesentliche Aufgabe der für das neue Prozesssystem verantwortlichen Führungskräfte ist, dass die Regelungen der neuen Prozessorganisation auch durchgesetzt werden. Dabei ist zu achten auf:

- **Mittelbereitstellung**
- **Schulung**
- **Information**
- **Sicherung**
- **Systemanlauf**.

5.3.1 MITTELBEREITSTELLUNG

Zum Prozessanlauf müssen alle benötigten Sachmittel bereitgestellt werden. Somit ist es erforderlich, die **Verfügbarkeit** dieser Sachmittel zum Bereitstellungstermin in der erforderlichen Zahl und am festgelegten Ort zu gewährleisten. Sie können durch Kauf, Miete, Leasing, Pacht, Leihe oder Freistellung erworben werden.

Insbesondere der Kauf, aber gegebenenfalls auch Miete, Leasing, Pacht und Leihe, umfassen bis zur Verfügbarkeit folgende **Aufgaben**, die jedoch meistens vom **Einkaufs- bzw. Beschaffungsbereich** und nicht von dem Organisator durchgeführt werden:

▶ Lieferquellenermittlung	▶ Angebotseinholung	▶ Lieferantenentscheidung
▶ Bestellung	▶ Lieferkontrolle	▶ Eingangskontrolle

Erfolgt eine Arbeitsteilung zwischen Einkauf bzw. Beschaffung und Organisator bei der Versorgung mit Sachmitteln, hat der Organisator folgende **Aufgaben**:

- Genaue **Definition** der zu benötigten Sachmittel nach Fabrikat, Typ, Menge usw.

- Ausarbeitung von **Beschaffungsvorgaben** wie Sachmittelbeschreibung, Aufgabenkatalog, Pflichtenheft oder Ausschreibungsunterlage

- **Klärung** aller fachbezogenen Fragen mit dem ausgewählten Lieferanten.

Der Einkaufs- bzw. Beschaffungsbereich ist federführend bei allen Beschaffungsentscheidungen, die z. B. den Lieferanten, den Preis oder die Lieferbedingungen betreffen.

Bei der Beschaffung komplexer Sachmittel ist mit längeren **Lieferzeiten** zu rechnen. Damit kann die Lieferzeit die Planung für die Systemeinführung negativ beeinflussen. Deshalb ist es erforderlich, bereits zur Terminplanung entsprechende Informationen über die Lieferzeiten aller wesentlichen Sachmittel einzuholen.

Die Bereitstellung der Sachmittel umfasst auch die Sicherung der Lieferzeiteinhaltung. Diese Aufgabe kann folgende **Maßnahmen** einschließen:

- Kaufverträge mit Konventionalstrafen
- Dauernder Kontakt zu den Lieferanten
- Ausfallplanung für Sachmittel.

Mit der Bereitstellung der Sachmittel geht oft eine umfangreiche büroorganisatorische Aufgabenstellung einher, z. B. Umzüge oder Umrüstungen von Arbeitsplätzen.

5.3.2 SCHULUNG

Die Mitarbeiter, die Aufgaben im Rahmen der einzuführenden Prozessorganisation übernehmen sollen, müssen gegebenenfalls für ihre neuen Tätigkeiten geschult werden. Nach *Futh* können nicht selten Misserfolge in der Systemeinführung allein auf den Tatbestand zurückgeführt werden, dass das Personal nicht genügend geschult war, um mit der neuen Prozessorganisation zu arbeiten.

Die Schulung der zukünftigen Systemmitarbeiter hat folgende **Aufgaben**:

- Vermittlung aller erforderlichen Kenntnisse
- Training der Arbeitsdurchführung
- Vermittlung einer Systemübersicht
- Motivation im Hinblick auf die neue Prozessorganisation.

Zur Vorbereitung der Schulung müssen folgende **Aufgaben** erledigt werden:

- **Festlegung der Schulungsteilnehmer**, d. h. als erster Schritt muss ermittelt werden, welche Mitarbeiter zur Einführung der neuen Prozessorganisation zu schulen sind. Das können z. B. betroffene oder andere Mitarbeiter sein.

- **Ermittlung der Lernziele**, d. h. es ist notwendig, für jeden Systemmitarbeiter und jede weitere Teilnehmergruppe die Lernziele tätigkeitsbezogen festzulegen, um damit eine möglichst gezielte und wirkungsvolle Schulung zu erreichen.

- **Planung der Kurse** und deren Schulungsinhalte, die in Abhängigkeit von den ermittelten Lernzielen, der Abkömmlichkeit zur Schulung sowie der Terminplanung erfolgen muss.

- **Erarbeitung der Schulungsunterlagen**, wobei die Basis für die Erarbeitung der Schulungsunterlagen die Prozessdokumentation ist. Sie kann jedoch nicht unverändert übernommen werden, da sie didaktisch oft nicht aufbereitet und für Nichtfachleute wenig verständlich ist.

- **Beschaffung bzw. Ausbildung der Dozenten**, d. h. die Trainer sind zu beschaffen bzw. hinsichtlich der einzuführenden Prozessorganisation zu schulen.

- **Bereitstellung von Schulungsmitteln**, d. h. zum Schulungsbeginn müssen alle Schulungsmittel verfügbar sein, z. B. Overhead-Projektor, Flipchart, Pinnwand, Beamer.

Soweit wie möglich empfiehlt es sich, den **Direktunterricht** durch Übungen, Fallstudien sowie Diskussionen zu ergänzen oder ihn ganz dadurch zu ersetzen. Sofern es sich anbietet oder überhaupt möglich ist, sollte die Schulung durch ein **Intensivtraining** am zukünftigen **Arbeitsplatz** abgeschlossen werden. Dazu erhält der Mitarbeiter zunächst Routinefälle, nach deren Beherrschung aber auch Ausnahmefälle.

Bei der Vermittlung von Kenntnissen, Fertigkeiten ist im Übrigen eine entsprechende Motivation der Schulungsteilnehmer anzustreben. Durch sie wird der Systemerfolg wesentlich beeinflusst.

5.3.3 INFORMATION

Der Organisator sollte bei den Führungskräften und Mitarbeitern für die neue Prozessorganisation werben. Dabei können als Informationsmittel eingesetzt werden:

▶ Persönliche Kontakte	▶ Persönliche Briefe	▶ Schwarzes Brett
▶ Rundschreiben	▶ Werkszeitschrift	▶ Organisationsrichtlinien
▶ Betriebsversammlung		

Informationen über das neue System sollten erfolgen:

- **Während der Prozessgestaltung**, wobei alle von der neuen Prozessorganisation berührten Fachabteilungen während der Systemgestaltung über die Organisationsaufgabe und die Fortschritte der Prozessdurchführung zu informieren sind, um Ängsten und Gerüchten vorzubeugen.

- **Vor der Prozesseinführung**, wobei diese Informationen sich an einen anderen Empfängerkreis richten. Sie sind für die übrigen Mitarbeitern des Unternehmens bestimmt, damit diese nicht auf das »Hörensagen« angewiesen sind, sondern über gezielte und fundierte Informationen verfügen.

Persönliche Kontakte sind insbesonders dort zu pflegen, wo der Widerstand gegen die neue Prozessorganisation am größten ist. Hier hat der Organisator nicht nur seine fachlichen Qualifikationen unter Beweis zu stellen, sondern er muss oft auch Psychologe sein.

Durch die neue Prozessorganisation können sich Änderungen in den Beziehungen zur **Umwelt** ergeben, z. B. Kunden, Lieferanten, Banken und Dienstleistungsunternehmen. Sie sind gegebenenfalls auch in den Informationsprozess einzubeziehen.

5.3.4 Einführungssicherung

Die Einführung der neuen Prozessorganisation muss in verschiedener Hinsicht abgesichert werden. Dazu dienen:

- Vollständigkeit der Einführungsplanung
- Vorhandensein aller benötigten Sachmittel
- Einsatzbereitschaft aller eingeplanter Mitarbeiter
- Vorliegen einer Ausfallplanung für Engpässe.

Für den Fall, dass die Systemeinführung ganz oder teilweise misslingt, bedarf es Überlegungen, welche Maßnahmen daraufhin ergriffen werden sollten. Diese Planung wird als **Ausfallplanung** bezeichnet und kann verschiedene Inhalte haben. Es gibt:

- Die **Rückkehrplanung**, bei der vorgesehen ist, wieder zum alten System zurückzukehren. Deswegen muss sie alle die Gegebenheiten enthalten, die eine solche Rückkehr möglich machen.

- Die **Reduktionsplanung**, die davon ausgeht, dass das neue System beibehalten werden soll, jedoch während der Notlage nur die zwingend notwendigen Teilsysteme als unabdingbarer Systemkern weiter betrieben werden.

- Die **Notsystemplanung**, bei der ein Ausweichen auf ein vorgeplantes Notsystem erfolgen kann. Es ist weder identisch mit der neuen noch mit der alten Prozessorganisation, sondern muss zusätzlich gestaltet werden.

Die Intensität der Ausfallplanung hängt erheblich von dem Schaden ab, der durch ein Misslingen der Systemeinführung gegeben sein kann.

5.3.5 Prozessanlauf

Der Prozessanlauf sollte zu keinen besonderen Problemen führen, wenn die folgende **Checkliste** positiv beantwortet werden kann:

▸ *Waren alle berührten Fachabteilungen einbezogen?*
▸ *Waren an allen wesentlichen Entscheidungen die Fachabteilungen beteiligt?*
▸ *Wurde die neue Prozessorganisation von den Fachabteilungen voll akzeptiert?*
▸ *Wurden alle beteiligten Mitarbeiter für die neue Prozessorganisation motiviert?*
▸ *War der Betriebsrat mit der neuen Prozessorganisation einverstanden?*
▸ *Wurde die Schulung hinreichend vorgenommen?*
▸ *Wurde die Belegschaft über die neue Prozessorganisation informiert?*
▸ *Wurden die Vorbereitungen mit allen beteiligten Stellen gemeinsam vorgenommen?*

Trotz positiver Beantwortung dieser Checkliste empfiehlt es sich, beim Prozessanlauf nicht auf die Hilfe durch den Organisator zu verzichten. **Anlaufhilfen** können sein:

- Mitarbeit des Organisators in der ersten Phase des Prozessanlaufes
- Sowohl Verfahrens- als auch Ergebniskontrolle in der Anlaufzeit
- Berücksichtigung von Minderleistungen während der Anlaufzeit
- Verfügbarkeit zusätzlicher Hilfsmittel zur Anlaufphase
- Verfügbarkeit der gesamten Prozessdokumentation.

Dabei muss jedoch beachtet werden, dass bestimmte Hilfestellungen nur für die Anlaufzeit geleistet werden, z. B. personale Kapazitätsunterstützungen. Dieses Wissen sollte auch den Mitarbeitern der neuen Prozessorganisation vermittelt werden.

Während der Anlaufphase taucht oftmals die Forderung auf, bestimmte **Änderungen** der neuen Prozessorganisation vorzunehmen. Die Gründe können dafür sein:

- Mängel in der Systemgestaltung werden erkannt.
- Die Fachabteilungen stellen zusätzliche Forderungen.
- Weitere Systemverbesserungen werden ersichtlich.

Nur wenn **Mängel** erkannt werden, welche die Prozesseinführung infrage stellen, bietet es sich an, sofort zu handeln. Alle anderen Änderungen sollten zunächst zurückgestellt werden, bis die Anlaufphase abgeschlossen ist.

Koreimann spricht von einer »frozen zone« für den Prozessanlauf. Durch die Vornahme von Änderungen am angelaufenen Prozess erst nach dem Ende der Anlaufphase wird erreicht, dass die Anlaufphase nicht schon mit Systemänderungen belastet wird. Hinzu kommt, dass in der Anlaufphase manche Systemteile als mangelhaft oder verbesserungswürdig betrachtet werden, die später eine positive Bewertung erfahren.

5.4 Prozesskontrolle

Die Prozesskontrolle ist ein Vorgang der Gewinnung von Informationen über die Prozessorganisation. Sie erfolgt einerseits begleitend zur gesamten Prozessgestaltung und andererseits nach Abschluss der Anlaufphase durch den Leiter der Organisationsabteilung, den Organisator oder ein Gremium. Ihre **Aufgaben** sind:

- Prüfung, ob die Vorgaben des gesamten Organisationsauftrages erreicht wurden
- Abschlusskontrolle der richtigen Einführung der Prozessorganisation.

Die Kontrolle der Prozesseinführung bezieht sich auf den Vergleich zwischen den folgenden **Daten**:

- Dem **Soll der Prozessorganisation**, das sich aus der Zielplanung und der Konzeptplanung ergibt, z. B. als aufgaben-, sozial- und flexibilitätsorientierte Ziele.

- Dem **Ist der Prozessorganisation**, das aus den realisierten Prozessen resultiert und den tatsächlichen organisatorischen Zustand wiedergibt.

Ergeben sich **Differenzen** zwischen dem Soll und Ist, ist zu untersuchen, welche Gründe dafür vorliegen. Das können z. B. ein Sperren gegen Neuerungen, mangelnde Akzeptanz, Angst vor dem Versagen oder Voreingenommenheit sein.

Als Leitfaden für diesen Vergleich können nach *Futh* die folgenden **Kontrollfragen** dienen:

> ▸ *Werden die Ziele des Organisationsauftrages erreicht?*
> ▸ *Wird die Aufgabenstellung des Auftrages durch die neue Organisation abgedeckt?*
> ▸ *Werden die Vorgaben der Prozessplanung eingehalten?*
> ▸ *Waren alle Mitarbeiter ihren Aufgaben gewachsen?*
> ▸ *Worin bestanden die wesentlichen Probleme bei der Prozessrealisation?*
> ▸ *In welchen Prozessteilen sollten weiterhin Verbesserungen durchgeführt werden?*

Die Prozesskontrolle schließt oft mit folgenden **Schriftstücken** ab:

• Dem **Abnahmeprotokoll**, das gemeinsam vom Organisator und der oder den Fachabteilungen erstellt wird. Es enthält auch den Ausweis der Restarbeiten für den Organisator.

• Dem **Abschlussbericht**, der vom Organisator dem Auftraggeber nach Abschluss der Prozessorganisation übermittelt wird und die Ergebnisse zur Dokumentation des Prozesssystems beinhaltet.

5.5 Prozessdokumentation

Die Prozessdokumentation ist die schriftliche Ordnung von Daten der Prozessorganisation. Mit ihrer Hilfe erfolgt die abschließende Darstellung der Prozessstruktur eines Unternehmens. Die Prozessdokumentation wird auch **Ablaufdokumentation** oder **Systemdokumentation** genannt.

Die Dokumentation der Prozessorganisation soll **eindeutig** und **verständlich** erfolgen. Sie ist ständig zu pflegen, d. h. Änderungen einzelner Daten, Änderungen in Teilbereichen und Maßnahmen der Reorganisation sind aktuell zu erfassen, was zweckmäßigerweise computergestützt erfolgt.

Als Dokumentationen sind notwendig:

• Der Ist-Zustand, der durch die Ist-Aufnahme ermittelt wird
• Die Ergebnisse der Ist-Kritik, die sich der Ist-Aufnahme anschließt
• Die Ergebnisse der Prozessplanung mit dem erarbeiteten Sollvorschlag
• Die gesamten Inhalte der grundlegenden bzw. ergänzenden Detailorganisation
• Die Ergebnisse der erarbeiteten neuen Prozessorganisation
• Das Programm bei Einsatz der Elektronischen Datenverarbeitung
• Die Dokumentation der Ergebnisse der Prozesskontrolle.

Für die verschiedenen Aufgaben der Dokumentation können verschiedene **Techniken** angewendet werden. Es sind zu unterscheiden:

Gestaltungsform Darstellungsart	Beispiel	Einsatzarten
Baum		Strukturdiagramm Organisationsplan Entscheidungsbaum
Netz		Datenflussplan Programmablaufplan Netzplan
Tabelle		Entscheidungstabelle Blockschaltbild
Grafik		Struktogramm Kommunikationsspinne Balkendiagramm

Der Prozessdokumentation dienen vor allem folgende **Instrumente** *(Schmidt)*:

- **Entscheidungstabelle**
- **Liste**
- **Prozessdiagramm**
- **Blockschaltbild**
- **Datenflussplan**
- **Kommunikationsdokumente**.

5.5.1 ENTSCHEIDUNGSTABELLE

Die Entscheidungstabelle ist ein in der *DIN 66241* festgelegtes Dokumentationsmittel der Prozessorganisation, mit dessen Hilfe **Entscheidungssituationen** in Form von Tabellen eindeutig zusammengefasst dargestellt werden. Sie kann sich auf die Ist-Aufnahme, die Ist-Kritik, den Systementwurf und auf die Logik der Programmierung beziehen.

Beispiel:

Scheckeinlösung	R_1	R_2	R_3	R_4
Kreditlimit überschritten	N	N	J	J
Zahlungsverhalten gut	N	J	N	J
Scheck einlösen	X	X		X
Scheck zurückgeben			X	

Diese Dokumentationstechnik ist zur eindeutigen und zusammenfassenden Darstellung von Entscheidungssystemen geeignet.

45 ⟩ Seite 466

5.5.2 Liste

Unter einer Liste ist eine Anordnung von Elementen in Form von Zeilen und Spalten zu verstehen. Sie ist eine Tabelle, die mit einem Kopf ausgestattet ist *(Jäger)*. Mit ihr können folgende **Ergebnisse** dargestellt werden:

- **Lineare Prozesse**, die dokumentiert werden können, wenn Abläufe keine Alternativ-, Schleifen- oder Parallelbearbeitungen aufweisen. Da dies selten ist, zählt die Prozessdokumentation in Listenform zur Ausnahme.

Beispiel: Rechnungsschreibung

Lfd. Nr.	Arbeitsgang	Abteilung	Arbeitsplatz
1	Prüfung Rechnungsunterlagen	Verkauf	Sachbearbeiter
2	Schreiben Rechnung	Fakturenstelle	Fakturistin
3	Prüfen Rechnung	Fakturenstelle	Leiter
4	Trennen Rechnungssatz	Fakturenstelle	Bürohilfe
5	Versandbearbeitung	Poststelle	Sachbearbeiter

- **Quantitäten** als Mengen, Zeiten, Sachmittel, Kapazitäten oder Kosten, zu deren Dokumentation sich Listen besonders gut eignen, z. B.:

Beispiel: Rechnungsschreibung

Lfd. Nr.	Arbeitsgang	Menge Stück je Tag	Arbeitszeit Std.	Sachmittel
1	Prüfung Rechnungs- unterlagen	40	4,0	—
2	Schreiben Rechnung	40	8,0	Fakturiermaschine
3	Prüfen Rechnung	40	2,0	—
4	Trennen Rechnungssatz	40	0,5	Separiermaschine
5	Versandbearbeitung	200	1,0	Falz- und Kuvertier- maschine

Die Listungstechnik ist vor allem für die Dokumentation von quantitativen Daten bzw. lineare Prozesse geeignet. Es lassen sich auch qualitative Daten in Listen darstellen.

5.5.3 PROZESSDIAGRAMM

Das Prozessdiagramm ist ein Dokumentationsmittel der Ist-Aufnahme. Es ist sowohl tabellarisch als auch symbolisch darstellbar und wird auch als **Ablaufdiagramm**, **Ablaufkarte**, **Ablaufschema**, **Arbeitsablauf** bezeichnet.

Der **Inhalt** des Prozessdiagramms kann ausgerichtet sein:

- **Stellenorientiert** als Zuordnung einzelner Arbeitsgänge auf die ausführenden Stellen.

  Beispiel: Rechnungsschreibung

Lfd. Nr.	Arbeitsgang	Verkauf	Fakturen-stelle	Poststelle
1	Prügung Rechnungsunterlagen			
2	Schreiben Rechnung			
3	Prüfen Rechnung			
4	Trennen Rechnungssatz			
5	Versandbearbeitung			

- **Verrichtungsorientiert** als Zuordnung der Arbeitsgänge durch Symbole, mit denen die einzelnen Arten der Verrichtung dargestellt werden.

  Beispiel:

Nr.	Stufen des Arbeitsablaufs	Symbole
01	Rechnung stempeln	◯ ⟹ ▢ △ ▼
02	Rechnung vorlegen	◯ ⟹ ▢ △ ▼
03	Überblick verschaffen	◯ ⟹ ▢ △ ▼
04	Rechnung weiterleiten	◯ ⟹ ▢ △ ▼
05	Rechnung bleibt liegen	◯ ⟹ ▢ △ ▼
06	Rechnung prüfen	◯ ⟹ ▢ △ ▼

Symbol	Arbeitsgang
◯	Bearbeitung
⟹	Transport
▢	Überprüfung
△	Verzögerung
▼	Lagerung

Das Prozessdiagramm ist nur zur Dokumentation linearer Prozesse geeignet.

46 ≫ Seite 467

5.5.4 BLOCKSCHALTBILD

Mithilfe des Blockschaltbildes erfolgt die übersichtliche Darlegung von einfachen betrieblichen Prozessen, deren **Start** und **Ende** mit speziellen Symbolen gekennzeichnet werden, z. B. Ellipsen. Die Arbeitsgänge werden als Rechtecke dargestellt. Das Blockschaltbild enthält:

- In den **Zeilen** die ausführenden Stellen des Unternehmens, z. B. Verkauf, Rechnungsstelle, Poststelle.

- In den **Spalten** die Arten der Tätigkeiten wie Schreiben der Rechnung, Rechnungsprüfung, Trennung des Rechnungssatzes.

Beispiel:

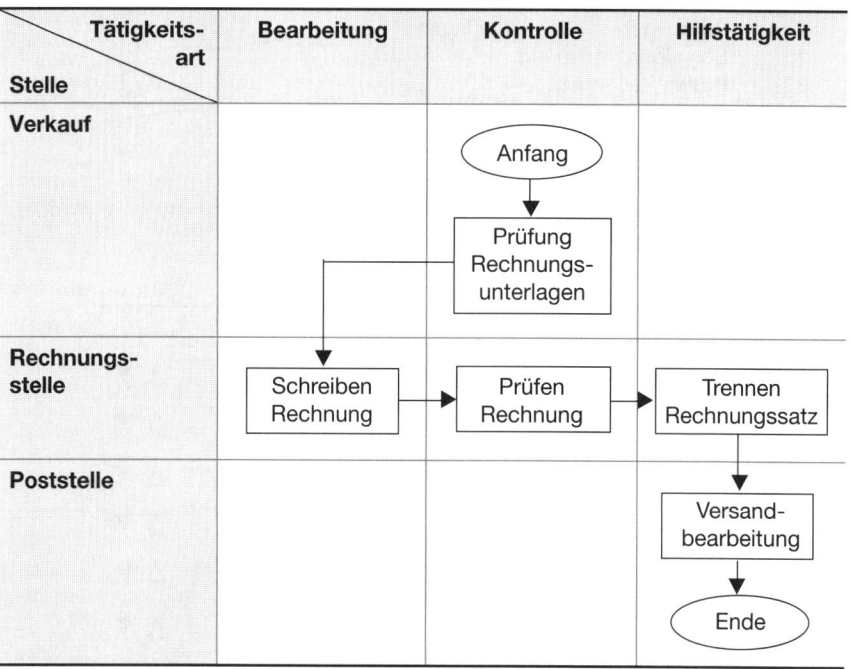

Das Blockschaltbild eignet sich für lineare Prozesse. Es können aber auch einfache Alternativen oder Schleifen dokumentiert werden.

Seite 467

5.5.5 DATENFLUSSPLAN

Zur Darstellung von Abläufen mit EDV-Bezug ist der Datenflussplan geeignet. Er wird auch als **Blockdiagramm** oder **Flussdiagramm** bezeichnet. Mit seiner Hilfe wird dokumentiert:

- Welche Daten in die Prozessorganisation eingehen
- Welche Stellen an Arbeitsprozessen beteiligt sind
- Welche Datenträger bzw. Programme benutzt werden
- Welche Ergebnisse sich aus dem Prozess ergeben.

Die **Symbolik** des Datenflussplanes ist in DIN 66001 geregelt. Sie soll streng eingehalten werden und umfasst:

- **Bearbeitungssymbole**

▭	Verarbeitung, allge-mein – einschließlich EDV-Arbeitsgänge	⏢	Manuelle Verarbeitung

- **Datenträgersymbole**

▱	Daten, allgemein	〰	Daten auf Lochstreifen
	Maschinell zu verarbeitende Daten	◯	Daten auf Speicher mit ausschließlich sequenziellem Zugriff
▽	Manuell zu verarbeitende Daten		Daten auf Speicher mit direktem Zugriff
	Daten auf Schriftstück		
	Daten auf Lochkarten		Bildschirmanzeige – Maschinell erzeugte optische oder akustische Daten

- **Datenflusssymbole**

⟶	Datenfluss allgemein		Datenfern-übertragung

- **Kombinationssymbole**

	Benutzerstation z. B. Bildschirm-terminal		Magnetband-datenerfassung

- **Formalsymbole**

◯	Übergangsstelle (Konnektor)		Bemerkung Dieses Sinnbild kann an jedes andere Symbol angefügt werden

Beim Erstellen von Datenflussplänen sind folgende **Regeln** zu beachten:

- Die **Vorzugsrichtung** ist von oben nach unten oder von links nach rechts. Es dürfen nur Schleifen in Gegenrichtung ausgewiesen werden.

- Jedes informationsverarbeitende System ist durch das **EVA-Prinzip** gekennzeichnet, also Eingabe, Verarbeitung und Ausgabe. Deshalb müssen sich Datendarstellungen und Bearbeitungen jeweils abwechseln.

- Der Organisator stellt jeweils nur ein **Vorgang** dar.

- Die **Stellen** bzw. **Abteilungen** werden in GROSSBUCHSTABEN dargestellt.

- Die **Verrichtungen** sind ebenfalls aufzunehmen, wenn eine Bearbeitung vorgenommen wird.

- Jeder **Datenträger** ist einzeln auszuweisen. Nur noch ungetrennte Formularsätze sollten mit Schattendarstellungen gezeichnet werden.

- Die **Datenträgersymbole** enthalten den logischen Namen der Daten oder des Datenbestandes.

- Die **Vernetzungen** sind grafisch darzustellen. Konnektoren sollten deswegen nur bei Blattwechsel benutzt werden.

- Eine **Darstellungsredundanz** durch Sinnbild und verbale Benennung ist nicht zulässig.

- **Allgemeine Darstellungen** sind zu vermeiden, wenn ein genauerer Ausweis möglich ist.

- Die Größe der **Sinnbilder** soll einheitlich sein, was durch Benutzung einer Schablone nach *DIN 66001* erreicht werden kann.

- Die **Darstellung** sollte so einfach wie möglich, aber so komplex wie nötig sein.

Formularflusspläne oder **Belegflusspläne** werden üblicherweise auch mit der Symbolik des Datenflussplanes erstellt.

Der Datenflussplan ist nicht so detailliert wie ein Programmablaufplan. Er ist zur Dokumentation besonders geeignet, wenn ein schnelles Erkennen von Datenzusammenhängen beabsichtigt ist.

Beispiel: Datenflussplan – Rechnungsschreibung

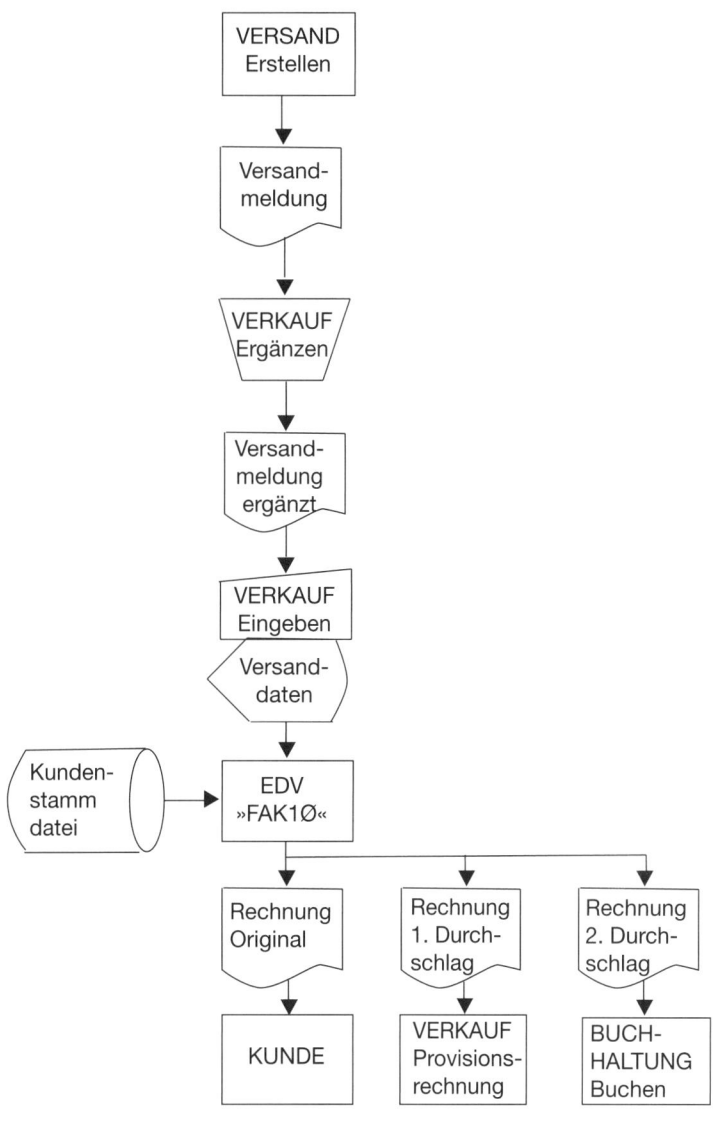

48 〉 **Seite 467**

5.5.6 Kommunikationsdokumente

Die quantitative Aufnahme von Informations- und Datenflüssen wird als Kommunikations-aufnahme bezeichnet. Sie dient der **Auslegung von Netzen** z. B. bei der Bürokommunikation sowie **sonstigen Aufgaben**, z. B. Organisationsanalyse, Kommunikationsmittelplanung, Raumplanung, Bauplanung, Umzugsplanung, Wirtschaftlichkeitsuntersuchungen.

Arten der Kommunikation sind bei der Kommunikationsaufnahme:

- ▶ Persönliche Kommunikation
- ▶ Schriftliche Kommunikation
- ▶ Fernmündliche Kommunikation
- ▶ Elektronische Kommunikation z. B. E-Mail, Internet

Zur Kommunikationsaufnahme werden folgende **Techniken** angewandt:

- Die **automatische Ermittlung**, die bei der elektronischen Kommunikation und der Telefonkommunikation erfolgt, z. B. durch Gebührenerfassungseinrichtungen.

- Die **Auswertung** von Kommunikationsprotokollen, die z. B. im Betriebssystem eines Großrechners gespeichert werden.

- Die **Unterlagenauswertung**, die z. B. benutzt werden kann, wenn die persönliche Kommunikation mit externen Personen aufzunehmen ist.

- Die **Selbstaufschreibung**, die z. B. für die Kommunikationsaufnahme von Gesprächen, Konferenzen und Besuchen eingesetzt wird.

- Die **Stichprobenermittlung**, die z. B. zur Aufnahme der schriftlichen Kommunikation durch die Analyse des Hauspostdurchlaufes von Briefen erfolgt.

Die **Ergebnisse** der Kommunikationsaufnahme können in verschiedenen Formen ausgewiesen werden, z. B. als:

- **Kommunikationsmatrix**, bei der die Kommunikationsrichtungen in einer Matrix unterschiedlich dargestellt werden können:

Beispiel: Kommunikationsmatrix

zu / von	Abteilung A	Abteilung B	Abteilung C
Abteilung A	—	712	317
Abteilung B	704	—	511
Abteilung C	209	530	—

Die von Abteilung A ausgelöste Kommunikation mit B weist 712 Kommunikationen auf. Von B wurden an A 704 Kommunikationen bewirkt.

In einer Kommunikationsmatrix können die Anzahl der Interaktionen, die Dauer der Kommunikation und die Auslöser der Interaktion dokumentiert werden.

- **Kommunikationsspinne**, die den optischen Ausweis der Kommunikationsdauer oder der Kommunikationshäufigkeit ermöglicht, wobei ihr Umfang mithilfe unterschiedlicher Strichstärken dargestellt wird. Sie wird auch als **Kommunikationsdiagramm in Kreisform** oder **Kommunikationskreis** bezeichnet. Externe Kommunikationen werden außerhalb des Kreises ausgewiesen.

Beispiel: Kommunikationsspinne

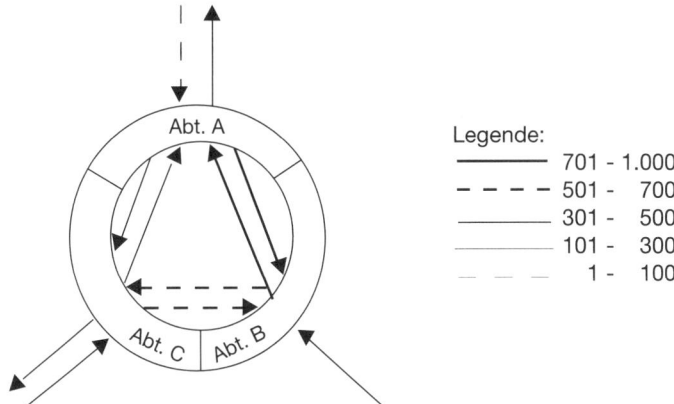

- **Kommunikationsnetz**, das gegenüber der Kommunikationsspinne als andere Darstellungsart der Kommunikation verwendet wird. Es kann aber auch als eigenständiges Kommunikationsdokument genutzt werden. Die kommunizierenden Stellen werden größenmäßig entsprechend zu ihrer Personalstärke gezeichnet sowie lagemäßig nach ihrem Standort im Betriebsgelände veranschaulicht.

Die Strichstärke weist die Kommunikationshäufigkeit oder Kommunikationsdauer aus.

Beispiel: Kommunikationsnetz

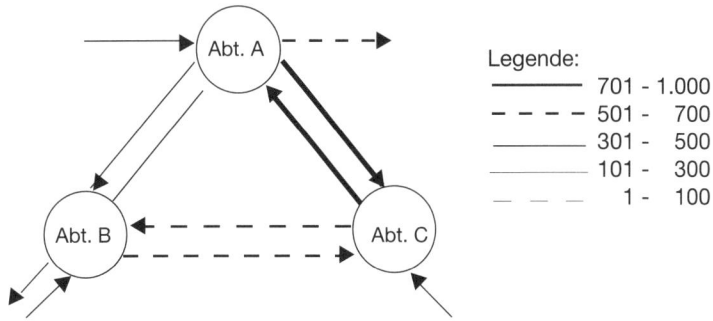

Die beschriebenen Kommunikationsdokumente eignen sich insbesondere zur Dokumentation von komplexen Informations- und Datenflüssen.

6. PROZESSCONTROLLING

Das Prozesscontrolling ist den Aktivitäten der Organisationsabteilung bzw. des Organisators übergelagert und zielt dabei auf die prozessorganisatorische Effizienz ab. Es stellt den **Koordinationsprozess** der Planung, Kontrolle und Steuerung betrieblicher Prozessstrukturen dar.

Außerdem versorgt das Prozesscontrolling die an der Organisationsarbeit beteiligten Personen bzw. Gremien mit den notwendigen Informationen. Es dient dazu, die Aktivitäten des Organisationspersonals zielorientiert zu beeinflussen und kann z. B. von einem Gesamtcontroller wahrgenommen werden.

Beispiel:

Es sollen betrachtet werden:

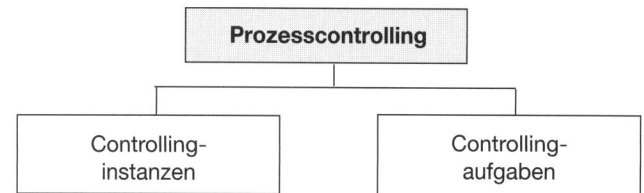

6.1 CONTROLLINGINSTANZEN

Controllinginstanzen sind Organisationseinheiten, welche die Organisationsabteilung bei der Wahrnehmung ihrer prozessbezogenen Aufgaben unterstützen, sie aber auch kontrollieren. Das Prozesscontrolling kann wahrgenommen werden durch:

- Die **Unternehmensleitung**, die das Organisationscontrolling selbst ausübt
- Den **Gesamtcontroller**, der auch noch andere Controllingaufgaben hat
- Den **Organisationsausschuss**, der aus internen Experten besteht.

Das **Prozesscontrolling** zeichnet sich dadurch aus, dass es Abstand zum Organisationsproblem hat und die Controller einen Gesamtüberblick und Spezialwissen über Prozesse haben. Beim Einsatz eines Prozesscontrollers ist darauf zu achten, dass eine kooperative Zusammenarbeit mit der Organisationsabteilung gewährleistet wird.

6.2 CONTROLLINGAUFGABEN

Bei der Planung des Prozesscontrolling im Rahmen des **Gesamtcontrolling** kann von drei **Möglichkeiten** ausgegangen werden:

- Der **Gesamtcontroller** unterbreitet der Unternehmensleitung seine Pläne, die darüber entscheidet. Diese gibt dem **Organisationsleiter** die Planwerte vor.

- Der **Organisationsleiter** entscheidet in Abstimmung mit der Unternehmensleitung und der **Gesamtcontroller** übernimmt diese Planwerte.

- Der **Gesamtcontroller** und der **Organisationsleiter** planen den Prozess einvernehmlich in Abstimmung mit der Unternehmensleitung.

Die wesentlichen **Aufgaben** des Prozesscontrolling sind:

- Die **Prozessplanung**, mit der vor allem die organisatorischen Ziele fixiert werden, die sich aus dem Zielbündel des Unternehmens ergeben und als Soll-Werte zu interpretieren sind, z. B. das Ziel der Erstellung funktionsfähiger Abläufe auf allen Unternehmensebenen.

- Die **Prozesskontrolle**, die über die Kontrolle der organisatorischen Prozesse durch die Organisationsabteilung bzw. den Organisator hinaus als Fremdkontrolle durch den Gesamtcontroller erfolgt. Dieses Vorgehen hat den **Vorteil**, dass Probleme nicht »unter den Tisch gekehrt«, sondern konkretisiert werden:

  ▸ Feststellung der Ist-Ablaufdaten
  ▸ Ermittlung der Abweichungen zu den Soll-Prozessdaten
  ▸ Analyse der Soll-Ist-Abweichungen
  ▸ Feststellung der Beeinflussbarkeit von Abweichungsursachen

- Die **Prozesssteuerung**, die eingeleitet wird, wenn die Abweichungsursachen beeinflussbar sind. Ansonsten ist gegebenenfalls eine Korrektur der Soll-Vorgaben vorzunehmen. Wesentlich ist, dass organisatorische Fehler in Prozessen frühzeitig erkannt und mit Gegenmaßnahmen beantwortet werden.

- Die **Prozessinformation**, die als Informationsversorgung aus der Weitergabe bzw. Mitteilung wesentlicher Daten über die Prozessorganisation besteht, z. B. durch das Berichtswesen. Der Gesamtcontroller liefert der Unternehmensleitung die erforderlichen Informationen.

Das Prozesscontrollings dient dazu, bei auftretenden Störungen und Problemen der Prozessorganisation das Organisationspersonal aktiv zu unterstützen und auf die vorgegebenen Ziele im Kostenrahmen unter Einhaltung der Terminvorgaben hinzuwirken.

	KONTROLLFRAGEN	bear-beitet	Lösungs-hinweise	Lö-sung +	-
01	Was ist unter der Prozessorganisation zu verstehen?		179		
02	In welcher Beziehung stehen Aufbau- und Prozessorganisation zueinander?		180		
03	Was bedeutet Business Reengineering?		180		
04	Schildern Sie den Prozess vom Organisationsauftrag bis zum Prozesscontrolling!		181		
05	Erklären Sie, was unter der Prozessanalyse zu verstehen ist!		181		
06	Worin liegen die Ursachen für eine Prozessanalyse?		182		
07	Zählen Sie Organisationstechniken der Ist-Aufnahme auf!		182		
08	Erläutern Sie Aufnahmequellen der Ist-Aufnahme!		183		
09	Zählen Sie Inhalte von prozessorganisatorischen Ist-Aufnahmen auf!		184		
10	Womit hat der Organisator sich bei der Aufnahme von Prozessen zu befassen?		184 f.		
11	Welche wesentlichen Inhalte gibt es bei der Ermittlung von Mengen?		185		
12	Welche Arten von Zeiten sind bei der Ist-Aufnahme zu unterscheiden?		186		
13	Welche Merkmale gelten für die zu erfassenden Sachmittel?		186		
14	Erklären Sie die zu ermittelnden Kostenarten!		188		
15	Weshalb sind Forderungen von Systembeteiligten zu ermitteln?		188		
16	Welche Probleme können sich bei der Ist-Aufnahme ergeben?		188		
17	Welche Anforderungen werden an den Organisator bei der Ist-Kritik gestellt?		189		
18	Zählen Sie Organisationstechniken der Ist-Kritik auf!		189		
19	Erklären Sie Voraussetzungen und Hauptaufgaben der Ist-Kritik!		190		
20	Wozu dient die Prozessplanung?		191		
21	Welches sind die wesentlichen Probleme der Prozessplanung?		191		
22	Erläutern Sie Ziele der Prozessorganisation!		191		
23	Welche Aspekte werden bei der Konzeptplanung berücksichtigt?		192		
24	Worauf zielt die Prozessgestaltung ab?		193		
25	Erläutern Sie die Wertschöpfungskette!		193		
26	Was versteht man unter Groborganisation?		194		
27	Von welchen Voraussetzungen geht die Groborganisation aus?		194		
28	Welche Systemarten sind für die Alternativenermittlung bedeutsam?		195		
29	Worin unterscheiden sich automatische Datenverarbeitung und Dialogdatenverarbeitung?		195		
30	Welche Ergebnisse der Prozessanalyse müssen für die Analyseauswertung vorliegen?		196		
31	Erläutern Sie die Methoden der Arbeitsanalyse!		196 f.		

32	Wie erfolgt die Arbeitssynthese bei der Groborganisation?	197 f.		
33	Welche Quellen kommen für das Finden von Systemalternativen infrage?	198 f.		
34	Welche Kreativitätstechniken können bei der Groborganisation eingesetzt werden?	199		
35	Woran sind die ermittelten Systemalternativen zu messen?	199 f.		
36	Welche Arten von Anforderungen können an die Prozessorganisation gestellt werden?	200		
37	Was geschieht bei der Konzeptentwicklung?	200		
38	Welche Festlegungen sind im Rahmen der Konzeptentwicklung zu treffen?	200 f.		
39	Welche Entscheidungsalternativen sind bei der Konzeptentscheidung möglich?	202		
40	Unterscheiden Sie die grundlegende und ergänzende Detailorganisation!	203		
41	Worin liegen die Unterschiede zwischen der grundlegenden Detailorganisation und der Aufbauorganisation?	203		
42	Beschreiben Sie, wie die Arbeitsanalyse erfolgt!	204		
43	Von welchen Faktoren hängt die Tiefe der Arbeitsanalyse ab?	205		
44	Welche Strukturierungsmittel können außer bei der hierarchischen Strukturierung der Arbeitsanalyse eingesetzt werden?	205 f.		
45	Erläutern Sie die Arten der Arbeitssynthese!	206		
46	Aus welchen Teilen besteht die Arbeitsgangorganisation?	207		
47	Stellen Sie die Arbeitsgangdefinition dar?	207 f.		
48	Erläutern Sie die Arbeitsganggestaltung nach dem EVA-Prinzip!	208 f.		
49	Welche Verfahren bzw. Sachmittel sind bei der Arbeitsverfahrensfestlegung vorzugeben?	209 f.		
50	Aus welchen Elementen besteht die Arbeitsplatzorganisation?	210		
51	Welche Festlegungen sind im Rahmen der Kapazitätsbedarfsermittlung zu treffen?	210 f.		
52	Wie wird der Arbeitsplatzbedarf ermittelt?	211 f.		
53	Worauf beziehen sich die Festlegungen bei der Arbeitsplatzgestaltung?	212		
54	Woraus besteht die Arbeitsprozessorganisation?	213		
55	Stellen Sie die verschiedenen Prozesssymbole dar!	213		
56	Erklären Sie verschiedene Folgearten bei der Prozessabwicklung!	215		
57	Aus welchen Teilen besteht die Arbeitsprozessterminierung?	216		
58	Unterscheiden Sie die kontinuierliche und die diskontinuierliche Bearbeitung!	216		
59	Wodurch wird die Durchlaufzeit eines Arbeitsprozesses bestimmt?	217		
60	Welche Techniken der Arbeitsprozessdokumentation gibt es?	218		
61	Welche Darstellungsmöglichkeiten gibt es beim Strukturablaufdiagramm?	219 f.		

62	Erklären Sie Sinnbilder zum Programmablaufplan!	221
63	Welche Regeln gibt es für seine Erstellung!	221
64	Wie ist die Eignung des Programmablaufplanes zu beurteilen?	221
65	Kennzeichnen Sie die beim Ablaufplan benutzten Sinnbilder!	223
66	Erklären Sie Strukturblöcke für Struktogramme!	224
67	Erläutern Sie Merkmale der ergänzenden Detailorganisation!	225
68	Welche Prozesstechniken zur Entscheidungslogik kennen Sie?	226
69	Wozu können Entscheidungstabellen dienen?	226
70	Erklären Sie den grundsätzlichen Aufbau von Entscheidungstabellen!	226 f.
71	Aus welchen Teilen bestehen die Quadranten?	226 f.
72	In welchen Schritten wird bei der Erarbeitung von Entscheidungstabellen vorgegangen?	227
73	Unterscheiden Sie Arten von Entscheidungstabellen!	228 f.
74	Beschreiben Sie das Entscheidungsdiagramm!	229 f.
75	Was kann mithilfe des Entscheidungsbaums beschrieben werden?	230
76	Erläutern Sie den Aufbau einer Entscheidungsmatrix!	231
77	Welche Vorteile und Nachteile bringt der Einsatz von Formularen mit sich?	232
78	Worauf bezieht sich die Formularanalyse?	232 f.
79	Welche Maßnahmen umfasst die Formulargestaltung?	233 f.
80	Welche Aufgaben hat die Formularverwaltung?	234 f.
81	Erklären Sie, was unter der Nummerung zu verstehen ist!	235
82	Welche Regeln sind bei der Gestaltung von Nummerungssystemen zu beachten?	235 f.
83	Welche Nummernelemente können unterschieden werden?	236 f.
84	Nennen Sie die Arten von Nummern!	237
85	Beschreiben Sie die Identnummer und Klassifikationsnummer!	237 f.
86	Wie ist die Verbundnummer aufgebaut?	238
87	Erläutern Sie, was unter einer Parallelnummer zu verstehen ist!	239
88	Welche Basisausstattung an Sachmitteln wird für jede Büroarbeit benötigt?	240
89	In welchen Schritten können Sachmittel in den Systementwurf eingeplant werden?	240
90	Zählen Sie Möglichkeiten der Systemsicherung auf!	241
91	Was sind Prüfziffern?	241
92	Welche typischen Fehler gibt es beim Arbeiten mit Nummern?	241
93	Welche Arten von Kontrollsummen sind zu unterscheiden?	242

94	Womit können Folgekontrollen durchgeführt werden?		242		
95	Beschreiben Sie die Doppik und die Plausibilitätsprüfungen!		242 f.		
96	Welche Organisationsvorgaben benutzt der Organisator?		243		
97	Welche Aufgaben haben Organisationsrichtlinien?		243		
98	Erläutern Sie die Aufgaben eines Organisationshandbuches!		244		
99	Welchen Aufbau können Organisationshandbücher haben?		245		
100	Welche äußeren Merkmale weist ein Organisationshandbuch vielfach auf?		245 f.		
101	Erklären Sie, was unter der Programmierung zu verstehen ist!		246		
102	Aus welchen Teilen besteht die Programmvorgabe?		246 f.		
103	Welche Arbeitsschritte umfasst die Programmausarbeitung?		247 f.		
104	Aus welchen Elementen besteht die Prozessstruktur?		248		
105	Beschreiben Sie die Arbeitsanalyse!		249		
106	Was umfasst die Arbeitssynthese?		249		
107	Unterscheiden Sie Gruppenprozesse!		250		
108	Erläutern Sie, was unter Fertigungsinseln zu verstehen ist!		250		
109	Welche Gruppen können im Fertigungsprozess unterschieden werden?		251		
110	Geben Sie einen Überblick über die Möglichkeiten der Bereichsprozessorganisation!		251		
111	Wie kann ein Marketingbereichsprozess ablaufen?		251 f.		
112	Schildern Sie einen Fertigungsbereichsprozess!		252 f.		
113	Wie verläuft der Materialbereichsprozess?		253 f.		
114	Wie kann ein Personalbereichsprozess ablaufen?		254 f.		
115	Kennzeichnen Sie einen Finanzbereichsprozess!		256		
116	Schildern Sie die Abläufe möglicher Rechnungswesenprozesse!		256 f.		
117	Welche Vorgänge lassen sich beim Informationsbereichsprozess unterscheiden?		257 f.		
118	Aus welchen Teilprozessen besteht die Unternehmensprozessorganisation?		258		
119	Aus welchen Phasen besteht die Prozesseinführung?		259		
120	Erläutern Sie die Einführungsmethoden bei der Prozessvorbereitung!		261 f.		
121	Welche Voraussetzungen gibt es für die Methoden?		261 f.		
122	Welche Planungsarten umfasst die Einführungsplanung?		262		
123	Was umfasst die Prozesspräsentation?		262 f.		

124	Worauf ist bei der Prozessrealisation grundsätzlich zu achten?		263		
125	Was ist im Hinblick auf die Bereitstellung von Sachmitteln beim Prozessanlauf zu beachten?		263 f.		
126	Welche Aufgaben fallen zur Vorbereitung der Schulung bei Prozessanlauf an?		264 f.		
127	Wie kann der Organisator beim Personal für die neue Prozessorganisation werben?		265		
128	Wie kann die Einführung der neuen Prozessorganisation abgesichert werden?		266		
129	Welche Fragen sollten beim Prozessanlauf vom Organisator aufgeworfen werden?		266		
130	Welche Gründe können dafür maßgeblich sein, Änderungen vorzunehmen?		267		
131	Was ist unter Prozesskontrolle zu verstehen?		267		
132	Worauf bezieht sich die Prozesskontrolle?		267		
133	Welche Fragen können bei der Prozesskontrolle aufgeworfen werden?		268		
134	Mit welchen Schriftstücken schließt die Prozesskontrolle oft ab?		268		
135	Wie wird die Prozessdokumentation auch genannt?		268		
136	Welche Prinzipien gelten für die Prozessdokumentation?		268		
137	Zählen Sie Instrumente auf, die der Prozessdokumentation dienen!		269		
138	Erstellen Sie eine Entscheidungstabelle am Beispiel der Scheckeinlösung!		270		
139	Welche Ergebnisse können mit Listen dargestellt werden?		270		
140	Wie ist die Eignung von Listen zu beurteilen?		270		
141	Erklären Sie den Begriff und Inhalt eines Prozessdiagramms!		271		
142	Beschreiben Sie das Blockschaltbild!		272		
143	Erläutern Sie die Symbolik eines Datenflussplanes!		273		
144	Erklären Sie Regeln zur Erstellung eines Datenflussplanes!		274		
145	Welche Arten der Kommunikation bei der Kommunikationsaufnahme lassen sich unterscheiden?		275		
146	Wie können die Ergebnisse der Kommunikationsaufnahme ausgewiesen werden?		275 f.		
147	Beschreiben Sie die Kommunikationsmatrix!		275 f.		
148	Beschreiben Sie Kommunikationsspinne und Kommunikationsnetz!		276		
149	Erläutern Sie das Wesen und die Instanzen des Prozesscontrolling!		278 f.		
150	Schildern Sie die wesentlichen Aufgaben des Prozesscontrolling!		279		

E. Projektorganisation

Die Projektorganisation stellt eine eigenständige Form der Unternehmensorganisation dar *(Beck)*. Sie ist einerseits die Struktur von Projekten als Zustand und andererseits die strukturelle Gestaltung von Arbeitssystemen. Mit *Nordsieck* kann die Projektorganisation als Gestaltung von projektbezogenen Regelungen verstanden werden.

Vielfach wird auch von **Projektmanagement*** gesprochen *(Bär, Corsten, Haberfellner, Keßler/Winkelhofer, Kraus/Westermann, Litke/Kunow, Madauss, Rinza, Wischnewski, Zielasek)*, das unterschiedlich weit gefasst werden kann:

- Im **engeren Sinne** wird es personal- bzw. führungsbezogen interpretiert, im Gegensatz zur Projektorganisation als struktureller Gestaltung von Projekten.

- Im **weiteren Sinne** umfasst das Projektmanagement sowohl die strukturelle Gestaltung von Projekten als auch die damit verbundenen personalbezogenen Aspekte wie Personalrekrutierung, Personalentwicklung und Personalführung *(Grün)*.

Im Rahmen der Projektorganisation sollen behandelt werden:

Projekt- organisation	Projekt
	Projektvorbereitung
	Projektplanung
	Projektgestaltung
	Projekteinführung

1. Projekt

Ein Projekt ist nach *DIN 69901* ein komplexes Vorhaben, das im Wesentlichen durch die **Einmaligkeit** der Bedingungen in ihrer Gesamtheit gekennzeichnet ist, die sich z. B. in der Zielvorgabe, der Begrenzung der Zeit und der Abgrenzung gegenüber anderen Vorhaben zeigt.

Die Zahl und der Umfang von Organisationsprojekten haben in den vergangenen Jahren beträchtlich zugenommen. Als **Ursachen** dafür gelten:

- Die zunehmende Komplexität von Wirtschaft und Technik
- Die Internationalisierung und Globalisierung der Aufgabenstellungen
- Immer schnellerer Wandel in vielen Bereichen der Wirtschaft
- Die Ablösung statischen Denkens durch dynamisches Prozessdenken.

---

* Das Projektmanagement wird ausführlich im Buch »Olfert, Projektmanagement« behandelt, das in der Reihe »Kompakt-Training Praktische Betriebswirtschaft« erschienen ist.

Merkmale eines Projektes sind:

- Die **Einmaligkeit**, die im Gegensatz zu den laufend im Unternehmen anfallenden »Routineaufgaben« steht. Das Projekt ist in seiner Aufgabenstellung exakt definiert.

- Die **Dauer**, die begrenzt ist. Sie umfasst immer häufiger einen tendenziell größeren Zeitraum, der vor allem in der technologischen Entwicklung begründet ist.

- Die **Komplexität**, da der Schwierigkeitsgrad eines Projektes grundsätzlich eher als hoch angesehen wird. Ihr Ausmaß ist von der jeweiligen Projektgröße abhängig.

- Der **Umfang**, der vielfach über einen einzelnen Unternehmensbereich hinausgeht und damit eine interdisziplinäre Bewältigung des Projektes erfordert.

- Das **Risiko**, das sich aus dem Charakter als Sonderaufgabe ergibt. Deshalb sind abgesicherte Prognosen über die Erreichung der Projektziele nicht möglich.

Projekte werden meist von einem Projektleiter betreut, der eine Projektgruppe zu führen hat. Dabei ist das **Spannungsdreieck** des Projektmanagements bzw. der Projektorganisation zu beachten, bei dem ein Projekt in bestimmter Zeit, in angemessener Qualität und zu vertretbaren Kosten organisatorisch abzuwickeln ist *(Kessler/Winkelhofer, Mehrmann/Wirtz, Wischnewski)*:

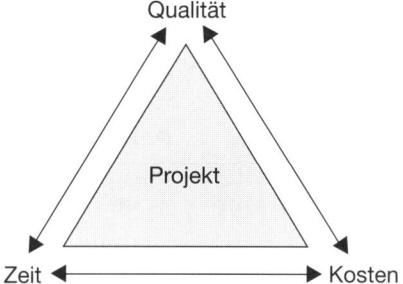

Es sollen dargestellt werden *(Olfert)*:

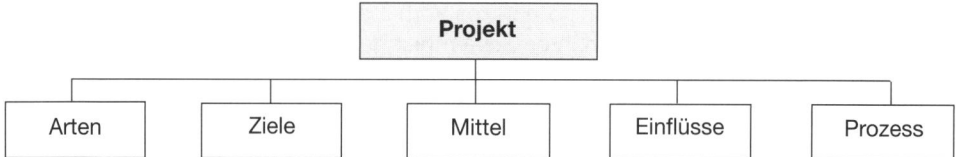

1.1 ARTEN

Projekte lassen sich nach unterschiedlichen **Kriterien** einteilen. Als Projektarten können unterschieden werden:

- **Ausrichtungsbezogene Projekte**
- **Ausstattungsbezogene Projekte**
- **Trägerbezogene Projekte**
- **Funktionsbezogene Projekte**.

1.1.1 AUSRICHTUNGSBEZOGENE PROJEKTE

Die ausrichtungsbezogenen Projekte orientieren sich in der betrieblichen Praxis an unterschiedlichen **Aufgabenstellungen**. So gibt es *(Olfert)*:

- **Revolutionsprojekte**, mit denen völlig neue Problemlösungen angestrebt werden. Sie heißen auch **Bombenwurfprojekte** oder **Radikale Redesignprojekte** und erfordern vom Projektorganisator hohes Kreativitätspotenzial.

- **Evolutionsprojekte**, mit denen bestehende Gegebenheiten weiterentwickelt bzw. verbessert werden sollen, z. B. basiert die Entwicklung neuer Erzeugnisse oder Fertigungsverfahren in der industriellen Praxis meist auf gegebenen Problemlösungen.

- **Expansionsprojekte**, die dazu dienen, neue Unternehmensbereiche zu erschließen. Sie werden bei zunehmender Betriebsgröße wahrscheinlich und dienen nicht zur Lösung bereits bestehender Probleme.

Nach *Burghardt* können folgende **Projektarten** unterschieden werden:

- **Forschungsprojekte**, die in den Unternehmen oder in anderen Institutionen mit zunächst allgemein formulierten Zielen durchgeführt werden.

- **Entwicklungsprojekte**, die auf einer fest umrissenen Planungsbasis aufbauen und von klar definierten Zielen ausgehen.

- **Rationalisierungsprojekte**, die sich auf die inneren Strukturen und Prozesse eines Unternehmens beziehen und der Kostenreduzierung dienen.

- **Projektierungsprojekte**, die auch als Systemprojekte, Anlagenprojekte oder Kundenprojekte bezeichnet werden und sich auf Teilprobleme beziehen.

1.1.2 AUSSTATTUNGSBEZOGENE PROJEKTE

Bei ausstattungsbezogenen Projekten steht die zu ihrer Bewältigung notwendige **personelle Ausstattung** im Vordergrund. So gibt es:

- **Einperson-Projekte**, die nur von einem Mitarbeiter durchgeführt werden. Sie stellen meist Kleinprojekte dar. Solche Projekte sind i. d. R. überschaubar und setzen die Normaleignung des betreffenden Aufgabenträgers voraus.

- **Mehrpersonen-Projekte**, bei denen mehrere Mitarbeiter tätig werden, z. B. bei mittleren und größeren Projekten. Wenn ihr Umfang es rechtfertigt, werden von einem Projektleiter zu führende Projekt- oder Arbeitsgruppen eingesetzt.

Sind Projekte ausstattungsbezogen zu entwickeln, ist auch darüber zu entscheiden, ob die Aufgabenträger vollzeitlich oder teilzeitlich tätig werden. In diese Entscheidungen müssen die unterschiedliche Zeitbelastung und voneinander abweichende Tätigkeitsarten einbezogen werden. Es sind zu unterscheiden:

- **Vollzeitprojekte**, bei denen die Projektmitarbeiter zur Aufgabenerfüllung ihre gesamte Arbeitszeit benötigen, also ausschließlich projektbezogen zur Verfügung stehen. Zur Vermeidung von Leerkosten ist auf ihre Arbeitsauslastung zu achten.

- **Teilzeitprojekte**, die von den Projektmitarbeitern nur mit einem Teil ihrer Arbeitszeit wahrgenommen werden. Für sie fällt ein geringerer Umfang an Projektaufgaben bzw. Zeitaufwand an. Ansonsten arbeiten sie anderweitig im Unternehmen.

In der Vergangenheit wurde vielfach grundsätzlich von Vollzeittätigkeiten ausgegangen, inzwischen sind aber oft Teilzeitbeschäftigungen vorzufinden.

1.1.3 TRÄGERBEZOGENE PROJEKTE

Die Projekte können von unterschiedlichen **Aufgabenträgern** durchgeführt werden. Dementsprechend können als Projektarten genannt werden:

- **Eigenprojekte**, bei denen als Projektleiter internes Personal tätig werden und die Abwicklung mittels unternehmenseigener Ressourcen erfolgt, z. B. bei der Produktentwicklung. Die Projektverantwortung obliegt dem Unternehmen.

- **Fremdprojekte**, die von einem externen Auftragnehmer ohne unmittelbare Unternehmensbeteiligung durchgeführt werden, z. B. bei Generalübernahme eines Projektes. Die Projektverantwortung wird vom externen Auftragnehmer getragen.

- **Mischprojekte**, bei denen die Projektgruppe aus Mitarbeitern des Unternehmens und externen Fachleuten besteht, z. B. Unternehmensberatern. Hier ist zu regeln, inwieweit die Projektverantwortung bei den externen oder internen Experten liegt.

Externe Projektmitarbeiter verursachen fast immer höhere Kosten im Vergleich zu eigenen Mitarbeitern, die Projekte durchführen. Sie unterliegen unternehmensbezogen aber nicht dem Arbeitsrecht, was für das Unternehmen vorteilhaft sein kann.

1.1.4 FUNKTIONSBEZOGENE PROJEKTE

Nach den unterschiedlichen Aktivitäten der Projektmitarbeiter in betrieblichen **Funktionsbereichen** lassen sich als Projektarten z. B. unterscheiden:

- **Materialwirtschaftsprojekte**, welche die Beschaffung, Verwaltung, Verteilung und Entsorgung von Materialien betreffen, z. B. als Materialbeschaffungs-Projekte, Materiallager-Projekte, Recycling-Projekte, Abfallentsorgungs-Projekte.

- **Fertigungsprojekte**, die sich auf die Gesamtheit der industriellen Leistungserstellung beziehen, z. B. als Prozessplanungs-Projekte, Fertigungsverfahrens-Projekte, Fabrikationsprojekte und Qualitätsprojekte.

- **Marketingprojekte**, die auf den Absatz des Unternehmens bezogen sind, z. B. als Sortiments-Projekte, Kundendienst-Projekte, Sponsoring-Projekte, Distributions-Projekte, Verkaufsprojekte, Werbeprojekte.

- **Verwaltungsprojekte**, die z. B. als Personalwirtschafts-, Buchführungs-, Kostenrechnungs-, Sanierungs-, Finanzierungs- und Investitionsprojekte denkbar sind.

Kombinationen zwischen den verschiedenen Projektformen sind möglich. Das Ausmaß der Komplexität von Projekten wird durch die Vielfältigkeit der Projektmerkmale bestimmt. Ihre Größe zeigt sich vor allem in der Projektdauer und dem Projektaufwand.

1.2 ZIELE

Die Beschreibung der Ziele von Projekten kann unter folgenden Aspekten erfolgen:

- **Messbarkeit**
- **Formulierung.**

1.2.1 MESSBARKEIT

Ziele beschreiben erwünschte zukünftige Zustände, die das Unternehmen erreichen soll, nach Inhalt bzw. Gegenstand (z. B. Rentabilität), Ausmaß (z. B. 8 %) und Zeitbezug (z. B. Jahr 2007). Sie sollten messbar formuliert werden.

Während sich die projektbezogenen Aufgaben auf die mit dem Projekt zu erreichenden Lösungen beziehen, werden unter den Zielen eines Projektes die Aspekte verstanden, die mit der Projektlösung angestrebt werden, z. B.:

Projekt	Aufgabe	Projektziele
Erzeugnisentwicklung	Neues Produkt	12 Mio. Umsatz in 2007

Erfolgt die Festlegung der Aufgaben eines Projektes meist problemlos, kann die **Zielvorgabe** für ein Projekt mitunter schwierig sein. Dennoch sollte auf sie nicht verzichtet werden. Wichtig ist, dass die angestrebten Projektziele den vom Unternehmen bzw. vom Auftraggeber vorgegebenen Zielen entsprechen.

1.2.2 FORMULIERUNG

Ziele sollen zur Leistung motivieren. Dementsprechend sind sie **realistisch** zu formulieren, d. h. sie müssen auch erreichbar sein. Bei der Formulierung von Zielen sind zu beachten:

- Die **Zielausrichtung**, wonach Projektziele sein können:
  - ▸ **Ergebnisziele**, die sich auf das Projektergebnis beziehen
  - ▸ **Arbeitsziele**, die mit der Projektdurchführung verbunden sind

- Der **Zielinhalt**, nach dem bedeutsam sind:
  - ▸ **Qualitative Ziele**, die nicht in Zahlen vorgebbar sind
  - ▸ **Quantitative Ziele**, die zahlenmäßig ausdrückbare Ziele darstellen und nach Möglichkeit zu bevorzugen sind

- Die **Zielkategorie** in Form von:

  ▹ **Strategischen Zielen**, die langfristig ausgerichtet sind
  ▹ **Taktischen Zielen**, die mittelfristig bezogen sind
  ▹ **Operativen Zielen**, die kurzfristig Ziele darstellen

Die Zahl der Projektziele sollte ausreichend sein, aber nicht zu umfangreich. Zweckmäßig erscheint eine Zahl von sechs bis acht Zielen. **Zielkonflikte** sollten vermieden und wechselseitige Abhängigkeiten von Zielen beachtet werden. Dementsprechend müssen gegebenenfalls Prioritäten gesetzt werden.

Bei allen Projekten sind als grundlegende **Ziele** anzustreben:

▸ Einhaltung des ökonomischen Prinzips   ▸ Systematische Prozessorientierung
▸ Konsequente Kundenfokussierung   ▸ Schonung der Umwelt

Wichtig ist, dass der Projektleiter wie auch die Projektmitarbeiter die vorgegebenen Ziele für richtig und anstrebenswert halten bzw. davon überzeugbar sind.

1.3 MITTEL

Zur Durchführung von Projekten und zur Erarbeitung der Projektergebnisse steht eine Vielzahl von Mitteln als immaterielle und materielle Werkzeuge zur Verfügung. Dazu zählen:

- **Vorgaben**, z. B. Projektziele, Gesetze, Verordnungen, Normen und Standards
- **Modelle**, z. B. Zeichnungsmodelle, mathematische Modelle, Beschreibungsmodelle
- **Verfahren**, z. B. organisatorische Methoden und Organisationstechniken
- **Tools**, z. B. Projekttools, Werkzeugprogrammtools, Workgrouptools
- **Maßnahmen**, z. B. Motivations-, Informations- und Schulungsmaßnahmen
- **Sachmittel**, z. B. Büroraum, Mobiliar, Büromaschinen, Besprechungsmittel.

Auf sie wurde in Kapitel B. näher eingegangen.

1.4 EINFLÜSSE

Auf ein Projekt wirkende Einflüsse können den **Projekterfolg** positiv oder negativ beeinflussen. Dazu zählen:

- Die **Projektorganisation**, die den Rahmen bildet. Sie sollte eine zweckmäßige und unbürokratische Organisationsstruktur sowie eine ausreichende Kompetenz des Projektleiters gewährleisten.

- Die **Projektumwelt**, die als Einflussfaktor nicht zu unterschätzen ist, z. B. als Sicherung ausreichender Unterstützung durch die Unternehmensleitung, intensive projektexterne Beziehungen und klar vereinbarte Projektziele.

- Die **Funktionen des Projektmanagements**, die ebenfalls bedeutsam sind und die besondere Beachtung der Startphase, ausreichende Projektplanung, zweckmäßige Projektkontrolle, offene und direkte Kommunikation umfassen.

- Der **Einsatz der Projektmittel**, der von Einfluss ist und sich auf den situationsgerechten Verfahrens- und Tooleinsatz sowie den fachgerechten Verfahrens- und Tooleinsatz bezieht.

- Die im **Projekt tätigen Personen**, die für den Projekterfolg entscheidend sind. Zu wünschen sind:

  - ▸ Fähigkeiten, Autorität und Erfahrungen des Projektleiters
  - ▸ Angemessener Führungsstil des Projektleiters
  - ▸ Geeignete Zusammensetzung der Projektgruppe
  - ▸ Teamgeist und motivierte, engagierte Teammitglieder

1.5 PROZESS

Der Projektprozess ist die Vorgehensweise zur Durchführung eines Projektes. Er besteht grundsätzlich aus den Phasen der Projektplanung, Projektgestaltung und Projekteinführung. Bei der Projektorganisation kommen noch Tätigkeiten der Projektvorbereitung hinzu. Damit umfasst der Gestaltungsprozess:

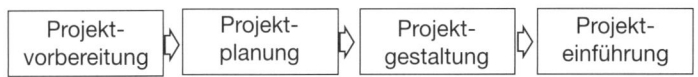

Für die Aufgaben der Projektvorbereitung und der Projektplanung werden auch Begriffe wie **Vorstudie** *(Heinrich, Schmidt, Sommer)*, **Organisationsstudie** *(Bettermann/Richter)* oder **Voruntersuchung** *(Müller-Pleuss)* verwandt.

50 ⟩ **Seite 469**

2. PROJEKTVORBEREITUNG

Die Projektvorbereitung als erster Schritt der Projektorganisation sollte erfolgen, um die Projektkosten auf ein Minimum zu begrenzen. Sie dient vor allem dazu, die wesentlichen Ausprägungen eines Problems zu erkennen und umfasst *(Olfert)*:

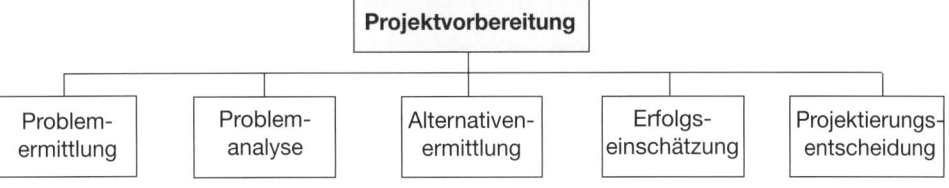

2.1 PROBLEMERMITTLUNG

Als Problem kann die erhebliche Abweichung zwischen einem Ist-Zustand und einem erwünschten Soll-Zustand bezeichnet werden. Seine **Merkmale** sind damit:

• Der **Ist-Zustand**, der häufig nicht oder nur teilweise offensichtlich ist. Unvollständigkeit und unbeabsichtigte Verfälschung bergen Gefahren bei seiner Erfassung.

• Der **Soll-Zustand**, der nicht auf einer subjektiven, an eine bestimmte Person gebundenen Vorstellung basiert, sondern ein objektiv ermittelter Zustand sein soll.

• Die **Abweichung** zwischen Ist- und Soll-Zustand, die nicht immer objektiv und sicher ermittelbar ist. Sie sollte bedeutsam sein, um ein Projekt zu starten.

Grundsätzlich ist es erforderlich, dass das Problem von **kompetenter Stelle** erkannt wird. Dazu zählen z. B. die Unternehmensleitung, der Organisationsleiter sowie Führungskräfte und qualifizierte Mitarbeiter der Fachabteilungen.

Organisatorische Probleme können in unterschiedlicher Weise ermittelt werden:

• **Ursachenermittlung**

• **Fehlerermittlung**

• **Zukunftsermittlung**.

2.1.1 URSACHENERMITTLUNG

Für Soll-Ist-Abweichungen kann es im Unternehmen unterschiedliche Begründungen geben. **Ursachen** für die Auslösung eines organisatorischen Problems sind z. B.:

• **Schlechte Lösungen**, die von Anfang an unbefriedigend waren und durch die Dauer ihres Einsatzes auch nicht besser wurden.

• **Änderung von Grundlagen**, z. B. betrieblicher oder gesetzlicher Art, die bisherige Problemlösungen nicht mehr möglich oder vorteilhaft erscheinen lassen.

• **Neuerungen**, die in verbesserten Verfahren, Tools oder Sachmitteln bestehen, wodurch bisher gute Problemlösungen zu schlechten Lösungen werden.

• **Einzelursachen**, die im Unternehmen auftreten und Abweichungen zwischen Soll- und Ist-Zuständen auslösen können, z. B. zu hohe Kosten, logistische Probleme.

Zur **Offenlegung** von Ursachen der Probleme bzw. zur Problemerkennung können sowohl **interne Aufgabenträger**, z. B. die Unternehmensleitung, Führungskräfte und/oder Mitarbeiter, als auch **externe Aufgabenträger**, z. B. die Kunden, Lieferanten und/oder Berater, beitragen.

Wenn organisatorische Probleme nicht oder nicht rechtzeitig erkannt werden, kann dem Unternehmen ein erheblicher **Schaden** entstehen. Es ist nicht immer von der Annahme auszugehen, dass Aufgabenträger vorhandene Probleme erkennen, bekannt machen und/oder lösen bzw. auf eine Lösung drängen.

2.1.2 FEHLERERMITTLUNG

Zur Ermittlung organisatorischer Mängel können unterschiedliche Analysemethoden benutzt werden. Oftmals werden eingesetzt – siehe Seite 79 ff.:

- Das **Benchmarking**, das die Problemermittlung durch den Vergleich relevanter Kennzahlen des eigenen Unternehmens und eines Unternehmens mit Spitzenleistungen darstellt *(Leibfried/Mc Nair)*. Es wird auch als **Kennzahlentechnik** bezeichnet.

- Die **Schwachstellenanalyse**, die sich auf organisatorische Unzulänglichkeiten in Strukturen und Prozessen bezieht *(Henkel/Schwetz)*. Sie ist eine Untersuchung, die aufgrund der aufgetretenen Mängel geschieht. Mit ihr erfolgt eine **Umkehrung des Ursache-Wirkungs-Prinzips**.

- Die **Checklistentechnik**, bei der mithilfe von Checklisten alle Problemfelder des Ist-Zustandes erkannt werden *(Heinrich)*. In der Literatur wird sie auch als **Fragebogenmethode**, **Prüflistenverfahren** oder **Prüffragentechnik** bezeichnet.

Diese Techniken dienen der systematischen Ermittlung von Problemen und Schwachstellen. Ihre gezielte Suche ist vor allem dann angebracht, wenn im Rahmen der Planungen nur pauschal ausgerichtete Ziele vorgegeben werden.

2.1.3 ZUKUNFTSERMITTLUNG

Bei der Ermittlung der Zukunft ergibt sich das Problem dadurch, dass ein bisheriger Zustand aufgegeben und durch einen neuen Zustand ersetzt wird. Der neue gewünschte Zustand kann durch eine **Neuerung** bedingt sein, die mit einer Weiterentwicklung verbunden ist, z. B.:

- Durch **neue technische Hilfsmittel**, die dem Fortschritt dienen und für betriebliche Aufgabenlösungen benutzt werden können, z. B. Elektronischer Datenaustausch (EDI), Nutzung von Internet und Intranet oder Nutzung von Kunden-Server Diensten (Client-Server-Systemen).

- Durch **neue Organisationsverfahren**, um damit andere und bessere Lösungen erarbeiten zu können, z. B. Computer Aided Software Engineering (CASE) oder Business Reengineering.

- Durch **neue Anwendungsgebiete**, die es ermöglichen, gegebene Hilfsmittel, Techniken und Methoden für verbesserte Lösungen einzusetzen, z. B. die Nutzung von E-Mails zur Pflege von Kontakten zu externen Aufgabenträgern oder die Nutzung von Internetportalen für Einkauf und Verkauf.

2.2 PROBLEMANALYSE

Die Problemanalyse kann als objektive Ermittlung der wesentlichen Ausprägungen eines Problems beschrieben werden. Sie gliedert sich in mehrere **Aufgaben**:

* **Problemdefinition**

* **Problemabgrenzung**

* **Problemdarlegung**

* **Problemlösung**.

2.2.1 PROBLEMDEFINITION

Zunächst ist das zu analysierende Problem begrifflich eindeutig und zutreffend zu bezeichnen. Dabei muss auch der betroffene Problembereich festgestellt werden. Häufig sind auch Probleme aus mehreren oder sich überlappenden Bereichen zu lösen.

Mit der Problemdefinition soll das **Problem** nicht nur benannt werden, sondern es ist auch zu **charakterisieren**.

Beispiel: »Falschdispositionen mit der Wirkung überhöhter Bestände, unnötigem Raumbedarf und damit erheblicher Mehrkosten«.

Im Rahmen der Projektdefinition sind festzulegen *(Burghardt)*:

* Der **Anforderungskatalog**, der die grundsätzliche Aufgabenstellung des Auftraggebers enthält und elementare Aufschlüsse gibt, z. B. über geforderte Funktionen, erwartete Eigenschaften, Datenbasis, Zeitrahmen, Mengengerüst und Kostenrahmen.

* Das **Pflichtenheft**, das die verbindliche Vereinbarungsgrundlage zwischen dem Auftraggeber und dem Auftragnehmer darstellt, z. B. bezüglich der Systemfunktionen, Schnittstellen und Systemumgebung.

* Die **Leistungsbeschreibung**, welche die fachliche und technische Basis des gesamten Projektes genauer festlegt, z. B. als Teilsysteme, Schnittstellen, Realisierungsanforderungen, Systemeigenschaften und Datenbasis.

Aus dem Anforderungskatalog ergeben sich die konkreten **Projektziele**. Sie sollen so formuliert werden, dass der Grad ihrer Erreichung messbar ist.

2.2.2 PROBLEMABGRENZUNG

Im Rahmen der Problemabgrenzung wird der zu untersuchende Problemkreis abgesteckt. Es ist begründet zu erläutern, welche Aspekte des Problems nicht zu diskutieren sind. Die **Abgrenzung** des Problems dient:

* Der Beurteilung des Problems selbst
* Der Ermittlung des Umfangs der Projektplanung
* Der Schätzung der Kosten für die Problembeseitigung.

Das organisatorische Problem kann z. B. prozessual, sachlich, räumlich und zeitlich abgegrenzt werden. Die Problemabgrenzung sollte umfassend sein und in geeigneter Weise formuliert werden.

2.2.3 PROBLEMDARLEGUNG

Bei der Darlegung des Problems ist sowohl auf die Ursachen als auch auf die Wirkungen des untersuchten Problems einzugehen. Beide Aspekte sind von großer Bedeutung, weil sie oft bereits zu Problemlösungen führen:

- Zur Ermittlung der organisatorischen **Problemursachen** empfehlen *Kepner/Tregoe* das folgende Vorgehen:

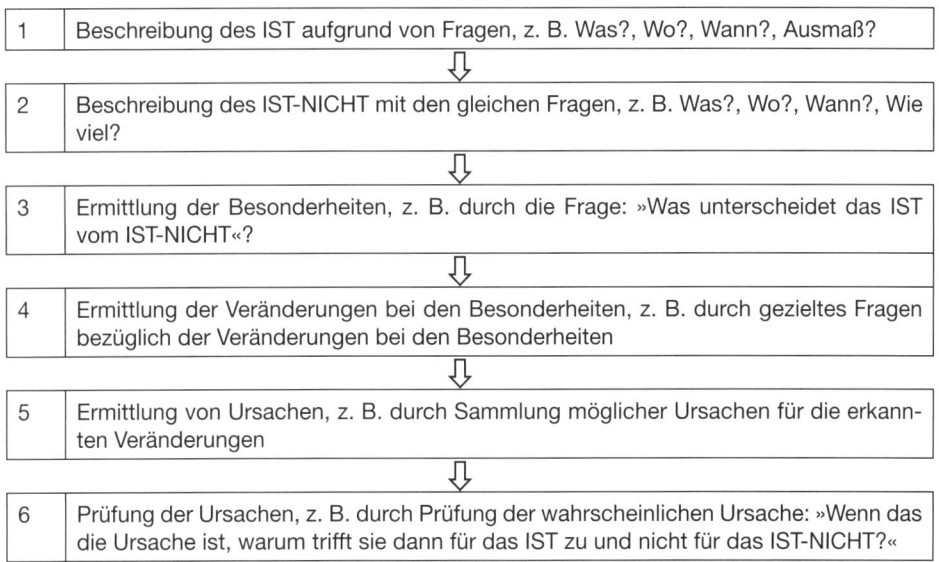

1	Beschreibung des IST aufgrund von Fragen, z. B. Was?, Wo?, Wann?, Ausmaß?
2	Beschreibung des IST-NICHT mit den gleichen Fragen, z. B. Was?, Wo?, Wann?, Wie viel?
3	Ermittlung der Besonderheiten, z. B. durch die Frage: »Was unterscheidet das IST vom IST-NICHT«?
4	Ermittlung der Veränderungen bei den Besonderheiten, z. B. durch gezieltes Fragen bezüglich der Veränderungen bei den Besonderheiten
5	Ermittlung von Ursachen, z. B. durch Sammlung möglicher Ursachen für die erkannten Veränderungen
6	Prüfung der Ursachen, z. B. durch Prüfung der wahrscheinlichen Ursache: »Wenn das die Ursache ist, warum trifft sie dann für das IST zu und nicht für das IST-NICHT?«

- Die **Ermittlung der Problemwirkungen** auf das Unternehmen dient nach dem Erkennen der Problemursache der Feststellung, welche mittelbaren und unmittelbaren Auswirkungen das zu analysierende Problem hat. Sie sollte nach Möglichkeit **quantitativ** geschehen. Problemwirkungen können z. B. sein:

  - ▸ Höherer Kostenanfall
  - ▸ Mehrbedarf an Zeit
  - ▸ Größerer Arbeitsaufwand
  - ▸ Vermehrte Gewährleistungen
  - ▸ Erhöhter Ausschuss/Nacharbeit
  - ▸ Zusätzliche Sonderleistungen

Bei der Problemdarlegung stehen häufig die **Kosten** im Mittelpunkt. Dem Werteverzehr von Produktionsfaktoren bzw. der Sicherung der dafür notwendigen betrieblichen Kapazitäten kommt eine hervortretende Bedeutung zu.

2.2.4 PROBLEMLÖSUNG

Auch wenn eine Problemlösung über den Umfang einer Problemanalyse hinausgeht, sollten bereits jetzt erkannte Möglichkeiten zur Problemlösung vermerkt werden. Dies gilt auch für den Nutzen der Problemlösung, wenn er schon übersehbar ist.

Zur Erarbeitung von Lösungskonzepten hat sich in der Praxis als sinnvoll erwiesen, eine **Problemlösungskonferenz** einzuberufen. Sie kann in vierteljährlichen Abständen zur gemeinsamen Beurteilung aller anstehenden organisatorischen Probleme tagen. Ihrer Vorbereitung dient vor allem die Durchführung einer **Probleminventur** als Bestandsaufnahme aller erkannten Probleme.

Die Ergebnisse einer Problemanalyse, wie sie in den vergangenen Abschnitten beschrieben wurde, sind zu **dokumentieren**.

2.3 ALTERNATIVENENTWICKLUNG

Um über die Gestaltung eines Projektes entscheiden zu können, müssen die in Betracht kommenden Alternativen bekannt sein. Als **Alternativen** kommen z. B. infrage:

* Unterschiedliche Formen der Organisation
* Zentral oder dezentral orientierte Projektorganisation
* Verschiedene Organisationstechniken.

Das Herausfinden der Alternativen kann auf unterschiedliche Weise geschehen. Sie ist möglich als *(Olfert)*:

* **Quellenauswertung**

* **Problembezogene Aktivitäten**.

2.3.1 QUELLENAUSWERTUNG

Es gilt zunächst, aus der Fülle des nutzbaren Datenmaterials die relevanten und problembezogenen Informationsquellen auszuwerten. Das können z. B. sein:

* Informationsschriften, z. B. Zeitschriften- und Zeitungsartikel, Bücher, Prospekte
* Persönliche Informationen, z. B. von Exkursionen, Fachgesprächen
* Ergebnisse von Surfing im Internet oder im Intranet
* Abfrage von Dateien aus öffentlichen Datenbanken
* Daten aus Veranstaltungen, z. B. von Kongressen, Workshops, Lehrgängen
* Informationen von Unternehmensberatern oder anderen Experten
* Daten von Fachfirmen, z. B. über Organisationsmittel, Büromaschinen.

Die Informationsquellen sollten für die individuelle Problemlösung des Projektproblems bedeutsam sein.

2.3.2 Problembezogene Aktivitäten

Außer der Nutzung verfügbarer Informationsquellen bietet es sich im Hinblick auf eine Alternativenentwicklung an, problembezogene Aktivitäten auf den Weg zu bringen. Um möglichst viele Ideen einzubeziehen, können hilfreich sein:

- **Unternehmensinterne Fachkräfte**, z. B. Bereichsleiter, Organisatoren
- **Unternehmensexterne Experten**, z. B. Professoren, Unternehmensberater.

Deren fachliche und methodische Fähigkeiten und Erfahrungen sowie ihre vielseitigen Kontakte können die Ermittlung von Alternativen erleichtern.

Vielfach werden **Kreativitätstechniken** eingesetzt – siehe Seite 91 ff.:

   ▶ Brainstorming   ▶ Methode 635   ▶ Synektik   ▶ Morphologie

Als Ergebnis der Problemermittlung, Problemanalyse und der Alternativenentwicklung kann sich ein Lösungsansatz anbieten oder es gibt verschiedene Alternativen.

2.4 Erfolgseinschätzung

Ohne eine hohe Wahrscheinlichkeit für die Verwirklichung einer Problemlösung und die Abschätzung des Lösungsrisikos sollte keine Projektierungsentscheidung und noch weniger eine Projektentscheidung getroffen werden. Deshalb empfiehlt sich die Verwendung folgender Analysen *(Olfert)*:

- **Machbarkeitsanalyse**
- **Risikoanalyse**.

2.4.1 Machbarkeitsanalyse

Die Machbarkeitsanalyse ist eine Untersuchung, die der Feststellung der Realisierbarkeit einer Problemlösung dient. Sie wird eingesetzt, wenn es sich nicht um eine übliche Problemlösung handelt, für die Erkenntnisse bereits vorliegen.

Die **Machbarkeit** von Problemlösungen kann sich beziehen auf:

- Die **technische Realisierbarkeit**, die z. B. auf Berechnungen oder Voranfragen bei Genehmigungsbehörden beruhen.
- Die **wirtschaftliche Realisierbarkeit**, für die z. B. die Kostendeckung, die Finanzierbarkeit oder eine kartellrechtliche Genehmigung gegeben sein müssen.
- Die **Umweltverträglichkeit** und **Umweltauswirkungen**, die Vorschriften in Gesetzen bzw. Verordnungen entsprechen müssen.

Mit der Machbarkeitsanalyse sollen als **Ergebnisse** erzielt werden:

* Der **Machbarkeitsnachweis**, bei dem die Realisierungsfähigkeit einer Problemlösung nicht immer völlig, aber im Wesentlichen nachgewiesen wird.

* Die **Ermittlung von Voraussetzungen**, die für die Machbarkeit der Problemlösung notwendigerweise erfüllt sein müssen.

* Die **Hauptschwierigkeiten**, mit denen zu rechnen ist, damit sie bei der Planung, Durchführung und Kontrolle des Projektes berücksichtigt werden können.

Die Machbarkeitsanalyse wird auch **Durchführbarkeitsstudie** oder **Feasibility Study** genannt.

2.4.2 Risikoanalyse

Als Risikoanalyse wird die Ermittlung und Einschätzung der einem Projekt drohenden Gefahren bezeichnet. Sie ist notwendig, um von Anfang an die Projektrisiken zu erkennen, gegen sie anzukämpfen und Gegenmaßnahmen ergreifen zu können *(Burghardt, Jossé, Schelle)*.

Die Analyse des Projektrisikos erfolgt in drei **Schritten**:

Ermittlung der Risikoquellen	Sie können insbesondere in folgenden Bereichen liegen: ▶ Technischem Bereich ▶ Sozialem Bereich ▶ Wirtschaftlichem Bereich ▶ Rechtlichem Bereich

⇩

Ermittlung der Risikofaktoren	Sie zeigen die Einzelmerkmale der Wagnisse. Nach *Kellner* und *Pietsch* zählen dazu: ▶ Änderungswünsche ▶ Perfektionismus ▶ Technische Probleme ▶ Budgeteinhaltung ▶ Personal ▶ Termineinhaltung ▶ Externe Ressourcen ▶ Planungsfehler ▶ Umwelteinflüsse ▶ Neue Techniken ▶ Realisierungsfehler ▶ Validität

⇩

Ermittlung der Risikoeinschätzung	Hierbei ist für jeden Risikofaktor die Risikobedeutung zu ermitteln, die abhängig ist von: ▶ Den Auswirkungen des Risikos bei seinem Auftreten ▶ Der Wahrscheinlichkeit des Auftretens des Risikos ▶ Der Wirksamkeit von ergreifbaren Gegenmaßnahmen

Häufig können diese Gesichtspunkte nicht quantifiziert werden. Deshalb empfehlen Experten ein **Ranking**. Durch Addition oder Multiplikation kann auf diese Weise das Gesamtergebnis berechnet werden – siehe *Olfert*.

2.5 PROJEKTIERUNGSENTSCHEIDUNGEN

Eine Projektierungsentscheidung ist die Festlegung darauf, *ob* das Projekt in Angriff ge-
nommen wird und eine Projektplanung erfolgen soll oder ob darauf verzichtet wird. Eine
endgültige **Projektentscheidung** kann zum Zeitpunkt der Projektvorbereitung noch
nicht getroffen werden, weil der Ressourcenbedarf und die Kosten für die spätere Projektdurchführung noch nicht hinreichend übersehen werden können.

Deshalb geht es zunächst nur um eine **Problementscheidung**. Sie dient dazu festzulegen, wie das anstehende Problem gelöst werden soll. Eine Problementscheidung, die
den **Verzicht** auf eine Problemlösung beinhaltet, kann darin begründet sein, dass das
Problem vorerst nicht oder nur mit unverhältnismäßig hohen Kosten zu lösen ist.

Folgende Projektierungsentscheidungen sind darzustellen:

* **Projektleiter**

* **Projektgruppe**

* **Projektinstitutionen**

* **Projektexperten**

* **Projekteinbindung**

* **Projektanalyse**.

2.5.1 PROJEKTLEITER

Der Projektleiter bestimmt wesentlich den Erfolg eines Projektes, ist darin aber auch
vom Design seines Tätigkeitsfeldes abhängig, das sich bezieht auf *(Corsten, Litke/Ku-
now, Olfert)*:

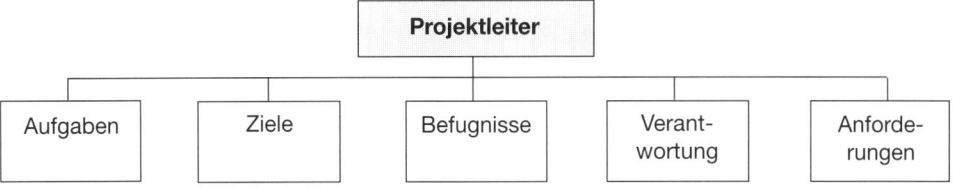

Der Projektleiter hat als Gruppenleiter sämtliche Befugnisse gegenüber den ihm unterstellten Projektmitarbeitern. Er ist damit uneingeschränkt für die Projektarbeit zuständig
und verantwortet das Projektergebnis. Die oben dargestellten Merkmale finden sich in
der **Stellenbeschreibung** für einen Projektleiter.

2.5.1.1 Aufgaben

Die Person und Stellung des Projektleiters sind für die Effizienz der Projektarbeiten von erheblicher Bedeutung. Seine Aufgaben sind vor allem:

- Die **Projektplanung**, die als vorausschauende Festlegung der Projektgestaltung anzusehen ist. Um die entsprechenden Projektentscheidungen und die Projektvorgabe sachgerecht bewirken zu können, ist jedes Projekt zunächst **mittel- bzw. langfristig** zu planen. Dabei geht es insbesondere um Aufgaben, Kosten, Sachmittel, Termine und Personal.

  Die Projektplanung muss aber auch **kurzfristig** erfolgen. Sie bezieht sich dabei auf die laufenden Planungserfordernisse während der Projektgestaltung und ist auf die Projektarbeit sowie die Projektergebnisse gerichtet.

- Die **Projektarbeit**, denn der Projektleiter übernimmt nicht nur Entscheidungsaufgaben sondern in bestimmten Fällen auch Ausführungsaufgaben, um zur erfolgreichen Realisierung des Projektes beizutragen. Seine **Tätigkeiten**, die mit vielen Kontakten verbunden sind, bestehen vor allem aus – siehe S. 348:

▶ Recherchieren	▶ Lösen	▶ Kommunizieren
▶ Verhandeln	▶ Präsentieren	▶ Visualisieren
▶ Protokollieren	▶ Berichten	▶ Dokumentieren

- Die **Projektkontrolle**, bei welcher der Projektleiter insbesondere auf die Einhaltung der Vorgaben des Projektplanes zu achten hat. Sie kann z. B. betreffen:

▶ Erreichen der Projektziele	▶ Einhaltung von Terminvorgaben
▶ Erfolgreiche Aufgabenerfüllung	▶ Effizienter Nutzung der Sachmittel
▶ Zweckmäßigen Mitarbeitereinsatz	▶ Einhaltung des Kostenbudgets
▶ Einhaltung des Finanzbudgets	

Über die vom Projektleiter vorgenommene Projektkontrolle hinaus erfolgen weitere Kontrollen im Rahmen des **Projektcontrolling**, das z.B. von der Unternehmensleitung oder von einem Controller vorgenommen werden kann.

Es empfiehlt sich, die Aufgaben des Projektleiters schriftlich festzulegen, um Ungewissheiten und Konflikte zu vermeiden. Die schriftliche Fixierung sollte im **Projektauftrag** oder in einer **Arbeitsplatz-** bzw. **Stellenbeschreibung** erfolgen *(Olfert)*.

53 ▷ Seite 470

2.5.1.2 Ziele

Die Projektziele ergeben sich aus der **Problemdefinition** und werden im **Projektplan** vorgegeben. Bei der Zielformulierung ist auf deren Messbarkeit zu achten. Als allgemeine **Projektziele** sind z. B. zu unterscheiden:

▶ Festlegung der Höhe des Kostenbudgets ▶ Fixierung der Projektzeit
▶ Festlegung des Finanzbudgets ▶ Bestimmung von Qualitätskriterien
▶ Konsequente Kundenfokussierung ▶ Systematische Prozessorientierung
▶ Schonung der Umwelt

Bokranz/Kasten sprechen im Rahmen der Projektplanung von der Festlegung von **Meilensteinen**, die nicht Teilzielen entsprechen müssen, aber die Ergebnisorientierung des Projektes sicherstellen sollen.

Bedeutsam ist, dass der Projektleiter – wie auch das Projektpersonal – die vorgegebenen **Projektziele** für richtig und anstrebenswert hält bzw. davon überzeugt werden kann. Die von ihm verfolgten **persönlichen Ziele** sollten in Übereinstimmung zu den Zielen des Projektes stehen bzw. keine größere Differenz aufweisen.

2.5.1.3 BEFUGNISSE

Die Befugnisse zeigen die Berechtigung, über etwas entscheiden oder tun zu dürfen. Um seine Aufgabe erwartungsgerecht erfüllen zu können, müssen dem Projektleiter entsprechende **Kompetenzen** übertragen werden *(Olfert)*. Das können sein:

- Die **Auswahlkompetenz**, die sich auf die Befugnis des Projektleiters bezieht, bei der Auswahl des Projektpersonals mitzuwirken. Der Projektleiter braucht diesbezüglich ein **Mitentscheidungsrecht**, denn der Projekterfolg hängt in hohem Maße von der Qualifikation und dem Engagement des Projektpersonals ab.

- Die **Entscheidungskompetenz**, mit der für den Projektleiter offen gelegt wird, welche Entschlüsse er als Planungsentscheidungen, Gestaltungsentscheidungen bzw. Kontrollentscheidungen treffen darf. Ihr Umfang richtet sich vor allem nach der **Art der Projekteinbindung** in das Unternehmen.

- Die **Weisungskompetenz**, als Befugnis des Projektleiters, den für das Projekt tätigen Mitarbeitern entsprechende Aufträge erteilen zu dürfen. Zu unterscheiden sind:

  ▶ Das **disziplinarische Weisungsrecht**, das sich auf allgemeine Führungsmaßnahmen bezieht, z. B. auf Beurteilungen bzw. auf Kritikgespräche mit Projektmitarbeitern.

  ▶ Das **fachliche Weisungsrecht**, das sachbezogen zu interpretieren ist und z. B. bestimmte Arbeitsanweisungen betrifft.

- Die **Verfügungskompetenz**, mit der die Befugnis des Projektleiters beschrieben wird, über Sachmittel, Hilfsmittel und Rechte zu entscheiden. Ihr Umfang richtet sich nach der Art der Projekteinbindung in das Unternehmen. Dementsprechend kann sie auch **begrenzt** sein.

- Die **Informationskompetenz** als Befugnis des Projektleiters, alle projektrelevanten Daten zu bekommen, z. B. als schriftliche Unterlagen der Fachabteilung, Dokumentationen über projektrelevante Gegebenheiten oder Fachkenntnisse und Fachwissen von Mitarbeitern sonstiger Abteilungen.

  Das Informationsrecht schließt auch die **Weitergabe** ein sowie die **Verwertung** der erlangten Informationen durch die Projektgruppe. Dabei sind der Datenschutz sowie der Vertrauensschutz zu beachten.

2.5.1.4 Verantwortung

Die Verantwortung ist das Einstehen für die Folgen von persönlichen Entscheidungen, Handlungen und Unterlassungen. Sie bezieht sich arbeitsrechtlich für den Projektleiter – wie für alle Arbeitnehmer – lediglich auf **grobe Fahrlässigkeit** und **Vorsatz**.

Das Risiko und damit auch die Verantwortlichkeit eines Projektleiters sind im Vergleich zu einem mit Routineaufgaben befassten Linienmanager beträchtlich höher, denn er muss vielfach Entscheidungen unter Unsicherheit treffen. Seine **Verantwortungsbereiche** können sein:

- Die **Ergebnisverantwortung**, wonach er einen Projekterfolg zu erzielen und Misserfolge zu vermeiden hat. Sie wird auch **Erfolgsverantwortung** genannt.

- Die **Personalverantwortung**, wonach der Projektleiter verantwortlich für die Effizienz der Projektarbeit ist, die durch ihn und das Projektpersonal erfolgt.

- Die **Terminverantwortung**, bei der es darum geht, das Projekt möglichst schnell, zumindest aber zu dem im Plan vorgegebenen Termin erfolgreich abzuschließen.

- Die **Sachmittelverantwortung**, die sich auf den wirtschaftlichen und sachgerechten Einsatz der projektbedingten Sachmittel durch den Projektleiter bezieht.

- Die **Budgetverantwortung**, wonach der Projektleiter für die Einhaltung des dem Projekt zu Grunde liegenden Kosten- bzw. Finanzbudgets verantwortlich ist.

2.5.1.5 Anforderungen

Die Aufgaben, Befugnisse und Verantwortungsbereiche des Projektleiters zeigen, dass an seine Fähigkeiten, Kenntnisse und Erfahrungen beträchtliche Anforderungen zu stellen sind, die vor allem sein können:

- Die **persönliche Qualifikation**, die sich auf allgemeine Befähigungsmerkmale bezieht, z. B.:

▶ Teamgeist	▶ Verhandlungsgeschick	▶ Initiative
▶ Zuverlässigkeit	▶ Durchsetzungsvermögen	▶ Kreativität
▶ Kontaktfähigkeit	▶ Entscheidungsfreudigkeit	

Die Anforderungen an die soziale Kompetenz des Projektleiters sind beträchtlich, wie z. B. die Fähigkeit und Bereitschaft, auf die Mitarbeiter zuzugehen, ihnen zuzuhören und sie als Personen zu akzeptieren *(Birker)*.

- Die **Projektqualifikation**, bei der es um Anforderungen geht, die sich direkt auf die zu lösenden Projektaufgaben beziehen. So sollte der Projektleiter z. B. über angemessene Projekterfahrung verfügen.

- Die **Fachqualifikation**, die auf die fachlich zu bewältigende Projektaufgabe bezogen ist. Sie muss je nach Projektart unterschiedlich hoch sein. So unterscheidet sich z. B. die Fachkompetenz zur Leitung eines Bauprojektes erheblich von der eines EDV-Projektes.

- Die **Führungsqualifikation**, denn der Projektleiter muss seine Projektmitarbeiter führen. Dazu sollte er die Anwendung der modernen Führungsinstrumente beherrschen – siehe ausführlich *Olfert*.

Ob ein Projektleiter auch über **Unternehmenskenntnisse** und **Unternehmenserfahrungen** verfügen muss, ist je nach Projektart zu entscheiden.

2.5.2 PROJEKTGRUPPE

Die Projektgruppe ist eine Personenmehrheit, die gemeinsam und überwiegend hauptamtlich bzw. vollzeitlich ein Projekt durchführt. Die Durchführung eines Projektes bedeutet aber nicht, dass die Arbeitsausführung ausschließlich in Teamarbeit erfolgt. In vielen Projekten werden einzelne Projektaufgaben auf die Projektmitglieder verteilt, die von ihnen arbeitsteilig zum Ergebnis zu führen sind.

Da ein Projekt üblicherweise zeitlich begrenzt ist, arbeitet auch die Projektgruppe **zeitlich befristet**. Sie wird auch bezeichnet als:

▶ Projektteam	▶ Verbesserungsgruppe	▶ Task Force
▶ Projektausschuss	▶ Arbeitsteam	▶ Arbeitsgruppe
▶ Projektkollegium	▶ Entwicklungsteam	

Diese Begriffe sind nur teilweise völlige Synonyme zur Projektgruppe.

Für die Mitarbeiter der Projektgruppe empfiehlt es sich, in **Stellenbeschreibungen** alle wesentlichen Regelungen zu ihrer Tätigkeit zu fixieren.

In Bezug auf die Projektgruppe sollen behandelt werden *(Koreimann, Olfert)*:

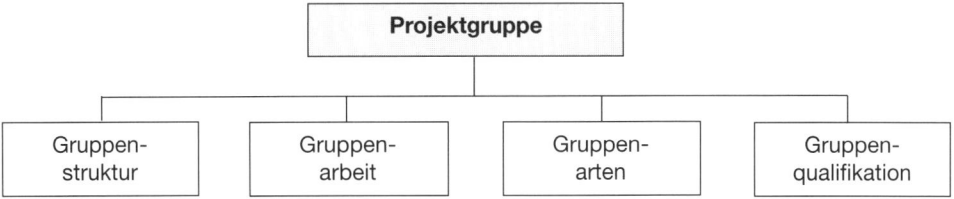

Auf die Arbeitsaufgaben der Projektgruppe wird im Rahmen der Projektgestaltung eingegangen – siehe S. 348 ff.

2.5.2.1 GRUPPENSTRUKTUR

Die Gruppenstruktur zeigt sich in der personellen Zusammensetzung einer Projektgruppe. Sie ist für den Gesamterfolg des Projektes bedeutsam. Je nach ihrer Größe sowie ihren Aufgaben, Befugnissen und ihrer Verantwortung kann eine Gruppe unterschiedlich strukturiert sein. Ihre **Mitglieder** können sein:

- Der **Gruppenleiter**, der Vorgesetzter der Projektmitarbeiter mit allen notwendigen Befugnissen und Verantwortungen ist. Sein Entscheidungs- und Weisungsrecht in Bezug auf die Projektlösung wird davon bestimmt, wie die Projekteinbindung erfolgt. Für das Projektergebnis ist die Projektgruppe gemeinschaftlich zuständig und verantwortlich.

- Der **Gruppensprecher**, der die Projektgruppe lediglich nach außen vertritt und unternehmensseitig bestimmt wird. Innerhalb der Gruppe ist er »normaler« Projektmitarbeiter. Die Befugnisse und die Verantwortung für das Projekt liegen vollständig bei der gesamten Projektgruppe.

- Der **Gruppenkoordinator**, der Gruppensprecher ist, aber auch die Arbeit der Projektgruppe abstimmt, steuert und überwacht sowie im Hinblick auf die Durchführung der Projektarbeit ein Weisungsrecht hat. Er ist weder Vorgesetzter der Projektmitarbeiter noch hat er die Gesamtverantwortung für das Projektergebnis.

- Die **Gruppenmitglieder**, die ganz unterschiedliche Typen von Menschen mit unterschiedlichen Fähigkeiten, Zielen und Erwartungen sein können. Von erheblicher Bedeutung für den Erfolg eines Projektes ist die informelle Zusammensetzung einer Projektgruppe.

Gelingt es dem Projektleiter nicht, negative Einflüsse und Störungen in der Projektgruppe zu begrenzen bzw. zu beseitigen, kann der **Gesamterfolg** des Projektes gefährdet sein.

2.5.2.2 GRUPPENARBEIT

Die Gruppenarbeit ist eine Arbeitsform, durch die ein höheres Leistungsniveau bzw. die Steigerung der Arbeitsproduktivität erreicht werden soll *(Rahn)*. Wenn von **hierarchisch organisierten** Projektteams ausgegangen wird, die von einem Projektleiter geführt werden, sind als Aspekte der Gruppenarbeit zu beachten:

- Die **Teambildung**, bei der es nicht genügt, bestqualifizierte Personen zusammenzufassen. Vielmehr muss eine Gruppe auch so strukturiert werden, dass sie zusammenwachsen kann, z. B. durch Ausprägung eines starken »Wir«-Gefühls.

- Die **Teamarbeit**, die gegeben ist, wenn die Struktur der Gruppe durch Engagement bzw. Leistungsfähigkeit aller Gruppenmitglieder geprägt wird.

- Die **Teaminformationen**, die von der Projektgruppe zur effektiven Arbeit benötigt werden. Ohne die notwendigen Informationen, die schnell, regelmäßig, vollständig, ungeschönt und verständlich sein müssen, tritt kein Gruppenerfolg ein.

- Die **Teammotivation**, indem die Projektgruppe zu bestmöglichen Leistungen geführt wird, z. B. durch:

  ▸ Selbstständigkeit der Arbeitserledigung
  ▸ Beteiligung der Mitarbeiter an Entscheidungen
  ▸ Eröffnung von Aufstiegsmöglichkeiten
  ▸ Offenes Kommunikationsverhalten
  ▸ Materielle Anerkennung in Form von Prämien, Gehaltserhöhungen
  ▸ Statussymbole, z. B. Dienstwagen, Essen im Casino
  ▸ Sonderurlaub und Ermunterungsanreize

- Das **Teamcoaching**, das durch den Projektleiter geschieht und darin bestehen kann, den Gruppenmitgliedern Beistand zu geben bzw. qualifizierter Ratgeber und beständiger Helfer zu sein.

2.5.2.3 GRUPPENARTEN

Die Gestaltung von Projektgruppen richtet sich vor allem nach den Zielen der Projektorganisation. Sie ist unter folgenden **Aspekten** möglich:

- Nach der **Art des Projektes**:

  ▸ Die **Projektgruppe**, die Verbesserungen in großem Stil anstrebt. Die Gruppenmitglieder sind zeitlich begrenzt als hauptamtliche bzw. vollzeitlich tätige Mitarbeiter beschäftigt und werden von einem **Projektleiter** geführt.

  ▸ Die **Verbesserungsgruppe**, die – zunächst zeitlich unbegrenzt – mit nebenamtlichen Kräften nur Einzelverbesserungen vornimmt. Ihr steht dabei nur eine geringe Teilzeit zur Verfügung. Sie wird von einem **Moderator** geleitet.

- Nach der **Art der Berufung** von Mitarbeitern in eine Projektgruppe:

  ▸ Die **Task Force**, bei der engagierte und qualifizierte Mitarbeiter aus den Fachabteilungen zur Projektarbeit abgestellt werden. Die Auswahl der jeweiligen Gruppenmitglieder richtet sich nach der gegebenen Art des Projektes.

  ▸ Die **Project Organization**, bei der in Bereichen, in denen häufig Projekte durchgeführt werden, ein Mitarbeiterpool eingerichtet wird. Dessen Mitarbeiter arbeiten ausschließlich in Projekten, die sich auf Fachabteilungen beziehen.

- Nach der **Leitung** der Projektgruppe:

  ▸ Die **Gruppe mit Autonomie**, bei der alle Projektmitarbeiter gleichberechtigt an den Führungsaufgaben der Projektgruppe beteiligt sind und gemeinschaftlich die Verantwortung für das Projektergebnis übernehmen. Es wird dabei auch von »**autonomen Arbeitsgruppen**« bzw. »**selbstgesteuerten Arbeitsgruppen**« gesprochen.

  ▸ Die **Gruppe mit Projektleiter**, der sowohl für die Projektarbeit als auch für das Projektergebnis verantwortlich ist. In der Praxis werden auch Gruppenleiter eingesetzt, die nur für Gebiete der Projektdurchführung zuständig sind.

- Nach der **Veränderlichkeit** der Gruppenstruktur:

  ▸ Die **geschlossene Projektgruppe**, die im Hinblick auf die Zahl und die Person der Mitarbeiter unverändert geplant ist, auch wenn z. B. spätere Fluktuationen oder Versetzungen nicht auszuschließen sind.

  ▸ Die **offene Projektgruppe**, die im Zeitablauf eine veränderte Zusammensetzung aufweist, weil sich das aus der Organisationsproblematik heraus nicht anders regeln lässt oder es aus sachlichen Gründen so gewollt ist.

- Nach der inneren **Strukturierung** der Gruppe:

  ▸ Die **unstrukturierte Projektgruppe**, die bei kleineren Projekten meist üblich ist. Ihr Einsatz ist z. B. für bis zu sechs Mitarbeiter problemlos möglich. Hier sind keine Projektuntergruppen nötig.

  ▸ Die **strukturierte Projektgruppe**, die bei größeren Projekten mit Projektuntergruppen verbunden ist, z. B. bei parallel durchzuführenden Projektaufgaben mit Konfliktgefahren zwischen den Teilnehmern der Untergruppen.

Bei sehr großen Projekten ist es möglich, **Projektuntergruppen** und **Teilprojektgruppen** einzusetzen. Die Koordination kann dann schwierig sein. Der Projektleiter wird in solchen Fällen zum Gesamtprojektleiter und die Leiter der einzelnen Teil- und Untergruppen stellen Projektleiter dar.

2.5.2.4 GRUPPENQUALIFIKATION

Bei der Auswahl der Mitarbeiter für eine Projektgruppe müssen mehrere personenbezogene **Eigenschaften** der Gruppenmitglieder berücksichtigt werden. Dazu zählen insbesondere *(Jossé, Olfert)*:

- **Qualifikationserfordernisse** des Projektpersonals, die vor allem sind:

  ▸ Die **Fach**qualifikation als fachliche Kenntnisse, Fähigkeiten und Fertigkeiten
  ▸ Die **Projekt**qualifikation, die sich auf das Beherrschen von Techniken bezieht
  ▸ Die **Team**qualifikation als Teambereitschaft und Teamfähigkeit der Mitglieder

  Weitere Eigenschaften, die Bedeutung haben können, sind z. B. Alter, Geschlecht oder Fremdsprachenkenntnisse.

- **Erfahrungen** des Projektpersonals, die häufig angemessen, aber nicht vieljährig sein müssen. Sie sollten nicht unbedingt für Projekte gelten, die auf neuartige Lösungen abzielen, denn langjährige Erfahrungen können auch zur »Betriebsblindheit« führen. Vielfach bietet sich auch eine Mischung von erfahrenen und weniger erfahrenen Mitarbeitern an.

54   Seite 470

2.5.3 PROJEKTINSTITUTIONEN

Vielfach wird zusätzlich zu dem Projektleiter und der Projektgruppe eine Projektinstitution aktiv, die für ein bestimmtes Projekt, mehrere oder sämtliche laufenden Projekte zuständig ist. Sie kann sein *(Berger/Schubert, Litke, Jossé)*:

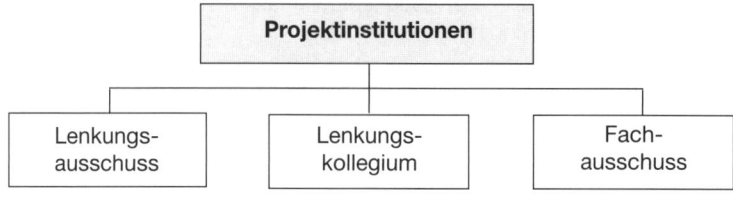

2.5.3.1 LENKUNGSAUSSCHUSS

Ein Lenkungsausschuss wird nur für die Dauer eines Projektes eingesetzt. Er bildet die Schnittstelle zwischen Projektleiter und Projektgruppe einerseits und der Unternehmensleitung bzw. externen Beratern andererseits. In ihm wirken Führungskräfte der Unternehmensbereiche mit sowie Vertreter der Arbeitnehmer, z. B. der Betriebsrat.

Die **Aufgaben** eines Lenkungsausschusses können z. B. sein:

- Festlegung der Redesign-Strategie
- Treffen von Richtlinienentscheidungen
- Verteilen der Projektbudgets
- Projektcontrolling
- Berufung des Projektleiters
- Genehmigung von Änderungen im Projekt
- Lenkung des Projektes, aber nicht Leitung
- Überwachung des Projektfortschrittes

Der Lenkungsausschuss ist ein Verbindungs-, Entscheidungs- und Schlichtungsgremium, dessen Interesse in der Realisierung des Projektes und der Umsetzung des Projektkonzeptes liegt.

2.5.3.2 LENKUNGSKOLLEGIUM

Das Lenkungskollegium setzt sich aus Mitgliedern der Unternehmensleitung, den Bereichsleitern der betroffenen Abteilungen, dem Projektleiter und dem Leiter der EDV-Abteilung bzw. der Organisationsabteilung zusammen und trifft besonders bedeutsame Projekt bezogene Leitungsentscheidungen. Es wird auch **EDV-Ausschuss**, **Steering Committee** oder **Organisationskommission** genannt.

Als EDV-Ausschuss hat das Lenkungskollegium z. B. folgende **Aufgaben**:

- Projektauslösung
- Fortschrittsüberwachung
- Grundsatzentscheidungen
- Einführungsentscheidungen
- Projektkontrolle
- Projektcontrolling

2.5.3.3 FACHAUSSCHUSS

Der Fachausschuss kann aus den Abteilungsleitern und geeigneten Mitarbeitern der Fachabteilungen sowie dem Projektleiter bestehen. Dieses Gremium soll sicherstellen, dass alle fachlichen Anforderungen aus allen zuständigen Bereichen berücksichtigt werden *(Burghardt)*.

Die **Aufgaben** eines Fachausschusses können sein:

- Fachliche Beratung
- Mitarbeitermotivation
- Anforderungsermittlung
- Prototypenbeurteilung
- Verbesserungsvorschläge
- Systemabnahme

Fachausschüsse werden z. B. zum Zwecke der Einführung von integrierter **Standard-software** eingerichtet, wodurch langjährige Erfahrungen genutzt und Softwarerisiken minimiert werden können.

Oft werden die Fachausschüsse auch als **Benutzerausschüsse** oder aber als **Berater-ausschüsse** in die Organisation eingegliedert.

55 〉〉 Seite 470

2.5.4 PROJEKTEXPERTEN

Im Rahmen der Projektvorbereitung sind auch Projektierungsentscheidungen zu treffen, die sich auf einzubindende Projektexperten beziehen als:

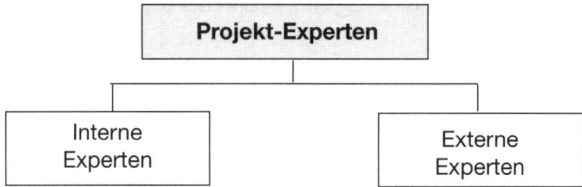

2.5.4.1 INTERNE EXPERTEN

Interne Experten kommen aus dem Unternehmen. Dazu zählen Projektleiter, Gruppenleiter, Gruppensprecher, Gruppenkoordinator und Gruppenmitglieder, aber auch Mitarbeiter der betroffenen Fachabteilungen, die einbezogen und unmittelbar an Projekten beteiligt werden können, wofür es folgende **Gründe** gibt:

• Notwendigkeit der Nutzung der Erfahrungen dieser Mitarbeiter
• Gefahr der geringen Akzeptanz der Projektergebnisse bei Nichtberücksichtigung
• Einbeziehung in die Mitverantwortung für das Projektergebnis.

Zur Lösung anstehender Projektprobleme reicht eine Mitgliedschaft dieser Experten in einem Lenkungsausschuss meist nicht aus.

2.5.4.2 EXTERNE EXPERTEN

Externe Experten bringen außerbetriebliche Erfahrungen in das Unternehmen ein. Sie haben keine arbeitsvertraglichen Bindungen zum Unternehmen bzw. sind in ihren Entscheidungen unabhängiger, ggf. auch objektiver und können deshalb ihre Vorstellungen mitunter besser durchsetzen.

Zu unterscheiden sind:

- ▶ Unternehmensberater
- ▶ Personalberater
- ▶ Herstellerorganisatoren
- ▶ Freiberufliche EDV-Experten
- ▶ Verbandsorganisatoren
- ▶ Freiberufliche Organisatoren

Der Einsatz externer Experten ist auf der Grundlage unterschiedlich gestaltbarer **Verträge** möglich, in denen die zu erbringenden Leistungen wie auch die zu zahlenden Honorare geregelt sind – siehe *Olfert*.

In die Honorare von externen Experten können **Nebenkosten** eingeschlossen sein, z. B. bei einem »all-in-Preis«. Es ist aber auch möglich, eine gesonderte Bezahlung dieser Kosten zu vereinbaren, z. B. von Spesen, Übernachtungskosten, Fahrgeldern und Telefonkosten.

2.5.5 PROJEKTEINBINDUNG

Die Entscheidungen zur Projekteinbindung beziehen sich auf die Einordnung der Projektleiter bzw. Projektgruppen in die gesamte **Aufbauorganisation** des Unternehmens. In diesem Rahmen sind Projektierungsentscheidungen zu treffen in Hinblick auf:

- Den **Standort** der Projektarbeit, wonach zu unterscheiden sind:

Zentrale Projektarbeit	Bei ihr steht ein gemeinsames Büro für den Projektleiter und alle Projektmitarbeiter zur Verfügung, das an ein Zentrum gebunden ist.
Dezentrale Projektarbeit	Bei ihr haben der Projektleiter und Projektmitarbeiter örtlich unterschiedliche Arbeitsplätze, die vom Zentrum unabhängig sind.
Virtuelle Projektarbeit	Bei ihr werden nicht nur einzelne Experten in das Projekt einbezogen, sondern auch mehrere Unternehmen.

Insbesondere für die dezentrale und virtuelle Projektarbeit ist der Einsatz moderner **Kommunikationstechniken** unerlässlich.

- Die **organisatorische Strukturierung** der Projekte, die umfasst:

Organisations-einheiten	Sie finden sich als Projekte, Projektleiterstellen, Gruppen bzw. als Abteilungen des Unternehmens in Strukturbildern der Projektorganisation.
Informations-wege	Sie stellen festgelegte Beziehungen zwischen den Organisationseinheiten eines Strukturbildes dar und können sein:

Projekt-Informationswege	Erläuterung der Informationswege	Sym-bolik
Längsinformationswege	Mit Weisungsbefugnis	————
Querinformationswege	Keine Weisungsbefugnis	—·—·—·—
Diagonalinformationswege	Begrenzte Befugnis	— — — —
Außeninformationswege	Keine Weisungsbefugnis	~~~~~~~~

Aus der Koppelung von Organisationseinheiten und deren Informationswegen können folgende **Gestaltungsformen** der Projektorganisation entstehen *(Bär, Burghardt, Heeg, Keßler/Winkelhofer, Olfert/Pischulti, Olfert)*:

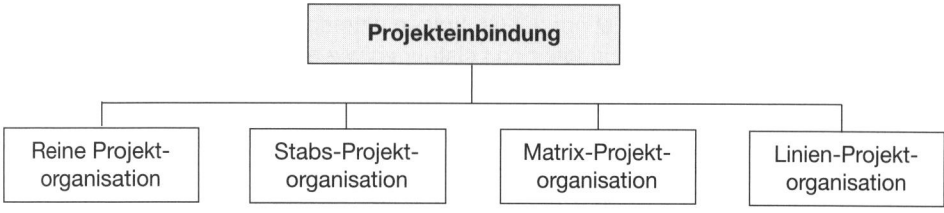

2.5.5.1 REINE PROJEKTORGANISATION

Bei der reinen Projektorganisation werden die Projektgruppen für die Projektdauer vollständig aus den Fachabteilungen herausgelöst und zeitlich befristet in die Aufbauorganisation integriert. Sie wird auch **Task-Force**, **Projektmanagement-Organisation** oder **Totale Projektorganisation** genannt.

Diese Form der Projektorganisation wird vor allem bei **Großprojekten** eingesetzt, die oft sehr umfangreich, zeitintensiv und strategisch bedeutend sind. Hier arbeitet die Projektgruppe ausschließlich für die Ziele des Projektes. Der Projektleiter hat die volle Kompetenz, d. h. die gesamte Weisungs- und Entscheidungsbefugnis, und die Projektmitarbeiter sind ihm disziplinarisch und fachlich unterstellt:

Beispiel:

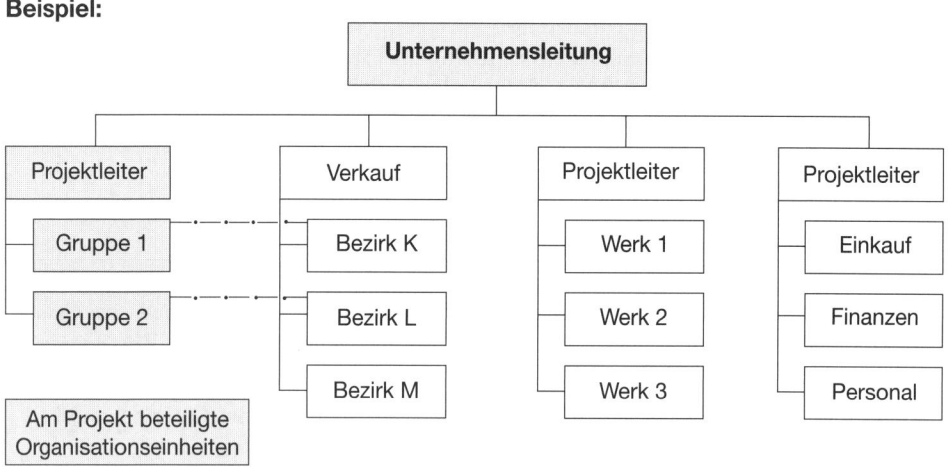

Bei dieser Art der Projekteinbindung sind Probleme der Kompetenzabgrenzung weniger häufig, weil die Projektgruppen voll dem Projektleiter unterstehen. Die Projektgruppen nutzen die Querinformationswege, um sich Daten aus der Fachabteilung zu beschaffen. Die reine Projektorganisation lässt sich beurteilen:

Vorteile	Nachteile
▶ Straffe Projektarbeitsform ▶ Direktzugang zur Unternehmens- leitung ▶ Volle Kompetenz des Projektleiters ▶ Schnelles Reagieren auf Störungen ▶ Identifikation der Gruppe mit Projekt	▶ Probleme des Einsatzes von Projekt- Mitarbeitern nach dem Projektende ▶ Dauerhafte Projektetablierung ▶ Projektgruppe in Konkurrenz zur Linie ▶ Kompetenzüberschreitung durch Leiter

2.5.5.2 STABS-PROJEKTORGANISATION

Bei der Stabs-Projektorganisation ist der Einfluss des Projektleiters vergleichsweise gering. Er hat als Inhaber einer Stabsstelle oder Leiter einer Stabsgruppe bzw. Stabsabteilung über Querverbindungen nur die Aufgabe der Koordination. Deshalb kann eher von einem **Projektkoordinator** gesprochen werden, der gegenüber den Fachabteilungen Informations- und Beratungsbefugnisse hat.

Die Kompetenzen sind bei der Stabs-Projektorganisation der Fachabteilungen zugeordnet, deren Leiter auf die Arbeit der Projektgruppen einen hohen Einfluss ausüben.

Beispiel:

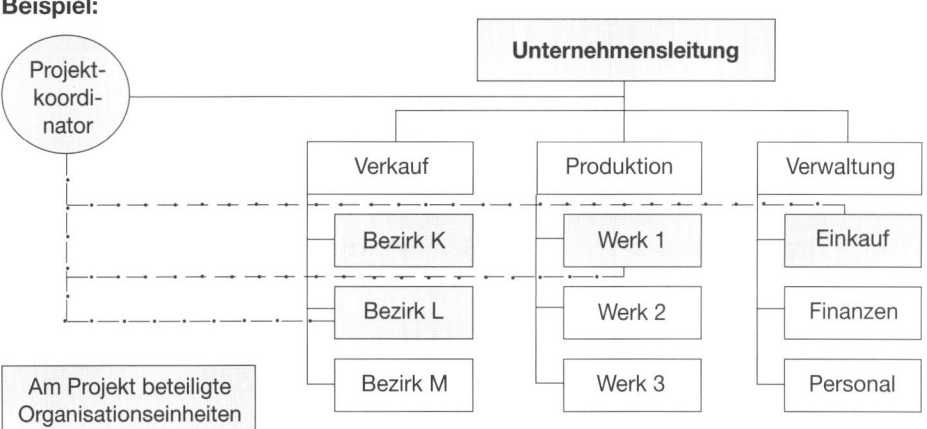

Die Stabs-Projektorganisation wird auch als **Koordinations-Projektmanagement, Projektkoordination** oder **Einflussmanagement-Organisation** bezeichnet. Sie kann beurteilt werden:

Vorteile	Nachteile
▶ Unmittelbare Koordination der Einzelprojekte ▶ Mitarbeitereinsatz ist optimierbar ▶ Projekteinführung erfordert nur geringe organisatorische Änderungen	▶ Weniger Bedeutung und Befugnisse des Projektmanagers ▶ Schwierigkeiten der Koordination bei unterschiedlichen Projekten

2.5.5.3 MATRIX- PROJEKTORGANISATION

Bei der Matrix-Projektorganisation unterstehen die Projektmitglieder, die für die Dauer des Projektes aus den Fachabteilungen zu einem Teil herausgelöst werden, in disziplinarischen Fragen weiterhin der **Fachabteilung** und in abgegrenzten Projektfragen dem **Projektleiter**. Die Fachabteilungsleitung und die Projektleitung arbeiten gleichberechtigt zusammen und tragen gemeinsam die Projektverantwortung.

Die Einheitlichkeit der Auftragserteilung wird in der Fachabteilung zu Gunsten des jeweils kürzesten Informationsweges aufgegeben. Die auch als **begrenzte Projektorganisation** bezeichnete Art der Projekteinbindung wird in der Praxis vorzugsweise bei abteilungsübergreifenden Projekten eingesetzt.

Beispiel:

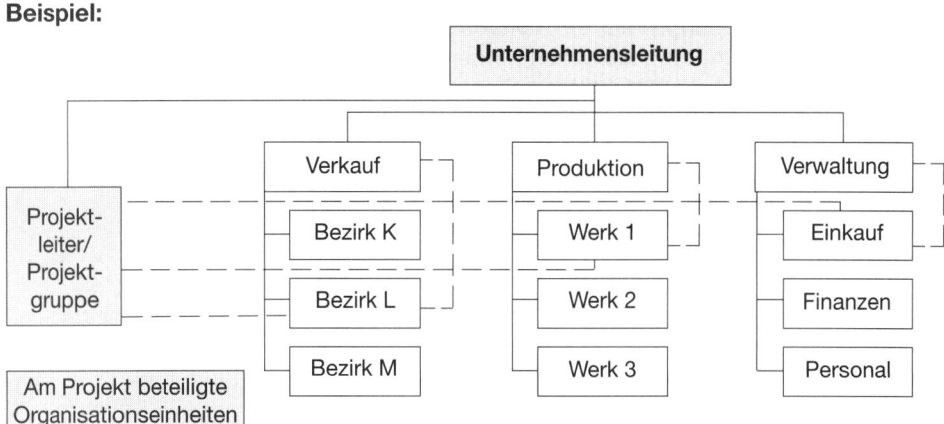

Durch die Doppelunterstellungen können **Kompetenzprobleme** auftreten, vor allem, wenn die Befugnisse zwischen Fachabteilung und Projektleiter nicht genau abgegrenzt sind. Die Matrix-Projektorganisation weist auf:

Vorteile	Nachteile
▶ Flexibler Personaleinsatz für Fachabteilung und Projektleiter ▶ Fachabteilung und Projektleiter haben in ihrem Fachgebiet Einfluss auf die Gruppe ▶ Synergieeffekte sind hier eher möglich	▶ Hoher Aufwand für die Kompetenzabgrenzungen ▶ Konfliktpotenzial zwischen Fachabteilung und Projektleiter ▶ Schwierige Abstimmung der Ergebnisse

2.5.5.4 LINIEN-PROJEKTORGANISATION

Die Lösung von Projektaufgaben erfordert nicht grundsätzlich die Einrichtung einer eigenständigen Projektorganisation, sondern kann in Form von Einzelprojekten in die gegebene **Aufbauorganisation integriert** werden *(Burghardt)*. Dies gilt vor allem für funktional ausgerichtete Projekte, die z. B. sein können:

- **Markteinführungsprojekte**, die z. B. im Verkauf der Einführung von neuen Produkten am Markt dienen.

- **Entwicklungsprojekte**, die z. B. in der Produktion zur Entwicklung neuer Fertigprodukte eingesetzt werden.

- **Informatikprojekte**, die z. B. in der Verwaltung eingerichtet werden, um die Datenverarbeitung im Unternehmen zu verbessern.

Die Linien-Projektorganisation ist eine Form der Projekteinbindung, bei welcher der jeweilige Projektleiter z. B. als Gruppenleiter dem Leiter der Fachabteilung direkt unterstellt wird.

Beispiel:

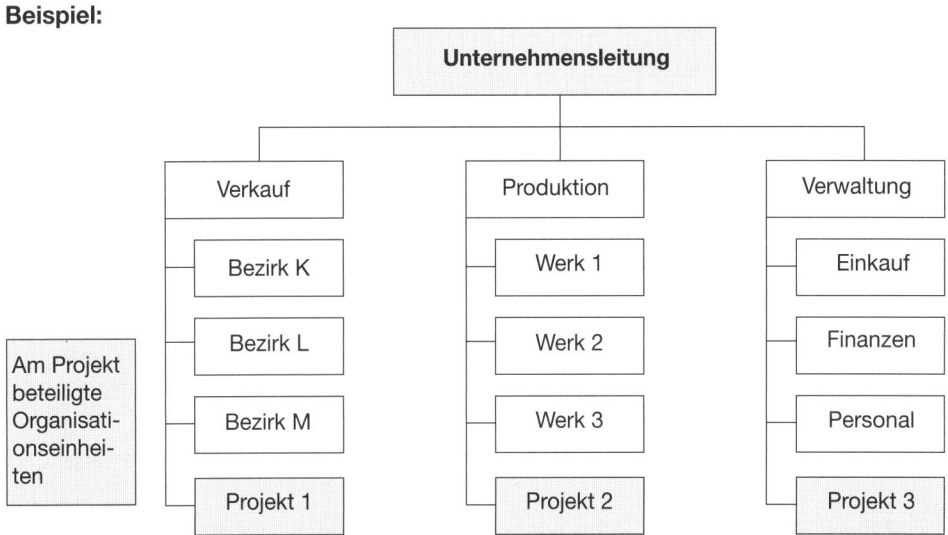

Die aufbauorganisatorische Stellung des Projektleiters wird der Bedeutung eines Projektes vielfach nicht gerecht, weil der jeweilige Fachabteilungsleiter über einen starken Einfluss verfügt. Es ergeben sich:

Vorteile	Nachteile
▶ Bessere Koordination durch fachliche Zuordnung ▶ Fähige Mitarbeiter müssen nicht an andere Fachabteilungen abgegeben werden ▶ Bereichsressourcen stehen unmittelbar dem Projekt zur Verfügung	▶ Die Bedeutung der Projekte wird aufbauorganisatorisch nicht deutlich ▶ Die Stellung des Projektleiters ist von den Intentionen der Fachabteilungsleiter abhängig ▶ Geringere Identifikation der Unternehmensleitung mit dem Projekt

56 ⟩ **Seite 471**

2.5.6 Projektanalyse

Die Projektanalyse ist die Erfassung und kritische Untersuchung der dem Projekt zu Grunde liegenden Aufgaben. Sie ist Bestandteil der Organisationsanalyse und beinhaltet folgende **Maßnahmen**:

- Die **Aufnahme des Ist-Zustandes**, die in der Sammlung und Ordnung von Daten der bisher gegebenen Aufgabenstruktur besteht. Als Ist-Zustand kann die bisher gegebene Aufgabenstruktur bezeichnet werden, auf der das Projekt beruht.

- Die **Kritik des Ist-Zustandes**, die eine kritische Beurteilung der aufgenommenen Aufgabenstrukturen ist. Das Projektteam sucht nach Schwachstellen bzw. Fehlern und nach Möglichkeiten ihrer Verbesserung.

Die einzelnen Projektaufgaben werden durch die Projektanalyse besser strukturiert. Dabei können unterschieden werden:

- Die **Breite** der Projektanalyse, die sich z. B. in der hierarchischen Strukturierung von Projektteilschritten zeigt, wie im folgenden Beispiel der Programmierung:

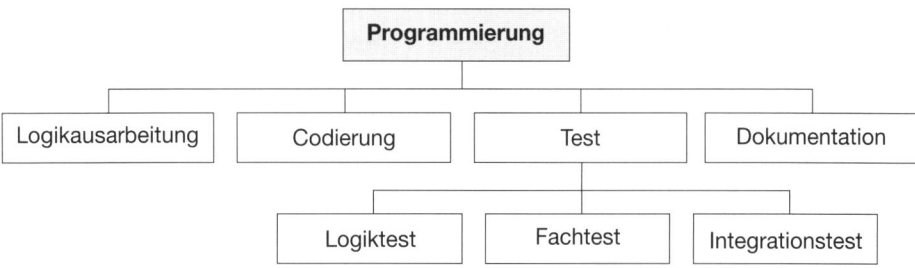

- Die **Tiefe** der Projektanalyse für eine Projektaufgabe oder eine Teilaufgabe, die von verschiedenen Kriterien abhängt, z. B. der Größe des Projektes oder der Projektaufgabe, der Komplexität der Projektlösung, der erforderlichen Projekttransparenz bzw. dem Detaillierungsgrad bei der Projektplanung.

3. Projektplanung

Die Projektplanung ist die vorausschauende Festlegung der Durchführung der Projekte. Während die Projektvorbereitung die strukturellen Eigenschaften eines Projektes klärt, hat die Projektplanung die Aufgabe, die **prozessualen Merkmale** eines Projektes festzulegen *(Aggteleki, Burghardt, Fiedler, Koreimann, Wildförster/Wingen)*.

Für die Projektplanung gelten mehrere Grundsätze:

- Einheitlichkeit der **Planungsmethoden**, d. h. die Methoden sind allen Projektmitarbeitern bekannt, und sie werden im gesamten Unternehmen verwendet.

- Verwendung von **Planungsstandards**, d. h. das Projektpersonal nutzt für die Projektarbeit z. B. die WINDOWS-Bildschirmgestaltung.

- Nutzung gegebener **Projekterfahrungen**, d. h. in den Projektgruppen wird auch Personal beschäftigt, das die Projektarbeit über Jahre hinweg kennt.

- Einsatz geeigneter **Projektsoftware**, die außer der Projektplanung auch die Projektsteuerung, Projektkontrolle und Projektberichtserstattung erleichtern kann.

- Zuständigkeit einer **Institution** für alle Projektplanungen eines Bereiches, z. B. als Projektplanungsstelle, Controllingstelle, Planungsausschuss, Projektvorgesetzter oder designierter Projektleiter.

Probleme bei der Projektplanung liegen vor allem in der mangelnden Vorausbestimmbarkeit und Voraussehbarkeit der Projektgegebenheiten. Sie umfasst:

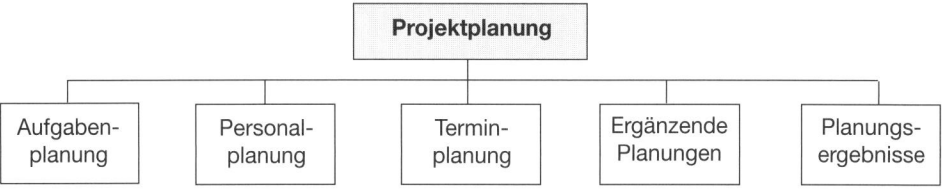

Das **Ergebnis** der Projektplanung bildet die wesentliche Grundlage für die spätere Projektentscheidung, die von Entscheidungsgremien zu treffen ist – siehe dazu S. 338 ff.

3.1 AUFGABENPLANUNG

Die Aufgabenplanung ist die vorausschauende Festlegung der durchzuführenden Aufgaben und des Ablaufes der Aufgabenausführung zur Erarbeitung der Projektergebnisse. Sie steht am Anfang einer jeden Projektplanung und muss sorgfältig vorgenommen werden. Die Aufgabenplanung enthält:

- **Lösungskonzepte**

- **Projektstrukturplanung**

- **Tailoring**

- **Projektprozessplanung**.

3.1.1 LÖSUNGSKONZEPTE

Es gibt verschiedene Lösungskonzepte, die je nach Art der anstehenden Projekte nutzbar sind. So bieten sich an – siehe ausführlich *Olfert*:

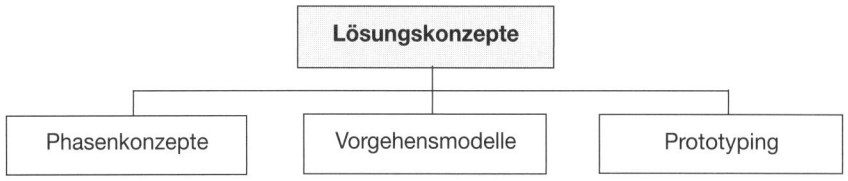

Weitere Konzepte, die nicht näher beschrieben werden sollen, sind das **Versioning**, das **V-Modell** und das **Wasserfall-Modell**, die von *Olfert* dargestellt werden.

Werden im Unternehmen häufig Projekte durchgeführt, empfiehlt es sich, mit einem **einheitlichen Projektkonzept** zu arbeiten. Seine Standardisierung wird häufig in einem Projekthandbuch vorgegeben.

3.1.1.1 PHASENKONZEPTE

Phasenkonzepte sind dadurch gekennzeichnet, dass zur Erarbeitung der Projektlösungen **mehrere Schritte oder Phasen** in einer zeitlichen und/oder logischen Reihenfolge durchlaufen werden. Dabei ist eine Wiederholung von Projektphasen möglich, die Ausnahmefall oder Regelfall sein kann.

Als Phasenkonzepte sind z. B. zu unterscheiden:

- Die **Systementwicklung**, die in der betrieblichen Praxis üblicherweise in drei Phasen erfolgt *(Olfert)*:

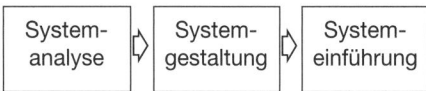

- Die **Wertanalyse**, die dazu dient, den Nutzen eines Projektes kostenoptimal herbeizuführen und nach folgendem Arbeitsplan vorgeht *(VDI-Richtlinie 2801)*:

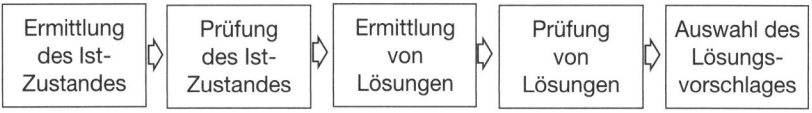

- Die **REFA-6-Stufen-Methode**, die in folgende Phasen gegliedert ist *(REFA)*:

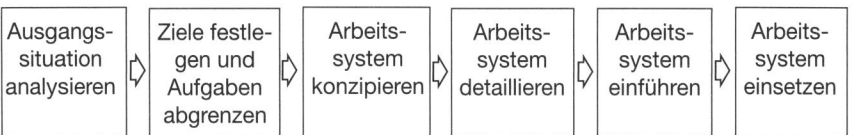

- Die **Gemeinkosten-Wertanalyse**, die entwickelt wurde, um Kosten und Nutzen von Leistungen der Unternehmensbereiche besser beurteilen zu können *(Horvàth)*. Sie wird auch als **Overhead-Value-Analyse** bezeichnet und umfasst:

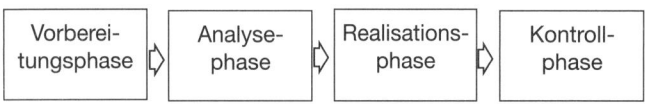

- Die **Zero-Base-Budgetierung** als Instrument der Planung von Gemeinkosten zur Aufdeckung von Schwachstellen bzw. zur Erreichung eines gesteigerten Kostenbewusstseins *(Horvàth, Ziegenbein)*. Sie kann in folgenden Phasen erfolgen:

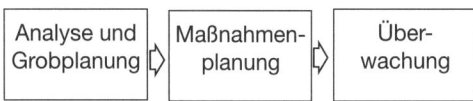

3.1.1.2 VORGEHENSMODELLE

Vorgehensmodelle stellen **spezielle Formen** der Phasenkonzepte dar. Sie beziehen sich auf ganz bestimmte Projektaufgaben, weshalb sie viel detaillierter aufgebaut sind und deshalb kein oder nur sehr begrenztes Tailoring benötigen. Häufig sind Vorgehensmodelle mit überlappenden Phasen sowie mit überlappenden und parallelen Aktivitäten aufgebaut.

Ein **Beispiel** für ein Vorgehensmodell ist das R/3-Einführungsmodell der Firma SAP AG. Es ist ein Phasenschema mit überlappenden Projektphasen und weiteren Aktivitäten, z. B. Organisation, Konzeption, Detaillierung, Realisierung, Test/Schulung und Einführung *(Olfert)*.

3.1.1.3 PROTOTYPING

Das Prototyping wird dafür genutzt, möglichst schnell die **Erstellung** einer lauffähigen **Erstversion** eines Softwareprogrammes vorzunehmen. Der so geschaffene Prototyp als einfache Vorversion eines nutzungsfähigen Informationssystems wird dann daraufhin geprüft, ob er alle Anforderungen erfüllt *(Hansen/Neumann)*. Mit ihm kann eine Reihe von **Aufgaben** ausgeführt werden:

- Zunehmende Anpassung an die Unternehmensergebnisse
- Umfassender Test aller Funktionen und Prozessketten
- Abgleich der gegebenen Organisationsstrukturen
- Erkennung weiterer Schnittstellen
- Training der Projektmitarbeiter mithilfe des Prototyps.

Sind **Nachbesserungen** durchzuführen, wird ein zweiter Prototyp geschaffen, der ebenfalls wieder geprüft wird, bis alle Anforderungen erfüllt sind. Prototypen können für ganze Softwaresysteme oder für einzelne Module erstellt werden, weswegen **vollständige** und **unvollständige Prototypen** unterschieden werden.

Das Prototyping wird auch als **Rapid Prototyping** bezeichnet.

57 ⟩ Seite 471

Projekte können auch ohne vorgegebene Lösungskonzepte geplant und durchgeführt werden. In diesen Fällen sind die einzelnen Projektaufgaben selbst zu ermitteln.

3.1.2 PROJEKTSTRUKTURPLANUNG

Die Projektstrukturplanung erfolgt mithilfe der Methode der hierarchischen Strukturierung, deren Ergebnis ein **Projektstrukturplan** ist. Er unterteilt ein Projekt in einzelne Teilaufgaben oder Arbeitsschritte, die so formuliert werden müssen, dass sie klar abgegrenzte Aufgabengebiete enthalten *(Bär, Burghardt, Mehrmann/Wirtz)*.

Bei der Ermittlung der Aufgaben kann die Nutzung von **Kreativitätstechniken** sinnvoll sein, wie sie S. 91 ff. als Brainstorming, Methode 635 und Morphologischer Kasten näher beschrieben wurden.

Ein Projektstrukturplan entsteht aus einer umfassenden Untersuchung der Gesamtprojektaufgabe und gliedert sich im Regelfall in zwei oder drei **Ebenen** auf *(Olfert)*:

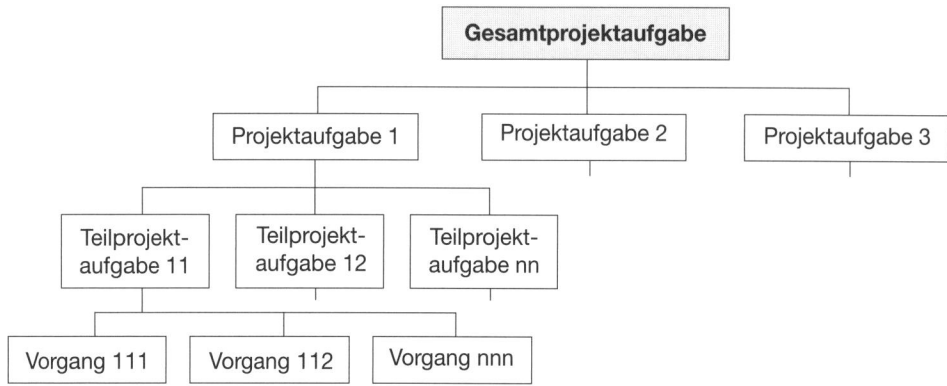

Auf der Grundlage des Projektstrukturplanes können für alle Untereinheiten des Projektes die notwendigen **Festlegungen** getroffen werden bezüglich der zu verwendenden Materialien, zu beachtenden Maßstäbe, durchzuführenden Tests und einzusetzenden Mittel.

Das Ergebnis der Aufgabenplanung ist der **Projektaufgabenplan,** der als übersichtliches Schema und/oder als Liste erstellt werden kann und alle Verrichtungen mit den zugehörigen Projektdaten aufzeigt, z. B. Aufgaben, Mitarbeiter, Aufwand, Termine.

58 ⟩ **Seite 471**

3.1.3 Tailoring

Tailoring ist die projektspezifische Anpassung und Detaillierung eines Konzeptes oder eines Modelles des Lösungsprozesses. Es umfasst also:

- Die **Anpassung,** da jedes Projekt und jedes Unternehmen unterschiedliche Bedürfnisse hat. Deswegen ist für jeden Projektschritt zu prüfen, welche **Maßnahmen** zu ergreifen sind, z. B. als Änderungen oder Erweiterungen. Das Ergebnis müssen die relevanten Projektaufgaben und Teilprojektaufgaben sein.

- Die **Detaillierung,** da die gängigen Konzepte und Modelle – mit Ausnahme der Vorgangsmodelle – nicht in der wünschenswerten Tiefengliederung verfügbar sind. Zunächst erfolgt dabei die systematische Ermittlung der Aufgaben, z. B. mithilfe einer **Projektmatrix**. Sie dient dazu, die Projektphasen und Projektbereiche miteinander zu kombinieren und als Projektaufgaben zu definieren.

Beispiel:

Projekt-bereiche Projekt-aufgaben	Erzeugnis-technik	Erzeugnis-design	Erzeugnis-technologie
Istaufnahme	1.1	2.1	3.1
Istkritik	1.2	2.2	3.2
Konzeptionserarbeitung	1.3	2.3	3.3
Detailgestaltung	1.4	2.4	3.4
Prototypenbau	1.5	2.5	3.5
Prototypentest	1.6	2.6	3.6

Das Ergebnis dieser Matrix für die Entwicklung eines neuen Erzeugnisses sind 18 verschiedene Projektaufgaben, die mit den Nummern 1.1 bis 3.6 ausgewiesen werden. Sie können in Vorgänge untergliedert werden, sofern das erforderlich erscheint.

Das Arbeiten mit Projektmatrixen hat sich bewährt, weil die Projektaufgaben damit sehr übersichtlich und systematisch erarbeitet werden können.

59 ⟩⟩ Seite 471

3.1.4 PROJEKTPROZESSPLANUNG

Die Planung der Reihenfolge der einzelnen Projektschritte kann in verschiedenen Strukturen erfolgen *(Bär, Litke/Kunow, Olfert)*. Für die Konstruktion von Prozessplänen stehen nur wenige **Konstruktionselemente** zur Verfügung. Das sind:

- Die **Folge**, wobei jeder Projektschritt einen Vorgänger und einen Nachfolger hat.

- Die **Parallele**, bei der zwei oder mehr Folgen nebeneinander existieren, ohne dass sie miteinander verknüpft sind.

- Die **Verzweigung**, bei der auf einen Projektschritt zwei, drei oder mehr Projektschritte folgen.

- Die **Zusammenführung**, bei der mehrere vorausgehende Projektschritte in einen Projektschritt zusammenfließen.

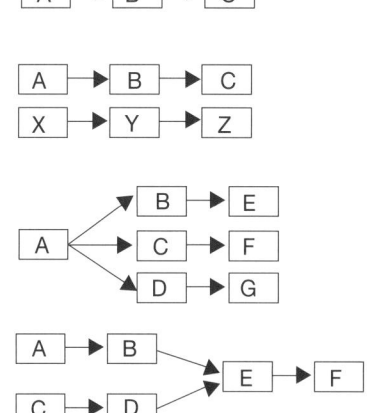

Durch die unterschiedliche Nutzung der Konstruktionselemente entstehen verschiedene Projektprozesspläne. Zwei **Arten** sind zu unterscheiden:

- **Linearpläne**, bei denen für die Konstruktion des Prozesses nur die Elemente »Folge« und »Parallele« eingesetzt werden.

- **Netzpläne**, bei denen alle Konstruktionselemente für die Prozessplanung benutzt werden.

Alle Projektprozesspläne enthalten zumindest folgende **Inhalte**:

- Projektaufgabe bzw. Projektvorgänge
- Vorausgehende Projektvorgänge
- Nachfolgende Projektvorgänge.

60 〉〉 Seite 471

3.2. Personalplanung

Die Personalplanung schließt sich der Aufgabenplanung an. Sie umfasst mehrere **Maßnahmen**:

- **Quantitative Bedarfsplanung**

- **Qualitative Bedarfsplanung**

- **Planung der Mitarbeiter**.

Die Personalplanung ist mit der **Terminplanung** verknüpft. Da sie meist sehr zeitaufwändig ist, erfolgt sie vor der Terminplanung.

3.2.1 Quantitative Bedarfsplanung

Die quantitative Bedarfsplanung dient dazu, den mengenmäßigen Personalbedarf zu ermitteln und die **Vorgangsdauer** eines jeden Projektschrittes zu bestimmen, die für die Terminplanung benötigt wird. Sie ergibt sich unter der Voraussetzung, dass die Projektmitarbeiter für die Projektaufgabe vollzeitlich zur Verfügung stehen:

$$\text{Vorgangsdauer} = \frac{\text{Kapazitätsbedarf}}{\text{Mitarbeiterzahl}}$$

In Abhängigkeit von der Maßeinheit des Kapazitätsbedarfes, z. B. Mitarbeitermonaten, kann die Vorgangsdauer ermittelt werden:

$$\text{Monate} = \frac{\text{Mitarbeitermonate}}{\text{Mitarbeiterzahl}}$$

Die personelle Bedarfsplanung wird auch als **Kapazitätsplanung** bezeichnet. Sie ist mithilfe einer Vielzahl von **Rechenverfahren** möglich, die jedoch alle keine völlig exakten Ergebnisse liefern. Es sollen behandelt werden:

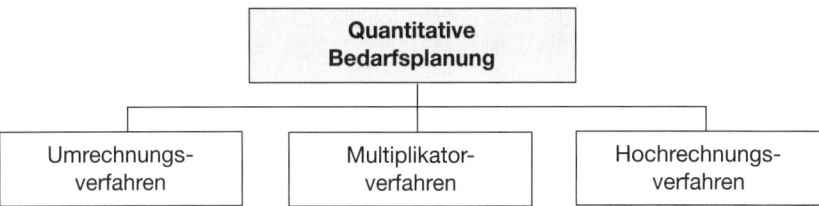

Weitere Rechenverfahren sind das **Indexverfahren**, das **Gewichtungsverfahren** und das **Cocomo-Modell** – siehe ausführlicher *Olfert*. Der Personalbedarf lässt sich auch durch **Schätzung** feststellen.

3.2.1.1 UMRECHNUNGSVERFAHREN

Beim Umrechnungsverfahren wird von einem oder mehreren abgeschlossenen, ähnlichen Projekten ausgegangen und der Bedarf auf das neue Projekt umgerechnet. Es erfolgt in mehreren **Schritten**:

Ermittlung der Projekte	Sie bezieht sich auf ähnlich und normal abgelaufene Projekte, deren Daten auf das neue Projekt umgerechnet werden sollen.
	⇩
Ermittlung von Ungleichheiten	Es sind Differenzen zwischen dem oder den durchgeführten Projekten und dem neuen Projekt festzustellen.
	⇩
Bestimmung der Abweichungen	Hier sind Veränderungen vorzusehen, die sich aus den festgestellten Ungleichheiten der Projekte ergeben.
	⇩
Ermittlung des Ergebnisses	Der Personalbedarf des neuen Projektes wird für jeden Projektschritt bestimmt, und es erfolgt eine Addition der Teilbedarfe.

Das in der Praxis häufig genutzte Umrechnungsverfahren wird auch **Analogieverfahren** genannt. Wichtig ist bei seinem Einsatz, dass Schwachstellen früherer Projekte nicht auf das neue Projekt übertragen werden.

3.2.1.2 MULTIPLIKATORVERFAHREN

Beim Multiplikatorverfahren wird der erwartete Arbeitsumfang für jeden einzelnen Projektteil mithilfe von Erfahrungswerten aus der Vergangenheit ermittelt und bewertet. Dabei wird in drei **Schritten** vorgegangen:

Ermittlung des Arbeits- umfanges	Für die einzelnen Projektteile ist der Umfang der Arbeit in einer mög- lichst relevanten **Kennzahl** zu ermitteln, die z. B. sein kann: ▸ Bei einer Konstruktion die Zahl notwendiger Detailzeichnungen ▸ Bei der Programmierung die Anzahl der Programmzeilen

⇩

Errechnung des mittleren Ar- beitsaufwandes	Der durchschnittliche Arbeitsaufwand wird für jede Kennzahl ermit- telt, die auf erfolgreich realisierten Projekten basiert, z. B.: ▸ 18,5 Arbeitsstunden pro Detailzeichnung ▸ 2,15 Arbeitsstunden pro Programmzeile

⇩

Ermittlung des Ergebnisses	Die Multiplikation der Kennzahlen mit dem jeweils mittleren Arbeits- aufwand für jeden Projektteil des neuen Projektes und Summierung der Teilergebnisse ergibt den **Personalbedarf**.

Die Schwierigkeit bei Anwendung des Multiplikatorverfahrens liegt bei der Ermittlung der Kennzahlen für das neue Projekt.

3.2.1.3 HOCHRECHNUNGSVERFAHREN

Wird der Personalbedarf über Rechenverfahren jeweils nur für einen Projektteil ermittelt, nicht jedoch als Gesamtpersonalbedarf, sind notwendige Schlussfolgerungen von einem Projektteil häufig mithilfe des Hochrechnungsverfahrens möglich.

Es basiert darauf, dass aus einer Vielzahl ähnlicher Projekte entsprechende Prozentan- teile für die einzelnen Hauptaufgaben der Projekte bekannt sind. Beispielsweise gibt es für bestimmte Projekte zur Softwareentwicklung die **40-20-40-Faustregel**:

40 % Systemanalyse und Systementwurf 20 % Codierung und Debugging 40 % Systemtest

Beim Hochrechnungsverfahren wird häufig mit unternehmensspezifischen Hochrech- nungsmultiplikatoren gearbeitet.

3.2.2 QUALITATIVE BEDARFSPLANUNG

Um die erforderliche Qualifikation der Projektmitarbeiter im Rahmen der qualitativen Be- darfsplanung festzulegen, muss jeder Vorgang entsprechend untersucht werden, der auch in die Personalbedarfsplanung einbezogen wurde. Dabei sind zudem notwendige **Spezialkenntnisse** und **Spezialerfahrungen** zu berücksichtigen.

Beispiel: Für die Errichtung eines Gebäudes kann die Gebäudeplanung den nachste- henden Qualifikationsbedarf aufweisen (MT = Mitarbeitertage):

Architekt	Landschaftsgestalter	Statiker	Haustechniker	Gesamt
17 MT	3 MT	1 MT	22 MT	43 MT

Bei extern übertragenen Projektaufgaben lässt sich auf die Qualifikationsermittlung verzichten, wenn ihre **Vergabe** summarisch in die Projektplanung einbezogen wird.

3.2.3 PLANUNG DER MITARBEITER

Die Planung der Mitarbeiter bestimmt auf der Grundlage der qualitativen und quantitativen Personalbedarfsplanung, welche Personen als **Projektmitarbeiter** eingesetzt werden. Dazu müssen beachtet werden:

- Die **Qualifikation der Mitarbeiter**, die den Anforderungen der von ihnen zu bewältigenden Aufgaben entsprechen sollte.

- Die **Eigenschaften der Mitarbeiter**, z. B. Motivation, Teamwilligkeit, Kreativität, Verhandlungsgeschick, gegebenenfalls auch Projekterfahrung.

- Die **Verfügbarkeit der Mitarbeiter**, die gegeben sein muss. Oft sind geeignete Mitarbeiter überhaupt nicht oder erst nach Projektbeginn verfügbar.

- Die **Zustimmung der Mitarbeiter**, von der ausgegangen werden sollte, denn zwangsdelegierte Mitarbeiter sind häufig problematische Projektmitarbeiter.

Das Ergebnis der Mitarbeiterplanung ist eine Namensliste aller in dem Projekt eingesetzten Mitarbeiter, die den genannten Merkmalen genügen. Wenn sie vorliegt, kann der **Projektorganisationsplan** erstellt werden.

Sind geeignete Mitarbeiter für das Projekt nicht verfügbar, kann es erforderlich werden, externe Experten oder Fremdunternehmen zur (Mit-)Arbeit heranzuziehen.

3.3 TERMINPLANUNG

Die Terminplanung ist die zeitliche Planung eines Projektes. Sie erfolgt auf der Grundlage der Aufgabenplanung und der Personalplanung. Um die Terminplanung durchzuführen, müssen verfügbar sein:

- Die **Projektarbeitsgänge** als Vorgänge nach *DIN 69900*
- Der **Projektablaufplan**, z. B. als Netzplan
- Die **Vorgangsdauer**, die bereits dargestellt wurde.

Bezüglich der Terminplanung sollen behandelt werden:

- **Aufgaben**

- **Verfahren**

- **Verfahrensvergleich**.

3.3.1 Aufgaben

Der Terminplanung stellen sich drei Aufgaben:

- Die **Feststellung der Projekttermine**, die für jeden Vorgang als Anfangstermine bzw. Endtermine errechnet werden.

- Die **Feststellung der Pufferzeiten** für jeden Vorgang als Zeitspannen, um welche seine Lage oder Dauer verändert werden kann, ohne dass sich dies auf die Projektdauer auswirkt.

- Der **Feststellung des kritischen Pfades** als Verbindung aller Vorgänge, die keine Pufferzeit besitzen, d. h. nicht verschoben werden können, ohne dass sich der Endtermin des Projektes verändert. Er ist im Rahmen der Netzplantechnik ermittelbar.

Das Ergebnis der Terminplanung ist der **Terminplan**, der mehreren Zwecken dient:

- Übersichtliche Darstellung der Projekttermine
- Entscheidungshilfe bei der Projektsteuerung
- Auslösen von Aktionen zur Termineinhaltung
- Überwachung des terminlichen Projektablaufes.

Werden bei der Teminplanung nur Gruppen von Vorgängen betrachtet, handelt es sich um eine **Meilensteinplanung**. Als Meilensteine werden dabei solche Projektereignisse bezeichnet, denen eine besondere Bedeutung zukommt. Sie sind als zweckentsprechend formuliert anzusehen, wenn sie:

- Nicht zu umfangreich sind
- Für alle Beteiligten verständlich sind
- Als Teilziele definiert sind
- Zeitlich etwa in gleichen Abständen liegen
- Etwa gleich viele Aufgaben zugeordnet haben.

Der **Meilensteinplan** ist die logische und terminliche Folge der Meilensteine eines Projektes *(Bokranz/Kasten, Kessler/Winkelhofer, Köhler, Litke)*. Er stellt eine **Übersichtsterminplanung** dar.

3.3.2 Verfahren

Für die Terminplanung von Projekten stehen mehrere Verfahren zur Terminplanung zur Verfügung. Das sind:

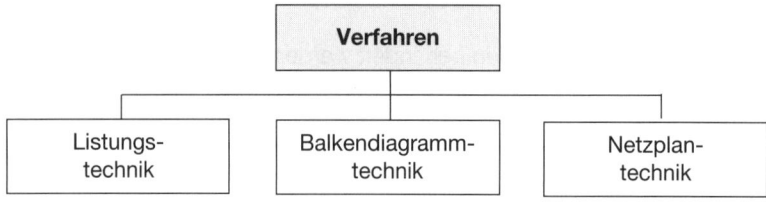

3.3.2.1 LISTUNGSTECHNIK

Bei der Listungstechnik wird die gesamte Terminplanung mithilfe von Listen durchgeführt. Dabei wird in **drei Schritten** vorgegangen:

Erstellung der Listen	Sie müssen als Spalten den Vorgang, die Vorgangsdauer mit Zeiteinheit, den Anfangs- bzw. den Endtermin aufweisen.

⇩

Eintragung der Daten	Die Daten beziehen sich auf die Vorgänge und Vorgangsdauern gemäß der vorgegebenen Zeiteinheit.

⇩

Errechnung der Termine	Dabei ergeben sich die Endtermine aus der Summe von Anfangstermin und Vorgangsdauer.

Beispiel: Projektterminierung »Lagerbuchhaltung« mit zwei Projektuntergruppen »Lager« und »Bestandsrechnung«

Projektteil	Dauer Manntage	Anfang	Ende
Istaufnahme Lager	5	0	5
Istanalyse Lager	5	6	10
Istaufnahme Bestandsrechnung	10	0	10
Istanalyse Bestandsrechnung	5	11	15

Die Listungstechnik wird vor allem bei Projekten mit wenigen Vorgängen oder/und linearen Projektabläufen eingesetzt.

3.3.2.2 BALKENDIAGRAMMTECHNIK

Bei der Balkendiagrammtechnik werden die Vorgänge des Projektes über einer Zeitachse in Form von Balken entsprechend ihrer zeitlichen Dauer dargestellt. Als Balkendiagrammtechniken stehen der Terminplanung zur Verfügung:

• Die **Gantt-Technik**, welche die einfachste Balkendiagrammtechnik ist, bei der die einzelnen Vorgänge entsprechend ihrer Dauer durch waagrechte Striche bzw. Balken abgetragen werden. Mit ihrer Hilfe lässt sich der zeitliche Prozess von aufeinander folgenden Arbeitsschritten darstellen, die für die Realisierung eines Projektes notwendig sind *(Probst)*.

Beispiel: Projektterminierung »Lagerbuchhaltung«

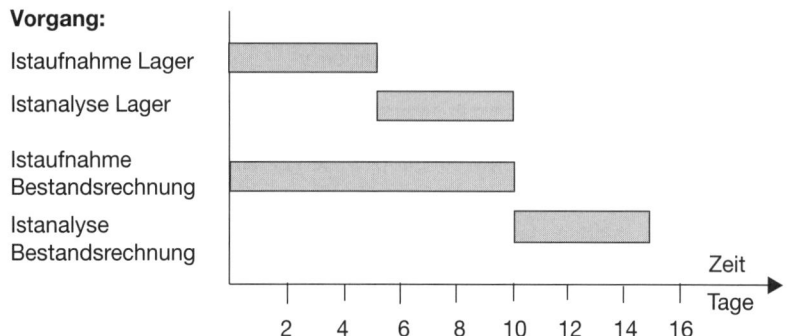

Nachteile der bei der Projektplanung eher weniger eingesetzten Gantt-Technik sind:

▷ Unübersichtlich bei vielen Vorgängen   ▷ Kein Ausweis der Vorgangs-
▷ Keine Erkennbarkeit von Pufferzeiten   abhängigkeiten

- Die **PLANNET-Technik** als die Weiterentwicklung der Gantt-Technik, mit der nicht nur die einzelnen **Vorgänge** eines Projektes entsprechend ihrer Dauer durch waagrechte Striche dargestellt, sondern zusätzlich auch ausgewiesen werden:

  ▷ Die terminliche **Abhängigkeit der Vorgänge** mit verbindenden Strichen zwischen diesen.

  ▷ Die ermittelten **Pufferzeiten**, die sich als unschraffierte bzw. ungerasterte Felder automatisch ergeben.

Beispiel: Projektterminierung »Lagerbuchhaltung«

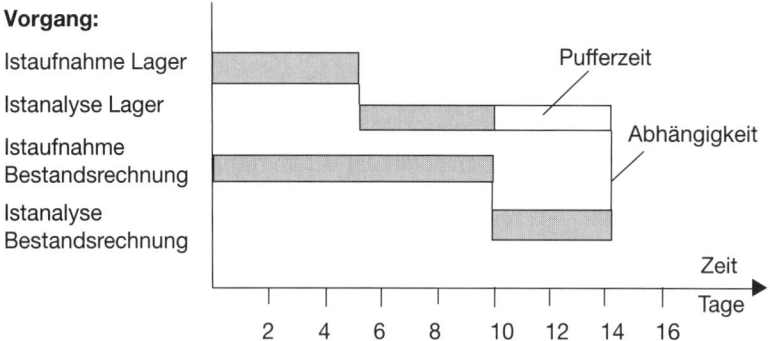

Die PLANNET-Technik wird bei kleineren Projekten mit begrenzter Vorgangszahl häufig eingesetzt.

3.3.2.3 Netzplantechnik

Die Netzplantechnik dient der Planung und Steuerung von Abläufen *(Bär, Litke/Kunow, Reichert, Schwarze)*. Sie umfasst nach *DIN 69 900* alle Verfahren zur Analyse, Beschreibung, Planung, Steuerung von Prozessen auf der Grundlage der Graphentheorie, wobei Zeit, Kosten, Einsatzmittel und weitere Einflussgrößen berücksichtigt werden können.

Die Netzplantechnik wurde zur Terminplanung von Großprojekten entwickelt. Neben den **Vorgängen** als zeiterforderndes Geschehen mit definiertem Anfang und Ende sind bei der Netzplantechnik auch **Ereignisse** bedeutsam, die das Eintreten eines definierten Zustandes im Ablauf darstellen.

Die Basiseinheit der Netzplantechnik, der Vorgang, ist durch jeweils zwei Ereignisse begrenzt, den Beginn des Vorganges als **Vorereignis** und das Ende des Vorganges als **Nachereignis**, das seinerseits mit dem Vorereignis des nachfolgenden Vorganges identisch ist.

Beispiel:

Vorereignis	Vorgang	Nachereignis
Einschalten des Lichtschalters	Beleuchten des Raumes	Ausschalten des Lichtschalters

Da ein Vorgang grundsätzlich ein Zeit erforderndes Geschehen ist, wird für seine Durchführung eine bestimmte Dauer benötigt. Diese **Vorgangsdauer** ist die Zeitspanne vom Vorereignis bis zum Nachereignis. Es gibt aber auch **Scheinvorgänge** als Vorgänge, die keinen Zeitbedarf benötigen, deren Vorgangsdauer also folglich 0 beträgt. Sie werden **Dummies** genannt und erfahren die gleiche Behandlung wie die anderen Vorgänge.

Zur Erarbeitung der Ergebnisse für die Netzplantechnik sind als **Aufgaben** durchzuführen:

- Die **Basisdatenprüfung**, mit der das Vorhandensein der Vorgänge und Vorgangsdauern sowie des Projektablaufplanes festgestellt wird.

- Die **Vorwärtsterminierung**, bei der vom »Heute« oder einem späteren Termin als Projektanfang in die Zukunft geplant wird, um den Endtermin zu ermitteln.

- Die **Rückwärtsterminierung**, die von dem sich mithilfe der Vorwärtsterminierung ergebenden Projektendtermin ausgeht und in Richtung »Gegenwart« zurückrechnet.

- Die **Pufferzeitrechnung**, die für jeden Vorgang zu erfolgen hat. Sie ist nicht nur zur Information wichtig, sondern auch für die Ermittlung des kritischen Pfades nötig.

- Die **Feststellung des kritischen Pfades**, der aus der Pufferzeitrechnung abzuleiten ist. Seine Kenntnis ist für das Projektmanagement bedeutsam.

- Die **Kalendrierung**, die in Arbeitstagen oder Arbeitsstunden durchgeführt wird. Sie ist auch nötig, weil der Gregorianische Kalender sich nicht zum Zwecke der Terminplanung eignet.

Bezüglich der Netzplantechnik lassen sich unterscheiden – zu den theoretischen Grundlagen und ihrer Anwendung siehe ausführlich *Olfert*:

- Die **Vorgangspfeiltechnik**, die mithilfe des CPM-Verfahrens möglich ist, und auch als **Kritische Pfad-Methode** bzw. Critical Path Method bekannt ist. Bei ihr werden z. B. die einzelnen Tätigkeiten eines gesamten Arbeitsablaufes, vom Startergebnis zum Zielergebnis hin, in ihren Abhängigkeiten voneinander durch Pfeile dargestellt, welche jeweils in Ereignisknoten münden bzw. von diesen ausgehen.

  Durch Vorwärtsterminierung der veranschlagten Zeit ergibt sich die längste und damit ausschlaggebende Zeitdauer für das Projekt, der **kritische Weg**. Durch Rückwärtsterminierung vom Ziel- zum Startereignis hin werden die außerhalb des kritischen Weges anfallenden **Pufferzeiten** ersichtlich.

- Die **Vorgangsknotentechnik**, bei der ein Vorgang durch einen Knoten dargestellt wird, der als Rechteck gezeichnet wird. In ihm erfolgt die Erfassung der Vorgangsnummer, des Vorganges, des frühesten und des spätesten Anfangszeitpunktes, des frühesten und spätesten Endzeitpunktes sowie die Dauer des Vorganges.

  Die Ereignisse sind also Teil des Knotens. Die Pfeile zwischen den Knoten stellen deswegen ausschließlich logische Anordnungsbeziehungen dar. Die Vorgangsknotentechnik ist in Deutschland die am meisten eingesetzte Methode.

Zum Einsatz der Netzplantechnik in der Projektplanung steht eine Reihe von **Verfahrensprogrammen** zur Verfügung, die sich oftmals nur in Details unterscheiden. In der betrieblichen Anwendung befinden sich insbesondere folgende Programme:

- Die **Critical-Path-Methode** (CPM), die ein Vorgangspfeilnetz enthält, das von den Firmen *Du Pont* und *Remington Rand* in den USA entwickelt wurde.

- Die **Metra-Potenzial-Methode** (MPM), der ein Vorgangsknotennetz zu Grunde liegt, das in Frankreich durch *METRA-International* geschaffen wurde.

- Die **Programm Evaluation und Review-Technik** (PERT), die auf einem Ereignisknotennetz basiert, das von *US-NAVY´s Special Project Office* hervorgebracht wurde.

Die angebotenen Programme für die Netzplantechnik sind zahlreich. Sie unterscheiden sich insbesondere in Aufgabenstellung, Komfort, Aufgabenbereichen und Terminierung.

Die Netzplantechniken können manuell und maschinell verwendet werden. Die **Nutzenschwelle** für eine manuelle Anwendung wird von Experten bei 50 Vorgängen gesehen. Üblicherweise wird die Netzplantechnik jedoch mithilfe der EDV genutzt.

3.4 Ergänzende Planungen

Die Aufgabenplanung, Personalplanung und Terminplanung stellen die Basis der Projektplanung dar. Sie reichen aber noch nicht aus, um Projekte wirkungsvoll zu planen. Vielmehr sind ergänzend weitere Planungen vorzunehmen – siehe *Olfert*:

* **Sachmittelplanung**

* **Kostenplanung**

* **Dokumentationsplanung**

* **Qualitätsplanung**

* **Berichtsplanung**.

3.4.1 SACHMITTELPLANUNG

Sachmittel sind gegenständliche Werkzeuge, die zur Durchführung von organisatorischen Projekten benötigt werden. Ohne sie ist die Projektorganisation nicht möglich. Es gibt – siehe ausführlich S. 63 ff.:

> ▸ **Traditionelle Mittel**, z. B. Arbeitsmittel, Büro/Fertigungs-/Schulungsräume
> ▸ **Datenverarbeitungsmittel**, z. B. Software, Orgware, Hardware
> ▸ **Kommunikationsmittel**, z. B. Internet, Telefon, Telefax

Die **terminliche Verfügbarkeit** der benötigten Mittel muss gemäß dem Projekttermin-plan gesichert werden, z. B. durch Vertragsabschlüsse, Reservierungen.

Die für das Projekt benötigten **Arbeitsplätze** sind einzurichten. Sie erfordern Mobiliar, z. B. als Schreibtische, Schränke, Arbeitsstühle. Die Projektdurchführung macht **Versorgungseinrichtungen** erforderlich, z. B. bezüglich Energie, Wasser, Heizung.

Es ist empfehlenswert, das Ergebnis der Sachmittelplanung in einer **Projektmittelliste** auszuweisen.

3.4.2 KOSTENPLANUNG

Mithilfe der Kostenplanung werden die Projektkosten ermittelt, die – der Definition des Projektes entsprechend – einmalige Kosten sind, aber während der gesamten Dauer der Projektdurchführung auftreten *(Bagulay, Burghardt, Köhler)*. Ihre Planung basiert auf der Aufgabenplanung, Personalplanung, Terminplanung und Sachmittelplanung und sollte aus mehreren **Gründen** erfolgen:

* Die Projektkosten müssen bekannt sein, um für ein Projekt eine **Wirtschaftlichkeitsrechnung** durchführen zu können.

* Die voraussichtlich anfallenden Kosten eines Projektes bilden die Grundlage einer fundierten **Projektentscheidung**.

* Zur Vorgabe eines **Projektbudgets**, das für die Projektsteuerung erforderlich ist, müssen die zu erwartenden Kosten eines Projektes bekannt sein.

* Um den **Kostenanfall** während der Projektdurchführung zu verfolgen, ist es notwendig, die Kosten in Abhängigkeit von der Terminplanung zu ermitteln.

- Soweit Kosten auch zu **Auszahungen** führen, müssen sie in der Liquiditätsplanung berücksichtigt werden.

Im Hinblick auf die projektbezogene Kostenplanung lassen sich vor allem folgende **Kostenarten** unterscheiden:

- Die **Personalkosten**, die sich aus den direkten Personal(basis)kosten in Form der gezahlten Bruttolöhne ergeben und den Personalnebenkosten, z. B. Arbeitgeberanteilen, tariflichen oder freiwilligen Sozialleistungen.

- Die **Kapitalkosten** als alle Aufwendungen, die bereitgestellt werden müssen, um finanzielle Mittel aufzubringen, z. B. Kosten der Kapitalbeschaffung und Kapitalbeteiligung sowie kalkulatorische Abschreibungen und Zinsen.

- Die **Materialkosten** als Aufwendungen für verschiedenes Material, das zur Durchführung eines Projektes benötigt wird, z. B. als Büromaterialkosten oder Energiekosten.

- Die **Fremdleistungskosten** als Aufwendungen für Leistungen, die von außerhalb des Unternehmens gegen Rechnungsstellung erbracht werden, z. B. als Honorare für externe Experten, Gebühren von Ämtern und Behörden oder Aufwendungen für Schulungskosten.

- Die **Computerkosten** als Aufwendungen für den Einsatz von Großrechnern, die meist pauschal abgerechnet werden und z. B. Personalkosten, Kapitalkosten sowie Fremdleistungskosten für die Wartung und Reparatur umfassen.

Als Ergebnis der Kostenplanung entsteht der **Projektkostenplan**, der obigen Kostenarten die entsprechenden Kosten zuordnet und die gesamten Projektkosten ermittelt, wie das folgende **Beispiel** zeigt:

Kosten- arten Projekt- teil	Per- sonal- kosten €	Mate- rial- kosten €	Kapi- tal- kosten €	Fremd- leistungs- kosten €	Com- puter- kosten €	Gesamt- kosten €
Systemanalyse Groborganisation Detailorganisation Programmierung Systemeinführung						
Summe						

Die Kostenermittlung kann sich auf ein **bestehendes System** beziehen, bei dem die Istkosten relativ einfach feststellbar sind, oder auf ein zu **projektierendes System**, bei dem die Kostenermittlung schwieriger ist, weil ein Projektrisiko besteht. Sie ist notwendig, um sicherzustellen, dass die Kosten des Projektes nicht ausufern.

Bei der Kostenanalyse sind zwei Arten von **Systemkosten** zu unterscheiden:

- **Einmalkosten**, die den Charakter der Einmaligkeit haben und vor allem dann entstehen, wenn auf ein neues System übergegangen wird, z. B. Schulungskosten für am

Projekt beteiligte Systemmitarbeiter, Installationskosten für Sachmittel sowie durch die Systemeinführung verursachte Personalkosten.

* **Dauerkosten**, die laufend anfallen und nach Kostengruppen getrennt ermittelt werden. Dabei ist die bereits dargestellte Kostengliederung zu empfehlen:

Dauerkosten	Kosten €	Gesamtkosten €
1. Personalkosten		
1 Abteilungsleiter	50.000	
5 Sachbearbeiter	200.000	
2 Hilfskräfte	60.000	310.000
2. Materialkosten		5.000
3. Kapitalkosten		
Raum- und Arbeitsplatzkosten	2.500	
Abschreibung für Terminals	6.000	
Zinsen für Terminals	2.000	10.500
4. Fremdleistungskosten		
Wartungskosten für Terminals	1.500	
Datenerfassung	10.000	11.500
5. Computerkosten		63.000
Gesamtkosten		**400.000**

Aus den geplanten Gesamtkosten des Projektes können die Ausgaben für das Projekt abgeleitet werden, die in die Liquiditätsplanung eingehen müssen.

3.4.3 DOKUMENTATIONSPLANUNG

Die Dokumentation kann als Management der projektbezogenen Dokumente angesehen werden. Die Planung kann sich beziehen auf:

* Die **Dokumentation als Prozess** der Erstellung und Verwaltung von Projektunterlagen *(Schwarze)*. Ihre Aufgaben sind z. B.:

  ▸ Die Erfassung von Daten und Informationen
  ▸ Die Beschreibung von Lösungen und Alternativen
  ▸ Die Darstellung Gegebenheiten und Schlussfolgerungen
  ▸ Die Speicherung von Unterlagen und Zeichnungen

* Die **Dokumentation als Ergebnis** dieses Prozesses, die das Sammeln von logisch zusammengehörigen Informationen darstellt. Dazu sind entsprechende Datenträger erforderlich, z. B. Papier, Festplatte oder Disketten.

Die Planung der Dokumentation umfasst eine Reihe von **Festlegungen**, die im Rahmen der Projektorganisation bedeutsam sind als:

* **Inhalt der Dokumentation**, welcher der vorhergehenden Auflistung ähnlich ist, z. B. Informationen, Unterlagen und Zeichnungen.

- **Art der Dokumentation**, die ausweist, in welcher Weise die Dokumentation durchzuführen ist, z. B. die dafür einzusetzende Software.

- **Systematik der Dokumentation**, damit Dokumente problemlos dokumentiert und schnell gefunden werden, z. B. Kennzeichnung der Dokumente.

Die Projektdokumentation kann in einem **Projekthandbuch** erfasst werden.

62 Seite 472

3.4.4 QUALITÄTSPLANUNG

Da der Arbeitsaufwand für eine Projektlösung bei hoher Qualität wesentlich größer ist als eine Projektlösung mit geringerer Qualität, muss die **Qualität** der Projektlösung bei der Projektplanung festgelegt werden. Dies kann z. B. geschehen durch:

- **Qualitätsvorgaben**, z. B. Normen, Standards, Konventionen, Prüfkriterien
- **Verfahrensvorgaben**, z. B. spezielle Techniken und Methoden.

Das Ergebnis der Qualitätsplanung stellt der **Qualitätssicherungsplan** dar. Während der Projektdurchführung kann die Einhaltung der Qualität mithilfe von Audits geprüft werden. Sie dienen dem Beurteilen der Beachtung qualitätssichernder Maßnahmen anhand objektiver Nachweise, z. B. ISO-Norm, ISO-Zertifikat *(Burghardt)*.

3.4.5 BERICHTSPLANUNG

Zum Zwecke der Information der am Projekt Beteiligten ist es notwendig, auch das projektbezogene Berichtswesen zu planen. Es umfasst:

- **Projektinterne Berichterstattung**, bei der die Projektmitarbeiter über ihre Arbeitsergebnisse und damit über den Projektfortschritt an den Projektleiter berichten. Sie bezieht sich z. B. auf Zahlenangaben über den bisherigen Projektverlauf, aber auch Hinweise auf die qualitative Entwicklung des Projektes.

- **Projektexterne Berichterstattung**, die an das Management sowie an Stellen und Gremien erfolgen kann, die für das Projektcontrolling zuständig sind, aber auch an mit dem Projekt verbundene Adressatenkreise wie betroffene Fachabteilungen.

Die Berichterstattung bietet eine gute Möglichkeit, für das Projekt zu werben sowie die Mitarbeiter und die Unternehmensleitung positiv einzustellen. Nach den **Berichtsterminen** sollten regelmäßig erstellt werden:

Berichtsart	Berichtsempfänger	Berichtstermine
Projektbericht	Unternehmensleitung	Monatlich/Vierteljährlich
Projektreview	Unternehmensleitung	Vierteljährlich/Halbjährlich
Projektaudit	Unternehmensleitung	Vierteljährlich/Halbjährlich
Fortschrittsmeldung	Projektcontrolling	Wöchentlich/Dekadisch/Monatlich
Meilensteinbericht	Projektcontrolling	Meilensteinerreichung
Projektinformation	Projektberührte	Monatlich/Vierteljährlich

3.5 PLANUNGSERGEBNISSE

Am Ende der Projektplanung stehen die Ergebnisse der Planung. Sie werden für verschiedene **Zwecke** benötigt und können häufig sein *(Olfert)*:

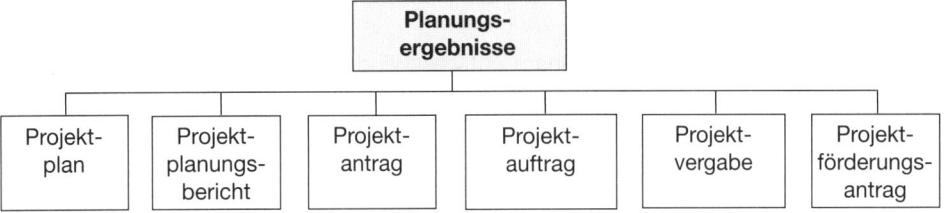

3.5.1 PROJEKTPLAN

Im Projektplan werden die Planungsergebnisse als Zusammenstellung aller Teilbeiträge eines Projektes unmittelbar und ohne Ausrichtung auf einen bestimmten Zweck ausgewiesen. **Teilpläne** für ein Projekt können sein *(Burghardt, Schmidt)*:

▶ Arbeitsplan   ▶ Netzplan   ▶ Anlagenstrukturplan
▶ Aufwandsplan   ▶ Personalbedarfsplan   ▶ Ablaufplan
▶ Balkenplan   ▶ Sachmittelplan   ▶ Krisenplan
▶ Kostenplan   ▶ Qualitätsplan   ▶ Projektstrukturplan
▶ Meilensteinplan   ▶ Terminplan   ▶ Dokumentationsplan

Bevor ein Projektplan endgültig für verbindlich erklärt werden kann, sind seine **finanziellen Auswirkungen** zu durchdenken, denn ein noch so gut vorbereiteter Projektplan nutzt wenig, wenn das Projekt wegen mangelnder Zahlungsfähigkeit gestoppt werden muss.

Aus diesem Grund ist eine Vorausschau der zu erwartenden **Einzahlungen** und **Auszahlungen** vorzunehmen *(Birker)*.

63 ⟩⟩ Seite 473

3.5.2 Projektplanungsbericht

Der Projektplanungsbericht dient dazu, grundlegende Aussagen über die Ergebnisse der Projektplanung in formloser Weise zu vermitteln. Seine **Schwerpunkte** sind:

- Wesentliche **Ergebnisse** der Planung wie Dauer des Projektes, daran teilnehmende Mitarbeiter und voraussichtliche Kosten des Projektes
- Darlegung der erwartbaren **Probleme** und **Schwierigkeiten** bei der Projektdurchführung, d. h. Auflistung der voraussichtlichen Störgrößen
- Wesentliche **Empfehlungen** für die Verantwortlichen zur Projektentscheidung.

Adressaten des Projektplanungsberichtes sind die Unternehmensleitung und gegebenenfalls die Mitglieder eines mit der Projektentscheidung befassten Ausschusses, die informiert und zu einer Entscheidung veranlasst werden sollen.

3.5.3 Projektantrag

Der Projektantrag ist vielfach in einem entsprechenden **Formular** standardisiert, wodurch die wesentlichen Projektmerkmale vergleichbar gemacht werden, um die Projektentscheidung durch den Vergleich mehrerer Projekte zu erleichtern. Er sollte Auskunft geben über:

- Projektziele
- Projektaufgaben
- Projektnutzen
- Projektmitarbeiter
- Personalbedarf
- Sachmittelbedarf
- Projektabschluss

Da die Projektressourcen immer begrenzt sind, aber oftmals mehrere Projekte sich zur Durchführung anbieten, muss die **Projektentscheidung** durch Auswahl oder Abwahl von Projekten erfolgen.

3.5.4 Projektauftrag

Der Projektauftrag wird grundsätzlich bei positiver Entscheidung über das Projekt formularmäßig ausgearbeitet. Dies geschieht als Entwurf, solange die Zustimmung durch die Verantwortlichen noch nicht erfolgt ist.

Beispiel für das Projekt einer Spezialmaterialrechnung:

Projektauftrag

Projektaufgabe:
* *Maschinelle Bestandsführung*
* *Automatische Bedarfsrechnung*
* *Teilkostenrechnung*

Projektvorgaben:

* Personal:

Projektleiter:	*Herr Müller*
Projektmitarbeiter:	*Frau Schneider*
	Herr Stahl

* Abschlusstermine:

Systemanalyse:	*28. Februar*
Systemgestaltung:	*30. April*
Programmierung:	*31. Juli*
Einführung:	*31. August*

* Sachmittel:

Projektraum:	*Zimmer C 216*
Ausstattung:	*3 Arbeitsplätze*

* Berichte:

Fortschrittsbericht:	*wöchentlich*
Reviewmeeting:	*Zweiter Arbeitstag im Monat*

* Budget:

Maximum:	*210.000 €*

Projektanlass:

Verfügbarkeit neuer, erheblich besserer Spezialverfahren, um die Kosten deutlich zu mindern.

3.5.5 PROJEKTVERGABE

Bei der **Fremdvergabe** eines Projektes müssen auch die Vorbereitungen zur Vergabe ein Teil der Planungsergebnisse sein. Sie erfolgt auf der Grundlage eines **Pflichtenheftes** als einem Katalog über die bei einem Projekt zu erbringenden Leistungen, das auch als **Lastenheft**, **Anforderungskatalog** oder **Spezifikation** bezeichnet wird.

Das Pflichtenheft muss vollständig und widerspruchsfrei sein, denn es bildet die Basis für projektbezogene Vereinbarungen zwischen Auftraggeber und Auftragnehmer *(Burghardt)*. Es ist im Übrigen auch bei **unternehmensinternen Projekten** bedeutsam, um über den Projektauftrag hinaus den Leistungsinhalt des Projektes genau und detailliert zu definieren.

Der **Inhalt** eines Pflichtenheftes umfasst üblicherweise:

Inhalt	Erläuterung	Beispiel
Aufgaben	Hauptaufgaben und Einzelaufgaben	Entwurfplan, Genehmigungsplan, Ausführungsplan
Abgrenzung	sachlich, organisatorisch, funktional, geografisch usw.	Bereiche A, C und D, jedoch nicht Bereiche B und E
Ziele	Hauptziele und Nebenziele	Kostenreduzierung, Kapitaleinsparung, Durchlaufzeitverkürzung
Konzeptionsvorgaben	Einschränkungen auf bestimmte Lösungsarten	Fassade, Blumenornamente müssen erhalten bleiben
Bedingungen	Zu berücksichtigende Vorgaben	Preis maximal 350.000 €, Kosten pro Jahr maximal 24.000 €
Ergebnisse	Erwartete Leistungen	3 Entwürfe, Ausschreibung und Vergabe
Qualität	Festlegung der Ergebnisqualität	Nach *DIN 9999* Gemäß XY-Standard
Dokumentation	Archivierte Projektunterlagen	*Ergebnis*dokumente wie Pläne, Grafiken; *Projekt*dokumente wie Projektauftrag, Berichte

Außerdem muss bei Fremdvergabe ein **Projektvertrag** abgeschlossen werden, der bei der Projektplanung vorzubereiten ist. Sein Inhalt bezieht sich z. B. auf:

- ▶ Zuständigkeiten
- ▶ Mitarbeiter
- ▶ Pflichtenheft
- ▶ Leistungsabgrenzung
- ▶ Zahlungsbedingungen
- ▶ Geheimhaltung
- ▶ Nebenkosten
- ▶ Vertragsstrafen
- ▶ Termine
- ▶ Honorar

3.5.6 Projektförderungsantrag

Für eine Vielzahl von Projekten gibt es die Möglichkeit, staatliche oder andere Fördermittel zu erlangen. Dazu ist es jeweils notwendig, umfangreiche und detaillierte **Förderungsanträge** auszuarbeiten und einzureichen, die i. d. R. formulargebunden und für die verschiedenen Förderprogramme sehr unterschiedlich sind.

Oft sind die **Anforderungen** an die Ausarbeitung von Förderungsanträgen so hoch, dass dafür gegebenenfalls Förderungsspezialisten eingesetzt werden müssen, um überhaupt Erfolgsaussichten auf die Erlangung von Fördermitteln zu haben. Einige Großunternehmen haben deshalb Spezialabteilungen oder Spezialstellen zur Erlangung von Fördermitteln für ihre Projekte eingerichtet.

4. PROJEKTGESTALTUNG

Die Gestaltung des Projektes als **Projektrealisation** kann erfolgen, wenn die Projektplanung abgeschlossen ist. In dieser Phase werden die geplanten Inhalte umgesetzt *(Schmidt)*. So erfolgt z. B. für abgegrenzte Teilprojekte die Sammlung von Informationen, die Erarbeitung von Lösungen und die Vorbereitung von Präsentationen.

Haynes nennt als **Schlüsselaufgaben** der Projektgestaltung:

▶ Arbeitsabläufe kontrollieren   ▶ Verhandlungen führen
▶ Sorge für das Feedback tragen   ▶ Mitarbeiterkonflikte lösen

Im Rahmen der Projektrealisation koordiniert der Projektleiter die Elemente des Projektes. Die allgemeinen Aufgaben der Projektdurchführung obliegen in erster Linie den Projektmitarbeitern. Der Projektleiter ist häufig auch selbst daran beteiligt.

Die Projektgestaltung dient der Zielrealisierung, d. h. die Projektidee nimmt unter Einsatz der benötigten Ressourcen Gestalt an. Der **Projektplan** als Vorgabe und Rahmenbedingung muss sich dabei unter den Bedingungen der Realität bewähren. Zur Gestaltung des Projektes sollen gezählt werden:

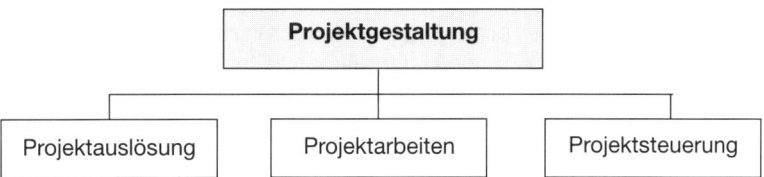

In der Literatur wird die Projektgestaltung oft gar nicht, mitunter nur kurz oder lediglich als Projektsteuerung im engeren Sinne behandelt *(Birker)*.

4.1 PROJEKTAUSLÖSUNG

Die Projektauslösung bildet den Ausgangspunkt der Projektgestaltung. Erfolgt bei einem Projekt keine Fremdvergabe, verbleiben die Aktivitäten im Unternehmen, also beim Projektleiter bzw. seinen Mitarbeitern. Bei der **Fremdvergabe** eines Projektes müssen einstweilen mehrere Aktivitäten erfolgen, bevor eine Projektentscheidung getroffen wird:

• Zunächst ist zu ermitteln, welche externen **Experten** oder **Unternehmen** für die Durchführung des Projektes geeignet sind. Kriterien hierfür sind z. B. Projekterfahrung und nachweisbare Projekterfolge.

• Mögliche Projektübernehmer müssen ausführliche **Projektinformationen** erhalten. Außerdem ist ihnen die Möglichkeit einzuräumen, zusätzliche Informationen einzuholen und Inhalt des Projekts zu hinterfragen.

• Um den geeignetsten Partner für die Projektübernahme herauszufinden, werden Experten oder Unternehmen eingeladen, um ihre Projektvorstellungen und ihre Projektlösung zu **präsentieren** und zu **begründen**.

- Mit dem bestgeeigneten möglichen Partner sind schließlich **Vertragsverhandlungen** über die Projektübernahme aufzunehmen, um alle Vertragsbedingungen abzuklären.

Die Projektauslösung ist sorgsam vorzunehmen. Weist sie Mängel auf, kann sich dies erheblich auf den Projekterfolg auswirken. Zu unterscheiden sind:

- **Projektentscheidung**
- **Projektauftrag**
- **Projektbegründung**
- **Projektstart**.

4.1.1 PROJEKTENTSCHEIDUNG

Die Projektentscheidung stellt als Organisationsentscheidung grundsätzlich einen Willensakt dar, an den hohe Anforderungen zu stellen sind. Sie ist keine Routineentscheidung, denn es kann meist nicht die Erfahrung aus gleichen bzw. gleichartigen Projekten genutzt werden.

Häufig treffen **Gremien** als organisierte Personeneinheiten die Projektentscheidung. Dies ist in ihrer Bedeutung und der projekttypischen Interdisziplinarität begründet. Als Entscheidungsgremien kommen z. B. die Unternehmensleitung, Fachausschüsse oder Projektausschüsse in Betracht.

Großprojekte haben für jedes Unternehmen einen besonderen Stellenwert. Deshalb ist es notwendig, die Projektentscheidung von einem entsprechend hochrangigen Entscheidungsgremium vornehmen zu lassen. Soweit wie möglich sollte auch der jeweilige **Projektleiter** in den Entscheidungsprozess einbezogen werden.

Projektentscheidungen basieren auch auf der Grundlage von **Entscheidungsverfahren**. Sie ermöglichen qualitative und quantitative Beurteilungen der Vorteilhaftigkeit von Projekten, z. B. als – siehe ausführlich *Olfert*:

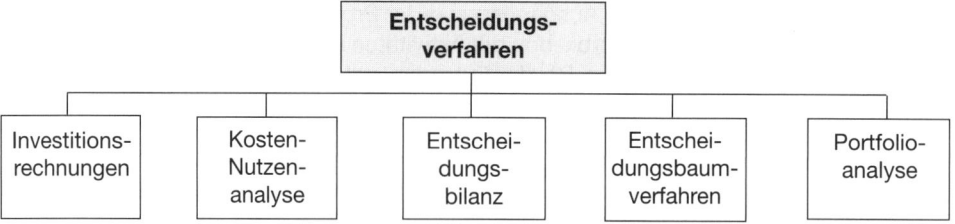

Weil die Ressourcen zur Projektdurchführung üblicherweise begrenzt sind, können nicht alle wünschenswerten Projekte zur gleichen Zeit abgewickelt werden. Deshalb muss z. B. darüber entschieden werden, welche Projekte durchzuführen, zurückzustellen bzw. abzulehnen sind.

4.1.1.1 INVESTITIONSRECHNUNGEN

Investitionsrechnungen können eingesetzt werden, um festzustellen, ob ein Projekt als Investitionsobjekt der Zielsetzung des Projektträgers entspricht und welches von mehreren Projekten die Zielsetzung am besten erfüllt. Zu unterscheiden sind – siehe ausführlich *Olfert/Reichel*:

- **Statische Investitionsrechnungen**, die auf Kosten sowie Leistungen basieren und lediglich eine Periode umfassen. Das sind:

  ▸ Kostenvergleichsrechnung   ▸ Rentabilitätsvergleichsrechnung
  ▸ Gewinnvergleichsrechnung   ▸ Amortisationsvergleichsrechnung

Von diesen Verfahren wird die **Kostenvergleichsrechnung** besonders häufig genutzt. Mit ihrer Hilfe werden bisherige Problemlösungen und/oder geplante Projekte auf ihre Vorteilhaftigkeit hin verglichen, indem die von ihnen verursachten Kosten gegenübergestellt werden.

Dasjenige Projekt ist vorteilhaft, das im Vergleich mit der bisherigen Problemlösung und/oder alternativen Projekten die geringeren Kosten verursacht.

Beispiel:

Jahreskosten in €	Projektiertes System A	Projektiertes System B	Bestehendes System
Personalkosten	100.000	40.000	200.000
Materialkosten	5.000	3.000	6.000
Kapitalkosten	30.000	150.000	–
Fremdleistungskosten	–	60.000	–
Sonstige Kosten	50.000	20.000	20.000
Gesamtkosten	185.000	273.000	226.000
Rang	1.	3.	2.

Aus den Projekten resultierende Erträge bleiben bei der Kostenvergleichsrechnung unberücksichtigt, was dann nachteilig ist, wenn diese unterschiedlich hoch ausfallen.

64 ⟩ Seite 473

- **Dynamische Investitionsrechnungen**, die auf Einzahlungen und Auszahlungen basieren. Sie bedienen sich finanzmathematischer Methoden und berücksichtigen alle Nutzungsperioden des Projektes. Es gibt:

  ▸ Kapitalwertmethode   ▸ Interne
  ▸ Annuitätenmethode   Zinsfußmethode

- **Nutzwertrechnungen**, mit deren Hilfe der Nutzwert als zahlenmäßiger Ausdruck für den subjektiven Wert eines Projektes festgestellt wird. Er kann – im Gegensatz zu den obigen Investitionsrechnungen – qualitativer Natur sein. Nutzwertrechnungen werden auch als **Nutzwertanalyse**, **Multifaktorenrechnung** oder **Punktwertverfahren** bezeichnet.

Nutzwertrechnungen erfolgen in vier **Schritten**:

Ermittlung der Zielkriterien	Als Zielkriterien kommen z. B. Kostenminderung, Verringerung der Durchlaufzeit und Höhe des Personalbedarfs in Betracht.

⇩

Gewichtung der Zielkriterien	Sie geschieht mithilfe von Gewichtungsfaktoren, wobei für die gegebenen Anteile z. B. folgende Kriteriengewichtung gilt: ▸ Kosten ⸺ 40 % ⸺ Gewichtung: 2 ▸ Durchlaufzeit ⸺ 20 % ⸺ Gewichtung: 1 ▸ Personalbedarf ⸺ 40 % ⸺ Gewichtung: 2

⇩

Bewertung der Alternativen	Dabei gelten als Bewertungssysteme z. B. Punktwerte von 10 (sehr gut) bis 1 (sehr schlecht). Es kann aber auch eine Bewertung mit Noten oder eine Reihung der Alternativen für jedes Zielkriterium erfolgen, z. B. 1. Platz bis letzter Platz. **Beispiel:** Bei Nutzung des Punktverfahrens ergibt sich:

Kriterium	Alternative A	Alternative B
Kosten	10	8
Durchlaufzeit	6	8
Personalbedarf	4	10

⇩

Ermittlung des Nutzwertes	Sie geschieht, indem für jede Alternative die Gewichtung jedes Zielkriteriums mit der obigen Punktzahl multipliziert wird. Nach Addition der Ergebnisse der alternativen Projekte ergeben sich die einzelnen Nutzwerte. Dasjenige Projekt ist vorzuziehen, das den höheren Nutzwert hat:

Kriterium	Alternative A	Alternative B
Kosten	2 x 10 = 20	2 x 8 = 16
Durchlaufzeit	1 x 6 = 6	1 x 8 = 8
Personalbedarf	2 x 4 = 8	2 x 10 = 20
Summe = Nutzwert	34	44
Rang	2.	1.

65 ⟩ Seite 474

4.1.1.2 Kosten-Nutzen-Analyse

Die Kosten-Nutzen-Analyse ist die Gegenüberstellung der bisherigen und zukünftigen Kosten sowie des zusätzlichen Nutzens. Ein Kostenvergleich, wie beschrieben, genügt zur Beurteilung der Vorteilhaftigkeit dann nicht, wenn außer einer Kostenminderung auch eine **Nutzensteigerung** angestrebt wird.

Beim **Nutzen** werden dabei üblicherweise drei Kategorien unterschieden:

- **Nutzenkategorie I – Direkter Nutzen**, der als Kostenminderung stets in Geldeinheiten ausgedrückt werden kann, z. B. für Einsparungen beim Personal oder Material.

- **Nutzenkategorie II – Relativer Nutzen**, der als Einsparung zukünftiger Kosten häufig in Geldeinheiten zu erfassen ist, z. B. für Kostenverminderungen durch Wachstum.

- **Nutzenkategorie III – Schwer erfassbarer Nutzen** als Sekundärnutzen oder immaterieller Vorteil, der i. d. R. nicht quantifizierbar ist, z. B. Transparenzverbesserung oder Konfliktminderung.

Die Nutzenkategorien I und II lassen sich somit üblicherweise in eine Kosten-Nutzen-Analyse einbeziehen, die Nutzenkategorie III nicht bzw. nicht ohne weiteres.

4.1.1.3 Entscheidungsbilanz

Die Entscheidungsbilanz ist die gewichtete Gegenüberstellung der Vorteile und Nachteile eines Projektes. Sie ist eine besonders einfache Methode der Vorbereitung einer Projektentscheidung, die in drei **Schritten** erfolgt:

Ermittlung der Auswirkungen	Die Auswirkungen des Projektes als Vorteile und Nachteile sind zunächst möglichst vollständig zu ermitteln.
	⇩
Gewichtung der Auswirkungen	Daraufhin müssen die Auswirkungen gewichtet werden, wobei eine einfache dreistufige Skala vielfach üblich ist: ▶ Besonders bedeutsame Auswirkung – Faktor 3 ▶ Durchschnittliche Auswirkung – Faktor 2 ▶ Auswirkung mit geringerer Bedeutung – Faktor 1
	⇩
Feststellung des Ergebnisses	Schließlich wird das Ergebnis durch die Addition aller Vorteilsfaktoren und aller Nachteilsfaktoren sowie die Subtraktion beider Ergebnisse festgestellt. Überwiegen die Vorteilsfaktoren, spricht dies für das Projekt.

4.1.1.4 ENTSCHEIDUNGSBAUMVERFAHREN

Beim Entscheidungsbaumverfahren wird durch die Ermittlung des Eintreffens der Wahrscheinlichkeiten für unterschiedliche Kriterien die Gesamtwahrscheinlichkeit des Projekterfolges festgestellt.

Entscheidungen lassen sich mit seiner Hilfe als **mehrstufiger Prozess** in der Form einer Baumstruktur darstellen, die z. B. in sachlicher oder zeitlicher Reihenfolge aufgebaut ist.

Beispiel:

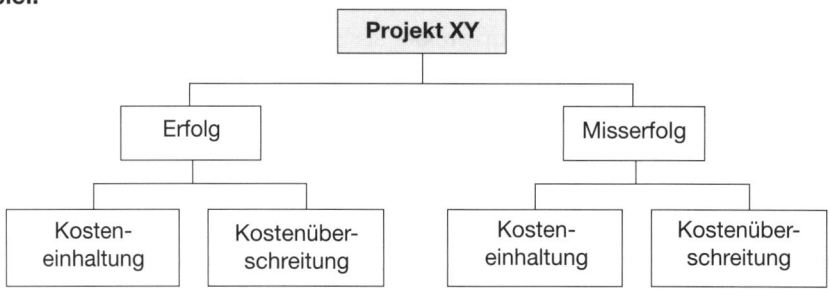

Zur Entscheidungsfindung werden für die jeweiligen Alternativen die Wahrscheinlichkeiten ihres Eintreffens in Prozent ermittelt. Durch die Multiplikation der Wahrscheinlichkeiten über die verschiedenen Stufen ergibt sich die **Gesamtwahrscheinlichkeit** für die jeweiligen Projektergebnisse *(Olfert)*.

Mit der Festlegung, welche der Ergebnisvarianten als positiv bzw. negativ angesehen werden, kann festgestellt werden, ob das Projekt insgesamt positiv oder negativ zu beurteilen ist.

4.1.1.5 PORTFOLIOANALYSE

Die Portfolioanalyse bedient sich des Portfolios in Form eines zweidimensionalen oder mehrdimensionalen Vergleiches unterschiedlicher Projekte durch skalierten Ausweis nach ausgewählten Kriterien in einem Koordinatensystem. Sie dient der Positionierung und zum Vergleich der Wirkung von Projekten.

Die Portfolioanalyse erfolgt in drei **Schritten**:

Festlegung der Kriterien	Zunächst erfolgt ihre Festlegung, die für die Entscheidung über mehrere Projekte benutzt werden, z. B.:
	▸ Kundenfokussierung ▸ Prozessorientierung ▸ Kostenminderung

⇩

Beurteilung der Projekte	Dies geschieht anhand der festgelegten Kriterien, wobei sich als Beurteilungssysteme anbieten: ▸ Noten von 1 bis 6 ▸ Punkte von 0 bis 10 ▸ Punkte von − 3 bis + 3

⇩

Darstellung der Bewertung	Sie erfolgt für zu vergleichende Projekte in einem Koordinatensystem. Das können z. B. Werbeprojekte, ein Auftragsbearbeitungsprojekt und ein Kostenrechnungsprojekt sein:

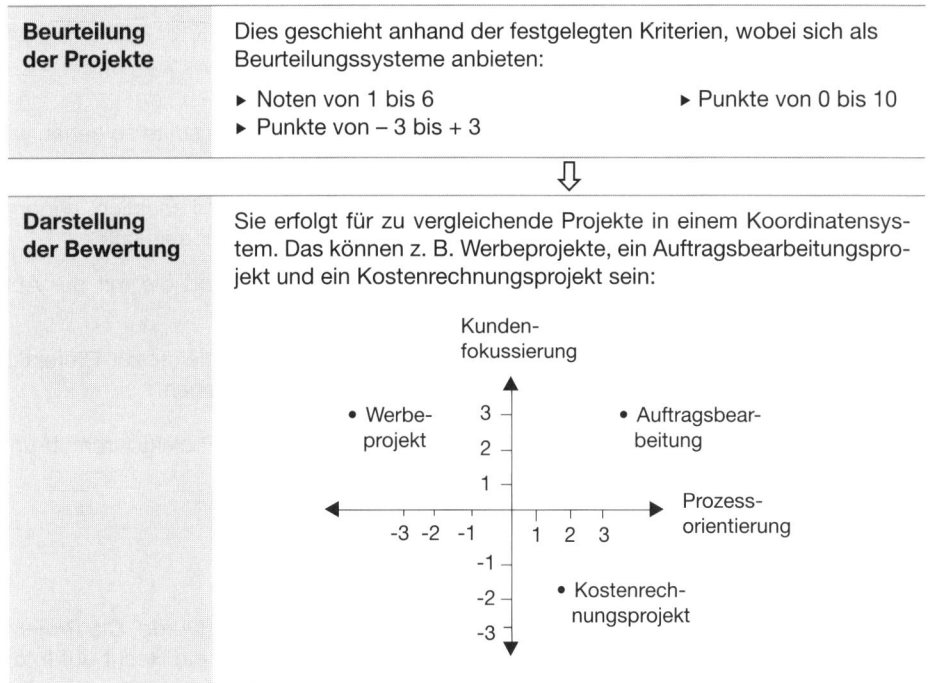

Die Portfolioanalyse ermöglicht eine optisch klärende und überzeugende Darstellung. Sie muss mit zwei oder mehr Portfolios arbeiten, wenn mehr als zwei Kriterien zur Projektbeurteilung benutzt werden.

4.1.2 PROJEKTAUFTRAG

Der Projektauftrag beschreibt die wesentlichen Gegebenheiten, welche die Durchführung des Projektes bewirken sollen. Seine **Merkmale** sind:

- Die Projektplanung und Projektentscheidung als Grundlagen
- Die Schriftform, damit eine Projektdokumentation erfolgen kann
- Die Formularisierung, um den Projektauftrag vergleichbar zu machen
- Die Vollständigkeit, um Rückfragen und Unsicherheiten zu vermeiden.

Als Festlegungen erfordert der Projektauftrag:

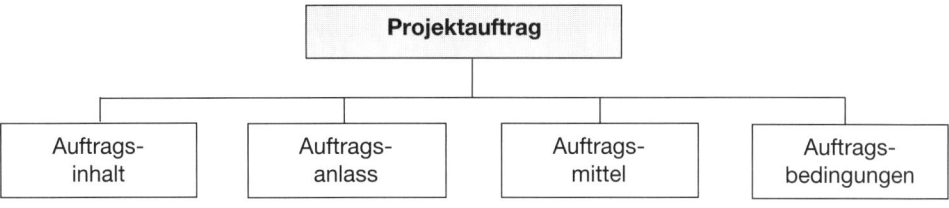

4.1.2.1 AUFTRAGSINHALT

Der Inhalt eines Projektauftrages umfasst:

- Die **Aufgabenstellung** als Ausweis der zu lösenden Aufgaben. Sie sollte so genau wie möglich und zweckmäßig beschrieben werden.

- Die **Abgrenzung der Aufgaben** eines Projektes, die eindeutig und sachlich, geografisch, organisatorisch, funktional, zeitlich und personell abgrenzbar sein sollte.

- Die **Ziele**, welche zwingend zu jedem Projektauftrag gehören und die mit der Auftragsausführung anzustrebende Absichten beschreiben.

- Die **Konzeption** als Vorstellung oder als Vorgabe für den Projektleiter zur Projektlösung. Sie kann sich auf die Gesamtlösung oder Teillösungen beziehen.

Der Inhalt des Auftrages als **Auftragsdefinition** sollte während der Projektdurchführung grundsätzlich nicht verändert werden.

4.1.2.2 AUFTRAGSANLASS

Der Projektauftrag muss auch ausweisen, warum der Auftrag erteilt wurde. Die Projektmitarbeiter und auch alle vom Projekt betroffenen Personen haben ein Recht auf Information über:

- Die **Auftragsgründe** für ein Projekt, die üblicherweise in den Ergebnissen der zuvor durchgeführten Problemanalyse liegen, z. B. als durch überhöhten Kostenanfall bedingte Defizite auf dem Weltmarkt oder durch rückständiges Produkt-Design bewirkte Umsatzeinbußen.

- Die **Auftragsmotive**, damit sie in die Projektarbeit einbezogen werden können, die z. B. in der Durchführung einer »Entschlackungskur« für den betrieblichen Kernbereich oder der Hinführung der Mitarbeiter auf erfolgreiche betriebliche Schwerpunkte liegen können.

- Den **Auftragsanlass**, der sowohl zu nennen als auch zu begründen ist, sofern ein solcher vorhanden ist, z. B. das hundertjährige Jubiläum im nächsten Jahr oder Ausweitung der Aktivitäten auf das Geschäftsfeld Nord und Nordost.

4.1.2.3 AUFTRAGSMITTEL

Im Hinblick auf die auftragsbezogenen Projektmittel ist es erforderlich, dass die Verantwortungsträger im Unternehmen folgende **Angaben** ausweisen:

▶ Verfügbare Projektmitarbeiter	▶ Einsetzbare Sachmittel
▶ Einzuhaltende Termine	▶ Verfügbares Budget

Diese Angaben sind im Projektauftrag nicht summarisch aufzuführen, sondern sollten nach geeigneten **Gliederungspunkten** differenziert werden, die z. B. Projektteile, Termine oder Mitarbeitereinsatz sein können.

Die im Projektauftrag genannten Projektmittel sind als **Vorgabe** anzusehen, die nicht überschritten werden darf. Für deren Einhaltung ist der Projektleiter verantwortlich.

4.1.2.4 Auftragsbedingungen

Bedingungen, die für die Durchführung eines Projektes **beschränkend** wirken, müssen im Projektauftrag enthalten sein. Dabei sind zu unterscheiden:

- **Zwingende Bedingungen**, die von den Projektmitarbeitern unbedingt zu berücksichtigen und einzuhalten sind.

- **Empfehlenswerte Bedingungen**, die zu beachten sind, wenn keine gravierenden Nachteile entstehen.

Beschränkungen durch den Projektauftrag können sein:

- **Festlegungen** zum Auftrag als Gebote oder Verbote, wenn z. B. in einer betrieblichen Richtlinie genannte Bedingungen zwingend einzuhalten sind.

- **Bedingungen** für die Durchführung eines Projektes, die bei der Projektplanung fixiert wurden, z. B. dass über die Projektentwicklung monatlich zu berichten ist.

- **Vorbehalte zur Genehmigung**, die sich auf nicht vom Projektleiter oder der Projektgruppe treffbare Entscheidungen beziehen, z. B. wenn benötigtes Material ab 500 € von der Unternehmensleitung zu genehmigen ist.

66 ⟩⟩ **Seite 474**

4.1.3 Projektbegründung

Die Begründung eines Projektes sollte sich vor allem beziehen auf:

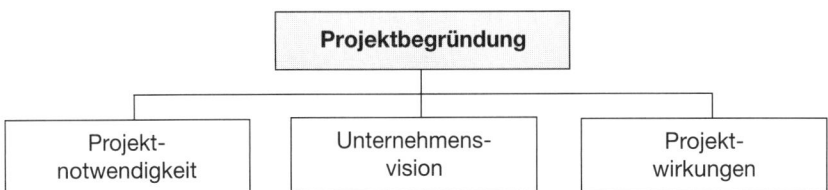

4.1.3.1 Projektnotwendigkeit

Das Management und die Mitarbeiter müssen wissen, dass das durchzuführende Projekt für das Unternehmen und seine Zukunft erforderlich ist. Sie entwickeln oft zunächst **Vorbehalte**, **Vorurteile** und **Widerstände** gegenüber Projekten, die sie berühren. Deswegen sind Projekte überzeugend zu begründen, und es ist dafür zu sorgen, dass jeder Manager und betroffene Mitarbeiter diese Begründung nicht nur kennt, sondern sie auch akzeptiert.

Einleuchtende, beweisbare und nachvollziehbare **Gründe** für die Notwendigkeit der Projektdurchführung können z. B. sein:

* Schlechte Zukunftserwartungen für das Unternehmen bzw. für Teile davon
* Ungenügende Organisation des Unternehmens oder des eigenen Bereiches
* Verschlechterte Situation des Unternehmens mit negativen Folgen.

Insgesamt ist es erforderlich, die **positiven Auswirkungen** von Projekten im Gesamtzusammenhang aufzuzeigen.

4.1.3.2 Unternehmensvision

Manager und Mitarbeiter wollen wissen, wohin der zukünftige Weg geht. Deswegen muss die Unternehmensleitung, die über Projekte entscheidet, darstellen, wie das Unternehmen in Zukunft aussehen wird. Kernaussagen können z. B. sein:

> ▸ »Die Qualität unserer Produkte, Prozesse und Programme verbessern wir kontinuierlich um zehn Prozent im Jahr.«
>
> ▸ »Unsere Mitarbeiter arbeiten in Zukunft nicht mehr und härter, sondern intelligenter und effizienter.«
>
> ▸ »Wir schonen unsere Ressourcen und die Umwelt soweit wie möglich für unsere Kinder und Enkel.«

Die Unternehmensvision sollte die Mitarbeiter so überzeugen, dass sie sich persönlich entwickeln und ihre Arbeit verbessern.

4.1.3.3 Projektwirkungen

Die durch das Projekt angestrebten Wirkungen und Auswirkungen müssen den Mitarbeitern, soweit das bereits bei der Projektauslösung möglich ist, verdeutlicht werden. Fehlt eine solche Aussage oder ist sie nicht überzeugend, kann das Auswirkungen auf die Durchführung haben:

* Gerüchte entstehen, werden aufgebauscht und weitergegeben
* Ängste und Widerstände werden geweckt und verstärkt
* Vorurteile und Vorverurteilungen werden über das Projekt erzeugt.

Mitarbeiter haben im Rahmen der Projektdurchführung vielfach durch Veränderungen bedingte **Ängste** und **Sorgen**. Diese veranlassen sie häufig bewusst und/oder unbewusst zu Verhaltensweisen und Aktionen, die sich gegen das Projekt richten.

Diese Probleme anzugehen, ist die Aufgabe des **Change Managements** als aktiver Unterstützung des Unternehmenswandels *(Doppler/Lauterburg)*. Mit seiner Hilfe sollen bei Mitarbeitern und Managern vorhandene Anpassungswiderstände durch eine Erweiterung der Anpassungsbereitschaft abgebaut werden.

4.1.4 PROJEKTSTART

Der Projektstart kann erfolgen, wenn die Projektentscheidung getroffen ist, der Projektauftrag vorliegt sowie der Projektleiter und die Projektmitarbeiter verfügbar sind. Er erfordert, folgende Aufgaben anzugehen:

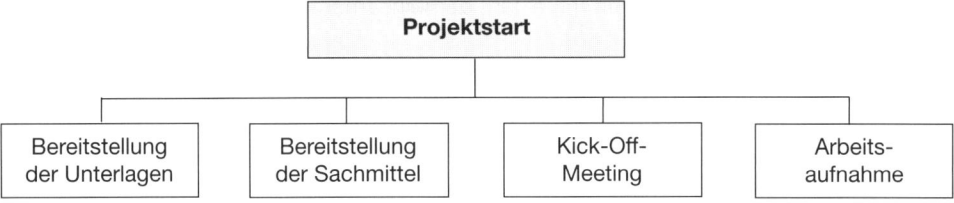

4.1.4.1 BEREITSTELLUNG DER UNTERLAGEN

Zur Durchführung eines Projektes sind vielfältige Unterlagen in ausreichender Zahl bereitzustellen. Es können unterschieden werden:

- **Zwingend notwendige Unterlagen**, z. B. der Projektplan, Projektauftrag und Maßnahmenplan für das Change Management.
- **Sonstige Unterlagen** wie Organisationsunterlagen, Bau-/Belegungspläne, Produktunterlagen, Studien/Gutachten/Konzepte, Gesetzestexte/-kommentare und Normen/Standards.

4.1.4.2 BEREITSTELLUNG DER SACHMITTEL

Zum Projektstart wird üblicherweise bereits ein wesentlicher Teil der Projektsachmittel benötigt, z. B. Projektarbeitsbüro, Arbeitsplätze, Besprechungsraum, Kommunikationsmittel, Hardware, Software.

Der effektive Projektstart wird oftmals bis zu mehreren Wochen verzögert und die Motivation der Projektgruppe gefährdet, wenn erforderliche Sachmittel ganz oder teilweise fehlen, nicht funktionieren oder erst noch installiert werden müssen.

4.1.4.3 KICK-OFF-MEETING

Das Kick-Off-Meeting ist das Initiierungstreffen zum Projektstart. Es wird auch als **Arbeitsaufnahmegespräch** bezeichnet und hat folgende **Teilnehmer**:

- ▶ Projektauftraggeber
- ▶ Projektberührte Manager
- ▶ Betriebsrat
- ▶ Projektmitarbeiter

Wesentliche **Inhalte** eines Kick-Off-Meetings, das üblicherweise in einem projektentsprechenden Rahmen durchgeführt wird, sind:

- Die Vorstellung des Projektleiters und der Projektgruppe
- Die Erläuterung des Projektes, seiner Probleme und möglichen Lösungen
- Die Hervorhebung der Bedeutung des Projektes für das Unternehmen
- Die Besichtigung projektrelevanter Prozesse, Produkte, Programme
- Die Besprechung besonders bedeutsamer Projektmerkmale.

Das Kick-Off-Meeting schließt oft mit einem gemeinsamen Essen der Teilnehmer.

4.1.4.4 Arbeitsaufnahme

Die Aufnahme der Projektarbeit sollte unmittelbar im Anschluss an das Kick-Off-Meeting stattfinden. Dabei ist es wichtig, dass Projektleiter und Projektmitarbeiter vom ersten Arbeitstag an, soweit das so geplant ist, vollzeitlich und hauptamtlich tätig werden.

Mitunter erfolgt nur eine **zögerliche Arbeitsaufnahme**, z. B. wegen:

- Abschlussarbeiten am bisherigen Arbeitsplatz
- Durchführung noch erforderlicher Schulungsmaßnahmen
- Beiläufige Einarbeitung des Arbeitsplatznachfolgers
- Schlussdokumentation des vorangegangenen Projektes.

Durch solche Umstände kann der Projektstart beträchtlich leiden.

67 〉〉 Seite 475

4.2 Projektarbeiten

Die Projektarbeiten bilden den Kernbestandteil der Projektdurchführung. Sie erfolgen in **Teamarbeit**, die dadurch gekennzeichnet ist, dass das Projektteam als Ganzes die Ergebnisse herbeiführt, sie verantwortet und nach außen vertritt.

Die Teamarbeit kann zwar verordnet werden, aber wenn sie tatsächlich effizient sein soll, muss sie von den Teammitarbeitern gelebt werden. Dazu ist es notwendig, dass jedes Mitglied des Teams von dieser Art der Arbeit überzeugt ist.

Die Projektarbeiten beeinflussen den Erfolg eines Projektes erheblich *(Birker, Haberfellner, Haynes, Heeg, Mehrmann/Wirtz)*. Sie umfassen *(Olfert)*:

- **Recherchieren**

- **Lösen**

- **Kommmunizieren**

- **Protokollieren**

- **Berichten**

- **Dokumentieren**.

4.2.1 RECHERCHIEREN

Das Recherchieren ist das Nachforschen des Projektpersonals. Um ein Projekt erfolgreich durchführen zu können, bedarf es vielfältiger Informationen, die beschafft bzw. recherchiert werden müssen. Dies geschieht in fünf **Schritten:**

Informationsbe-darfsermittlung	Die Ermittlung des Bedarfes an Informationen ist vom Projektpersonal möglichst detailliert aufzulisten.

⇩

Quellenfest-stellung	Sie dient dazu, den Informationsbedarf zu decken, z. B. durch Internet, Bibliotheken, Sachverständige, Zeitungen.

⇩

Informations-ermittlung	Sie kann auf unterschiedliche Weise erfolgen, z. B. durch Anfrage oder Abruf, Kauf, Leasing, Befragung, Test.

⇩

Ergebnis-prüfung	Sie geschieht, indem die Informationen nach mehreren Gesichtspunkten untersuchen werden, z. B. Richtigkeit, Vollständigkeit.

⇩

Ergebnis-darstellung	Sie kann in der vorliegenden Form erfolgen oder andere Formen bedingen, z. B. Fließtext, Zeichnung, Tabellenform.

Da Recherchieren oft zeitaufwändig ist, sollte unmittelbar bei Projektbeginn geprüft werden, welche diesbezüglichen Erfordernisse für das Projekt gegeben sind.

4.2.2 LÖSEN

Das Lösen ist das Klären eines Problems durch Nachdenken. Um bestmögliche Lösungen für ein Projekt zu erzielen, bietet sich die folgende **Vorgehenweise** an:

Ermittlung von Suchstrategien	Sie sollten zur Bewältigung der Projektaufgaben geeignet sein, z. B. als Übernahme bzw. Anpassung von Lösungen.

⇩

Erkundung von Alternativen	Die möglichen Alternativen sollten möglichst zahlreich und vielfältig sein. Dazu sind häufig umfassende Recherchen nötig.

⇩

Konkretisierung der Alternativen	Sie sollte sich bezüglich der gefundenen Alternativen beziehen auf Berechenbarkeit, Nachvollziehbarkeit, Beurteilbarkeit.

⇩

Beurteilung der Alternativen	Die vorliegenden Alternativen sind im Hinblick z. B. auf Gesamtkosten, Realisierungsdauer, Personalbedarf zu beurteilen.

⇩

Entscheidung	Sie erfolgt für eine Projektalternative, wobei der Einsatz von Entscheidungstechniken hilfreich sein kann.

⇩

Vorgabe der Lösungsgestaltung	Sie sollte detailliert mithilfe der nachfolgend beschriebenen Techniken geschehen.

Das **Hauptziel** jeder Projektarbeit ist die Erarbeitung einer optimalen Projektlösung mit möglichst geringem Einsatz von Ressourcen. Dazu dienen:

- **Kreativitätstechniken**, die bereits auf S. 91 ff. behandelt wurden, z. B. als Brainstorming, Methode 635, Morphologische Methode.

- **Arbeitstechniken** als fachübergreifende Problemlösungsverfahren, zu denen zählen – siehe ausführlicher *Olfert*:

Mind Mapping	Es ist ein Verfahren zur einfachen Strukturierung, Analyse, Ausarbeitung und Bewertung von Projektaufgaben. Mit ihm können Gegebenheiten und Lösungen festgestellt, strukturiert, analysiert und dargestellt werden. Dabei erfolgt eine Verbindung von sprachlichem und visuellem Denken (*Weidenmann*).
Multi-Karten-Technik	Sie ist ein Verfahren zur gemeinsamen und mehrheitlichen Analyse und Lösung von Projektaufgaben und wird auch **Metaplan-Technik**, **Pinnwand-Technik** oder **Projektkarten-Technik** genannt. Eine Projektaufgabe wird vielfach in mehrere **Aufgabenschritte** zerlegt. Jeder Aufgabenschritt wird dann jeweils in einer Sitzung durch das Projektteam mit der Multi-Karten-Technik bearbeitet. Wichtig in der Multi-Karten-Sitzung ist die Rolle des **Moderators**, der für die Problemlösung zu sorgen hat.
Delphi-Methode	Sie stellt eine **Prognosetechnik** dar, deren Ziel es ist, in mehreren Befragungsrunden in der Projektgruppe eine Zusammenführung von Einzeleinschätzungen zu erreichen. Sie ermöglicht es somit, Meinungsverschiedenheiten zwischen Projektmitarbeitern zu überbrücken.
Szenario-Technik	Sie ist eine Prognosetechnik, die aus Vergangenheitsdaten erwägbare **Zukunftsentwicklungen** zu bestimmen versucht. Dies geschieht, weil es nicht ausreicht, gegenwärtige Entwicklungen und Trends lediglich in die Zukunft hin zu verlängern, sondern mit evolutionären und revolutionären Veränderungen gerechnet werden muss.

4.2.3 KOMMUNIZIEREN

Für jede Projektarbeit ist die Kommunikation des Projektleiters und der Projektmitarbeiter als **Austausch von Informationen** zwischen mit dem Projekt verbundenen Personen von wesentlicher Bedeutung *(Boese-Grzeskowiak)*, die erfolgt:

- ▶ Zwischen Projektmitarbeitern
- ▶ Mit vorgesetzten Stellen
- ▶ Mit vorgesetzten Gremien

- ▶ Mit Fachabteilungen
- ▶ Mit externen Projektpartnern
- ▶ Mit Entscheidungsträgern

Die Kommunikation kann an gleichen Orten erfolgen, z. B. als Gespräch, Besprechung oder Konferenz, oder an unterschiedlichen Orten, z. B. über das Internet bzw. Intranet. Außerdem ist sie zu gleichen bzw. unterschiedlichen Zeiten möglich.

Die projektbezogene Kommunikation muss durch kurze und direkte Informationswege sowie effiziente und schnelle Kommunikationstechniken gekennzeichnet sein.

Spezielle **Techniken** der Kommunikation sind:

Verhandeln	Verhandlungen sind Mittel der Kommunikation zwischen zwei und mehr Personen, die versuchen, ihre jeweils zuvor festgelegten Ziele zu erreichen *(Haynes)*. Sie stellen ein wesentliches Merkmal der Projektarbeit dar und erfordern einen erheblichen Teil der Zeit, die zur Durchführung eines Projektes erforderlich ist.
Präsentieren	Präsentationen dienen sowohl der Übermittlung von Informationen als auch der Meinungsbildung und Überzeugung. Sie werden nicht nur vom Projektleiter sondern auch von Projektmitarbeitern durchgeführt und haben vor allem Alternativen, Lösungen, Zwischenergebnisse und Endergebnisse zum Gegenstand *(Bernstein, Olfert, Seifert, Weidenmann)*.
Visualisieren	Der Visualisierung dienen Texte, Grafiken und Diagramme. Mit ihr werden Informationen bildhaft dargestellt, um als projektbezogene **Ziele** zu erreichen, z. B. *(Olfert, Seifert)*:
	▶ Verdeutlichung und Erläuterung
	▶ Erleichterung des Verständnisses
	▶ Kennzeichnung von Wesentlichem
	▶ Herausstellung von Wesentlichem
	▶ Förderung des Interesses
	Während ausschließliches Hören bzw. Sehen lediglich zu einer Behaltensquote von 20 % führt, steigt diese auf 50 % an, wenn Hören und Sehen miteinander verbunden werden. Insofern ist die Visualisierung als **Ergänzung** der mündlichen oder schriftlichen Informationen eine unverzichtbare Grundlage im Informationsmanagement von Projekten.

4.2.4 Protokollieren

Die Inhalte von projektbezogenen Besprechungen sollten schriftlich festgehalten werden. Dafür bieten sich an *(Olfert)*:

- **Ablaufprotokolle**, in denen beschrieben wird, wie der Ablauf einer Besprechung einschließlich der in ihr erzielten Ergebnisse und der festgelegten Maßnahmen erfolgt ist. Sie werden auch als **Wortprotokolle** bezeichnet.

- **Ergebnisprotokolle**, die sich auf die Ausweise der wesentlichen Ergebnisse und der festgelegten Maßnahmen einer Besprechung beschränken. Ihr Erstellungsaufwand ist beträchtlich geringer als bei den Ablaufprotokollen.

Protokolle haben für die Projektarbeit große Bedeutung. Sie dienen sowohl der Erinnerung als auch der Dokumentation, meist als Ergebnisprotokolle.

4.2.5 Berichten

Berichte sind Darstellungen von Sachverhalten. Im Rahmen eines Projektes sind verschiedene **Arten** von Berichten zu erarbeiten, z. B.:

- Zwischenberichte an den oder die Auftraggeber
- Fortschrittsberichte an das Projektcontrolling
- Regelmäßige Projektstatus-Berichte
- Informationsberichte an Projektbeteiligte und Projektberührte
- Change Management-Berichte
- Projektabschlussberichte.

Um die **Effizienz** der Berichte sicherzustellen, sollten diese möglichst kurz sein und eine klare Strukturierung mit Kerninformationen sowie einen Verteiler enthalten *(Olfert, Reiners, Ziegenbein)*. Vielfach empfiehlt es sich, sie um **Visualisierungen** zu ergänzen.

4.2.6 Dokumentieren

Besprechungsprotokolle und Berichte lediglich zu erstellen, reicht für die Projektarbeit nicht aus. Sie ist auch vollständig zu dokumentieren, d. h. es muss eine Sammlung von logisch zusammenhängenden **Informationen** erfolgen, die dient als:

- Nachweis der Arbeitsergebnisse
- Arbeitsunterlage für nachfolgende Projektschritte
- Informationsunterlage für später hinzukommende Projektmitarbeiter
- Basis für die Projektberichte.

Mit dem Projektbeginn sind die Erfordernisse der Dokumentation zu bestimmen. Damit sie mit der Arbeitsabwicklung zeitlich Schritt halten kann, empfiehlt es sich, entsprechende Software einzusetzen. Sie ist bereits bei der Projektplanung verbindlich festzulegen, damit eine einheitliche und effiziente Projektdokumentation gewährleistet ist.

4.3 PROJEKTSTEUERUNG

Die Steuerung ist ein Vorgang, bei dem eine oder mehrere Größen als Eingangsinformationen andere Größen als Ausgangsinformationen beeinflussen *(Olfert/Rahn)*. Durch die Projektsteuerung erfolgt die Sicherung der Abwicklung der Projektgestaltung gemäß dem Projektauftrag und dem Projektplan *(Birker, Litke/Kunow, Olfert, Rinza, Schwarze, Wolf/Mlekusch)*.

Zur geregelten Durchführung eines Projektes sind Maßnahmen der Steuerung unerlässlich. Der Projektleiter hat dabei folgende **Aufgaben** der Projektsteuerung wahrzunehmen:

* Die zielbezogene Steuerung des Projektes entsprechend dem Projektplan
* Die Leitung der Projektarbeit durch Bereitstellung von Sachmitteln
* Die Führung der Projektgruppe und entsprechender Mitarbeitereinsatz
* Die Entscheidungen zur Beeinflussung möglicher Störgrößen
* Die Maßnahmen zur Beeinflussung des Projektumfangs, der Abläufe und Termine
* Die Koordination durch Zusammenführung der Projektteilaufgaben
* Die Information durch Wissensvermittlung über regelmäßige Kontakte
* Die Anleitung der am Projekt beteiligten Mitarbeiter.

Mit der Projektsteuerung sollen Störgrößen des Systems bekämpft werden. Sie geschieht üblicherweise unter Verwendung von Projektformularen, die Papierformulare oder Bildschirmformulare sein können. Die Projektsteuerung kann erfolgen als:

* **Vorsteuerung**

* **Projektkontrolle**

* **Nachsteuerung**.

4.3.1 VORSTEUERUNG

Bei der Vorsteuerung wird versucht, etwaigen Störgrößen als negative Einflüsse vor ihrem Eintritt inputorientiert, **zukunftsbezogen** und unter Beachtung der Projektziele entgegenzuwirken. Dazu müssen Informationen oder gegebenenfalls Gutachten über bestimmte projektbezogene Gegebenheiten eingeholt werden, um die Grenzen und Risiken besser einschätzen zu können.

Die **Schwierigkeiten** der Vorsteuerung liegen in der mangelnden Vorausbestimmbarkeit und Voraussehbarkeit des Eintrittes von Projektstörungen.

4.3.2 PROJEKTKONTROLLE

Die Projektkontrolle ist auf den Prozess der Projektgestaltung und deren Ergebnisse bezogen. Sie besteht aus:

- Der **Ergebniserfassung**, die zum Abschluss eines Projektes bzw. nach bestimmten Projektstufen erforderlich ist. Sie bezieht sich auf:

  ▸ Die **Ergebnisse der Projektplanung**, z. B. die Ermittlung der Projektziele als Soll-Daten, die dem ganzen Projekt vorgegeben wurden und dem vorgegebenen Projektplan entnehmbar sind.

  ▸ Die **Resultate der Durchführung** des Projektes, deren wesentliche Ergebnisse sich z. B. auf Mitarbeiterzahl, Sachmittel, Termine, Aufgabenerfüllung, Lösungsqualität oder Projektkostenhöhe als Ist-Daten beziehen. Für die Ermittlung des Ist-Kostenanfalles bietet sich eine Nachkalkulation des Projektes an.

Wenn die Ziele des Projektes quantitativ vorgegeben sind, ist die Projektkontrolle einfacher als bei qualitativen Zielen.

- Dem **Soll-Ist-Vergleich**, in dem die aktuellen Projektdaten mit den Soll-Daten des Projektplanes zu vergleichen, um daraufhin sich ergebende Abweichungen zu ermitteln. Er ist im Rahmen der Projektkontrolle möglich als *(Olfert)*:

  ▸ **Einfacher Datenvergleich**, bei dem jeweils die Soll-Daten und Ist-Daten für eine Datenart miteinander verglichen werden, z.B. Kostenarten oder Termine.

  ▸ **Kombinationsvergleich**, bei dem mehrere Kostenentwicklungen in den Vergleich einbezogen, z. B. Vergleich der Entwicklung des Personaleinsatzes in Mitarbeitertagen mit der Entwicklung der Personalkosten.

  ▸ **Termintrendvergleich**, mit der auf einfache Weise die Termine bzw. der Trend der Termineinhaltung einer einzelnen Projektdatenart grafisch aufgezeigt wird.

  ▸ **Kosten-/Termintrendvergleich**, bei dem jeweils zwei Arten von Projektdaten grafisch erfasst werden, z. B. Kosten- und Ergebniserreichung, Termine und Personaleinsatz, Personaleinsatz und Ergebniserreichung, Kosten und Personaleinsatz.

Mithilfe der gängigen **Projektsoftware** können wesentliche Projektmerkmale grafisch veranschaulicht werden, damit sie besser analysierbar sind.

- Der **Abweichungsanalyse**, die aufgrund des Soll-Ist-Vergleiches möglich wird. Bei größeren Abweichungen bieten sich an:

  ▸ Die **Analyse der Abweichungen**, die z. B. in Form einer Kostenanalyse mithilfe von Kennzahlen erfolgen kann.

  ▸ Die **Beurteilung der Abweichungen**, die maßgeblich dafür ist, ob Maßnahmen der Nachsteuerung ergriffen werden sollen, z.B. als Einsatz zusätzlicher Mitarbeiter, Fremdvergabe von Projektteilen, Entfall von Projektaufgaben, Änderung des Projektplanes, Abbruch des Projektes.

4.3.3 NACHSTEUERUNG

Die Nachsteuerung bezieht sich auf die Ergebnisse des Soll-Ist-Vergleiches bzw. deren Analyse. Auf der Basis der Projektziele und der Kontrollergebnisse wird **vergangenheitsbezogen** gehandelt. Um die Projektziele zu erfüllen, hat dabei nicht nur eine Endkontrolle zu erfolgen, sondern Kontrollen bereits nach einzelnen Projektabschnitten. Ohne sie sind Korrekturen nur verspätet oder nicht mehr möglich.

In Bezug auf die Vorsteuerung und Nachsteuerung ergibt sich folgender Zusammenhang *(Olfert/Rahn, Rahn)*:

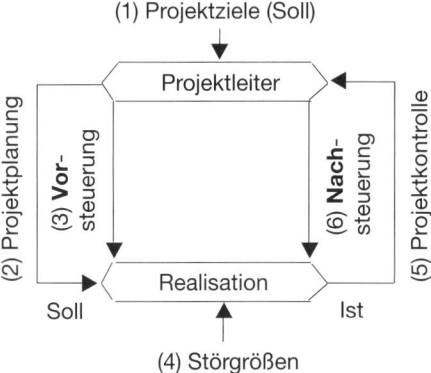

Beispiel: Während der Leiter eines großen Bauprojektes bei der Vorsteuerung ohne Kenntnis von Ist-Daten und vor Eintritt von transportbedingten Störgrößen Verträge mit einer Leasingfirma schließt, um dort kurzfristig Fahrer zur Behebung von Engpässen abrufen zu können, entscheidet der Projektleiter bei der Nachsteuerung nach Kontrolle der ersten Ergebnisse und veranlasst z.B., dass zur Überwindung von gegebenen Transportengpässen künftig zwei zusätzliche Lastwagen mit eigenen Fahrern oder Leasingpersonal eingesetzt werden.

5. PROJEKTEINFÜHRUNG

Die Einführung der neuen Projektlösung ist die Bewährungsprobe für das Projekt. Mit ihr sind verbunden:

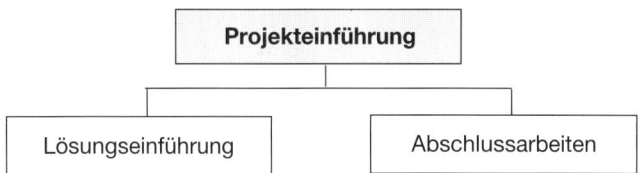

5.1 LÖSUNGSEINFÜHRUNG

Der Einführung der Projektlösung ist trotz der Schlussphase des Projektes große Aufmerksamkeit zu schenken, denn eine an sich gute Projektlösung kann sich durch eine unprofessionelle Einführung ins Gegenteil wandeln. Die Lösungseinführung umfasst *(Ol-fert)*:

- **Einführungsentscheidung**

- **Einführungsmethode**

- **Einführungssteuerung**

- **Startvorbereitungen**

- **Change Management**

- **Mitarbeiterschulung**

- **Einführungskontrolle**.

5.1.1 EINFÜHRUNGSENTSCHEIDUNG

Die Entscheidung über eine oder gegebenenfalls mehrere alternativ ausgearbeitete Projektlösungen erfolgt durch die zuständige Projektinstanz, z. B. die Unternehmensleitung, den Projektausschuss oder das Lenkungskomitee. Damit sie fundiert getroffen werden kann, bedarf es mehrerer vorbereitender **Maßnahmen**:

- Der **Auslösung der Entscheidung**, die in Abstimmung mit dem Projektleiter vorgenommen wird und möglich ist als:

  - ▸ Einstellung eines Tagesordnungspunktes zu einer geplanten Sitzung
  - ▸ Veranlassung einer Sitzung, z. B. des Projektausschusses
  - ▸ Einberufung des Projektlenkungskomitees

- Der **Ausarbeitung der Entscheidungsunterlagen**, die durch die Projektgruppe geschieht oder außerhalb der Projektgruppe erfolgt, z. B. als:

  - ▸ Darstellung der Lösung   ▸ Wirtschaftlichkeitsrechnung
  - ▸ Designstudie   ▸ Risikoanalyse
  - ▸ Zeichnung   ▸ Nutzwertanalyse

- Der **Vorstellung der Projektlösung**, wobei sich für die Projektpraxis z. B. anbieten:

  - ▸ Schriftliche Darstellung   ▸ Informationsmarkt
  - ▸ Präsentation   ▸ Bereitstellung von Unterlagen

Eine **positive Entscheidung** zur Einführung der Projektlösung kann ohne Einschränkungen erfolgen oder noch vorzunehmende Änderungen einschließen. Bei **negativer Entscheidung** wird das Projekt im Regelfall abgebrochen.

5.1.2 EINFÜHRUNGSMETHODE

Die Projektlösung kann in untrschiedlicher Weise realisiert werden. Es gibt:

- Die **Direkteinführung**, bei der die Projektlösung zu einem Stichtag in vollem Umfang eingeführt wird, was die fehlerfreie Regelung aller Details voraussetzt. Bisherige Lösungen enden zu diesem Termin. Das erhöhte Einführungsrisiko sollte durch eine **Ausfallplanung** ausgeglichen werden.

- Die **Funktionseinführung**, welche für Projektlösungen bedeutsam ist, die mehrere Funktionen betreffen. Dabei wird zunächst eine Funktion abschließend eingeführt, bevor die Realisierung der nächsten Funktion erfolgt.

- Die **Probeeinführung**, die zunächst in einem Unternehmensteil geschieht, um die Projektlösung zu testen. Wenn diese sich gegebenenfalls mit ergänzenden Verbesserungen, als erfolgreich erweist, wird sie unternehmensweit eingeführt.

- Die **Markteinführung**, wenn es sich z. B. um neue Produkte handelt. Bei unterschiedlichen Märkten erfolgt die Einführung der Projektlösung zunächst auf einem Markt und danach im nächsten Markt.

Die parallele Nutzung einer bisherigen Lösung und der neuen Projektlösung ist möglich, wird aber aus Kapazitäts- und Kostengründen selten gewählt.

5.1.3 EINFÜHRUNGSSTEUERUNG

Zur Einführung einer neuen Projektlösung sind vom Projektleiter verschiedene **Steuerungsmaßnahmen** vorzunehmen. Dabei sind zu unterscheiden:

- Die **Aufgabensteuerung**, die sich auf die Tätigkeiten bezieht, die für die Einführung der Projektlösung erforderlich sind, z. B. die Steuerung der Aufgabenverwirklichung und der Aufgaben im Prozessablauf.

- Die **Personalsteuerung**, welche Maßnahmen umfasst, die Projektmitarbeiter bzw. Mitarbeiter in Fachabteilungen betrifft, z. B. der Einsatz zusätzlicher Mitarbeiter, die aus quantitativen und/oder qualitativen Gründen erforderlich werden.

- Die **Terminsteuerung**, bei der vom Projektleiter planentsprechende Terminierungen für jede Aufgabe erfolgen müssen. Ihre Ergebnisse sind z. B. Beginntermine, Pufferzeiten je Vorgang, Endtermine, der kritische Pfad.

- Die **Kostensteuerung**, denn die Einführung einer Projektlösung verursacht oftmals erhebliche Kosten. Außerdem können hohe Auszahlungen für erforderliche Investitionen notwendig sein, die dann ebenfalls zu steuern sind.

- Die **Ausfallsteuerung** als die vorausschauende Festlegung der Maßnahmen für den Fall des Misslingens einer Lösungseinführung. Sie setzt einen **Ausfallplan** voraus, der ein Rückfallplan, Reduktionsplan oder Notplan sein kann.

5.1.4 STARTVORBEREITUNGEN

Vor dem Start der neuen Projektlösung ist es notwendig, Vorbereitungen zu treffen, die inhaltlich von der Art des Projektes und der Projektlösung abhängig sind. Das sind z. B. beim Start eines integrierten **Standardsoftware-System**:

- Softwareinstallationen, d. h. der Endprototyp ist als System zu installieren
- Altdatenübernahme, z. B. Übernahme einer Vielzahl von Stammdateien
- Datenbankimplementierungen, d. h. das Datenbanksystem ist einzurichten
- Hardwareinstallationen, z. B. Beschaffung und Installation benötigter Hardware.

Der **Umstieg** von einem bestehenden Konzept auf eine neue Projektlösung kann erst erfolgen, wenn alle Startvorbereitungen abgeschlossen sind.

5.1.5 Change Management

Das Change Management als aktive Unterstützung des Unternehmenswandels ist eine die gesamte Projektzeit umfassende Aufgabe, die aber bei der Einführung der Projektlösung besonders intensiv zu betreiben ist. Es soll bei den von Projektlösungen betroffene Personen die Anpassungsbereitschaft an die Neuregelungen verstärken *(Doppler//Lauterburg)*. Dazu bieten sich z. B. an:

- **Information** der vom Projekt betroffenen Mitarbeiter, z. B. mithilfe von Dienstbesprechungen, Rundschreiben, Gesprächen, Referaten oder der Einrichtung einer Hotline.

- **Unfreezing** als Schaffung des Bewusstseins, dass Änderungen permanent notwendig sind. Dabei sind negative Überzeugungen der Mitarbeiter abzuschwächen, z. B. durch Vorlage von Expertengutachten.

- **Moving** als bewegliches Reagieren der Verantwortlichen und Motivation der betroffenen Mitarbeiter, z. B. durch Präsentation vorbildlicher Lösungen, einen Informationstag für das Projekt, eine Belegschaftsbefragung.

- **Refreezing** als Rückführung aus möglicher Erstarrung, z. B. durch Umstellungshilfen für die neue Lösung, Beteiligung der Mitarbeiter am Einführungsprozess, Coaching der Mitarbeiter.

Misslingt das Change Management oder wird darauf verzichtet, besteht nicht nur die Gefahr des Scheiterns der Lösungseinführung, sondern des gesamten Projektes.

5.1.6 Mitarbeiterschulung

Neue Projektlösungen beinhalten oftmals neue Methoden und Techniken, andersartige Software, veränderte Arbeitsplätze und Arbeitsaufgaben. Dazu müssen die Mitarbeiter durch intensive Schulung vorbereitet werden. Erfolgt sie unternehmensintern, sind im Vorfeld mehrere **Festlegungen** zu treffen, die sein können – siehe ausführlich *Olfert*:

▶ Ermittlung der Teilnehmer	▶ Festlegung der Veranstaltungen
▶ Festlegung der Lernziele	▶ Auswahl der Trainer
▶ Bestimmung der Inhalte	▶ Erstellung der Schulungsunterlagen
▶ Ermittlung der Lehrmethoden	

Die Schulung der Mitarbeiter sollte möglichst **zeitnah** vor dem Start der neuen Projektlösung erfolgen, damit das Projekt erfolgreich abgeschlossen wird.

5.1.7 Einführungskontrolle

Bevor der Start für den Anlauf der neuen Lösung tatsächlich erfolgt, empfiehlt es sich, über eine abschließende **Kontrolle der Projekteinführung** festzustellen, ob die praktizierte Einführungslösung der geplanten Lösung entspricht. Zur Kontrolle der Projekteinführung bietet sich dabei die Verwendung einer **Checkliste** an, z. B.:

1	Wurden alle Ausarbeitungserfordernisse abgeschlossen?
2	Ist die Schulung der betroffenen Mitarbeiter erfolgreich vorgenommen worden?
3	Sind alle notwendigen Organisationsrichtlinien veröffentlich?
4	Sind innerbetriebliche bzw. unternehmensexterne Informationen erfolgt?
5	Wurden alle Notfallplanungen fertig gestellt?
6	Hat das Change Management zur Akzeptanz bei den Mitarbeitern geführt?
7	Wurde auf die Bedeutung des Projektes und seiner Einführung hingewiesen?
8	Hat der Betriebsrat der Lösung zugestimmt?
9	Wurden alle erforderlichen Betriebsvereinbarungen abgeschlossen?
10	Sind alle Mitarbeiter über alle Umstellungserfordernisse informiert?
11	Sind alle neuen Formulare verfügbar?
12	Wurden alle Anlaufhilfen vorbereitet?
13	Sind alle zu lösenden Aufgaben beendet?
14	Wurden alle anderen Vorbereitungsmaßnahmen erfolgreich beendet?
15	Haben die Projektmitarbeiter Perspektiven über ihren künftigen Einsatz?

Ergeben sich Differenzen aus der Einführungskontrolle, ist zu prüfen, welche Gründe dafür vorliegen. Daraus können sich Maßnahmen der **Nachsteuerung** ergeben.

5.2 Abschlussarbeiten

Die Projekteinführung endet mit verschiedenen Abschlussarbeiten. Sie sollen als die plangerechte Beendigung eines Projektes angesehen werden, das zum angestrebten Ergebnis geführt hat. Die Praxis zeigt, dass von einem inhaltlich und formal korrekten Abschluss eines Projektes nicht immer ausgegangen werden kann.

Der Projektabschluss ist oft eine **kritische Phase** für alle Projektmitarbeiter, da einerseits das Projekt ordentlich beendet werden soll, andererseits aber einzelne oder alle Projektmitarbeiter in verschiedener Hinsicht bereits »zu neuen Ufern« aufgebrochen sind. Zu den Abschlussarbeiten zählen *(Jossé, Litke/Kunow, Olfert, Rinza)*:

- **Projektnachweise**

- **Projektauflösung**.

5.2.1 PROJEKTNACHWEISE

Zum Abschluss eines Projektes müssen vielfach schriftliche Nachweise erstellt werden. Besonders häufig sind üblich *(Birker, Madauss, Olfert, Schwarze)*:

- Das **Abnahmeprotokoll**, das dazu dient, die Abnahme der Projektlösung durch den Auftraggeber bzw. die zuständige Fachabteilung zu dokumentieren. Es kann auch noch gegebene Mängel, erforderliche Nachbesserungen bzw. Minderungen ausweisen, die erforderlichenfalls zu Maßnahmen der Nachsteuerung führen.

- Der **Abschlussbericht**, der für den Auftraggeber sowie als Beleg für den Projektleiter und die Projektmitarbeiter erstellt wird. In ihm lassen sich die positiven Ergebnisse des Projektes herauszustellen. Bei einer externen Projektdurchführung ist er für die Schlussrechnung maßgeblich.

Weitere Nachweise zum Projektabschluss können im Projektauftrag gefordert sein. So wird bei manchen Projekten eine ausführliche **Projektdokumentation** erwartet.

69 >> Seite 475

5.2.2 PROJEKTAUFLÖSUNG

Die Auflösung des Projektes beendet die Abschlussarbeiten. Sie umfasst vielfach:

- Die **Anerkennung der Mitarbeiter**, die sich bewährt und zum Projekterfolg beigetragen haben *(Boy/Dudek/Kuschel)*. Ihre Leistungen können dabei auch z. B. durch Auszeichnungen, Incentives oder Prämierungen gewürdigt werden.

- Die **Auflösung der Projektgruppe** bzw. die Vermittlung der Mitarbeiter einschließlich des Projektleiters in andere Aufgabenbereiche, z. B. in neue Projekte, den früheren oder einen neuen Arbeitsplatz.

- Die **Archivierung der Unterlagen**, auf die im Bedarfsfalle ein rascher und problemloser Zugriff möglich sein muss. Die Speicherung kann z. B. auf Papier in Ordnern oder auf CD-ROMs bzw. in der Zentraleinheit des Computers erfolgen.

- Die **Rückgabe der Sachmittel**, die vielfach leihweise genutzt wurden bzw. anderweitig eingesetzt werden können, z. B. Mobiliar, Fachbücher, Büromaschinen. Auch an die Rückgabe von Schlüsseln, Kopierschecks und Ausweisen ist zu denken.

- Die **Durchführung einer Abschlussveranstaltung**, die z. B. als Abschlussparty internen Charakter haben oder externe Bedeutung aufweisen kann, z. B. als Einweihung, Inbetriebnahme, Erzeugnispräsentation.

Schließlich ist auch an das Löschen von Projektdateien, den Abschluss der Projektkonten sowie die Vernichtung nicht aufbewahrungspflichtiger Unterlagen zu denken.

6. PROJEKTCONTROLLING

Das Projektcontrolling ist der Projektgestaltung übergelagert und dabei auf die Effizienz von Projekten ausgerichtet. Es dient dazu, die Aktivitäten der Projektverantwortlichen zielorientiert zu beeinflussen *(Horváth, Schröder, Ziegenbein)*.

Das Projektcontrolling stellt einen Koordinationsprozess der Planung, Steuerung und Kontrolle dar und versorgt die am Projekt Beteiligten mit Informationen. Damit geht es über die **Projektkontrolle** hinaus *(Birker, Brandt, Fiedler, Mehrmann/Wirtz, Michel)*. Es unterstützt das Projektpersonal bei der Arbeit, um zügig auf Störungen reagieren zu können *(Kessler/Hönle)*. Zu unterscheiden sind:

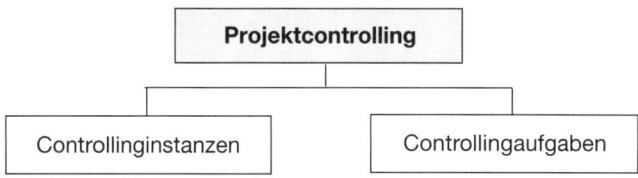

6.1 CONTROLLINGINSTANZEN

Controllinginstanzen sind Organisationseinheiten, die das Projektpersonal bei der Wahrnehmung seiner Aufgaben unterstützen. Dabei kann es sich handeln um:

- **Unternehmensinterne Entscheidungsträger**, zu denen zählen können:

▶ Projektcontroller	▶ Projektlenkungskomitee
▶ Gesamtcontroller	▶ Bereichsleitung
▶ Projektausschuss	▶ Unternehmensleitung

- **Unternehmensexterne Entscheidungsträger**, die als Unternehmensberater bzw. externe Spezialisten in das Projektcontrolling integriert werden können.

Die Controllinginstanz und der Projektleiter sollten kooperativ zusammenarbeiten. Schließlich dient das Controlling in erster Linie der Überwachung des projektorganisatorischen Fortschritts und nicht vorrangig der Kontrolle des Projektpersonals.

Großprojekte oder umfassende Teilprojekte können es sinnvoll erscheinen lassen, das Projektcontrolling einem **Gesamtcontroller** zu übertragen, der gegenüber der Unternehmensleitung eine beratende Funktion hat. In einer Matrix-Projektorganisation ist er wie folgt eingeordnet *(Olfert/Rahn, Rahn)*:

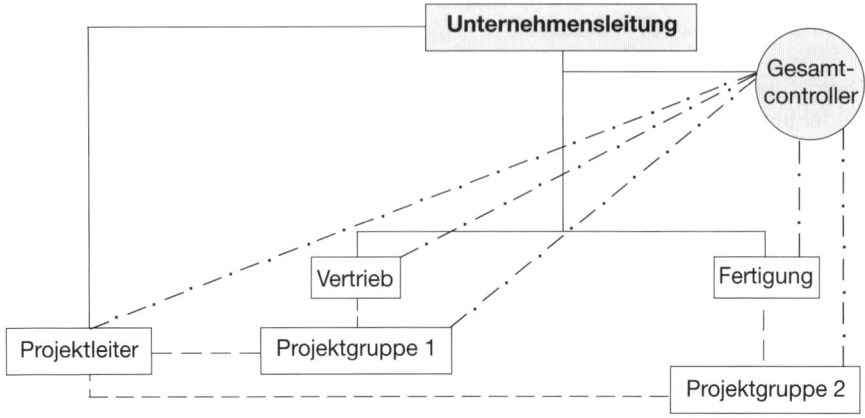

Daraus ist zu erkennen, dass:

- Die **Unternehmensleitung** mit dem Gesamtcontroller zusammenarbeitet. Sie ist an den kompakten vom Controlling systematisch gebündelten Daten interessiert.

- Der **Gesamtcontroller** sowohl zum Projektleiter und den Projektgruppen als auch zu den vom Projekt betroffenen Fachabteilungen Vertrieb und Fertigung intensive Querverbindungen hat. Beide haben in Bezug auf die Projektgruppen – wie auch der Projektleiter – begrenzte Weisungsbefugnis.

Die Aufgaben des Projektcontrolling im Einzelnen hängen von der Controllingorganisation und der Art der Projekteinbindung in das Unternehmen ab – siehe S. 309 ff.

6.2 Controllingaufgaben

Wesentliche Aufgaben eines Projektcontrollers sind *(Brandt, Fiedler, Horvàth)*:

- **Planungsaufgaben**, wobei der Projektcontroller insbesondere auf die Planung der Aufgaben, des Personals, der Termine, der Sachmittel und der damit verbundenen Projektkosten zu achten hat.

- **Kontrollaufgaben**, die über die interne Projektkontrolle hinausgehen und Soll-Ist-Vergleiche in bestimmten Zeitabständen beinhalten, die der Ermittlung und Analyse von Abweichungsursachen dienen *(Birker, Michel)*:

  ▸ Die Aufgabenkontrolle, die sich auf die Aufgabenerfüllung bezieht
  ▸ Die Personalkontrolle, welche z. B. die Fehlzeiten oder Fehlverhalten betrifft
  ▸ Die Ablauf- und Terminkontrolle, die Prozesse und Zeitdaten untersucht
  ▸ Die Zwischen- und Ergebniskontrolle, die die Erfüllung der Projektziele betrifft

- **Informationsaufgaben**, die aus der Weitergabe bzw. Mitteilung von Daten über Projektergebnisse bestehen. Sie ist mithilfe des projektbezogenen **Berichtswesens** möglich, das z. B. als Projektberichte erstellt:

- ▸ **Meilensteinberichte**, die über den Abschluss eines wesentlichen Projektteils nach Erreichung dieses Meilensteins schriftlich Auskünfte geben, z. B. als Bericht über den Zeitraum von der Baugenehmigung bis zum Baubeginn.

- ▸ **Fortschrittsberichte**, in denen die aktuellen Ergebnisse mit den Daten der Projektplanung schriftlich verglichen werden. Sie werden häufig wöchentlich oder monatlich gegeben, z. B. als Bericht über Fortschritte nach dem Aushub der Baugrube.

Außer Projektberichten kann der Projektcontroller einsetzen:

- ▸ **Projektkonferenzen**, bei denen er vierteljährlich oder halbjährlich über das Projekt berichtet, z. B. als Projektreview.

- ▸ **Projektbesprechungen**, die als Projektaudit meist vierteljährlich oder halbjährlich erfolgen. Dabei werden erarbeitete Problemlösungen vorgestellt und diskutiert.

- • **Steuerungsaufgaben** umfassen alle Maßnahmen, die der Erfüllung der Projektziele und der Beeinflussung von Störgrößen dienen. Fehler sollten frühzeitig erkannt und mit Gegenmaßnahmen beantwortet werden. Der Projektcontroller unterstützt dabei das Projektpersonal bzw. die Fachabteilungen durch geeignete Vorschläge *(Heeg, Kupper, Rinza)*.

Bei Interessengegensätzen zwischen Projektcontroller und Projektleiter bzw. betroffenen Fachabteilungen sollten sich die Beteiligten über die zu ergreifenden Maßnahmen austauschen und eine **Einigung** herbeiführen. Wenn sich dies als nicht möglich bzw. erreichbar erweist, ist die Unternehmensleitung einzuschalten, die gegebenenfalls entscheidet.

70 ⟫ Seite 476

KONTROLLFRAGEN	bear-beitet	Lösungs-hinweise	Lö-sung
			+ | -
01 Was ist unter Projektorganisation zu verstehen?		285	
02 Grenzen Sie Projektmanagement und Projektorganisation voneinander ab!		285	
03 Was verstehen Sie unter einem Projekt?		285	
04 Worin sind die Ursachen für die betriebliche Zunahme von Projekten zu sehen?		285	
05 Was sind die wesentlichen Merkmale eines Projektes?		286	
06 Erläutern Sie das Spannungsdreieck der Projektorganisation!		286	
07 Nach welchen Kriterien lassen sich Projekte unterscheiden?		286	
08 Beschreiben Sie ausrichtungsbezogene Projekte!		287	
09 Wie werden Revolutionsprojekte auch noch genannt?		287	
10 Zeigen Sie, welche ausstattungsbezogenen Projekte es gibt!		287 f.	
11 Welche trägerbezogenen Projekte lassen sich unterscheiden?		288	
12 Erläutern Sie funktionsbezogene Projekte!		288	
13 Worin unterscheiden sich projektbezogene Aufgaben und Ziele?		289	
14 Was ist bei der Formulierung von Projektzielen zu beachten?		289 f.	
15 Welche grundlegenden Ziele sind bei Projekten anzustreben?		290	
16 Erläutern Sie Einflüsse, die auf ein Projekt einwirken können!		290 f.	
17 Wie lässt sich der projektbezogene Gestaltungsprozess strukturieren?		291	
18 Geben Sie einen Überblick über die Schritte der Projektvorbereitung!		291	
19 Erläutern Sie grundlegende Merkmale eines organisatorischen Problems!		292	
20 Wie können organisatorische Probleme ermittelt werden?		292	
21 Welche Ursachen für die Auslösung eines Problems kennen Sie?		292	
22 Nennen Sie Analysemethoden zur Ermittlung organisatorischer Mängel!		293	
23 Wodurch kann ein neuer gewünschter Zustand bedingt sein?		293	
24 Welche Aufgaben umfasst eine organisatorische Problemanalyse?		294	
25 Genügt es, ein Problem im Rahmen der Problemdefinition zu benennen?		294	
26 Welche Festlegungen erfordert die Problemdefinition?		294	
27 Aus welchen Gründen ist eine Problemabgrenzung bedeutsam?		294	
28 Wie kann das organisatorische Problem abgegrenzt werden?		294	
29 Welches Vorgehen ist zur Ermittlung der Problemursachen sinnvoll?		295	
30 Zählen Sie unterschiedliche Problemwirkungen auf!		295	
31 Was hat sich für die Erarbeitung von Lösungskonzepten bewährt?		296	
32 Welche Quellen können bei der Alternativenentwicklung ausgewertet werden?		296	
33 Welche Fachkräfte sind bei problembezogenen Aktivitäten einsetzbar?		297	

101	Erläutern Sie die Schwerpunkte eines Projektplanungsberichts!		334		
102	Worüber sollte ein Projektantrag Auskunft geben?		334		
103	Welche Inhalte weist ein Pflichtenheft üblicherweise auf?		335 f.		
104	Welche Regelungen erfolgen in einem Projektvertrag?		336		
105	Inwieweit bietet es sich an, einen Projektförderungsantrag zu stellen?		336		
106	Welche Aktivitäten sind bei Fremdvergabe eines Projektes nötig?		337		
107	Was versteht man unter einer Projektentscheidung?		338		
108	Zählen Sie verschiedene Entscheidungsverfahren auf!		338		
109	Erläutern Sie die Kostenvergleichsrechnung!		339		
110	Erklären Sie, in welchen Schritten eine Nutzwertrechnung abläuft!		340		
111	Beschreiben Sie die Kosten-Nutzen-Analyse!		341		
112	In welchen Schritten wird eine Entscheidungsbilanz ermittelt?		341		
113	Erläutern Sie das Entscheidungsbaumverfahren!		342		
114	Welche Schritte umfasst die Portfolioanalyse?		342 f.		
115	Welche Festlegungen erfordert ein Projektauftrag?		343		
116	Worin kann der Inhalt eines Projektauftrags bestehen?		344		
117	Nennen Sie Anlässe für einen Projektauftrag!		344		
118	Unterscheiden Sie Auftragsmittel!		344		
119	Welche unterschiedlichen Auftragsbedingungen gibt es?		345		
120	Zählen Sie Gründe für die Notwendigkeit der Projektdurchführung auf!		345		
121	Welche Kernaussagen können Unternehmensvisionen enthalten?		346		
122	Was wissen Sie über Projektwirkungen?		346		
123	Welche Aufgaben sind zum Projektstart durchzuführen?		347		
124	Welche Unterlagen und Sachmittel sind beim Projektstart bereitzustellen?		347		
125	Zählen Sie wesentliche Inhalte eines Kick-Off-Meetings auf!		347 f.		
126	Welche Gründe gibt es für eine zögerliche Arbeitsaufnahme?		348		
127	Zählen Sie typische Projektarbeiten auf!		348		
128	In welchen Schritten kann das Recherchieren geschehen?		349		
129	Welche Vorgehensweise ist zur Lösung eines Problems sinnvoll?		349 f.		
130	Wie ist die Vorgehensweise beim Mind Mapping?		350		
131	Erklären Sie, wie die Multi-Karten-Technik durchgeführt wird!		350		
132	In welchen Schritten wird bei der Delphi-Methode vorgegangen?		350		

F. ORGANISATIONSENTWICKLUNG

Die Organisationsentwicklung ist ein längerfristig angelegter Prozess von Veränderungen der Unternehmen als Organisationen und der in ihnen tätigen Menschen *(French/ Bell, Thom)*.

Unternehmen unterliegen einem ständigen **Wandel**, der als ständiger Prozess zu verstehen ist. Dabei sind zu unterscheiden *(Bea/Göbel, Vahs)*:

- Der **ungeplante Wandel**, der nicht beabsichtigt ist, zufällig erfolgt und über längere Zeit mehr oder weniger unbemerkt bleiben kann. Wird er erkannt, bieten sich der Unternehmensleitung als **Verhaltensweisen** an:

  ▸ Ein **passiv-abwartendes Verhalten**, bei dem die Leitung zwar die Notwendigkeit für zu ergreifende Maßnahmen erkennt, aber zunächst keine Aktivitäten entwickelt.

  ▸ Ein **reaktiv-handelndes Verhalten**, mit dem den Veränderungen begegnet wird, z. B. um einen gestörten organisatorischen Gleichgewichtszustand wiederherzustellen.

- Der **geplante Wandel**, der alle absichtlichen Anstrengungen im Unternehmen zur zielgerichteten Organisationsgestaltung umfasst. Seine konzeptionelle Gestaltung stellt die **Organisationsentwicklung** dar.

Mit dem geplanten Wandel sind Maßnahmen der organisatorischen Planung, Gestaltung, Kontrolle und Steuerung der Entwicklung mit dem Ziel der Effizienzsteigerung verbunden. Darauf ausgerichtete **Vorgehensweisen** sind:

Evolution	Ein evolutionäres Vorgehen empfiehlt sich dann, wenn starke und schnelle Einschnitte von den betroffenen Personen kaum akzeptiert werden. Es erfolgt deshalb **kontinuierlich** in kleinen bzw. überschaubaren Schritten über längere Zeit hinweg, um Veränderungen einer gegebenen Organisation zu bewirken.
	Allerdings kann ein zu vorsichtiges Vorgehen dazu führen, dass wesentliche Maßnahmen der Organisationsentwicklung nicht in wünschenswerter Weise greifen bzw. verschleppt werden.
Revolution	Hier trennen sich die Verantwortlichen von früheren Lösungen innerhalb eines relativ eng begrenzten Zeitrahmens. Sie entwickeln völlig neue Verfahrensweisen und Strukturen, ohne dass von bestehenden Gegebenheiten ausgegangen wird.
	Es geht grundsätzlich nicht um Modifizierungen einer bestehenden Organisation, sondern um deren **völlige Neugestaltung**. Sie bedeutet im Ergebnis eine Neubestimmung der Erfolgspositionen des Unternehmens am Markt und eine radikale Umgestaltung der Potenziale, auf denen diese Position beruht *(Hammer/Champy, Hammer/ Stanton, Krüger)*.
	Das revolutionäre Vorgehen kann sich nachteilig auswirken, wenn Veränderungen zu schnell vorgenommen werden und keine ausreichende Absicherung erfolgt.

In den letzten 50 Jahren ist die Organisationsentwicklung als geplanter Wandel in vielfältiger Weise tiefgreifend und umfassend erfolgt. Dabei waren insbesondere ein Wandel von Organisationsformen sowie ein Wandel sonstiger Organisationsmerkmale festzustellen.

Die Organisationsentwicklung ist eng mit der **Personalentwicklung** verbunden, die alle Maßnahmen zur Erhaltung und Verbesserung der Qualifikation von Mitarbeitern umfasst – siehe ausführlich *Olfert*. Sie wird von folgenden **Strategien** und den damit verbundenen Zielsetzungen getragen *(Jung, Mentzel)*:

* Dem Erzielen der **Mitarbeiterqualifikation nach Maß**, indem angestrebt wird, die gegenwärtigen Anforderungen am Arbeitsplatz und die Qualifikationen des Personals möglichst in Einklang zu bringen.

* Dem Erzielen einer **flexiblen Mitarbeiterqualifikation**, die darin besteht, Arbeitsplatz unabhängige Schlüsselqualifikationen zu vermitteln, die dem lebenslangen Lernen Rechnung tragen.

Sie soll auch der **Halbwertzeit des Wissens** als Zeitspanne gerecht werden, in der noch nutzbare Anteile eines einmal erworbenen Wissens auf die Hälfte reduziert werden *(Nagel)*. So ist davon auszugehen, dass dies z. B. bei beruflichen Fachwissens in fünf Jahren, technologischem Wissen in drei Jahren und bei EDV-Fachwissen in einem Jahr der Fall ist. Aufgrund der zunehmenden Informationsflut und der immer rascheren Informationsverarbeitung nimmt diese Zeitspanne stetig ab.

Die Beziehungen zwischen Organisationsentwicklung und Personalentwicklung werden unterschiedlich gesehen. Nach *Hentze/Kammel* überlappen sich die Organisationsentwicklung und Personalentwicklung bereichsweise. Die Schnittmenge hängt von den unterschiedlich weit gefassten Definitionen beider Begriffe ab.

Die **Wechselwirkungen** liegen darin, dass eine erfolgreiche Organisationsentwicklung nicht ohne qualifiziertes Personal möglich ist sowie in der Tatsache, dass entwickeltes Personal entsprechende Organisationsstrukturen benötigt, die sein eigenverantwortliches Handeln unterstützen.

Schließlich sind organisatorische Veränderungen in Unternehmen nicht ohne Lernprozesse der Beteiligten realisierbar. Um diese zu bewirken, bedient sich die Organisationsentwicklung insbesondere jener **Methoden**, die grundsätzlich der Personalentwicklung zuzurechnen sind – siehe Interventionen, S. 397 ff.

Die Organisationsentwicklung wird im Folgenden dargestellt:

Organisations-entwicklung	Merkmale
	Vorgehensweisen
	Interventionen
	Konzepte

1. Merkmale

Um die Organisationsentwicklung grundlegend zu beschreiben, sollen als Merkmale betrachtet werden:

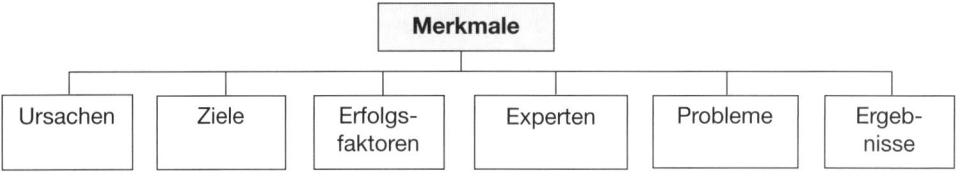

1.1 Ursachen

Es gibt eine Vielzahl von Begründungen dafür, dass organisatorische Entwicklungsmaßnahmen notwendig werden. Zu unterscheiden sind:

- **Interne Ursachen**
- **Externe Ursachen**.

1.1.1 Interne Ursachen

Die internen Ursachen ergeben sich aus dem Unternehmen heraus. Sie betreffen Problemstellungen, denen z. B. zu Grunde liegen *(Bea/Göbe, Kieser/Kubicek)*:

- Die **Unternehmensstrategien** als verbindlich formulierte Handlungsanweisungen, die auf die Organisationsentwicklung einwirken können, z. B. wenn ein Unternehmen, das bisher nicht im Ausland tätig war, auf der Grundlage einer neuen Unternehmensstrategie internationale Allianzen bildet.

- Die **Organisationsziele** als Vorstellungen von zukünftigen Zuständen, welche die organisatorische Entwicklung beeinflussen können, indem z. B. eine angestrebte höhere Wirtschaftlichkeit zum Outsourcing eines Datenverarbeitungszentrums führt, das bisher im Unternehmen eingebunden war.

- Die **Technologie** als die Gesamtheit des Wissens über Verfahren und Techniken der Fertigung bzw. der Informationsverarbeitung. Sie kann die organisatorische Entwicklung beeinflussen, indem z. B. die Leitungsspanne bei steigender Komplexität der Fertigungstechnologie zunimmt.

- Die **Betriebsgröße**, die sich auf die Zahl der Beschäftigten, die Bilanzsumme oder die Höhe des Umsatzes beziehen kann. Mit zunehmender Größe des Unternehmens ist die organisatorische Entwicklung vielfach z. B. durch einen zunehmenden Grad an Spezialisierung gekennzeichnet.

- Der **Unternehmenserfolg**, der sich in steigenden oder fallenden Umsätzen, Kosten bzw. Gewinnen niederschlagen kann. Ist er rückläufig, können z. B. Kosten senkende

Maßnahmen der Organisationsentwicklung ausgelöst werden, Abteilungen bzw. Arbeitsplätze zusammengelegt werden.

- Die **Führungskultur** als die Gesamtheit führungsbezogener Werte, Vorstellungen, Orientierungsmuster, Verhaltensnormen und Denk- bzw. Verhaltensweisen. Geht sie von einem kooperativ geprägten Menschenbild aus, kann z. B. auf eine Teamstruktur mit vermehrter Delegation von Verantwortung hingewirkt werden.

1.1.2 EXTERNE URSACHEN

Jede Organisation muss sich am Markt bewähren. Diese Voraussetzung wird nur dann erfüllt, wenn sich die Bedingungen des Marktes in der Organisation und in den Verhaltensweisen der Mitarbeiter niederschlagen. Als externe Ursachen der Organisationsentwicklung lassen sich nennen *(Klages, Macharzina, Perlitz)*:

- Die **Zunahme internationaler Wirtschaftsverflechtungen**, die sich auf Exportmaßnahmen, Direktinvestitionen bzw. Lizenzvergabe in das Ausland beziehen kann. Als Folge ist z. B. die Errichtung einer international tätigen Holding möglich.

- Die **Globalisierung der Wirtschaft**, die z.B. durch die Entwicklung der weltweit nutzbaren Informations- und Kommunikationstechniken bedingt ist. Eine Globalisierungsstrategie erfordert den Aufbau von Tochtergesellschaften im Ausland.

- Das **verstärkte Zusammenwachsen** der Märkte, z. B. zunehmend auch in Richtung der osteuropäischen Reformstaaten bzw. des fernen Ostens wie China, was internationale Kooperationen bewirkt.

- Die **gemeinsamen Wirtschaftsinteressen** auf neuen Märkten, die zu Joint Ventures führen können, wobei neue, rechtlich selbstständige Unternehmen durch Kapitalbeteiligung mindestens eines in- und ausländischen Partners gegründet werden, um gemeinsame Aktivitäten durchzuführen.

- Der **stärkere Wettbewerb** zwischen den Unternehmen, der sich z. B. in einer aggressiven Preispolitik von Unternehmen zeigt, die zu erhöhtem Kostendruck führt. Daraus kann das Bemühen um eine schlanke Organisationsstruktur resultieren, die als Lean Organisation bezeichnet wird.

- Die **Kundenorientierung**, die eine Erfassung der Präferenzen von Kunden verlangt, z. B. durch Schaffung spezieller Organisationseinheiten, deren Aufgabenträger auf Wünsche bzw. Beschwerden von Kunden schnell reagieren oder durch eine Strukturierung der Organisation nach Kundengruppen.

- Die **rechtliche Regelungen bzw. Änderungen**, welche die Organisationsentwicklung beeinflussen können, z. B. durch das Verbot von wettbewerbshemmenden Vereinbarungen, gesetzlich vorgeschriebene Stellen für Datenschutzbeauftragte, Jugendvertretung, Frauenbeauftragte und Beauftragte für Schwerbehinderte.

- Die **Veränderungen in der Gesellschaft**, die auch als Wertewandel bezeichnet werden. Werte wie z. B. Disziplin und Pflichterfüllung wurden in jüngerer Zeit eher abgewertet. Dagegen haben z. B. Mitbestimmung, Ungebundenheit und Selbstverwirklichung eine Aufwertung erfahren.

Sowohl die internen als auch die externen Ursachen sind von den für die Organisationsentwicklung Verantwortlichen in die Gestaltungsüberlegungen einzubeziehen.

1.2 ZIELE

Die Ziele der Organisationsentwicklung werden aus den Unternehmenszielen abgeleitet. Durch geeignete Organisationsentscheidungen ist dafür zu sorgen, dass die entwicklungsbezogenen Ziele erreicht werden, die vorrangig sind:

- **Effizienzsteigerung**
- **Humanisierung**.

1.2.1 EFFIZIENZSTEIGERUNG

Die Effizienz der Organisationsentwicklung zeigt sich in dem Grad der wirtschaftlichen Erfüllung von Organisationsaufgaben. In der Praxis besteht ein hoher Bedarf an Absicherung und vor allem an Steigerung der organisatorischen Effizienz, die insbesondere beinhaltet *(Albinus, Hinst)*:

- Die **Steigerung der Flexibilität** als der Fähigkeit des Unternehmens, z. B. auf Umweltänderungen im Sinne der betrieblichen Zielerfüllung zu reagieren.

- Die **Erhöhung der Problemlösungsfähigkeit** als Verbesserung der Kreativität, der Innovationsbereitschaft und der Teamfähigkeit von Organisationsmitgliedern.

- Die **Steigerung der Variabilität** als Bereitschaft der Mitarbeiter, Veränderungen innerhalb und außerhalb des Unternehmens zu akzeptieren.

- Die **Verbesserung der Ressourcennutzung** als zielbezogene Schulung von Mitarbeitern bzw. als strukturelle Maßnahmen, z. B. Entbürokratisierung.

- Die **Steigerung der Identifikation** der Führungskräfte und Mitarbeiter mit den Organisationszielen, Vorstellungen der verantwortlichen Aufgabenträger.

Grundprinzipien einer effizienten Organisationsentwicklung sind *(Bea/Göbel)*:

- Nutzung der fachlichen Kompetenzen der Mitarbeiter durch die Vorgesetzten
- Ausschöpfung der Verantwortungsbereitschaft der Mitarbeiter
- Ablösung bürokratischer Reglementierung durch Autonomie und Demokratie
- Flexible Gestaltung von Arbeitszeit, Arbeitsort und Arbeitsverträgen
- Behandlung des Wissens als wertvolle Ressource.

Außer der Effizienzsteigerung müssen bei der Organisationsentwicklung auch gesellschaftspolitische Ziele und Entwicklungen sowie die individuellen Ziele der Mitarbeiter einbezogen werden.

1.2.2 HUMANISIERUNG

Die Humanisierung der Arbeitswelt umfasst alle Maßnahmen, die auf die Verbesserung des Arbeitsinhaltes und der Arbeitsbedingungen für den Menschen ausgerichtet sind. Da sie in der Praxis immer mehr an Bedeutung gewinnt, ist sie als Ziel auch im Rahmen der Organisationsentwicklung zu berücksichtigen.

Die **Interessen der Mitarbeiter** rücken bei dieser Betrachtung in den Vordergrund. Die Führungskräfte sollten von einem positiven Menschenbild ausgehen und sorgen für:

- Die **Entfaltung der Persönlichkeit** ihrer Mitarbeiter durch einen kooperativen Führungsstil, z. B. die Möglichkeit der Partizipation an Entscheidungen.

- Die **Selbstverwirklichung** ihrer Mitarbeiter durch gezielte Abstimmung der Arbeit auf deren individuelle arbeitsbezogene Motive, damit sie sich mit ihren Aufgabenstellungen identifizieren können.

- Die **Verbesserung der Arbeitsbedingungen** ihrer Mitarbeiter z. B. durch Abbau von Monotonie, Förderung von gezielten Arbeitsplatzwechseln, Erweiterung des Aufgabenfeldes, Übertragung von mehr Verantwortung.

Bei der Gestaltung der Organisationsentwicklung wird es für die Unternehmensführung künftig immer bedeutsamer werden, die Schnittmenge zwischen betriebswirtschaftlichen und humanen Zielsetzungen zu vergrößern *(Kreikebaum)*. Es soll damit auch ein vertrauensvolles, offenes Klima geschaffen werden.

1.3 ERFOLGSFAKTOREN

Von den Unternehmen wird ein hoher Grad an Wandlungsfähigkeit verlangt, um dauerhafte Wettbewerbsvorteile zu erlangen und erfolgreich zu sein. Daraus ergibt sich, dass sie bzw. ihre Führungskräfte und Mitarbeiter fortwährend dazulernen müssen.

Deshalb werden Unternehmen auch als »**lernende Organisationen**« bezeichnet *(Pieler, Probst, Senge)*. Sie setzen dabei eine umfassende Kenntnis von Entscheidungen aus der Vergangenheit und den hieraus resultierenden Konsequenzen für die Unternehmen bzw. ihre Umwelt voraus.

Organisationales Lernen ist die Fähigkeit einer Organisation, Fehler zu entdecken, zu korrigieren und die organisationsbezogene Wertebasis und Wissensbasis so zu verändern, dass neue Problemlösungs- und Handlungskompetenzen entstehen und der gemeinsame Bezugsrahmen für die Organisationsmitglieder verändert wird *(Argyris, Probst/ Büchel, Sattelberger)*. Es umfasst als **Grundformen** *(Steinmann/Schreyögg)*:

- Das **Lernen aus Erfahrung**, das an den in der Vergangenheit gesammelten Erfahrungen einer Organisation anknüpft. Die bisherigen Problemlösungen und Handlungsmuster werden beim Auftreten neuer Probleme hinsichtlich ihrer Erfolgswirkungen beurteilt und modifiziert oder durch neue Lösungsansätze ersetzt.

- Das **Lernen aus Erkenntnis**, bei dem ein Unternehmen die Erkenntnisse anderer Organisationen nutzt. Als Auslöser derartiger Lernvorgänge sind z. B. unternehmensübergreifende Arbeitskreise, Gespräche mit Lieferanten und Kunden oder gezieltes Auswerten von Veröffentlichungen zu nennen.

- Das **Lernen durch Eingliederung** bisher nicht bekannter Wissensbestände in die Organisation, z. B. durch Einstellung externer Experten oder Zukauf von organisatorischem Know-how. Es wird auch als **Inkorporation** neuer Wissensbestände bezeichnet.

- Das **Lernen durch Innovation**, bei dem Lernprozesse neues Wissen hervorbringen. Dabei werden die in der Organisation vorhandenen Wissenselemente neu miteinander verknüpft und zu innovativen Problemlösungen weiterentwickelt, was eine intensive Kommunikation der Organisationsmitglieder voraussetzt.

Das Lernen ist grundsätzlich eine individuelle Angelegenheit, die sich zwischen der lernenden Person und der sie umgebenden Umwelt abspielt. Dementsprechend findet das organisationale Lernen im Kontakt mit der Organisation statt. Dabei gilt, dass:

- Die **Organisationsmitglieder** als Individuen in und von der Organisation lernen, indem sie deren Informationen aufnehmen und kritisch verarbeiten.

- Die **Organisation** von den Organisationsmitgliedern lernt, indem deren Informationen für organisatorische Grundsätze und Leitlinien verwendet werden.

Beim organisationalen Lernen findet ein Denken in »**Ursache-Wirkungs-Ketten**« statt, das die Wissensbasis erhöht. Es wird durch das Verlernen ergänzt, mit dem veraltetes Wissen und überholte Verhaltensweisen ablegt werden, um dadurch Freiräume für neue Lösungsansätze und Handlungsweisen zu schaffen.

Erfolgsfaktoren mit positiven Einflüssen auf die Organisationsentwicklung sind:

- **Unternehmerische Visionen**

- **Unternehmensleitbild**

- **Problemlösungspotenzial**

- **Führungskräftepartizipation**

- **Mitarbeitereinbindung**

- **Zeitrahmen**.

Die Organisationsentwicklung wird aber nicht nur von positiv wirkenden Faktoren beeinflusst, sondern auch durch **negative Einflussfaktoren** geprägt, z. B. *(Vahs)*:

▶ Undeutliche Visionen bzw. Leitbilder	▶ Fehlendes Problemverständnis
▶ Unzureichende Kommunikation	▶ Versuche der Teiloptimierung
▶ Fehlender Mut zur Veränderung	▶ Zu kurzer Zeithorizont
▶ Kein Problemlösungspotenzial	▶ Keine Mitarbeitereinbindung

71 〉〉 **Seite 476**

1.3.1 UNTERNEHMERISCHE VISIONEN

Eine unternehmerische Vison ist ein bildhaftes, glaubwürdiges und attraktives Zukunftsbild der Unternehmensleitung mit szenarischem Charakter, das in eine bestimmte Richtung weist, ohne den Rahmen genau und verbindlich festzulegen *(Vahs)*. Sie kann in hohem Maße die Organisationsentwicklung prägen.

Die **Bedeutung** einer glaubwürdigen und attraktiven Vision für die organisatorische Entwicklung von Unternehmen zeigt sich in den bahnbrechenden Ideen und Vorstellungen
von herausragenden Unternehmerpersönlichkeiten, z. B. in der:

- Vision von *Gottlieb Daimler*, der den Hauptzweck seines Unternehmens nicht in der
  Herstellung bzw. dem Vertrieb von Automobilen sah, sondern in der Erreichung des
  Zieles, dass sich die Menschen schneller und bequemer fortbewegen können.
- Vision von *Heinz Nixdorf*, welcher der Auffassung war, dass die EDV durch Dezentralisierung an den Menschen anzupassen sei, anstatt den Menschen in das abstrakte und
  komplizierte System von Zentralrechnern zu zwingen.
- Vision von *Henry Ford*, der das Motto »Autos für jedermann« in den Vordergrund stellte, das dem ersten Erfolgsmodell von Ford zum Erfolg verhalf und auch heute noch
  dem zweitgrößten Automobilkonzern der Welt als Orientierungshilfe dient.

Visionen sind in wenige Worte zu fassen. Sie geben die **Richtung** an, in die das Denken,
Fühlen und Handeln der Führungskräfte und Mitarbeiter gelenkt werden soll. Wenn sie
überzeugend sind, fördern sie die Leistungsbereitschaft des Personals, weil sie eine erhebliche Motivationswirkung mit sich bringen.

Im englischen Sprachraum wird von **vision**, **philosophie**, **mission** und **charta** gesprochen. Damit soll zum Ausdruck gebracht werden, dass für das Unternehmen eine Grund-
position zu formulieren ist, die eine weit in die Zukunft gerichtete Orientierung markiert,
also richtungsweisend ist *(Bea/Haas)*.

1.3.2 UNTERNEHMENSLEITBILD

Das Unternehmensleitbild gibt den Rahmen für die Unternehmensstrategie vor und beschreibt den Weg, mit dem die Unternehmensziele erreicht werden sollen *(Vahs)*. Es setzt
die unternehmerische Vision in allgemeine, idealisierte und damit relativ abstrakte Aussagen um, die betriebsbezogene **Informationen** liefern, z. B. über Ziele, Werte, Normen,
Aktivitäten, Maßnahmen.

Wenn das Unternehmensleitbild von den Führungskräften und Mitarbeitern akzeptiert ist,
übernimmt es als **Handlungsrahmen** eine integrierende und steuernde Funktion, z.B.
auf der Grundlage von Informationen über die:

▸ Einstellung zum Kunden	▸ Gestaltung kommunikativer
▸ Bedeutung des Wettbewerbs	Beziehungen
▸ Einleitung eines Wertewandels	▸ Beziehungen zur Umwelt

Unternehmensleitbilder wurden in der Praxis häufig mit **einprägsamen Leitsätzen** verbunden, welche die grundlegenden Ideen zur Organisationsentwicklung zusammenfassend verdeutlichen sollen, wie die folgenden Beispiele zeigen:

- »Wir wollen das kundenfreundlichste Unternehmen sein« *(IBM)*
- »Gut ist uns nicht gut genug« *(HERTIE)*
- »Vorsprung durch Technik« *(AUDI)*
- »Nichts ist unmöglich« *(TOYOTA)*
- »Geht nicht – gibt's nicht« *(PRAKTIKER)*.

Ihre Konkretisierung finden Unternehmensleitbilder in formulierten **Standards** zum Verhalten, die angeben, was von Führungskräften und Mitarbeitern an Denk- und Verhaltensweisen erwartet wird, wie sie z. B. aus Geschäftsgrundsätzen der *Hewlett-Packard GmbH* hervorgehen, die das Verhalten gegenüber HP, Kunden, Mitbewerbern und Lieferanten betreffen.

Das Unternehmensleitbild verpflichtet die Unternehmensleitung bzw. die Führungskräfte und stimmt die Mitarbeiter in die Notwendigkeiten der Organisationsentwicklung ein. Der Handlungsrahmen, die Leitsätze und die Standards zum Verhalten der Führungskräfte und Mitarbeiter können die organisatorische Entwicklung eines Unternehmens entscheidend prägen.

Visionen und Leitbilder sind Bestandteile der **Unternehmensphilosophie**. Sie ist allen an der Organisation Beteiligten klar und eindeutig sichtbar zu machen *(French/Bell)*. Für den langfristigen Organisationserfolg ist unerlässlich, dass dabei unrealistische Vorstellungen aufgelöst und durch realisierbare Strategien ersetzt werden.

1.3.3 Problemlösungspotenzial

Das Problemlösungspotenzial der **Unternehmensleitung** beeinflusst die Organisationsentwicklung beträchtlich. Sie soll die organisatorische Entwicklung in die richtige Richtung lenken und sich auszeichnen durch:

- **Hohe Sachkompetenz** mit fundierten Kenntnissen und ausgeprägten Fähigkeiten, welche die Betroffenen nicht nur überzeugt, sondern bei diesen auch Respekt auslöst.

- **Ausgeprägten Erfahrungen**, die der Problemlösung im Unternehmen dienen und die organisatorische Entwicklung in geeigneter Weise voranbringen.

- **Problembewusstsein**, das einen starken Willen zur Herbeiführung von organisatorischen Verbesserungen auslöst. Fähige Unternehmensleiter spüren deutlich, wenn die Zustände im Unternehmen nicht optimal sind *(Comelli/v.Rosenstiel)*.

- **Problemlösungsfähigkeit**, die sich in der Fähigkeit zum produktiven Denken und in der Konkretisierung dieser Denkergebnisse äußert, z. B. in Form von Innovationen, die organisatorische Problemlösungsprozesse beschleunigen.

- **Fähigkeit zur Durchsetzung** angestrebter Visionen, Vorstellungen bzw. Leitbilder, die dazu führen sollen, dass sich die Betroffenen im Unternehmen damit identifizieren und die Gegebenheiten umsetzen.

Ein **Problemlösungsprozess** kann in folgender Weise ablaufen *(Staehle)*:

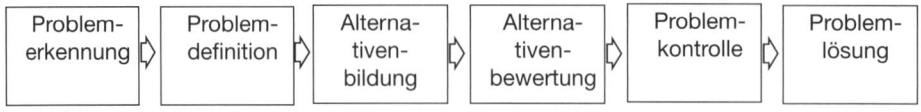

Das **Ergebnis** des organisatorsichen Poblemlösungsprozesses hängt ganz entscheidend von der Interpretation der Ausgangssituation ab. Eine neuartige Problemsicht kann
die Unternehmensleitung zu einer völlig anderen Problemlösung führen.

1.3.4 FÜHRUNGSKRÄFTEPARTIZIPATION

Die Unternehmensleitung sollte die in das Geschehen einzubeziehenden Führungskräfte an den Entscheidungen zur Organisationsentwicklung beteiligen. Das Ergebnis der organisatorischen Entwicklung hängt stark von ihrer Bereitschaft und Fähigkeit zur Partizipation ab.

Von einem Ziel, an dessen Festsetzung die Führungskräfte beteiligt waren, geht eine beträchtliche **Anreizwirkung** aus, das Ziel tatsächlich zu erreichen. Da die Fähigkeit zur
Selbstverpflichtung der Führungskräfte durch die Partizipation erheblich gefördert wird,
ist diese unbedingt bei der Organisationsentwicklung einzusetzen.

Die Partizipation der Führungskräfte dient vor allem mehreren **Zwecken**:

* Unterstützung des Problemlösungsprozesses
* Identifikation mit den Zielen der Organisationsentwicklung
* Nutzung der Kreativität bei verbesserungsbedürftigen Tatbeständen
* Verpflichtung zum Mittragen und Akzeptieren organisatorischer Veränderungen.

Schließlich haben die Führungskräfte eine Steuerungs- und Vorbildfunktion für die Mitarbeiter. Die Ergebnisse ihrer Partizipation wirken auf diese positiv.

1.3.5 MITARBEITEREINBINDUNG

Die Führungskräfte haben ihrerseits die Aufgabe, die Mitarbeiter in die Organisationsentwicklung einzubinden. Dies kann z. B. durch gezielte Information, intensiven Informati-
onsaustausch, permanente Befragung und effiziente Kommunikation erfolgen.

Dadurch wächst deren Motivation und Identifikation mit dem Unternehmen, was unmittelbar auch der Organisationsentwicklung dienen kann.

Bei der Einbindung der Mitarbeiter in das organisatorische Geschehen sollte grundsätzlich von einem **positiven Menschenbild** ausgegangen werden, wonach die Mitarbeiter
i. d. R. ein individuelles Entwicklungspotenzial besitzen, das sich unter geeigneten sozialen und organisatorischen Voraussetzungen zum Nutzen des Unternehmens entfalten
lässt *(Mc Gregor)*.

1.3.6 ZEITRAHMEN

Die Entwicklung einer Organisation wird auch von dem zur Verfügung stehenden Zeitrahmen geprägt. Ist die Zeit für organisatorische Entwicklungen zu knapp bemessen, entsteht ein **Zeitdruck**, der die sorgfältige und sachgerechte Problemlösung beeinträchtigen kann. Als Folgen sind **Organisationsfehler** möglich z. B.:

- ▶ Unproduktive Organisationsgestaltung
- ▶ Mangelhafte Organisationsentwicklung
- ▶ Überorganisation
- ▶ Unterorganisation

Für eine effiziente Organisationsentwicklung sollte deshalb ein Zeitrahmen gesetzt werden, der sich an zwei **Gesichtspunkten** orientieren sollte:

- Der Art und dem Umfang der organisatorischen **Aufgabenstellung**, damit die Entwicklungsaufgabe in der vorgegebenen Zeit lösbar ist.

- Der Zeit, die eine **Organisation** benötigt, um verändert werden zu können. So lässt sich eine kurzfristig bearbeitbare Entwicklungsaufgabe praktisch oft nicht so schnell in die Realität umsetzen, wie dies theoretisch möglich wäre.

    Eine komplexe Lösung kann z. B. vielfach nicht in einem Schritt eingeführt werden, sondern es sind mehrere abgegrenzte Teilschritte erforderlich, zwischen denen Erfahrungs- und Akzeptanzzeiten liegen.

Der Zeitrahmen ist demnach so festzulegen, dass er den Erfordernissen der praktischen Umsetzung entspricht. Insbesondere grundlegende Organisationsprojekte sind üblicherweise keine kurzfristig realisierbaren Projekte.

1.4 EXPERTEN

Bei der Gestaltung der Organisationsentwicklung hat es sich als sinnvoll erwiesen, Experten einzuschalten. Ihnen kommt eine Schlüsselposition zu als:

- **Unternehmensberater**

- **Organisationsberater**

- **Entwicklungsteams**.

1.4.1 UNTERNEHMENSBERATER

Unternehmensberater sind externe, qualifizierte Fachberater und Experten, die oft weitreichende Erfahrungen mitbringen und mit ihren Empfehlungen und Lösungsvorschlägen die Aktivitäten der Unternehmensleitung unterstützen *(Becker/Langosch)*. Sie bieten Beiträge zur Lösung betriebswirtschaftlicher Probleme, die im Regelfall über die Organisationsproblematik hinausgehen.

Im Rahmen der Organisationsentwicklung können Unternehmensberater verschiedene **Aufgaben** wahrnehmen, z. B. *(Born, Seeger/Goede, Staehle)*:

- Ist-Aufnahme der bestehenden Strukturen
- Problemdefinition und Formulierung der Ziele
- Unterstützung der geplanten Entwicklungsmaßnahmen
- Kontrolle der Entwicklungsmaßnahmen.

Der **Erfolg** ihrer Arbeit hängt nicht nur von ihrer Qualifikation ab, sondern auch den Bedingungen bei dem Beratung suchenden Unternehmen und der Art der Interaktion zwischen dem Unternehmen und dem Unternehmensberater.

1.4.2 Organisationsberater

Organisationsberater sind Experten, die – im Gegensatz zu Unternehmensberatern – ausschließlich mit Problemstellungen der Organisation beschäftigt sind. Anders als bei Unternehmensberatern besteht ihre Aufgabe darin, dem Unternehmen zu helfen, seine Probleme eigenständig zu lösen *(Becker/Langosch)*.

In ihrer Funktion sind Organisationsberater mit Trainern vergleichbar, die für eine Vielzahl von Verbesserungen und Veränderungen neue Impulse geben *(Grote)*. Sie befassen sich z. B. mit Strukturierungsproblemen, Prozessproblemen, Motivationsproblemen sowie Problemen bei sozialen Prozessen und überprüfen deren Lösbarkeit *(Bea/Göbel)*.

Als Organisationsberater sind nach ihrer **Herkunft** zu unterscheiden:

- **Interne Organisationsberater**, die dem Unternehmen als Führungskraft oder Mitarbeiter angehören. Sie haben den Vorteil, dass sie das Unternehmen sehr genau kennen. Nachteilig ist, dass sie Schwachstellen oft nicht rechtzeitig erkennen, weil eine gewisse »Betriebsblindheit« gegeben ist.

- **Externe Organisationsberater**, die einem Fremdunternehmen angehören oder selbstständiger Berater sind. Da sie in die Organisation nicht selbst eingebunden sind, können sie sich offener und »objektiver« zu Schwachstellen äußern sowie innovative Lösungen entwickeln *(Bea/Göbel)*. Vielfach fehlen ihnen aber fundierte interne Kenntnisse, was als nachteilig anzusehen ist.

Es gibt keine einhellige Meinung, welche der beiden Berater generell zu bevorzugen ist. Das kann im Übrigen auch von Problemstellung zu Problemstellung unterschiedlich gesehen werden.

Organisationsberater unterstützen die Verantwortungsträger des Unternehmens, indem sie z. B. folgende **Aufgaben** übernehmen:

- Einführung neuer Konzepte der Organisationsentwicklung
- Realisierung organisationsbezogener Diagnosen
- Bearbeitung von Problemen der Organisationsentwicklung
- Implementierung neuer EDV-Technologien.

Die **Effektivität** von Organisationsberatern ist nicht nur von der fachlichen Qualifikation abhängig, sondern wird auch von ihrer Persönlichkeit bestimmt. Sie müssen die Situation des Unternehmens und seiner Ziele sowie die Motivation der Betroffenen kennen, ohne selbst in die Organisationsprobleme involviert zu sein.

An die Qualifikation von Organisationsberatern werden hohe Anforderungen gestellt, z. B. *(Engelhardt/Graf/Schwarz)*:

- **Praktische Kenntnisse** über die Aufbau-, Prozess- und Projektorganisation sowie über Beziehungen zwischen Gruppenmitgliedern.

- **Beherrschung von Kommunikationstechniken**, z. B. kommunikative Fähigkeiten, didaktisches Geschick, aktives Zuhören.

- **Fähigkeit zur Vermittlung von Methoden und Techniken**, z. B. als Weitergabe von Organisationstechniken und Problemlösungstechniken.

- **Persönliche Eigenschaften**, z. B. Ausgeglichenheit, Begeisterungsfähigkeit, Reaktionsfähigkeit, Freundlichkeit, Kritikfähigkeit, Einfühlungsvermögen.

Bei erfolgreich verlaufenden Projekten der Organisationsentwicklung besteht ein wesentliches **Ziel** darin, dass die Person des Organisationsberaters zunehmend entbehrlicher wird.

1.4.3 Entwicklungsteams

Als Entwicklungsteam kann eine Gruppe bezeichnet werden, die das Veränderungsmanagement verantwortungsvoll trägt. Dabei ist es möglich, dass es mit einem Unternehmens- bzw. Organisationsberater zusammenarbeitet, um die organisatorische Entwicklung voranzubringen. Zu unterscheiden sind *(Vahs)*:

- Der **Lenkungsausschuss**, der sich i. d. R. aus Vertretern der Unternehmensleitung und des Betriebsrates zusammensetzt. Er legt die Zielsetzung des Veränderungsvorhabens verbindlich fest und entscheidet in allen Grundsatzfragen. Außerdem delegiert er die erforderlichen Kompetenzen an das Kernteam und die Projektteams.

- Das **Kernteam**, zu dessen wesentlicher Aufgabe es gehört, die ganzheitliche Durchführung des organisatorischen Veränderungsprozesses hinsichtlich der Zielsetzung zu gewährleisten. Es steuert, koordiniert bzw. unterstützt die Projektteams im Unternehmen. Ein Kernteam besteht aus dem Projektleiter bzw. den Projektleitern, die durch Führungskräfte der Unternehmensbereiche ergänzt werden können.

- Die **Projektteams**, die bereichs- und/oder prozessbezogene Einzelprobleme bearbeiten und die sich ergebenden Maßnahmen gemeinsam mit den Aufgabenträgern der betroffenen Bereiche umsetzen. Aufgrund ihrer unmittelbaren Nähe zur Organisationsbasis sind sie die eigentlichen »Treiber« des Veränderungsprozesses.

Für die **Wirksamkeit** von Maßnahmen der Organisationsentwicklung ist es entscheidend, inwieweit es gelingt, dass die Veränderungen nicht von außen, sondern aus dem System selbst heraus entstehen *(Comelli/v. Rosenstiel)*.

1.5 PROBLEME

Veränderungsprozesse in Organisationen sind nicht reibungslos durchzuführen. Mögliche **Ursachen** für organisatorische Probleme liegen in:

▶ Machtkonstellationen	▶ Spielregeln	▶ Tabus
▶ Hierarchien	▶ Rangkämpfe	▶ Widerständen

Organisatorische Entwicklungsprobleme können auf fachlichen bzw. regelungsbedingten Überlegenheits- und Abhängigkeitsverhältnissen von Organisationsmitgliedern beruhen. Sobald Menschen mit ihren Meinungen aufeinander treffen und miteinander interagieren, können Konflikte entstehen.

Es sollen folgende Probleme betrachtet werden:

* **Widerstände**

* **Anwendungsprobleme**

* **Kritik**.

1.5.1 WIDERSTÄNDE

Bei der Organisationsentwicklung können Widerstände als Begleiterscheinungen entstehen, vor allem bei tiefgreifenden oder abrupten Veränderungen, z. B. als:

▶ Befürchtungen	▶ Ängsten	▶ Persönlichen Problemen
▶ Sperren	▶ Inneren Kündigung	▶ Bequemlichkeit
▶ Nörgeleien	▶ Aufsässigkeit	▶ Unzufriedenheit

Dabei werden Bedenken und Meinungen nur selten offen und auch nicht direkt in Verbindung mit den Veränderungen geäußert, was die Organisationsentwicklung erschwert. Mitarbeiter können den Anpassungsprozess und den Fortschritt erheblich behindern, z. B. durch **passiven Widerstand**, der zu erhöhter Fluktuation, Reibungen, vermehrtem Krankenstand, Demotivation, verschlechtertem Betriebsklima oder allgemeiner Unruhe führen kann.

Widerstände sind aber nicht nur negativ zu bewerten. Positiv an ihnen ist, dass durch offen ausgetragene Widerstände fruchtbare Diskussionen über zu Grunde liegende Vorschläge möglich sind, die verbesserte Entscheidungen mit sich bringen können. Deshalb sind entsprechende Reaktionen kritisch zu prüfen und für die Organisationsentwicklung nutzbar zu machen.

1.5.2 SCHWIERIGKEITEN

Bei der Realisierung der Organisationsentwicklung können sich verschiedene Schwierigkeiten ergeben. Dazu zählen:

- Das **Transferproblem**, das auftritt, wenn im Verlauf der Organisationsentwicklung geschulten Mitarbeitern die Übertragung des Gelernten auf das Unternehmen nicht gelingt. Dadurch können Umsetzungsprobleme entstehen.

- Das **Beraterproblem**, das bei schablonenhaftem Vorgehen von Beratern auftreten kann, was anspruchsvollen spezifischen Problemen des Unternehmens nicht gerecht wird. Die Erwartung auf eine schnelle Problemlösung ist häufig nicht realistisch.

- Das **Kommunikationsproblem**, das auftreten kann, wenn sich die an der Organisationsentwicklung beteiligten Personen oder Gremien nicht genug mit der Unternehmensleitung und den verantwortlichen Führungskräften abstimmen.

- Das **Ressourcen- und Kostenproblem**, das entstehen kann, wenn die Kosten der Organisationsentwicklung, z. B. für Personal und Sachmittel, die vorgegebenen Planwerte erheblich übersteigen und es an weiteren nötigen Finanzmitteln mangelt.

1.5.3 KRITIK

Das Konzept der Organisationsentwicklung basiert auf wissenschaftlichen Erkenntnissen, deren Grundlagen sich überprüfen lassen. Außerdem kann die Anwendbarkeit eines Konzeptes anhand seines Erfolges kontrolliert werden. Aus **praktischer Sicht** gibt es dazu aber auch kritische Anmerkungen:

- **Externe Anbieter** können nicht alle Konzepte einsetzen, die insgesamt am Markt angeboten werden. Auch durch mangelnde Beraterkompetenz können Lücken und Versäumnisse entstehen, die der Organisationsentwicklung nicht dienlich sind.

- **Humanisierungsziele** werden gegenüber den ökonomischen Zielen oft als untergeordnet angesehen. Mitunter wird (dennoch) versucht, die Akzeptanz von Rationalisierungsvorhaben unter dem Vorwand der Humanisierung herbeizuführen.

- **Machtpotenziale der Beteiligten** können das Ergebnis der Organisationsentwicklung erheblich beeinflussen. Der Berater kann durch einseitige Einflussnahme, aber auch durch die finanzielle Abhängigkeit von der Unternehmensleitung von der bestmöglichen Ergebnisfindung abgebracht werden.

- **Zeitliche Grenzen** für die Änderung von Zielen und Strukturen der Organisation bestehen auch in einem Organisationsentwicklungsprozess. Sie werden z. B. durch die Unternehmensleitung mitunter zu spät aufgezeigt.

- **Diskrepanzen** zwischen den Plan-Werten und der praktischen Umsetzung der organisatorischen Vorschläge sind häufig nicht zu übersehen.

72 Seite 477

1.6 ERGEBNISSE

Die letzten fünf Jahrzehnte waren von umfassenden Veränderungen geprägt, die hohe Anforderungen an die Innovationsfähigkeit und die Fachkompetenz der Unternehmensleitung, Führungskräfte und Mitarbeiter stellten. Sie führten zu organisatorischen Ergebnissen, die unterschiedliche Ausprägungen hatten als:

• **Wandel von Organisationsformen**

• **Wandel sonstiger Organisationsmerkmale**.

Auch für die **Zukunft** ist diesbezüglich mit drastischen Veränderungen zu rechnen, die zu einem Wandel der Organisationen führen müssen, wenn die Unternehmen erfolgreich bleiben oder werden wollen.

1.6.1 WANDEL VON ORGANISATIONSFORMEN

In der Vergangenheit ergab sich für viele Unternehmen die Notwendigkeit, ihre Organisationsform zu verändern. Dafür lagen vor:

• **Personenbezogene Gründe**, die auf Ideen der Unternehmensleitung, der Führungskräfte und Mitarbeiter des Unternehmens basierten, z. B.:

▶ Verwertung neuer Visionen	▶ Nutzung zukunftsorientierter Vorschläge
▶ Verwirklichung persönlicher Ziele	▶ Umsetzung von Leitbildern
▶ Umsetzung von Organisationsideen	▶ Auslösung von Innovationen

• **Interne Sachgründe**, welche über die personenbezogenen Gründe hinaus zu Veränderungen der Organisation führten, z. B.:

▶ Andere Strategien	▶ Organisationsziele
▶ Neue Technologien	▶ Beträchtlicher Unternehmenserfolg
▶ Veränderte Betriebsgrößen	▶ Neue Führungskulturen

• **Externe Sachgründe**, welche die Organisationsentwicklung ebenfalls beträchtlich beeinflusst haben, z.B.:

▶ Externe Einflüsse des Marktes	▶ Kooperation mit Unternehmen
▶ Verstärkung der Einflussfaktoren des Wettbewerbs	▶ Internationale Verflechtungen
	▶ Gemeinsame Wirtschaftsinteressen
▶ Kundenorientierung	▶ Wertewandel in der Gesellschaft

In vielen Unternehmen haben in den letzten Jahrzehnten Veränderungen bei den Organisationsformen stattgefunden. Als **Beispiel** soll der *Daimler-Chrysler-Konzern* als größtes deutsches Industrieunternehmen aufgeführt werden, der eine Entwicklung von einer Funktionalorganisation zur Spartenorganisation nahm:

**Funktional-
organisation
(ab 1983)**

Bei der Organisationsstruktur des Daimler-Benz-Konzerns von 1983 bis 1987 waren die Kernaufgaben des Vorstandes nach betrieblichen Grundfunktionen gegliedert *(Bauer/Nowak)*. Der Vorstandsvorsitzende hatte im Gegensatz zu den übrigen Mitgliedern des Vorstandes keine Funktionsverantwortung. Allerdings wurden ihm zahlreiche Stäbe zugeordnet.

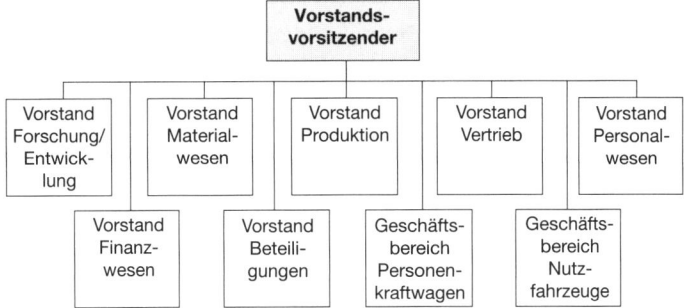

Seit 1985 begann die Phase der verstärkten **Diversifikation**. Der Daimler-Benz-Konzern erwarb aktienrechtliche Mehrheiten an:

▶ *AEG AG*   ▶ *Dornier GmbH*   ▶ *MTU GmbH*   ▶ *MBB GmbH*

Vorrangige **Ziele** bildeten dabei die Realisierung von Synergiepotenzialen im technologischen Bereich und der Aufbau eines Geschäftsbereichs für Luft- und Raumfahrt. Die gestiegene Zahl der Geschäftsbereiche führte zu einer wesentlich erhöhten Komplexität der zu bewältigenden Aufgaben, wodurch Strukturanpassungen erforderlich wurden.

**Mischform
aus Funktional-
und Sparten-
organisation
(ab 1987)**

Um den Übergang von einem Automobilunternehmen zu einem Technologiekonzern vollziehen zu können, wurde vom Vorstand eine **Mischform** mit divisionalen und funktionalen Elementen eingerichtet.

Sie orientierte sich an der zunehmenden Komplexität und Dynamik bei Technologie und Wettbewerb sowie den höheren Ansprüchen an Flexibilität, Anpassungsfähigkeit und Innovationskraft. Die **Grenzen** der eher zentral ausgerichteten Funktionalorganisation wurden überwunden. Es erfolgte der Übergang zu einer dezentralen Organisationsform.

**Sparten-
organisation
(ab 1991)**

Der Konzern wurde zu einer Spartenorganisation weiter entwickelt, mit der *Daimler Benz AG* als Managementholding und vier rechtlich und organisatorisch selbstständigen Tochtergesellschaften:

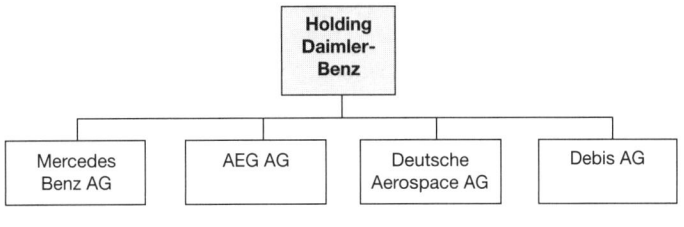

Die **Tochtergesellschaften** wirtschafteten in eigener Gewinnverantwortung.

- Die *Mercedes Benz AG* entstand durch Zusammenfassung der Geschäftsbereiche Personenkraftwagen und Nutzfahrzeuge.

- Die *AEG AG* blieb mit Ausnahme des Geschäftszweiges Verteidigungstechnik in der bisherigen Form bestehen.

- Die *Deutsche Aerospace AG* fasste die bisherigen Tochterunternehmen MTU, Dornier und MBB zu einer Sparte für Luft- und Raumfahrt zusammen.

- Die *Debis AG* war die Sparte für Dienstleistungen, z. B. EDV- und Finanzdienstleistungen, Versicherungen, Handel und Marketing-Service.

Die Daimler-Benz AG hatte als geschäftsführende **Holding** und **Dachgesellschaft** keine eigenen Produktionsstätten. Der Vorstand der Holding konzentrierte sich auf strategische Aufgaben, die Vorstände der Tochtergesellschaften wirtschaften selbstständig.

Die einheitliche Leitung wurde in dem Vertragskonzern durch den Abschluss von Gewinnabführungs- und Beherrschungsverträgen hergestellt. Im Jahre 1998 fusionierte die *Daimler-Benz AG* mit dem *Chrysler-Konzern*.

Sparten-organisation (ab 2003)

Die Spartenorganisation wurde beibehalten, aber in veränderter Weise fortgeführt *(Daimler-Benz AG, Scharrer)*:

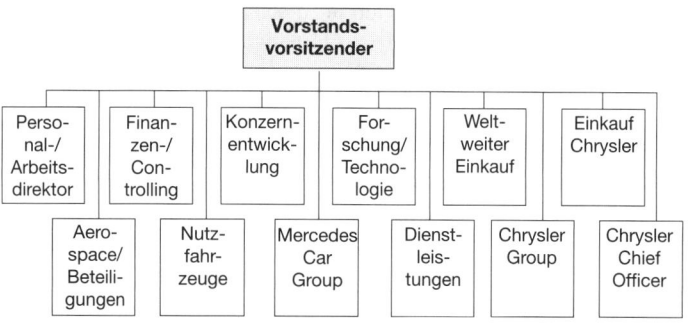

Trotz Straffung der Führungsorganisation und weitreichender personeller Veränderungen ist die Organisationsentwicklung nicht abgeschlossen *(Vahs)*.

1.6.2 Wandel sonstiger Organisationselemente

Außer dem Wandel von Organisationsformen gab es auch innerhalb der Organisationsformen erhebliche Veränderungen, die sich vielfach in kleinen bzw. überschaubaren Schritten vollzogen, um Verbesserungen, Erweiterungen und Modifizierungen gegebener Organisationen zu bewirken.

Für diesen Wandel organisatorischer Einzelelemente sind als **Gründe** vor allem notwendige Kostensenkungen, Ergänzungen der Aufbaustruktur, Optimierung der Prozesse, Intensivierung der Projektarbeit, Verstärkung der Teamarbeit und Ausgliederung von Unternehmensteilen zu nennen.

Grundlage dieses Wandels waren in der Vergangenheit vielfach **organisationsverändernde Konzepte**, wie sie noch beschrieben werden – siehe S. 414 ff.

▶ Outsourcing	▶ Teilautonome Arbeitsteams
▶ Insourcing	▶ Qualitätszirkel
▶ Lean-Aufbaukonzept	▶ Teamarbeit
▶ TQM-Konzept	▶ Strategische Allianzen
▶ Just-in-time-Konzept	▶ Joint Ventures

Sie wurden von den Unternehmen aufgegriffen, wenn sie sich davon eine Verbesserung ihrer Erfolgschancen versprachen.

2. Vorgehensweisen

Um die Effizienz der Organisationsentwicklung zu sichern, muss das Vorgehen der Verantwortlichen von einer grundlegenden Systematik getragen werden. Es gibt:

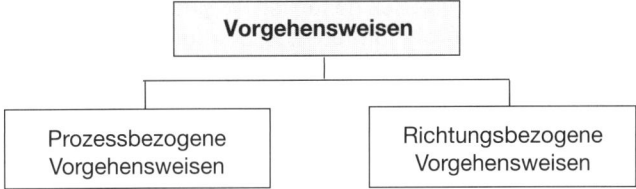

2.1 Prozessbezogene Vorgehensweisen

Der Prozess der Organisationsentwicklung stellt eine komplexe Reihenfolge von **Interaktionen** dar *(Comelli/v.Rosenstiel)*. Diese sind mit bestimmten Gesetzmäßigkeiten verbunden, welche für die Vorgehensweise der Verantwortlichen bedeutsam sind. Prozessbezogen sind z. B. zu unterscheiden:

- **Drei-Phasen-Prozess**

- **Vier-Phasen-Prozess**

- **Sechs-Phasen-Prozess**.

2.1.1 Drei-Phasen-Prozess

Lewin geht davon aus, dass in jeder Situation eines Unternehmens Kräfte wirken, die den Wandel einerseits vorantreiben und andererseits behindern. Wenn ein organisatorisches Gebilde dauerhaft überleben will, muss die Summe aller Kräfte für einen Gleichgewichtszustand sorgen. Als **Phasen** des Organisationsprozesses nennt er:

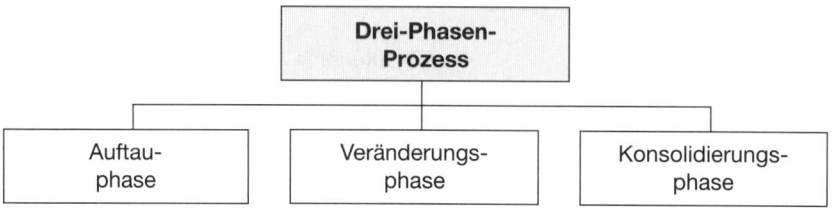

2.1.1.1 Auftauphase

Der Anstoß für die Entwicklung eines organisatorischen Prozesses ist häufig ein von den Verantwortlichen empfundenes **Problem**, das zu einem Bedürfnis nach Veränderung führt. Oft wird es aber noch nicht genau bzw. umfassend erkannt, als solches empfunden oder bezüglich Art und Ausmaß unterschiedlich eingeschätzt.

Die betroffenen Mitarbeiter sind von den negativen Folgen der bisherigen Gegebenheiten zu überzeugen. Ihre **früheren Vorstellungen** müssen »aufgetaut« werden, um die Bereitschaft zur Veränderung zu bewirken *(Vahs)*. Zu ihrer Sensibilisierung können als **Steuerungsmaßnahmen** ergriffen werden:

• Das **Durchbrechen** emotionaler Hemmschwellen bei diesen Mitarbeitern, indem sie intensiv in den Veränderungsprozess einbezogen werden.

• Das **Auflösen** nicht förderlicher Einstellungen, Werte oder Verhaltensweisen, z. B. durch überzeugende Argumente.

In dieser Phase hat es sich bewährt, externe oder interne **Berater** hinzuzuziehen, die den Betroffenen ihre Rolle im Prozess der Organisationsentwicklung verständlich machen und zu ihnen ein Vertrauensverhältnis aufbauen.

Daraufhin kann die **Diagnose** des Problems vorgenommen werden, indem die problemrelevanten Daten erfasst und ausgewertet werden. Anschließend erfolgt eine **Rückmeldung** an die Verantwortlichen, die zu Diskussionen mit den von der Organisationsentwicklung betroffenen Personen führen können *(Grote, Probst)*.

2.1.1.2 Veränderungsphase

Um das bisherige System neu zugestalten, ist ein Organisationskonzept zu entwickeln und zu implementieren. Das **Verhalten** der am organisatorischen Entwicklungsprozess

Beteiligten kann in dieser Phase von einer passiven Anpassung an die neuen Bedingungen bis hin zur aktiven Teilnahme am Geschehen reichen.

Die vom Wandel betroffenen und aktiv eingebundenen **Mitarbeiter** sollten die Möglichkeit erhalten, **Einfluss** auf das Ergebnis des Veränderungsprozesses zu nehmen und somit zu Beteiligten werden.

Dabei kann der Einsatz von als **Interventionen** noch zu beschreibenden Führungsinstrumenten erfolgen *(Olfert/Pischulti, Vahs)*:

▶ Sensitivitätstraining ▶ Transaktionsanalyse ▶ Prozessberatung
▶ Teamentwicklung ▶ Konfrontationstreffen ▶ Coaching

Die betroffenen Mitarbeiter müssen Altes verlernen und stattdessen Neues erlernen. Gelingt dies nicht, kann die anschließende Stabilisierung der neuen Situation gefährdet sein *(Schanz)*.

2.1.1.3 Konsolidierungsphase

In der Konsolidierungsphase soll die erreichte organisatorische Änderung stabilisiert werden, damit sie langfristig Bestand hat. Ein Rückfall in den bisherigen Organisationszustand darf nicht eintreten. Die wesentliche **Voraussetzung** dafür ist die erfolgreiche Durchführung der beiden vorangegangenen Phasen.

Es ist auf die subjektive Wahrnehmung des Veränderungserfolges durch die betroffenen Mitarbeiter hinzuweisen, die sich z. B. in der Feststellung einer besseren Zusammenarbeit und/oder in der Wahrnehmung größerer Entscheidungsspielräume zeigt. Auf diese Weise festigt sich das organisatorische System.

Unverzichtbares Element der Konsolidierungsphase ist die **Erfolgskontrolle**, die ein positives Ergebnis der Organisationsentwicklung erkennen lassen sollte. Die Phase der Konsolidierung bedeutet aber kein starres Festhalten an den neuen Regelungen, sondern bildet die **Ausgangsbasis** für deren **Weiterentwicklung**.

2.1.2 Vier-Phasen-Prozess

Die Struktur des Prozesses der Organisationsentwicklung wird beim Vier-Phasen-Prozess erweitert und verfeinert *(Grote)*. Sie umfasst:

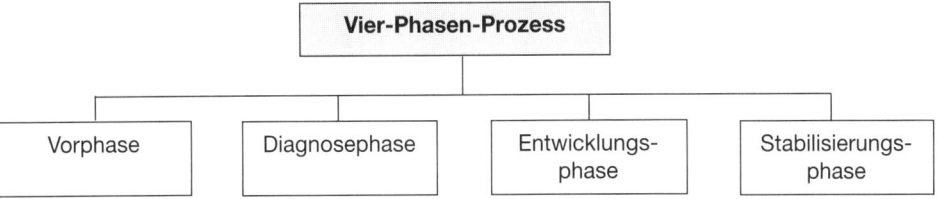

2.1.2.1 Vorphase

In der Vorphase werden organisatorische Probleme durch interne oder externe **Anstöße** festgestellt. Diese können ein Veränderungsbewusstsein bei den Betroffenen auslösen. Um das jeweilige Problem genau zu beschreiben und Einigkeit über dessen Art und das Ausmaß herbeiführen zu können, erfolgt der Einsatz interner und/oder externer **Experten**.

Die Betroffenen werden in das Geschehen einbezogen. Dadurch wird ihr Verständnis für die Notwendigkeit der Organisationsentwicklung gefördert. Sie erkennen die Probleme und werden sich ihrer bewusst, was veränderte Einstellungen, Werte, Normen und Verhaltensweisen bewirken kann.

Auf diese Weise ist es möglich, die Basis für eine vertrauensvolle Zusammenarbeit aller an der Organisationsentwicklung beteiligten Personen zu schaffen.

2.1.2.2 Diagnosephase

Die Diagnosephase dient der Beschreibung des Ist-Zustandes sowie der Erkennung von Wirkungen und Konsequenzen der erwogenen Maßnahmen. Es erfolgt ein systematisches **Sammeln** und **Aufbereiten** der für die Problemlösung nötigen Daten, z. B. über:

- ▶ Organisationsstruktur
- ▶ Arbeitsprozesse
- ▶ Situative Bedingungen
- ▶ Kommunikation
- ▶ Soziale Beziehungen
- ▶ Erleben und Verhalten
- ▶ Betriebsklima
- ▶ Wechselwirkungen

Dabei können verschiedene **Aufnahmetechniken** genutzt werden, siehe S. 68 ff.:

- ▶ Interview
- ▶ Fragebogen
- ▶ Konferenz
- ▶ Selbstaufschreibung
- ▶ Dokumentenauswertung
- ▶ Experiment
- ▶ Beobachtung

Die Art und Weise der Sammlung und Auswertung der Informationen ist ebenso wichtig wie die Ergebnisse der diagnostischen Aktivitäten *(French/Bell)*. Durch die Rückkopplung der Ergebnisse bzw. durch das **Feedback** der Beteiligten kann der Prozess der Organisationsentwicklung erfolgreich gestaltet werden.

2.1.2.3 Entwicklungsphase

Die Entwicklungsphase beinhaltet den eigentlichen Veränderungsprozess der Organisation und beruht auf dem Handeln und Lernen der Beteiligten. Aufgrund der gewonnenen Erkenntnisse findet eine Formulierung, Konkretisierung und Gewichtung von Veränderungszielen und Veränderungsschwerpunkten zur Lösung des Organisationsproblems statt *(Baumgartner)*.

Um die gesetzten Ziele der Organisationsentwicklung erreichen zu können, sind z. B. als **Maßnahmen** nötig:

- Festlegung konkreter Organisationsmaßnahmen nach Inhalt und Umfang
- Erstellung eines Zeitplans für die Umsetzung der Maßnahmen
- Abstimmung der Aktivitäten mit der Unternehmensleitung.

In den Veränderungsprozess sollte das Wissen sämtlicher Beteiligter einbezogen werden, da sie die Organisation als Betroffene bzw. Problemverursacher am besten kennen *(Grote)*. Die Realisierung der ausgewählten Ziele und Maßnahmen erfolgt meist in **Teilprojekten**.

Vielfach kann es zweckmäßig sein, **Entwicklungsgruppen** in der Organisationsstruktur zu verankern, welche die Koordination sämtlicher Projekte der Organisationsentwicklung übernehmen, z. B. als Lenkungsausschuss, Kernteam oder Projektteam. Sie können für die nötige Ergebnis oder Fortschritt bezogene Transparenz des Prozesses sorgen und zu weiteren Verbesserungsvorschlägen anregen.

2.1.2.4 STABILISIERUNGSPHASE

Mit der Stabilisierungsphase wird der Prozess der Organisationsentwicklung abgeschlossen. Die Absicherung des neuen Systems geschieht, indem auftretende aktuelle Probleme in die Betrachtungen einbezogen werden. Die Weiterentwicklung des Prozesses wird durch die an ihm Beteiligten unterstützt.

In Bezug auf die eingeleiteten Veränderungsaktivitäten erfolgt eine fortlaufende **Erfolgskontrolle**, die z. B. umfassen kann:

- Vergleich der qualitativen und quantitativen Ist-Arbeitsergebnisse mit den Planwerten, um entsprechende Maßnahmen der Steuerung ableiten zu können.

- Überprüfung der Wirkungen organisatorischer Maßnahmen auf Arbeitszufriedenheit, Betriebsklima und Engagement.

Gegebenenfalls bietet es sich an, den Betroffenen ergänzende **Motivationsmaßnahmen** zukommen zu lassen, z. B. durch Ermunterung, Ansporn, Lob, Prämien.

2.1.3 SECHS-PHASEN-PROZESS

Die Entwicklung von Unternehmen muss nicht einheitlich verlaufen. Wachsende Unternehmen weisen dabei eine ähnliche formale Struktur ihrer Entwicklung auf, die nach *Bleicher* sechs Phasen umfasst. Diese können aber immer wieder auch durch Krisen gestört, unterbrochen oder sogar beendet werden.

Die **Phasen** der inneren und äußeren Entwicklung des Unternehmens sind *(Bleicher, Vahs)*:

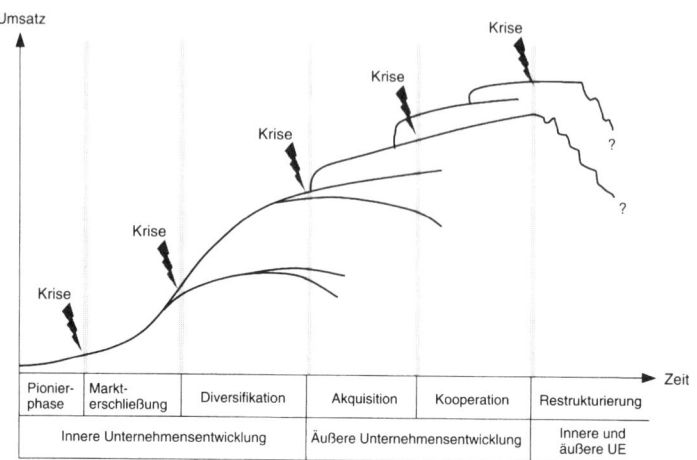

2.1.3.1 PIONIERPHASE

Die Pionierphase beginnt mit der **Unternehmensgründung**. Ihr liegt oft eine Idee zu Grunde, die sich in eine marktfähige Problemlösung umsetzen lässt. Die Situation des Unternehmens ist in dieser Phase durch die Innovationskraft und die Risikobereitschaft des Pionierunternehmers geprägt. Häufig werden die betrieblichen Prozesse eher improvisiert als organisiert.

Es herrscht nicht selten ein »**kreatives Chaos**«, in dem die persönlichen Kenntnisse des Unternehmers zur Problemlösung als ausreichend angesehen werden. Die Steuerung des Unternehmens erfolgt fallweise durch improvisierte Entscheidungen, da es noch keine klare Strategie gibt.

Deshalb weist die Pionierphase ein hohes **Krisenpotenzial** auf, das sich darin zeigt, dass die Mehrzahl aller Neugründungen von Unternehmen bereits in ihrer frühen Phase scheitert. Die hauptsächlichen **Ursachen** dafür sind z. B.:

▶ Unzureichendes Marktpotenzial	▶ Knappe finanzielle Mittel
▶ Falsche Einschätzung der Lage	▶ Führungsfehler

Um in der Pionierphase einer Krise vorzubeugen, die zur Liquidation des noch jungen Unternehmens führen kann, sind sowohl die Probleme des Marktes als auch der Führung und der Organisation rechtzeitig und angemessen zu lösen.

2.1.3.2 MARKTERSCHLIESSUNGSPHASE

In dieser Phase gelingt es dem Pionierunternehmen, weitere Kundenkreise zu gewinnen. Dabei erfordert das schnelle **Wachstum** die laufende Anpassung der personellen und materiellen Ressourcen. Wenn dieses Vorhaben nicht gelingt, drohen Engpässe, die für die Beteiligten Schwierigkeiten mitsichbringen können.

Einem erhöhten **Bedarf an Finanzmitteln** lässt sich auf unterschiedliche Weise begegnen, z. B. durch die Aufnahme von neuen Gesellschaftern oder den Gang an die Börse. Diese Maßnahmen können zu einer Veränderung der ursprünglichen Eigentümerstruktur führen.

Das wachsende Unternehmen und die damit verbundenen Probleme erfordern die zunehmende **Standardisierung** von Aufgaben, Kompetenzen und Verantwortung bzw. den Einsatz von entsprechenden Führungssystemen. Es bietet sich z. B. der Einsatz einer **Funktionalorganisation** an, deren weitgehende Zentralisierung sich z. B. aus folgenden Gründen empfiehlt:

- ▶ Durchsetzung des Leitungswillens
- ▶ Straffung der Aufgabenerfüllung
- ▶ Gewährleistung von Überschaubarkeit
- ▶ Nutzung von Prognosevorteilen
- ▶ Vermeidung von Doppelarbeit
- ▶ Geographische Konzentration

Bleicher zufolge ist das **Krisenpotenzial** in der Markterschließungsphase relativ gering. Die Vernachlässigung der strategischen Erfolgspotenziale kann mit Rückgängen des Absatzes bzw. mit Überkapazitäten verbunden sein.

Um Liquiditätskrisen zu vermeiden, müssen rechtzeitig **neue Erfolgspotenziale** entwickelt werden.

2.1.3.3 Diversifikationsphase

In der Diversifikationsphase werden über das gegebene Leistungsprogramm hinaus neue Erfolgspotenziale aufgebaut. Neben die bisherige, standardisierte Aufgabenerfüllung mit eher geringeren Risiken tritt der Aufbau von **neuen Geschäftsfeldern**, der wiederum durch Pioniergeist, Risikobereitschaft und Kreativität geprägt ist.

Damit entsteht aus einer eher zentralen Organisation eine dezentrale Ausrichtung. Eine am Objektprinzip orientierte **Spartenorganisation** bietet die Möglichkeit, die verschiedenen Produktgruppen in ein übersichtliches System zu bringen. Zur Unterstützung der Unternehmensleitung bieten sich **Zentralabteilungen** an, z. B. für Planung, Information und Kontrolle.

Das **Risikopotenzial** in der Diversifikationsphase hält *Bleicher* als insgesamt geringer als in den beiden vorhergehenden Phasen der Unternehmensentwicklung. Allerdings können Konfliktpotenziale zwischen den Divisionen aus dem Wettbewerb der einzelnen Geschäfts-Bereiche um knappe Ressourcen entstehen.

Insgesamt gesehen erhöht sich das **Krisenpotenzial** umso mehr, je weiter sich das Unternehmen von seinen ursprünglichen Geschäftsfeldern entfernt.

2.1.3.4 Akquisitionsphase

Mit der Akquisitionsphase beginnt die Phase der äußeren Unternehmensentwicklung, d. h. es wird die Übernahme bzw. die Integration anderer Unternehmen erwogen. Damit verfolgt ein Unternehmen das Hauptziel, relativ schnell **neue** und **ertragreiche Geschäftsfelder** aufzubauen.

Diese Maßnahmen münden gegebenenfalls in eine **Holding-Organisation**, die als Matrixorganisation gestaltet werden kann. Die erworbenen Unternehmen werden als eigenständige Töchter einer Muttergesellschaft unterstellt, wodurch die wirtschaftliche und die strukturelle Flexibilität erhalten bleiben.

Die vorhandenen Managementsysteme müssen den komplexer und internationaler gewordenen Verhältnissen angepasst werden. Diese Maßnahmen stellen erhöhte Anforderungen an die Qualität des Managements.

Ein erhebliches **Risikopotenzial** ergibt sich in der Akquisitionsphase aus den unterschiedlichen Kulturen der sich zusammenschließenden Unternehmen, in die jede einzelne Betriebswirtschaft über viele Jahre hinweg eingebettet war.

2.1.3.5 KOOPERATIONSPHASE

In der Kooperationsphase versuchen die Unternehmen, über die Zusammenarbeit mit anderen Firmen neue **Produkt-Markt-Kombinationen** zu realisieren. Dabei steht nicht das finanzielle Engagement im Mittelpunkt sondern das Vertragsverhältnis zwischen den kooperierenden Unternehmen.

Während im Innenverhältnis der Unternehmen die anstehenden Prozesse zu bewältigen sind, ist im Außenverhältnis nach Lösungen zu suchen, die einen Interessenausgleich ermöglichen und die jeweiligen Stärken der Geschäftspartner zum Tragen bringen, z. B. über **Joint Ventures** bzw. **strategische Allianzen**.

Ein zentrales Problem stellt in der Kooperationsphase das individuelle und kulturell geprägte Verhalten der Kooperationspartner dar. Auch die weiterhin bestehende wirtschaftliche und rechtliche Selbstständigkeit der Partner kann Konfliktpotenziale bergen, wenn das Gesamtwohl des Unternehmens aus dem Auge verloren wird.

Die Beendigung von Kooperationen kann zu einer schweren **Unternehmenskrise** führen, wenn durch die erfolglosen Bemühungen um Zusammenarbeit wertvolle Zeit verstrichen ist oder dem Partner – ohne erkennbaren Erfolg – gutgläubig technologische und marktbezogene Betriebskenntnisse weitergegeben wurden.

2.1.3.6 RESTRUKTURIERUNGSPHASE

Die Unternehmensleitung ist bestrebt, Fehler der Vergangenheit zu korrigieren, um die künftigen Chancen des Unternehmens zu verbessern, z. B. über:

• Die **Rückgewinnung der Ertragskraft**, bei der solche Geschäftsfelder und Unternehmensteile aufgegeben werden, die keine Zukunft mehr haben. Dabei wird versucht, ein früheres Stadium der Unternehmensentwicklung zu erlangen. Es folgt eine Schrumpfung der organisatorischen Gegebenheiten, die andere Organisationsstrukturen und Managementsysteme erfordert.

- Den **Wechsel in den Eigentumsverhältnissen**, indem die Unternehmensleitung eigenverantwortlich die Rolle des Eigentümers übernimmt. Diese Rolle kann erhebliche Kräfte aktivieren, wenn die Führungskräfte in der Lage sind, »alte Zöpfe« einer unrentablen Unternehmensgestaltung abzuschneiden.

- Als weitere **Aktivitäten** zur Restrukturierung können Maßnahmen der Sanierung, die Aufgabe der Autonomie, der Erwerb einzelner Geschäftsbereiche und die Integration in ein anderes Unternehmen genannt werden.

73 〉〉 Seite 477

2.2 Richtungsbezogene Vorgehensweisen

Um den Prozess der Organisationsentwicklung und dessen Richtung möglichst effektiv zu gestalten, kann die Unternehmensleitung verschiedene **Strategien** einsetzen, die sich auf die folgenden Führungsebenen des Unternehmens beziehen:

Die Strategien sollen den **Herausforderungen** begegnen, denen das Unternehmen ausgesetzt ist, z. B. veränderten Absatzmärkten, dem Wertewandel, neuen Technologien oder neuen Produkten. Zu ihrer effizienten Entwicklung kann die Unternehmensleitung die Vorstellungen und Meinungen von internen und externen Experten einbeziehen. Es gibt:

- **Abwärtsstrategie**

- **Aufwärtsstrategie**

- **Keilstrategie**

- **Fleckenstrategie**.

2.2.1 ABWÄRTSSTRATEGIE

Die Abwärtsstrategie setzt an der oberen Führungsebene an. Der hier ausgelöste Veränderungsprozess wird »nach unten« in die Organisationsstruktur getragen. Sie wird deshalb auch **Top-Down-Strategie** genannt.

Die Unternehmensleitung sollte die Veränderung aktiv »vorleben«. Anhand von **Leitbildern** und **Visionen** ist ein klares Zukunftsbild zu entwerfen, damit dem Denken und Handeln der Mitarbeiter eine bestimmte Richtung vorgegeben wird.

Wenn die Unternehmensleitung den Betroffenen ein neues Konzept aufzwingen will, ist
mit deren Widerstand zu rechnen. Deshalb sind diese frühzeitig an der Erarbeitung des
Leitbildes und der Gestaltung struktureller Maßnahmen zu beteiligen.

Häufig zieht die Unternehmensleitung die Abwärtsstrategie anderen Varianten vor, weil
mit ihr am leichtesten und am nachhaltigsten die notwendige Unterstützung durch die
nachfolgende Führungsebene sichergestellt werden kann *(Staehle)*.

2.2.2 AUFWÄRTSSTRATEGIE

Die Aufwärtsstrategie stellt die umgekehrte Verfahrensweise zur Abwärtsstrategie dar.
Sie wird auch als **Bottom-up-Strategie** bezeichnet und bietet sich an, wenn im Bereich
der Ausführungsebene grundlegende Veränderungen vorgenommen werden sollen.

Dabei hat die untere hierarchische Ebene einen schrittweisen Veränderungsprozess
»nach oben« auszulösen. Die Unternehmensleitung geht davon aus, dass die Mitarbeiter
an der Basis und ihre unmittelbaren Vorgesetzten eine genaue Vorstellung davon haben,
welche Veränderungen notwendig und besonders dringlich sind.

In der Praxis dürfte die idealtypische Form der Aufwärtsstrategie seltener anzutreffen
sein *(Vahs)*, weil Mitarbeitern der unteren Ebene oftmals die fundierten Kenntnisse über
die Organisationsentwicklung fehlen *(Grote)*.

Außerdem besteht die Möglichkeit, dass sich die mittlere Führungsebene eingeengt bzw.
übergangen fühlt, wenn sie nicht in das Geschehen einbezogen wird. Das kann zu einem
erheblichen **Veränderungswiderstand** der mittleren Führungskräfte führen.

2.2.3 KEILSTRATEGIE

Bei der Keilstrategie bildet die mittlere Führungsebene den Ausgangspunkt. Sie wird
auch **Center-Out-Strategie** genannt und häufig angewandt, wenn die obere Ebene nicht
für das Konzept der Organisationsentwicklung zu gewinnen ist.

Der Entwicklungsprozess soll sich von der mittleren Ebene sowohl »nach unten« als auch
»nach oben« ausbreiten. Diese Strategie bietet sich an, weil die Mitarbeiter der mittleren
Ebene entsprechende Kontakte sowohl zur oberen als auch zur unteren Ebene pflegen.

Sie kennen die Probleme und Bedürfnisse beider Ebenen und verfügen über größere Handlungsspielräume als die Mitarbeiter der unteren Führungsebene, was die Durchsetzung von Maßnahmen organisatorischer Veränderungen begünstigt.

Besondere Bedeutung gewinnt die Keilstrategie bei der Durchsetzung von Veränderungen im Führungsstil. **Probleme** können allerdings entstehen, wenn die Unternehmensleitung dauerhaft nicht von den Vorteilen der von der mittleren Ebene eingeleiteten Entwicklungsmaßnahmen überzeugt werden kann.

2.2.4 FLECKENSTRATEGIE

Bei der Fleckenstrategie sind im Hinblick auf die Führungsebenen keine Prioritäten vorhanden. Vielmehr wird der Veränderungsprozess **zeitgleich an mehreren Stellen** in der Organisation angesetzt, um Schwierigkeiten vor Ort zu lösen.

Diese auch **Multiple-Nucleus-Strategie** genannte Strategie ist besonders für Organisationen ohne starke hierarchische Beziehungen geeignet, z. B. bei Teamorganisationen. Auf der Grundlage der gesammelten Erfahrungen wird der Veränderungsprozess in anderen Organisationseinheiten so lange fortgesetzt, bis er das gesamte Unternehmen erfasst hat.

Damit es nicht zu chaotisch verlaufenden Entwicklungsprozessen kommt, ist die Einrichtung einer **Koordinationsstelle** oder von **Entwicklungsgruppen** zu empfehlen, die den Gesamtüberblick über alle Maßnahmen haben sollten und beratend und unterstützend in das Geschehen eingreifen können.

3. INTERVENTIONEN

Interventionen sind strukturierte Aktivitäten der Organisationsentwicklung, die eine straffe und sachgerechte Durchführung des geplanten organisatorischen Wandels sicherstellen sollen. Mit ihrer Hilfe wird in die organisatorischen Prozesse eingegriffen, um diese zu verbessern. Werden die Interventionen jedoch nicht in geeigneter Weise eingesetzt, besteht die Gefahr, dass sich im organisatorischen Prozess **Störungen** ergeben.

Zu der Vielzahl einsetzbarer Interventionen zählen:

Individuenbezogene Interventionen	Gruppenbezogene Interventionen	Organisationsbezogene Interventionen
▶ Transaktionsanalyse ▶ Lebens- und Karriereplanung ▶ Coaching	▶ Prozessberatung ▶ Sensivitätstraining ▶ Teamentwicklung ▶ Neuere Gruppeninterventionen	▶ Konfrontationstreffen ▶ Datenerhebungsverfahren ▶ Grid-Organisationsentwicklung ▶ NPI-Modell

Welche Interventionen im Einzelfall zum **Einsatz** kommen sollten, kann von folgenden **Faktoren** abhängen *(Becker/Langosch)*:

- Art der zu lösenden Probleme
- Bedingungen der Organisation
- Motivation der Beteiligten
- Vorschläge des Organisationsberaters.

Der **Erfolg** der Maßnahmen, welche die Verantwortlichen zum Zwecke der Organisationsentwicklung einsetzen, kann gefördert werden, wenn die Interventionen *(French/Bell, König/Vollmer)*:

- Auf individueller Ebene, Gruppenebene und Organisationsebene erfolgen
- Verhalten, Strukturen und Prozesse berücksichtigen
- Planvoll und unternehmensspezifisch vorgenommen werden.

3.1 Individuenbezogene Interventionen

Individuenbezogene Interventionen sind auf die **einzelnen Organisationsmitglieder** bezogen. Sie dienen ihrer Selbsterkenntnis, Selbstbestimmung, Selbsterfahrung und Selbstwahrnehmung, um Veränderungen zu bewirken, z. B. hinsichtlich ihrer Einstellungen, Eigenschaften, Werthaltungen oder Verhaltensweisen.

Diese Merkmale sind **Einflussfaktoren**, die auf die Organisationsentwicklung wirken. Die Förderung ihrer Entwicklung kann deshalb wertvolle Beiträge zur Organisationsentwicklung leisten, indem z. B. erreicht werden:

▶ Bessere Anlagenentfaltung	▶ Mehr Eigeninitiative
▶ Richtige Einschätzung der Chancen	▶ Gezielte Verfolgung der Karriere
▶ Identifikation mit der Aufgabe	▶ Richtige Einstellung zum Mitmenschen
▶ Sinnerfüllte Arbeit für Mitarbeiter	▶ Kontrolle des eigenen Verhaltens

Allerdings bleiben die Interventionen zunächst auf die individuelle Ebene begrenzt und bewirken in der Organisation **nur punktuelle Veränderungen**. Die Verhaltensänderung eines Individuums verändert noch nicht die ganze Organisation, kann sie aber positiv beeinflussen. Deshalb ist es notwendig, dass die individuenbezogenen Methoden durch gruppenbezogene Interventionen und organisationsbezogene Interventionen ergänzt werden *(v. Eiff)*.

Die individuellen Interventionen sind Maßnahmen der **Personalentwicklung**, die für die Organisationsentwicklung genutzt werden. Ihre Grenzen zu den gruppenbezogenen Interventionen sind teilweise fließend. Sie gehen von einem humanistischen Menschenbild aus *(Schanz)* und können sein:

- **Transaktionsanalyse**
- **Lebens- und Karriereplanung**
- **Coaching**.

3.1.1 TRANSAKTIONSANALYSE

Die Transaktionsanalyse ist die Untersuchung kommunikativer Interaktionen zwischen zwei oder mehr Organisationsteilnehmern, die der Verbesserung des sozialen Handelns dient *(Berne, Meininger, Rüttinger, Stewart/Joines)*. Ihr wesentliches **Ziel** besteht darin, den eigenen Ich-Zustand und den des Kommunikationspartners so aufeinander abzustimmen, dass erfolgreiche Transaktionen möglich sind *(Oechsler)*.

Das Individuum soll mithilfe der Transaktionsanalyse in die Lage versetzt werden, den Umgang mit seinen Mitmenschen offen und störungsfrei zu gestalten sowie angemessen und flexibel auf schwierige Situationen zu reagieren *(Jung)*.

Die Transaktionsanalyse entstand aus Verhaltensbeobachtungen des Menschen. Dabei zeigte sich, dass sich das menschliche Verhalten im Wesentlichen auf drei **Ebenen** abspielt:

- Dem **Eltern-Ich**, das auf Werte und Normen reagiert, die von den Eltern im Laufe der Erziehung gelernt wurden. Es stellt das gelernte Lebenskonzept dar als:

  - Das **kritische Eltern-Ich**, das unreflektierte Wertungen und Vorurteile enthält, moralisiert und dazu neigt, mit erhobenem Zeigefinger einen Schuldigen zu finden anstatt das Problem anzugehen.
  - Das **fürsorgliche Eltern-Ich**, das gut gemeinte Normen enthält, die den Menschen vor körperlichem und geistigem Schaden bewahren sollen. Es tröstet, indem es hilft und ausgleicht.

- Dem **Erwachsenen-Ich**, das als guter Problemlöser sachliche Aussagen trifft und nach Fakten fragt. Es hat die Funktion eines Mittlers zwischen dem Eltern-Ich und dem Kindheits-Ich. Das Erwachsenen-Ich zeigt sich z. B. in:

  - Sachlicher Haltung
  - Sachbezogener Einstellung
  - Interesse am Geschehen
  - Nachdenklichkeit
  - Ruhiger Reaktion

- Dem **Kindheits-Ich**, das ungezwungen reagiert und seinen Gefühlen freien Lauf lässt oder sich anpasst. Damit wird es zum gefühlten Lebenskonzept, z.B. als:

  - Das **freie Kindheits-Ich**, das durch Neugier, Spontanität, Freude und Begeisterung geprägt ist. Es kann impulsiv, aggressiv und listig sein.
  - Das **angepasste Kindheits-Ich**, das sich den Normen anpasst, Angst hat und manchmal hilflos ist.

Eine Transaktionsanalyse basiert auf einem Reiz und einer darauf folgenden Reaktion, die zwischen den einzelnen Ich-Zuständen beim Menschen stattfinden. Mit ihrer Hilfe sollen Konfliktsituationen gelöst bzw. von vornherein vermieden werden. Die beschriebenen **Ich-Zustände** lassen sich wie folgt darstellen:

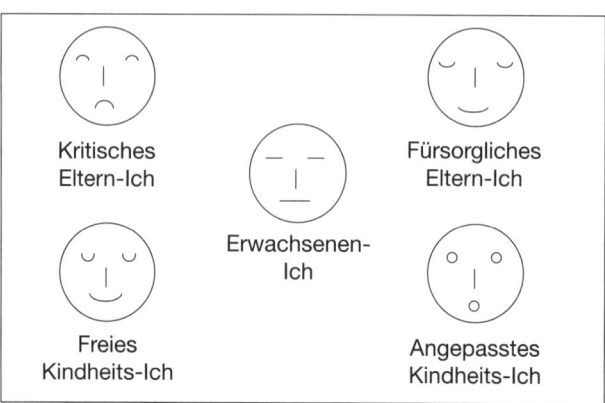

Als **Arten** von Transaktionen sind zu unterscheiden:

* **Parallele Transaktionen**, bei denen der Empfänger einer Transaktion aus dem Ich-Zustand reagiert, in dem er angesprochen wurde. Sie können zwischen allen Ich-Zuständen entstehen. Diese Transaktionen sind i. d. R. problemlos, z. B. als eine parallele Transaktion zwischen Eltern-Ich und Eltern-Ich.

* **Überkreuz-Transaktionen**, bei denen meistens Konflikte die Folge sind, da diese Transaktionen den erwarteten Gesprächsablauf unterbrechen können. Der Empfänger antwortet aus einem anderen Ich-Zustand, als der Sender gesendet hat, z. B. findet eine Überkreuz-Transaktion aus Eltern-Ich und Kindheits-Ich statt.

* **Verdeckte Transaktionen**, bei denen der ausgesendete Reiz aus einem offenen Hauptreiz und einem verdeckten Nebenreiz besteht. Sie sind für Außenstehende schwierig zu durchschauen. Neben der offenen Transaktion werden über die verdeckte Transaktion persönliche Informationen ausgetauscht, die etwas anderes sagen als es gemeint ist, z. B. eine verdeckte Transaktion von Eltern-Ich und Kindheits-Ich.

Darüber hinaus gibt es nach dem **Modell der Lebensanschauung** von *Harris* in der Transaktionsanalyse folgende Grundeinstellungen zwischen Partnern:

	Ich bin o.k.	**Ich bin nicht o.k.**
Du bist o.k.	Konstruktiv umgehen mit dem Problem/dem anderen	Sich zurückziehen von dem Problem/dem anderen
Du bist nicht o.k.	Das Problem/den anderen loswerden	Nichts anfangen, steckenbleiben

3.1.2 Lebens- und Karriereplanung

Die Lebens- und Karriereplanung hat das Ziel, die Mitarbeiter zu Mehrleistungen zu motivieren, indem sie in die Lage versetzt werden, ihre Lebens- und Karriereziele realistischer einzuschätzen und gezielter zu verfolgen. Sie hat damit für die Leistungsfähigkeit sowohl des einzelnen Mitarbeiters als auch der gesamten Organisation große Bedeutung.

Um den Mitarbeitern zielbewusstes Handeln zu vermitteln, kann unter Leitung eines Beraters eine **Projektgruppe** gebildet werden, in der sie ihren bisherigen Werdegang einschätzen und ihre zukünftigen Ziele formulieren, um daraufhin mögliche Maßnahmen zur Realisierung dieser Ziele zu diskutieren *(Schanz)*.

Dabei kann in folgenden **Schritten** vorgegegangen werden *(French/Bell)*:

Einschätzung	Die Mitarbeiter schätzen ihre bisherige Lebensgestaltung und Karriereplanung ein. Sie berücksichtigen dabei z. B.:
	▸ Höhepunkte in der Karriere ▸ Bedeutsame Ereignisse ▸ Stärken und Schwächen ▸ Besonderheiten

⇩

Zielformulierung	Die Betroffenen formulieren die Ziele in Bezug auf den in der Zukunft gewünschten Lebensstil und die berufliche Laufbahn. Das können sein:
	▸ Hauptziele, z. B. zum ▸ Nebenziele, z. B. eine Abteilungsleiter aufsteigen Familie gründen

⇩

Planung	Die Mitarbeiter erstellen einen realistischen Plan, der zur Realisierung dieser Ziele führen soll, d. h. die erforderlichen Schritte werden genauer bestimmt, z. B.:
	▸ Beraten lassen ▸ Weiterbildung betreiben ▸ Feed back zum Berater suchen ▸ Workshops besuchen

Wird die Lebens- und Karrierplanung gezielt und systematisch durchgeführt, kann sie zu einer wesentlichen Verbesserung der Organisationsentwicklung beitragen.

3.1.3 COACHING

Das Coaching erfolgt vielfach als psychologische Beratung bzw. Unterstützung von einzelnen Führungskräften bzw. Mitarbeitern, kann sich aber auch auf Gruppen bzw. Teams beziehen. Es dient der:

- Speziellen Entfaltung der Anlagen
- Besseren Bewältigung der Arbeit
- Entwicklung von mehr Eigeninitiative
- Gegebenenfalls der Hilfe bei Privatproblemen.

Beim Coaching gibt es zwei **Grundrichtungen** *(Olfert)*:

- Die **amerikanische Auffassung**, die als ursprüngliche Form des Coaching den Vorgesetzten als Coach seiner Mitarbeiter sieht, der ihnen Unterstützung zur besseren Bewältigung ihrer täglichen Arbeit als »Hilfe zur Selbsthilfe« gibt.

Das Coaching basiert auf dem Vertrauen und der Partnerschaft zwischen Vorgesetztem und Mitarbeiter. Letztlich stellt es eine Art des kooperativen Führungsstils dar, bei dem als Führungsmittel z. B. **Delegation** von Verantwortung und ehrliches Feedback eingesetzt werden.

Der Vorgesetzte nimmt die Betreuung und Beratung, das Training und die Anleitung wahr, die speziell auf die Mitarbeiter zugeschnitten sind und der Optimierung ihrer Leistung dienen. Das vorrangige **Ziel** des Coaching besteht darin, den beruflichen Reifegrad des Mitarbeiters zu erhöhen.

- Die **deutsche Auffassung**, die das Coaching als eine Betreuung von Führungskräften durch einen außenstehenden Berater ansieht. Dabei wird – z. B. unter Einsatz psychologischer Methoden – direkt an der Persönlichkeit der zu Beratenden gearbeitet und zwar im Hinblick auf die Förderung der Persönlichkeitsentwicklung, die Vermittlung von Managementqualifikationen und die Impulse zur Selbsthilfe der Führungskraft *(Becker, Jung, Staehle)*.

Als Hauptinstrument des Coaching dient das **Gespräch** zwischen dem Coach und den Betroffenen. Es kann vor allem folgende Inhalte aufweisen:

▶ Sachfragen	▶ Reaktionen im Umfeld	▶ Gefühle	▶ Einstellungen
▶ Strategien	▶ Widerstände	▶ Ziele	▶ Konflikte

Beim Coaching kann somit alles zur Sprache kommen, was mit den Aufgaben der Teilnehmer, mit ihrer Person, ihrem Selbstbild und ihrem Selbstmanagement zusammenhängt.

Wenn es zur Unterstützung von Führungskräften und Mitarbeitern zielorientiert und systematisch vorgenommen wird, kann sein Nutzen für die Organisationsentwicklung erheblich sein.

3.2 Gruppenbezogene Interventionen

Gruppenorientierte Interventionen können sich auf Prozesse innerhalb einer Gruppe oder auf die Beziehungen zwischen Gruppen beziehen. Die **Gruppe** besteht dabei aus mehreren Personen, die in einer bestimmten Zeitspanne häufig miteinander kommunizieren, um ein gemeinsames Ziel zu erreichen. Sie besitzen gemeinsame Normen und Werte und arbeiten unmittelbar zusammen *(Oechsler)*.

Die Gruppe soll in diesem Sinne als Oberbegriff verstanden werden. Sie kann im engeren Sinne vom Team abgegrenzt werden. **Merkmale** sind z. B. *(Klötzl)*:

Merkmale	Gruppe	Team
Wettbewerb	Gegner auch innerhalb	Gegner meist außerhalb
Innovation	Wenig Wunsch nach Veränderung	Innovation wird gesucht
Entscheidungen	Von außen durch den Leiter	Intern durch Konsens
Erfolg	Persönliche Erfolge haben Stellenwert	Erfolg des Teams steht im Vordergrund
Abhängigkeit	Mitglieder relativ unabhängig	Mitglieder voneinander abhängig

Die sozialen Beziehungen der Gruppenmitglieder untereinander bestimmen die Art und die Effektivität der Gruppenarbeit (*Rahn*). Ohne die Kommunikation ist es nicht möglich, Einstellungen und Werthaltungen in der Gruppe dauerhaft zu verändern, weil dies nur über einen sozialen Lernprozess zu erreichen ist.

Dabei werden die Erwartungshaltungen durch das Rollenverständnis und den vermuteten Stellenwert dieser **Rolle** bestimmt. Die Kultur der Zusammenarbeit zwischen den Gruppenmitgliedern wird durch diese Interventionen maßgeblich beeinflusst (*v. Eiff*).

Als wesentliche **Ziele** gruppenbezogener Interventionen sind das Erlernen von Verhaltensweisen, die Steigerung der Gruppenleistung, das Erlernen konfliktarmer Sozialbeziehungen und das Lernen von Kommunikationsformen zu nennen.

Dementsprechend sollten mit ihrer Hilfe eine hohe Gruppenleistung, die Gewinnung sozialer Kompetenz, die Bereitschaft zur Kooperation und die Entwicklung von Rollenverständnis erreicht werden.

Die Gruppenentwicklung dient der Organisationsentwicklung, wenn die Gruppenmitglieder gelernt haben, verantwortlich und konstruktiv miteinander umzugehen, ihre Rollen besser zu verstehen, gute Verhandlungsergebnisse zu erzielen und unnötige Konflikte und Schwierigkeiten zu vermeiden.

Die **Wirksamkeit** der gruppenbezogenen Interventionen hängt z. B. ab von:

- Den **Fähigkeiten** und **Erfahrungen des formellen Gruppenführers**, der z. B. Teamleiter, Trainer, Berater, Moderator sein kann. Wenn er möglichst viele Gruppenmitglieder hinsichtlich der zu treffenden Problemlösung zu motivieren versteht, kann dadurch die Entwicklung der gesamten Organisation positiv beeinflusst werden.

- Der Tatsache, dass die Gruppe **keine Statusunterschiede** macht, damit alle Mitarbeiter einen zielgerichteten Beitrag leisten können (*Grote*).

Die organisatorische **Effizienz** der gruppenbezogenen Interventionen ist aber erst dann gegeben, wenn sie in ein umfassendes Veränderungskonzept eingebunden werden. Gelingt außer der Verbesserung der Einstellung zueinander auch die Erfüllung der Sachaufgaben besser, kann die Entwicklung einer Organisation erheblich vorangebracht werden.

Um zu vermeiden, dass gruppenbezogene Interventionen lediglich zu einer psychosozialen Selbsthilfegruppe führen, sollten die Maßnahmen zur Entwicklung sozialer Aspekte durch Einbeziehung der betrieblichen Sachaufgaben bzw. durch organisationsbezogene Interventionen flankiert werden (*v. Eiff*).

Als gruppenbezogene Interventionen sollen unterschieden werden:

- **Prozessberatung**

- **Sensitivitätstraining**

- **Teamentwicklung**

- **Neuere Gruppeninterventionen**.

3.2.1 Prozessberatung

Die Prozessberatung zielt darauf ab, Gruppenmitgliedern zu helfen, Prozesse und Vorgänge in der Organisation bewusst wahrzunehmen, zu verstehen und dementsprechend zu handeln. Ein **Prozessberater** beobachtet den Verlauf der Gruppensitzungen und analysiert die sozialen Prozesse in der Gruppe, die anschließend in Diskussionen mit der Gruppe erörtert werden in Bezug auf:

- Das Verhalten der einzelnen Gruppenmitglieder im Gruppenverbund
- Die Rollen und Funktionen der Gruppenmitglieder
- Die Problemlösungs- und Entscheidungsprozesse
- Die Gruppennormen und die Gruppenentwicklung
- Die Kommunikationsbeziehungen zwischen den Teilnehmern
- Die Kooperation und der Wettbewerb zwischen einzelnen Gruppen.

Notwendige Veränderungen werden daraufhin von der Gruppe selbst erarbeitet (*Schein*). Der Prozessberater übernimmt dabei die Rolle eines **Moderators**, der die Teilnehmer für Entscheidungs-, Problemlösungs- und Führungsprozesse sensibilisiert *(French/Bell, Schanz, Schreyögg, Staehle)*.

Gelingt es den Gruppenmitgliedern nach Ablauf der Prozessberatung, die Prozesse und Vorgänge in der Gruppe besser wahrzunehmen und zweckentsprechend zu handeln, ist dies dem Ziel dieser Intervention förderlich.

3.2.2 Sensitivitätstraining

Das Sensitivitätstraining vollzieht sich in mehreren Lernschritten und ist als **Lernzyklus** zu verstehen *(Deppe)*, der die soziale Kompetenz der Mitarbeiter in der Gruppe erhöhen sowie dazu dienen soll, sowohl die eigenen Gefühle als auch die Empfindungen von Kollegen besser zu verstehen, indem sie ein Feedback über ihre Handlungsweisen und die emotionalen Auswirkungen ihres Verhaltens erhalten *(Berthel)*.

Die Durchführung des Sensitivitätstrainings erfolgt über drei Tage bis vierzehn Tage hinweg mit einer **Gruppe** von meistens zehn bis zwölf Teilnehmern unter Leitung eines **Trainers**. Dieser soll sich weitestgehend zurückhalten, beobachten und gegebenenfalls steuernd eingreifen. Seine Aufgabe ist es, Hilfestellung bei der Lösung von Konflikten zu geben und zur Entlastung der Betroffenen beizutragen *(French/Bell)*.

Beim Sensitivitätstraining wird in folgenden **Schritten** vorgegangen *(Grote, Oechsler)*:

| 1 | **Verunsicherung der Teilnehmer**, damit diese ihr eigenes Verhalten kritischer beurteilen und für Verhaltensmodifikationen sensibilisiert werden. |

| 2 | **Erarbeitung von Verhaltensalternativen** anhand spezifischer Situationen unter Anleitung des Trainers. Die Teilnehmer entscheiden darüber, welche Verhaltensweisen sie in der nächsten Stufe trainieren möchten. |

3	**Erprobung der neuen Verhaltensweisen** anhand von passenden Übungen und zweckentsprechenden Fallstudien.

⇩

4	**Fortführung der gelernten Verhaltensweisen** in der betrieblichen Praxis, unter Beachtung der gelernten Regeln.

Wird im Training eine Sensibilisierung der Teilnehmer erreicht, können diese ihr Verhalten besser wahrnehmen und ihre Verhaltensweisen erforderlichenfalls ändern. Damit wird die Persönlichkeit des Einzelnen gefördert, die Teamfähigkeit erhöht sich und Vorurteile werden abgebaut.

Mit dem besseren Verständnis füreinander werden die Gruppen in sich gestärkt, sodass die Organisationsentwicklung dadurch positiv vorangebracht werden kann.

3.2.3 TEAMENTWICKLUNG

Bei der Teamentwicklung zielen die Interventionen auf eine **Verbesserung der Gruppenbeziehungen** bestehender bzw. neuer Teams ab, um über gruppendynamische Übungen die Gruppenleistung zu steigern *(Frech/Bell,Maddux, Meier)*. Dies kann in Workshops, Arbeitsteams, Diskussionsteams erfolgen.

Ziele der Teamentwicklung sind:

- Erarbeitung von Gruppenzielen
- Schaffung von wechselseitigem Vertrauen
- Entwicklung wirksamer Problemlösungsmöglichkeiten
- Förderung der Zusammenarbeit mit anderen Teams
- Verringerung von kontraproduktivem Wettbewerb innerhalb der Gruppe.

Die zur Erfüllung der Ziele verwendeten **Trainingsmethoden** werden bei der Teamentwicklung vom Teamleiter zunächst vorgestellt. Mit ihnen sollen z. B. in Gruppenarbeit gruppendynamische Prozesse aufgedeckt, analysiert, entfaltet und bewusst gemacht werden. Je nach Zielsetzung des Trainings werden Veränderungen der Einstellung, des Verhaltens und der Persönlichkeit angestrebt *(Rechtien)*.

Die Förderung von Gruppenarbeit gewährleistet allerdings nicht ohne weiteres ihre Effektivität. Sie kann durch Schaffung eines kooperativen und offenen Gruppenklimas und den Einsatz entsprechender Maßnahmen gesteigert werden.

Die Teamentwicklung kann auf mehreren **Wegen** erfolgen:

- Bei der **Laboratoriumsmethode** als ältester Methode wird in kleinen und unstrukturierten Gruppen diskutiert. Es treffen sich etwa zehn einander unbekannte Mitglieder für zehn Tage an einem neutralen Ort in einer Gruppe.

  Die Teilnehmer können in dieser Gruppe Erfahrungen sammeln und soziale Kompetenz erlernen, um dabei zwischenmenschliche Beziehungen besser handhaben zu können.

Dadurch ist es möglich, Rückschlüsse auf die eigene Rolle und das eigene Verhalten zu ziehen, die Verhaltensänderungen zur Folge haben.

- Bei den **Encounter-Gruppen** werden zehn bis 20 Personen zu umfassenden Selbsterfahrungs- und Begegnungsgruppen gebildet, deren Teilnehmer sich wöchentlich für einige Stunden treffen und ihre augenblickliche Situation und Lebensweise betrachten. Sie sollen sich offen begegnen, um mehr Verständnis füreinander zu gewinnen. Dies kann durch das Lernen aktiven Zuhörens, durch Einschätzen ihrer gegenseitigen Gefühle und durch gegenseitiges Akzeptieren gelingen.

Diese Methode soll die Entfaltung der Persönlichkeit einzelner Mitarbeiter in Kontakt mit anderen verbessern *(Rechtien)*, gegenüber sich selbst und anderen Personen und Gruppen mehr Offenheit und Bewusstsein entwickeln sowie die eigenen Gedanken und Gefühle erfahren, erleben und ausdrücken lernen.

- Bei der **Rollenanalyse** soll die Rolle jedes einzelnen Mitgliedes einer Gruppe geklärt werden *(v. Rosenstiel)*. Eine Rolle ist eine festgelegte Handlungsfolge, ein bestimmtes Verhaltensmuster, das von einer Person in einer Situation gespielt wird. Sie kann als eine Art kooperativ erstellter Stellenbeschreibung interpretiert werden und ist mit unterschiedlichen Rollenerwartungen verbunden, die bei der Rollenanalyse verdeutlicht und gegebenenfalls neu definiert werden *(Neuberger)*.

Die Gruppenmitglieder bilden einen Kreis, in dem sich eine **Zentralperson** als Gruppenmitglied befindet, aus deren Rollenverständnis oder aus deren Rollenausübung sich Probleme ergeben haben. Sie stellt zunächst ihre Aufgaben, Befugnisse und Verantwortlichkeiten aus eigener Sicht dar. Daraufhin beschreiben die anderen Gruppenmitglieder, wie sie diese Aufgaben erfüllt sehen. Gegenseitige Standpunkte werden diskutiert.

Daraufhin äußert die Zentralperson Wünsche hinsichtlich der Hilfestellung und Unterstützung durch die Gruppe bei der Aufgabenerfüllung. Zum Abschluss informieren die anderen Gruppenmitglieder die Zentralperson darüber, was sie von ihr zur Aufgabenerfüllung erwarten. Die anfallenden Daten und Informationen werden dokumentiert und bilden die Basis für weitere Diskussionen zur Rollenklärung.

- Bei der **Rollenverhandlung** werden Macht, Konkurrenz, Abhängigkeiten und Konflikte in der Gruppe näher betrachtet. Es erfolgt ein Austausch über die Rollen der Gruppenmitglieder, ihre Einstellungen, Ansichten, Erwartungen und Übereinkünfte der Arbeit *(Neuberger)*. Dabei wird davon ausgegangen, dass offen und fair ausgehandelte Vereinbarungen zwischen Trägern von Rollen besser sind als ungeklärte Verhältnisse und ungelöste Konflikte.

Zu Beginn der Verhandlung überlegt jeder Teilnehmer für sich allein, wie die Arbeit zwischen den Betroffenen ablaufen soll und was zu ändern ist. Im Anschluss daran erstellt er für jeden anderen Teilnehmer einen **Problemdiagnosebogen**, in dem beschrieben wird, was vom jeweiligen Mitglied zu leisten ist. Im Gegenzug erhält er selbst entsprechende Bögen.

Die Teilnehmer werden daraufhin gebeten, auf diesen Bögen diejenigen Bereiche zu markieren, in denen sie am ehesten zu Veränderungen bereit wären. Unter Anleitung eines Moderators entsteht somit eine Verhandlungsbasis.

- Bei einem **Problemlöseworkshop** beschäftigen sich die Teilnehmer mit konkreten Problemen und Ereignissen innerhalb einer Gruppe, z. B. Konflikten bei der Zusammenarbeit bzw. kritischen Vorfällen in der Gruppe *(Oechsler)*. Der Workshop kann von einem internen Moderator oder von externen Beratern geleitet werden. Es ist möglich, betroffene Vorgesetzte ebenfalls zu beteiligen.

Während des meist mehrtägigen Workshops werden die anfallenden Probleme und Ereignisse von den Gruppenmitgliedern intensiv analysiert und diskutiert. Anschließend erarbeitet die Gruppe Lösungen und Möglichkeiten, wie diese Schwierigkeiten in der Zukunft vermieden werden können.

3.2.4 NEUERE GRUPPENINTERVENTIONEN

Es ist eine Vielzahl von gruppenbezogenen Interventionen entwickelt worden, gerade auch in jüngerer Zeit. Zu den neueren Gruppeninterventionen zählen:

- Das **Neurolinguistische Programmieren (NLP)**, das eine Methode darstellt, die zwischenmenschliche Kommunikation genauer betrachtet und Techniken für eine effektive Kommunikation liefert. In ihm sollen die Mitarbeiter die Fähigkeit erwerben, eigene Vorstellungen und Bedürfnisse zu artikulieren und anderen besser zuhören zu können.

Dabei gilt es, Schwierigkeiten der Kommunikation zu erkennen und unter Beachtung emotionaler und sozialer Aspekte zu lösen, um die Kontakte in der Gruppe zu verbessern *(Rechtien)*. Die Teilnehmer sollen aber auch die Fähigkeit erwerben, verdeckte Signale aufnehmen zu können und so für ihre Gesprächspartner sensibilisiert zu werden *(Jung)*.

Der Begriff NLP hat drei **Bestandteile**:

  ▶ **Neuro** bedeutet, dass Gruppenmitglieder mithilfe ihrer Sinne Erfahrungen sammeln und menschliches Verhalten im Gehirn durch Verknüpfungen gespeichert wird. Es ist ein Bestimmungswort mit Bezug zum Nervensystem.

  ▶ **Linguistisch** heißt, dass Menschen durch Verknüpfungen über die Sprache kommunizieren und ihr Denken und Handeln ordnen. Die Elemente der Sprache bestehen aus verbalen und nonverbalen bzw. körpersprachlichen Teilen.

  ▶ **Programmieren** bedeutet, dass menschliches Verhalten verändert bzw. umprogrammiert werden kann und somit aus Denken ein Verhalten entsteht. Dabei wird durch Erfahrungen ein Lernprozess eingeleitet.

- Das **Open-Space**, das als die Nutzung offener Zeiträume in Form der »**strukturierten Kaffeepause**« gesehen werden kann *(Klimek, Maleh)*. Es ist eine Methode zur offenen, freien und freiwilligen Diskussion oder Lösung eines komplexen Problemes innerhalb einer Gruppe mit schnellen und kreativen Ansätzen zum organisatorischen Veränderungsprozess.

Dabei treffen sich veränderungsbereite Mitarbeiter, die unter weitgehender Selbstorganisation Beiträge zur Organisationsentwicklung bringen. Es erfolgt die Vorgabe eines Leitthemas unter Begleitung eines Moderators in einem offenen Rahmen. Jeder Teilnehmer kann nach einer kurzen Einführung seine Anliegen und Themen vorschlagen, die diskutiert werden sollen. In einer Gruppendiskussion werden die Ergebnisse erarbeitet, gespeichert und am Ende dem Plenum vorgestellt.

Nach einer gemeinsamen Analyse und Prioritätensetzung bilden sich neue Gruppen, die sich nach Abschluss der Veranstaltung weiter mit diesen Organisationsproblemen beschäftigen.

- Das **Unternehmenstheater**, das konkrete Problemsituationen eines Unternehmens in einem Theaterstück mit dem Ziel nachstellt, die Mitarbeiter in der Gruppe für mögliche Veränderungen zu sensibilisieren. Dadurch sollen verkrustete Einstellungen und langwierige Konflikte aufgebrochen bzw. verändert werden.

Die Intervention wird von der Unternehmensleitung veranlasst und durch professionelle Schauspieler aufgeführt. Die Zuschauer sind die Mitglieder der Organisation. Die Inhalte des Theaterstückes können sowohl in realistischer als auch in verfremdeter Form aufgeführt werden. Eine typische **Aktivitätskette** stellt *Schreyögg* dar:

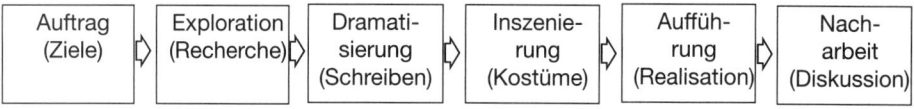

Auftrag (Ziele) ⟹ Exploration (Recherche) ⟹ Dramatisierung (Schreiben) ⟹ Inszenierung (Kostüme) ⟹ Aufführung (Realisation) ⟹ Nacharbeit (Diskussion)

Das Unternehmenstheater erzeugt beim Publikum emotionale Irritationen und kann zu anderen Sichtweisen der Thematik hinführen. Allerdings muss diese Gruppentechnik ihre Bewährungsprobe noch bestehen.

Die dargestellten Formen gruppenbezogener Interventionen können in Zukunft dann Bedeutung gewinnen, wenn die Betroffenen persönlich und fachlich in die Lage versetzt werden, die Möglichkeiten der Kommunikation und den Umgang miteinander erheblich zu verbessern sowie die anstehenden Probleme zu lösen.

3.3 Organisationsbezogene Interventionen

Die organisationsbezogenen Interventionen zielen auf das Unternehmen in seiner Gesamtheit ab. Bedeutsam ist dabei, dass Veränderungen von äußeren Bedingungen zu Verhaltensänderungen der Mitarbeiter führen *(Schanz)*.

Wesentliche **Ziele** organisationsbezogener Interventionen können sein:

- Steigerung der Leistungsfähigkeit des gesamten Unternehmens
- Intensivierung der Zusammenarbeit zwischen Organisationsteilnehmern
- Schaffung eines Klimas der Bereitschaft zur Veränderung
- Bessere Zusammenarbeit der Unternehmensbereiche.

Als organisationsbezogene Interventionen sind zu unterscheiden:

- **Konfrontationstreffen**

- **Datenerhebungsverfahren**

- **Grid-Organisationsentwicklung**

- **NPI-Modell**.

3.3.1 KONFRONTATIONSTREFFEN

Das Konfrontationstreffen erfolgt üblicherweise im Rahmen eines eintägigen **Workshops** *(Beckhard)*, um die gegebene Situation der Organisation zu überprüfen bzw. zu verbessern. Dabei wird in folgenden **Stufen** vorgegangen *(French/Bell)*:

Schaffung des Besprechungs-klimas	Ein Mitglied der **Unternehmensleitung** eröffnet die Besprechung, beschreibt deren Ziele und stellt die Notwendigkeit einer freien und offenen Diskussion fest. Daran schließen sich Hinweise des Organisationsberaters an, z. B. über die Bedeutsamkeit der Kommunikation und Zweckmäßigkeit der Konfrontation.	Dauer: 1 Stunde

⇩

Sammlung von Informationen	Es werden kleine – möglichst heterogene – **Gruppen** aus verschiedenen Bereichen von sieben bis acht Personen gebildet, die alle dieselbe Aufgabe erhalten. Sie sollen darüber diskutieren, welche Hindernisse und Frustrationen in der Organisation bestehen und Lösungsansätze erarbeiten. Ein Schriftführer notiert die Ergebnisse. Die Unternehmensleitung hält gleichzeitig eine getrennte Besprechung ab.	Dauer: 1 Stunde

⇩

Austausch von Informationen	Jede Gruppe trägt den **Bericht** ihrer gesamten Ergebnisse vor und dokumentiert sie auf großen Bögen, die an den Wänden befestigt werden. Der Leiter des Konfrontationstreffens teilt die Ergebnisse unter Abstimmung mit den Gruppen in einige Hauptkategorien ein, um allen Teilnehmern in Form von Listen einen besseren Überblick zu geben, z. B. geordnet nach Bereichen bzw. nach verschiedenen Schwierigkeitsgraden.	Dauer: 1 Stunde

⇩

Prioritätsbildung und Maßnahmen	Die Listen werden für alle Teilnehmer vervielfältigt und der Sitzungsleiter erläutert Inhalte. Die Teilnehmer tragen daraufhin einzelne Stichworte in die Listen ein. Anschließend bilden sie – nach ihren betrieblichen Bereichen geordnet – **neue**, vom jeweiligen Bereichsleiter geführte **Arbeitsgruppen**. Diese diskutieren bereichsbezogene Fragen bzw. Probleme und planen notwendige Sofortmaßnahmen. Es werden vor allem Probleme aufgeworfen, die dringend von der Unternehmensleitung zu lösen sind.	Dauer: 1 Stunde

⇩

Entscheidungen	Die **Unternehmensleitung** trifft sich erneut und nimmt die von den Bereichsleitern mit ihren Gruppen erarbeiteten Vorschläge auf. Sie berät, plant und entscheidet darüber, welche Maßnahmen zu ergreifen sind. Die Ergebnisse der Pläne bzw. Entscheidungen werden allen Teilnehmern des Konfrontationstreffens innerhalb weniger Tage mitgeteilt.	Dauer: 1 bis 3 Stunden

⇩

Erfolgskon-trolle	Nach vier bis sechs Wochen trifft sich die **Unternehmens-leitung** zu einer weiteren Besprechung, um einen Soll-Ist-Vergleich durchzuführen.	Dauer: 2 Stunden

Mithilfe eines Konfrontationstreffens sollen ein möglichst kooperatives Zusammenwirken der Beteiligten sowie eine möglichst schnelle Behebung betrieblicher Schwachstellen erreicht werden. Zur **Moderation** der Gruppensitzungen werden entsprechend qualifizierte und erfahrene Experten benötigt.

Das Konfrontationstreffen kann im Auftrag der Unternehmensleitung von der Leitung der Organisationsabteilung vorbereitet werden, welche die Führungskräfte der verschiedenen Unternehmensbereiche dazu einlädt. Es erscheint zweckmäßig, wenn die Unternehmensleitung es als notwendig ansieht, die eigene Funktionsweise zu überprüfen und die gegebene Situation nächstmöglich zu verbessern.

Die **Bedeutung** des Konfrontationstreffens für die Organisationsentwicklung zeigt sich darin, dass bei einer geeigneten Durchführung innerhalb kürzester Zeit ein relativ hohes Maß an konstruktivem Problembewusstsein geschaffen werden kann. Wenn der ersten Euphorie in den Arbeitsgruppen keine Aktionen der Unternehmensleitung folgen *(Staehle)*, sind seine Wirkungen nicht positiv einzuschätzen.

3.3.2 DATENERHEBUNGSVERFAHREN

Den Ausgangspunkt des Datenerhebungsverfahrens bilden mithilfe standardisierter **Fragebögen** ermittelte Daten der Organisation. Es wird auch als **Survey-Research** und **Feedback-Verfahren** bezeichnet und umfasst folgende **Schritte** *(French/Bell/Staehle)*:

Vorausplanung	Um die gegebenen Probleme besser zu erkennen und die Bedeutsamkeit der Probleme zu dokumentieren, nehmen Mitglieder der **Unternehmensleitung** an der Vorausplanung zur Lösung des zu lösenden Organisationsproblems teil.

$\Downarrow$

Befragung der Mitarbeiter	Alle Mitglieder der Organisation werden nach den anstehenden Problemen befragt, z. B.: ▶ Führungsstil ▶ Organisationsklima ▶ Zufriedenheit ▶ Gehaltshöhe ▶ Arbeitsbelastung ▶ Kommunikation

$\Downarrow$

Mitarbeiter-information	Sämtliche Mitarbeiter werden über die erhobenen Daten informiert, wobei die Informationen von der Spitze des Unternehmens ausgehen und sich dann stufenförmig bis zur unteren Ebene fortsetzen.

Analyse und Interpretation	Jede einzelne **Führungskraft** leitet mit ihren Mitarbeitern eine Besprechung, in der die erhobenen Daten diskutiert werden. Sämtliche Führungskräfte haben sodann die Daten zu analysieren bzw. zu interpretieren und Pläne für konstruktive Änderungen vorzulegen. Daraufhin erfolgt die Weitergabe der Daten an die jeweils nachfolgende Ebene.

⇩

Maßnahmen-Ableitung	Aus den Gegebenheiten werden konkrete **Aktionen** zur Behebung der festgestellten Probleme erarbeitet und beschlossen. Die dringendsten Änderungsmaßnahmen werden dabei von den einzelnen Gruppen selbst vorgeschlagen.

⇩

Wiederholung	Die Datenerhebungen und Rückkopplungen sollen so lange wiederholt werden, bis ein befriedigender Zustand für die Organisation erreicht ist. Dafür hat die Unternehmensleitung zu sorgen.

Das Datenerhebungsverfahren kann durch die gründliche Auswertung der Befragungsergebnisse und entsprechende organisatorische Maßnahmen positive Beiträge zur Organisationsentwicklung bewirken. Als nachteilig ist aber anzusehen, dass der Interventionsprozess üblicherweise von den bestehenden Bedingungen der Organisation ausgeht *(Staehle)*.

3.3.3 GRID-ORGANISATIONSENTWICKLUNG

Die Grid-Organisationsentwicklung dient vor allem der Untersuchung und Verbesserung von Fähigkeiten der Führungskräfte im Unternehmen. Dabei wird über mehrere Jahre hinweg angestrebt, das Verhalten der Vorgesetzten in Gruppensitzungen systematisch auf ein geplantes Ergebnis hin zu verändern und zu entwickeln.

Den Ausgangspunkt bildet das **Verhaltensgitter-Modell** der Grid-Organisationsentwicklung von *Blake/Mouton*, das auch **Managerial Grid** genannt wird:

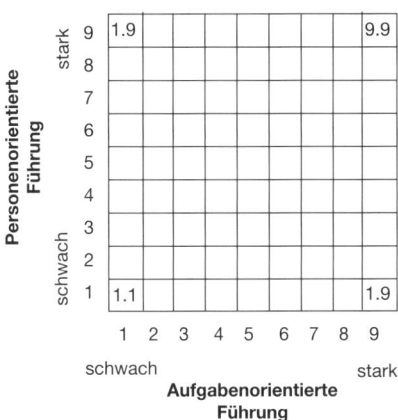

Das Verhaltensgitter enthält mehrere Möglichkeiten des **Verhaltens der Führungskräfte**. Dabei wird es einerseits von der Beachtung des Menschen und andererseits von der Beachtung der Leistungen geprägt. Aus dem Bild sind zu ersehen *(Staehle, Olfert, Rahn)*:

- Das **Laissez-faire-Verhalten** (1.1), das durch geringe Einwirkung auf die Mitarbeiter und ihre Arbeitsleistung geprägt ist und i. d. R. Apathie und Resignation bei den Mitarbeitern mitsichbringt.

- Der »**Seid-nett-zueinander-Stil**« (1.9), bei dem die Beachtung der zwischenmenschlichen Beziehungen zwar mit einer freundlichen Atmosphäre verbunden ist, aber zu einer entsprechend geringen Arbeitsleistung der Mitarbeiter führt.

- Das »**normale**« **Führungsverhalten** (5.5), das in einem ständigen Pendeln zwischen der Forderung nach höherer Arbeitsleistung bzw. dem Wunsch nach Zufriedenstellung der Mitarbeiter besteht und nur ausreichende Leistungen bringt.

- Das **autoritäre Führungsverhalten** (9.1), bei dem zwar eine hohe Arbeitsleistung erzielt wird, das aber ohne Rücksicht auf die zwischenmenschlichen Beziehungen der Mitarbeiter erfolgt.

- Das **kooperative Führungsverhalten** (9.9), bei dem durch partnerschaftliches Verhalten des Vorgesetzten sowohl die Mitarbeiterzufriedenheit als auch eine hohe Arbeitsleistung erreicht werden.

Das Erlernen des kooperativen 9.9-Führungstils kann über drei bis fünf Jahre hinweg laufen. Es dient sowohl der Personalentwicklung als auch der Organisationsentwicklung und erstreckt sich über folgende sechs **Phasen** *(French/Bell)*:

Grid-Seminar	In einer einwöchigen Veranstaltung wird über das Grid-Programm informiert und bei der Ermittlung des derzeitigen Führungsverhaltens der Teilnehmer geholfen. Verschiedene **Übungen** dienen der Erprobung des neuen 9.9 Führungsstils.
⇩	
Teamentwicklung	Das gelernte neue **Führungsverhalten** wird mit den Vorgesetzten, Kollegen und Mitarbeitern in den einzelnen Abteilungen **praktiziert**. Jede hierarchisch tiefer stehende Gruppe lernt die neuen Vorgehensweisen von der nächst höher stehenden Gruppe.
⇩	
Intergruppenentwicklung	In dieser Phase steht die **Verbesserung der Beziehungen** zwischen organisatorisch getrennten Gruppen im Vordergrund, die besser zusammenarbeiten sollen. Dabei wird eine vertrauensvolle Kooperation zwischen den Gruppen angestrebt.

Idealmodell der Organisation	Hier erfolgt eine Verlagerung von der Ist-Organisation hin zu einem erheblich **verbesserten Modell** der Organisation, indem es konkrete Aussagen gibt über: ▶ Organisationsziele ▶ Organisationsstruktur ▶ Produkt-Markt-Strategien ▶ Wachstumsstrategie

⇩

Anwendung des Idealmodells	Mithilfe von Planungsteams, deren Arbeit zentral koordiniert wird, werden Prozesse der **Reorganisation** durchgeführt. Dies geschieht in nach Markterfordernissen gegliederten Organisationseinheiten, z. B. ▶ Profit Center ▶ Cost Center ▶ Sparten ▶ Divisionen

⇩

Erfolgskontrolle	Die Erfolgsmessung wird mittels standardisierter **Fragebögen** vorgenommen, um Fortschritte, Schwierigkeiten und weitere Chancen zur Verbesserung bewusst zu machen. Es werden Vorschläge zur Vermeidung künftig möglicher Fehler eingeholt und diskutiert.

Das Verhaltensgitter-Modell ist die umfassendste und weltweit am häufigsten eingesetzte Methode zur Organisationsentwicklung, in deren Rahmen eine Veränderung von Individuen, Gruppen und Organisationen erfolgt. **Problematisch** bei ihm ist, dass es nur einen Führungsstil für allgemein gültig deklariert und als universell effizient anwendbar erklärt *(French/Bell, Hentze/Kammel/Lindert, Rahn, Staehle)*.

3.3.4 NPI-MODELL

Das NPI-Modell ist ein Beratungsmodell, bei dem Körper, Seele und Geist der Führungskräfte und Mitarbeiter in die Betrachtung einbezogen werden. Es ist vom *Niederländischen Pädagogischen Instituts* entwickelt worden und darauf gerichtet, das Handeln im Unternehmen an dem Denken, Fühlen und Wollen aller Mitarbeiter zu orientieren, um ihnen die Möglichkeit zu geben, ihre Fähigkeiten bis in den kulturellen Bereich hinein zu entdecken und zu entwickeln.

Beim NPI-Modell sind fünf **Phasen** der Organisationsentwicklung zu unterscheiden *(Becker, Staehle)*:

Orientierung	Zunächst gilt es, die Wünsche nach Wandel zu konkretisieren, Problembewusstsein zu schaffen, ein Vertrauensverhältnis aufzubauen und Erklärungen über mögliche Konsequenzen eines Entwicklungsprozesses zu geben.

⇩

Kognitive Veränderung	Es erfolgen Diagnosen der Situation, eine Verhaltensschulung der Mitarbeiter durch einen Entwicklungsbegleiter und die Erarbeitung einer Zukunftskonzeption.

⇩

Expektative Veränderung	Die Informationen werden erfasst und die Ziele konkretisiert. Es geschieht eine verstärkte Anleitung zur Selbstorganisation und Selbststeuerung durch den Entwicklungsbegleiter.

⇩

Intentionale Veränderung	Hier werden konkrete Pläne der Veränderung aufgestellt. Dabei erfolgt eine Kooperation durch eine Steuerungsgruppe mit dem Ziel, den Rückzug des Entwicklungsbegleiters vorzubereiten.

⇩

Realisierung	Die Diskrepanzen zwischen dem Soll- und dem Ist-Zustand werden schrittweise reduziert und gleichzeitig die Abweichungen analysiert, um Korrekturmaßnahmen einleiten zu können.

Das NPI-Modell dient dazu, die Mitarbeiter zu befähigen, ihre Probleme selbst zu lösen, nachdem sie zur Selbstanalyse, Selbstorganisation und Zielfindung befähigt wurden.

Abschließend ist festzustellen, dass die isolierte Anwendung von Einzelmaßnahmen der individuenbezogenen, gruppenbezogenen und organisationsbezogenen Interventionen kaum zu Verhaltensänderungen im Sinne der Organisationsentwicklung führt.

Vielmehr sollten alle als zweckmäßig erachteten Interventionen in ein **unternehmerisches Gesamtkonzept** von langfristig wirksamen Maßnahmen zur Organisationsentwicklung eingebracht werden, das vor allem durch neue unternehmerische Visionen, Leitbilder und Innovationen ergänzt wird.

74 >> Seite 478

4. KONZEPTE

In den letzten fünf Jahrzehnten waren die Unternehmen vielfältigen **Veränderungen** ihrer Umwelt ausgesetzt, denen sie begegnen mussten, wenn sie erfolgreich sein bzw. bleiben wollten, z. B. verstärkte Kundenorientierung, intensivierter Wettbewerb, zunehmender Kostendruck, internationale Ausrichtung, Globalisierung der Märkte, Verringerung der Umsätze.

Um die Organisation der Unternehmen unter diesen Bedingungen wettbewerbsfähig zu halten, wurden **Konzepte** entwickelt, die organisatorische Veränderungen mit sich brachten. Von besonderer Bedeutung waren dabei:

Es gibt weitere Konzepte, die jedoch im Rahmen dieser grundlegenden Betrachtung nicht dargestellt werden sollen – siehe *Bea/Göbel, Bühner, Macharzina, Oechsler, Schreyögg*.

4.1 WERTSCHÖPFENDE KONZEPTE

Die **Wertschöpfung** umfasst die von einem Unternehmen erbrachten Eigenleistungen als Mehrwert. Sie ist dementsprechend die Differenz zwischen dem Verkaufswert des Outputs und dem Wert für extern bezogene Güter bzw. Dienstleistungen.

Das **Wertschöpfungsmanagement** hat die Aufgabe die betriebliche Wertschöpfung positiv zu beeinflussen *(Albach)*. Dazu bietet sich die Entwicklung von Wertschöpfungsstrategien an, die von der Wertschöpfungskette ausgehen. Sie stellt die Reihe aller wertschöpfenden Tätigkeiten von Anfang bis zum Ende des Leistungsprozesses dar, der vom Unternehmen erbracht wird.

Mithilfe des Wertschöpfungsmanagements ist das Unternehmen bestrebt, für eine möglichst günstige Beurteilung der Vorleistungen zu sorgen und höchst mögliche Erträge am Markt zu erzielen. Dabei ist u. a. zu entscheiden, ob die zur Leistungserstellung notwendigen Tätigkeiten vom eigenen Unternehmen oder ganz bzw. teilweise von anderen Unternehmen erbracht werden sollen.

Diese **Make-or-Buy-Frage** ist eines der ältesten Probleme der Unternehmensführung *(Hopfenbeck)*. Auch für die Entwicklung einer Organisation ist sie sehr bedeutsam, da die Entscheidung, wie zu verfahren ist, grundlegenden Einfluss auf die Organisation hat. Als wertschöpfende Konzepte lassen sich unterscheiden:

• **Outsourcing**

• **Insourcing**.

4.1.1 OUTSOURCING

Als Outsourcing wird das **Ausgliedern** von einzelnen Aufgaben bis hin zu ganzen Funktionsbereichen aus der eigenen Unternehmenskompetenz bezeichnet *(Brändli, Bühner, Koppelmann, Niebling)*. Die Verlagerung betrieblicher Aktivitäten auf Fremdfirmen bewirkt eine unternehmensbezogene Abnahme der Wertschöpfung, weil damit eine Verringerung der betrieblichen Eigenleistungen verbunden ist.

Das Outsourcing basiert vielfach auf einer **Make-or-Buy-Analyse**, mit deren Hilfe der Nutzen einer Fremdvergabe von Prozessen geprüft wird. Dabei wird überlegt, inwieweit es vorteilhaft ist, betriebliche Prozesse selbst zu bewerkstelligen oder durch andere Unternehmen durchführen zu lassen.

Ziel des Outsourcing ist, durch Verlagerung bisher selbst erstellter betrieblicher Leistungen auf spezialisierte und kostengünstigere Fremdfirmen strategische Erfolgspositionen aufzubauen. Dies kann auch im Rahmen einer »Zellteilung« eines Konzernes erfolgen, z. B. durch Ausgliederung bisher wahrgenommener Aufgaben an rechtlich selbstständige Gesellschaften, deren Haftung i. d. R. beschränkt ist.

Als **Motive** für Outsourcing können die Verringerung der Produktionskosten, der Abbauf von Fertigungskapazitäten, die Steigerung der Produktqualität, die Verkürzung der Leistungstiefe sowie die Verminderung des Unternehmerrisikos genannt werden.

Maßnahmen der Ausgliederung im Rahmen der Organisationsentwicklung können sich vor allem auf folgende **Teilsysteme** eines Unternehmens beziehen:

▶ Rechenzentrum	▶ Werkschutz	▶ Buchhaltung
▶ Reinigungsdienst	▶ Ersatzteilservice	▶ Kundenservice
▶ Sekretariatsdienste	▶ Werkverkehr	▶ Hausdruckerei
▶ Wachdienste	▶ Produktion	

Beim Outsourcing ist zu beachten, dass das für die Leistungserstellung ausgewählte Unternehmen möglichst besser oder zumindest in gleicher Weise qualifiziert ist wie die Organisationseinheit, welche bisher die Leistung erbracht hat.

Beispiel: Deutsche Unternehmen haben aufgrund der im Inland erheblich gestiegenen Lohnkosten einzelne Teile der Produktion in Niedriglohnländer verlagert.

Das Outsourcing ist in folgender Weise zu beurteilen:

Vorteile	Nachteile
▶ Wertschöpfungskette wird verringert	▶ Keine populäre Entscheidung
▶ Technologieeinsatz ist u. U. gesichert	▶ Widerstände von Mitarbeitern
▶ Investitionskosten werden reduziert	▶ Qualitative Risiken der Ausgliederung
▶ Fixkosten senken	▶ Abhängigkeit vom Zulieferer
▶ Nutzen von externem Know-how	▶ Verlust von Kernkompetenzen
▶ Relativ schnelle Erledigung	▶ Kosten für Nachbesserungen
▶ Organisatorische Transparenz steigt	▶ Krisen bei ausgelagerten Firmen
	▶ Bei Vertragskündigung können wichtige Informationen zu Mitbewerbern gelangen

4.1.2 Insourcing

Das Insourcing ist ein dem Outsourcing gegenläufiger Prozess *(Freiling)*. Nach einer Phase des Outsourcing hat das Wertschöpfungsmanagement bei einer Reihe von Unternehmen in jüngerer Zeit eine **Re-Integration** ihrer outgesourcten Aktivitäten vorgenommen.

Beispiel: Bei der Volkswagen AG wurde die Fertigung von bestimmten Bauteilen zunächst nach außen vergeben, später aber wieder ins eigene Unternehmen eingegliedert.

Die **Gründe** für Insourcing liegen z. B. darin, dass in Verbindung mit Produktionsverlagerungen auf ausländische Fremdfirmen nach ersten positiven Einschätzungen in verschiedenen Fällen erhebliche Schwierigkeiten aufgetreten sind. So stellte sich nach kurzer Zeit mitunter heraus, dass die Qualität der Produkte nicht den Anforderungen des Unternehmens entsprach.

Eine notwendigerweise vorzunehmende Qualifikation des Personals wie auch der Organisation der Fremdfirmen wurde nicht vorgenommen. Stattdessen erfolgte häufig die Einleitung von Maßnahmen des Insourcing.

Beim Insourcing werden Outsourcingverträge gekündigt und gleichzeitig eine Wiedereingliederung bzw. der Neuaufbau von Leistungen, Wissen und Fähigkeiten im eigenen Unternehmen vollzogen. Es bietet sich aus der Sicht der Unternehmensleitung an, wenn dadurch z. B. *(Staehle)*:

- Kernkompetenzen dauerhaft bewahrt werden
- Vermiedene Sozialplankosten die höheren Eigenfertigungskosten übersteigen
- Beschaffungsrisiken vermieden werden können.

Das Insourcing bewirkt eine unternehmensbezogene Zunahme der **Wertschöpfung**, weil damit eine Erweiterung der betrieblichen Eigenleistungen verbunden ist. Es kann in folgender Weise beurteilt werden:

Vorteile	Nachteile
▶ Beschaffungsrisiken entfallen ▶ Unabhängigkeit vom Zulieferer ▶ Wahrung der eigenen Kompetenz ▶ Prioritäten intern besser verschiebbar ▶ Imagegewinn u. U. möglich ▶ Flexible Reaktion auf Marktbewegungen ▶ Unmittelbaren Zugriff auf das Wissen der Mitarbeiter	▶ Durch steigende Fertigungstiefe mehr Abhängigkeit von den internen Leistungsträgern ▶ Investitions-, Auslastungs- und Geschäftsrisiken tragen ▶ Erhöhte Fixkosten u. U. möglich ▶ Risiko von Leerkosten ▶ Gefährdete Wettbewerbsfähigkeit

Die Unternehmensleitung sollte frühestmöglich über organisatorische Verbesserungen nachdenken bzw. die notwendigen Maßnahmen einleiten, wenn sich Probleme zeigen. Je rascher dies geschieht, desto geringer sind die Kosten der Beeinflussung und umso größer kann die Effizienz der Organisationsentwicklung sein.

Durch die Bildung geschlossener und unternehmensübergreifender Wertschöpfungsketten und die damit verbundene Erzielung von Synergiepotenzialen kann die Organisationsentwicklung erheblich vorangebracht werden.

4.2 Lean-Konzepte

Die Lean Organisation ist eine **schlanke Organisation**, die der Verbesserung der Produktivität und Wirtschaftlichkeit des Unternehmens dienen soll. Sie wird weithin auch als **Lean Management** bezeichnet und vielfach mit der **Lean Production** gleichgesetzt *(Jung, Macharzina, Pfeiffer/Weiß, Wittlage)*.

Anfang der 70er-Jahre wurde die Lean Organisation vom japanischen Automobilkonzern *Toyota* entwickelt und Ende der 70er-Jahre in der deutschen Automobilindustrie *(BMW, Opel, Porsche)* sowie der Elektroindustrie *(Siemens AG)* eingeführt, was später auch in anderen industriellen Bereichen geschah.

Gefördert wurde diese Entwicklung durch eine Untersuchung des *Massachusetts Institute of Technology (MIT)*, die sich auf die Automobilindustrie in 14 Ländern bezog. Dabei zeigten sich erhebliche **Unterschiede** der japanischen zu den amerikanischen und europäischen Produzenten *(Hopfenbeck, Wittlage)*:

Merkmale	Japanische Werke in Japan	Japanische Werke in Nordamerika	Amerikanische Werke	Europäische Werke
Produktivität (Std./Auto)	17,0	21,0	25,0	36,0
Qualität (Montagefehler/100 Autos)	60,0	65,0	82,0	97,0
Teamarbeit in %	69,0	71,0	17,0	0,6
Job Rotation (0 = keine, 4 = häufig)	3,3	2,7	0,9	1,9
Verbesserungsvorschläge der Mitarbeiter	62,0	1,4	0,4	0,4
Abwesenheit in %	5,0	4,8	11,7	12,1

Weil die Ergebnisse überzeugend waren, haben viele deutsche Unternehmen verschiedene Elemente japanischer Vorschläge zur Verschlankung der Aufbau- bzw. Prozessorganisation übernommen.

Die **Ursachen** dieser Entwicklung können vor allem im zunehmenden Wettbewerb und im steigenden Kostendruck gesehen werden. Durch die Konzentration auf wesentliche Kernkompetenzen soll durch die Lean Organisation eine signifikant bessere Qualitäts- und Kostenposition erreicht werden, z. B. unter Berücksichtigung von Marktnähe, Produktivitätserhöhung, Wertschöpfung, Kundennähe, Qualitätsverbesserung, Vermeidung von Überproduktion.

Als **Konzepte** der Lean Organisation sind zu unterscheiden:

• **Lean-Aufbaukonzept**

• **TQM-Konzept**

• **Just-in-time-Konzept**.

4.2.1 Lean-Aufbaukonzept

Im Verlaufe der 50er- bis 70er-Jahre wurden mit **steigenden Umsätzen** der Aufbauorganisation großer Unternehmen immer mehr Organisationseinheiten angefügt, sodass die Organisationspläne sowohl horizontal als auch vertikal umfangreicher und die Prozesse komplizierter und unüberschaubarer wurden.

Die **Ursachen** für die Einführung neuer Hierarchieebenen waren vor allem:

- Eine konjunkturbedingte höhere Nachfrage führte zu Neueinstellungen
- Die Kontrollspannen bei wachsenden Mitarbeiterzahlen wurden zu groß
- Die Möglichkeit eines Aufstiegs galt traditionsgemäß als wirksamer Motivator.

In Zeiten **rückläufiger Unternehmenserfolge** erhöhte sich der Rationalisierungsdruck, sodass sich die Unternehmensleitungen zur Einführung neuer organisatorischer Aufbaukonzepte gezwungen sahen, die weniger Kosten verursachten. Das führte u.a. dazu, dass die Hierarchien flacher gestaltet wurden.

Im folgenden **Beispiel** führt eine Reduzierung der Hierarchiestufen von 8 auf 5 Ebenen und der Anzahl der Führungskräfte von 168 auf 98 zu einer Senkung der Zahl der Führungskräfte um 42 % *(v. Geldern, Spengler)*:

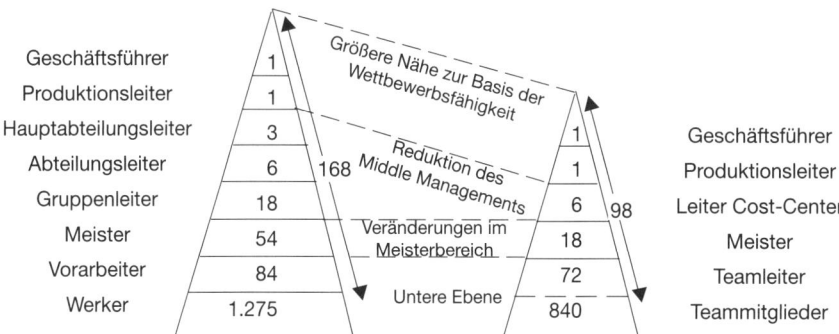

Bei vielen Unternehmen wurde in den vergangenen Jahren das Bestreben um eine schlanke Aufbauorganisation zur Verbesserung der Produktivität und Wirtschaftlichkeit deutlich, wodurch die Organisationsentwicklung positiv beeinflusst wurde.

4.2.2 TQM-KONZEPT

Das Total-Quality-Management-Konzept strebt eine absolute **Fehlerfreiheit** der Produkte auf der Basis einer verstärkten Mitarbeiterschulung und Mitarbeitermotivation an. Als ganzheitlicher Qualitätsansatz kennzeichnet es eine Denk- und Handlungsweise, bei welcher der Kundennutzen vorrangig ist *(Seghezzi, Töpfer/Mehdorn, Vahs)*.

Die **Ziele** sind über eine kompromisslose Qualitätsstrategie *(Ebel)* und konsequente Prozessorientierung zu erreichen, die von folgenden **Prinzipien** ausgeht:

- Nur fehlerfreie Prozesse führen zu fehlerfreien Erzeugnissen
- Hohes Qualitätsniveau nur durch geeignete Koordination des Leistungsprozesses
- Einwandfreie Kunden- und Lieferantenbeziehungen
- Funktionsübergreifende Optimierung.

Darüber hinaus legen die Verantwortlichen beim Total-Quality-Management besonderen Wert auf Selbstkontrolle statt Fremdkontrolle, verstärkte Gruppenarbeit in der Fertigung und die Anwendung eines kooperativen Führungsstils.

Diese Gegebenheiten sind i. d. R. nicht mehr mit den traditionellen Möglichkeiten der Aufbau- bzw. Prozessorganisation zu bewältigen. Es werden vielmehr flexible Organisationsstrukturen erforderlich, die es ermöglichen, auf Kundenwünsche und Marktentwicklungen schnell und zuverlässig zu reagieren.

Bei dieser Vorgehensweise soll das Qualitätsbewusstsein alle Bereiche und Aktivitäten eines Unternehmens erfassen und führen zu dem:

- **Kontinuierlichen Verbesserungsprozess (KPV)**, der die Markt- und Wettbewerbsfähigkeit positiv beeinflusst.

- **Kaizen-Prinzip**, das in allen Unternehmensbereichen permanente Veränderungen durch systematische Lernprozesse anstrebt. Dabei steht »Kai« für Wandel und »zen« für das Gute.

Für das TQM-Konzept gilt als Kernaussage, dass jeder Mitarbeiter des Unternehmens für die Qualität seiner Arbeit selbst verantwortlich ist. Es ist mit einem Null-Fehler-Programm vergleichbar, das der positiven Organisationsentwicklung dient.

4.2.3 Just-in-Time-Konzept

Das Just-in-time-Konzept ist auf produktionssynchrone und kostengünstige Materialbeschaffung bzw. einen schnellen Fertigungsfluss ausgerichtet. Dabei wird die Planung des kurzfristigen Materialbedarfs den Kapazitäten an die aktuelle Fertigungssituation angepasst *(Olfert/Rahn, Wildemann)*.

In der produktionssynchronen Beschaffung wird ein Zwischenprodukt nicht auf Lager vorgefertigt, sondern erst dann eingesteuert, wenn es tatsächlich benötigt wird. Die Prozesse der Fertigung werden von einem Bring-System auf ein **Hol-System** umgestellt *(Ebel)*.

Die Fertigung erfolgt in allen Stufen **auf Abruf**. Der Prozess endet mit der raschen Ablieferung der fertigen Produkte beim Kunden. Als Maßeinheit für die Periodenlänge in den einzelnen Fertigungsstufen gilt z. B. ein Tag. Es wird »heute produziert, was morgen benötigt wird«.

Ziele des Just-in-time-Konzeptes sind:

▶ Fehler in der Fertigung verringern	▶ Produkte ohne Zeitverzug fertigen
▶ Lagerbestände reduzieren	▶ Kunden schnell beliefern
▶ Produktideen schnell umsetzen	▶ Zulieferer eng an sich binden
▶ Durchlaufzeiten verkürzen	▶ Steigerung der Produktivität

Im Rahmen des Just-in-time-Konzeptes ist der **Kanban** ein bedeutendes Steuerungsinstrument. Er ist eine Karte, eine Tafel oder ein markierter Bereich, der jeweils ein optisches Signal dafür setzt, dass die in der Fertigung vorgelagerte Organisationseinheit wieder diese Teile nachproduziert. Die nachfolgende Fertigungseinheit holt sich die benötigten Teile aus der vorgelagerten Fertigungseinheit und hinterlässt oder markiert einen solchen Kanban.

Das Kanban-Prinzip stellt eine am Mindestbestand orientierte Fertigungsdisposition dar, indem eine Fertigungsstufe immer dann neue Aufträge auslöst, wenn der zugeordnete Lagerbestand einen Mindestbestand unterschreitet.

Es werden vorher bestimmte Fertigungsmengen produziert, die sich an der Kapazität von Transportbehältern orientieren können, die als **Kanban-Behälter** bezeichnet werden. Damit bestimmen die Auftragsvorgaben an die letzte Fertigungsstufe den weiteren Fertigungsablauf *(Ebel)*:

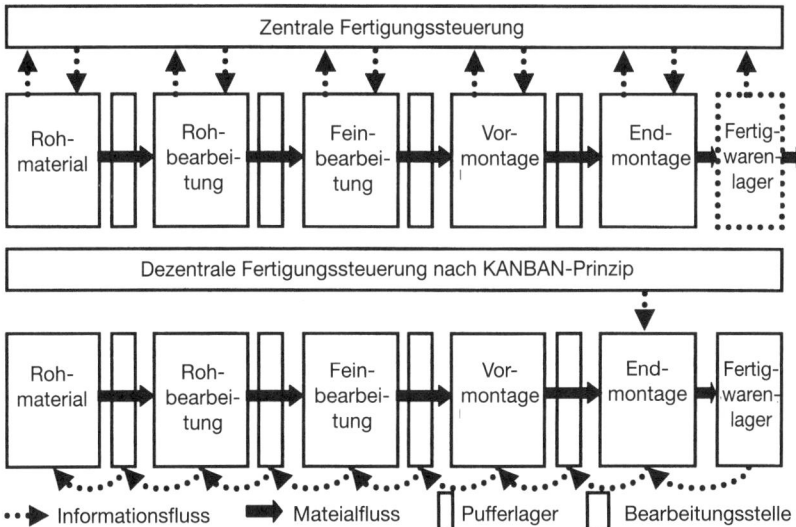

Durch den Einsatz von Kanban lassen sich die Bestände senken und die Fertigungsabläufe beschleunigen. Das Verfahren ist auch beim zwischenbetrieblichen Transportverkehr einsetzbar.

Eine höhere **Produktivität** wird in diesem Konzept dadurch erzielt, dass Lagerbestände bis auf einen minimal notwendigen Lagerbestand reduziert werden. Damit erfolgt eine Begrenzung der Lagerhaltung auf die von der Durchlaufzeit der Fertigung bestimmte Vorratsmenge, was zu einer Senkung von Kosten führt.

Zusammenfassend kann Lean Organisation wie folgt beurteilt werden:

Vorteile	Nachteile
▶ Bessere Produktqualität	▶ Vorwand für Kostensenkungsprogramme
▶ Mehr Gruppenarbeit	▶ Beträchtliche Investitionen
▶ Kaum Lagerbestände	▶ Motivation der Mitarbeiter kann leiden
▶ Kürzere Lieferzyklen	▶ Überhöhter Leistungs- und Zeitdruck
▶ Niedrigere Fertigungskosten	▶ Lieferschwierigkeiten bei fehlenden Lagerbeständen
▶ Wettbewerbsvorteile	
▶ Flachere Hierarchien	▶ Selbstkontrolle funktioniert nicht

Der Einfluss der Lean-Konzepte auf die Organisationsentwicklung war über viele Jahre hinweg beträchtlich.

4.3 Team-Konzepte

Die Teamorganisation ist dadurch gekennzeichnet, dass Entscheidungsbefugnisse einem Team als einer Gruppe von Personen übertragen werden, die einen bestimmten Aufgabenbereich gemeinsam und weitgehend autonom bearbeitet *(Birker/Birker, Kress/ v. Studnitz, Macharzina, Rahn, Staehle).*

Die Organisationsentwicklung vollzieht sich in der Weise, dass sich im Unternehmen **Gruppen zu Teams** entwickeln, die Innovationen bzw. Erfolg anstreben und durch einen hohen Zusammenhalt geprägt sind. Die **Ursachen** dieser Entwicklung können in einem veränderten Führungsstil liegen, der kooperativ ist bzw. über Delegationsmaßnahmen den Gruppenmitgliedern mehr Eigenverantwortlichkeit gibt.

Merkmale des Teams sind:

- Befristete oder unbefristete Aufgabenbearbeitung
- Geringe Zahl der Mitglieder (Face to Face-Gruppe)
- Gleichberechtigung aller Mitglieder
- Gemeinsame Zielsetzung aller Mitglieder
- Hohes Maß an Koordination nach innen und außen
- Wahl bzw. Bestimmung eines Mitgliedes zum Teamleiter
- Teamleiter als »Primus inter pares«.

Die **Teamfähigkeit** seiner Mitglieder ist eine wichtige Voraussetzung für das Gelingen der Aufgabenerfüllung eines Teams. Sie bedarf der aktiven Mitarbeit aller Teammitglieder, welche die gemeinsame Aufgabenstellung über die eigenen Interessen stellen.

Die Teamorganisation wird meistens bei der Bearbeitung von komplexen Projekten eingesetzt, die sich durch folgende **Merkmale** auszeichnen:

- Sie haben eine große Bedeutung für das Unternehmen
- Sie tangieren mehrere Unternehmensbereiche stark
- Sie erfordern unterschiedliches bereichsübergreifendes Fachwissen.

Als **moderne Formen** der Teamorganisation sollen dargestellt werden:

- **Teamarbeit**

- **Teilautonome Arbeitsteams**

- **Qualitätszirkel**.

4.3.1 Teamarbeit

Die Teamarbeit ist ein Konzept, durch das im Unternehmen ein höheres Leistungsniveau bzw. eine Steigerung der Arbeitsproduktivität erreicht werden soll. Das Zusammenwirken der Teammitglieder soll die Summe der isolierten Einzelleistungen ihrer Mitglieder bei Wahrung von erhöhter Solidarität übertreffen.

Seine Akzeptanz ist in den Unternehmen beträchtlich. So stieg von 1993 bis 1998 die Zahl der Teamarbeiter in deutschen Unternehmen um mehr als zwei Drittel. Es gibt aber auch **skeptische Stimmen**, die sowohl die produktiven als auch die humanitären Potenziale dieser Teamarbeit infrage stellen *(Pekruhl/Nordhause-Janz)*.

In Firmen wie der *Opel AG, Mercedes Benz AG* und *Volvo* wurde die Teamarbeit umfangreich eingeführt, inzwischen aber zum Teil wieder revidiert:

- In den *Opel-Werken* wurden die Taktzeiten für einzelne Beschäftigte deutlich reduziert und damit Möglichkeiten der Selbstorganisation beschnitten.

- In dem *Mercedes-Werk* in Rastatt sind Experimente mit der Einführung von Teamarbeit völlig beendet und das alte System wieder eingeführt worden.

- *Volvo* hat in Schweden das Vorzeigebeispiel für Gruppenmontage aufgrund sinkender Absatzzahlen zurückgenommen und ist zur Fließbandfertigung zurückgekehrt.

Eine genaue **Beurteilung** der Teamarbeit ist im Einzelfall von einer detaillierten Betrachtung abhängig, die sich darauf bezieht, wie und unter welchen Bedingungen die Teamarbeit im Unternehmen erfolgt. Allgemein lassen sich als Vorteile und Nachteile der Teamarbeit nennen:

Vorteile	Nachteile
▶ Soziale Interaktionen gefordert	▶ Erhöhter Gruppendruck
▶ Erhöhte Kommunikation	▶ Einzelne stören das Team
▶ Betriebsklima verbessert sich	▶ Erhöhte Personalkosten durch Training
▶ Teilnehmer helfen sich gegenseitig	sozialer Lernprozesse
▶ Identifizierung mit der Aufgabe	▶ Psychische Belastungen der Teammitglieder
▶ Weniger Monotonie	der
▶ Erwerb zusätzlicher Kompetenzen	▶ u. U. weniger Leistungsbereitschaft

4.3.2 Teilautonome Arbeitsteams

Die Forderungen nach verstärkter innerbetrieblicher Demokratie und mehr Humanisierung am Arbeitsplatz haben zu einer verstärkten Einführung von teilautonomen Arbeitsteams geführt. Ihr vorrangiges **Ziel** besteht darin, die Fluktuationsquote und die Abwesenheitsquote im Unternehmen durch eine interessantere Arbeitsgestaltung und mehr Selbstbestimmung am Arbeitsplatz zu senken *(Antoni)*.

Der Einsatz teilautonomer Arbeitsteams verfolgt aber noch weitere **Ziele**, z. B. höhere Produktivität, Qualitätssteigerungen, größere Flexibilität.

Dieses Organisationskonzept ist insbesondere im Fertigungsbereich von Unternehmen bedeutsam. Dort werden teilautonome Teams auch als selbststeuernde Arbeitsgruppen bezeichnet, deren **Aufgaben** z. B. umfassen *(Hopfenbeck, Rahn, Staehle)*:

▶ Materialdisposition	▶ Produktfertigung
▶ Materialflussgestaltung	▶ Qualitätskontrolle

Merkmale eines teilautonomen Teams sind:

- Eine Team besteht aus vier bis zehn Mitarbeitern
- Es wählt aus seinen Reihen den Teamleiter
- Das Team übernimmt klassische Führungsfunktionen
- Die Autonomie des Teams bezieht sich auf die interne Aufgabenverteilung
- Selbstständige Einrichtung, Wartung bzw. Reparatur von Maschinen
- Das Team reguliert, bestimmt und verwaltet sich selbst
- Die Mitgliedschaft in dem Team ist i. d. R. zeitlich unbefristet
- Autonome Kontrolle der Teamergebnisse

Innerhalb des Teams sollen die Mitarbeiter die Möglichkeit erhalten, zwischen verschiedenen Arbeitsplätzen zu wechseln und somit unterschiedliche Aufgaben wahrzunehmen. Dabei können sie Erfahrungen in verschiedenen Arbeitsbereichen sammeln, um ihre Fähigkeiten zu erweitern.

Teilautonome Teams lassen sich wie folgt beurteilen:

Vorteile	Nachteile
▶ Kompetenzen bei Planung und Steuerung	▶ Kosten für die Qualifizierung
▶ Abrufen von Kreativitätspotenzial	▶ Hoher Einführungsaufwand
▶ Verbesserung der Kommunikation	▶ Ausnutzung der Freiheiten
▶ Wettbewerb zwischen den Teilnehmern	▶ Aggressionen beim Sozialverhalten
▶ Erhöhung der Flexibilität	▶ Konformitätsdruck
▶ Bereitschaft zur Verantwortungsübernahme	▶ Druck auf Leistungsschwächere
▶ Förderung von Eigeninitiative	▶ Entscheidungen benötigen mehr Zeit

4.3.3 Qualitätszirkel

Der Qualitätszirkel ist ein Team-Konzept, das die Mitglieder eines Teams zu mehr Kreativität und Innovationen anregen soll. Hier treffen sich die Mitarbeiter »vor Ort« selbstständig und freiwillig, um Probleme im Zusammenhang mit der Arbeit zu lösen, um Verbesserungsvorschläge zu erarbeiten *(Bea/Göbel, Hentze, Jung)*.

Die **Moderation** der Sitzungen erfolgt durch einen Leiter des Qualitätszirkels, der häufig vom Team gewählt wird. Er kann aber auch durch den Leiter der Fertigung berufen werden.

Ein Qualitätszirkel kann folgende **Merkmale** aufweisen:

- Kleine Teams von sechs bis neun Personen
- Teilnehmer sind Meister, Vorarbeiter und Arbeiter
- Sie kommen aus einem bestimmten Arbeitsbereich
- Treffen sich z. B. wöchentlich
- Die Sitzungen finden während der Arbeitszeit statt
- Die Dauer liegt bei etwa 90 Minuten
- Es werden Probleme aus dem Arbeitsbereich diskutiert
- Lösungsvorschläge werden erarbeitet
- Die Ergebnisse werden dem Betriebsleiter vorgetragen

Auch **Werkstattzirkel** können zu den Qualitätszirkeln gezählt werden. Sie werden jedoch inhaltlich stärker vorstrukturiert und mit vorgegebener Aufgabenstellung durchgeführt.

Qualitätszirkel weisen folgende Vorteile und Nachteile auf:

Vorteile	Nachteile
▶ Weniger Fehlzeiten/Fluktuation	▶ Kosten der Einführung
▶ Verbesserte Zusammenarbeit	▶ Zeitaufwändige Entscheidungen
▶ Intensivere Kommunikation	▶ Verstecken hinter Anderen
▶ Höhere Flexibilität	▶ Abschweifende Lösungen
▶ Problemlösung »vor Ort«	▶ Frustration bei Teilnehmern
▶ Bessere und mehr Vorschläge	▶ Produktivitätsdruck
▶ Mehr Verantwortungsübernahme	▶ Angst vor Arbeitsplatzverlust
▶ Förderung der Selbstständigkeit	▶ Doppelbelastung
▶ Entwicklung unternehmerischen Denkens	▶ Skepsis gegenüber Neuerungen

Durch verstärkte Innovation und mehr Übernahme von Verantwortung durch selbstständige Teams kann auf breiter Basis eine positive Organisationsentwicklung ausgelöst werden. Allerdings sollte die Teamentwicklung durch übergreifende Aktionen flankierend unterstützt werden, z. B. professionelle Sachkonzepte, klare Strukturierung der Unternehmensziele und organisatorische Gesamtkonzepte.

4.4 Kooperative Konzepte

Die kooperative Organisation ist dadurch gekennzeichnet, dass ein Unternehmen mit anderen Unternehmen zusammenarbeitet. Dabei wird die **wirtschaftliche Selbstständigkeit** der beteiligten Unternehmen in den von der Kooperation betroffenen Bereichen eingeschränkt. Ihre rechtliche Selbstständigkeit bleibt aber voll erhalten.

Die Zunahme von Kooperationen im Rahmen der Organisationsentwicklung hat insbesondere folgende **Ursachen**:

- Die **Ausweitung der Märkte**, die durch die Entwicklung neuer Informations- und Kommunikationstechniken bedingt ist.

- Die **Erschließung neuer Märkte**, z. B. der osteuropäischen Reformstaaten oder der fernöstlichen Staaten wie der Volksrepublik China.

- Die **Notwendigkeit hoher Flexibilität**, die z. B. auf das Erfordernis zurückzuführen ist, dem Kunden innovative und individuelle Problemlösungen anzubieten.

- Den **Zwang zur Kostenreduzierung**, was z. B. die Direktbanken als neue Anbieter von Finanzdienstleistungen zu ihrer Leitmaxime gewählt haben, um sich gegenüber etablierten Wettbewerbern strategisch zu differenzieren.

- Die **kürzeren Entwicklungs- und Produktlebenszyklen**, woraus auch höhere finanzielle Risiken für Unternehmen resultieren.

Als kooperative Konzepte sind zu unterscheiden:

- **Strategische Allianzen**

- **Joint Ventures**.

4.4.1 STRATEGISCHE ALLIANZEN

Strategische Allianzen sind Verbindungen zwischen Unternehmen, um auf bestimmten Gebieten zusammenzuarbeiten – siehe ausführlich *Bühner, Carl/Kiesel, Hopfenbeck, Ziegenbein*. Sie können sich z. B. zeigen in:

* Lockeren Kooperationsabsprachen
* Technologie-Tauschvorgängen zwischen Partnerunternehmen
* Gegenseitigen Lizenzierungen von Gemeinschaftsunternehmen
* Vereinbarungen über ein gemeinsames Vertriebsmanagement
* Verträgen zwischen Zulieferern und Produzenten.

Vorrangiges Ziel strategischer Allianzen ist die Nutzung externer Synergieeffekte durch die Verknüpfung der Potenziale mehrerer selbstständiger Unternehmen, dazu kommen als weitere **Ziele**:

▶ Verbesserung der Marktposition	▶ Senkung des Zeitbedarfs
▶ Konzentration auf Kernstärken	▶ Überwindung von Markteintrittsbarrieren
▶ Ausdehnung der Produktpalette	▶ Schnelleres Wachstum durch Know-how
▶ Senkung und Verteilung der Kosten	▶ Nutzung von Größeneffekten
▶ Verbesserung des Images	▶ Risikoverteilung und Risikobegrenzung
▶ Zugang zu Schlüsseltechnologien	▶ Verringerung des Wettbewerbs

Strategische Allianzen beabsichtigen einen zukunftsträchtigen Wettbewerbsvorteil nachhaltig zu verteidigen und zu generieren *(Gomez/Zimmermann)*. Als Kernpunkte erfolgreicher Zusammenarbeit gelten gegenseitiges Vertrauen, stimmige Unternehmenskultur, entscheidungsbefugtes Management und fairer Umgang der Partnerunternehmen.

Strategische Allianzen lassen sich beurteilen:

Vorteile	Nachteile
▶ Erzielung externer Synergieeffekte	▶ Einschränkung des Handlungsspielraums
▶ Stärkung der Marktpositionen	▶ Beteiligte Partner als »Trittbrettfahrer«
▶ Erweiterung der Wettbewerbspositionen	▶ Mangelhafte Kontrolle der Partner
▶ Konkurrenzabwehr	▶ Risiken durch Know-how-Transfer
▶ Konzentration auf Stärken	▶ Mehr Koordinationsaufwand
▶ Größenvorteile	▶ Erhebliche Kosten für Partnersuche
▶ Zeitvorteile	▶ Mehrkosten für Vertragsverhandlungen
▶ Kostenvorteile	▶ Höhere Kosten für Kontrolle der Partner

4.4.2 JOINT VENTURES

Joint Ventures sind eine weit verbreitete Form der Kooperation von Unternehmen mit ausländischen Partnern – siehe ausführlich *Hopfenbeck,Olfert/Pischulti, Ziegenbein*.

Dabei werden neue, rechtlich selbstständige Unternehmen durch eine **Kapitalbeteiligung** von mindestens je einem in- und ausländischen Partner gegründet oder erworben, um gemeinsame Aktivitäten durchzuführen. Die Kapitalbeteiligung kann eine Minderheits-, Mehrheits- oder Paritätsbeteiligungen sein.

Die sich beteiligenden Unternehmen, die auch **Partnerunternehmen** genannt werden, führen das Joint Venture-Unternehmen gemeinsam, sie bleiben in ihrer Beziehung zueinander aber rechtlich unabhängig. Als **Formen** von Joint Ventures sind zu unterscheiden:

- **Infrastrukturkooperationen**, bei denen sich die internationalen Zusammenschlüsse von Unternehmen z. B. beziehen auf:

  - ▶ Elektronische Datenverarbeitung
  - ▶ Instandhaltungen, Wartungen
  - ▶ Reparaturen und Haustechnik
  - ▶ Werkzeug- und Vorrichtungsbau
  - ▶ Mitarbeiterverpflegung und -versorgung
  - ▶ Rechnungswesen und Controlling
  - ▶ Vervielfältigungen in Hausdruckerei

- **Simultaneous-Engineerings**, die internationale Zusammenschlüsse von Lieferanten und Kunden zur gemeinsamen Entwicklung und Konstruktion von Erzeugnissen und Komponenten darstellen. Sie können sein:

  - ▶ Vorwärtskooperationen als kundenbezogene Formen der Zusammenarbeit
  - ▶ Rückwärtskooperationen als lieferantenbezogene Formen der Zusammenarbeit

- **Kernprozesskooperationen**, welche internationale Zusammenschlüsse sind, die sich auf Prozesse von fundamentaler betrieblicher Bedeutung beziehen, z. B.:

  - ▶ Fertigungskooperationen
  - ▶ Servicekooperationen
  - ▶ Kooperationen bei Vertriebsniederlassungen
  - ▶ Internationale Finanzkooperationen

Joint Ventures können in folgender Weise beurteilt werden:

Vorteile	Nachteile
▶ Teilung und Reduzierung von Risiken ▶ Verringerung von Markteintrittsbarrieren ▶ Zugang zu lokalen Kapitalmärkten ▶ Mehr Marktkenntnisse und Erfahrungen ▶ Zugang zu Ressourcen des Partners ▶ Kombination eigener und fremder Stärken ▶ Erfolgspotenzial durch ähnliche Kultur ▶ Erschließung neuer Auslandsmärkte	▶ Erschwerte Kontrollen und Abstimmungen ▶ Konfliktpotenzial bei Strategieumsetzung ▶ Unterschiedliches Verhalten des Personals bei kulturell fremden Partnern ▶ Abwicklungsprobleme mit Partnern in politisch wenig gefestigten Staaten ▶ Probleme mit unterschiedlichen Unternehmenskulturen ▶ Konflikte in unerschlossenen Märkten

Kooperative Organisationskonzepte dienen der Erhaltung und dem Ausbau von Wettbewerbspositionen. Mithilfe dieser Konzepte werden die Organisationen der kooperierenden Unternehmen in geeigneter Weise entwickelt.

Durch die Globalisierung der Wirtschaft, die zunehmende Internationalisierung und durch das verstärkte Zusammenwachsen der Märkte wird die Bedeutung kooperativer Organisationskonzepte eher zunehmen.

75 ⟩ **Seite 478**

KONTROLLFRAGEN	bear-beitet	Lösungs-hinweise	Lö-sung + / -
01 Beschreiben Sie, welche Arten des Wandels es gibt!		369	
02 Erklären Sie Unterschiede zwischen Evolution und Revolution!		369	
03 Grenzen Sie die Organisationsentwicklung von der Personalentwicklung ab!		370	
04 Was versteht man unter der Halbwertzeit des Wissens?		370	
05 Erläutern Sie, welche internen Ursachen der Organisationsentwicklung unterschieden werden können!		371 f.	
06 Welche externen Ursachen der Organisationsentwicklung gibt es?		372	
07 Wie kann eine Effizienzsteigerung der Organisationsentwicklung erreicht werden?		373	
08 Welche Grundprinzipien können eine effiziente Organisationsentwicklung bewirken?		373	
09 Welche Maßnahmen dienen der Humanisierung der Organisationsentwicklung?		374	
10 Warum werden Unternehmen als »lernende Organisationen« bezeichnet?		374	
11 Erläutern Sie Grundformen des organisationalen Lernens!		374 f.	
12 Worin können Erfolgsfaktoren der Organisationsentwicklung gesehen werden?		375	
13 Beschreiben Sie die Bedeutung unternehmerischer Visionen für die Organisationsentwicklung!		376	
14 Was versteht man unter Unternehmensleitbildern?		376	
15 Wodurch soll die Unternehmensleitung sich dabei auszeichnen?		377	
16 In welcher Weise läuft ein Problemlösungsprozess ab?		378	
17 Welcher Zusammenhang besteht zwischen Führungskräftepartizipation und Organisationsentwicklung?		378	
18 Warum sollten auch die Mitarbeiter in die Organisationsentwicklung eingebunden werden?		378	
19 Inwiefern wird die Organisationsentwicklung durch den Zeitrahmen beeinflusst?		379	
20 Was zeichnet einen Unternehmensberater aus?		379	
21 Welche Gründe sprechen für den Einsatz von Unternehmensberatern?		379	
22 Welche Aufgaben können Unternehmensberater bei der Organisationsentwicklung wahrnehmen?		380	
23 Was ist unter einem Organisationsberater zu verstehen?		380	
24 Unterscheiden Sie Arten der Organisationsberater nach ihrer Herkunft!		380	
25 Welche Aufgaben nehmen Organisationsberater vielfach wahr?		380	
26 Von welchen Faktoren ist die Effektivität eines Organisationsberaters abhängig?		381	
27 Was versteht man unter einem Entwicklungsteam?		381	

28	Beschreiben Sie, was ein Lenkungsausschuss ist!	381		
29	Welche wesentliche Aufgabe kommt dem Kernteam zu?	381		
30	Wozu dienen Projektteams?	381		
31	Worin können Ursachen von Problemen der Organisationsentwicklung gesehen werden?	382		
32	Mit welchen Widerständen muss bei der Organisationsentwicklung gerechnet werden?	382		
33	Welche Schwierigkeiten sind bei der Realisierung der Organisationsentwicklung möglich?	383		
34	Kritisieren Sie das Konzept der Organisationsentwicklung!	383		
35	Erläutern Sie Gründe für den Wandel von Organisationsformen!	384		
36	Erklären Sie die Organisationsentwicklung am Beispiel des Daimler-Chrysler-Konzerns!	385 f.		
37	Zählen Sie Gründe für den Wandel sonstiger Organisationsmerkmale auf!	387		
38	Welche Organisationskonzepte sind in der Vergangenheit Grundlage des Wandels gewesen?	387		
39	Welche Vorgehensweisen lassen sich bei der Organisationsentwicklung unterscheiden?	387		
40	Nennen Sie die Phasen des Drei-Phasen-Prozesses!	388		
41	Beschreiben Sie die Auftauphase und die Veränderungsphase!	388 f.		
42	Kennzeichnen Sie die Konsolidierungsphase!	389		
43	Welche Phasen umfasst der Vier-Phasen-Prozess der Organisationsentwicklung?	389		
44	Charakterisieren Sie die Vorphase und die Diagnosephase!	390		
45	Beschreiben Sie die Entwicklungsphase und die Stabilisierungsphase!	390 f.		
46	Aus welchen Phasen besteht der Sechs-Phasen-Prozess?	391 f.		
47	Was geschieht in der Pionierphase und der Markterschließungsphase?	392 f.		
48	Beschreiben Sie die Diversifikationsphase und die Akquisitionsphase!	393 f.		
49	Stellen Sie dar, was in der Kooperationsphase und der Restrukturierungsphase geschieht!	394 f.		
50	Welche richtungsbezogenen Vorgehensweisen lassen sich bei der Organisationsentwicklung unterscheiden?	395		
51	Beschreiben Sie die Abwärtsstrategie und die Aufwärtsstrategie!	396		
52	Wann finden die Keilstrategie und die Fleckenstrategie Anwendung?	396 f.		
53	Was sind Interventionen der Organisationsentwicklung?	397		
54	Geben Sie einen Überblick über mögliche Interventionen!	397		
55	Wodurch kann der Erfolg von Interventionen gefördert werden?	398		
56	Inwieweit beeinflussen individuenbezogene Interventionen die Organisationsenwicklung?	398		
57	Welche Arten individuenbezogenerr Interventionen lassen sich unterscheiden?	398		

58	Beschreiben Sie die Transaktionsanalyse!		399 f.		
59	Erklären Sie das Modell der Lebensanschauung nach Harris!		400		
60	Erläutern Sie die Lebens- und Karriereplanung als Intervention!		400 f.		
61	Was versteht man unter Coaching?		401		
62	Welche Grundrichtungen des Coaching sind zu unterscheiden?		401 f.		
63	Welches sind die Hauptmerkmale des »deutschen« Coaching?		402		
64	Erläutern Sie, was unter gruppenbezogenen Interventionen zu verstehen ist!		402		
65	Unterscheiden Sie Gruppe und Team nach geeigneten Merkmalen!		402		
66	Welche Ziele haben gruppenbezogene Interventionen?		403		
67	Wovon hängt die Wirksamkeit gruppenbezogener Interventionen ab?		403		
68	Geben Sie einen Überblick über gruppenbezogene Interventionen!		403		
69	Worauf zielt die Prozessberatung ab?		404		
70	Welche Aufgaben hat ein Prozessberater?		404		
71	Was versteht man unter dem Sensitivitätstraining?		404		
72	In welchen Schritten wird beim Sensitivitätstraining vorgegangen?		404 f.		
73	Worin sind die Ziele der Teamentwicklung zu sehen?		405		
74	Auf welchen Wegen kann die Teamentwicklung erfolgen?		405 f.		
75	Beschreiben Sie, was unter der Laboratoriumsmethode sowie Encounter-Gruppen zu verstehen ist!		405 f.		
76	Was wird unter der Rollenanalyse und der Rollenverhandlung verstanden?		406		
77	Womit beschäftigen sich Problemlöseworkshops?		407		
78	Erläutern Sie das NLP-Modell!		407		
79	Stellen Sie das Open-Space und das Unternehmenstheater dar!		407 f.		
80	Geben Sie einen Überblick über organisationsbezogene Interventionen!		408		
81	Erläutern Sie, wie beim Konfrontationstreffen vorgegangen wird!		409 f.		
82	Wie erfolgt der Ablauf beim Datenerhebungsverfahren?		410 f.		
83	Beschreiben Sie das Modell der Grid-Organisationsentwicklung!		411 f.		
84	Erklären Sie die Phasen des NPI-Modells!		413		
85	Geben Sie einen Überblick über die Organisationskonzepte!		414		
86	Erklären Sie, was unter wertschöpfenden Konzepten verstanden wird!		415		
87	Beschreiben Sie das Outsourcing!		415 f.		
88	Welche Vorteile und Nachteile hat das Outsourcing?		416		
89	Erklären Sie Wesen und Gründe des Insourcing!		416 f.		
90	Welche Vorteile und Nachteile hat das Insourcing?		417		
91	Erläutern Sie die Ergebnisse des MIT-Instituts!		418		

92	Welche Konzepte der Lean-Organisation lassen sich unterscheiden?		418		
93	Erklären Sie das Lean-Aufbaukonzept!		418 f.		
94	Kennzeichnen Sie das TQM-Konzept!		419 f.		
95	Erläutern Sie das Just-in-time-Konzept!		420		
96	Worin sind die Ziele des Just-in-time-Konzeptes zu sehen?		420		
97	Was ist unter Kanban und Kanban-Behältern zu verstehen?		420 f.		
98	Welche Vorteile und Nachteile hat die Lean-Organisation?		421		
99	Was versteht man unter Team-Konzepten?		422		
100	Welche Merkmale haben Teams?		422		
101	Welche modernen Formen der Teamorganisation gibt es?		422		
102	Erläutern Sie, was unter der Teamarbeit zu verstehen ist!		422 f.		
103	Welche Vorteile und Nachteile hat die Teamarbeit?		423		
104	Erklären Sie die Merkmale teilautonomer Arbeitsteams!		424		
105	Zählen Sie Vorteile und Nachteile teilautonomer Arbeitsteams auf!		424		
106	Erläutern Sie die Merkmale der Qualitätszirkel!		424		
107	Welche Vorteile und Nachteile haben Qualitätszirkel?		425		
108	Erklären Sie das Wesen kooperativer Organisationskonzepte!		425		
109	Welche Ursachen kann die Zunahme von Kooperationen haben?		425		
110	Was versteht man unter Strategischen Allianzen und Joint Ventures?		426 f.		

GESAMTLITERATURVERZEICHNIS

GESAMTLITERATURVERZEICHNIS

A. GRUNDLAGEN

Bea/Göbel, Organisation, 3. Aufl., Stuttgart 2006

Bleicher, K., Organisation - Strategien - Strukturen - Kulturen, 2. Aufl., Wiesbaden 1991

Bussiek/Ehrmann, Buchführung, 8. Aufl., Ludwigshafen/Rhein 2004

Bühner, R., Betriebswirtschaftliche Organisationslehre, 10. Aufl., München/Wien 2004

Bühner, R., Strategie und Organisation, 2. Aufl., Wiesbaden 1993

Bullinger/Warnecke (Hrsg.), Neue Organisationsformen im Unternehmen Berlin/Heidelberg/ New York 1996

Burghardt, M., Einführung in Projektmanagement, 4. Aufl., Berlin/München 2002

Drumm, H.J., Organisationsplanung, in: HWO, Hrsg. E. Frese, 3. Aufl., Stuttgart 1992, Sp. 1589-1602

Ehrmann, H., Kompakt-Training Strategische Planung, 1. Aufl., Ludwigshafen 2006

Fischermanns, G., Organisationscontrolling, Diss., 1. Aufl., Hamburg 1996

Föhr, S., Organisation und Gleichgewicht, Wiesbaden 1997

French/Bell, Organisationsentwicklung, 4. Aufl., Bern/Stuttgart/Wien 1994

Frese E., Grundlagen der Organisation, 9. Aufl., Wiesbaden 2005

Gaitanides, M., Prozessorganisation, München 1983

Gaitanides, M., Prozessmanagement, München 1994

Gabele, E., Reorganisation, in: HWO, Hrsg. E. Frese, 3. Aufl., Stuttgart 1992, Sp. 2196-2211

Gebert, D., Organisationsentwicklung, in: HWB, Bd.2 , Hrsg. Wittmann/Kern/Köhler/Küpper/ v. Wysocki, 5. Aufl., Stuttgart 1993, Sp. 3007-3018

Grochla, E., Grundlagen organisatorischer Gestaltung, Stuttgart 1995

Gutenberg, E., Grundlagen der Betriebswirtschaftslehre, Bd.1, Die Produktion, 24. Aufl., Berlin u.a. 1982

Hansen/Neumann, Wirtschaftsinformatik, 8. Aufl., Stuttgart 2002

Hill/Fehlbaum/Ulrich, Organisationslehre, Bd. 1 u. 2, 5. Aufl., Bern/Stuttgart 1994

Hopfenbeck, W., Allgemeine Betriebswirtschafts- und Managementlehre, 14. Aufl., Landsberg/ Lech 2002

Horváth, P., Controlling, 10. Aufl., München 2006

Jendrosch, Th., Projektmanagement, Wiesbaden 1998

Jung, H., Allgemeine Betriebswirtschaftslehre, 10. Aufl., München/Wien 2006

Kieser, A. (Hrsg.), Organisationstheorien, 6. Aufl., Stuttgart 2006

Kieser/Kubicek, Organisation, 3. Aufl., Berlin 1992

Kosiol, E., Organisation der Unternehmung, 2. Aufl., Wiesbaden 1976

Koslowski/Kohlmeier, Wirtschafts-Wörterbuch der Praxis, deutsch/englich und englisch/ deutsch, 1. Aufl., Stuttgart 2003

Krüger, W., Organisation der Unternehmung, 4. Aufl., Stuttgart 2004

Küpper, H.U., Controlling, 4. Aufl., Stuttgart 2005

Lehmann, H., Organisationstheorie, systemtheoretisch-kybernetisch orientierte, in: HWO, Hrsg. E. Frese, 3. Aufl., Stuttgart 1992, Sp. 1838-1853

Lindelaub, H., Organisator, in: HWO, Hrsg. E. Frese, 3. Aufl., Stuttgart 1992, Sp. 1874-1883

Marr/Köting, Implementierung, organisatorische, in: HWO, Hrsg. E. Frese, 3. Aufl., Stuttgart 1992, Sp. 827-841

Olfert/Pischulti, Kompakt-Training Unternehmensführung, 3. Aufl., Ludwigshafen/Rhein 2004

Olfert/Rahn, Einführung in die Betriebswirtschaftslehre, 8. Aufl., Ludwigshafen/Rhein 2005

Olfert/Rahn, Lexikon der Betriebswirtschaftslehre, 5. Aufl., Ludwigshafen/Rhein 2004

Olfert/Rahn, Kompakt-Training Organisation, 4. Aufl., Ludwigshafen/Rhein 2005

Olfert, Kompakt-Training Projektmanagement, 4. Aufl., Ludwigshafen/Rhein 2004

Probst, G.J.B., Organisation, Landsberg/Lech 1993

Rahn, H.J., Organisation, Würzburg 1995

Rahn, H.J., Führung von Gruppen, 4. Aufl., Heidelberg 1998
Rahn, H.J., Unternehmensführung, 6. Aufl., Ludwigshafen/Rhein 2005
REFA (Hrsg.), Methodenlehre der Betriebsorganisation, 2. Aufl., München 1993
Rosenstiel, L.v., Grundlagen der Organiationspsychologie, 6. Aufl., Stuttgart 2006
Schanz, G., Organisationsgestaltung, 2. Aufl., München 1995
Schanz, G., Organisation, in: HWO, Hrsg. E. Frese, 3. Aufl., Stuttgart 1992, Sp. 1459-1471
Schmidt, G., Methode und Techniken der Organisation, 12. Aufl., Gießen 2001
Scholz, C., Strategische Organisation, 2. Aufl., Landsberg/Lech 2000
Schröder, E.F., Modernes Unternehmens-Controlling, 8. Aufl., Ludwigshafen/Rhein 2003
Thom,N., Organisationsentwicklung,in:HWO,Hrsg.E.Frese,3.Aufl.,Stuttgart1992,Sp.1477-1491
Ulrich, H., Die Unternehmung als produktives soziales System, 2. Aufl., Berlin/Stuttgart 1970
Vahs, D., Organisation, 5. Aufl., Stuttgart 2005
Weidner/Freitag/Gernet/Ulbrich, Organisation in der Unternehmung, 6. Aufl., München/Wien
    1998
Wiendahl, H.P., Betriebsorganisation für Ingenieure, 5. Aufl., München/Wien 2004
Ziegenbein, K., Controlling, 8. Aufl., Ludwigshafen/Rhein 2004
Ziegenbein, K., Kompakt-Training Controlling, 3. Aufl., Ludwigshafen/Rhein 2006
Zimmermann, G., Organisationsabteilung, in: HWO, Hrsg. E. Frese, 3. Aufl., Stuttgart 1992, Sp.
    1471-1477

B. ORGANISATIONSINSTRUMENTE

Bergmann, G., Kompakt-Training Innovation, Ludwigshafen/Rhein 2000
Binner, H.F., Organisations- und Unternehmensmanagement, München/Wien 1998
Birker, K., Management Organisation, Berlin 1998
Ebel, B., Kompakt-Training Produktionswirtschaft, Ludwigshafen/Rhein 2002
Ebel, B., Produktionswirtschaft, 8. Aufl., Ludwigshafen/Rhein 2003
Ehrmann, H., Kompakt-Training Strategische Planung, Ludwigshafen 2006
Eversheim, W. (Hrsg.), Prozessorientierte Unternehmensorganisation, 2. Aufl., Berlin/Heidel-
    berg/New York 1996
Föhr, S., Organisation und Gleichgewicht, Wiesbaden 1997
Frese E., Grundlagen der Organisation, 9. Aufl., Wiesbaden 2005
Grochla, E., Grundlagen organisatorischer Gestaltung, Stuttgart 1995
Hansen, H.R., Wirtschaftsinformatik, 8. Aufl., Stuttgart 2002
Heinrich, L.J., Systemplanung I, 7. Aufl., München/Wien 2000
Henkel/Schwetz, Schwachstellenanalyse, Techniken der, in: HWO, Hrsg. E. Frese, 3. Aufl.,
    Stuttgart 1992, Sp. 2245-2255
Hill/Fehlbaum/Ulrich, Organisationslehre, Bd. 1 u. 2, 5. Aufl., Bern/Stuttgart 1994
Holzbaur, U.D., Management, Ludwigshafen/Rhein 2001
Jost, P.J., Organisation und Koordination, 1. Aufl., Wiesbaden 2000
Kosiol, E., Organisation der Unternehmung, 2. Aufl., Wiesbaden 1976
Krüger, W., Organisation der Unternehmung, 4. Aufl., Stuttgart 2004
Laux/Liermann, Grundlagen der Organisation, 6. Aufl., Berlin/Heidelberg/New York 2005
Leibfried/McNair, Benchmarking, 2. Aufl., München 1996
Mertens, P. (Hrsg.), Lexikon der Wirtschaftinformatik, 4. Aufl., Berlin u.a. 2001
Michel, R.M., Rhetorik und Präsentation, Heidelberg 2000
Oechsler,W.A., Kreativitätstechniken,in:LdB,Hrsg.H.Corsten,München/Wien,1992,Sp.502-506
Oeldorf/Olfert, Materialwirtschaft, 11. Aufl., Ludwigshafen/Rhein 2004
Oeldorf/Olfert, Kompakt-Training Materialwirtschaft, 2. Aufl., Ludwigshafen 2005
Olfert, K., Kostenrechnung, 14. Aufl., Ludwigshafen/Rhein 2005
Olfert, K., Kompakt-Training Kostenrechnung, 4. Aufl., Ludwigshafen/Rhein 2005
Olfert, K., Personalwirtschaft, 12. Aufl., Ludwigshafen/Rhein 2006
Olfert, K., Kompakt-Training Personalwirtschaft, 4. Aufl., Ludwigshafen/Rhein 2004

Olfert, K., Kompakt-Training Einführung in die Betriebswirtschaftslehre, Ludwigshafen 2005
Olfert, K., Kompakt-Training Projektmanagement, 4. Aufl., Ludwigshafen/Rhein 2004
Olfert/Pischulti, Kompakt-Training Unternehmensführung, 3. Aufl., Ludwigshafen/Rhein 2004
Olfert/Rahn, Einführung in die Betriebswirtschaftslehre, 8. Aufl., Ludwigshafen/Rhein 2005
Olfert/Rahn, Lexikon der Betriebswirtschaftslehre, 5. Aufl., Ludwigshafen/Rhein 2004
Olfert/Rahn, Kompakt-Training Organisation, 4. Aufl., Ludwigshafen/Rhein 2005
Probst, G.J.B., Organisation, Landsberg/Lech 1993
Rahn, H.J., Organisation, Würzburg 1995
Rahn, H.J., Führung von Gruppen, 4. Aufl., Heidelberg 1998
Rahn, H.J., Unternehmensführung, 6. Aufl., Ludwigshafen/Rhein 2005
REFA (Hrsg.), Methodenlehre der Betriebsorganisation, 2. Aufl., München 1993
Remer, A., Organisationstheorien, in: HWB, Bd. 2, Hrsg. Wittmann/Kern/Köhler/Küpper/v. Wysocki, 5. Aufl., Stuttgart 1993, Sp. 3057-3074
Rolf, A., Grundlagen der Organisations- und Wirtschaftsinformatik, 1. Aufl., Berlin/Heidelberg/New York 1998
Schanz, G., Organisationsgestaltung, 2. Aufl., München 1995
Schanz, G., Organisation, in: HWO, Hrsg. E. Frese, 3. Aufl., Stuttgart 1992, Sp. 1459-1471
Scheer, A.W., Wirtschaftsinformatik, 7. Aufl., Berlin u.a. 1997
Schmidt, G., Methode und Techniken der Organisation, 12. Aufl., Gießen 2000
Scholz, C., Strategische Organisation, 2. Aufl., Landsberg/Lech 2000
Schreyögg, G., Organisation, 4. Aufl., Wiesbaden 2003
Schulte-Zurhausen, M., Organisation, 4. Aufl., München 2005
Schwarze, J., Einführung in die Wirtschaftsinformatik, 5. Aufl., Herne/Berlin 2000
Stahlknecht, P., Einführung in die Wirtschaftsinformatik, 11. Aufl., Berlin/Heidelberg/New York 2004
Uebele, H., Kreativität und Kreativitätstechniken, in: HWP, Hrsg. Gaugler/Weber, 2. Aufl., Stuttgart 1992, Sp. 1165-1179
Thom, N., Organisationsentwicklung, in: HWO, Hrsg. E. Frese, 3. Aufl., Stuttgart 1992, Sp. 1477-1491
Türk, K., Organisationssoziologie, in: HWO, Hrsg. E. Frese, 3. Aufl., Stuttgart 1992, Sp. 1633-1648
Uebele, H., Kreativität und Kreativitätstechniken, in: HWP, Hrsg. Gaugler/Weber, 2. Aufl., Stuttgart 1992, Sp. 1165-1179
Vahs, D., Organisation, 5. Aufl., Stuttgart 2005
Weidner/Freitag/Gernet/Ulbrich, Organisation in der Unternehmung, 6. Aufl., München/Wien 1998
Weis, C., Marketing, 13. Aufl., Ludwigshafen/Rhein 2004
Wiendahl, H.P., Betriebsorganisation für Ingenieure, 5. Aufl., München/Wien 2004
Wittlage, H., Unternehmensorganisation, 6. Aufl., Herne/Berlin 1998
Ziegenbein, K., Controlling, 8. Aufl., Ludwigshafen/Rhein 2004
Ziegenbein, K., Kompakt-Training Controlling, 3. Aufl., Ludwigshafen 2006
Zimmermann, G., Organisationsabteilung, in: HWO, Hrsg. E. Frese, 3. Aufl., Stuttgart 1992, Sp. 1471 - 1477
Zschenderlein, O., Kompakt-Training Buchführung, 3. Aufl., Ludwigshafen/Rhein 2005

C. PROJEKTORGANISATION

Aggteleki, B., Projektplanung, München 1992
Bagulay, Ph., Optimales Projektmanagement: Strategische Planung, Erfolgreiche Durchführung, Effiziente Kontrolle, Niedernhausen/Ts. 1999
Barcklow, D., Der Projektleitfaden München 1998
Bartölke, K., Teilautonome Arbeitsgruppen, in: Handwörterbuch der Organisation, Hrsg. E. Frese, 3. Aufl., Stuttgart 1992, Sp. 2384-2399
Bär, A.M., Projektmanagement bei der konzernweiten Einführung eines betriebswirtschaftlichen Standardanwendungssystems, Dissertation Mannheim 2001

Beck, Th., Die Projektorganisation und ihre Gestaltung, Berlin 1996

Becker,P., Grundlagen erfolgreichen Projektmanagements, Freiburg 1997

Berger/Schubert, Projektmanagement: Mit System zum Erfolg, 1. Aufl., Wien 2002

Bernstein, D., Die Kunst der Präsentation, München 1991

Birker, K., Projektmanagement, 3. Aufl., Berlin 2003

Boese-Grzeskowiak u.a., Betriebliche Kommunikation, Köln 1996

Bokranz/Karsten, Organisations-Management in Dienstleistung und Verwaltung, 4. Aufl., Wiesbaden 2003

Boy/Dudek/Kuschel, Projektmanagement, 12. Aufl., Offenbach 2004

Brandt, Th., Projektcontrolling, München/Wien 2002

Bruce/Langdon, Projekt-Management, München 2001

Burghardt, M., Einführung in Projektmanagement, 4. Aufl., Erlangen 2002

Burghardt, M., Projektmanagement, 7. Aufl., Köln 2006

BWI (Hrsg), Projekt Management 6. Aufl., Zürich 1999

Corsten, H., Projektmanagement, 1. Aufl., München/Wien 2000

Diethelm, G., Projektmanagement, Herne/Berlin 2000

Dittberner,H., Projektmanagement und Wandel, Frankfurt am Main 1998

Dörfel, H., Projektmanagement, 5. Aufl., Renningen 2002

Doppler/Lauterburg, Change Management, 11. Aufl., Campus Verlag, Frankfurt(New York 2005

Dreger, W., Erfolgreiches Risiko-Management bei Projekten, Renningen-Malmsheim 2000

Fiedler, R., Controlling von Projekten, 3. Aufl., Wiesbaden 2005

George, G., Kennzahlen für das Projektmanagement, Frankfurt am Main 1999

Grün, O., Projektorganisation, in: Handwörterbuch der Organisation, Hrsg. E. Frese, 3. Aufl., Stuttgart 1992, Sp. 2102-2116

Grupp, B., Qualifizierung zum Projektleiter, 3. Aufl., München 1997

Haberfellner, R., Projektmanagement, in: Handwörterbuch der Organisation, Hrsg. E. Frese, 3. Aufl., Stuttgart 1992, Sp. 2090-2102

Hansel/Lomnitz, Projektleiter-Praxis, 4. Aufl., Berlin 2002

Hansen/Neumann, Wirtschaftsinformatik I, 6. Aufl. Stuttgart 2002

Harrison, T., Projektmanagement, Frankfurt/New York 1991

Haynes, M.E., Projektmanagement, 2. Aufl., Wien/Frankfurt 2003

Heeg, F.J., Projektmanagement, 2. Aufl., München 1993

Heinrich, L.J., Systemplanung, Band 1, 7. Aufl., München 1996

Heintel/Krainz, Projektmanagement, 4. Aufl., Wiesbaden 2000

Hill/Fehlbaum/Ulrich, Organisationslehre, Bd. 1 u. 2, 5. Aufl., Bern/Stuttgart 1994

Horváth, P., Controlling, 10. Aufl., München 2006

Jendrosch, Th., Projektmanagement, Wiesbaden 1998

Jenny, B., Projektmanagement in der Wirtschaftsinformatik, 5. Aufl., Zürich 2001

Jossé, G., Projektmanagement – aber locker! 2. Aufl., Hamburg 2001

Kellner, H., Projekte konfliktfrei führen, München/Wien 2000

Kellner, H., Ganz nach oben durch Projektmanagement, München/Wien 2000

Keßler/Hönle, Karriere im Projektmanagement, 1. Aufl., Berlin/Heidelberg 2001

Keßler/Winkelhofer, Projektmanagement, 4. Aufl., Berlin/Heidelberg/New York u.a. 2003

Klose, B., Projektabwicklung, 2. Aufl., Wien 1996

Koreimann, D.S., Projektmanagement, 1. Aufl., Heidelberg 2002

Köhler, Th.R., Internet – Projektmanagement, München 2002

König, D., Projekte erfolgreich organisieren, Bonn 2002

Kraus, G., Mit Projektmanagement zum Erfolg, Eschborn 2002

Kraus/Westermann, Projektmanagement mit System, 3. Aufl., Wiesbaden 1998

Krüger/Schmolke/Vaupel, Projektmanagement als kundenorientierte Führungskonzeption, in: Controlling-Anwendungen, Hrsg. H.U. Küpper, Stuttgart 1999, S. 30 ff.

Kummer/Spöhler/Wyssen, Projektmanagement, 3. Aufl., Zürich 1991

Kupper, H., Zur Kunst der Projektsteuerung, 9. Aufl., München/Wien 2000

Lange, D. (Hrsg.), Management von Projekten, Stuttgart 1995

Lehner, J.M. (Hrsg.), Praxisorientiertes Projektmanagement, Wiesbaden 2001

Leibfried/McNair, Benchmarking, München 1995

Litke, H.D., DV-Projektmanagement, München/Wien 1996

Litke/Kunow, Projektmanagement, 5. Aufl., Freiburg i.Br. 2006

Lock, D., Projektmanagement, Wien 1997

Madauss, B.J., Handbuch Projektmanagement, 6. Aufl., Stuttgart 2000

Mehrmann/Wirtz, Effizientes Projektmanagement, 4. Aufl., München 2000

Mende/Bieta, Projektmanagement, München/Wien 1997

Mees, J. u.a., Projektmanagement in neuen Dimensionen, 2. Aufl., Wiesbaden 1995

Michel, R., Projektcontrolling und Reporting, 2. Aufl., Heidelberg 1996

Michel, R., Taschenbuch Projektcontrolling, 1. Aufl., Heidelberg 1993

Neumann/Bredemeier, Projektmanagement von A-Z, Frankfurt/New York 1996

Olfert, K., Kostenrechnung, 14. Auflage, Ludwigshafen/Rhein 2005

Olfert, K., Kompakt-Training Kostenrechnung, 4. Aufl., Ludwigshafen/Rhein 2005

Olfert, K., Kompakt-Training Personalwirtschaft, 4. Aufl., Ludwigshafen/Rhein 2004

Olfert, K., Personalwirtschaft, 12. Aufl., Ludwigshafen/Rhein 2006

Olfert/Pischulti, Kompakt-Training Unternehmensführung, 3. Aufl., Ludwigshafen/Rhein 2004

Olfert/Rahn, Einführung in die Betriebswirtschaftslehre, 8. Aufl., Ludwigshafen/Rhein 2005

Olfert/Rahn, Lexikon der Betriebswirtschaftslehre, 5. Aufl., LudwigshafenfRhein 2004

Olfert/Rahn, Kompakt-Training Organisation, 4. Aufl., Ludwigshafen/Rhein 2005

Olfert/Reichel, Investition, 10. Aufl., Ludwigshafen/Rhein 2006

Olfert/Reichel, Kompakt-Training Investition, 4. Aufl., Ludwighafen/Rhein 2006

Olfert/Reichel, Finanzierung, 13. Aufl., Ludwigshafen/Rhein 2005

Olfert/Reichel, Kompakt-Training Finanzierung, 5. Aufl., Ludwigshafen/Rhein 2005

Olfert, K., Kompakt-Training Projektmanagement, 4. Aufl., Ludwigshafen/Rhein 2004

Patzak/Rattay, Projekt-Management, 3. Aufl., Wien 1998

Pfetzing/Rohde, Ganzheitliches Projektmanagement, 2. Aufl., Zürich 2006

Probst, G.J.B., Organisation, Landsberg/Lech 1992

Rahn, H. J., Organisation, Würzburg 1995

Rahn, H.J., Unternehmensführung, 6. Aufl., Ludwisghafen/Rhein 2005

REFA (Hrsg.), Methodenlehre der Betriebsorganisation, Bd. Ablauforganisation im Bürobereich, München 1992

Reiners, L., Stilfibel, 31. Aufl., München 2001

RKW, Projektmanagement - Fachmann, Bände 1 und 2, 4. Aufl., Eschborn 1998

Reichert, O., Computergestützte Netzplantechnik, Wiesbaden 1994

Rinza, P., Projektmanagement, 4. Aufl., Berlin/Heidelberg/New York 1998

Roth, E., Erfolgreich Projekte leiten, 2. Aufl., Braunschweig/Wiesbaden 1999

Schelle, H., Projekte zum Erfolg führen, 4. Aufl., München 2004

Scheurer, B.M., Intelligentes Projektmanagement, Stuttgart/München 2002

Schifman/Heinrich u.a., Multimedia – Projektmanagement, 3. Aufl., Berlin/Heidelberg/New York u.a. 2001

Schleiken/Winkelhofer (Hrsg), Unternehmenswandel mit Projektmanagement, München/Würzburg 1997

Schmidli/Schnüringer, Projektmanagement, Basel/Genf/München 2001

Schmidt, G., Methode und Techniken der Organisation, 12. Aufl., Gießen 2000

Schnorrenberg/Rassenberg, Risikoanalyse im Projektmanagement, Braunschweig/Wiesbaden 1996

Schröder, E.F., Modernes Unternehmens-Controlling, 8. Aufl., Ludwigshafen/Rhein 2003

Schwarze, J., Systementwicklung, Herne/Berlin 1995

Schwarze, J., Projektmanagement mit Netzplantechnik, 9. Aufl., Herne/Berlin 2006

Seifert, J., Visualisieren, Präsentieren, Moderieren, 21. Aufl., Offenbach 2004

Steinle/Bruch/Lawa (Hrsg.), Projektmanagement, 3. Aufl., Frankfurt 2001

Streich u.a. (Hrsg.), Projektmanagement, Stuttgart 1993

Süß/Eschelbeck, Projektmanagement interaktiv, 3. Aufl., Wiesbaden 2002
Tiemeyer, E., Projekte erfolgreich managen, Weinheim 2002
Weidenmann, B., Erfolgreiche Kurse und Seminare, 6. Aufl., Weinheim/Basel 2004
WEKA GmbH (Hrsg.), Praxishandbuch Projektmanagement, Augsburg 1995
Wildförster/Wingen, Projektmanagement und Probleme, Heidelberg 2001
Winkelhofer, G.A., Methoden für Management von Projekten, Berlin u.a. 1997
Wischnewski, E., Modernes Projektmanagement, 7. Aufl., Wiesbaden 2001
Wischnewski, E., Kooperatives Projektmanagement, Wiesbaden 2002
Wolf/Mlekusch, Projektmanagement live, 6. Aufl., Renningen 2006
Ziegenbein, K., Controlling, 8. Aufl., Ludwigshafen/Rhein 2004
Ziegenbein, K., Kompakt-Training Controlling, 3. Aufl., Ludwigshafen 2006
Zielasek, G., Projektmanagement als Führungskonzept, 2. Aufl., Berlin/Heidelberg u.a. 1999
Zimmermann, J., Ablauforientiertes Projektmanagement, 1. Aufl., Wiesbaden 2001

D. AUFBAUORGANISATION

Acker, H.B., Organisationsanalyse, 7. Aufl., Baden-Baden 1973
Alewell, K., Regionalorganisation, in: HWO, Hrsg. E. Frese, 3. Aufl., Stuttgart 1992, Sp. 2184-2196
Bartölke, K., Teilautonome Arbeitsgruppen, in: HWO, 3. Aufl., Hrsg. E. Frese, Stuttgart 1992, Sp. 2384-2399
Bea/Göbel, Organisation, 3. Aufl., Stuttgart 2006
Bea/Haas, Strategisches Management, 4. Aufl., Stuttgart 2005
Beuermann G., Zentralisation und Dezentralisation, in: HWO, Hrsg. E. Frese, 3. Aufl., Stuttgart 1992, Sp. 2611-2625
Birker, K., Management Organisation, Berlin 1998
Bleicher, K., Organisation - Strategien - Strukturen - Kulturen, 2. Aufl., Stuttgart 1992
Bleicher, K., Das Konzept Integriertes Management, 7. Aufl., Frankfurt/New York 2004
Braun/Beckert, Funktionalorganisation, in:HWO, Hrsg. E. Frese, 3. Aufl., Stuttgart 1992, Sp. 640-655
Bronner, R., Verantwortung, in: HWO, Hrsg. E. Frese, 3. Aufl., Stuttgart 1992, Sp. 640-655
Bühner, R., Spartenorganisation, in: HWO, Hrsg. E. Frese, 3. Aufl., Stuttgart 1992, Sp. 2274-2287
Bühner, R., Gestaltung von Konzernzentralen, Wiesbaden 1996
Bühner, R., Betriebswirtschaftliche Organisationslehre, 10. Aufl., München /Wien 2004
Burghardt, M., Einführung in das Projektmanagement, 4. Aufl., Erlangen 2002
Büschgen, H.E., Kreditinstitute, Organisation der, in: HWO, Hrsg. E. Frese, 3. Aufl., Stuttgart 1992, Sp. 2464-2480
Farny, D., Versicherungsbetriebslehre, 4. Aufl., Karlsruhe 2006
Farny, D., Versicherungsbetriebe, Organisation der, in: HWO, Hrsg. E. Frese, 3. Aufl., Stuttgart 1992, Sp. 2572-2581
Frese, E., Grundlagen der Organisation, 9. Aufl., Wiesbaden 2005
Frese, E., Organisationsstrukturen, mehrdimensionale, in: HWO, Hrsg. E. Frese, 3. Aufl., Stuttgart 1992, Sp. 1670-1688
Frese, E. (Hrsg.), Organisationsmanagement, Neuorientierung der Organisationsarbeit, Stuttgart 2000
Gaugler, E., Instanzenbildung als Problem der betrieblichen Führungsorganisation, Berlin 1966
Gomez/Zimmermann, Unternehmensorganisation, 3. Aufl., Frankfurt/New York 1997
Grochla, E., Grundlagen organisatorischer Gestaltung, Stuttgart 1995
Hammer/Champy, Business Reengineering, 7. Aufl., Frankfurt/New York 2003
Hammer/Stanton, Die Reengineering Revolution, Frankfurt/Main 1995
Hansen/Neumann, Wirtschaftsinformatik, 9. Aufl., Stuttgart 2005
Heeg, F.J., Projektmanagement, 2. Aufl., München 1993
Heinrich, L.J., Systemplanung, Band 1, 7. Aufl., München 1996

Hauschildt, J., Verantwortung, in:HWFü, Hrsg. Kieser/Reber/Wunderer, 2. Aufl., Stuttgart 1995, Sp. 2097-2106

Hill/Fehlbaum/Ulrich, Organisationslehre, Bd. 1 u. 2, 5. Aufl., Bern/Stuttgart 1994

Hinterhuber, H.H., Strategische Unternehmensführung, Bd 1, 6. Aufl., Berlin/New York 1996

Hinterhuber, H.H., Strategische Unternehmensführung, Bd. 2, 6. Aufl., Berlin/New York 1997

Hoffmann, F., Aufbauorganisation, in: HWO, Hrsg. E. Frese, 3. Aufl., Stuttgart 1992, Sp. 208-221

Hopfenbeck, W., Allgemeine Betriebswirtschafts- und Managementlehre, 14. Aufl., Landsberg/Lech 2002

Hub, H., Aufbauorganisation - Ablauforganisation, Wiesbaden 1994

Jung, H., Allgemeine Betriebswirtschaftslehre, 10. Aufl., München/Wien 2006

Jung, H., Personalwirtschaft, 7. Aufl. München/Wien 2006

Keßler/Winkelhofer, Projektmanagement, 4. Aufl., Berlin/Heidelberg/New York 2003

Kieser, A. (Hrsg.), Organisationstheorien, 3. Aufl., Stuttgart 2006

Kieser/Kubicek, Organisation, 4. Aufl., Berlin 2003

Knebel/Schneider, Die Stellenbeschreibung, 7. Aufl., Heidelberg 2000

Kreikebaum, H., Zentralbereiche, in: HWO, Hrsg. E. Frese, 3. Aufl., Stuttgart 1992, Sp. 2603-2610

Kosiol, E., Organisation der Unternehmung, 2. Aufl., Wiesbaden 1976

Krallmann, H., Systemanalyse in der Unternehmung, 4. Aufl., München 2002

Krüger, W., Organisation der Unternehmung, 3. Aufl., Stuttgart 1994

Meffert, H., Kundenmanagement(s), Organisation des, in: HWO, 3. Aufl., Hrsg. E. Frese, Stuttgart 1992, Sp. 1215-1228

Meffert, H., Marketing, 8. Aufl., Wiesbaden 1998

Mertens, R. (Hrsg.), Lexikon der Wirtschaftsinformatik, 4. Aufl., Berlin u.a. 2001

Olfert, K., Personalwirtschaft, 12. Aufl., Ludwigshafen/Rhein 2006

Olfert, K., Kompakt-Training Personalwirtschaft, 4. Aufl., Ludwigshafen/Rhein 2004

Olfert/Pichulti, Kompakt-Training Unternehmensführung, 3. Aufl., Ludwigshafen/Rhein 2004

Olfert/Rahn, Einführung in die Betriebswirtschaftslehre, 8. Aufl., Ludwigshafen/Rhein 2005

Olfert/Rahn, Lexikon der Betriebswirtschaftslehre, 5. Aufl., Ludwigshafen/Rhein 2004

Olfert/Rahn, Kompakt-Training Organisation, 4. Aufl., Ludwigshafen/Rhein 2005

Rahn, H.J., Formen der Aufbauorganisation des betrieblichen Bildungswesens in industriellen Großbetrieben, Berlin 1984

Rahn, H.J., Informationsmanagement stärkt die Kooperation, in: PW, 18. Jg. 1991, S. 42-45

Rahn, H.J., Organisation, Würzburg 1995

Rahn, H.J., Führung von Gruppen, 5. Aufl., Heidelberg 2006

Rahn, H.J., Unternehmensführung, 6. Aufl., Ludwigshafen/Rhein 2005

Rühli, E., Organisationsformen, in HWB, Bd. 2, Hrsg. Wittmann/Kern/Köhler/Küpper/v. Wysocki, 5. Aufl., Stuttgart 1993, Sp. 3031-3046

Schanz, G., Organisationsgestaltung, 2. Aufl., München 1994

Schmidt, G., Methode und Techniken der Organisation, 12. Aufl. Gießen 2000

Schmidt, G., Grundlagen der Aufbauorganisation, 4. Aufl., Gießen 2000

Scholz, C., Matrix-Organisation, in: HWO, Hrsg. E. Frese, 3. Aufl., Stuttgart 1992, Sp. 1302-1315

Schreyögg, G., Organisation, 4. Aufl., Wiesbaden 2003

Schulte-Zurhausen, M., Organisation, 4. Aufl., München 2005

Schwarz, H., Betriebsorganisation als Führungsaufgabe, 9. Aufl., Freiburg i. Br. 1983

Schwarz/Nicolai, Arbeitsplatzbeschreibungen, 13. Aufl., Freiburg i. Br. 1995

Seidel, E., Gremienorganisation, in: HWO, Hrsg. E. Frese, 3. Aufl., Stuttgart 1992, Sp. 714-725

Staehle, W.H., Management, 8. Aufl., München 1999

Staerkle, R., Leitungssystem, in: HWO, Hrsg. E. Frese, 3. Aufl., Stuttgart 1992, Sp. 1229-1239

Steinle, C., Stabsstelle, in: HWO, Hrsg. E. Frese, 3. Aufl., Stuttgart 1992, Sp. 2310-2321

Thom, N., Stelle, Stellenbildung und –besetzung, in: HWO, 3. Aufl., Hrsg. E. Frese, Stuttgart 1992, 1992, Sp. 2321-2333

Tietz, B., Der Handelsbetrieb, 2. Aufl., München 1993

Tietz, B., Produktmanagements(s), Organisation des, in : HWO, 3. Aufl., Hrsg. E. Frese, Stuttgart 1992 Sp. 2067-2077

Vahs/Schäfer-Kunz, Einführung in die Betriebswirtschaftslehre, 4. Aufl., Stuttgart 2005

Welge, M.K., Organisationsform, Einflußgrößen der, in: HWB, Bd. 2, Hrsg. Wittmann/Kern/Köhler/Küpper/v.Wysocki, 5. Aufl., Stuttgart 1993, Sp. 3019-3031

Weidner/Freitag/Gernet/Ulbrich, Organisation in der Unternehmung, 6. Aufl., München/Wien 1998

Wittlage, H., Unternehmensorganisation, 6. Aufl., Herne/Berlin 1998

Wittlage, H., Methoden und Techniken praktischer Organisationsarbeit, 3. Aufl., Herne u.a. 1993

E. PROZESSORGANISATION

Bea/Göbel, Organisation, 3. Aufl., Stuttgart 2006

Berndt, R. (Hrsg.), Business Reengineering, 1. Aufl., Berlin 1997

Bernhardt/Bernhardt, Nummerungssysteme, 2. Aufl., Ehningen 1990

Binner, H. F., Integriertes Organisations- und Prozessmanagement, München 1997

Birker, K., Managementorganisation, Berlin 1998

Bleicher, K., Organisation: Strategien – Struikturen – Kulturen, 2. Aufl., Wiesbaden 1991

Brenner/Keller, Business Reengineering mit Standardsoftware, Frankfurt/New York 1995

Bühner, R., Betriebswirtschaftliche Organisationslehre, 10. Aufl., München/Wien 2004

Bühner, R., Strategie und Organisation, 2. Aufl., Wiesbaden 1993

Champy, J., Reengineering im Management, Frankfurt/Main 1995

Derszteler, G., Workflow Management Cycle, in: Wirtschaftsinformatik, H 6 1996, S. 591 ff.

Drumm, H.J., Organisationsplanung, in: HWO, Hrsg. E. Frese, 3. Aufl., Stuttgart 1992, Sp. 1589-1602

Engelmann, Th., Business Process Reengineering, Wiesbaden 1995

Eversheim W. (Hrsg.), Prozessorientierte Unternehmensorganisation, 2. Aufl., Berlin u. a. 1996

Fischermanns, G., Organisationscontrolling, Diss., Hamburg 1996

Fischermanns/Liebelt, Grundlagen der Prozeßorgansiation, 5. Aufl., Gießen 2000

Franz/Scholz, Prozessmanagement leicht gemacht, 1. Aufl., München/Wien 2005

Frese E., Grundlagen der Organisation, 9. Aufl., Wiesbaden 2005

Gaitanides, M., Prozessorganisation – Entwicklung , Ansätze, Programme, 2. Aufl., München 2006

Gaitanides, M., Ablauforganisation, in: HWO, Hrsg. E. Frese, 3. Aufl., Stuttgart 1992, Sp. 2-18

Gaitanides/Scholz/Vrohlings/Raster (Hrsg.), Prozessmanagement, München 1994

Gomez/Zimmermann, Unternehmensorganisation, 3. Aufl., Frankfurt/New York 1997

Göbel, E., Theorie und Gestaltung der Selbstorganisation, Berlin 1998

Götzer, K.G., Innovative Organisationsstrukturen mit Office-Reengineering, Wiesbaden 1995

Hammer/Champy, Business Reengineering, 7. Aufl., Frankfurt/New York 2003

Hammer/Stanton, Die Reengineering Revolution, Frankfurt/Main 1995

Heinrich, L.J., Systemplanung, Band 1, 7. Aufl., München 1996

Hess, T., Entwurf betrieblicher Prozesse, Wiesbaden 1996

Imai, M., Kaizen, 7. Aufl., Frankfurt/Berlin 1992

Keller/Teufel, SA-P R/3, prozessorientiert anwenden, Bonn 1997

Kieser/Walgenbach, Organisation, 4. Aufl., Berlin 2003

Klepzig/Schmidt, Prozessmanagement mit System, Wiesbaden 1997

Koppelmann, U. (Hrsg.), Outsourcing, Stuttgart 1996

Koreimann, D.S., Grundlagen der Softwareentwicklung, München 1992

Kosiol, E., Organisation der Unternehmung, 2. Aufl., Wiesbaden 1976

Krallmann, H., Systemanalyse in der Unternehmung, 2. Aufl., München 1996

Krickl, O.C., Geschäftsprozessmanagement - Prozessorientierte Organisationsgestaltung und Informationstechnologie, Heidelberg 1994

Krickl, O.C., Business Redesign, Wiesbaden 1995

Krüger, W., Organisation der Unternehmung, 3. Aufl., Stuttgart 1994

Liebelt, W., Ablauforganisation, Methoden und Techniken der, in: HWO, Hrsg. E. Frese, 3. Aufl., Stuttgart 1992, Sp. 19-34

Liebelt/Sulzenberger, Grundlagen der Ablauforganisation, Gießen 1992

Meyer/Stopp, Betriebliche Organisationslehre, 15. Aufl., Renningen 2004

Michel, R.M., Rhetorik und Präsentation, 1. Aufl., Heidelberg 2000

Müller, B., Reengineering, 1. Aufl., Stuttgart 1997

Nippa/Picot (Hrsg.), Prozessmanagement und Reengineering, Frankfurt/New York 1995

Olfert/Oeldorf, Kompakt-Training Materialwirtschaft, 2. Aufl., Ludwigshafen 2005

Oeldorf/Olfert, Materialwirtschaft, 11. Aufl., Ludwigshafen/Rhein 2004

Olfert/Pischulti, Kompakt-Training Unternehmensführung, 3. Aufl., Ludwigshafen/Rhein 2004

Olfert/Rahn, Einführung in die Betriebswirtschaftslehre, 8. Aufl., Ludwigshafen/Rhein 2005

Olfert/Rahn, Lexikon der Betriebswirtschaftslehre, 5. Aufl., Ludwigshafen/Rhein 2004

Olfert/Rahn, Kompakt-Training Organisation, 4. Aufl., Ludwigshafen/Rhein 2005

Österle/Vogler, Praxis des Workflow-Management, Braunschweig/Wiesbaden 1996

Osterloh/Frost, Prozessmanagement als Kernkompetenz, 5. Aufl., Wiesbaden 2006

Porter, M.E., Wettbewerbsvorteile, Spitzenleistungen erreichen und behaupten, 6. Aufl., Frankfurt/Main 2004

Raasch, J., Systementwicklung mit strukturierten Methoden 2. Aufl., München 1992

Rahn, H.J., Organisation, Würzburg 1995

Rahn, H.J., Führung von Gruppen, 5. Aufl., Heidelberg 2006

Rahn, H.J., Unternehmensführung, 6. Aufl., Ludwigshafen/Rhein 2005

REFA (Hrsg.), Methodenlehre der Betriebsorganisation, Bd. Ablauforganisation im Bürobereich, München 1992

Reichswald/Höfer/Weichselbaumer, Erfolg von Reorganisationsprozessen, Stuttgart 1996

Reschke/Michel, Effizienz-Steigerung durch Moderation, 2. Aufl., Heidelberg 2000

Schanz, G., Organisationsgestaltung, 2. Aufl., München 1994

Scheer, A.W., Prozessorientierte Unternehmensmodellierung Wiesbaden 1994

Schmidt, G., Methode und Techniken der Organisation, 12. Aufl., Gießen 2000

Schmidt, G., Prozessmanagement, 2. Aufl., Berlin u. a. 2002

Schmidt, G., Organisatorische Grundbegriffe, 12. Aufl., Gießen 2000

Schönheit, M., Wirtschaftliche Prozeßgestaltung, Berlin 1997

Schreyögg, G., Organisation, 4. Aufl., Wiesbaden 2003

Schulte-Zurhausen, M., Organisation, 4. Aufl., München 2005

Schwarz H., Betriebsorganisation als Führungsaufgabe, 9. Aufl., Landsberg/Lech 1983

Schwarze, J., Systementwicklung, Herne/Berlin 1995

Schwarzer/Kremar, Grundlagen der Prozessorientierung, 1. Aufl., Wiesbaden 1995

Seifert, J.W., Visualisieren – Präsentieren – Moderieren, 22. Aufl., Offenbach 2001

Servatius, H., Business Process Reengineering, Stuttgart 1994

Tanenbaum, A,S., Computernetzwerke, 4. Aufl., München 2003

Vahs, D., Organisation, 5. Auflage, Stuttgart 2005

Vossen/Becker (Hrsg.), Geschäftsprozessmodellierung und Workflow-Management, Bonn 1996

Wenzel, P. (Hrsg.), Geschäftsprozessoptimierung mit SAP R/3, Braunschweig/Wiesbaden 1995

Wenzlaff, C., (Hrsg.), Unternehmen richtig organisieren, Wiesbaden 1992

Wiswede, G., Gruppen und Gruppenstrukturen, in: HWO, Hrsg. E. Frese, 3. Aufl., Stuttgart 1992, Sp. 735-754

Wittlage, H., Unternehmensorganisation, 6. Aufl., Herne/Berlin 1998

F. Organisationsentwicklung

Albach, H., (Hrsg.), Wertschöpfungsmanagement als Kernkompetenz: Festschrift für Horst Wildemann, Wiesbaden 2002

Albinus, M., Organisationsentwicklung und Controlling in Nonprofit-Organisationen, in: Social Management, Braunschweiger Studien, Bd. 37, Braunschweig 1999, S. 109-161

Antoni, C.H., Teilautonome Arbeitsgruppen, Weinheim 1996

Argyris, Ch., Die lernende Organisation, 2. Aufl., Stuttgart 2002

Baumgartner,l., u.a., OE-Prozesse: Die Prinzipien systemischer Organisationsentwicklung. 7. Aufl., Bern/Stuttgart/Wien 2004

Bauer/Nowak, Die organisatorische Entwicklung von Daimler Benz, in: ZfO, H 2 (1991), S. 93-99

Bea/Göbel, Organisation, 3. Aufl., Stuttgart 2006

Bea/Haas, Strategisches Management, 4. Aufl., Stuttgart 2005

Becker, M., Personalentwicklung: Bildung, Förderung und Organisationsentwicklung in Theorie und Praxis, 4. Aufl., Stuttgart 2005

Becker, M., Personalentwicklung und Organisationsentwicklung als Führungsaufgabe: Eine Einführung in die Thematik, Halle/Saale 1997

Becker/Langosch, Produktivität und Menschlichkeit: Organisationsentwicklung und ihre Anwendung in der Praxis, 5. Aufl., Stuttgart 2002

Bentner/Petersen (Hrsg.), Neue Lernkultur in Organisationen, Frankfurt/Main 1996

Berndt, R. (Hrsg.), Business Reengineering, 1. Aufl., Berlin 1997

Berthel, J., Personalmanagement, 7. Aufl., Stuttgart 2003

Birker/Birker, Teamentwicklung und Konfliktmanagement, Berlin 2001

Bleicher, K., Organisation: Strategien – Strukturen - Kulturen, 2. Aufl., Wiesbaden 1991

Born, A., Beratungsunternehmung, Organisation der, in: HWO, Hrsg. E. Frese, 3. Aufl., Stuttgart 1992, Sp. 329-340

Brändli, Th., Outsourcing, Bern 2001

Bühner, R., Strategie und Organisation, 2. Aufl., Wiesbaden 1993

Bühner, R., Management-Holding, Landsberg/Lech 1992

Bullinger/Warnecke (Hrsg.), Neue Organisationsformen im Unternehmen, 2. Aufl., Berlin u.a. 2003

Comelli/v.Rosenstiel, Führung durch Motivation: Mitarbeiter für Organisationsziele gewinnen, in: L.v.Rosenstiel (Hrsg.), Innovatives Personalmanagement, Bd. 5, München 1995

Daimler-Benz AG (Hrsg.), Informationen zum Unternehmenszusammenschluss von Daimler-Benz und Chrysler. Stuttgart 1998

Deppe, J., Organisationsentwicklung, in: Handbuch der Personalleitung, Hrsg. Wagner/Zander/ Hauke, München 1992, S. 839-875

Doppter/Lauterburg, Change Management, 2. Aufl., Campus Verlag, Frankfurt(New York 1994

Drosten, S., Integrierte Organisationsentwicklung und Personalentwicklung in der Lernenden Unternehmung, Bielefeld 1996

Ebel, B., Produktionswirtschaft, 8. Aufl., Ludwigshafen/Rhein 2003

Eiff, W.v., Organisations-Entwicklung (OE). Das SKE-Kraftfeldkonzept, in: Organisation – Erfolgsfaktor der Unternehmensführung, Hrsg. W. von Eiff, Landsberg am Lech 1991, S. 187-243

Engelhardt/Graf/Schwarz, Organisationsentwicklung, 2. Aufl., Augsburg 2000

French/Bell, Organisationsentwicklung, 4. Aufl., Bern 1994

Freiling, J., Insourcing als räumliche Lieferantenintegration, Bochum 1999

Geldern, M.v., Organisation, Frankfurt/New York 1997

Gomez/Zimmermann, Unternehmensorganisation, 3. Aufl., Frankfurt/New York 1997

Grote, M., Change-Management: Organisations- und Personalentwicklung in Banken, in: Kompendium bankbetrieblicher Anwendungsfelder, Hrsg. Bankakademie e.V., Frankfurt/Main 2001, S. 57 ff.

Hammerl/Champy, Business Reengineering, 7. Aufl., Frankfurt/New York 2003

Hammer/Stanton, Die Reengineering Revolution, Frankfurt/Main 1995

Heck, A., Strategische Allianzen, Berlin 1999

Hentze/Kammel, Personalwirtschaftslehre 1, 7. Aufl., Bern/Stuttgart/Wien 2001

Hinst, K., Organisationsentwicklung und Produktivität: Ein Beispiel aus der Praxis, in: Organisationsentwicklung, Hrsg. K. Trebesch, Stuttgart 2000, S. 308-329

Hinterhuber, H.H., Strategische Unternehmensführung, Bd. 1, 6. Aufl., Berlin/New York 1996

Hopfenbeck, W., Allgemeine Betriebswirtschafts- und Managementlehre, 14. Aufl., Landsberg/ Lech 2002

Imai, M., Kaizen, 7. Aufl., Frankfurt/Berlin 1992

Jablonski, S., Workflow Managementsysteme, Bonn 1996

Jung, H., Personalwirtschaft, 7. Aufl., München/Wien 2006

Jung, H., Allgemeine Betriebswirtschaftslehre, 10. Aufl., München/Wien 2006

Kieser/Walgenbach, Organisation, 4. Aufl., Berlin u.a. 2003

Klages, H., Indikatoren des Wertewandels, in: Wertewandel – Herausforderungen für die Unternehmenspolitik in den 90erJahren, Hrsg. Rosenstiel/Einsiedler/Streich, Stuttgart 1993, S. 1-15

Klimek, A., Zukunft erfinden, in: ZfO, H2 (2000), S. 105-109

Klötzl, G., Von der Arbeitsgruppe zum Team, in: io ManagementZeitschrift. H 12, 1994, S. 43-47

Köhler-Frost (Hrsg.), Outsourcing, 3. Aufl., Berlin 1998

König/Volmer, Systemische Organisationsberatung: Grundlagen und Methoden, in: System und Organisation, Hrsg. E. König, Bd.1 , Weinheim 1996, S. 111 f.

Koppelmann, U. (Hrsg.), Outsourcing, Stuttgart 1996

Kress/v. Studnitz, Teamführung: Gemeinsam zum Ziel, Reinbek bei Hamburg 2000

Krüger, W., Organisation der Unternehmung, 3. Aufl., Stuttgart u.a.1994

Kühnle, S., Lernende Organisation im Gesundheitswesen, Wiesbaden 2000

Küssner, M., Organisation in der Lean-Unternehmung, Göttingen 1999

Laux/Liermann, Grundlagen der Organisation, 6. Aufl., Berlin u.a. 2005

Macharzina, K, Unternehmensführung, 5. Aufl., Wiesbaden 2005

Maddux, R.B., Team-Bildung, 2. Aufl., Wien 1999

Maleh, C., Open Space: Eine bahnbrechende Methode der Personal- und Organisationsentwicklung, in: Personal, H 11 (2000), S. 610-614

Meininger, J., Transaktionsanalyse, 4. Aufl., München 1992

Meier, R., Team-Power, 2. Aufl., Regensburg/Bonn 2002

Mentzel, W., Unternehmenssicherung durch Personalentwicklung, 7. Aufl., Freiburg 1997

Nagel, F., Weiterbildung als strategischer Erfolgsfaktor, - Der Weg zum unternehmerischen Denken der Mitarbeiter, 2. Aufl., Landsberg/Lech 1991

Netzer, F., Strategische Allianzen im Luftverkehr, Frankfurt 1999

Neuberger, O., Personalentwicklung, Basistexte Personalwesen, Bd. 2, 2. Aufl., Stuttgart 1994

Niebling, J., Outsourcing, 2. Aufl., Stuttgart 2002

Oechsler, W., Personal und Arbeit, 8. Aufl., München/Wien 2006

Olfert, K., Kompakt-Training Personalwirtschaft, 4. Aufl., Ludwigshafen/Rhein 2004

Olfert/Pischulti, Kompakt-Training Unternehmensführung, 3. Aufl., Ludwigshafen/Rhein 2004

Olfert/Rahn, Einführung in die Betriebswirtschaftslehre, 8. Aufl., Ludwigshafen/Rhein 2005

Olfert/Rahn, Lexikon der Betriebswirtschaftslehre, 5. Aufl., Ludwigshafen/Rhein 2004

Olfert/Rahn, Kompakt-Training Organisation, 4. Aufl., Ludwigshafen/Rhein 2005

Olfert/Reichel, Investition, 10. Aufl., Ludwigshafen 2006

Olfert/Reichel, Kompakt-Training Investition, 4. Aufl., Ludwigshafen/Rhein 2006

Olfert, K., Personalwirtschaft, 12. Aufl., Ludwigshafen/Rhein 2006

Pekruhl/Nordhause-Janz, Gruppenarbeit: Konzept und Realität, in: Personal, 52. Jg. 2000, S. 326-331

Perlitz, M., Internationales Management, 5. Aufl., Stuttgart/Jena 2004

Pfeiffer, T., Praxishandbuch Qualitätsmanagement, München/Wien 1996

Pfeiffer/Weiß, Lean-Management, 2. Aufl., Berlin 1994

Pieler, D., Neue Wege zur lernenden Organisation, Wiesbaden 2001

Probst, G.J.B., Organisation, Landsberg/Lech 1992

Probst/Büschel, Organisationales Lernen, 2. Aufl., Wiesbaden 1997

Rahn, H. J., Führung von Gruppen, 5. Aufl., Heidelberg 2006

Rahn, H.J., Unternehmensführung, 6. Aufl., Ludwigshafen/Rhein 2005

Rappaport, A., Shareholder Value, 2. Aufl., Stuttgart 1999

Rechtien, W., Angewandte Gruppendynamik, 3. Aufl., München 1999

REFA (Hrsg.), Methodenlehre der Betriebsorganisation, Bd. Ablauforganisation im Bürobereich, München 1992

Rosenstiel, L.v., Grundlagen der Organisationspsychologie, 3. Aufl., Stuttgart 1992

Rosenstiel, L.v., Organisationspsychologie, in: Personal 2000, Hrsg. W.E. Feix, Frankfurt/Wiesbaden 1991, S. 327-356

Rosenstiel, L.v., Entwicklung von Werthaltungen und interpersonaler Kompetenz - Beiträge der Sozialpsychologie, in: Personalentwicklung in Organisationen, Hrsg. K. Sonntag, 2. Aufl., Göttingen/Bern/Toronto/Seattle 1999, S. 99-122

Rüttinger, R., Transaktionsanalyse, 6. Aufl., Heidelberg 1996

Sattelberger, T. (Hrsg.), Die lernende Organisation, 3. Aufl., Wiesbaden 1996

Schanz, G., Organisation, in: HWO, 3. Aufl., Hrsg. E. Frese, 3. Aufl., Stuttgart 1992, Sp. 1459-1471

Schanz, G., Organisationsgestaltung , 2. Aufl., München 1994

Scharrer, J., Rettungsplan, in: Capital, H 26 (2000), S. 59-66

Schmoll, G.A., Kooperation, Joint Ventures, Allianzen, Köln 2001

Schnauber/Kröll (Hrsg.), Gruppenarbeit und Lernende Organisation, Berlin 1997

Scholz, C., Strategische Organisation, Landsberg/Lech 1997

Schreyögg, G., Organisation, 4. Aufl., Wiesbaden 2003

Schreyögg, G., Unternehmenstheater als neuer Ansatz organisatorischer Kommunikation und Veränderung, in: ZfO, H 5, 2001, S. 268-275

Schulte-Zurhausen, M., Organisation, 4. Aufl., München 2005

Seeger/Goede, Berater(n), Auswahl und Einsatz von, in: HWO, Hrsg. E. Frese, 3. Aufl., Stuttgart 1992, Sp. 318-328

Seghezzi, H.D., Integriertes Qualitätsmanagement, 2. Aufl., München/Wien 2003

Senge, P.M., Die fünfte Disziplin: Kunst und Praxis der lernenden Organisation, 10. Aufl., Stuttgart 2006

Servatius, H., Business Process Reengineering, Stuttgart 1994

Staehle, W.H., Management, 8. Aufl., München 1999

Staudt, E., Joint ventures, Bochum 1999

Stewart/Joines, Die Transaktionsanalyse, 6. Aufl., Freiburg 2006

Thom, N., Organisationsentwicklung, in: HWO, Hrsg. E. Frese, 3. Aufl., Stuttgart 1992, Sp. 1477-1491

Töpfer/Mehdorn, Total Quality Management, 4. Aufl., Neuwied u.a. 1995

Vahs, D., Organisation, 5. Auflage, Stuttgart 2005

Wersch, M., Workflow-Management, Wiesbaden 1995

Wiegand, M., Prozesse Organisationalen Lernens, Wiesbaden 1996

Wieselhuber & Partner (Hrsg.), Handbuch lernende Organisation, Wiesbaden 1997

Wildemann, H., Das Just-in-Time-Konzept, 5. Aufl., München 2001

Wittlage, H., Unternehmensorganisation, 6. Aufl., Herne/Berlin 1998

Ziegenbein, K., Controlling, 8. Aufl., Ludwigshafen/Rhein 2004

Ziegenbein, K., Kompakt-Training Controlling, 3. Aufl., Ludwigshafen 2006

ÜBUNGSTEIL

AUFGABEN/FÄLLE

1 : Produktionsfaktoren

Die Hartmann & Schneider AG beschäftigt etwa 9.000 Mitarbeiter und produziert Isoliermittel für den Schall- und Wärmeschutz von Häusern. Das Marken-Isoliermittel »Asolan« wird aus Mergel hergestellt, der aus Südwestdeutschland angeliefert und nach einem Fertigungsplan mit Kalk in der Halle A vermischt wird. Die daraufhin geformten Kalksteine werden über ein Förderband in das Gebäude C transportiert. Dort gelangen sie in eine Schmelzwanne und werden bei etwa 1.400 Grad Celsius erhitzt.

Durch die Hitzeeinwirkung bildet sich eine flüssige Schmelze, die bei 1.450 Grad in den Vorherd läuft. An dessen Unterseite befinden sich Platindüsen, die Bohrungen mit verschiedenen Durchmessern aufweisen. Durch diese Düsen tritt die Schmelze aus, wird von einem Dampfstrahl erfasst und unter Beigabe von Bindemitteln nach unten gezogen.

Das Ergebnis sind Isolierfasern. Sie fallen durch einen drei Meter hohen Schacht auf ein endloses Band, auf dem sie je nach Auflagegewicht zu den Isoliermatten »Asolan« verdichtet werden. Daraufhin werden die Matten nach bestimmten Maßen zugeschnitten, deren Einhaltung maschinell kontrolliert wird.

Welche Produktionsfaktoren sind an der Herstellung des Produktes »Asolan« beteiligt?

2 : Organisationsziele

(1) Entscheiden, Sie ob die folgenden Ziele vorrangig zu den Organisationszielen, Kundenzielen oder zu den Mitarbeiterzielen gehören, die der Organisator der Firma Kübler GmbH zu berücksichtigen hat:

- Abbau von Monotonie
- Offenlegung von Karrierechancen
- Hohe Produktqualität
- Wirtschaftlichkeit
- Produktivität
- Arbeitssicherheit

(2) Bilden Sie ein Beispiel für den Fall, dass sich der Organisator dem Problem der Diskrepanz zwischen der Verwirklichung von Kundenzielen, Betriebszielen und Mitarbeiterzielen ausgesetzt sieht!

3 : Gleichgewichtigkeit

Versetzen Sie sich in die Lage eines Unternehmensberaters, der seit Jahren für drei verschiedene Unternehmen arbeitet. Entscheiden Sie, ob es sich in den folgenden Fällen um Gleichgewichtigkeit, Überorganisation oder Unterorganisation handelt!

(1) Bei Firma A mit 30.000 Mitarbeitern sind organisatorische Tatbestände – soweit es sachlich möglich ist – mithilfe von Formularen und Vorschriften geregelt.

(2) Bei Firma B mit 39.000 Mitarbeitern sind die Aufbau- und Prozessorganisation gegenüber Umwelteinflüssen gefestigt, die Wandelbarkeit und Anpassungsfähigkeit bei veränderten Bedingungen ist sichergestellt. Es gibt relativ wenig Störungen und Spannungen, zumal die Unternehmensleitung sehr flexibel reagiert.

(3) Bei Firma C mit 300 Mitarbeitern eröffnet die Unternehmensleitung den Abteilungsleitern im Rahmen der Prozessorganisation durch Gewährung eines weiten Aktionsspielraumes viele Möglichkeiten kostspieliger Improvisation. Der organisatorische Aufbau ist unverbindlich geregelt, sodass die Mitarbeiter nicht immer wissen, an welchen Vorgesetzten sie sich wenden sollen.

4 : Organisationsarten

Die Organisation des Unternehmens lässt sich nach verschiedenen Kriterien einteilen. Ordnen Sie die folgenden Vorgänge den entstehungsbezogenen, anlassbezogenen und gegenstandsbezogenen Organisationsarten zu!

(1) Mit der Gründung der Firma Müller & Huber OHG sind auch die organisatorischen Strukturen des Unternehmens zu gestalten.

(2) Der Organisator der Firma Hartmann führt zur Stellenbildung zunächst eine Aufgabenanalyse durch, der sich eine Aufgabensynthese anschließt.

(3) In der Firma Obenhuber & Keller KG erstellt ein Organisator einen Netzplan für den Bau einer neuen Werkshalle.

(4) Im Rahmen der Groborganisation eines Systems nimmt der Organisator der Metallbau GmbH zunächst eine Arbeitsanalyse und daraufhin eine Arbeitssynthese vor.

(5) Nach der Veröffentlichung des ab Jahresbeginn geltenden neuen Organigrammes der Firma Rasselmann & Söhne GmbH & Co KG treten Widerstände in der Belegschaft auf.

5 : Projektauftrag

Der Leiter der Organisationsabteilung erhält von der Geschäftsleitung der Firma Käsermann GmbH den Projektauftrag, mit seinem Organisationsteam den Schreibdienst in der Verkaufsabteilung neu zu organisieren. Viele dezentral eingesetzte Sachbearbeiter schreiben ihre Briefe selbst, wobei die Schriftform in vielen Fällen nicht den Regeln des Schriftverkehrs entspricht. Der Geschäftsführer möchte den Schreibdienst künftig zentralisieren und an sein Büro binden. Damit sollen Doppelarbeiten vermieden und die Sachbearbeiter von Routinearbeiten entlastet werden. Gehen Sie davon aus, dass Sie als interner Organisator ein Mitglied des Organisationsteams sind!

(1) Werfen Sie acht typische Fragen auf, die im Rahmen der Zentralisierung des Schreibdienstes nach Vorliegen des Projektauftrages eine hervortretende Rolle spielen können!

(2) Schildern Sie den Organisationsablauf vom Projektauftrag bis zur Auftragserledigung und die Aufgabe, die der Organisationsleiter dabei hat.

(3) Welche Organisationsinstrumente können von der Organisationsabteilung zur Lösung des Problems eingesetzt werden?

(4) Mit welchen Störgrößen muss bei der Lösung dieses Organisationsproblemes gerechnet werden? Zeigen Sie das anhand unterschiedlicher Situationen!

6 : Organisationsinstrumente

Das Organisationspersonal sieht sich bei der Lösung von organisatorischen Aufgaben einer Fülle von Problemen mehr gegenüber. Es hat dabei über unterschiedliche Mittel, Techniken und Methoden zu entscheiden.

(1) Zu welchen **Organisationsmitteln** zählen die folgenden Organisationsinstrumente?

- Groupware
- Büromaschinen
- Software

- Standards
- Schulung
- Scanner

(2) Welchen **Organisationstechniken** sind die nachstehenden Instrumente zuzurechnen?

- Morphologie
- Benchmarking
- Selbstaufschreibung

- Interview
- Methode 635
- Synektik

7 : Fragebogen

Der Organisator der Firma Umminger GmbH hat den Auftrag erhalten, die Personalabteilung des Unternehmens neu zu strukturieren. Die Effizienz der Erfassung des gegebenen Abteilungsaufbaus hängt in hohem Maße von der Vorgehensweise sowie der Quantität und Qualität der Fragebögen ab, die er verwendet.

(1) Welche Grundsätze sollten bei der Ausarbeitung eines Fragebogens durch den Organisator beachtet werden?

(2) Erstellen Sie einen Fragebogen mit zehn Fragen zur Aufbaustruktur der Personalabteilung!

(3) Entwickeln Sie zehn Prüffragen zu möglichen Einflussfaktoren auf die Aufbaustruktur der Personalabteilung!

8 : Aufnahmetechniken

Der Organisator Hugo Wimmer ist seit mehreren Jahren in der Organisationsabteilung der Firma Wuppermann AG tätig und konnte in dieser Zeit erhebliche Erfahrungen sammeln. Welcher Aufnahmetechniken wird er sich im Rahmen der folgenden Tätigkeiten bedienen?

(1) Er nimmt im Fertigungsbereich eine Stichprobe zur Feststellung von Störungsursachen an einem Fließband vor.

(2) Der Organisator hält sich eine Woche lang am Arbeitsplatz von Herrn Schreier auf, um dessen Tätigkeiten festzustellen.

(3) Herr Wimmer untersucht, inwieweit die aktuelle Stellenbeschreibung des Marketingleiters verbesserungsfähig ist.

(4) Der Organisator bittet einen Mitarbeiter in der Einkaufabteilung, ihm einen ausführlichen Bericht über seine Aufgaben zukommen zu lassen.

(5) Herr Wimmer führt zur Aufnahme eines komplexen Sachverhaltes das Zusammentreffen der davon betroffenen Personen herbei.

9 : ABC-Analyse

Eine Ist-Aufnahme der Ergebnisse der Rechnungskontrolle hat die nachstehend ausgewiesenen Fehlergegebenheiten ermittelt:

Fehlerbetrag €	Rechnungen Stück
Bis 5,00	520
5,01 - 10,00	380
10,01 - 25,00	290
25,01 - 50,00	210
50,01 - 75,00	205
75,01 - 100,00	70
100,01 - 200,00	20
200,01 - 500,00	10
500,01 - 1.000,00	5
über 1.000,00	0

Erarbeiten Sie eine ABC-Analyse für die Fehlerklassen, indem Sie zunächst die Werte ermitteln, dann sortieren und schließlich auswerten!

10 : Technizitätsanalyse

Die Firma Flaig AG besitzt eine gut ausgerüstete Hausdruckerei. Daneben sind im Verwaltungsgebäude auf jedem Stockwerk Kopiergeräte aufgestellt. Nachdem festgestellt wurde, dass häufig auf den Kopiergeräten Auflagen bis zu 50 Stück erstellt wurden, soll in einer Organisationsanweisung eine Auflagengrenze festgelegt werden, bis zu der die Kopiergeräte zu benutzen sind. Für größere Auflagen ist dann die Hausdruckerei in Anspruch zu nehmen.

Bei einer Ist-Aufnahme wurden die folgenden Werte ermittelt:

• **Vervielfältigungen im Mittel**

Auflage	Häufigkeit
Bis 5 Stück	1.800
6 bis 10 Stück	700
11 bis 20 Stück	300
21 bis 30 Stück	100
31 bis 50 Stück	20

• **Kosten des Kopierens**

Kosten je Kopie unabhängig von der Auflage 0,08 €.

• **Kosten des Druckens**

Abschreibung	800,00 €
Personalkosten gesamt	2.000,00 €
Druckträger Stück	1,00 €
Papier Blatt	0,01 €

Ermitteln Sie, ob es günstiger ist, auf das Druckverfahren umzuwechseln, indem Sie:

(1) Die Druckkosten ermitteln
(2) Die Druckkosten mit den Kopierkosten vergleichen
(3) Die Kostenschwelle grafisch ermitteln
(4) Die Kostenschwelle mathematisch ermitteln
(5) Das Ergebnis ableiten

11 : Datenmatrixanalyse

Durch Vergleich mit einer Datenmatrix, die aus den Ergebnissen der Ist-Aufnahme erarbeitet wurde, können Mängel des Ist-Zustandes leicht erkannt werden.

Die Lagerbuchhaltung hat folgende Eingaben und Ausgaben:

• **Eingaben**: Lagerbewegungszettel
    Artikelstammdatei

• **Ausgaben**: Lagerbestandsdatei
    Lagerbewegungsdatei
    Lagerbestandsmaske

Erstellen Sie für die Lagerbuchhaltung eine Datenmatrix!

12 : Entscheidungstabellenanalyse

Prüfen Sie die nachstehende Entscheidungstabelle im Hinblick auf ihre formale Korrektheit und Sinnhaftigkeit!

	R_1	R_2	R_3	R_4
Kalte Jahreszeit	J	J	N	N
Schneefall	J	N	J	N
Skifahren	X		X	
Schlittschuhlaufen		X		
Wandern				X

13 : Kreativitätstechniken

Das Organisationsteam der Firma Rudolf Klug Unternehmensberatung GmbH soll für ein Industrieunternehmen einen neuen Werbeslogan entwickeln. Der Auftraggeber stellt für diesen Ausnahmefall folgende Bedingungen zur Problemlösung:

- Es sollen sechs Teammitglieder mitarbeiten
- Sie sollen hohes Kreativitätspotenzial zur Aufgabenlösung mitbringen
- Vom Team sollen ausschließlich Ideen aufgeschrieben und diskutiert werden
- Die zuerst niedergeschriebenen Ideen sind an die anderen Teammitglieder weiterzugeben
- Dem Industrieunternehmen sollen nur die besten zwei Vorschläge vorgelegt werden.

Überprüfen Sie die möglicherweise für die Problemlösung in Betracht kommenden Organisationsmethoden und Kreativitätstechniken auf ihre Eignung hin!

14 : Morphologie

Erstellen Sie einen morphologischen Kasten, in dem Sie Alternativen zur Konstruktion einer Armbanduhr (traditionell, elektrisch, Quarz analog oder digital) aufzeigen, nach folgendem Schema:

Funktionen	Lösungsalternativen									

15 : Aufgabenanalyse

In der Firma Michel GmbH, die Werkzeugmaschinen herstellt, soll die Aufbauorganisation neu organisiert werden. Versetzen Sie sich in die Lage des Organisators und bearbeiten Sie folgende Aufgaben:

(1) Erstellen Sie eine verrichtungsbezogene Aufgabenanalyse für die Abteilung »Versand«!

(2) Nehmen Sie eine Zweck(beziehungs)analyse für das gesamte Unternehmen vor!

16 : Organisationseinheiten

Bei der Firma Michel GmbH gibt es folgende Organisationseinheiten:

- Stelle eines Meisters, dem zwei Arbeitskräfte direkt unterstellt sind
- Sachbearbeiterstelle in der Abteilung Buchhaltung
- Vorstandsmitglied für Marketing
- Bildungsausschuss für Schulungsfragen von Bereichsleitern
- Stabs-Projektgruppe für die Neuorganisation des Materialbereichs
- Stelle eines Assistenten des Vorstandes

- Stelle eines Buchhalters in der Kreditorenbuchhaltung (ohne Unterstellte)
- Leiter des Marketingbereichs

(1) Klären Sie, welcher Leitungsebene die obigen Organisationseinheiten zuzuordnen sind!
(2) Handelt es sich bei den Organisationseinheiten um Ausführungsstellen, Singularinstanzen oder Pluralinstanzen?
(3) Haben die Stelleninhaber Weisungsbefugnisse oder nicht?

Erstellen Sie dazu eine übersichtliche Tabelle!

17 : Kompetenzen

Bestimmte Mitarbeiter haben bei Verträgen mit Kunden und Lieferanten Unterschriftsbefugnisse, die den Aufgabenträgern ausdrücklich erteilt worden sein müssen.

(1) Klären Sie, welche Kompetenzen eine Prokura nach den Regelungen des § 49 HGB mitsich-bringt!

(2) Welche Befugnisse hat ein Handlungsbevollmächtigter nach § 54 Abs. 1 des Handelsgesetz-buches?

(3) Kann ein Auszubildender auch Kompetenzen übertragen bekommen?

18 : Informationswege

Bei der Firma Bauer AG gibt es Kommunikationsprobleme zwischen der Personalabteilung, dem Betriebsrat und der Fachabteilung Einkauf wegen der Abwicklung der betrieblichen Ausbildung. Auszubildende beschweren sich beim Betriebsrat, dass sie in der Abteilung nicht genug lernen und viel zu häufig mit Routineaufgaben beschäftigt werden. Dem Personalleiter, der direkt der Unternehmensleitung untersteht, sind ein Personalreferent und ein Ausbildungsleiter zugeordnet.

Sie erhalten den Auftrag, die grundlegenden Informationswege aufzuzeigen, die zwischen den oben beteiligten Aufgabenträgern und nach außerhalb des Unternehmens gegeben sind! Tragen Sie mit der entsprechenden Symbolik in das folgende Schema ein:

(1) Längsinformationswege
(2) Querinformationswege
(3) Diagonalinformationswege
(4) Richtlinieninformationswege
(5) Außeninformationswege

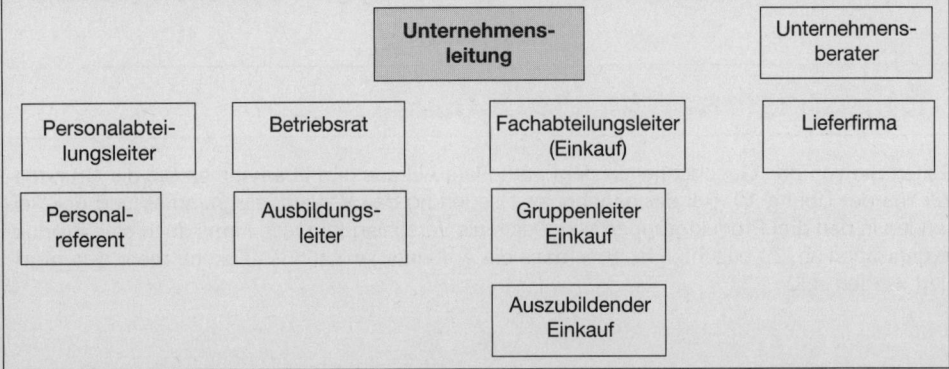

19 : Liniensystem

Die Firma Flaig AG ist ein Importunternehmen, das die Generalvertretung eines ausländischen Nahrungsmittelkonzerns besitzt. Ihr Umsatz betrug im letzten Jahr 400.000.000 € und ist stark steigend. Der Sitz des Unternehmens ist Stuttgart. Zweigniederlassungen sind nicht vorhanden.

Das Unternehmen importiert und vertreibt folgende Erzeugnisgruppen durch Reisende, die jeweils eine Produktgruppe vertreten:

- Käse in 27 verschiedenen Sorten
- Spirituosen in 15 verschiedenen Marken
- Zigarren verschiedener Preisklassen.

Eine eigene Fertigung besitzt das Unternehmen nicht. Da die derzeitige Aufbauorganisation unbefriedigend ist, möchte die Flaig AG diese ändern. Die Geschäftsleitung besteht darauf, dass in jedem Fall die folgenden Abteilungen im organisatorischen Aufbau vertreten sein sollen:

(1) Einkauf	(4) Organisation	(7) Verkauf
(2) Lager	(5) Personal	(8) Verkaufsförderung
(3) Marktforschung	(6) Rechnungswesen	(9) Warenprüfung.

Da momentan neben dem Vorstandsvorsitzenden drei vielseitig verwendbare Vorstandsmitglieder amtieren, ist die obere Leitungsebene so zu gliedern, dass keine personalen Veränderungen bei den Vorstandsmitgliedern erforderlich werden.

Der Vorstandsvorsitzende möchte mehrere Alternativen prüfen. Deswegen werden Sie gebeten, für das Unternehmen als erste Alternative ein Liniensystem auszuarbeiten.

20 : Stablinienorgansation

Für die Firma Flaig AG ist entsprechend den Angaben der Übung 19 ein weiterer Entwurf zu erstellen, der den Organisationsaufbau in Form einer Stablinienorganisation beinhaltet. Dabei sollen die Organisation und Marktforschung als Stabstellen ausgewiesen werden.

(1) Entwickeln Sie aus obigen Angaben eine Stablinienorganisation!
(2) Welche Stablinienabteilungen sind außerdem denkbar?
(3) Worin bestehen die Vorteile der Stablinienorganisation gegenüber der Linienorganisation?

21 : Spartenorganisation

Gehen Sie von den Gegebenheiten der Firma Flaig AG aus und übernehmen Sie die Grunddaten aus der Übung 19. Bei der gegebenen Gliederung des Verkaufsprogrammes und der Reisenden in den drei Produktgruppen bietet sich als Vorschlag für diese Firma auch eine Produktorganisation an. Zu beachten ist aber, dass die Aufbauorganisation in Zukunft mehr dezentralisiert werden soll.

(1) Erarbeiten Sie den Entwurf einer entsprechenden Produktorganisation für die Flaig AG!

(2) Welches sind die kennzeichnenden Merkmale dieser Organisationsform?

(3) Worin sind die Vorteile dieser Organisationsform gegenüber der Funktionalorganisation zu sehen?

(4) Welche Gemeinsamkeiten gibt es zwischen der Produktorganisation und der Funktionalorganisation?

22 : Matrixorganisation

Der Vorstand der Firma Flaig AG hat die bereits vorgeschlagenen Organisationsformen geprüft. Er erwartet von Ihnen aber noch einen weiteren die Organisationsform betreffenden Vorschlag.

(1) Unterbreiten Sie einen Vorschlag für eine Matrixorganisation, bei der die Abteilungen Materialwirtschaft, Marketing und Verwaltung jeweils doppelter Unterstellung unterliegen!

(2) Über welche Voraussetzungen, die für die erfolgreiche Einführung einer Matrixorganisation erfüllt sein müssen, sollte der Vorstand informiert werden?

(3) Welche negativen Folgen kann die Einführung einer Matrixorganisation für das Unternehmen mitsichbringen?

23 : Tensororganisation

Da der Vorstand der Firma Flaig AG auch eine Tensororganisation nicht ausschließen möchte, erwartet er von Ihnen einen weiteren Vorschlag. Dabei ist an zwei regionale Bereiche gedacht:

- Norddeutschland
- Süddeutschland.

In den Schnittstellen der Kontaktpotenziale sollen sich keine Abteilungen befinden, sondern die betreffenden Abteilungen sollen unter Leitung des Vorstandsvorsitzenden dreidimensional zusammenarbeiten. Es reicht zur Lösung des Problems aus, wenn Sie als Zentralbereiche beispielhaft nur die Warenprüfung und die Marktforschung darstellen.

(1) Erstellen Sie einen Entwurf für die Tensororganisation!
(2) Wie unterscheidet sich die Tensororganisation von der Matrixorganisation?

24 : Produktmanagement

Der Vorstand der Firma Flaig AG wünscht, dass Sie ihm auch Vorschläge zu einem aus der Matrixorganisation zum abgeleiteten Produktmanagement unterbreiten. Gehen Sie von den Abteilungsstrukturen der Übung 19 aus. Zusätzlich soll ein Produktmanager für die Spirituosen und der andere für die Zigarrenprodukte zuständig sein. Beide Führungskräfte sind dem Vorstandsvorsitzenden zu unterstellen.

(1) Erstellen Sie einen Vorschlag zum Matrix-Produktmanagement!

(2) Welche Vorteile hat diese abgeleitete Organisationsform gegenüber dem reinen Liniensystem, wie es in Übung 19 vorgestellt wurde?

25 : Projektmanagement

Da in der Firma Flaig AG in nächster Zeit einige organisatorische Projekte abgewickelt werden sollen, erwartet der Vorstand von Ihnen einen Entwurf der Aufbauorganisation in Form des Matrix-Projektmanagement. Zunächst sind nur die Projekte Materialwirtschaft und Versand zu berücksichtigen.

(1) Entwickeln Sie einen Aufbauvorschlag für das Matrix-Projektmanagement!

(2) Welche Vorteile hat das Matrix-Projektmanagement im Hinblick auf die Organisationseinheit Einkauf!

(3) Mit welchen Nachteilen hat der Vorstand in Bezug auf die Organisationseinheit Einkauf zu rechnen?

26 : Stellenbeschreibung

Erarbeiten Sie eine Stellenbeschreibung für den mit Prokura ausgestatteten Leiter einer Organisationsabteilung eines Industrieunternehmens, der jedoch keine Alleinzuständigkeit für die EDV hat!

Gehen Sie dabei von folgender Gliederung der Stellenbeschreibung aus:

- Stellenbezeichnung
- Stellenaufgaben
- Stellenziele
- Stellenbefugnisse

- Stellenverantwortung
- Stellvertretung
- Stellenanforderungen.

27 : Neuorganisation

Der Vorsitzende der Unternehmensleitung der Georg Vohrer GmbH möchte sich in stärkerem Umfang von der Tagesarbeit befreien und nur noch Grundsatzfragen widmen, insbesondere auf den Gebieten der Marktforschung, Finanzierung, Organisation und Verkaufsförderung.

Dementsprechend soll eine Neuorganisation erfolgen, die als Matrixorganisation zu gestalten ist. Mit der Neugestaltung der Aufbauorganisation wird die Erwartung verbunden, dass die Schwachstellen der bisherigen Funktionalorganisation, die vom Aufbaucontrolling ermittelt wurden, so weit wie möglich ausgeschaltet werden.

Die Georg Vohrer GmbH ist durch folgende Merkmale besonders gekennzeichnet:

- Das Fertigungs- bzw. Vertriebsprogramm umfasst drei eigenständige Produktbereiche:

- ▶ Bauelemente
- ▶ Kühlgeräte
- ▶ Reinigungsgeräte

- Die Fertigung erfolgt in standörtlich getrennten Werken, die der Gliederung der Produktgruppen entsprechen:

  - ▶ Bauelemente: Frankfurt
  - ▶ Kühlgeräte: Kusel
  - ▶ Reinigungsgeräte: Berlin-Wilmersdorf und Berlin-Schmargendorf

- Zwischen den Kunden der Erzeugnisgruppen sind keine Verbindungen vorhanden. Der Vertrieb erfolgt auf getrennten Märkten:

  - ▶ Bauelemente: Elektronische Fertigungsunternehmen
  - ▶ Kühlgeräte: Haushalte, Industrieunternehmen
  - ▶ Reinigungsgeräte: Wirtschaftsunternehmen, Behörden, Reinigungsgewerbe

Für jeden Produktbereich stehen geeignete Mitarbeiter zur Verfügung.

Skizzieren Sie den Organisationsplan für eine Matrixorganisation und begründen Sie ihn!

28 : Fragebogen

Beurteilen Sie den folgenden Ausschnitt aus einem Fragebogen für eine Ist-Aufnahme:

Frage 7.	ø Anzahl der Positionen/Auftrag?
Frage 8.	Aufgrund welcher Informationen wird fakturiert?
	Vorgedruckte Bestellzettel?
	ø Zahl der Posten/Rechnung?
Frage 9.	Festpreise? Mengenrabatte? Treuerabatte? Artikelrabatt?
Frage 10.	Anzahl der offenen Posten?
Frage 11.	Verkaufslager zentral, Anzahl der dezentralen Verkaufslager?
Frage 12.	Anzahl der Vertreter?

29 : Aufnahmeinhalte

Die prozessorganisatorische Ist-Aufnahme kann verschiedene Inhalte haben, die der Organisator berücksichtigen muss.

(1) Zu welchen Aufnahmeinhalten zählen die folgenden Beispiele?

- • Forderungen der Systembeteiligten
- • Praktikable Formulare
- • Rechnungspositionen
- • Eingabe-Verarbeitung-Ausgabe
- • Mittelwerte
- • Monate

(2) Geben Sie sechs Beispiele für eine Ist-Kritik im Rahmen der Prozessorganisation!

30 : Hierarchische Strukturierung

Die Hauspost hat in einem Großunternehmen die Aufgabe, den Prozess von der Abholung der Post beim Absender bis zum Anliefern beim Adressaten zu gestalten.

(1) Erarbeiten Sie mithilfe der Methode der hierarchischen Strukturierung ein Strukturdiagramm für die Aufgaben einer Hauspostabteilung!

(2) Stellen Sie die Aufgaben der Hauspostabteilung mit der Methode des schwarzen Kastens dar?

31 : Gliederungsplan

Das Installieren eines Kabelbaums in der Elektroabteilung eines Einzelhandelsunternehmens wurde einer Arbeitsanalyse unterzogen. Das Ergebnis dieser Untersuchung hat den Organisator veranlasst, folgenden **Gliederungsplan** zu erstellen *(Weidner/Freitag/Gernet/Ulbrich)*:

Installieren eines Kabelbaums	Verlegen	Maschine mit Kran auf Montagetisch stellen
		Material gemäß Arbeitskarte bereitlegen
		Schaltplan lesen
		Steuerleitungen grob zuschneiden
		Steuerleitungen verlegen
	Spezialmontieren	Werkzeug bereitlegen
		Montagematerial bereitlegen
		Steuerleitungen gemäß Zeichnung befestigen
		Steuerleitungen auf Maß zuschneiden
	Anschließen	Mantel isolieren auf Maß
		Adern abisolieren
		Kabelschuhe auf Adern quetschen
		Kabelschuhe gemäß Schaltplan anschrauben
		Nach Abschluss aller Kabelschuhe Funktionsprüfung durchführen
		Maschine weiterleiten zum folgenden Arbeitsplatz

Die Position "Adern abisolieren" verweist auf:
- Abisolierzange greifen
- Ader fassen
- Abisolierzange ansetzen
- Abisolierzange drücken
- Adermantel mit Abisolierzange abziehen
- Abisolierzange ablegen

(1) Stellen Sie auf der Grundlage des obigen Gliederungsplanes bis zur 4. Stufe eine aussagefähige Dezimalklassifikation dar!

(2) Erstellen Sie dazu eine Gliederungstabelle, um Zusatzinformationen für das Verlegen und das Spezialmontieren eintragen zu können!

32 : Arbeitsgänge

Nachdem der Kollege, der bisher das Projekt »Prozessorganisation des Beschaffungswesens« bearbeitet hat, schwer erkrankt ist und das Projekt in nächster Zeit nicht fortführen kann, werden Sie mit der Projektdurchführung beauftragt. In den Projektunterlagen Ihres Kollegen finden Sie unter anderem folgende Aufzeichnungen:

(1) **Arbeitsgangdefinition**

Arbeitsgang	Arbeitselemente
Bestellschreibung	Bestelldateneingabe Bestellausdruck
Lieferüberwachung	Terminüberwachung Liefermahnung
Lieferantenauswahl	Angebotsdatenvergleich Lieferantenentscheidung Bestellschreibungsvorbereitung
Bestellungskontrolle	Bestellungsüberprüfung Unterschreiben Bestellung
Angebotseinholung	Lieferantenermittlung Angebotsaufforderungsschreiben
Auftragsbestätigungs- bearbeitung	Vergleich: Bestellung - Auftragsbestätigung Differenzenabgleich
Wareneingang	Anlieferungsabwicklung Mengenprüfung Wareneingangsscheinerstellung

(2) **Arbeitszeitbedarf**

Arbeitsgang	Basis	Arbeitszeit/Minuten
Bestellabschreibung	Bestellungskopf Bestellposition	2 1
Lieferüberwachung	Bestellposition	1
Lieferantenauswahl	Artikel	5
Bestellungskontrolle	Bestellung	2
Angebotseinholung	Angebotsanforderungs- schreiben	2
Auftragsbestätigungs- bearbeitung	AB-Position	1
Wareneingang	WE-Position	3

(3) **Mengenanfall im Monat**

Basis	Menge/Stück
Angebotsanforderungsschreiben	9.000
Artikelbedarf	6.000
Bestellungen	1.200
Bestellpositionen	6.000
Auftragsbestätigungspositionen	6.000
Wareneingangspositionen	7.200

(4) **Basisdaten (Mittelwerte)**

Basis	Mengeneinheit	Menge
Arbeitszeit	Std./Tag	7,5
Arbeitstage	Monat	21,0
Liegezeit	Minuten/Arbeitsgang	90,0
Angebotseinholung	Artikelbedarf	3,0
Bestellpositionen	Bestellung	5,0
Vorliegende Angebote bzw. Preislisten	Artikel	1,5
Lieferzeit	Arbeitstage	12,0
Angebotseingangsdauer	Arbeitstage	5,0

Erarbeiten Sie für alle erforderlichen Arbeitsgänge die Arbeitsganggestaltung nach dem EVA-Prinzip vor!

33 : Kapazitätsbedarfsermittlung

Gehen Sie von den Arbeitsgängen der Übung 32 aus und nehmen Sie eine Kapazitätsbedarfsermittlung vor, die von der folgenden Tabelle ausgeht:

Arbeitsgang	Mengeneinheit	Menge Monat	Kap.-bed. Min./MEE	Kap.-bed. Std./Monat
Angebotseinholung	Anforderungen	9.000		
Lieferantenauswahl	Artikel	6.000		
Bestellschreibung	Bestellköpfe	1.200		
	Bestellpositionen	6.000		
Bestellungskontrolle	Bestellungen	1.200		
Unterlagenarchivierung	Bedarfsanforderung	6.000		
	Bestellkopien	1.200		
	Angebot/Preisliste	18.000		
	Auftragsbestätigung	6.000		
Auftragsbestätigung	Auftragsbestätigung	6.000		
Lieferüberwachung	Bestellposition	6.000		
Wareneingang	WE-Positionen	7.200		
Summe				

34 : Arbeitsplatzbedarfsermittlung

Nehmen Sie die Arbeitsgänge der Übung 32 als Ausgangsbasis für folgende durchzuführende Ermittlungen:

(1) Ermitteln Sie die Kapazitätsminderungen und die Arbeitsplatzzahl!
(2) Erstellen Sie eine Arbeitsplatzbedarfsliste!

35 : Durchlaufzeitberechnung

Ermitteln Sie die Durchlaufzeit in Arbeitstagen für die in Übung 32 dargestellten Arbeitsgänge! Die Tabelle soll folgende Spalten aufweisen:

• Arbeitsgänge
• Arbeitsgangdauer in Minuten
• Transport- und Liegezeiten in Minuten

36 : Strukturablaufdiagramm

Ein Freund hat folgendes Feierabendprogramm erarbeitet:

»Zuerst lese ich die Tageszeitung; anschließend sehe ich fern, falls mir das Fernsehprogramm zusagt, oder ich gehe ins Kino. Wenn ich nach Fernsehen oder Kino noch Durst habe, besuche ich eine Gaststätte. Anschließend gehe ich schlafen.«

(1) Entwerfen Sie ein einstufiges Strukturablaufdiagramm für sein Feierabendprogramm!

(2) Erarbeiten Sie für den nachstehenden Unternehmensprozess ein einstufiges Strukturablaufdiagramm:

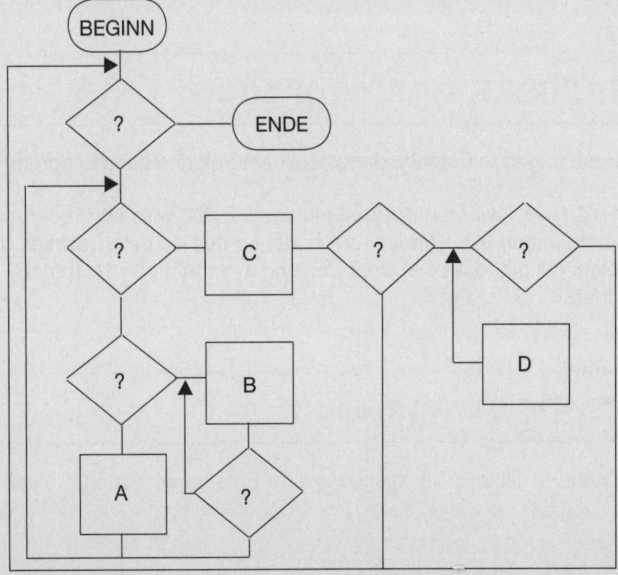

37 : Programmablaufplan/Ablaufplan/ Struktogramm

Der Organisator eines Industrieunternehmens ist mit verschiedenen Programmablaufplänen beschäftigt.

(1) Gehen Sie von dem in Übung 36 dargestellten Feierabendprogramm aus und erstellen Sie einen Programmablaufplan!

(2) Setzen Sie das nachfolgend ausgewiesene Strukturablaufdiagramm in einen Programmablaufplan um!

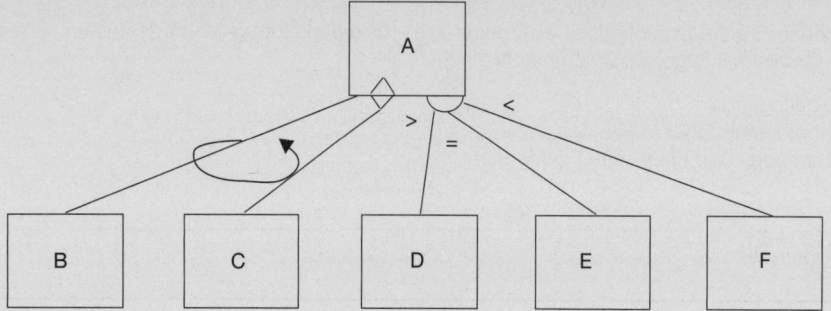

(3) Erarbeiten Sie für den Unternehmensprozess der Übung 36 einen Programmablaufplan!

(4) Erstellen Sie für den oben in (1) ausgewiesenen Programmablaufplan einen Ablaufplan!

(5) Ermitteln Sie aus dem oben in (2) dargestellten Strukturablaufdiagramm einen Ablaufplan!

(6) Erstellen Sie ein Struktogramm für das in Übung 36 dargestellte Feierabendprogramm!

(7) Stellen Sie den in Übung 36 beschriebenen Unternehmensprozess in einem Struktogramm dar!

38 : Entscheidungsdiagramm

Erarbeiten Sie für die folgende Entscheidungslogik ein Entscheidungsdiagramm:

»Für alle Kunden mit einer kleineren Kontonummer als 5.000 wird ein Treuerabatt von 12 % gewährt. Weiterhin bekommen alle Kunden, außer denen des Vertreterbezirkes 5, keinen Sonderrabatt von 3 %. Generell gilt, dass bei einer Zahlung innerhalb von 14 Tagen 2 % Skonto abgezogen werden dürfen.«

39 : Entscheidungsbaum

Erarbeiten Sie für die in Übung 38 ausgewiesene Entscheidungslogik einen Entscheidungsbaum!

40 : Entscheidungsmatrix

Die Entscheidungslogik der Übung 38 kann auch in einer Entscheidungsmatrix dokumentiert werden. Erarbeiten Sie für diese Logik eine Entscheidungsmatrix!

41 : Formularanalyse

Der Sportverein FV Hochfeld e.V. möchte in Zukunft mit einem Softwaresystem arbeiten. Dazu soll eine Mitgliederdatei gespeichert werden.

Bestimmen Sie die Dateifelder, die in dieser Mitgliederdatei enthalten sein sollten!

42 : Nummerung

(1) Der Landkreis Großkarlbach soll neu gebildet werden. Er erhält das Autokennzeichen GK. Ermitteln Sie die Zahl der verfügbaren Autonummern unter Berücksichtigung folgender Merkmale:

- Es sollen maximal 7 Stellen ohne Bindestrich und Leerstelle benutzt werden, um eine gute Lesbarkeit zu gewährleisten.
- Es stehen nur 20 Buchstaben zur Verfügung.
- Die Autonummer darf maximal zwei Identbuchstaben enthalten.

(2) Um welche Nummernarten handelt es sich bei den nachfolgenden Nummernsystemen?

- Postleitzahlen
- Kfz-Kennzeichen
- Kontennummern der Buchhaltung
- Steuerklassen
- Straßennummern
- Straßenbahnnummern
- Papierformate
- ISBN-Nummer
- Gleisnummer auf Bahnhöfen
- Internationale Autokennzeichen

(3) In der Firma Handels AG sollen die ungefähr 20.000 Artikel eine hausinterne Sachnummer erhalten. Diese Sachnummer soll eine eindeutige Zuordnung jedes Artikels zu einer der 60 Artikelgruppen ermöglichen. Sie soll aber auch so kurz wie möglich sein, um eine schnelle Erkennung, möglichst fehlergeringe Verarbeitung und einfache Sortierung zu ermöglichen.

Welche Nummernsysteme kommen für diese Aufgabe in Betracht und welches System empfiehlt sich besonders?

Skizzieren Sie den Nummernaufbau! Benutzen Sie zur Bildung der Nummer ausschließlich Ziffern.

43 : Organisationsrichtlinie

Beurteilen Sie die nachstehend ausgewiesene Organisationsrichtlinie:

Flaig AG   15.10.2006

Richtlinie Nr. 35/2006

In der Anlage erhalten Sie den neuen Kostenträgerplan, in den alle Änderungen eingearbeitet wurden.

Wir bitten Folgendes zu beachten:

(1) Der Kostenträgerplan ist allgemein verbindlich.
(2) Änderungen bedürfen der Genehmigung von ORG.

Mit X bezeichnete Kostenträger sind Sammelkostenträger. Änderungen der Kostenträger können nur am Ende eines Jahres vorgenommen werden, da der neue Kostenträgerplan immer für das Kalenderjahr gilt. Sollten derartige Wünsche im Laufe des Jahres geäußert werden, so sind sie grundsätzlich abzulehnen.

Müller

Anlage:
Kostenträgerverzeichnis

44 : Personalbereichsprozess

Der Personalbereichsprozess beginnt mit der Weitergabe von Plandaten der Unternehmensleitung an den Personalbereich und endet mit dem Personalabgang bzw. mit der personalwirtschaftlichen Kontrolle.

(1) Stellen Sie den personalwirtschaftlichen Prozess in vier Phasen dar!
(2) Wie kann der Prozess der Personalbeschaffung ablaufen?

45 : Entscheidungstabelle

(1) Erarbeiten Sie eine begrenzte Entscheidungstabelle für die folgende Schilderung eines Sachbearbeiters einer Debitorenbuchhaltung: »Für alle Kunden mit einer kleineren Kontonummer als 5.000 wird ein Treuerabatt von 12 % gewährt. Weiterhin bekommen alle Kunden, außer denen des Vertreterbezirkes 5, keinen Sonderrabatt von 3 %. Generell gilt, dass bei einer Zahlung innerhalb von 14 Tagen 2 % Skonto abgezogen werden dürfen.«

(2) Erstellen Sie eine begrenzte Entscheidungstabelle für die nachfolgend beschriebenen Fahrpreise einer Bahngesellschaft für eine Tagesrundfahrt:

»Der Preis für Erwachsene beträgt in der 1. Klasse 32,00 €. Wählen Erwachsene die 2. Klasse, so ist der Preis um 25 % reduziert. Jugendliche zahlen 25 % und Kinder 50 % weniger als Erwachsene. Wird die Rundfahrt in einer Gruppe gebucht, so reduzieren sich die jeweiligen Preise um weitere 25 %.«

Geben Sie alle Preise in € vor!

(3) Die nachfolgende Entscheidungstabelle ist fehlerhaft. Ermitteln Sie, was falsch ist!

B1	J	N	J	N	J	N	J	N
B2	J	J	N	N	N	J	N	N
B3	J	J	J	J	N	N	J	N
A1	X				X			
A2		X		X	X			X
A3			X			X		X
A4				X			X	

46 : Prozessdiagramm

Bei der Metallbau GmbH gibt es folgende Ablaufbeschreibung:

»Die von der Hauspost kommenden Eingangsrechnungen werden vom Abteilungsleiter der Rechnungsprüfung sortiert und durch den Büroboten dem zuständigen Sachbearbeiter der Rechnungsprüfung zugestellt. Die Sachbearbeiter prüfen die Rechnungen in sachlicher, preislicher und rechnerischer Hinsicht. Nach dem Rücktransport der geprüften Rechnungen durch den Büroboten zum Abteilungsleiter werden sie von diesem stichprobenweise kontrolliert. Mit der Hauspost gehen sie dann zur Kreditorenbuchhaltung. Dort werden sie buchhalterisch bearbeitet.«

(1) Erarbeiten Sie ein stellenorientiertes Prozessdiagramm für obigen Prozess!

(2) Erstellen Sie dazu ein verrichtungsorientiertes Prozessdiagramm!

47 : Blockschaltbild

Entwerfen Sie für die Prozessbeschreibung der Übung 46 ein Blockschaltbild mit folgenden Stellen:

• Poststelle
• Rechnungsprüfung
• Kreditorenbuchhaltung.

48 : Datenflussplan

(1) Der folgende Datenflussplan ist fehlerhaft. Welchen bzw. welche Fehler enthält er?

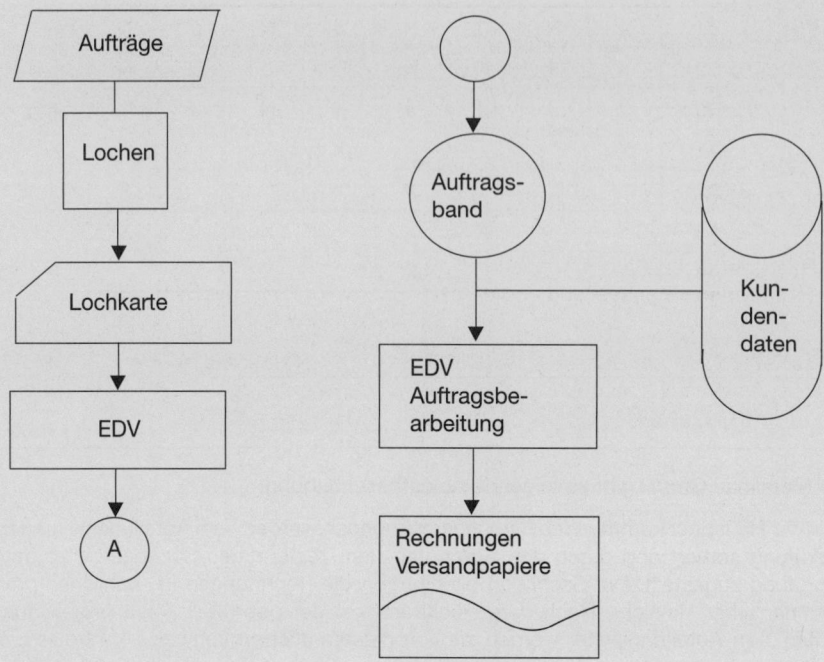

(2) Vom Leiter der Fakturenstelle der Maschinenbau GmbH erhält der Systemanalytiker folgende Schilderung:

»Vom Versand wird ein Lieferschein zur Auslieferung des Kundenauftrages in vier Exemplaren erstellt. Das Original und die erste Kopie erhält der Kunde, die zweite Kopie geht zur Datenerfassung, während die dritte Kopie den Verkauf informiert. Die Daten der zweiten Kopie werden mit einem Magnetbanderfassungsgerät auf einer Bandkassette gespeichert und in die DVA eingelesen. Die Kopie des Lieferscheins geht danach an die Fakturenstelle.

Mithilfe der Auftragsbestandsdatei und der Kundenstammdatei, welche auf Magnetplatten gespeichert sind, wird nun durch das Programm FAKTURA die Rechnung mit vier Durchschlägen ausgedruckt. Sie werden an die Fakturenstelle gegeben, welche sie mithilfe der Lieferscheinkopie und der Auftragsliste prüft.

Ist die ausgedruckte Rechnung fehlerfrei, erhält der Kunde das Original und die erste Kopie, die zweite Kopie erhält die Buchhaltung, die dritte Kopie der Verkauf, während die letzte Kopie in der Fakturenstelle archiviert wird.

Enthält die Rechnung Fehler, so wird ein Korrekturbeleg erstellt, der von der Datenerfassung abgelocht wird. Die in das DV-System eingelesene Korrekturlochkarte löst das Schreiben einer verbesserten Rechnung aus, die in gleicher Weise bearbeitet wird.

Außerdem wird vom Programm FAKTURA eine Provisionsliste erstellt, welche im Original und Duplikat an den Verkauf geht.«

Erstellen Sie für diesen Ablauf einen Datenflussplan nach *DIN 66 001*!

49 : Kommunikationsdarstellung

Eine Auswertung der Organisationsabteilung zeigt folgendes Kommunikationsverhalten zwischen den Abteilungen und zu externen Partnern:

	Abt. A	Abt. B	Abt. C	Abt. D	Extern
Abt. A	—	70	95	14	3
Abt. B	39	—	29	80	48
Abt. C	88	42	—	0	24
Abt. D	9	20	0	—	—
Extern	0	54	88	12	—

Skizzieren Sie daraus eine Kommunikationsspinne und ein Kommunikationsnetz!

50 : Projektarten

(1) Als Organisator möchten Sie sich einen Überblick über die Fülle möglicher Projektarten verschaffen. Geben Sie jeweils zwei praktische Beispiele für:

- Richtungsprojekte
- Personenprojekte
- Trägerprojekte
- Funktionenprojekte

(2) Wählen Sie eine der dargestellten Projektarten aus und erläutern Sie anhand dieses Beispiel das Spannungsdreieck der Projektorganisation!

51 : Benchmarking

Die Firma Baumittel AG setzt das Benchmarking als Mittel zur Feststellung von Fehlentwicklungen ein. Als Hauptkonkurrent dieses Unternehmens ist die Firma Hausbau GmbH anzusehen. Der Vergleich der Kennzahlen ergab für den Versand von Baumaterialien folgende Ergebnisse:

Vorgang	Baumittel AG	Hausbau GmbH
Versand-Arbeitsgänge	20 Arbeitsgänge	5 Arbeitsgänge
Liefergarantien an Baustellen	10 Stunden	6 Stunden
Lieferdauer im Durchschnitt	12 Stunden	6 Stunden
Transport von Sendungen	70 Sendungen	35 Sendungen

Beurteilen Sie die obigen Ergebnisse aus der Sicht der Baumittel AG und unterbreiten Sie angemessene Vorschläge zur Projektorganisation!

52 : Stellenbeschreibung

Gestalten Sie eine umfassende Stellenbeschreibung für einen Projektleiter, die enthält:

▶ Stellenbezeichnung	▶ Überstellungsverhältnisse	▶ Stellenverantwortung
▶ Stellenrang	▶ Stellenaufgaben	▶ Stellvertretung
▶ Stellenart	▶ Stellenziele	▶ Stellenanforderungen
▶ Unterstellungsverhältnisse	▶ Stellenbefugnisse	

53 : Projektleitung

Die Zusammensetzung der Projektleitung ist nicht immer problemlos möglich. Diskutieren Sie die Vorteile und Nachteile, die mit der Stellenbesetzung der Projektleitung durch folgende Aufgaben-träger verbunden sein können:

- Top-Manager
- Fachabteilungs-Manager
- Unternehmensberater.

54 : Projektgruppe

Die Projektgruppe ist eine Personenmehrheit, die gemeinsam und überwiegend hauptamtlich vollzeitlich ein Projekt in zeitlicher Befristung durchführt. Sie arbeitet erfolgsorientiert und kann in ganz unterschiedlicher Weise zusammengesetzt werden.

(1) Wovon hängt der Erfolg einer Projektgruppe ab?

(2) Welche Vorteile und Nachteile sind mit dem Einsatz unternehmensinterner Mitglieder der Pro-jektgruppe verbunden?

(3) Stellen Sie Vorteile und Nachteile gegenüber, die der Einsatz unternehmensexterner Mitglie-der in einer Projektgruppe mit sich bringt!

55 : Kontakte des Projektleiters

Die zweckdienliche Wahrnehmung von Informationswegen durch einen Projektleiter ist für den Erfolg eines Projektes sehr bedeutsam. Mit welchen Adressaten sollte der Projektleiter der Firma Holzfuß AG bei der Gestaltung eines internen Bauprojektes besondere Kontakte pflegen? Erläu-tern Sie anhand von Beispielen:

(1) Vier unternehmensexterne Adressaten des Projektleiters

(2) Vier unternehmensinterne Adressaten des Projektleiters!

56 : Projektorganisationsformen

Im Rahmen der Einbindung von Projektgruppen in die Aufbauorganisation eines Unternehmens gibt es verschiedene Gestaltungsformen der Projektorganisation. Stellen Sie vier Formen der Projektorganisation in einer übersichtlichen Tabelle gegenüber und vergleichen Sie diese unter Verwendung der folgenden Kriterien miteinander:

- Andere Begriffe für die Formen
- Weisungsabgrenzung
- Kompetenzabgrenzung
- Verantwortung

57 : Prototyping

Für das Prototyping ist kennzeichnend, dass es zu einer möglichst schnellen Erstellung der Erstversion eines Programmes führt. Dieser Prototyp wird dann daraufhin geprüft, ob er alle Anforderungen erfüllt. Durch Nachbesserungen entsteht ein zweiter Prototyp, der ebenfalls wieder zu prüfen ist.

Erstellen Sie einen Prototyp-Ablaufplan vom Entwurf bis zum einzuführenden System!

58 : Projektstrukturplan

Erstellen Sie einen Projektstrukturplan, der von folgender grober Projektdefinition ausgeht:

»Das Firmengebäude soll so umgebaut werden, dass vier zusätzliche Büros eingerichtet werden können. Das Projekt ist bis zum Ende des dritten Jahresquartals fertigzustellen. Die Kosten für den Umbau dürfen nicht über 18.000 € liegen.«

59 : Tailoring

Bei der Firma Flaig AG wird das Tailoring als projektspezifische Anpassung und Detaillierung für die Projektorganisation in der Materialwirtschaft genutzt. Eines der dazu definierten Projekte befasst sich mit Angeboten als Voraussetzung für die Bearbeitung von Bestellungen.

(1) Erarbeiten Sie eine Projektmatrix für das Projekt »Angebotseinholung«, das mit der Ist-Aufnahme beginnt und mit der Systemeinführung endet!

(2) Kommentieren Sie das Ergebnis!

60 : Projektprozessplanung

Bei der Firma Flaig AG muss eine Entscheidung über ein bedeutsames Organisationsproblem getroffen werden. Dazu soll eine Konferenz stattfinden. Wegen der hohen Bedeutung für die Firma, wird es für notwendig angesehen, zur Vorbereitung einer diesbezüglichen Konferenz einen Projektablaufplan zu erarbeiten. Eine Aufgabenanalyse ergibt folgendes Strukturdiagramm:

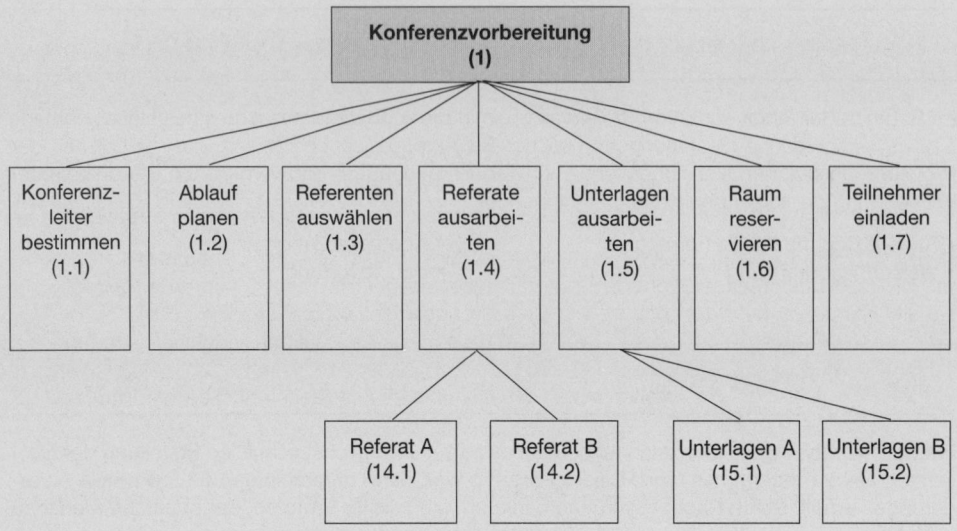

Erstellen Sie zum Zwecke der Konferenzvorbereitung einen Projektprozessplan!

61 : PLANNET-Technik

Die Vorbereitung der in Übung 60 von der Firma Flaig AG geplanten Konferenz soll terminlich geplant werden. Folgende Aufgaben sind dabei in die Terminplanung einzubeziehen:

Vorgang	Zeitbedarf (Arbeitstage)
Raum reservieren	1
Teilnehmer einladen	3
Konferenzleiter bestimmen	3
Ablauf planen	2
Referenten auswählen	2
Referat A ausarbeiten	3
Referat B ausarbeiten	5
Unterlagen A ausarbeiten	2
Unterlagen B ausarbeiten	3

Terminieren Sie diese Aufgaben der Konferenzvorbereitung mithilfe der PLANNET-Technik!

62 : Projektplanung

Im Rahmen ergänzender Projektplanungen sind Projektmittellisten und Projektkostenpläne aufzustellen. Versetzen Sie sich in die Lage des Projektplaners!

(1) Erstellen Sie aus folgenden Daten eine **Projektmittelliste** (Bedarfsende Oktober des Jahres) mit fünf Spalten:

▶ Lfd. Nr. ▶ Projektmittel ▶ Bedarfsmenge ▶ Bedarfbeginn ▶ Bedarfsende:

Bedarfsbeginn: Februar	1	Büroraum: 40 qm	(Nr. 1)
	1	Schreibtisch	(Nr. 3)
	2	Arbeitsstühle	(Nr. 3)
	1	Garderobe	(Nr. 3)
	5	Telefongeräte	(Nr. 5)
	5	Telefonanschlüsse	(Nr. 6)
Bedarfsbeginn: April	1	Besprechungszimmer16 qm	(Nr. 2)
	1	Besprechungsmobiliar	(Nr. 4)

(2) Entwickeln Sie aus den folgenden Daten einen **Projektkostenplan**, der sich an folgenden Kostenarten orientiert und folgende Spalten enthält:

▶ Kostenarten ▶ Kostenanfall ▶ Kosten ▶ Gesamtkosten

▸ Personalkosten: 3 Positionen im Wert von 110.000 €, 116.000 € und 40.000 €
▸ Kapitalkosten: 4 Positionen im Wert von 10.000 €, 3.000 €, 5.000 €, 2.000 €
▸ Materialkosten: 1 Position im Wert von 3.000 €
▸ Fremdleistungen: 3 Positionen im Wert von 32.000 €, 30.000 €, 45.000 €
▸ Computerkosten: 1 Position im Wert von 50.000 €
▸ Sonstige Kosten: 1 Position im Wert von 6.000 €

63 : Projektpläne

Projektpläne können ganz unterschiedlich strukturiert sein. Erstellen Sie eine Tabelle, die außer den Planarten die Plangrößen und eine Kurzbeschreibung des jeweiligen Planes enthält:

▶ Arbeitsplan
▶ Aufwandsplan
▶ Balkenplan
▶ Kostenplan

▶ Krisenplan
▶ Meilensteinplan
▶ Netzplan

64 : Projektvergleich

Der Vergleich konkurrierender Projekte kann sich auf die Kosten(einsparungen), die Amortisationsdauer oder auf die Zeitdauer beziehen, bis der Nettoerfolg der Projekte eintritt. Gehen Sie davon aus, dass eine Projektentscheidungskonferenz sich zwischen den drei folgenden Projekten auf der Basis der folgenden Daten entscheiden muss:

Merkmale ╲ Projekte	Überweisungs-erfassung	Kundenser-viceprozess	Vertriebs-controlling
Kosteneinsparung in 3 Jahren (€)	420.000	560.000	700.000
Projektpersonalaufwand (MM)	8	12	16
Kosteneisparung je MM-Projektauf-wand (€)	52.500	46.700	43.700
Projektpersonalkosten je MM (€)	12.000	11.000	13.500
Kosteneinsparung je € Personalaufwand (€)	4,38	4,24	3,24
Projektdauer in Monaten	4	6	12
Kosteneinsparung im laufenden Jahr (€)	66.670	80.000	0
Amortisationsdauer in Monaten	8,6	8,5	11,0
Zeitdauer bis Projektnettoerfolg-eintritt in Monaten	12,6	14,5	23,0

Ermitteln Sie, für welche der obigen Projekte sich die Projektentscheidungs-Konferenz entscheiden sollte und begründen Sie Ihre Empfehlung!

65 : Nutzwertrechnung

Mithilfe der Nutzwertrechnung kann der subjektive Wert eines Projektes festgestellt werden. Gehen Sie von folgender Beurteilung der Alternativen aus:

Kriterien ╲ Projekte	Auftragsbe-arbeitung	Werbe-projekt	Kosten-rechnung
Kundenfokussierung	10	10	1
Prozessorientierung	10	2	8
Kostenminderung	4	2	10
Projektdauer	5	10	7
Erfolgswahrscheinlichkeit	8	5	10

Zeigen Sie den Weg einer Nutzwertrechnung in vier Schritten! Entscheiden Sie, welches Projekt zunächst durchzuführen ist!

66 : Projektauftrag

Der Projektauftrag beschreibt die wesentlichen Gegebenheiten, welche die Realisierung eines Projektes bewirken sollen. Entwerfen Sie ein allgemeines **Formular** für einen Projektauftrag, das außer den Kopfdaten vor allem die Auftragsinhalte, die Auftragsmittel und das Projektpersonal anspricht!

67 : Kick-Off-Meeting

Das Kick-Off-Meeting ist ein Initiierungstreffen der Verantwortlichen zum Projektstart. Gehen Sie davon aus, dass an diesem Meeting der Projektauftraggeber, drei projektberührte Manager, der Projektleiter und vier Projektmitarbeiter teilnehmen.

Zeigen Sie zehn typische Mängel auf, die im Rahmen eines Kick-Off-Meeting auftreten können!

68 : Projektkontrolle

Zur Einführung einer neuen Projektlösung sind verschiedene Planungen vorzunehmen. Dabei spielt die Kostenplanung eine hervortretende Rolle. Der Soll-Ist-Vergleich der **Projektkosten** bildet ein wesentliches Element der Projektkontrolle. Er ist mithilfe unterschiedlichen Verfahren möglich.

(1) Stellen Sie zehn typische Gründe für die Überschreitung der Projektkosten dar!

(2) Nehmen Sie anhand der folgenden Daten einen einfachen Kostenvergleich vor und vervollständigen Sie die folgende Tabelle!

Kostenart	Soll €	Ist %	Abweichung €	%
Personalkosten	128.000	142.000		
Kapitalkosten	33.000	29.000		
Materialkosten	12.000	16.000		
Fremdleistungskosten	25.000	19.000		
Computerkosten	10.000	0		
Gesamtkosten	**208.000**	**206.000**		

69 : Projektabschlussbericht

Erstellen Sie einen Projektabschlussbericht für das Projekt »Spezialmaterialabrechnung«, dem folgende Daten zu Grunde liegen:

	Merkmale	Erreichungsgrad %		
Projektlösung	Maschinelle Bestandsführung	100		
	Automatische Bedarfsrechnung	100		
	Teilkostenrechnung	100		
Projektziele	Merkmale	Soll	Ist	Abweichung
	Kostenminderung (Tsd. €)	350	200	- 150
	Projektkosten (Tsd. €)	210	270	+ 60
	Projektpersonalbedarf (MM)	13	15	+ 2
	Einsatz verbesserter Verfahren	JA	JA	–
	Ressourcen- und Mitarbeiterschonung	JA	JA	–
Projekt-ergebnis	Bei Gesamtprojektkosten von 270 Tsd. € und einer Kostenminderung von jährlich 200.000 € ergibt ein jährlicher Projektnutzen von rund 110.000 €!			

70 : Projektcontrolling

Grundsätzlich sind zur Bewältigung des Projektcontrolling das Liniencontrolling und das Stabscontrolling möglich. Gehen Sie davon aus, dass die Firma Schobermann & Härter AG etwa 8.000 Mitarbeiter beschäftigt. Es gibt in diesem Unternehmen einen Materialbereich, einen Fertigungsbereich, einen Marketingbereich und einen Verwaltungsbereich. Die Geschäftsleitung beabsichtigt, ein Projektcontrolling einzuführen und sich den Projektleiter direkt zu unterstellen.

Sie werden beauftragt, sich mit dem Problem zu befassen und der Leitung geeignete Vorschläge zum Projektcontrolling zu machen!

(1) Erläutern Sie die projektbezogenen Unterschiede zwischen Liniencontrolling und Stabscontrolling!

(2) Erstellen Sie auf der Grundlage der obigen Bedingungen ein Organigramm mit einem Stabs-Projektcontroller für Material-, Fertigungs-, Marketing- und Verwaltungsprojekte, deren Projektgruppen den jeweiligen Bereichen unterstehen.

(3) Entwickeln Sie unter den obigen Bedingungen ein Projektsystem, in dem ein Projektleiter eingesetzt wird, der den Bereichsleitern als Liniencontroller gleichgestellt ist. Die Weisungen der Bereichsleiter und des Projektcontroller sollen jeweils auf einen bestimmten Bereich begrenzt sein.

(4) Zu welchem System raten Sie der Unternehmensleitung, wenn der Projektcontroller ausschließlich Querinformationswege zu den Fachabteilungen wahrnehmen soll?

71 : Formen des Wandels

Die Unternehmen unterliegen umfassenden Veränderungen, die hohe Anforderungen an die Unternehmensleitung stellen. Sie kann sehr unterschiedlich mit diesen Veränderungen umgehen.

Zeigen Sie, inwieweit das Verhalten von Unternehmensleitungen verschiedener Elektrounternehmen in den folgenden Fällen jeweils mit einem ungeplanten oder geplanten Wandel verbunden ist und gehen Sie auf mögliche Folgen des Verhaltens ein!

(1) Die Geschäftsleitung der Firma Elektro Göbel bevorzugt hinsichtlich der Konkurrenten ein reaktiv-handelndes Verhalten, um den Veränderungen am Elektro-Markt zu begegnen. Damit wird bezweckt, einen gestörten organisatorischen Gleichgewichtszustand wiederherzustellen.

(2) Die Unternehmensleitung der Elektro Wanger GmbH zeichnet sich durch ein vorsichtig-abwägendes Verhalten mit dem Ziel der Effizienzsteigerung aus. Da nach ihrer Auffassung zu starke und schnelle Einschnitte am Markt kaum akzeptiert werden, erfolgt der Prozess der Organisationsentwicklung über längere Zeit hinweg in kleinen Schritten.

(3) Die Geschäftsleitung der Elektro Kranz KG zeigt am Markt ein passiv-abwartendes Verhalten, bei dem die Leitung zwar den Markt intensiv beobachtet und auch eine gewisse Entschlossenheit zur Verteidigung demonstriert, aber selbst zunächst nicht aktiv in das Geschehen eingreift.

(4) Der Vorstand der Elektroservice ELO AG trennt sich relativ schnell von früheren Lösungen und entwickelt mit resolutem Verhalten und ohne Bewahrung bestehender Gegebenheiten völlig neue Verfahrensweisen und Strukturen. Es geht nicht um Modifizierung gegebener Systeme, sondern um deren Neugestaltung.

72 : Organisationsberater

Der externe Organisationsberater ist als Experte ausschließlich mit Problemstellungen der betrieblichen Organisation beschäftigt. Seine Hauptaufgabe besteht darin, dem Unternehmen zu helfen, seine Probleme eigenständig zu lösen.

(1) Im Rahmen der Organisationsentwicklung haben das Unternehmen bzw. die Mitarbeiter und externe Organisationsberater nicht immer die gleichen Vorstellungen. Stellen Sie die möglichen Ziele der an der Organisationsentwicklung Beteiligten gegenüber!

(2) Zu den Aufgaben eines Organisationsberaters zählt nicht nur das Helfen bei der Lösung von Strukturierungs- bzw. Prozessproblemen sondern auch die Entwicklung von Teams. Erläutern Sie die Aufgaben, die sich ihm bei der Teamentwicklung stellen!

(3) Organisationsberater können aus dem Unternehmen oder von außerhalb kommen. Worin können die Vorteile und Nachteile unternehmensinterner und unternehmensexterner Organisationsberater gesehen werden?

73 : Sechs-Phasen-Prozess

Um die Effizienz der organisatorischen Entwicklung zu sichern, sollte das Vorgehen der Verantwortlichen von einer grundlegenden Systematik getragen werden. Der Sechs-Phasen-Prozess von *Bleicher* enthält Elemente, die eine positive Organisationsentwicklung bewirken können.

(1) Nehmen Sie an, dass es dem Vorstand der Chemie AG in der Markterschließungsphase gelungen ist, weitere Kundenkreise zu gewinnen. Die Mitarbeiterzahl ist von 7.500 auf 9.000 Mitarbeiter gestiegen. Die Organisationsform ist eine Funktionalorganisation:

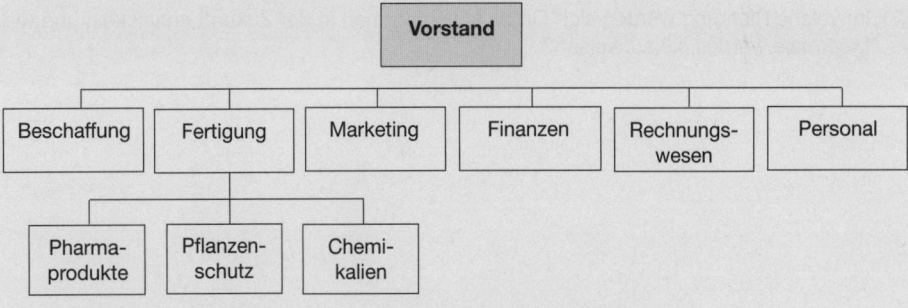

Nehmen Sie eine Ist-Kritik an der bestehenden Organisationsform vor!

(2) Die Unternehmensleitung beabsichtigt, die Organisationsform aufgrund der für die Funktionalorganisation erkannten Mängel zu ändern. Sie plant, eine Divisionalorganisation aufzubauen, die aus den neuen Sparten Gesundheit, Landwirtschaft und Chemikalien bestehen und Stabsabteilungen für das Finanzwesen und das Personalwesen ausweisen soll.

Erstellen Sie einen Neuvorschlag und erklären Sie die Vorteile, die sich aus der neuen Organisationsform ergeben!

(3) Die Unternehmensleitung erwägt in der Akquisitionsphase die Übernahme eines anderen Unternehmens und in der Kooperationsphase die Zusammenarbeit mit ausländischen Firmen.

Beschreiben Sie die unterschiedlichen Ziele, die in der Akquisitionsphase und der Kooperationsphase verfolgt werden!

(4) Worin besteht das Ziel, das mit der Restrukturierungsphase verfolgt wird? Durch welche Maßnahmen kann es erreicht werden?

74 : Interventionen

(1) Auf welche Ebenen des Unternehmens beziehen sich die folgenden Interventionen?

- NPI-Modell
- Encounter
- Transaktionsanalyse

- Problemlöseworkshops
- Grid-Organisationsentwicklung
- Lebens- und Karriereplanung

(2) Tragen Sie die Merkmale zusammen, durch die nach Ihrer Auffassung ein Team geprägt ist und stellen Sie diese schematisch dar!

(3) Erläutern Sie, durch welche Merkmale die Selbstorganisation gekennzeichnet ist!

75 : Ausblick

(1) Erläutern Sie, warum treffsichere Zukunftsaussagen zur Organisationsentwicklung sehr schwierig sind!

(2) Welche Einflussfaktoren werden die künftige Organisationsgestaltung Ihrer Meinung nach bestimmen?

(3) In welche Richtung werden sich Organisationsformen in der Zukunft entwickeln und welche Merkmale werden sie aufweisen?

LÖSUNGEN

1 : Produktionsfaktoren

An der Herstellung des Produktes »Asolan« sind beteiligt:

- **Elementare Produktionsfaktoren:**

  ▶ Betriebsmittel: Gebäude, Schmelzwanne, Vorherd, Schacht, Förderband
  ▶ Werkstoffe: Mergel, Kalk, Bindemittel
  ▶ Arbeit: Ausführende Mitarbeiter

- **Dispositive Produktionsfaktoren**

  ▶ Leitung: Die Betriebsleitung ist für die Herstellung verantwortlich
  ▶ Planung: Die Arbeitsvorbereitung bestimmt die gedankliche Vorwegnahme der Produktion
  ▶ Kontrolle: Durch einen Kontrollmechanismus wird geprüft, ob die Schnittmaße der Isoliermatten eingehalten werden
  ▶ Organisation: Die Organisation wird nach einem Fertigungsplan abgewickelt, der z. B. Aufgaben, Personen, Orte, Termine, Material, Meterzahl enthält

2 : Organisationsziele

(1) Die genannten Ziele stellen dar:

Ziele	Zielarten
Abbau von Monotonie	Mitarbeiterziel
Offenlegung von Karrierechancen	Mitarbeiterziel
Hohe Produktqualität	Kundenziel
Wirtschaftlichkeit	Organisationsziel
Produktivität	Organisationsziel
Arbeitssicherheit	Mitarbeiterziel

(2) Der Kunde wünscht sich ein Qualitätsprodukt zu einem günstigen Preis. Die Mitarbeiter verfolgen u.a. das Ziel des höheren Lohnes bzw. das Ziel eines unfallsicheren Arbeitsplatzes. Der Organisator hat darauf zu achten, dass die Kosten bei der Zielerfüllung nicht zu hoch werden.

3 : Gleichgewichtigkeit

(1) Dabei handelt es sich wahrscheinlich um **Überorganisation**, weil zu viele Formulare und Vorschriften den Führungs- und Leistungsprozess eher hemmen als fördern, die Mitarbeiter demotivieren und zur Verteuerung der Herstellung führen können.

(2) Hier ist **Gleichgewichtigkeit** der Organisation festzustellen, weil Anpassungsfähigkeit und Wandelbarkeit der Organisation bei veränderten Bedingungen gegeben sind.

(3) Es ist eine **Unterorganisation** gegeben, weil der Aufbau bzw. die Prozesse zu wenig organisiert sind und die Mitarbeiter nicht immer wissen, wer als Vorgesetzter zuständig ist.

4 : Organisationsarten

(1) Neuorganisation
(2) Aufbauorganisation
(3) Prozessorganisation

(4) Prozessorganisation
(5) Aufbauorganisation

5 : Projektauftrag

(1) Als Fragen können z. B. aufgeworfen werden:

* Wie stark soll der Einfluss des Geschäftsführers auf den Schreibdienst sein?
* Welchen Umfang werden die zentralen Schreibarbeiten haben?
* Wie kann Doppelarbeit künftig vermieden werden?
* Wie kann der zentrale Schreibdienst überschaubar und straff organisiert werden, ohne dass die Motivation der Mitarbeiter(innen) leidet?
* In welchen Zeiten erfolgen vorrangig Diktate?
* In welchen Zeiträumen wird hauptsächlich geschrieben?
* Wie viel Schriftstücke werden pro Tag angefertigt?
* Womit soll im zentralen Schreibdienst geschrieben werden?
* Wie hoch werden die Gesamtkosten der Umstellung geschätzt?

(2) Nach dem Vorliegen des Projektauftrags erfolgen die Planungen zur Lösung dieses Organisationsproblems. Zu dessen Erledigung setzt der Organisator verschiedene Organisationsinstrumente ein. Der zentrale Schreibdienst als Organisationsgegenstand unterliegt Störgrößen, die den Organisationserfolg gefährden können.

Damit dies nicht geschieht, wird sich der Organisationsleiter immer wieder vom Organisationsteam über den Stand des Projektes informieren lassen. Somit können die einzusetzenden Organisationsinstrumente entsprechend variiert werden, um zum Erfolg zu kommen.

(3)

Organisations-mittel	▶ Arbeitsmittel, z. B. Computer mit Bildschirm, Drucker, Schreibmittel, Papier, Diktiergeräte, Telefon, Telefax, Kopiergerät, Frankiermaschine, Schreibmaterial, Hardware, Software, Büroräume ▶ Darüber hinaus können Hilfsmittel zum Einsatz kommen, z. B. Vorgaben, Modelle, Tools und Maßnahmen
Organisations-techniken	▶ Aufnahmetechniken, z. B. Fragebogen, Beobachtung, Multimomentaufnahme, Selbstaufschreibung ▶ Kreativitätstechniken, z. B. Brainstorming, Methode 635

(4) Als Störgrößen können sich ergeben:

* Arbeitssituation, z. B, nicht funktionierende Computerprogramme im Schreibdienst
* Privatsituation, z. B. Ärger von Mitarbeiterinnen im Privatbereich
* Gruppensituation, z. B. Konflikte im Arbeitsteam des Schreibdienstes
* Unternehmenssituation, z. B. drohender Arbeitsplatzverlust für einzelne Mitarbeiter
* Umfeldsituation, z. B. Lärm von Durchgangsstraße im neuen Büro belastend

6 : Organisationsinstrumente

(1) Es handelt sich um folgende **Organisationsmittel**:

- Tools als Hilfsmittel
- Arbeitsmittel als Sachmittel
- Systemmittel als Sachmittel
- Vorgaben als Hilfsmittel
- Maßnahmen als Hilfsmittel
- Hardware als Sachmittel

(2) Als **Organisationstechniken** sind zu nennen:

- Kreativitätstechnik
- Analysetechnik
- Aufnahmetechnik
- Analysetechnik
- Kreativitätstechnik
- Kreativitätstechnik

7 : Fragebogen

(1) Als **Grundsätze** bei der Ausarbeitung eines Fragebogens sollten beachtet werden:

- Leichte Verständlichkeit
- Eindeutige Formulierungen
- Bewertungsfreie Fragestellung
- Anpassung der Fragestellung an die Befragten
- Einleitende Fragen mit Beispielen
- Keine redundanten Fragen
- Offene statt geschlossene Fragen

(2) Ein **Fragebogen** zur Aufbaustruktur der Personalabteilung kann wie folgt aussehen:

- Sind alle Organisationseinheiten in der Personalabteilung notwendig?
- Wurden die Unterstellungsverhältnisse bisher eindeutig geregelt?
- Sind die Bezeichnungen der Aufgabenträger in der bisherigen Form sinnvoll?
- Wurde das Eignungspotenzial der Aufgabenträger erfasst?
- Sind die Aufgaben der Aufgabenträger mit normalem Leistungspotenzial bewältigbar?
- Identifizieren sich die Aufgabenträger mit ihren Aufgaben?
- Sind die Aufgabenträger mit zweckentsprechenden Kompetenzen ausgestattet?
- Wird den leitenden Aufgabenträgern genügend Eigenverantwortung übertragen?
- Welche Aufgabenträger leisten Doppelarbeit?
- Liegen ein aktueller Organisationsplan sowie Stellenbeschreibungen vor?

(3) **Prüffragen** zu möglichen Einflussfaktoren auf die Personalabteilung können sein:

- Ist der Aufbau der Personalabteilung mit den betrieblichen Aufgben vereinbar?
- Gibt es Kritik am Führungsstil der Entscheidungsträger in der Personalabteilung?
- Entspricht die Organisationsform der Personalabteilung der Betriebsgröße?
- Werden die Einflüsse der Betriebstechnologie ausreichend berücksichtigt?
- Welche Einflüsse der Betriebsumwelt werden nur ungenügend beachtet?
- Sind die Interessen der Belegschaft als Kunden angemessen berücksichtigt?
- Ist der Standort für die Personalabteilung richtig gewählt?
- Sollten Änderungen in der Aufbaustruktur der Personalabteilung erwogen werden?

- Sind die Interessen spezieller Arbeitnehmergruppen in vertretbarer Weise berücksichtigt?
- Sind für die Zukunft neue bzw. veränderte Einflüsse zu beachten, die zu berücksichtigen sind?

8 : Aufnahmetechniken

(1) Multimomentaufnahme
(2) Dauerbeobachtung
(3) Dokumentenauswertung

(4) Selbstaufschreibung
(5) Konferenz

9 : ABC-Analyse

Die ABC-Analyse erfolgt in den **Schritten:**

- **Wertermittlung**

Fehlerbetrag €	Menge fehlerhafte Rechnungen Stück	Wert €	Wertanteil %
bis – 5,00	520	1.300	3
5,01 – 10,00	380	2.850	6
10,01 – 25,00	290	5.075	11
25,01 – 50,00	210	7.875	17
50,01 – 75,00	205	12.813	28
75,01 – 100,00	70	6.125	13
100,01 – 200,00	20	3.000	6
200,01 – 500,00	10	3.500	8
500,01 – 1.000,00	5	3.750	8
über 1.000,00	0	0	0
Summe	1.710	46.288	100

- **Sortierung**

Fehlerbetrag €	Rang	Wert €	Wert kumul. €	Wert-anteil	Wert-anteil kumul. %
50,01 – 75,00	1	12.813	12.813	28	28
25,01 – 50,00	2	7,875	20.688	17	45
75,01 – 100,00	3	6.125	26.813	13	58
10,01 – 25,00	4	5.075	31.888	11	69
500,01 – 1.000,00	5	3.750	35.638	8	77
200,01 – 500,00	6	3.500	39.138	8	85
100,01 – 20,00	7	3.000	42.138	6	91
5,01 – 10,00	8	2.850	44.988	6	97
bis 5,00	9	1.300	46.288	3	100

• Auswertung

Fehlerbetrag €	Rang	Wertanteil kumul. %	Positions-anteil kumuliert €	Klassifi-zierungs-gruppe
50,01 – 75,00	1	28	11	A
25,01 – 50,00	2	45	22	B
71,01 – 100,00	3	58	33	B
10,01 – 25,00	4	69	44	C
500,01 – 1.000,00	5	77	56	C
200,01 – 500,00	6	85	67	C
100,01 – 200,00	7	91	78	C
5,01 – 10,00	8	97	89	C
bis 5,00	9	100	100	C

10 : Technizitätsanalyse

(1) **Ermittlung der Druckkosten**

Da nach der Aufgabenstellung die Kostenschwelle zu ermitteln ist und sowohl die Hausdru-ckerei als auch das Kopierwesen nicht abgeschafft werden sollen, muss davon ausgegangen werden, dass die entstehenden Fixkosten nicht in die Rechnung einbezogen werden dürfen, weil diese ja in jedem Fall gegeben sein werden. Für die Ermittlung der Druckkosten ist des-wegen nur der Ansatz der variablen Kosten zulässig:

Auflage Stück	Variable Kosten €	Druckträgerkosten €	Gesamtkosten €
bis 5	0,03	1,00	1,03
6 – 10	0,08	1,00	1,08
11 – 13	0,12	1,00	1,12
14	0,14	1,00	1,14
15	0,15	1,00	1,15
16 – 20	0,18	1,00	1,18

(2) **Vergleich Druckkosten mit den Kopierkosten**

Auflage Stück	Druckkosten je Stück €	Kopierkosten je Stück €	Ergebnis
bis 5	0,3433	0,08	Kopieren
6 – 10	0,1350	0,08	Kopieren
11 – 13	0,0933	0,08	Kopieren
14	0,0814	0,08	Kopieren
15	0,0767	0,08	Drucken
16 – 20	0,0656	0,08	Drucken

(3) **Grafische Ermittlung der Kostenschwelle**

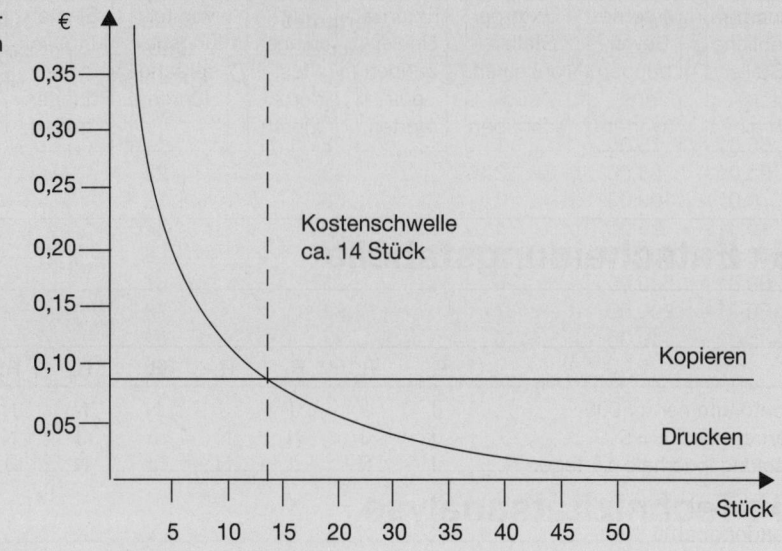

(4) **Mathematische Ermittlung der Kostenschwelle**

Druckkosten: Y_D = $100 + x$
Kopierkosten: Y_K = $8x$

Der Schnittpunkt beider Kurven ergibt sich durch Gleichsetzung der Kurvenfunktionen:

$$
\begin{array}{rcl}
Y_D & = & Y_K \\
100 + x & = & 8x \\
7x & = & 100 \\
x & \approx & \mathbf{14}
\end{array}
$$

(5) **Ergebnis**

Die Kostenschwelle liegt bei 14 Vervielfältigungen, d. h. bis 14 Vervielfältigungen sollte kopiert, ab 15 Vervielfältigungen die Hausdruckerei benutzt werden.

11 : Datenmatrixanalyse

Es ergibt sich folgende Datenmatrix:

Daten	Ausgaben			Verar-beitung	Eingaben	
	Be-stands-datei	Bewe-gungs-datei	Be-stands-maske		Bewe-gungs-zettel	Artikel-stamm-datei
Artikelnummer	X	X	X	X	X	X
Artikelbezeichnung		X			X	X
Bewegungsart				X	X	
Bewegungsmenge	X			X	X	
Mengeneinheit					X	X
Bestandsmenge	X		X	X		
Bestandswert	X		X	X		
Verrechnungswert				X		X
Tagesdatum				X	X	

12 : Entscheidungstabellenanalyse

Formal enthält die ausgewiesene Entscheidungstabelle keine Fehler. Wenn man jedoch nicht vom Hochgebirge ausgeht, dann ist die Regel R_3 unsinnig.

13 : Kreativitätstechniken

Das Organisationsteam der Firma Klug Unternehmensberatung GmbH sollte zur Entwicklung eines Werbeslogans folgende **Organisationsinstrumente** prüfen:

- Die **Organisationsmethoden** scheinen zur Problemlösung nicht geeignet zu sein, denn es handelt sich hier nicht um die Lösung eines Aufbau-, Prozess- oder Projektproblems.

- Das **Brainstorming** kommt als Kreativitätstechnik weniger infrage, weil die Ideen durch das Team aufgeschrieben werden sollen, was dort nicht erfolgt.

- Die **Synektik** versucht als Kreativitätstechnik »Fremdes vertraut« bzw. »Vertrautes fremd« zu machen und ist für die Suche nach dem Werbeslogan nicht hilfreich.

- Die **Morphologie**, die sich eines strukturanalytischen Absatzes bedient, bietet sich zur Problemlösung ebenfalls nicht an.

Die **Methode 635** ist zur Lösung des Problems ist als sinnvoll anzusehen, denn hier wird von der Erkenntnis ausgegangen, dass eine Kreativitätstechnik besonders erfolgreich ist, wenn die Ideen eines Teilnehmers von anderen Mitgliedern aufgegriffen und weiterentwickelt werden:

- Die 6 zu einer Gruppensitzung geladenen Mitglieder machen auf einfachen Formularen
- je 3 Vorschläge zum Werbeslogan auf diese Vordrucke, die jeweils
- 5 mal (oder auch weniger) weitergegeben und weiterentwickelt werden.

Daraus ergeben sich viele Vorschläge, die schriftlich vorliegen. Durch den Austausch der Vordrucke entstehen Assoziationsketten, die Innovationen zum Werbeslogan hervorbringen. Abschließend sind die beiden besten Vorschläge auszuwählen und dem Auftrag gebenden Unternehmen zu präsentieren.

14 : Morphologie

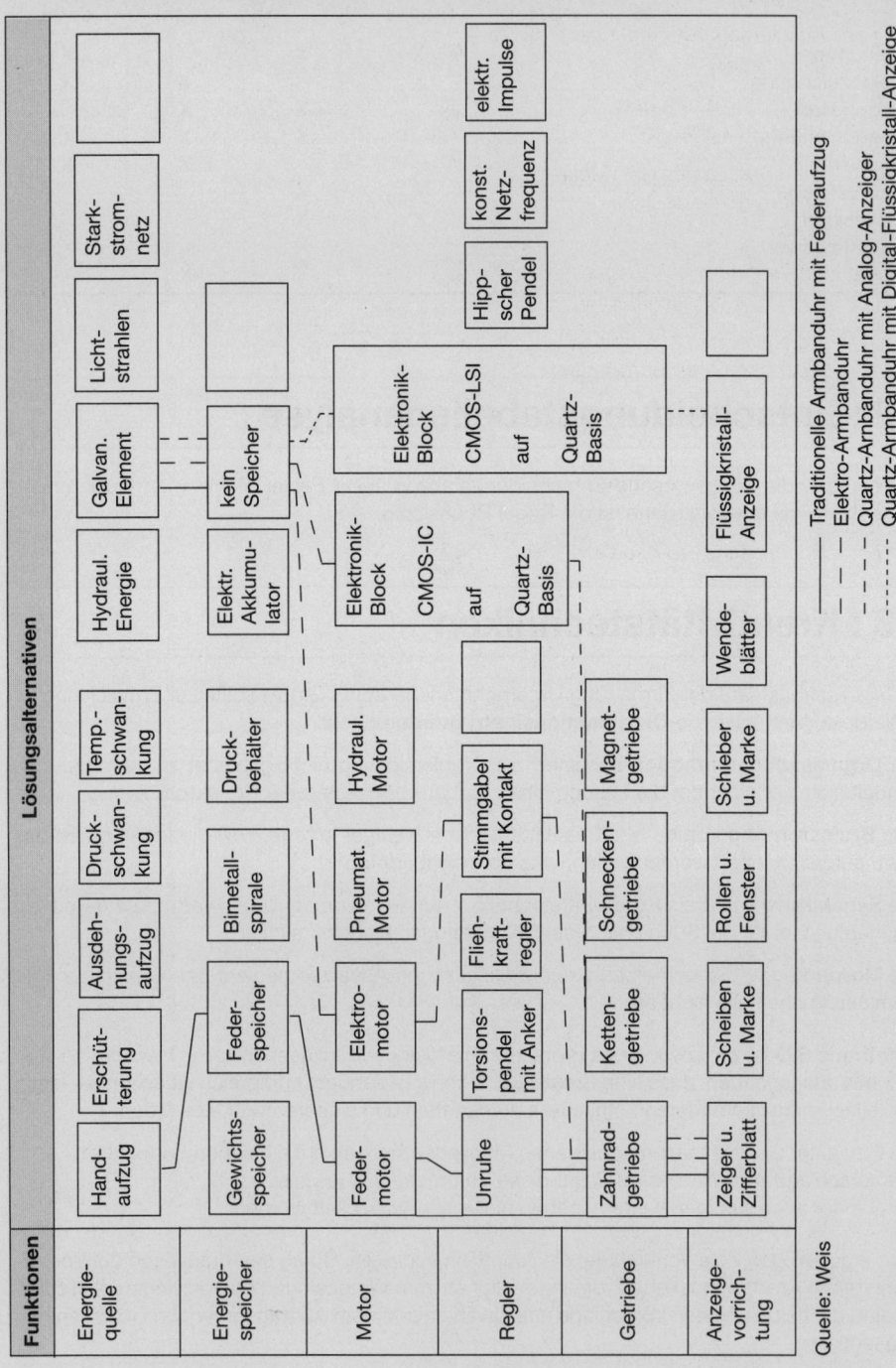

Quelle: Weis

15 : Aufgabenanalyse

(1) **Verrichtungsorientierte Aufgabenanalyse** für die Abteilung »Versand«:

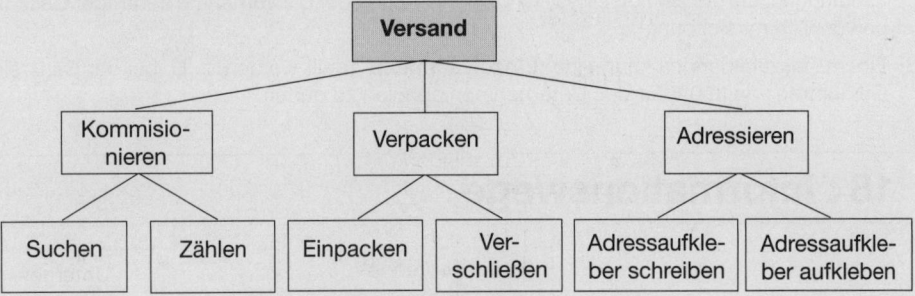

(2) **Zweck(beziehungs)analyse** für das gesamte Unternehmen:

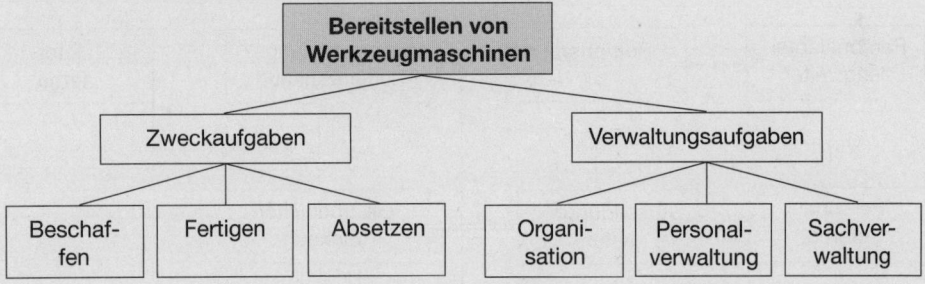

16 : Organisationseinheiten

Organisations-einheit	Ebene (1)	Stellenart (2)	Weisungsbefugnis (3)
Meisterstelle	Untere Leitungsebene	Singularinstanz	ja
Sachbearbeiterstelle	Ausführungsebene	Ausführungsstelle	nein
Vorstandsmitglied	Obere Leitungsebene	Singularinstanz	ja
Bildungsausschuss	Mittlere Ebene	Pluralinstanz	nein
Stabs-Projektgruppe	Mittlere Ebene	Pluralinstanz	nein
Assistentenstelle	Obere Ebene	Singularinstanz	nein
Buchhalterstelle	Ausführungsebene	Singularinstanz	nein
Leiterstelle	Mittlere Leitungsebene	Singularinstanz	ja

17 : Kompetenzen

Regelungen der Befugnisse von Aufgabenträgern:

(1) Die **Prokura** ermächtigt nach § 49 HGB zu allen Arten von gerichtlichen und außergerichtlichen Geschäften und Rechtshandlungen, die der Betrieb eines Handelsgewerbes mitsichbringt.

(2) Die **Handlungsvollmacht** erstreckt sich nach § 54 Abs. 1 HGB auf alle Geschäfte und Rechtshandlungen, die der Betrieb eines Handelsgewerbes oder die Vornahme derartiger Geschäfte gewöhnlich mitsichbringt.

(3) Einem Auszubildenden kann eine **Einzelvollmacht** erteilt werden, z. B. bei der Bank einen Geldbetrag von 300 € für das Unternehmen abholen zu dürfen.

18 : Informationswege

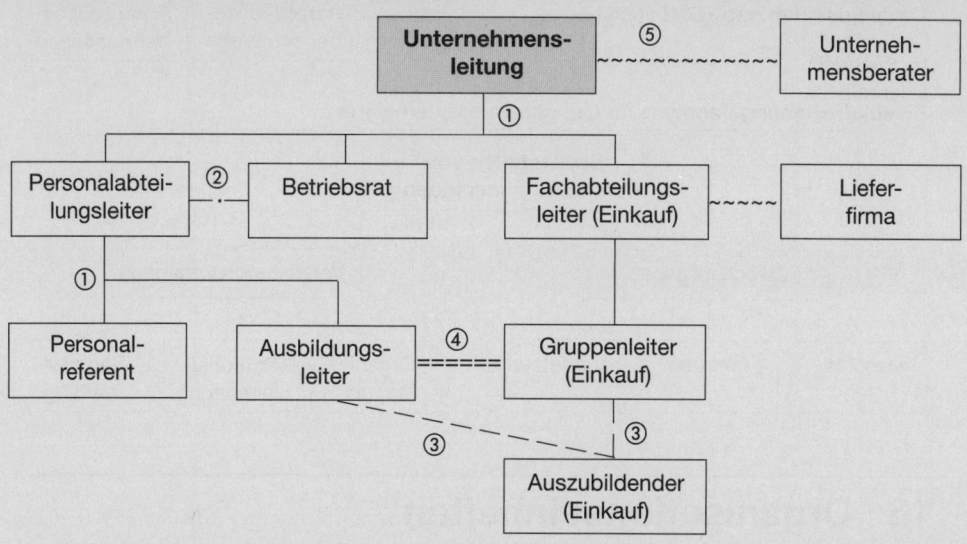

19 : Liniensystem

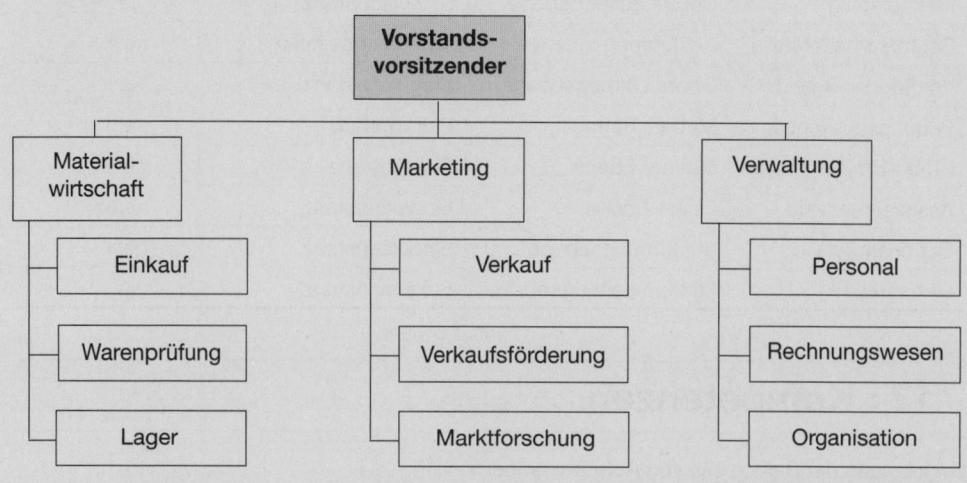

20 : Stablinienorganisation

(1) Die Aufbauorganisation kann folgende Struktur aufweisen:

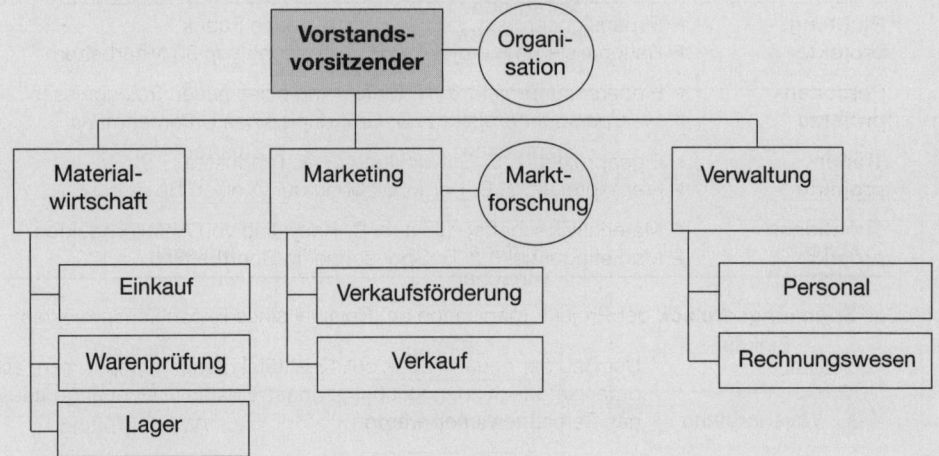

(2) Als **Stablinienabteilungen** sind außerdem denkbar:

- Planungsstab
- Stabscontrolling
- Beratungsstab
- Rechtsabteilung
- Steuerabteilung

(3) **Vorteile** der Stablinienorganisation gegenüber der Linienorganisation sind:

- Qualifizierte Beratung durch Stäbe
- Entlastung der betroffenen Führungskräfte
- Verbesserung der Entscheidungsqualität

21 : Spartenorganisation

(1)

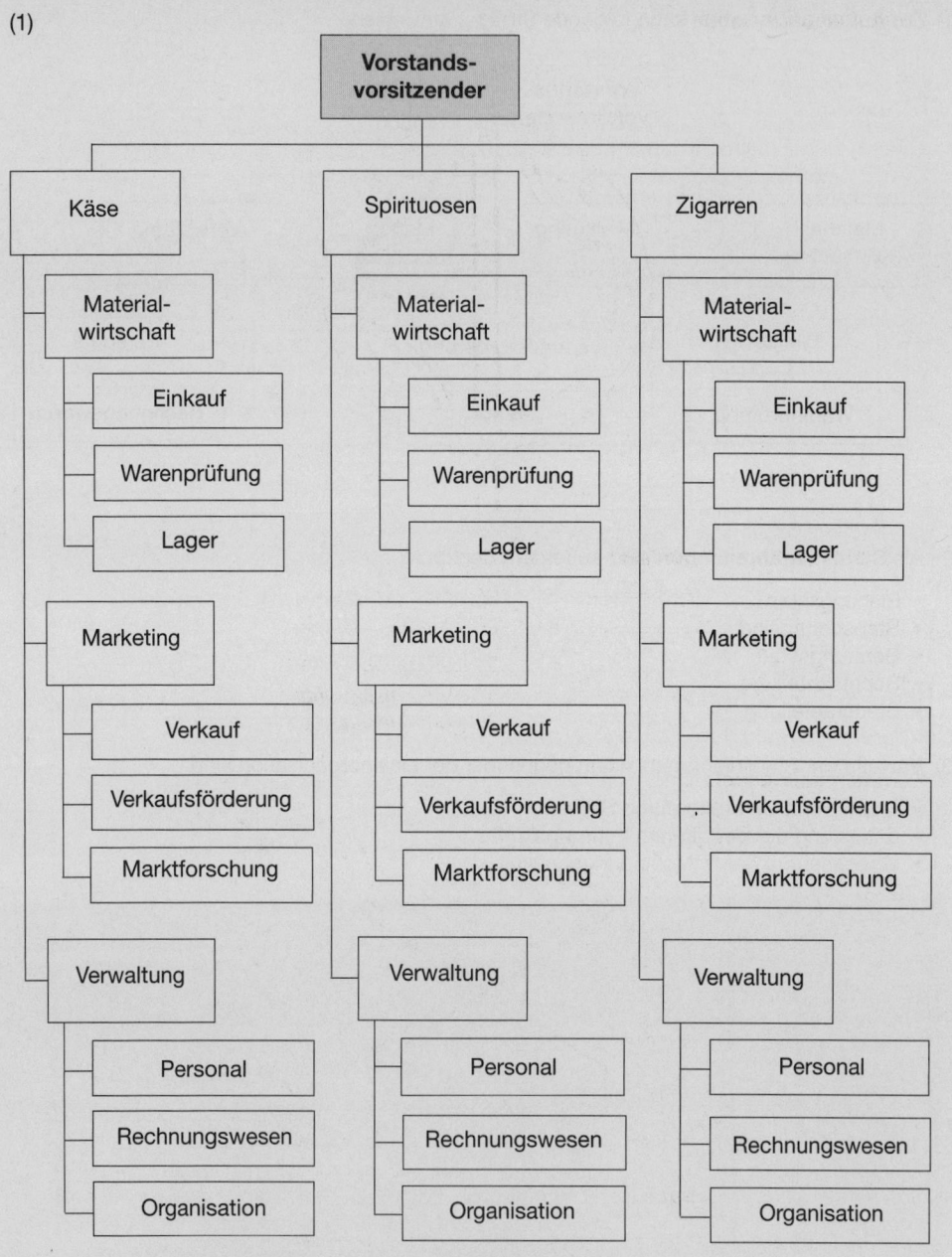

(2) Kennzeichnende **Merkmale** der Produktorganisation sind:

- Objektdezentralisation nach den Produkten Käse, Spirituosen und Zigarren
- Einfachunterstellungen in allen Bereichen
- Vollkompetenz für alle Aufgabenträger an Instanzen

(3) Als **Vorteile** der Spartenorganisation gegenüber der Funktionalorganisation lassen sich nennen:

- Entlastung der Unternehmensleitung durch die Dezentralisierung
- Nutzung von Entscheidungsfreiräumen
- Flexibilität und Reaktionsschnelligkeit am Markt
- Personelle Fehlbesetzungen betreffen nur die Sparte
- Die Sparten arbeiten in eigener Gewinnverantwortung
- Leistungsmotivation durch Spartenautonomie

(4) **Gemeinsamkeiten** der Produktorganisation und der Funktionalorganisation sind:

- Einheitlicher Instanzenweg
- Klare Zuständigkeiten
- Übersichtlichkeit
- Eindeutige Verantwortungszuordnung

22 : Matrixorganisation

Organisationsvorschläge sind:

(1) Der **Vorschlag** für eine Matrixorganisation hat folgendes Aussehen – siehe S. 494:

(2) **Voraussetzungen** für die erfolgreiche Einführung einer Matrixorganisation sind:

- Es wird flexibel denkendes Personal benötigt
- Regelungen zur Kompetenzabgrenzung sind nötig
- Heterogenes Leistungsprogramm
- Relativ instabile Umwelt des Unternehmens

(3) Als **negative Folgen** können sich bei der Einführug einer Matrixorganisation ergeben:

- Konflikte zwischen den Abteilungen sind systemimmanent
- Doppelunterstellungen bringen Konfliktgefahren
- Überschneidungen der Kompetenzen zwischen Abteilungen
- Machtkämpfe bzw. Entscheidungsverzögerung sind möglich
- Verantwortung wird u.U. auf andere Träger abgeschoben

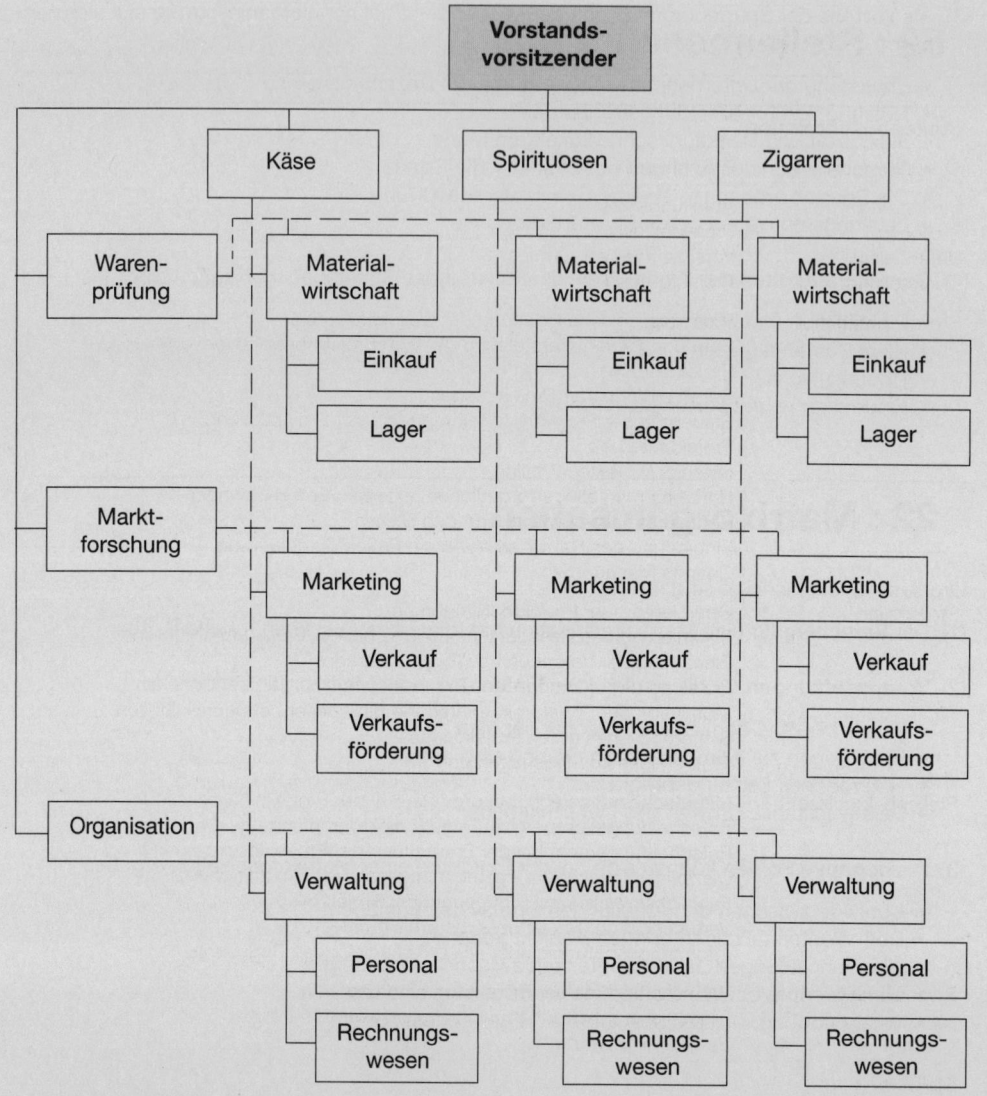

23 : Tensororganisation

(1) Der **Entwurf** einer Tensororganisation kann folgendes Aussehen haben:

– siehe Seite 495 –

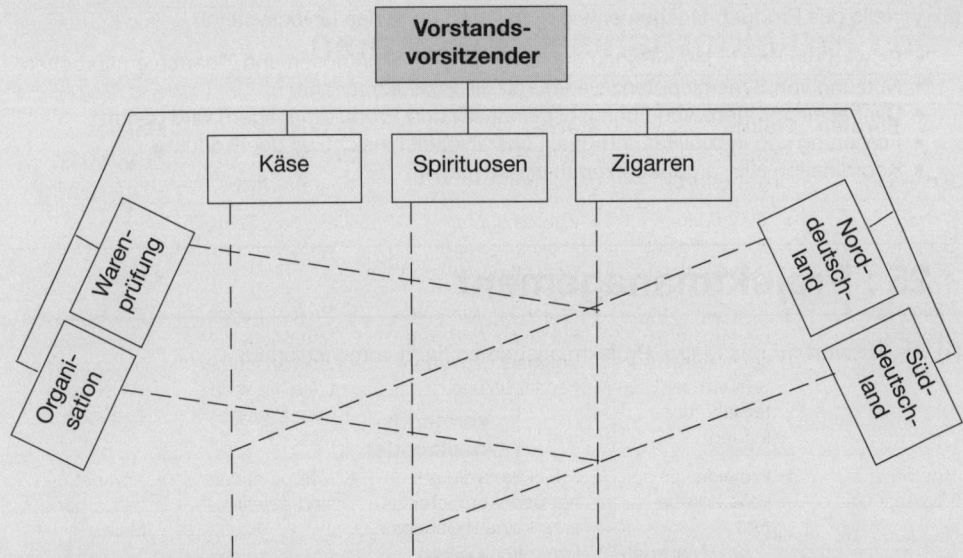

(2) Gegenüber der Matrixorganisation werden drei Dimensionen berücksichtigt: Zu den bereits gegebenen Zentral- und Unternehmensbereichen kommen Aufgaben-Träger der Regionalbereiche Nord- und Süddeutschland hinzu. Die Komplexität der Zusammenarbeit wird dadurch weiter erhöht. Die Kontaktpotenziale werden durch Querinformationswege und nicht durch Diagonalinformationen geprägt.

24 : Produktmanagement

(1) Der **Vorschlag** zum Matrix-Produktmanagement lässt sich wie folgt darstellen:

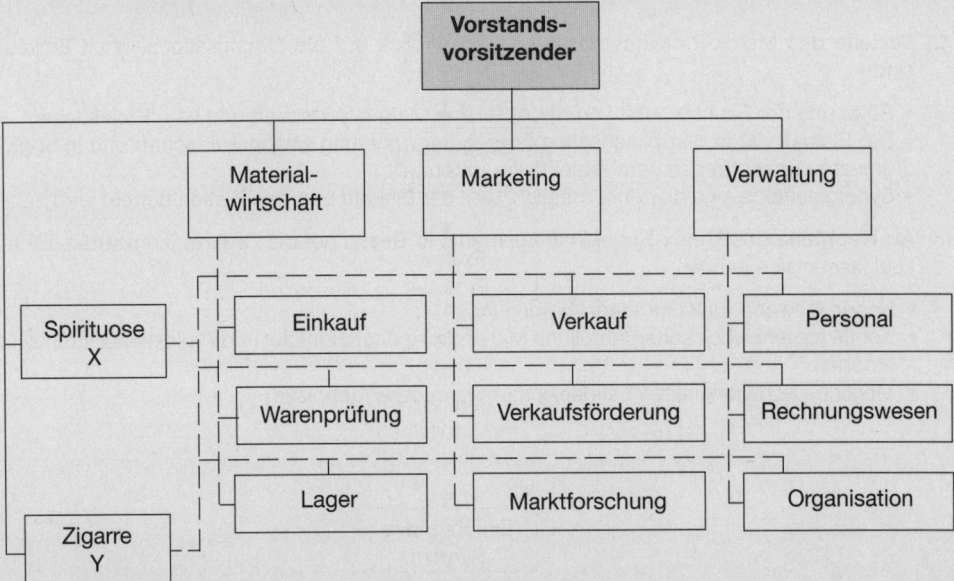

(2) Vorteile des Produktmanagements gegenüber dem reinen Liniensystem:

- Es wird der besonderen Bedeutung der Produkte Spirituosen und Zigarren entsprochen
- Nutzung von Synergiepotenzialen durch die Produktmanager
- Die Fachkompetenz von Funktionsmanagern und Produktmanagern wird genutzt
- Förderung von Flexibilität und Reaktionsfähigkeit hinsichtlich der Produkte
- Koordination aller produktbezogenen Aktivitäten.

25 : Projektmanagement

(1) Als **Entwurf** für das Matrix-Projektmanagement wird vorgeschlagen:

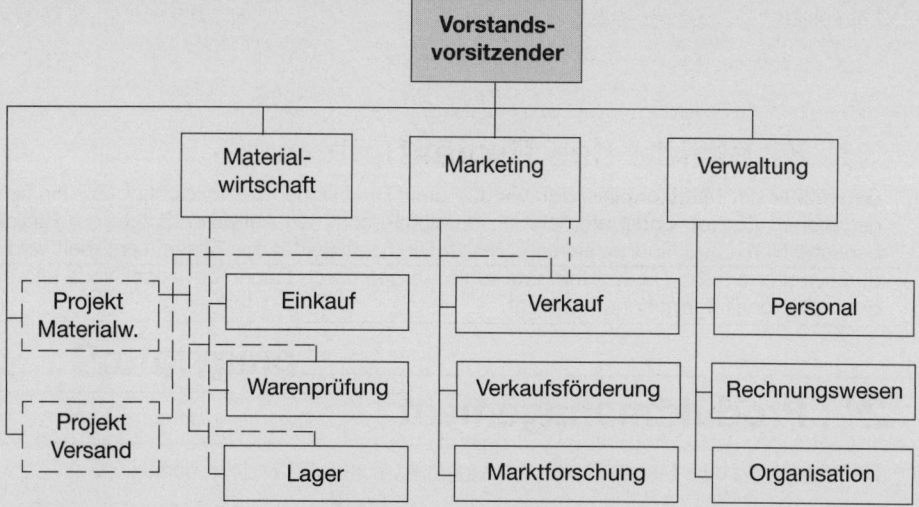

(2) **Vorteile** des Matrix-Projektmanagement im Hinblick auf die Organisationseinheit Einkauf sind:

- Betonung der Fachautorität von der Abteilung Materialwirtschaft und vom Projektleiter
- Der Einkauf ist in disziplinarischen Fragen der Abteilung Materialwirtschaft und in abgegrenzten Projektfragen dem Projektleiter unterstellt
- Synergieeffekte sind hier eher möglich, weil der Einkauf von zwei Seiten betreut wird

(3) Als **Nachteile** des Matrix-Projektmanagements in Bezug auf die Organisationsstruktur Einkauf lassen sich nennen:

- Hoher Aufwand für Kompetenzabgrenzungen
- Konfliktpotenzial zwischen Abteilung Materialwirtschaft, Einkauf und Projektleiter kann sich erhöhen
- Mögliche Schwierigkeiten bei der Abstimmung der Ergebnisse.

26 : Stellenbeschreibung

STELLENBESCHREIBUNG	
Stellenbezeichnung	**Organisationsleiter**
Stelleneinordnung Unterstellung Überstellung	▶ Hauptabteilungsleiter ▶ Vorsitzer des Vorstandes ▶ Leiter der Prozessorganisation ▶ Leiter der Aufbauorganisation ▶ Leiter der DV-Organisation ▶ Leiter der Büroorganisation
Allgemeine Stellenaufgaben	▶ Beratung der Geschäftsleitung in allen Organisations- und Informatikfragen ▶ Organisatorische Gestaltung des Unternehmens ▶ Entwurf der Organisations- und EDV-Konzeption des Gesamtunternehmens ▶ Leitung des Bereiches „Organisation" ▶ Vertretung des Unternehmens in Organisationsangelegenheiten ▶ Direkter Gesprächspartner zum Betriebsrat im Hinblick auf die Organisationsarbeit
Generelle Stellenaufgaben	▶ Überwachung der Organisationsprojekte ▶ Entwicklung und Einsatz der EDV in Zusammenarbeit mit dem EDV-Leiter ▶ Gestaltung und Modernisierung der internen und externen Kommunikation ▶ Verbesserung der Prozessorganisation ▶ Beratung und Mitwirkung bei der Aufbauorganisation ▶ Gestaltung der Büroorganisation ▶ Verbesserung der Allgemeinorganisation ▶ Modernisierung der Textverarbeitung des Unternehmens ▶ Pflege und Erweiterung des Organisationshandbuches
Stellenziele	▶ Optimierung der Organisation des Unternehmens ▶ Ergonomische und benutzerfreundliche Gestaltung der Arbeit in allen Bereichen mit Ausnahme der Fertigung ▶ Optimaler Einsatz der Informatik gemeinsam mit dem Informatikleiter ▶ Wirtschaftlichkeit der Arbeitsabwicklung ▶ Sicherung des Betriebsfriedens und eines guten Betriebsklimas
Stellenbefugnisse	Prokura Mitwirkungsrecht bei allen Organisationsentscheidungen Weisungsbefugnis gegenüber den Organisationsmitarbeitern Verfügungsbefugnis über folgende Budgets: ▶ Geschäftsausstattung ▶ Büromaterial ▶ Formularwesen

Stellenverantwortung	▶ Wirtschaftlichkeit der Organisation der Unternehmung und des Informatikeinsatzes ▶ Budgetverwendung ▶ Ergonomie und Benutzerfreundlichkeit der Organisation
Stellvertretung Vertritt Wird vertreten	 ▶ Leiter DV-Organisation ▶ Leiter der Aufbauorganisation
Stellenanforderungen	Hochschul- oder Fachhochschulstudium ▶ Wirtschaftsingenieurwesen ▶ Wirtschaftsinformatik ▶ Betriebswirtschaft mit Schwerpunkt »Organisation« Tätigkeit als Organisator und als Projektleiter Fundierte Kenntnisse ▶ Informatik ▶ Bürokommunikation ▶ Büroorganisation Ausgeprägte Fähigkeiten ▶ Überzeugungskraft ▶ Kontaktfähigkeit ▶ Teamwork ▶ Menschenführung

27 : Neuorganisation

Die ausgeprägte Gliederung in die unabhängigen drei Produktbereiche in standörtlicher, fertigungsmäßiger und vertrieblicher Hinsicht empfiehlt eine **Objektdezentralisation** in die Produktgruppen. Dafür sprechen folgende Gründe:

(1) Es stehen für jeden dezentralen Produktbereich geeignete Manager zur Verfügung (Frankfurt, Kusel, Berlin).

(2) Das gesamte System soll anpassungsfähiger und flexibler werden.

(3) Für ein späteres Zurückziehen des Vorsitzenden der Unternehmensleitung ist der Weg geebnet, ohne dass weitere aufbauorganisatorische Änderungen erforderlich werden müssten.

(4) Für jede Produktgruppe empfiehlt sich ein eigenes Rechnungswesen (Verwaltung).

(5) Aufgrund der Aufgabenbeschränkungen des Vorsitzenden empfiehlt es sich, entsprechende Zentralabteilungen einzurichten, z. B. Marktforschung, Verkaufsförderung, Finanzierung und Organisation.

Aus diesen Überlegungen resultiert die Empfehlung für die Georg Vohrer GmbH, eine Matrixorganisation mit vier Zentralabteilungen und drei Dezentralbereichen einzuführen:

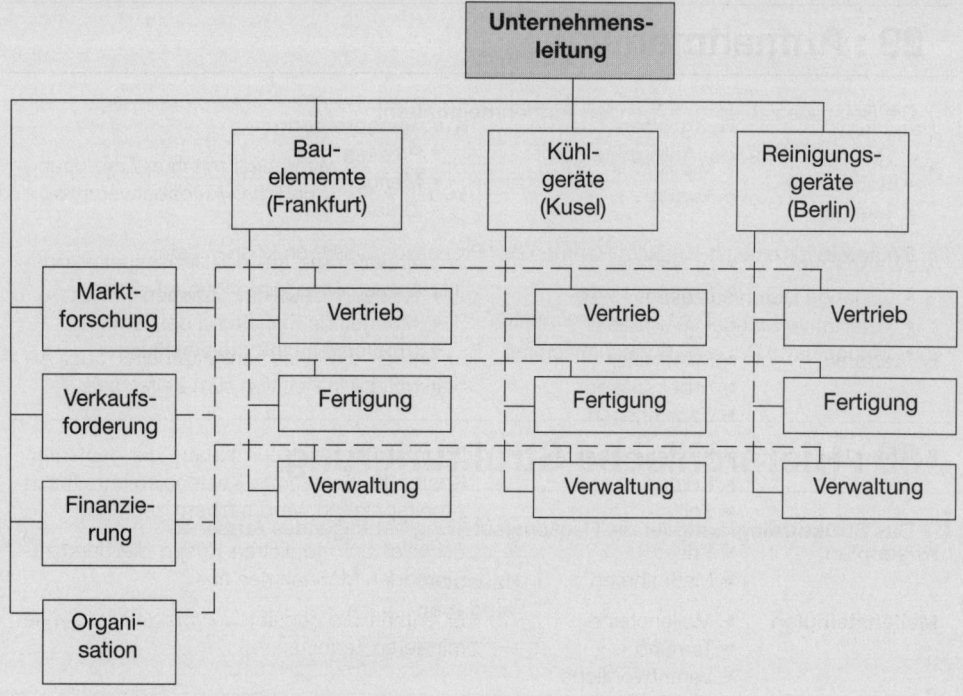

28 : Fragebogen

Frage 7: • Das Symbol Ø ist nicht allgemein bekannt.
  • Der Begriff Positionen / Auftrag kann missverstanden werden.

Frage 8: • Der Begriff »Informationen« ist zu allgemein formuliert.
  • Warum wird das Fremdwort »fakturieren« nicht vermieden? (fakturieren = Rechnungen schreiben)
  • Entweder sollte eine vollständige Aufzählung der möglichen Auswahlantworten vorgegeben werden oder es sollten keine Antworten vorgegeben werden.
  • Warum keine durchgehende Fragennummerung?
  • Es werden unterschiedliche Begriffe für offensichtlich gleiche Begriffsinhalte gebraucht:
    Positionen   –   Posten
    Anzahl   –   Zahl

Frage 9: • Der Begriff »Festpreise« ist nicht generell hinlänglich bekannt.
  • Unvollständige Aufzählungen von möglichen Rabattarten.

Frage 10: • Der Begriff »Posten« ist zweideutig formuliert.
  • Positionen von Aufträgen oder Rechnungen oder Arbeitsplätze.

Frage 11: • Das Begriffspaar »Zentral« und »Dezentral« ist mehrdeutig:
    Standörtlich
    Organisatorisch
  • Missverständliche Formulierung

Frage 12: Es ist unklar, ob hier eine Unterscheidung in Reisende und Vertreter gewollt ist.

29 : Aufnahmeinhalte

(1) Die Beispiele zählen zu folgenden **Aufnahmeinhalten**:

- Personal und/oder Anforderungen
- Sachmittel
- Mengen

- Prozess
- Mengen
- Zeiten

(2) **Beispiele** für eine Ist-Kritik im Rahmen der Prozessorganisation können sein:

- Zu lange Durchlaufzeiten
- Qualitative Mängel im Prozess
- Mangelhafte Prozess-Wirtschaftlichkeit

- Keine Prozess-Innovationen
- Mangelnde Einhaltung der Termine
- Probleme im Informationsfluss

30 : Hierarchische Strukturierung

(1) Das **Strukturdiagramm** für die Hauspostabteilung hat folgendes Aussehen:

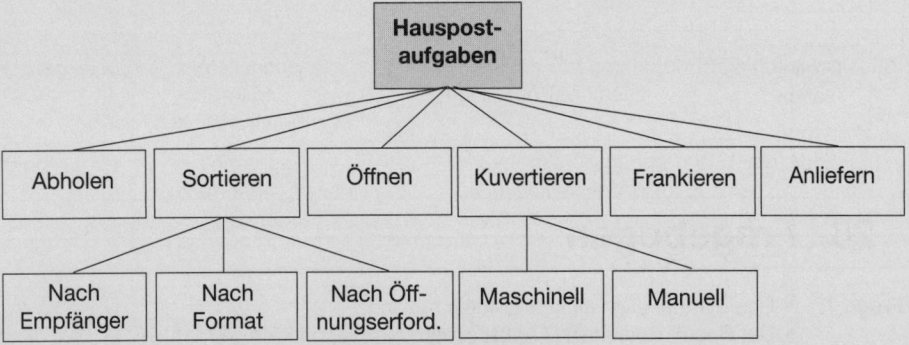

(2) Die Darstellung der Hauspostaufgaben als **schwarzer Kasten** ist wie folgt möglich:

31 : Gliederungsplan

(1) **Dezimalklassifikation**

1. Installieren eines Kabelbaums
    1.1 Verlegen
        1.1.1 Maschine mit Kran auf Montagetisch stellen
        1.1.2 Material gemäß Arbeitskarte bereitlegen
        1.1.3 Schaltplan lesen
        1.1.4 Steuerleitungen grob zuschneiden

         1.1.5 Steuerleitungen verlegen
    1.2 Spezialmontieren
         1.2.1 Werkzeug bereitlegen
         1.2.2 Montagematerial bereitlegen
         1.2.3 Steuerleitungen gemäß Zeichnung befestigen
         1.2.4 Steuerleitungen auf Maß zuschneiden
    1.3 Anschließen
         1.3.1 Mantel abisolieren auf Maß
         1.3.2 Adern abisolieren
                1.3.2.1 Absolierzange greifen
                1.3.2.2 Ader fassen
                1.3.2.3 Abisolierzange ansetzen
                1.3.2.4 Abisolierzange drücken
                1.3.2.5 Adermantel mit Abisolierzange abziehen
                1.3.2.6 Abisolierzange ablegen

(2) **Gliederungstabelle**

Installieren eines Kabelbaums			
Verlegen			
Maschine mit Kran auf den Montagetisch			
Material gem. Arbeitskarte bereitlegen			
Schaltplan lesen			
Steuerleitungen grob zuschneiden			
Steuerleitungen verlegen			
Spezialmontieren			
Werkzeug bereitlegen			
Montagematerial bereitlegen			
Steuerleitungen gem. Zeichnung befestigen			

32 : Arbeitsgänge

(1) **Angebotseinholung**

Eingabe	Bedarfsanforderung Wer liefert Was – Hilfen Lieferantenstammdatei Artikelstammdatei
Verarbeitung	Bedarfsdaten und Lieferanten eingeben Programm EK 10: Angebotsanforderung erstellen – Anforderung ausdrucken – Anforderungsdaten in Bestellbestandsdatei speichern
Ausgabe	Angebotsanforderungsschreiben Bestellbestandsdatei

(2) Lieferantenauswahl

Eingabe	Bedarfsanforderung Eingegangene Angebote Vorhandene Angebote und Preislisten Nichtunterschriebene Bestellung mit Begründung
Verarbeitung	Angebotsdaten auf Einstandspreis umrechnen Preisverhandlungen mit Lieferanten führen Lieferant auswählen Auf Angeboten und Bedarfsanforderung Ergebnis vermerken
Ausgabe	Ausgewähltes Angebot Abgelehnte Angebote Bedarfsanforderung

(3) Bestellschreibung

Eingabe	Ausgewähltes Angebot Lieferantenstammdatei Artikelstammdatei Bestellbestandsdatei

Verarbeitung	Bestelldaten eingeben
	Programm EK 20:
	    Bestellung aufbereiten
	    Bestellbestandsdatei fortschreiben
	    Bestellung ausdrucken

Ausgabe	Bestellung – Original und ein Durchschlag Bestellbestandsdatei

(4) Bestellungskontrolle

Eingabe	Bestellung – Original und ein Durchschlag Bedarfsanforderung Erfasstes Angebot Abgelehnte Angebote
Verarbeitung	Bestellung mit Unterlagen prüfen Bestellung unterschreiben oder unterlassen Auf nicht unterschriebener Bestellung Grund vermerken
Ausgabe	Unterschriebene Bestellung – Original und Durchschlag Nicht unterschriebene Bestellung Bedarfsanforderung

(5) Unterlagenarchivierung

Eingabe	Bedarfsanforderung Unterschriebene Bestellungskopie Angebot Bearbeitete Auftragsbestätigung
Verarbeitung	Ablegen nach Archivordnung
Ausgabe	Archivierte Unterlagen

(6) **Auftragsbestätigungsbearbeitung**

Eingabe	Auftragsbestätigung Bestellbestandsdatei

Verarbeitung	Auftragsbestätigungsdaten eingeben
	Programm EK 30:
	    Bestell- mit Auftragsbestätigungsdaten vergleichen
	    Differenzen ermitteln
	    Differenzen anzeigen
	    Auftragsbestätigungsdaten speichern
	Differenzen mit Lieferant abgleichen
	Korrekturdaten eingeben

Ausgabe	Bestellbestandsdatei Erfasste Auftragsbestätigung

(7) **Lieferüberwachung**

Eingabe	Bestellbestandsdatei

Verarbeitung	Programm EK 40:
	    Vereinbarter Liefertermin mit aktuellem Tagesdatum
	    vergleichen
	    Bei Terminüberschreitung Liefermahnung erstellen
	    Liefermahnung ausdrucken

Ausgabe	Liefermahnung Bestellbestandsdatei

(8) **Wareneingang**

Eingabe	Angelieferte Ware Lieferschein Bestellbestandsdatei

Verarbeitung	Angelieferte Ware in Empfang nehmen
	Ware auspacken
	Ware auf Menge und Mängel prüfen
	Prüfungsergebnis auf Lieferschein vermerken
	Mangelhafte Ware retournieren
	Prüfungsergebnis eingeben
	Programm EK 50:
	    Wareneingangsdaten abspeichern
	    Wareneingangsschein erstellen
	    Wareneingangsschein ausdrucken

Ausgabe	Wareneingangsschein Bestellbestandsdatei Mangelfreie Waren Mangelfreie Waren Lieferschein mit Vermerk

33 : Kapazitätsbedarfsermittlung

Arbeitsgang	Mengeneinheit	Menge Monat	Kap.-bed. Min./MEE	Kap.-bed. Std./Monat
Angebotseinholung	Anforderungen	9.000	2	300
Lieferantenauswahl	Artikel	6.000	5	500
Bestellbeschreibung	Bestellköpfe	1.200	2	
	Bestellposition	6.000	1	140
Bestellungskontrolle	Bestellungen	1.200	2	40
Unterlagenarchivierung	Bedarfsanforderung	6.000		
	Bestellkopien	1.200		
	Angebot/Preisliste	18.000		
	Auftragsbestätigung	6.000	0,5	260
Auftragsbestätigung	Auftragsbestätigung	6.000	1	100
Lieferüberwachung	Bestellposition	6.000	1	100
Wareneingang	WE-Positionen	7.200	3	360
Summe				**1.800**

34 : Arbeitsplatzbedarfsermittlung

(1) **Kapazitätsminderungen**

	Arbeitstage	%
Arbeitstage im Jahr	250,0	100
Urlaubstage im Jahr	25,0	10
Krankheitstage im Jahr im Mittel	10,0	4
Verteilzeit	12,5	5
Freistellungen, Sonstiges	2,5	1
Summe	**200,0**	**80**

Arbeitsplatzzahl

Arbeitsgang	Kapitalbedarf Std./Monat	Arbeitsplätze Stück
Angebotseinholung	375	2,4
Lieferantenauswahl	625	4,0
Bestellschreibung	175	1,1
Bestellungskontrolle	50	0,3
Unterlagenarchivierung	325	2,1
Auftragsbestätigungsbericht	125	0,8
Lieferüberwachung	125	0,8
Wareneingang	450	2,8
Summe	**2.250**	**14,3**

(2) **Arbeitsplatzbedarfsliste**

Arbeitsplatz	Arbeitsgang	Kap.-bed. Std./AT	Kap.-Verf. Std./AT
Einkaufsleiter	Bestellungskontrolle	2,25	
	Auftragsbestätigung	3,57	
	Abteilungsleitung	1,64	7,5
Einkäufer 1	Angebotseinholung	2,64	
	Lieferantenauswahl	4,98	7,5
Einkäufer 2	Angebotseinholung	2,64	
	Lieferantenauswahl	4,86	7,5
Einkäufer 3	Angebotseinholung	2,64	
	Lieferantenauswahl	4,86	7,5
Einkäufer 4	Angebotseinholung	2,64	
	Lieferantenauswahl	4,86	7,5
Einkäufer 5	Angebotseinholung	2,64	
	Lieferantenauswahl	4,86	7,5
Einkäufer 6	Angebotseinholung	2,64	
	Lieferantenauswahl	4,86	7,5
Sachbearbeiter	Angebotseinholung	0,15	
	Lieferantenauswahl	0,25	
	Lieferüberwachung	0,30	7,5
EDV-Sachbearbeiter	Bestellschreibung	8,25	7,5
Wareneinnehmer 1	Wareneingang	6,00	
	Gruppenleitung	1,50	7,5
Wareneinnehmer 2	Wareneingang	7,50	7,5
Wareneinnehmer 3	Wareneingang	7,50	7,5
Bürohilfe 1	Unterlagenarchivierung	8,25	7,5
Bürohilfe 2	Unterlagenarchivierung	8,25	7,5
Summe Arbeitsplätze			**14**

In der Arbeitsplatzberechnung wurden auch Leitungsaufgaben berücksichtigt. Differenzen zwischen dem Kapazitätsbedarf und der Kapazitätsverfügbarkeit sind ausgleichbar.

35 : Durchlaufzeitberechnung

Arbeitsgang	Arbeitsgangdauer Minuten	Transport- und Liegezeiten Minuten
Angebotseinholung	15	
Angebotsdauer		2.250
Lieferantenauswahl	5	90
Bestellschreibung	7	90
Bestellungskontrolle	2	
Unterlagenarchivierung	(2)	
Lieferzeit		5.400
Auftragsbestätigungsbearb.	(5)	
Lieferüberwachung	(5)	
Wareneingang	3	
Durchlaufzeit		7.862
Durchlaufzeit in Arbeitstagen		**17,5**

36 : Strukturablaufdiagramm

(1) **Feierabendprogramm** als Strukturablaufdiagramm:

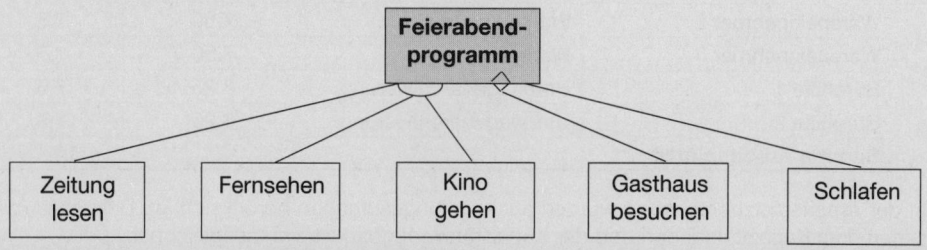

(2) **Unternehmensprozess** als einstufiges Strukturablaufdiagramm:

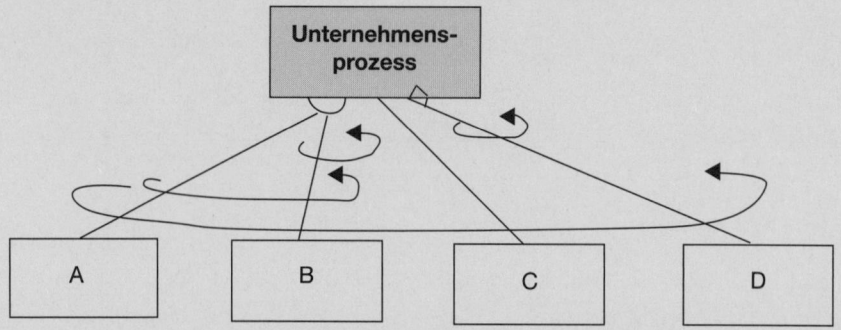

37 : Programmablaufplan/Ablaufplan/ Struktogramm

(1) Feierabendprogramm

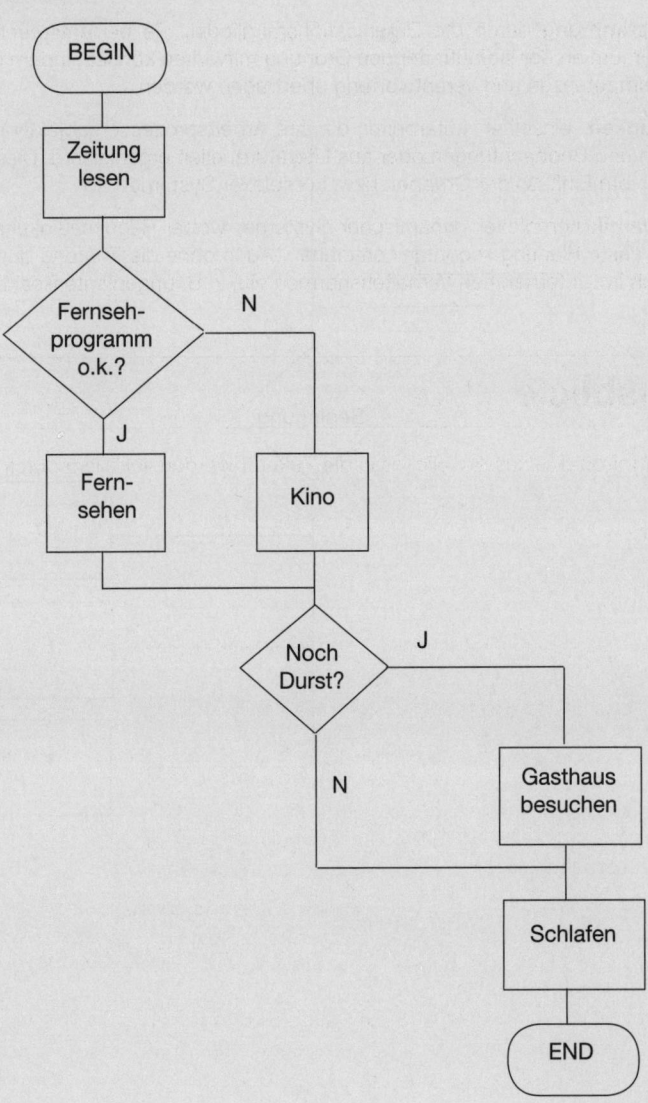

(2) **Programmablaufplan**

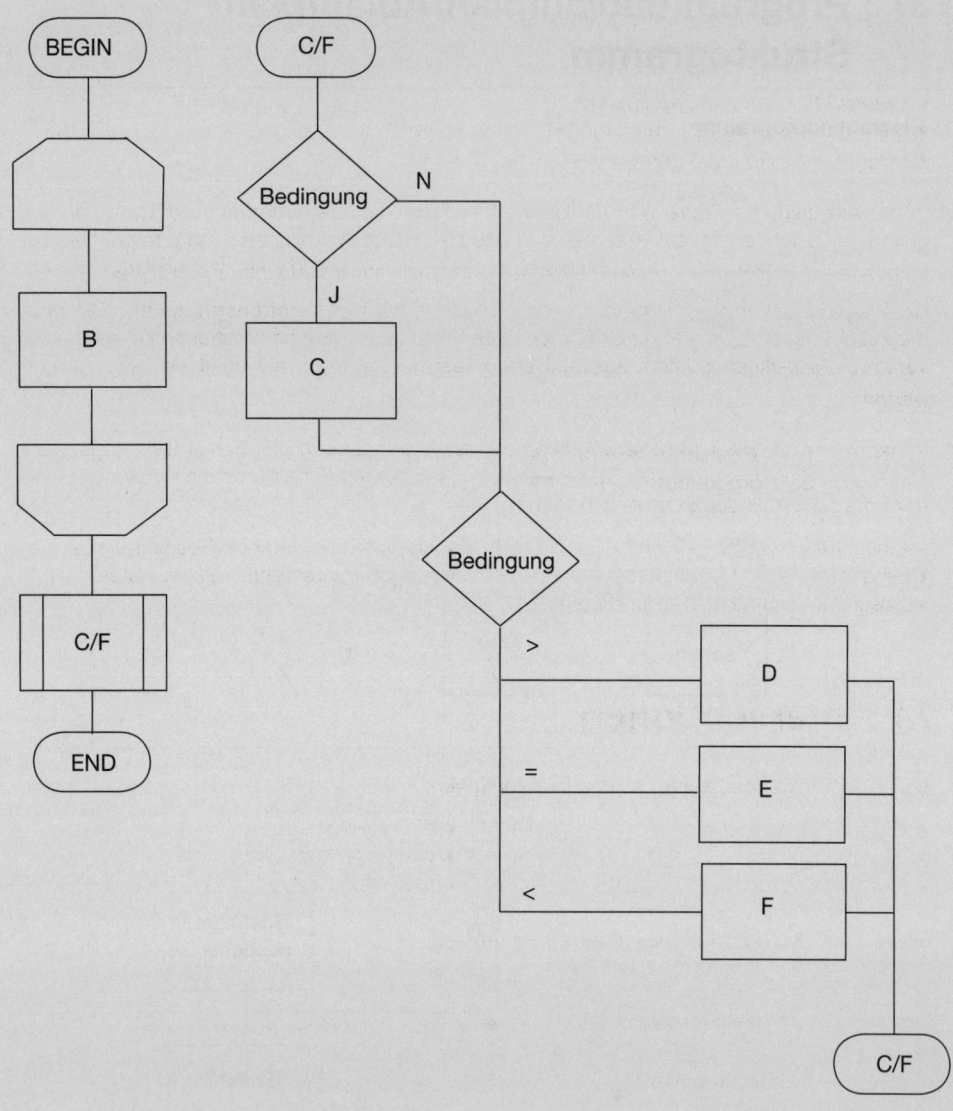

(3) **Unternehmensprozess**

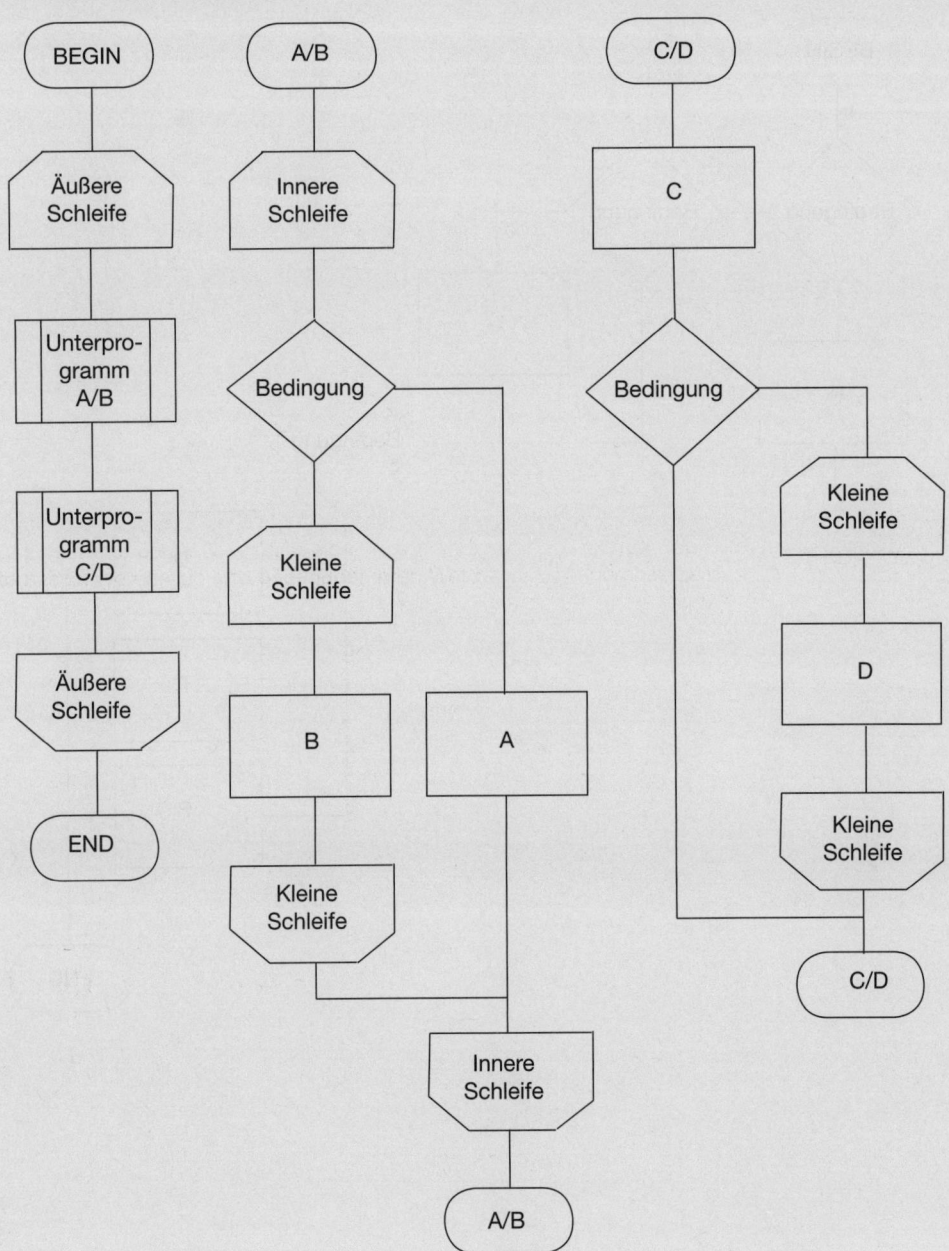

(4) **Ablaufplan aus dem Programmablaufplan**

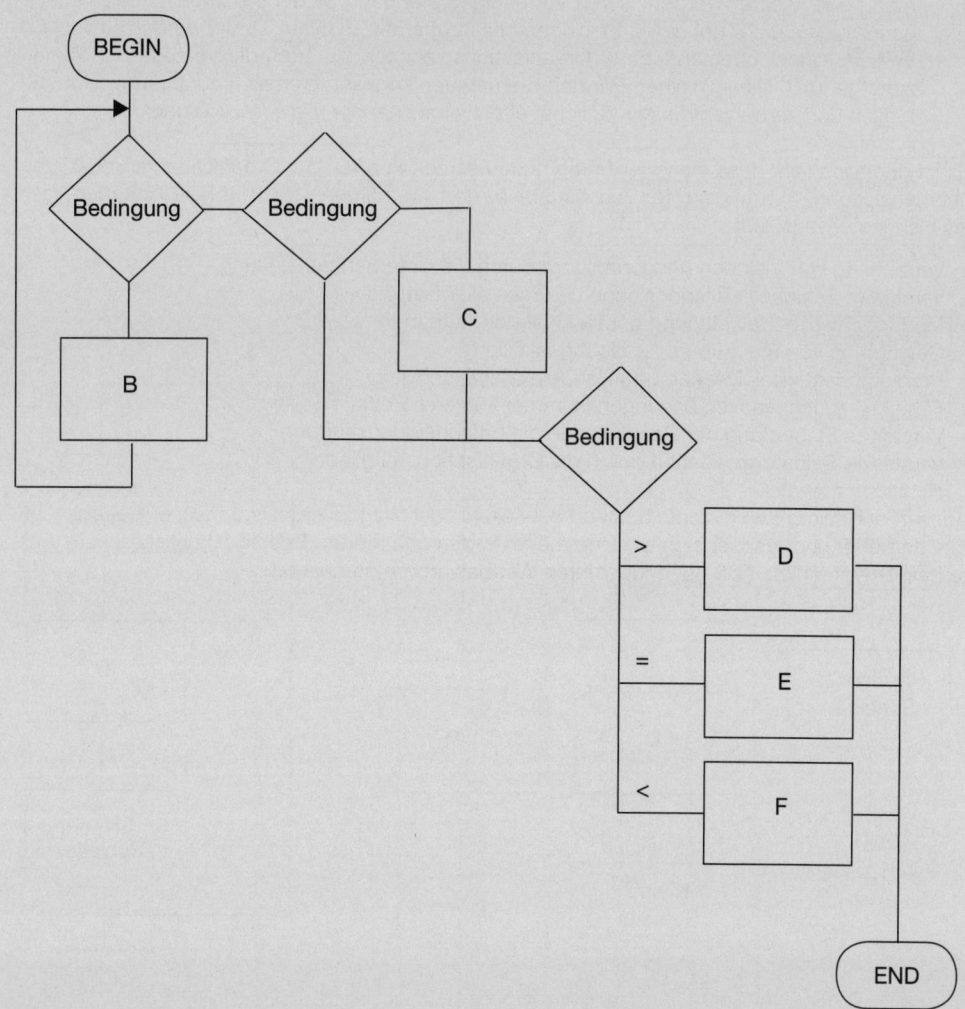

(5) Ablaufplan aus dem Strukturablaufdiagramm

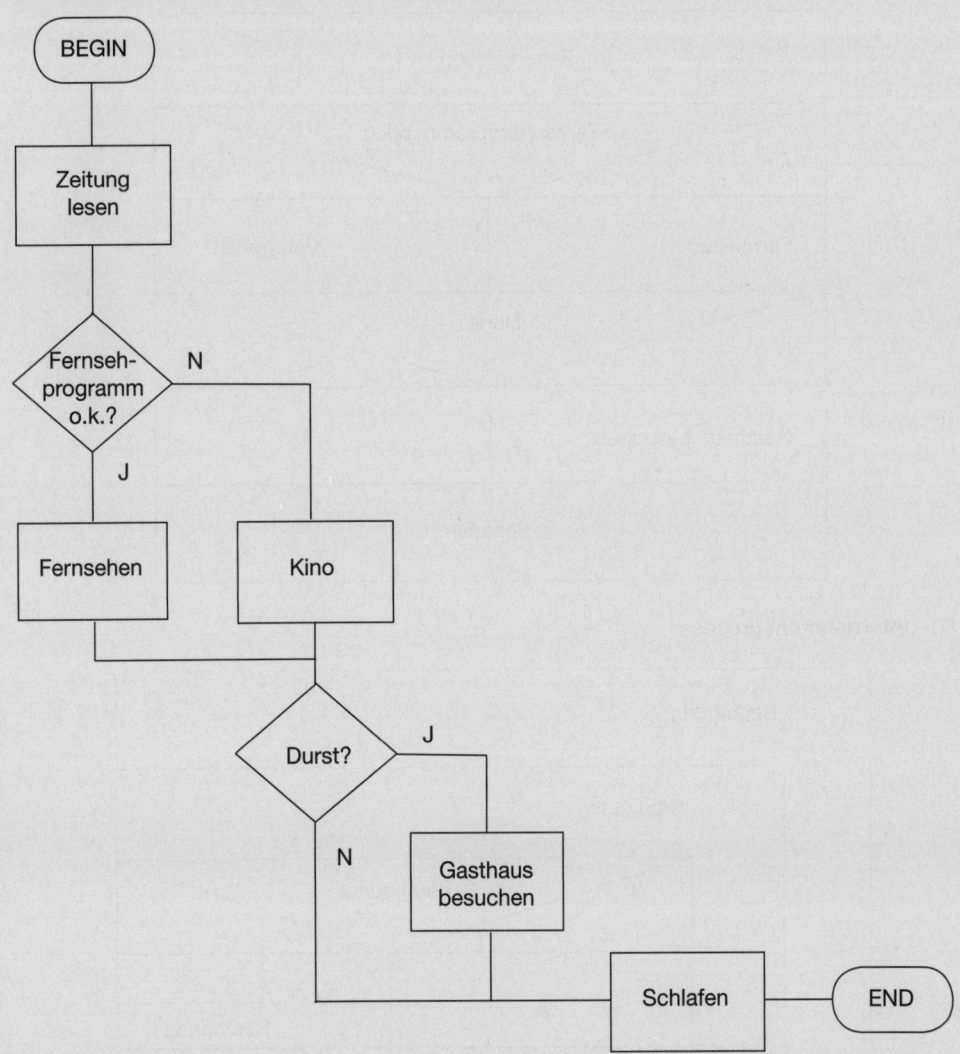

(6) **Feierabendprogramm**

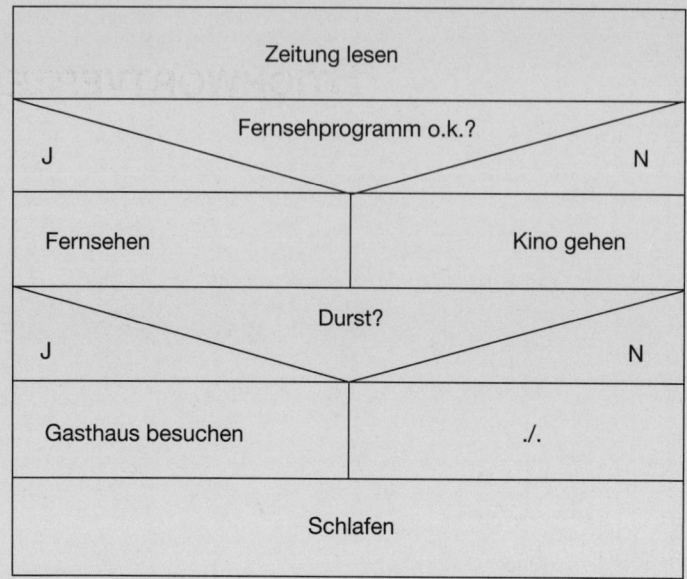

(7) **Unternehmensprozess**

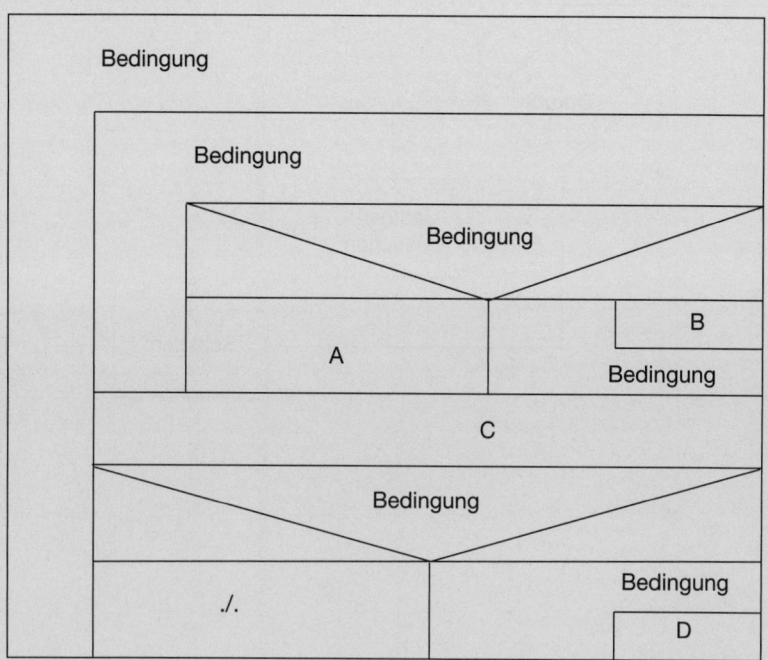

38 : Entscheidungsdiagramm

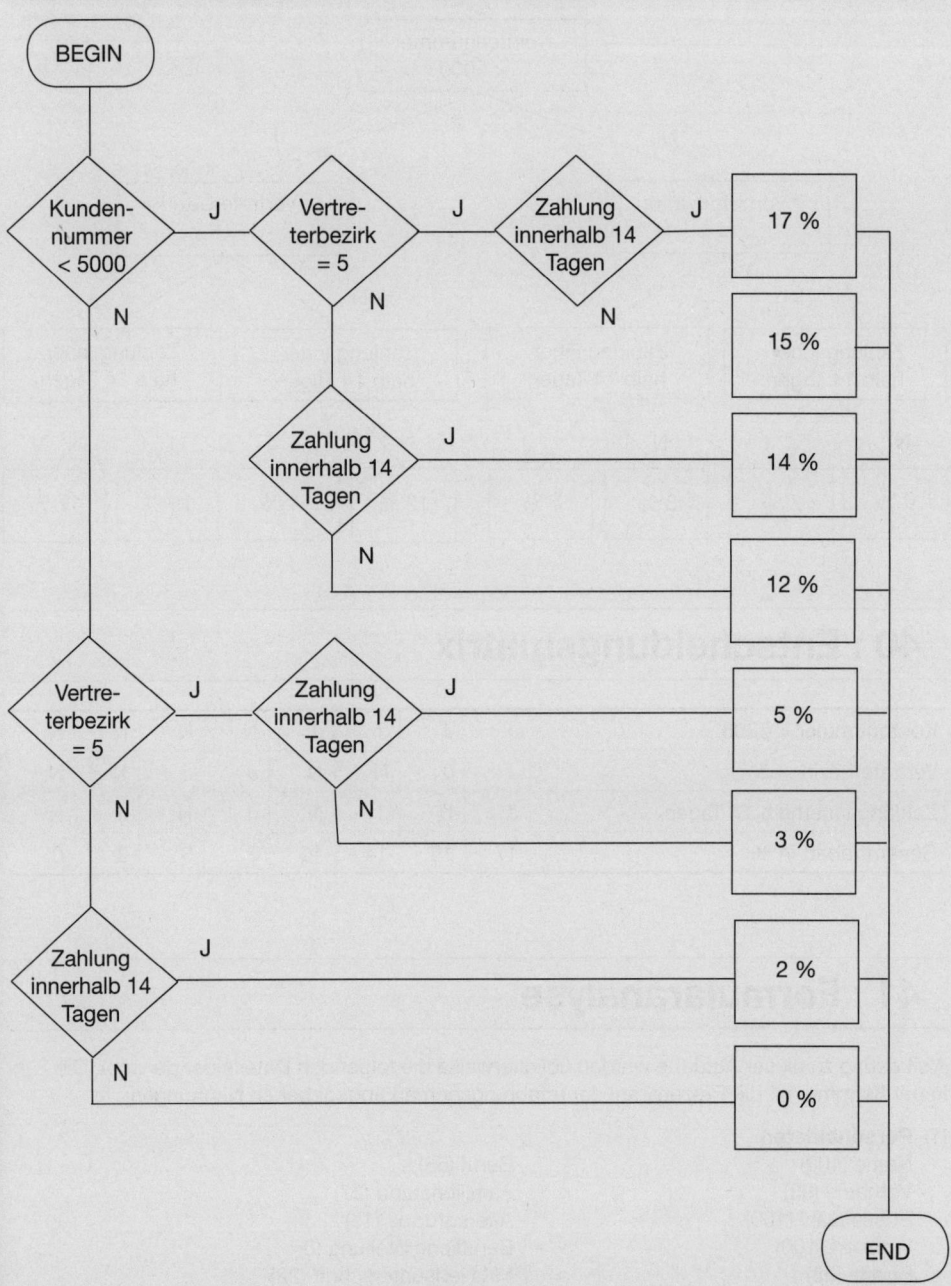

39 : Entscheidungsbaum

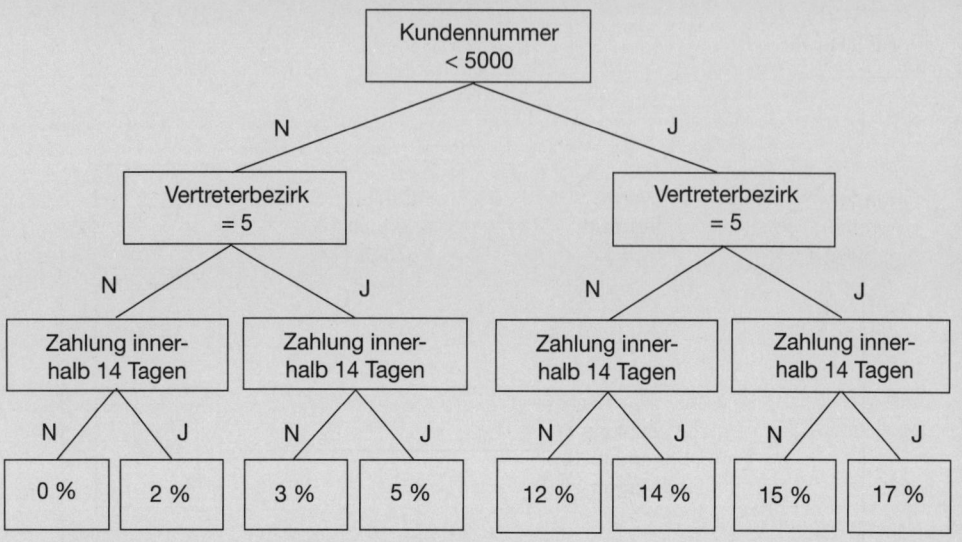

40 : Entscheidungsmatrix

Kontonummer < 5000	J	J	J	J	N	N	N	N
Vertreterbezirk = 5	J	J	N	N	J	J	N	N
Zahlung innerhalb 14 Tagen	J	N	J	N	J	N	J	N
Gesamtrabatt in %	17	15	14	12	5	3	2	0

41 : Formularanalyse

Als Lösung zu dieser Aufgabe werden üblicherweise die folgenden Dateifelder genannt. Die Zahl in der Klammer ist die Prozentzahl der erfahrungsgemäß abgegebenen Nennungen:

(1) **Personaldaten**

Name (100)
Vorname (93)
Postleitzahl (100)
Wohnort (100)
Straße (98)
Geburtstag (78)
Geschlecht (44)
Telefon (73)

Beruf (65)
Familienstand (27)
Altersgruppe (15)
Berufliche Stellung (8)
Mitgliedsunterschrift (22)

(2) **Vereinsdaten**

Eintrittsdatum (100)   Jubiläum (4)
Ämter (58)   Austrittsdatum (62)
Referenzen (6)   Mehrfacheintritt (6)
Werber (24)   Aktiv / Passiv (74)

(3) **Organisationsdaten**

Mitgliedsnummer (94)
Ausstellungsdatum (17)

(4) **Beitragsdaten**

Beitragshöhe (41)   Art der Beitragszahlung (12)
Beitragsklasse (52)   Aufnahmegebühr (17)
                                   Beitragsbefreiung (4)
                                   Bankverbindung (3)

---

42 : Nummerung

---

(1) **Autonummern**

Autonummern mit 1 Gruppenbuchstaben (GK-A 1 – GK-Z 9999)
   20 Gruppenbuchstaben mit 10.000 Zahlen ≈   200.000 Nummern
Autonummern mit 2 Gruppenbuchstaben (GK-AA 1 – GK-ZZ 999)
   400 Gruppenbuchstaben mit 1.000 Zahlen ≈   <u>400.000 Nummern</u>

Gesamtzahl der verfügbaren Autonummern: 600.000 Nummern

(2) **Nummernarten**

1. Verbundnummer   6. Identnummer
2. Verbundnummer   7. Klassifikationsnummer
3. Klassifikationsnummer   8. Verbundnummer
4. Verbundnummer   9. Identnummer
5. Verbundnummer   10. Keine Nummer, sondern Kurzzeichen

(3) **Nummernsysteme**

Den Bedingungen genügende Nummernsysteme:

1. Verbundnummer
2. Parallelnummer

Empfohlenes Nummernsystem:

Parallelnummer:
XX   XXX   XX
                                    Artikelgruppe
                                    (Klassifikationsteil)
                                    Identteil

Begründung:

1. Zur Sortierung genügt der 5-stellige Identteil.
2. Zur Zuordnung zu den Artikelgruppen wird der Klassifikationsteil benutzt.

43 : Organisationsrichtlinie

In der dargestellten Organisationsrichtlinie sind insbesondere zu bemängeln:

- Im Blattkopf sollte nicht nur der Firmenname, sondern auch der Veröffentlicher der Richtlinie erscheinen, sodass der Absender nicht mühsam ermittelt werden muss.

- Die Richtlinie erscheint offenbar verspätet, da gemäß nachfolgender Aussage der Kostenträgerplan für das Kalenderjahr gilt, aber die Richtlinie zum 15.02. datiert ist.

- Der Begriff »Richtlinie« sollte durch den Zusatz »Organisatorische Richtlinie« konkretisiert werden.

- Die hier offensichtlich vorgenommene fortlaufende Nummerierung eignet sich nicht für Organisationsrichtlinien, da sie einen Klassifizierungsteil zur Zuordnung enthalten sollten.

- Die Benennung oder der Bezug der Richtlinie fehlt. Außerdem fehlen das Gültigkeitsdatum und der Verteiler.

- Das zu »Beachtende« ist selbstverständlich und braucht deswegen nicht gesondert genannt werden.

- Die Legende zur Kennzeichnung der Sammelkostenträger sollte nicht im Deckblatt, sondern auf dem Kostenträgerplan erscheinen.

- Der Punkt (2) und der letzte Absatz können gegensätzlich verstanden werden. Zusammengehörige Sachinhalte sollten nicht getrennt werden.

- Eine Organisationsrichtlinie sollte vom Leiter der Organisation und dem Fachvorgesetzten unterschrieben werden.

- Der Begriff »grundsätzlich« sollte in diesem Zusammenhang vermieden werden, da er zweideutig ist. Außerdem sollte der Unterzeichner erkennbar sein.

- Es fehlt der Ausweis, welche Richtlinie dadurch ihre Gültigkeit verliert.

- Zwei unterschiedliche Bezeichnungen werden benutzt:

  ▶ Kostenträgerplan
  ▶ Kostenträgerverzeichnis.

  Es sollte nur mit einem einheitlichen Bezeichner gearbeitet werden.

44 : Personalbereichsprozess

(1) **Phasen** des personalwirtschaftlichen Prozesses:

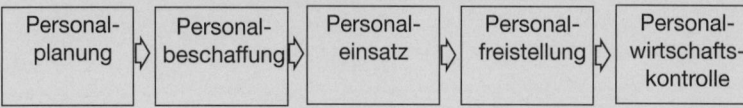

(2) Prozess der Personalbeschaffung

Innerbe- triebliche Stelle aus- schreiben	Interne Bewer- bungen aus- werten	Externe Stellen- anzeigen aus- schreiben	Externe Bewer- bungen aus- werten	Eig- nungs- test durch- führen	Vorstel- lungsge- spräche führen	Einstel- lungsent- schei- dungen treffen	Arbeits- verträge verein- baren

45 : Entscheidungstabelle

(1)

	R_1	R_2	R_3	R_4	R_5	R_6	R_7	R_8
Kontonummer < 5000	J	J	J	J	N	N	N	N
Vertreterbezirk = 5	J	J	N	N	J	J	N	N
Zahlung innerhalb 14 Tagen	J	N	J	N	J	N	J	N
Treuerabatt 12 %	X	X	X	X				
Sonderrabatt 3 %	X	X			X	X		
Skonto 2 %	X		X		X		X	

(2)

	R_1	R_2	R_3	R_4	R_5	R_6	R_7	R_8	R_9	R_{10}	R_{11}	R_{12}
Jugendlicher	N	N	N	N	J	J	J	J	N	N	N	N
Kind	N	N	N	N	N	N	N	N	J	J	J	J
2. Klasse	J	J	N	N	J	J	N	N	J	J	N	N
Gruppe	J	N	J	N	J	N	J	N	J	N	J	N
€ 32,00				X								
€ 24,00		X	X					X				
€ 18,00	X				X	X						
€ 16,00												X
€ 13,50				X								
€ 12,00										X	X	
€ 9,00									X			

(3) Formal sind folgende Fehler zu erkennen:

- Die Regeln 3 und 7: JNJ sind identisch.
- Die identischen Regeln 3 und 7 weisen unterschiedliche Aktionen aus.
- Die Regel JJN fehlt.
- Die Regeln JNJ und NJN weisen identische Aktionen auf, was in diesem Fall unwahrscheinlich ist.
- Die Regelnummern fehlen.

46 : Prozessdiagramm

(1) Stellenorientiertes Diagramm

Lfd. Nr.	Verrichtung	Rechnungs-prüfung	Hauspost	Kreditoren-buchhaltung
1	Anlieferung der Eingangs-rechnungen			
2	Sortierung durch den Abteilungsleiter			
3	Transport zu den Sachbear-beitern durch den Büro-boten			
4	Prüfung der Rechnungen durch die Sachbearbeiter			
5	Transport zum Abteilungs-leiter durch den Büroboten			
6	Kontrolle der geprüften Rechnungen			
7	Transport zur Kreditoren-buchhaltung			
8	Buchhalterische Bearbeit-tung			

(2) **Verrichtungsorientiertes Diagramm**

Lfd. Nr.	Verrichtung	Symbol
1	Anlieferung der Eingangs-rechnungen	
2	Sortierung durch den Abteilungsleiter	
3	Transport zu den Sachbear-beitern durch den Büro-boten	
4	Prüfung der Rechnungen durch die Sachbearbeiter	
5	Transport zum Abteilungs-leiter durch den Büroboten	
6	Kontrolle der geprüften Rechnungen	
7	Transport zur Kreditoren-buchhaltung	
8	Buchhalterische Bearbeit-tung	

47 : Blockschaltbild

Tätigkeitsart / Stelle	Bearbeitung	Kontrolle	Hilfstätigkeit
Poststelle			Anfang → Eingangsrechnungen transportieren
Rechnungsprüfung	Prüfung durch Sachbearbeiter	Kontrolle der geprüften Rechnungen durch Abteilungsleiter	Sortieren durch Abteilungsleiter → Transport durch Büroboten → Transport durch Büroboten
Poststelle			Transport
Kreditorenbuchhaltung	Eingangsrechnungen transportieren		

48 : Datenflussplan

(1) In dem ausgewiesenen Datenflussplan sind die nachstehenden **Fehler** enthalten:

• Der Plural in »Aufträge« ist falsch – richtig ist »Auftrag«.
• Die fehlende Pfeilspitze ist nicht normgerecht.
• Es handelt sich bei dem Symbol »Lochen« um kein genormtes Sinnbild.

- Der Aufgabenträger im Symbol »Lochen« ist nicht genannt.
- Lochkartensymbol und Benennung »Lochkarte« ist redundant.
- Es fehlt der Name des Programmes im Symbol »EDV«.
- Konnektoren sollten nur beim Blattwechsel benutzt werden.
- Im zweiten Konnektor fehlt der Bezeichner.
- Die Größe des Symbols »Magnetband« ist nicht normgerecht.
- Die Bezeichnung »Auftragsband« ist redundant.
- Die Vorzugsrichtung ist bei den Kundendaten nicht gewahrt.
- Das Datensymbol für Direktzugriffspeicher ist fehlerhaft um 90° verdreht.
- Das Papiersymbol ist falsch.
- Der Plural der Datenbenennungen im Papiersymbol ist regelwidrig.
- Mehrere Ausgabepapierarten sollten durch mehrere Symbole dargestellt werden.

(2) **Datenflussplan nach *DIN 66001***

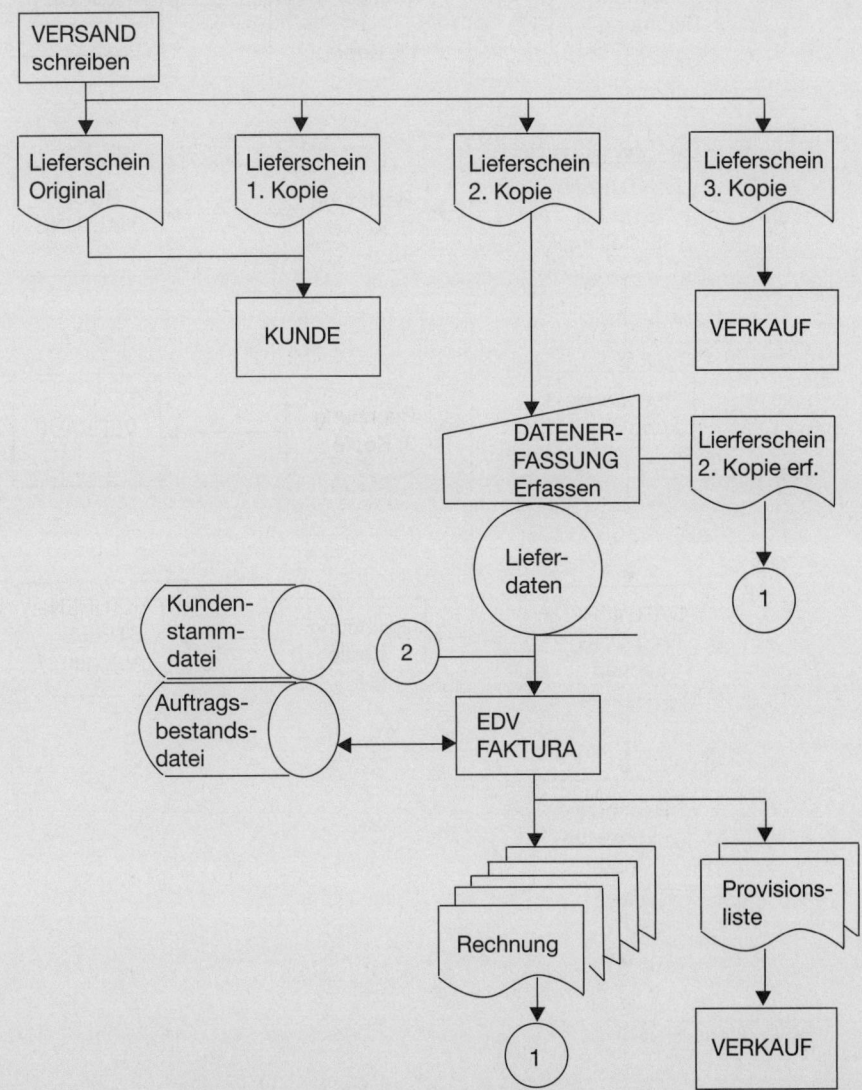

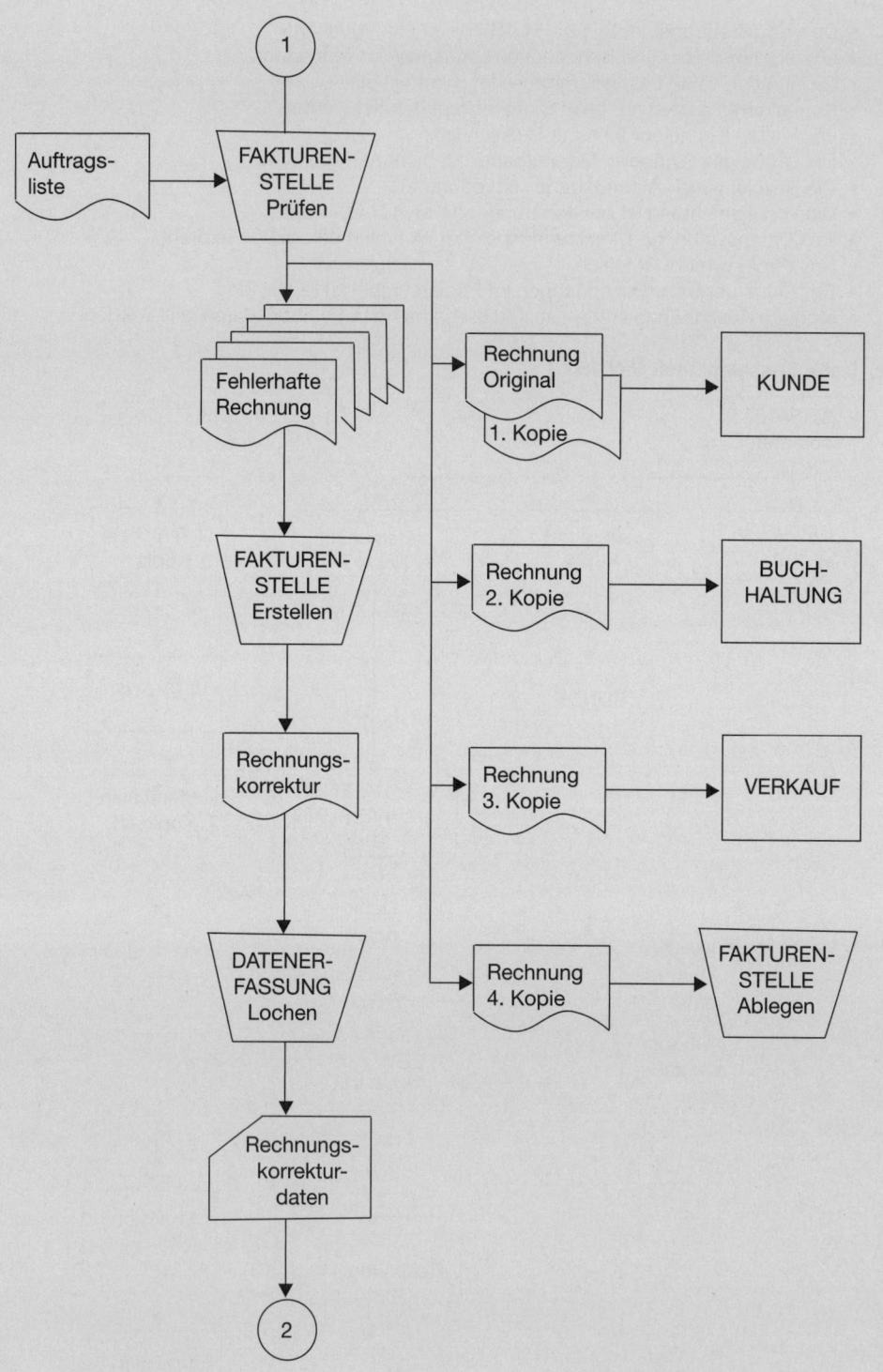

49 : Kommunikationsdarstellung

(1) Kommunikationsspinne

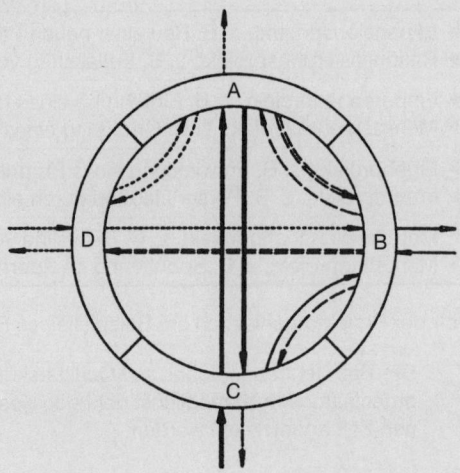

Legende:

━━━━━━	81 – 100 Kommunikationen
==========	61 – 80 Kommunikationen
───────	41 – 60 Kommunikationen
— — — —	21 – 40 Kommunikationen
- - - - - - -	1 – 20 Kommunikationen

(2) Kommunikationsnetz

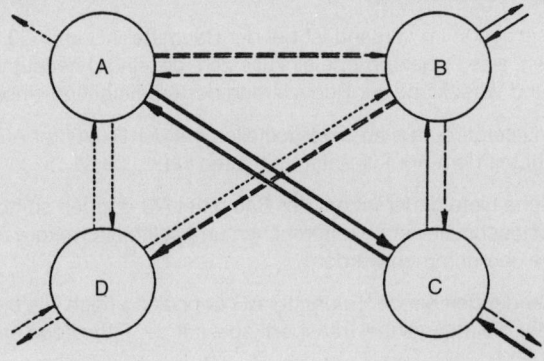

Legende:

━━━━━━	81 – 100 Kommunikationen
==========	61 – 80 Kommunikationen
───────	41 – 60 Kommunikationen
— — — —	21 – 40 Kommunikationen
- - - - - - -	1 – 20 Kommunikationen

50 : Projektarten

(1) Beispiele für die genannten Projektarten sind:

Richtungs-projekte	▶ Expansionsprojekt, z. B. Bau einer neuen Fabrik ▶ Rationalisierungsprojekt, z. B. Entlassung von 30 Mitarbeitern
Personen-projekte	▶ Einpersonenprojekt, z. B. Einführung eines neuen Erzeugnisses ▶ Mehrpersonenprojekt, z. B. Gründung eines Unternehmens
Träger-projekte	▶ Eigenprojekt, z. B. Entwicklung eines Produktes ▶ Fremdprojekt, z. B. Personalabbau durch einen Berater
Funktionen-projekte	▶ Materialwirtschaftsprojekt, z. B. Recycling von Abfallprodukten ▶ Marketingprojekt, z. B. Sponsoring im Sportbereich

(2) Das **Spannungsdreieck** der Projektorganisation am Beispiel eines Expansionsprojektes:

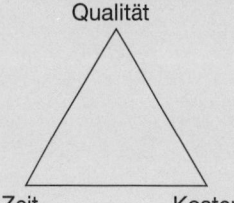

Der Bau der neuen Fabrik soll Qualitätskriterien entsprechen, aber organisatorisch zu möglichst geringen Kosten in einer angemessenen Zeit abgewickelt werden.

Dieses Vorhaben gelingt nicht immer, da ungeplante Störgrößen zeitliche, ökonomische und qualitative Probleme verursachen. Ein hochwertiger Fabrikbau benötigt oft mehr Zeit und verursacht hohe Kosten.

51 : Benchmarking

Der Vergleich der Kennzahlen der Baumittel AG mit denjenigen der Hausbau GmbH führt zu folgenden Beurteilungen und Vorschlägen:

- Die Zahl der Arbeitsgänge im Versand ist bei der Baumittel AG um 400 % zu hoch. Deshalb wird vorgeschlagen, eine Projektgruppe einzusetzen, die eine Datenaufnahme der Durchlaufzeiten vornimmt und Vorschläge zur Reduzierung der Arbeitsgänge einbringt.

- Da die zeitlichen Liefergarantien an die Baustellen bei der Baumittel AG zu hoch sind, zeigt sich, dass sie nicht mit dem Konkurrenten mithalten kann.

- Die durchschnittliche Lieferdauer ist bei der Baumittel AG doppelt so hoch wie bei der Konkurrenz. Diese Schwachstelle ist zu untersuchen und sollte als weitere Aufgabe von der obigen Projektgruppe übernommen werden.

- Da die Zahl der Sendungen bei der Baumittel AG doppelt so hoch wie bei der Konkurrenz ist, sollte vielleicht über die mangelnde Transportkapazität der Fahrzeuge nachgedacht werden.

Die Projektgruppe sollte die Schwachstellen gegenüber dem Konkurrenten offen legen und organisatorische Vorschläge erarbeiten, z. B. zur:

- Reduktion zu langer Durchlaufzeiten durch Einsparung von Arbeitsschritten
- Verringerung überhöhter Lieferzeiten durch Rationalisierung
- Verkleinerung der Zahl der Sendungen durch größere Fahrzeugkapazität.

52 : Stellenbeschreibung

Stellenbeschreibung	
Stellenbezeichnung	Projektleiter
Stellenrang Stellenart Unterstellung Überstellung	Abteilungsleiter Projektleitung Vorsitzer des Vorstandes Projektgruppe
Stellenaufgaben	Projektspezifische Beratung der Geschäftsleitung Betreuung und Unterstützung der vom Projekt betroffenen Abteilungen Projektleitung Beteiligung bei der Projektplanung Steuerung der Projektdurchführung und der Projektlösung Projektmitarbeit Internes Projektcontrolling Herbeiführung aller erforderlichen, externen Entscheidungen Kontakt mit allen projektberührten Stellen Einbindung des Betriebsrates in die Projektdurchführung Change Management
Stellenziele	Optimierung der Projektdurchführung Minimierung des Ressourceneinsatzes bei der Projektdurchführung Einhaltung der Vorgaben des Projektauftrages Erzielung der bestmöglichen Projektlösung Motivation der Projektmitarbeiter und Mitarbeiter betroffener Stellen Sicherung eines guten Projektklimas Problemlose Lösungseinführung
Stellenbefugnisse	Mitentscheidungsrecht bei der Auswahl der Projektmitarbeiter Entscheidungskompetenz für die Projektdurchführung Entscheidungsrecht bei der Erarbeitung der Projektlösung Disziplinarisches Weisungsrecht gegenüber Projektmitarbeitern Fachliches Weisungsrecht gegenüber Projektmitarbeitern Verfügungskompetenz über die Projektmittel Informationsbefugnis über alle projektrelevanten Gegebenheiten
Stellenverantwortung	Wirtschaftlichkeit der Projektdurchführung Ergebnisverantwortung für die Projektlösung Budgetverantwortung

Stellvertretung
  Vertritt
  Wird vertreten
	—
	Stellvertretender Projektleiter

Stellenanforderungen	Fachmann im Bereich des Projektes Projekterfahrung Projektmittelbeherrschung Führungsqualifikation Projektförderliche persönliche Eigenschaften

53 : Projektleitung

Stellenbesetzung	Vorteile	Nachteile
Top Manager	▸ Hat die Top-Bonus-Autorität ▸ Neutralität und weite Sicht ▸ Hohe Entscheidungskompetenz ▸ Schneller Informationsfluss	▸ Hohe Beeinflussung »von oben« ▸ Benötigt Mitarbeit der Fachabteilung weil u. U. Detailwissen fehlt ▸ Projekt belastet zusätzlich
Fachbereichs-Manager	▸ Bringt Sacherfahrung mit ▸ Hohes Kostenbewusstsein ▸ Hohes Interesse an Lösungen	▸ Begrenzte Sichtweise ▸ Sucht Vorteile nur für seine Abteilung ▸ Lange Wege
Unternehmens-berater	▸ Autorität des Externen ▸ Neutralität, Unvoreingenommenheit ▸ Branchenerfahrungen von außen ▸ Hohes Terminbewusstsein	▸ Weniger Identifikation mit dem Unternehmen ▸ Fachabteilung hat weniger Vertrauen zu ihm ▸ Nach Projektabschluss nicht mehr verfügbar ▸ Verantwortung bei der Qualifikation ▸ Kennt die Projektgruppe nicht

54 : Projektgruppe

(1) Der **Erfolg** einer Projektgruppe hängt ab von:

- Autorität, Autonomie, Engagement und Qualifikation des Projektleiters
- Einsatz der Führungsinstrumente durch den Projektleiter, z. B. Motivation, Lob
- Leistungsbereitschaft und Leistungsfähigkeit der Projektgruppen-Mitglieder
- Zusammenhalt, Akzeptanz und bisherige Erfolge der Projektgruppe
- Situativen Einflüssen, z. B. Arbeitsplatz, Privatsituation der Beteiligten, Unternehmenssituation, Umfeldsituation.

(2) Der Einsatz **interner Mitarbeiter** in der Projektgruppe kann beurteilt werden:

Vorteile	Nachteile
▸ Diese Mitarbeiter verfügen über betriebliche Informationen ▸ Ihre Einarbeitungszeit ist relativ kurz ▸ Ihr Engagement ist relativ hoch ▸ Die Personalkosten sind geringer als für externe Mitarbeiter	▸ Diesen Mitarbeitern fehlen u. U. Erfahrungen ▸ Voreingenommenheiten und »Betriebsblindheit« sind möglich ▸ Geringeres Durchsetzungsvermögen denkbar ▸ Geringere Akzeptanz bei den Fachabteilungen möglich

(3) Der Einsatz **externer Mitglieder** in der Projektgruppe weist auf:

Vorteile	Nachteile
▶ Erfahrungen durch den Einsatz in anderen Unternehmen ▶ Bessere Urteilsfähigkeit und weniger »Betriebsblindheit« ▶ Unabhängigkeit durch fehlende Einbindung in das Unternehmen ▶ Keine Rücksicht auf interne Karriereaspekte nötig ▶ Bessere Durchsetzung von Interessen und ggf. mehr Autorität ▶ Weniger Zwänge durch das Arbeitsrecht, weil freie Verträge	▶ Umfassende Einarbeitung nötig ▶ Feste Begrenzung der Arbeitszeit von Externen durch Vertrag ▶ Vielleicht weniger Engagement als bei gebundenen Mitarbeitern ▶ Höhere Kosten als bei internen Fachleuten

55 : Kontakte des Projektleiters

(1) Bei einem umfassenden Bauprojekt kann der Projektleiter der Firma Holzfuß AG z. B. zu folgenden **externen Adressaten** Kontakt aufnehmen:

- Behörden, z. B. zum Bauamt wegen der Genehmigung eines zunächst nicht erkannnten Bauproblems

- Lieferanten, z. B. wegen der Anlieferung von Baumaterialien im Rahmen der Projektdurchführung

- Baufirmen, z. B. wegen der Durchführung von verschiedenen externen Bauleistungen

- Kreditinstituten, z. B. wegen der Klärung differenzierter Finanzierungsfragen hinsichtlich der Zinslasten.

(2) Der Projektleiter kann z. B. zu folgenden **internen Adressaten** in Kontakt sein:

- Geschäftsleitung, z. B. wenn die geplanten Projektkosten voraussichtlich überschritten werden müssen

- Lenkungsausschuss, z. B. kann im Rahmen des Projektcontrolling ein Projektstatusbericht angefordert werden, der über den Stand der Projektergebnisse informiert.

- Fachabteilungen, z. B. zur Bauabteilung wegen der Durchführung bestimmter Teile des Bauvorhabens

- Projektgruppe, z. B. Kontakte zu Gruppenmitgliedern im Rahmen der Umsetzung der Baupläne in die Realität.

56 : Projektorganisationsformen

Formen / Kriterien	Reine Projektorganisation	Stabs-Projektorganisation	Matrix-Projektorganisation	Linien-Projekt-Organisation
Andere Begriffe	▶ Task Force ▶ Totale Projektorganisation	▶ Koordinations-Projektmanager ▶ Projektkoordination	▶ Begrenzte Projektorganisation	▶ Einliniensystem
Weisungs-abgrenzung	▶ Projektleiter ist Linienvorgesetzter und untersteht der Unternehmensleitung	▶ Projektkoordinator hat keine Weisungsbefugnis gegenüber Fachabteilung	▶ Projektgruppe untersteht disziplinarisch der Linie, fachlich dem Projektleiter	▶ Projektleiter der Fachabteilung ist an Weisungen gebunden
Kompetenz-abgrenzung	▶ Projektleiter hat volle Kompetenz	▶ Projektkoordinator hat Sachkompetenz, aber keine Weisungskompetenz (Stab)	▶ Kompetenzen sind geteilt	▶ Kompetenzen in der Linie
Verant-wortung	▶ Liegt beim Projektleiter	▶ Liegt in der Fachabteilung	▶ Verantwortung ist geteilt	▶ Liegt in der Fachabteilung

57 : Prototyping

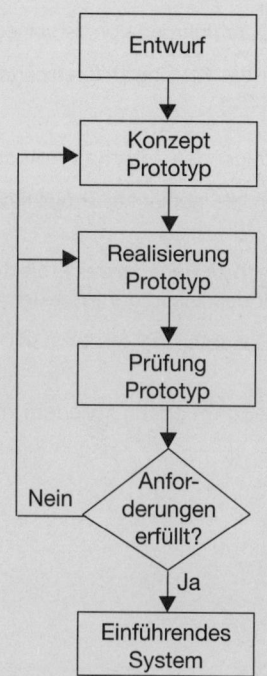

58 : Projektstrukturplan

Der Projektstrukturplan kann wie folgt aussehen *(Haynes)*:

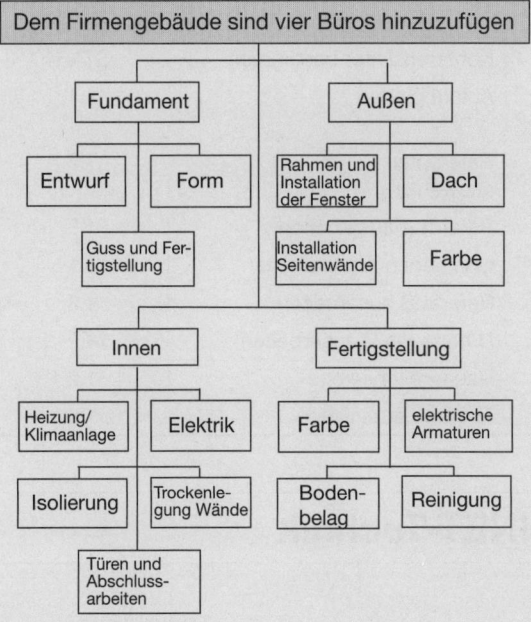

59 : Tailoring

(1) Die Projektmatrix hat folgendes Aussehen:

Projektteile / Projektphasen	Angebotsaufforderung	Angebotsbearbeitung
Ist-Aufnahme	1.1	2.1
Ist-Analyse	1.2	2.2
Groborganisation	1.3	2.3
Detailorganisation	1.4	2.4
Programmierung	1.5	2.5
Systemeinführung	1.6	2.6

(2) Das Ergebnis dieser 2.6 Matrix für das Projekt »Angebotseinholung« sind 12 verschiedene Projektaufgaben, die mit den Nummern 1.1 bis 2.6 ausgewiesen werden. Die Erarbeitung einer solchen Matrix hat sich bewährt, weil damit die einzelnen Projektaufgaben übersichtlich und systematisch dargestellt werden können.

Im Rahmen des Tailoring sind nun für die in der Projektmatrix gegebenen Einzelvorgänge detaillierte Vorgehensweisen zu planen, z. B. das Vorgehen bei der Ist-Aufnahme hinsichtlich der Angebotsaufforderung (1.1) bzw. der Angebotsbearbeitung (2.1).

60 : Projektprozessplanung

Lfd. Nr.	Aufgaben Nr.	Aufgabenbezeichnung	Vorhergehende Aufgabe	Nachfolgende Aufgabe
1	1.1	Konferenzleiter bestimmen	START	1.2
2	1.2	Ablauf planen	1.1	1.3 + 1.6
3	1.3	Referenten auswählen	1.2	14.1 + 14.2
4	14.1	Referat A ausarbeiten	1.3	15.1
5	15.1	Unterlagen A ausarbeiten	14.1	END
6	14.2	Referat B ausarbeiten	1.3	15.2
7	15.2	Unterlagen B ausarbeiten	14.2	END
8	1.6	Raum reservieren	1.2	1.7
9	1.7	Teilnehmer einladen	1.6	END

61 : PLANNET-Technik

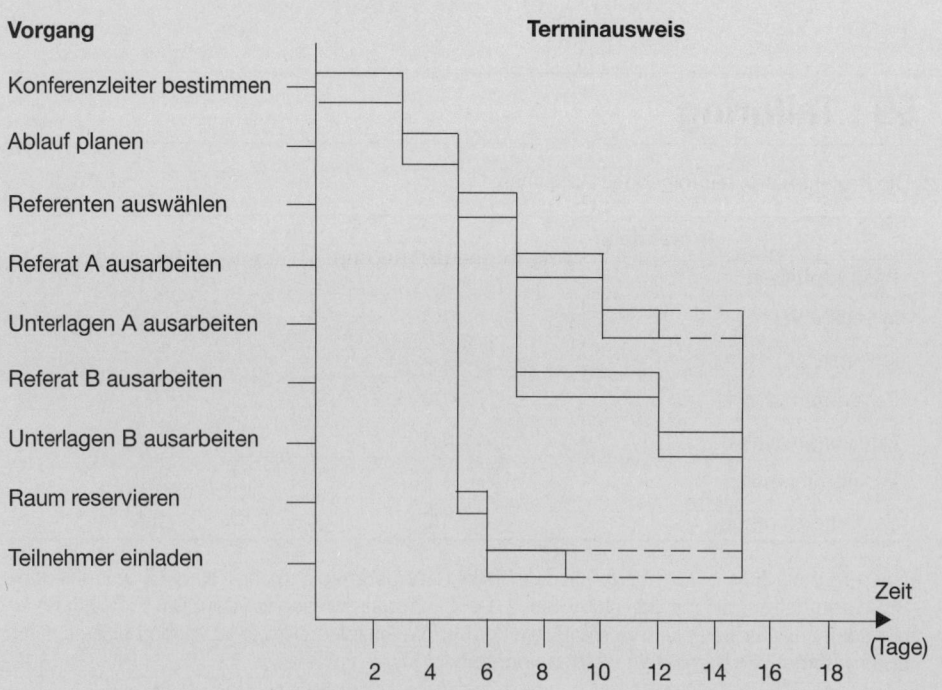

Vorgang

Konferenzleiter bestimmen

Ablauf planen

Referenten auswählen

Referat A ausarbeiten

Unterlagen A ausarbeiten

Referat B ausarbeiten

Unterlagen B ausarbeiten

Raum reservieren

Teilnehmer einladen

Terminausweis

Zeit (Tage)

2 4 6 8 10 12 14 16 18

62 : Projektplanung

(1) Die **Projektmittelliste** hat folgendes Aussehen:

Lfd. Nr.	Projektmittel	Bedarfs- menge (Stück)	Bedarfs- beginn (Monat)	Bedarfs- ende (Monat)
1	Büroraum 40 m^2	1	02	10
2	Besprechungszimmer 16 m^2	1	04	10
3	Arbeitsplatz: Schreibtisch, Arbeitsstuhl, Garde- robe	4	02	10
4	Besprechungsmobiliar: Besprechungstisch, 6 Besprechungsstühle, Oberheadprojektor	1	04	10
5	Telefongeräte	5	02	10
6	Telefonanschlüsse, Regionalbereich	5	02	10

(2) Es ist folgender **Projektkostenplan** zu erstellen:

Kostenart	Kostenanfall	Kosten €	Gesamtkosten €
Personalkosten	Organisation 14 MM Programmierung 18 MM Fachabteilung 8 MM	110.000 116.000 40.000	266.000
Kapitalkosten	Raummiete 40 m^2 Arbeitsplatzbeschreibung PC-Abschreibung 33,3 % Zinsen	10.000 3.000 5.000 2.000	20.000
Materialkosten	Pauschalbetrag		3.000
Fremdleistungs- kosten	Beratungsauftrag Experteneinsatz 20 MT Schulungskosten	32.000 30.000 45.000	107.000
Computerkosten	Großrechner 20 CPU-Stunden		50.000
Sonstige Kosten	Pauschalbetrag		6.000
Gesamte Projektkosten			**452.000**

63 : Projektpläne

Planarten	Plangrößen	Kurzbeschreibung
Arbeitsplan	▸ Mitarbeiter ▸ Aufgaben	Umfasst alle Mitarbeiter mit ihrer Einordnung in den Aufbau und ihre Aufgabenverantwortung.
Aufwandsplan	▸ Aufwände ▸ Arbeitspakete ▸ Organisationseinheiten	Er beinhaltet die auf das Arbeitspaket oder den Aufbau bezogenen Planaufwände.
Balkenplan	▸ Mitarbeiter ▸ Arbeitspakete ▸ Zeiteinheiten	Er enthält die einzelnen Mitarbeiter oder Arbeitspakete in Relation zum Zeiteinsatz.
Kostenplan	▸ Kostenelemente ▸ Kosten ▸ Zeit	Er zeigt über die Zeit hinaus die geplanten Kosten für bestimmte Kostenelemente (nach Arbeitspaketen, Verursachern geordnet).
Krisenplan	▸ Krisen ▸ Maßnahmen	Er weist bei möglichen Krisen die durchzuführenden Maßnahmen aus.
Meilensteinplan	▸ Meilensteine ▸ Termine ▸ Verantwortliche	Er enthält die geplanten Projektmeilensteine mit deren Terminen.
Netzplan	▸ Vorgänge ▸ Abhängigkeiten ▸ Termine	Er zeigt alle Vorgänge und deren Abhängigkeit im zeitlichen Ablauf auf.

64 : Kostenvergleichsrechnung

Die Projektentscheidungs-Konferenz sollte folgende Festlegungen treffen:

*   Zunächst erfolgt die Entscheidung für die Durchführung des Projektes »Überweisungserfassung«, weil die Kosteneinsparung je € am höchsten ist bzw. die Zeitdauer in Monaten, bis der Projekterfolg eintritt, am kürzesten ist.

*   Das Projekt »Kundenservice-Prozess« kann je nach Ressourcen ebenfalls durchgeführt werden, da die Amortisationsdauer vergleichsweise am geringsten ist und die Zeitdauer bis der Projektnettoerfolg eintritt noch vertretbar erscheint.

*   Das dritte Projekt »Vertriebscontrolling« wird abgelehnt, weil die Zeitdauer bis zum Eintritt des Projektnettoerfolges vergleichsweise zu lang ist. Auch bei der Beurteilung der Amortisationsdauer kommen die Verantwortlichen zur Ablehnung des Projektes.

65 : Nutzwertrechnung

Die Nutzwertanalyse erfolgt in vier **Schritten**:

- Der **Ermittlung der Kriterien** für die Projektentscheidung, z. B.:

  ▶ Kundenfokussierung   ▶ Projektdauer
  ▶ Prozessorientierung   ▶ Erfolgswahrscheinlichkeit
  ▶ Kostenminderung

- Der **Gewichtung der Kriterien** mit Multiplikatoren von 1 bis 5, z. B.:

Kriterium	Gewichtungsfaktor
Kundenfokussierung	5
Prozessorientierung	4
Kostenminderung	4
Projektdauer	1
Erfolgswahrscheinlichkeit	3

- Die **Beurteilung der Alternativen**, die für jedes Kriterium erfolgen muss. Bei Verwendung von Punktwerten geschieht die Beurteilung der Alternativen z. B.:

Kriterien \ Projekte	Auftragsbe-arbeitung	Werbe-projekt	Kosten-rechnung
Kundenfokussierung	10	10	1
Prozessorientierung	10	2	8
Kostenminderung	4	2	10
Projektdauer	5	10	7
Erfolgswahrscheinlichkeit	8	5	10

- Der **Ermittlung des Ergebnisses** in zwei Rechengängen:

  ▶ Multiplikation der Kriteriengewichtung mit der Projektbeurteilung
  ▶ Addition der Multiplikationsergebnisse für jedes Projekt

Kriterien	Ge-wich-tung	Auftrags-bearbeitung		Werbeprojekt		Kosten-rechnung	
		Beurt.	Wert	Beurt.	Wert	Beurt.	Wert
Kundenfokussierung	5	10	50	10	50	1	5
Prozessorientierung	4	10	40	2	8	8	32
Kostenminderung	4	4	16	2	8	10	40
Projektdauer	1	5	5	10	10	7	7
Erfolgswahrscheinlichkeit	3	8	24	5	15	10	30
Punktwertsumme			**135**		**91**		**114**
Projektreihung		1.		3.		2.	

Das Ergebnis der Nutzwertanalyse spricht eindeutig dafür, zunächst das Projekt »Auftragsbe-arbeitung« durchzuführen, weil dieses den höchsten Nutzwert aufweist.

66 : Projektauftrag

Projektauftrag	
Projekt:	**Projektnummer**
Kunde:	**Ansprechpartner:**
Auftragsinhalte:	
Aufgabenstellung des Projekts:	
Aufgabenabgrenzung:	
Projektzielsetzung:	
Konzeption bzw. Probleme:	
Auftragsmittel:	
Projektsachmittel:	
Projektbudget:	
Projekttermine:	
Projektpersonal:	
Projektleitung:	
Projektmitarbeiter:	
Unterschriften:	Auftraggeber Projektleiter

67 : Kick-Off-Meeting

Als **Mängel** können z. B. auftreten:

- Unklarheiten schon bei der Erläuterung des Projektes (Anlass, Ziele, Nutzen)
- Konflikte zwischen den Beteiligten hinsichtlich der Zielsetzung
- Nichtberücksichtigung von Wünschen der Betroffenen
- Außerachtlassen vertraulicher Daten
- Negieren angesprochener Risiken
- Geringe Offenheit bei der Unternehmensleitung
- Projektinhalte passen nicht zur Unternehmensethik
- Fragen zu den Kosten und Finanzen bleiben offen
- Viele Visionen aber wenig konkrete Daten
- Art der Erfolgsmessung des Projektes ist zweifelhaft.

68 : Projektkontrolle

(1) Gründe für die **Überschreitung der Projektkosten** können z. B. sein:

- Geringe Kompetenzen des Projektleiters
- Hinauszögern von Entscheidungen
- Keine ausreichenden Projektkontrollen
- Probleme aus der Projektsituation
- Echte Projektkosten werden unterschätzt
- Projektrisiken werden nicht erkannt

- Mangelnde Erfahrungen beim Projektpersonal
- Persönliche Probleme in der Projektgruppe

- Verspätete Änderungen am Projektplan
- Terminliche Überschreitungen

(2)

Kostenart	Soll €	Ist %	Abweichung €	%
Personalkosten	128.000	142.000	+ 14.000	+ 11
Kapitalkosten	33.000	29.000	− 4.000	− 12
Materialkosten	12.000	16.000	+ 4.000	+ 33
Fremdleistungskosten	25.000	19.000	− 6.000	− 24
Computerkosten	10.000	0	− 10.000	− 100
Gesamtkosten	**208.000**	**206.000**	**− 2.000**	**− 1**

69 : Projektabschlussbericht

Es ergibt sich folgender Projektabschlussbericht:

Projektabschlussbericht			
Projekt: Spezialmaterialabrechnung			
Projektlösung:			**Erreichungsgrad %**
Maschinelle Bestandsführung			100
Automatische Bedarfsrechnung			100
Teilkostenrechnung			100
Projektziele:	**Soll**	**Ist**	**Abweichung**
Kostenminderung (Tsd. €)	350	200	− 150
Projektkosten (Tsd. €)	210	270	+ 60
Projektpersonalbedarf (MM)	13	15	+ 2
Einsatz verbesserter Verfahren	JA	JA	−
Ressourcen- und Mitarbeiterschonung	JA	JA	−

Projektergebnis:

Bei Gesamtprojektkosten von 270 Tsd. € und einer Kostenminderung von jährlich 200 T€ ergibt sich ein jährlicher Projektnutzen von ca. 110.000 €

Projektprobleme:

Anstelle des Softwaresystems X3R für die Teilkostenrechnung musste das Programm TEKORE benutzt werden. Dadurch konnte die angestrebte Kostenminderung nicht erreicht werden.

Noch zu erledigende Aufgaben:

Anpassung Benutzerhandbuch
Projektabschlusscontrolling Ende September

Berlin, den 20.09.2006   Projektleiter

70 : Projektcontrolling

(1) Projektbezogene **Unterschiede** zwischen Liniencontrolling und Stabscontrolling:

- Beim **Liniencontrolling** ist der Projektleiter mit Weisungsbefugnis im Hinblick auf die Planung, Steuerung und Kontrolle der Projekte ausgestattet. Der Projektleiter ist als Liniencontroller in den Instanzenzug direkt eingegliedert und trifft seine Entscheidungen autonom.

- Beim **Stabscontrolling** besitzt der Projektcontroller keine Weisungsbefugnis. Er unterbreitet der Unternehmensleitung lediglich Vorschläge zur Planung, Steuerung und Kontrolle der Projekte. Er berät die Fachabteilungen bei ihrer Planung und informiert diese über die Ergebnisse seiner Kontrollen.

(2) Das **Stabscontrolling** lässt sich in folgender Weise darstellen:

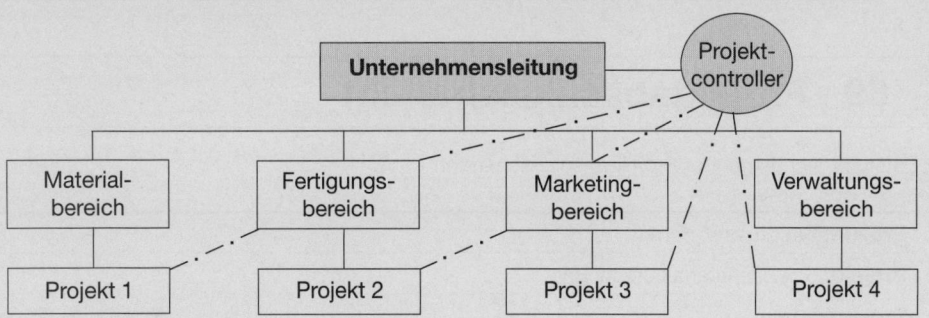

(3) Das **Liniencontrolling** hat folgendes Bild:

(4) Es ist zu dem **Stabliniensystem** zu raten, da dieses dem Projektcontroller keine Weisungsbefugnisse gibt.

71 : Formen des Wandels

Den verschiedenen Fällen der Organisationsentwicklung können folgende **Formen** des Wandels zugeordnet werden:

(1) **Ungeplanter Wandel**, denn das Verhalten besteht ausschließlich daraus, auf die Aktivitäten der Konkurrenten zu reagieren. Es ist allerdings zu bezweifeln, dass die Maßnahmen ausreichen, um das organisatorische Gleichgewicht wiederherzustellen.

(2) **Geplanter Wandel** als Evolution, denn es werden in kleinen Schritten planvolle Reaktionen auf Veränderungen vorgenommen. Dieses Verhalten kann allerdings dazu führen, dass durch zu vorsichtiges Vorgehen wesentliche Organisationsentwicklungen verpasst bzw. verschleppt werden.

(3) **Ungeplanter Wandel**, denn das Verhalten der Unternehmensleitung ist passiv, d. h. es gibt bei diesem Unternehmen keine eigenen Pläne zur Organisationsentwicklung. Das kann zur Folge haben, dass das Unternehmen nicht mit der Entwicklung mithalten kann.

(4) **Geplanter Wandel** als Revolution, der im Ergebnis zwar eine radikale Neubestimmung der Erfolgspositionen bedeutet, bei zu resolutem und überhastetem Vorgehen aber zur Folge haben kann, dass Kunden bzw. Mitarbeiter frustriert sind.

72 : Organisationsberater

(1)

Ziele des Unternehmens	Ziele der Mitarbeiter	Ziele des externen Organisationsberaters
▶ Sicherung der Mitarbeiterqualifikation	▶ Sicherung der persönlichen Entwicklung	▶ Branchenerfahrungen weitergeben
▶ Anpassung der Qualifikation	▶ Steigerung der individuellen Mobilität	▶ Methodenkompetenz beweisen
▶ Laufbahnplanung für Führungskräfte	▶ Planung der persönlichen Karriere	▶ Persönlichen Einsatz zeigen
▶ Organisationsentwicklung voranbringen	▶ Persönliche Entwicklung weiterbringen	▶ Hilfe zur Selbsthilfe erwirken
▶ Nachwuchs aus den eigenen Reihen gewinnen	▶ Mehr Selbstverwirklichung	▶ Verpflichtung zum Handeln
▶ Umsätze steigern und Personalkosten senken	▶ Sicherung des eigenen Einkommens	▶ Möglichst viel Geld verdienen
▶ Unabhängigkeit vom externen Arbeitsmarkt	▶ Verantwortung tragen	▶ Entwicklung voranbringen

(2) **Aufgaben** des Organisationsberaters im Verlauf einer Teamentwicklung können sein:

• Er soll vertrauenswürdiger Beschützer der Teilnehmer, aber auch – wenn es erforderlich ist – unangenehmer Provokateur sein.

• Er soll den Teilnehmern verständnisvoller zuhören, aber auch aktiver Teamentwickler sein.

- Er soll den Mitgliedern hilfreiche Vorschläge zur persönlichen Entwicklung unterbreiten, aber als Person neutral sein.

- Er soll einerseits sachlich kommunizieren, den Teilnehmern aber auch Ratschläge für ihr persönliches Weiterkommen geben.

(3)

	Interner Organisationsberater	Externer Organisationsberater
Vorteile	▶ Er kennt das Unternehmen sehr gut	▶ Er hat den Bonus des neutralen externen Experten
	▶ Er identifiziert sich mit der Unternehmenskultur	▶ Er liefert eigene Vorschläge zur Unternehmenskultur
	▶ Er ist immer anwesend und somit verfügbar	▶ Er unterstützt die Unternehmensleitung
	▶ Er liefert relativ schnell betriebliche Informationen	▶ Er bringt hohe Bereitschaft zum Risiko
Nachteile	▶ Innerbetriebliche Routine behindert den Fortschritt	▶ Bereitschaft zum Risiko kann höhere Kosten verursachen
	▶ Fehlende Anerkennung im Unternehmen	▶ Mangelnde Kenntnisse bzw. Denken in Schablonen
	▶ Gewisse »Betriebsblindheit« möglich	▶ Abhängigkeit durch den Beratervertrag
	▶ Befangenheit durch Abhängigkeit	▶ Probleme durch längere Abwesenheit möglich

73 : Sechs-Phasen-Prozess

(1) Als **Ist-Kritik** an der Funktionalorganisation lässt sich in der Markterschließungsphase nennen:

- Abstimmungsprobleme zwischen den Funktionsabteilungen
- Überlastete Führungskräfte der einzelnen Funktionen
- Schwerfälliger Informationsfluss von oben nach unten
- Motivationsprobleme nachgelagerter Führungsebenen
- Zu einem großen Teil mangelnde Produktverantwortung
- Durch Zentralausrichtung häufig zu wenig Flexibilität

(2) Die Divisionalorganisation könnte in der **Diversifikationsphase** wie folgt aussehen:

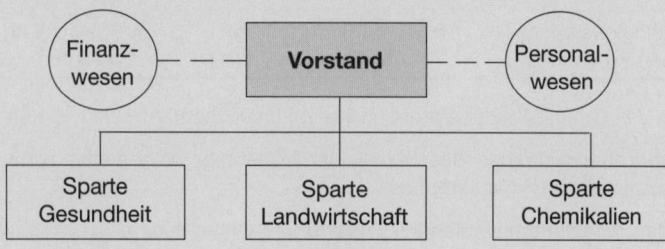

Die Divisionalorganisation hat gegenüber der Funktionalorganisation folgende **Vorteile**:

- Nutzung von Entscheidungsspielräumen
- Sparten mit Gewinnverantwortung
- Mehr Flexibilität und Reaktionsfähigkeit
- Übersichtlichkeit und Transparenz
- Mehr Selbstständigkeit der Organisationseinheiten
- Leistungsmotivation durch Autonomie der Sparten

(3) In der **Akquisitionsphase** wird die Übernahme bzw. die Integration anderer Unternehmen erwogen. Damit verfolgt ein Unternehmen das Ziel, relativ schnell neue und ertragreiche Geschäftsfelder aufzubauen. Diese Maßnahmen münden vielfach in eine Holding-Organisation.

Demgegenüber verfolgen Unternehmensleitungen in der **Kooperationsphase** das Ziel, über die Zusammenarbeit mit anderen Firmen neue Produkt-Markt-Kombinationen zu realisieren, indem die jeweiligen Stärken ausländischer Geschäftspartner über Joint Ventures genutzt werden.

(4) In der Phase der **Restrukturierung** versucht das Management, die Fehler der Vergangenheit zu korrigieren, um die künftigen Chancen des Unternehmens durch die Rückgewinnung der Ertragskraft zu verbessern, z. B. durch:

- Maßnahmen der Sanierung
- Erwerb einzelner Geschäftsbereiche
- Integration in ein anderes Unternehmen
- Abstoßen unrentabler Geschäftsfelder
- Aufgabe unternehmerischer Autonomie

74 : Interventionen

(1) Es besteht folgender **Bezug** zu den Interventionen:

- Organisationsbezogen
- Gruppenbezogen
- Individuenbezug
- Gruppenbezug
- Organisationsbezug
- Individuenbezug

(2) Wesentliche **Merkmale eines Teams** sind *(Antoni)*:

(3) Die **Selbstorganisation** ist die Fähigkeit zur selbstständigen Strukturierung und Differenzierung durch Individuen, Gruppen oder komplexer Systeme. Sie ist auf eine bestimmte Ordnung ausgerichtet, die über die Organisationsstruktur hinausgeht und auch jene Verhaltensmuster und Denkmuster umfasst, die in der Regel zur Organisationskultur gezählt werden.

Es gibt folgende **Merkmale** der Selbstorganisation *(Bea/Göbel, Bleicher, Hill/Fehlbaum/Ulrich, Kieser/Kubicek, Probst)*:

- **Selbstbestimmung** durch die Organisationsmitglieder, die bei entsprechendem Handlungsspielraum an der sie betreffenden Ordnung mitwirken können, indem ihnen z. B. Aufgaben, Kompetenzen und Verantwortung übertragen werden.

- **Selbsttätigkeit** einzelner Mitarbeiter, die ihre Arbeitsprozesse subjektiv nach ihren Vorstellungen und Beobachtungen oder aus Literaturquellen organisieren. Dies geschieht unabhängig vom Einfluss der Gruppen bzw. komplexer Systeme.

- **Eigendynamik** komplexer dynamischer Systeme, wobei Regelmäßigkeiten und Muster ohne bewusste Planung »spontan« entstehen. Auch ohne die Führung durch Vorgesetzte stellen sich im Unternehmen Verhaltensnormen ein, z. B. ungeplante Reaktionen.

75 : Ausblick

(1) Die **Schwierigkeiten** eines Ausblickes in die Zukunft werden vor allem durch die Ungewissheit als mangelnde Vorausbestimmbarkeit bzw. Vorhersehbarkeit der kommenden Ereignisse bestimmt. Auch die umfassenden und raschen Veränderungen im Rahmen der Organisationsentwicklung erschweren gesicherte Prognosen und treffsichere Bewertungen.

(2) **Einflussfaktoren** auf die künftige Organisationsgestaltung können sein *(Vahs)*:

- Zusätzliche Erfordernisse hinsichtlich der ökonomischen Effizienz
- Erhöhter Bedarf an Flexibilität gegenüber Markt und Wettbewerb
- Mehrbedarf an Innovationen durch steigende Kundenanforderungen
- Wachsende Bedeutung des Humanpotenzials
- Zunehmende Globalisierung der wirtschaftlichen Aktivitäten.

(3) Die zukünftigen Organisationen müssen noch anpassungsfähiger und schlagfertiger als heute werden. Das wird dazu führen, dass hierarchische Strukturen an Bedeutung verlieren. Organisationsformen können in der Zukunft durch folgende **Merkmale** geprägt sein:

- In Unternehmen mit einem komplexen Leistungsprogramm und vielen Produktvarianten können relativ kleine, überschaubare und ergebnisverantwortliche Organisationseinheiten eingerichtet werden, die weitgehend dezentralisiert sind. Die Aufgabenträger erhalten eine relativ hohe Entscheidungsautonomie. Die Organisationsprozesse sind ganzheitlich und konsequent so auf den externen Markt ausgerichtet, dass diese Organisationseinheiten schnell und flexibel auf Veränderungen reagieren können.

- Die Organisation von Netzwerken als komplexe und mehrdimensionale Beziehungsgeflechte wird künftig an Bedeutung gewinnen. Sie zielen auf die Realisierung von Wettbewerbsvorteilen ab. Dabei kooperieren mehrere nationale und internationale Unternehmen, die jeweils auf bestimmte Teilaktivitäten spezialisiert sind und dort ihre Kernkompetenzen abstimmen *(Reichwald/Hesch)*.

• In der Zukunft werden aufgabenspezifische und Standort übergreifende Organisationsformen bedeutsamer werden, deren vorrangiges Ziel darin besteht, komplexe und neuartige Probleme unter hoher Marktunsicherheit kooperativ zu lösen. Dabei werden sowohl die Vorteile kleiner überschaubarer Organisationseinheiten als auch die Vorzüge der Vernetzung genutzt. Die jeweiligen Partnerunternehmen konzentrieren sich auf ihre Kernkompetenzen und vernetzen diese möglichst effektiv miteinander *(Davidow/Malone)*.

Es ist offensichtlich, dass diese zukünftig bedeutsamen Formen der Organisation an die Unternehmensleitung, Führungskräfte und Mitarbeiter in Unternehmen noch höhere Anforderungen als bisher stellen, z. B.:

• Vermittlung von Visionen und Leitbildern durch die Unternehmensleitung
• Verstärkte Fähigkeit zu lebenslangem Lernen aller Beteiligten
• Marktorientierte Bewältigung der zu lösenden Aufgaben
• Gewährung von Freiräumen für Hochqualifizierte
• Problemorientiertes Denken und Handeln aller Beteiligten
• Fähigkeit zu innovativen Lösungen in immer kürzeren Zeitintervallen
• Verstärkte Einbindung der Beteiligten in die Entscheidungsfindung
• Verstärkte Selbstorganisation durch die Organisationsmitglieder.

Auch in der Zukunft wird nichts beständiger sein als der Wandel organisatorischer Gegebenheiten. Je früher und rascher sich die Unternehmen den geänderten Bedingungen anpassen, desto besser werden sie sich gegenüber ihren Wettbewerbern durchsetzen.

STICHWORTVERZEICHNIS

STICHWORTVERZEICHNIS

Das *Kompakt-Training Praktische Betriebswirtschaft* ermöglicht es Studierenden, Fortzubildenden sowie Fach- und Führungskräften, sich rasch und fundiert betriebswirtschaftliches Wissen anzueignen oder bereits erworbenes Wissen zu reaktivieren.

Es eignet sich auch sehr gut zum Selbststudium, nicht zuletzt wegen seiner besonderen Gestaltungsmerkmale:

- Kompakte, praxisbezogene Darstellung
- Systematischer und lernfreundlicher Aufbau
- Viele einprägsame Beispiele, Tabellen und Abbildungen
- 50 praxisbezogene Übungen mit Lösungen
- MiniLex mit 150–200 Stichworten

Einführung in die BWL
Olfert

Personalwirtschaft
Olfert

Organisation
Olfert/Rahn

Unternehmensführung
Olfert/Pischulti

Projektmanagement
Olfert

Dienstleistungsmanagement
Biermann

Risikomanagement
Ehrmann

Marketing
Weis

Finanzierung
Olfert/Reichel

Strategische Planung
Ehrmann

E-Business
Ebel

Controlling
Ziegenbein

Investition
Olfert/Reichel

Buchführung
Zschenderlein

Kostenrechnung
Olfert

Bilanzen
Grefe

Bilanzanalyse
Langenbeck

Internationale Rechnungs-legung nach IFRS
Ditges/Arendt

Produktionswirtschaft
Ebel

Logistik
Ehrmann

Materialwirtschaft
Oeldorf/Olfert

Außenhandel
Jahrmann

Balanced Scorecard
Ehrmann

Leasing
Bender

Wirtschaftsrecht
Steckler

Wirtschaftsmathematik
Führer